应用型本科规划教材

建 筑 力 学

主　编　杨云芳
副主编　李小山　边祖光　周赵凤
参　编　杨　予　付　军

浙江大學出版社

内容提要

本书结合应用型本科院校建筑学、城市规划、风景园林、工程管理和室内装潢等专业几年来教学改革的实践经验，将传统的理论力学、材料力学和结构力学的内容加以综合、归类，对照应用型本科教学的要求精编而成。

全书共十九章，主要内容包括：平面力系的合成与平衡，轴向拉伸与压缩、扭转和弯曲等基本变形的内力和位移，组合变形的强度计算，压杆稳定，平面结构体系的几何组成分析，结构位移计算，力法，位移法与力矩分配法，影响线及其应用等。

本书可作为高等院校建筑学、城市规划、风景园林、室内装潢、建筑管理、暖通、建筑材料、环保等专业的力学教材，也可作为土建类工程技术人员的参考用书。

图书在版编目（CIP）数据

建筑力学 / 杨云芳主编. —杭州：浙江大学出版社，2007.8（2025.1 重印）
应用型本科规划教材
ISBN 978-7-308-05096-8

Ⅰ.建… Ⅱ.杨… Ⅲ.建筑力学－高等学校－教材 Ⅳ.TU311

中国版本图书馆 CIP 数据核字（2006）第 159612 号

建筑力学

杨云芳 主编

丛书策划 樊晓燕
责任编辑 王 波
封面设计 刘依群
出版发行 浙江大学出版社
（杭州市天目山路 148 号 邮政编码 310007）
（网址：http://www.zjupress.com）
排　　版 杭州青翊图文设计有限公司
印　　刷 广东虎彩云印刷有限公司绍兴分公司
开　　本 787mm×1092mm 1/16
印　　张 20.5
字　　数 499 千
版 印 次 2007 年 8 月第 1 版 2025 年 1 月第 10 次印刷
书　　号 ISBN 978-7-308-05096-8
定　　价 48.00 元

总　序

近年来我国高等教育事业得到了空前的发展，高等院校的招生规模有了很大的扩展，在全国范围内发展了一大批以独立学院为代表的应用型本科院校，这对我国高等教育的持续、健康发展具有重要的意义。

应用型本科院校以培养应用型人才为主要目标，目前，应用型本科院校开设的大多是一些针对性较强、应用特色明确的本科专业，但与此不相适应的是，当前，对于应用型本科院校来说作为知识传承载体的教材建设远远滞后于应用型人才培养的步伐。应用型本科院校所采用的教材大多是直接选用普通高校的那些适用研究型人才培养的教材。这些教材往往过分强调系统性和完整性，偏重基础理论知识，而对应用知识的传授却不足，难以充分体现应用类本科人才的培养特点，无法直接有效地满足应用型本科院校的实际教学需要。对于正在迅速发展的应用型本科院校来说，抓住教材建设这一重要环节，是实现其长期稳步发展的基本保证，也是体现其办学特色的基本措施。

浙江大学出版社认识到，高校教育层次化与多样化的发展趋势对出版社提出了更高的要求，即无论在选题策划，还是在出版模式上都要进一步细化，以满足不同层次的高校的教学需求。应用型本科院校是介于普通本科与高职之间的一个新兴办学群体，它有别于普通的本科教育，但又不能偏离本科生教学的基本要求，因此，教材编写必须围绕本科生所要掌握的基本知识与概念展开。但是，培养应用型与技术型人才又是应用型本科院校的教学宗旨，这就要求教材改革必须淡化学术研究成分，在章节的编排上先易后难，既要低起点，又要有坡度、上水平，更要进一步强化应用能力的培养。

为了满足当今社会对建筑学专业应用型人才的需要，许多应用型本科院校都设置了相关的专业。建筑学专业是以培养注册建筑师为目标，国家建筑学专业教育评估委员会对建筑学专业教育有具体的指导意见。针对这些情况，浙江大学出版社组织了十几所应用型本科院校建筑学类专业的教师共同开展了“应用型本科建筑学专业教材建设”项目的研究，探讨如何编写既能满足注册建筑师知识结构要求、又能真正做到应用型本科院校“因材施教”、适合应用型本科层次建筑学类专业人才培养的系列教材。在此基础上，组建了编委会，确定共同编写“应用型本科院校建筑学专业规划教材”系列。

本套规划教材具有以下特色：

在编写的指导思想上，以“应用型本科”学生为主要授课对象，以培养应用型人才为基本目的，以“实用、适用、够用”为基本原则。“实用”是对本课程涉及的基本原理、基本性质、基本方法要讲全、讲透，概念准确清晰。“适用”是适用于授课对象，即应用型本科层次的学生。“够用”就是以注册建筑师知识结构为导向，以应用型人才为培养目的，达到理论够用，不追求理论深度和内容的广度。

在教材的编写上重在基本概念、基本方法和基本原理的表述。编写内容在保证教材结构体系完整的前提下，追求过程简明、清晰和准确，做到重点突出、叙述简洁、易教易学。

在作者的遴选上强调作者应具有应用型本科教学的丰富教学经验，有较高的学术水平并具有教材编写经验。为了既实现“因材施教”的目的，又保证教材的编写质量，我们组织了两支队伍，一支是了解应用型本科层次的教学特点、就业方向的一线教师队伍，由他们通过研讨决定教材的整体框架、内容选取与案例设计，并完成编写；另一支是由本专业的资深教授组成的专家队伍，负责教材的审稿和把关，以确保教材质量。

相信这套精心策划、认真组织、精心编写和出版的系列教材会得到相关院校的认可，对于应用型本科院校建筑学类专业的教学改革和教材建设起到积极的推动作用。

系列教材编委会主任
浙江大学建筑工程学院常务副院长
教育部长江学者特聘教授
陈云敏

2007 年 3 月

前　言

为了适应教学改革的需要，我们组织编写了应用型大学本科教材《建筑力学》。本书的特点是在保证基本概念、基本理论及基本方法够用的基础上，在注意建筑力学本身的系统性的同时，强调了力学知识的实际应用，即注重于应用在工程实际中的力学知识。因此，力求做到内容紧凑，由浅入深，理论叙述清楚、概念明确、文字通顺，计算演示简捷直观，以便于理解和接受。本书可作为高等院校的建筑学、城市规划、风景园林、室内装潢、建筑管理、暖通、建筑材料、环保等专业的力学教材，也可作为土建类工程技术人员的参考用书。

全书由浙江理工大学杨云芳主编，浙江理工大学李小山、宁波理工大学边祖光、浙江树人大学周赵凤任副主编。其中绪论和9、11、16章由杨云芳编写；14、15、17、18章由李小山编写；1、2、3、4章由边祖光编写；5、6、7章由周赵凤编写；8、10、12章由杨予编写；13章及附录由付军编写。

浙江大学陈水福教授审阅了全书，并提出了许多宝贵意见，在此表示感谢。

由于编者水平有限，书中难免存在错误和不足，恳请批评指正。

编　者

2007年5月

《建筑力学》主要符号表

A 面积
F 力
P 主动力,集中力
N 法向约束力,轴力
Q 剪切力
g 重力加速度
h 高度
k 弹簧刚度系数
q 分布荷载集度
r 半径
$\boldsymbol{r}$ 矢径
l 长度
W 力的功、弯曲截面系数
ρ 密度,曲率半径
T 扭矩
W_d 抗扭截面系数
I_ρ 极惯性矩
σ 正应力
τ 切应力
M 力矩、力偶矩、弯矩
I_z 截面关于 z 轴的惯性矩
I_y 截面关于 y 轴的惯性矩

ω 挠度
σ_s 屈服应力
σ_u 极限应力

Δ 结构位移量
δ 虚位移、广义位移

m 外力偶
R_A,R_B 简支梁 A 和 B 铰处竖向支座反力
u 水平位移
v 竖向位移
V_ε、v_ε 应变能及应变能密度
P、Δ 广义力、广义位移
R 半径、广义反力
X_A,Y_A A 处铰支座(约束)的分反力
H 水平推力
μ 泊松比
ε 线应变
γ 切应变
E 弹性模量
G 切变模量

目　录

绪 论

0.1 建筑力学的任务

建筑力学主要研究土木工程结构的力学性能。实际工程中，一座建筑物是由各个部件组成的，各部分有着不同的作用。有的只是起维护和分隔空间的作用，如房间的隔断墙、门、窗等；有的主要起支承荷载和传递荷载的作用，如屋架、楼板、梁、柱、基础等。

任何建筑物在施工时和建成后的使用过程中都要承受各种各样的力。如梁承受楼板或屋顶传给它的重力，锚固件承受被紧固物对它的作用力，建筑物受到的风力等等。这些力，在工程上习惯称为荷载。

所谓建筑结构，是指建筑物中用来承受荷载和其他间接作用（如温度变化引起的伸缩、地基不均匀沉降、地震等）的体系。通常，它又被称为建筑物的骨架，而组成结构的部件则称为构件。图 0-1 是一个常见厂房的结构及构件的示意图。

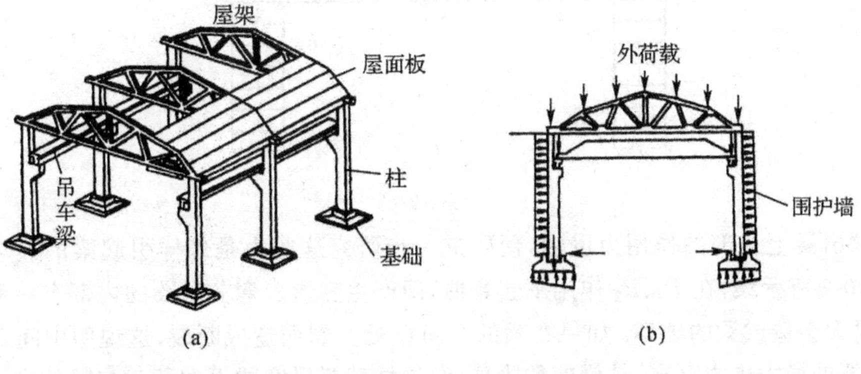

图 0-1

无论是工业厂房或民用建筑还是公共建筑，它们的结构及组成结构的各构件在宏观上都相对地面保持着静止的状态，这种状态称为平衡状态。平衡状态下各构件在承受荷载和传递荷载时需要满足以下两方面的基本要求。

(1)结构的安全性：即结构或构件在荷载作用下，不能破坏，也不能发生过大的变形。构件或结构能达到这种要求，工程上称为具有足够承载能力。具有足够承载能力的结构及构件才能安全使用。

(2)结构的经济性：即结构和构件应尽量使材料用量少，价格低廉，并以最合理的办法制造出来。

显然，上述两个方面是存在矛盾的，前者要求用好的材料、大的截面尺寸，而后者要求用廉价的材料和最经济的截面尺寸。如何才能使两者能完美地统一起来呢？这就需要依靠科学理论及实验来提供材料的受力性能，确定构件受力的计算方法，并掌握材料性质和截面尺寸对受力的影响，使设计出的结构和构件既安全可靠又经济合理。所以，建筑力学的任务是研究作用在结构(或构件)上力的平衡关系，构件的承载能力及材料的力学性能，为保证结构(或构件)安全可靠及经济合理提供理论基础和计算方法。

0.2 建筑力学的研究内容、方法与步骤

建筑力学研究的主要内容包括：

(1)刚体的平衡问题；

(2)构件(主要是杆件)在外部因素作用下的内力与变形；

(3)结构(主要是杆系结构)的几何组成、受力变形特性以及内力、位移的计算等。

下面以图 0-2 所示的梁为例对建筑力学内容的总体概念作一说明。

(1)首先，确定梁上受到哪些力，分清已知力和未知力，并求出未知力的大小。梁 AB 搁在墙上，受到已知荷载 P_1、P_2 作用后，由于墙的支承才不下落而维持平衡状态；在梁与墙相支承处，墙对梁有支承力 R_A 和 R_B 作用产生。荷载 P_1 与 P_2 支承力 R_A 和 R_B 之间存在着一定的关系，这种关系称为平衡条件。若明确了这种关系，便可由已知的荷载去算出未知的支承力，从而使全部作用在梁上的力都成为已知。这一工作的关键是研究力之间的平衡条件。

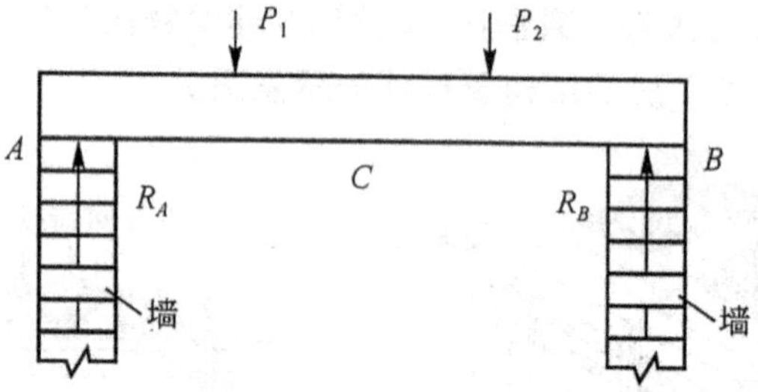

图 0-2

(2)求出梁上全部的作用力以后，便要进一步研究这些力是怎样引起梁的破坏或变形的。像图 0-2 所示梁，在 P_1、P_2 作用下会弯曲，即产生变形。弯曲时梁的内部有一种内力产生，内力过大会造成梁的破坏。如果在梁的中间 C 处开裂而造成断裂，这说明中间 C 截面处有引起破坏的最大内力存在，是梁的危险截面。这样就要研究梁上的荷载与梁的内力之间的关系，这是分析梁承载能力的关键。

(3)上述工作相当于找出梁的破坏因素。为了保证梁不发生破坏，就需要再进一步研究梁本身的材料性能和尺寸抵抗破坏的能力，找出引起梁的破坏因素和梁抵抗破坏的能力之间的关系，在这个基础上，便可选择梁的合适的截面尺寸和材料，使梁具有足够承受荷载的能力而又节约材料用量。

各种不同的受力方式会产生不同的内力，因而对应不同的承载能力的计算方法。这些方法的研究构成了建筑力学的主要内容。

0.3　学习建筑力学的意义

建筑工程是一门严谨的科学。对于从事建筑设计和施工的人员来说，其主要任务是一步一步地进行设计并最后将设计图变成实际建筑物。但在设计和施工中，因违反力学规律而造成的工程事故时有发生。例如，由于不懂得力矩的平衡要求，造成阳台的倾覆；不懂梁的内力分布，将钢筋错误配置而引起楼梯折断；不懂结构的几何组成规则，少加必要的支撑，而致使承重骨架成为几何可变，甚至倒塌等。

由此可见无论在设计还是施工的环节上，都必须了解建筑结构中各种构件的特点，知道它们会受到哪些荷载的作用，各种荷载的传递途径，以及构件在这些荷载的作用下产生的内力和变形，等等。

所以，建筑力学知识在建筑工程中是设计人员和施工技术人员必不可少的基础知识。学好建筑力学知识，对工作大有益处，也是现代设计和施工技术所必需的。

第1章　静力学基本概念和物体受力分析

1.1　静力学基本概念

力的概念来源于生产实践。伽利略和牛顿在总结前人成果的基础上，对力作了如下定义：力是物体间相互的机械作用，力改变了物体的机械运动状态。这里机械运动状态的改变包括物体运动快慢和运动方向的改变。

力可以发生在彼此不直接接触的物体之间，如重力场中的物体之间、磁力场中的磁体之间、电场中的带电体之间。但是力不能脱离物体而存在，即必须同时存在施力物体和受力物体。

力对物体的作用效果取决于以下三个要素：力的大小、力的方向和力的作用点。

因此，力是一个矢量。在国际单位制中，力的单位是牛顿(N)，而在建筑工程中广泛采用千牛(kN)作为力的单位，在表示钢绞线等的张拉力时，又常常采用吨力(tf)作为力的单位，它们的换算关系是：

$$1\text{tf}=9.8\text{kN}\approx 10\text{kN}$$

工程中的物体往往同时受到多个力的作用，一般称这样的一群力为力系。按力作用线是否在同一平面内，力系可以分为平面力系和空间力系；按力作用线的相互关系，力系又可分为平行力系、汇交力系和任意力系。两个不同的力系，如果对同一个物体的作用效果完全一致，则称这两个力系相互等效。将一个复杂力系，用一个等效的简单力系替换，称为力系的简化。

静力学是研究物体在力系作用下的平衡条件的学科。所谓平衡，是指物体相对于惯性参考系保持静止或做匀速直线运动状态。所谓平衡条件，是指物体维持平衡所应满足的力学条件。满足平衡条件的力系称为平衡力系。

在静力学中研究的物体，都被抽象成为刚体。所谓刚体，是指在力的作用下，内部任意两点之间的距离保持不变的物体。刚体是真实物体理想化的力学模型。

静力学的研究内容主要包括以下三部分：

(1)物体的受力分析；

(2)力系的简化；

(3)平衡条件的建立。

静力学理论是后续各力学理论的重要基础，在工程设计也有着广泛的应用。

1.2　静力学公理

所谓公理，是指人们在长期的生产生活实践中积累的经验总结，经过实践的反复检验，证明它们是符合客观实际的最普遍、最一般的规律。

公理 1　二力平衡条件

作用在刚体上的两个力，使刚体维持平衡的充分和必要条件是，这两个力的大小相等，方向相反，作用在同一条直线上。如图 1-1 所示。

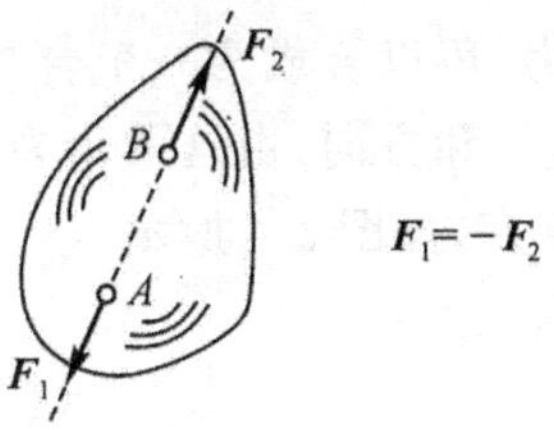

图 1-1

上述公理表明了作用于刚体上的最简单的平衡力系。需要说明的是，这个公理不一定适用于变形体。例如，在图 1-2 中，软绳受到大小相等、方向相反的一对拉力作用，可以维持平衡；但如果把拉力变成压力，则软绳将失去平衡。由此可见，刚体的平衡条件，仅是变形体平衡的必要条件，而不是充分条件。

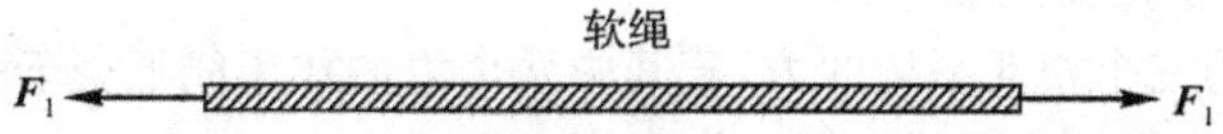

图 1-2

公理 2　加减平衡力系原理

从作用于刚体的任意力系中，加上或减去任意一个平衡力系，并不改变原力系对刚体的作用效果。

这个公理为力系的简化提供了重要的依据，但它同样不适用于变形体。

推论 1　力的可传性

作用于刚体上某点处的力，沿其作用线移动到刚体内任意一点，并不改变该力对刚体的作用效果。

证明如下：

如图 1-3(a)所示，刚体的 A 点处作用力 $\boldsymbol{F}_1$。现在其作用线上的任意一点 B 处，添加一个平衡力系 $\boldsymbol{F}_2$ 和 $\boldsymbol{F}_3$，且使得 $F_1=F_2=F_3$，如图 1-3(b)所示。由公理 2，此时刚体受到的作用效果并没有发生改变。又根据公理 1，可以看出此时力 $\boldsymbol{F}_1$ 和 $\boldsymbol{F}_2$ 也组成了一个平衡力系，因此可以将它们从刚体上移去，从而只剩下力 $\boldsymbol{F}_3$，如图 1-3(c)所示。这样，力 $\boldsymbol{F}_1$ 就从 A 点沿其作用线移动到刚体内任意一点 B，而对刚体的作用效果并不发生改变。证毕。

由推论 1 可知，力对刚体的作用效果，在同一作用线上不随力作用点位置的改变而改变。因此，对刚体来讲，力的三要素可以表示为：力的大小、方向和作用线。力的可传性对变形体不适用。

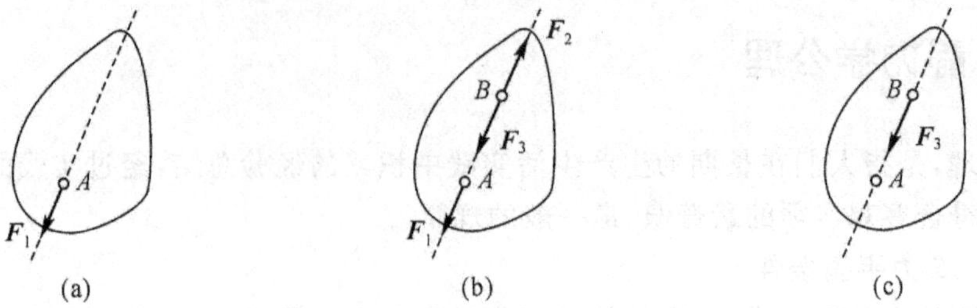

图 1-3

公理 3　力的平行四边形法则

作用于物体上同一点的两个力，可以合成为一个合力。合力的作用点也在该点，合力的大小和方向，由这两个力为邻边构成的平行四边形的对角线确定，如图 1-4 所示。

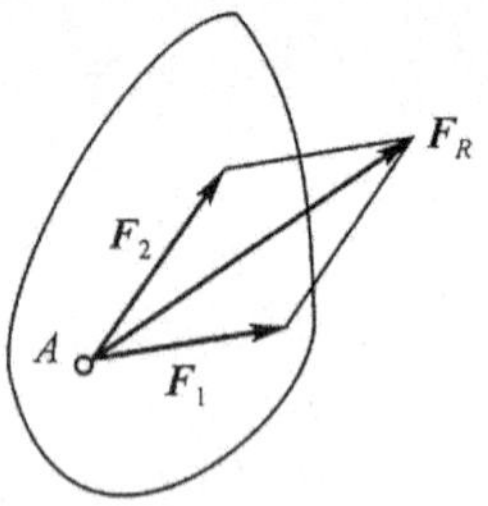

图 1-4

公理 3 可以用矢量运算来表示：

$$\boldsymbol{F}_R=\boldsymbol{F}_1+\boldsymbol{F}_2 \tag{1-1}$$

式中：$\boldsymbol{F}_R$ 为 $\boldsymbol{F}_1$ 和 $\boldsymbol{F}_2$ 两个力的合力，而 $\boldsymbol{F}_1$ 和 $\boldsymbol{F}_2$ 称为力 $\boldsymbol{F}_R$ 的分力。

根据公理 3，两个共点力可以合成为一个合力，且结果是确定的。但是反过来，要把一个已知力分解为两个分力，则结果是不惟一的。需要附加足够的限制条件，才能确定。

公理 3 是复杂力系简化的基础。

推论 2　三力平衡汇交定理

作用于刚体上的三个相互平衡的力，若其中两个力的作用线汇交于一点，则此三力必在同一平面内，且第三个力的作用线也通过汇交点。

证明如下：

刚体上的 A、B、C 三点，分别作用有力 $\boldsymbol{F}_1$、$\boldsymbol{F}_2$、$\boldsymbol{F}_3$，其中力 $\boldsymbol{F}_1$ 和 $\boldsymbol{F}_2$ 汇交于 O 点，如图 1-5 所示。由推论 1，可以将力 $\boldsymbol{F}_1$ 和 $\boldsymbol{F}_2$ 滑移至 O 点；根据公理 3，这两个力可以合成为一个合力 $\boldsymbol{F}_R$。由于力 $\boldsymbol{F}_1$、$\boldsymbol{F}_2$、$\boldsymbol{F}_3$ 相互平衡，因此合力 $\boldsymbol{F}_R$ 应该与 $\boldsymbol{F}_3$ 平衡。再利用公理 1，可以得到力 $\boldsymbol{F}_R$ 与 $\boldsymbol{F}_3$ 共线。也即 $\boldsymbol{F}_3$ 与 $\boldsymbol{F}_1$、$\boldsymbol{F}_2$ 共面，并且通过汇交点 O。证毕。

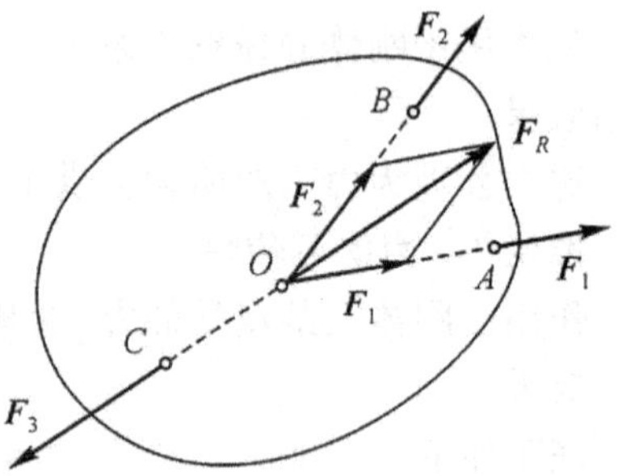

图 1-5

公理 4　作用与反作用定律

作用力与反作用力总是同时存在，且两个力的大小相等、方向相反、沿着同一作用线，分别作用在两个相互作用的物体上。

公理 4 实际上就是牛顿第三定律，这个定律说明了物体间相互作用的关系。不管物体是否平衡，该定律均成立。由于作用力和反作用力是分别作用在两个不同物体上的，因此它们不能构成一个平衡力系。

公理 3 和公理 4 既适用于刚体，也适用于变形体。

1.3 荷　载

工程上将作用在结构或构件上的主动力称为荷载。

1.3.1 荷载的分类

结构所承受的荷载，往往比较复杂。为了便于计算，参照有关结构设计规范，根据不同的特点加以分类如下。

(1)按作用时间，荷载可分为恒载和活载。

恒载——长期作用于结构上的不变荷载，如结构的自重、安装在结构上的设备的重量等等，其荷载的大小、方向和作用位置是不变的。

活载——结构所承受的可变荷载，如人群、风、雪等荷载。

(2)按作用范围，荷载可分为集中荷载和分布荷载。

集中荷载——是指荷载作用的面积相对于总面积而言很小，从而可以近似认为荷载是作用在一点上的。

分布荷载——是指荷载分布在一定面积或长度上，如风、雪、结构自重等。分布荷载又可分为均布荷载和非均布荷载等。

(3)按作用性质，荷载可分为静力荷载和动力荷载。

静力荷载——凡缓慢施加而不引起结构振动，从而可忽略其惯性力影响的荷载。

动力荷载——凡能引起明显的振动或冲击，从而必须考虑其惯性力影响的荷载。

(4)按作用位置，荷载可分为固定荷载和移动荷载。

固定荷载——是指荷载作用的位置不变的荷载，如结构的自重等。

移动荷载——是指可以在结构上自由移动的荷载，如车辆轮压等。

1.3.2 荷载的简化和计算

1. 等截面梁自重的计算

在工程结构计算中，通常用梁轴表示一根梁。等截面梁的自重总是简化为沿梁轴方向的均布线荷载 q。

一矩形截面梁如图 1-6 所示，其截面宽度为 b(m)，截面高度为 h(m)，长度为 L(m)。设此梁的单位体积重(重度)为 γ(kN/m^3)，则此梁的总重是

$$Q=bhL\gamma \ (\text{kN})$$

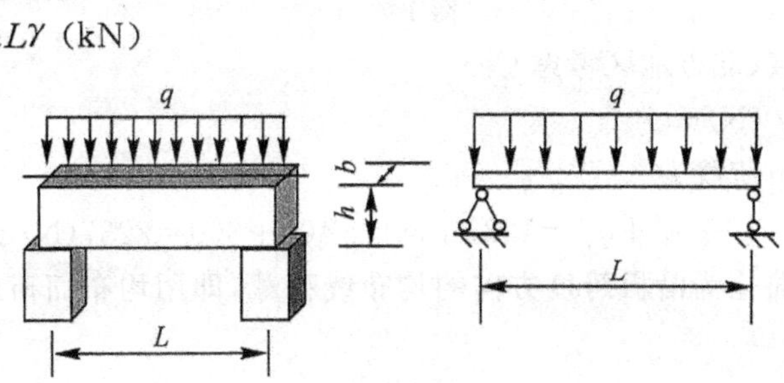

图 1-6

梁的自重沿梁跨度方向是均匀分布的，所以沿梁轴每米长的自重 q 是

$q=Q/L$ (kN/m)

将 Q 代入上式得

$q=bh\gamma$ (kN/m)

q 值就是梁自重简化为沿梁轴方向的均布线荷载值，均布线荷载 q 也称线荷载集度。

2. 均布面荷载化为均布线荷载计算

在工程计算中，在板面上受到均布面荷载 q'(kN/m^2)时，需要将它简化为沿跨度(轴线)方向均匀分布的线荷载来计算。

设一平板上受到均匀的面荷载 q'(kN/m^2)作用，板宽为 b(m)(受荷宽度)、板跨度为 L(m)，如图 1-7 所示。

那么，在这块板上受到的全部荷载 Q 为

$Q=q'bL$ (kN)

而荷载 Q 是沿板的跨度均匀分布的，于是，沿板跨度方向均匀分布的线荷 q 为

$q=bq'$ (kN/m)

假设图 1-7 所示平板为一块预应力钢筋混凝土屋面板，宽 $b=1.490$m，跨度(长)$L=5.970$m，自重 11kN，简化为沿跨度方向的均布线荷载。

自重均匀分布在板的每一小块单位面积上，所以自重形成的均布面荷载为

$$q_1'=\frac{11000}{5.970\times1.490}=1237\ (\text{N/m}^2)$$

屋面防水层形成的均布面荷载为

$q_2'=300$ N/m^2

防水层上再加 0.02 米厚水泥砂浆找平，水泥砂浆容重 $\gamma=20$kN/m^3，则这一部分材料自重形成的均布面荷载为

$q_3'=20000\times0.02=400$(N/m^2)

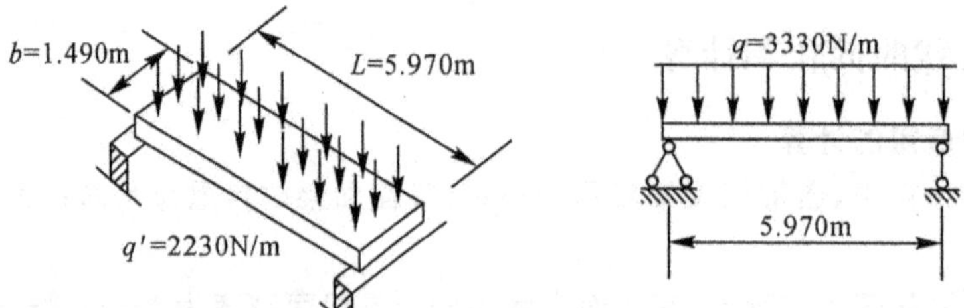

图 1-7

最后再考虑雪荷载(北方地区考虑)为

$q_4'=300$ (N/m^2)

总计得全部面均布荷载为

$q'=q_1'+q_2'+q_3'+q_4'=1237+300+400+300=2237$(N/m^2)

把全部均布荷载简化为沿板跨度方向的均布线荷载，即用均布面荷载大小乘以受荷宽度：

$q=bq'=1.490\times2237=3333$(N/m^2)

1.4　约束与约束力

空间中的物体，有些可以自由运动，称为自由体，例如运行中的人造卫星等。有些则不能自由运动，它们在空间某些方向上的位移受到了限制，称为非自由体，例如受到墙体限制的房屋楼板等。对非自由体的某些位移起限制作用的周围物体称为约束体，简称约束。例如前面提到的墙体，它是房屋楼板的一个约束。

约束对物体的作用，实际上就是力的作用。约束对非自由体的力称为约束力或约束反力。由于约束力的产生是因为阻碍了物体的位移，因此约束力的方向，必然与约束所阻碍的位移方向相反。应用这个原则，可以确定出约束力的方向。至于约束力的大小，需要通过力系的平衡条件才能求出。

下面列举几种基本的约束。

1. 光滑接触面约束

两个物体相互接触，如果接触面相当光滑，以至于摩擦可以忽略，则称这样的约束为光滑接触面约束。图 1-8 所示为两种光滑接触面约束形式。

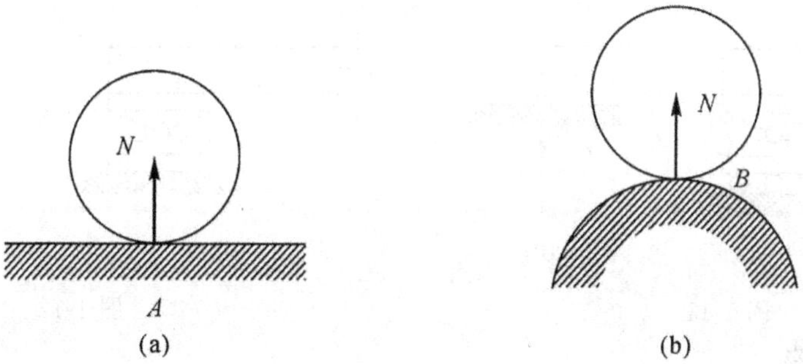

图 1-8

光滑接触面只能阻碍接触点沿着通过该点的公法线方向、并向约束内部的位移，而不能阻碍其他方向的位移。因此，光滑接触面的约束力，作用在接触点上，沿着接触面在该点的公法线方向，并指向被约束的物体。图 1-8 中的约束力 N 已示于图中。

2. 柔软绳索约束

这里的绳索还包括链条、传动皮带等。这些约束的特点是只能承受拉力，即只能阻碍被约束的物体沿绳索中心线离开绳索，而不能阻碍其他方向的位移。因此绳索的约束力，作用在接触点，方向沿着绳索中心线背离物体，如图 1-9 中的力 T。

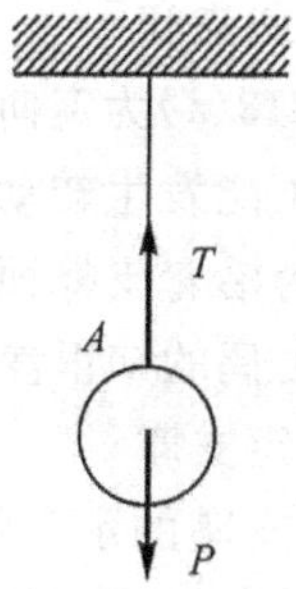

图 1-9

3. 光滑圆柱形铰链约束

如图 1-10(a)所示，用一根圆柱形销钉 C 穿过预埋在混凝土构件 A 和 B 内的圆弧形钢筋，从而把构件 A 和 B 连接在一起。如果销钉与钢筋之间的摩擦可以忽略，那么此时的连接便形成了一个光滑圆柱形铰链，或者简称为铰。图 1-10(b)所示是其简化表示法。

由于销钉不能阻碍连接的两个物体绕其转动，而只能阻碍它们在与销钉轴线垂直的平

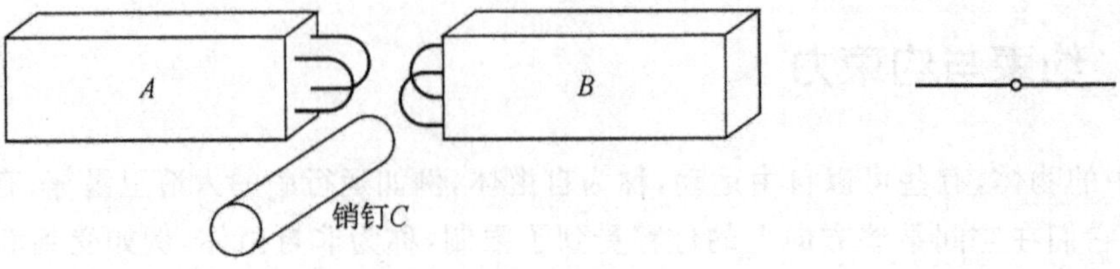

(a) (b)

图 1-10

面内发生相互的错动。因此，光滑圆柱形铰链的约束力作用在与销钉轴线垂直的平面内，通过销钉中心，但约束力的具体方位不定。

4. 可动铰支座

图 1-11(a)为可动铰支座的示意图。支座可以沿着支撑面滑动，而上部构件与支座通过一个铰连接，可以绕着铰转动。可见，可动铰支座既不能阻碍上部结构沿着支撑面切线方向滑动，也不能阻碍上部结构的转动，它只能阻碍上部结构沿支撑面法线方向的位移。因此可动铰支座的支座反力只有一个，即通过铰中心，沿着支撑面的法线方向。图 1-11(b)为该支座的简图，其支座反力也示于图中。

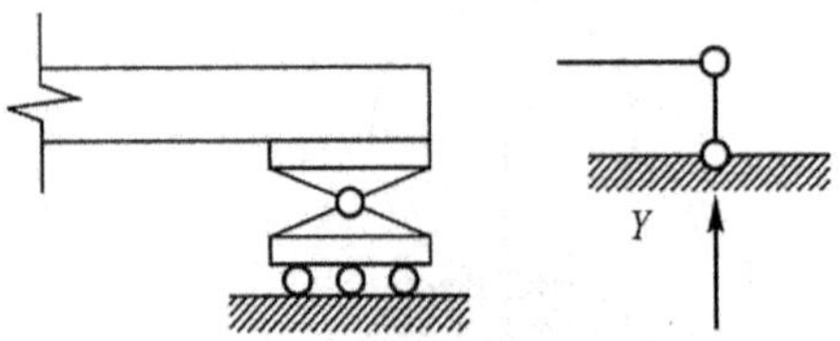

(a) (b)

图 1-11

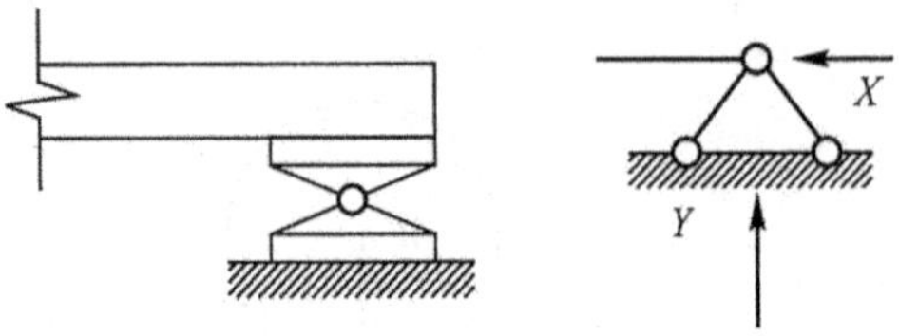

(a) (b)

图 1-12

5. 固定铰支座

与可动铰支座不同，固定铰支座的支座被固定在支撑面上，如图 1-12(a)所示。此时上部结构依然可以绕着铰转动，但支座无法沿着支撑面发生任何方向的位移。可见固定铰支座的约束作用与光滑圆柱形铰链类似，其支座反力通过铰中心，但方向不定。图 1-12(b)是该支座的简图，支座反力用两个相互垂直的力表示。

6. 定向支座

图 1-13(a)为定向支座的示意图。被支撑的构件嵌入于支撑体内，构件可以沿着支撑面滚动，但不能发生转动，也不能沿着支撑面法线方向运动。因此，定向支座的支座反力有两个，一个为沿着支撑面法线方向的约束反力，另一个为阻碍构件转动的力，称之为约束反力偶(有关力偶的知识参见第 4 章)。定向支座的简图和支座反力示于图 1-13(b)。

7. 固定支座

固定支座的示意图如图 1-14(a)所示。构件嵌入于支撑体内，并和支撑体完全固定，构件既不能沿任何方向发生位移，也不能发生转动。因此固定支座的支座反力，包括沿支撑面法线方向和切线方向的力以及约束反力偶。它们和支座的简图一起，示于图 1-14(b)。

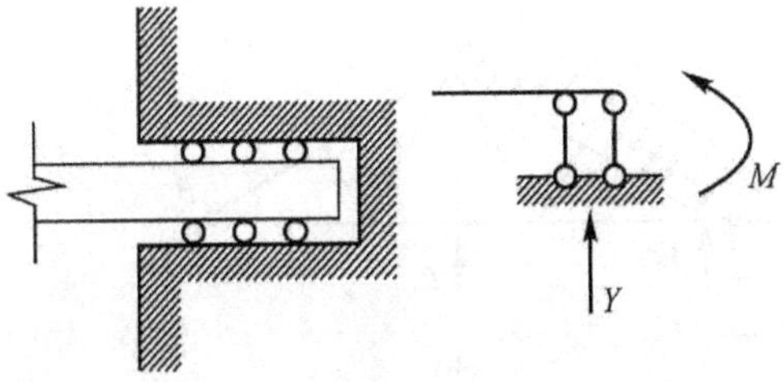

图 1-13

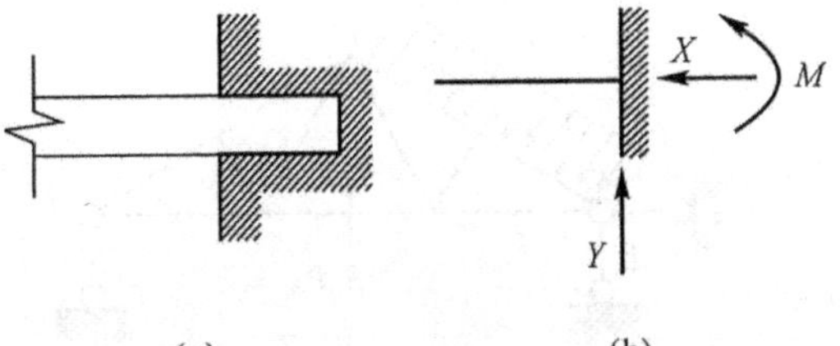

图 1-14

1.5　物体的受力分析

物体的受力分析是静力学的研究内容之一。所谓受力分析，即指确定物体的受力情况，包括物体受到哪些力，每个力的作用位置和作用方向。受力分析的目的，是为了能够建立平衡条件，从而求解出未知力。

为了方便物体的受力分析，常常将所研究的物体(称为受力体)从它周围的物体(称为施力体)中脱离出来，单独画出它的简图，然后把全部施力体对它的作用根据其性质，用合适的力代替，并画于简图中。这种表示物体受力情况的简化图形称为受力图，被脱离出来的受力体称为隔离体。

作用于受力体的力一般可以分为主动力和被动力两大类。所谓主动力，是指主动施加于受力体上的力，如梁承受的重力、墙承受的风压力等，一般是已知的。而被动力是相对于主动力而言的，主要是指约束施加于受力体的约束力，一般是未知的。主动力和被动力有着本质的区别，被动力是一种约束力，它的方向由它所阻碍的受力体的位移决定，而大小需要通过平衡条件确定。而主动力的大小和方向通常可以事先独立地测定，与受力体的约束无关。工程中一般将主动力称为荷载。

画物体受力图是求解静力学问题的一个重要步骤，直接关系到静力学问题求解的正确与否。下面举例说明。

例 1-1　图 1-15(a)为某对称屋架简图。其中 A 处为固定铰支座，B 处为可动铰支座。屋架 AC 边承受法向的均匀分布力，荷载集度(单位长度上的力)为 q。试作出屋架的受力图。已知屋架的自重为 $\boldsymbol{P}$。

解　(1)根据题意，取屋架为隔离体，画出简图；

(2)在隔离体上画出主动力，包括屋架的自重 $\boldsymbol{P}$ 和均布荷载 q；

(3)画支座反力。A 处为固定铰支座，它的支座反力可以用通过铰中心的两个相互垂直的力 $\boldsymbol{X}_A$ 和 $\boldsymbol{Y}_A$ 表示。B 处为可动铰支座，它的支座反力 $\boldsymbol{Y}_B$ 垂直支撑面，即竖直向上。

图 1-15(b)为整个屋架的受力图。

例 1-2　建筑工地上某简易起吊装置，由折杆 AB、BC 以及系杆 AC 组成，它们的重力忽略不计，相互之间用铰连接。杆 AB 上吊有重为 $\boldsymbol{P}$ 的重物，如图 1-16(a)所示。试分别画出三杆的受力图。

解　(1)先分析杆 AC。A 处为固定铰支座，因此在该点 AC 杆受到的力 $\boldsymbol{F}_{AC}$通过 A 点，但方向待定。C 点为可动铰支座，但由于 AC 杆在此处同时还受到折杆 BC 的作用，因此在

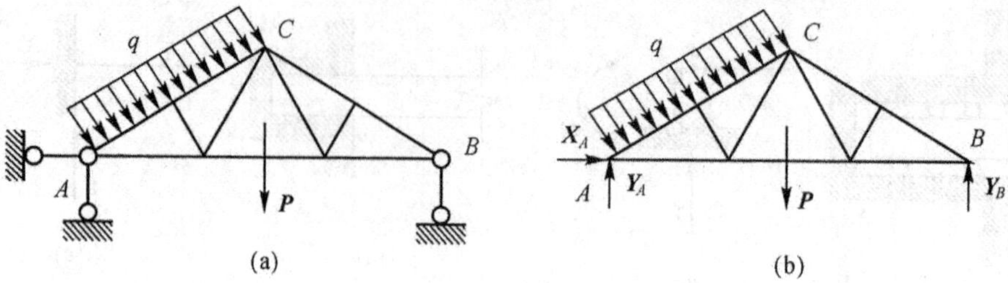

图 1-15

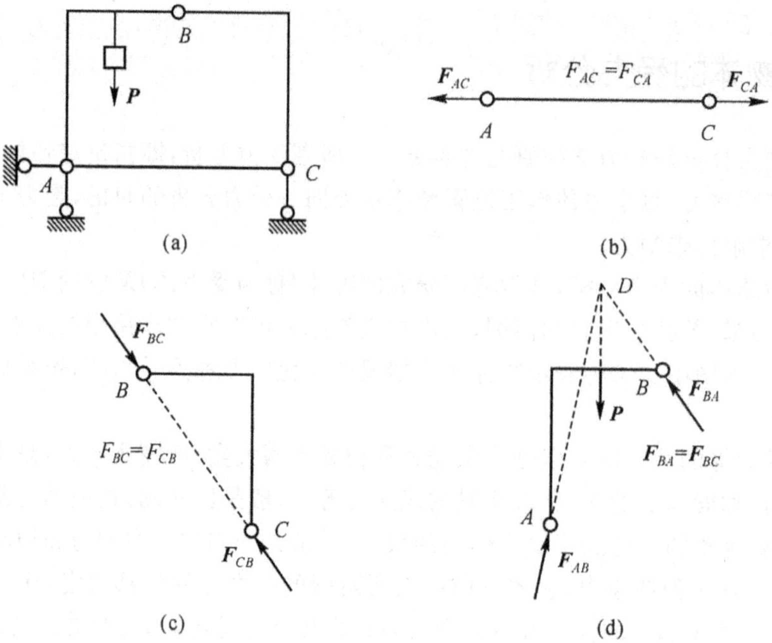

图 1-16

该点 AC 杆受到的力 $\boldsymbol{F}_{CA}$也是方向待定，通过 C 点。由于杆 AC 的重力不计，因此它只受到 $\boldsymbol{F}_{AC}$和 $\boldsymbol{F}_{CA}$这两个力的作用，保持平衡。根据公理 1，这两个力应该大小相等，方向相反，作用在同一条直线上。由此可以确定出 $\boldsymbol{F}_{AC}$和 $\boldsymbol{F}_{CA}$这两个力的方向，即沿着 A、C 两点的连线。至于这两个力的具体指向，需要根据平衡条件才能最后确定。AC 杆的受力图如图 1-16(b)所示。

(2)再分析折杆 BC。它的约束情况与杆 AC 类似，也只在 B、C 两端受到铰的约束，因此上面的分析方法完全可以应用于此。折杆在 B、C 两点受到的力 $\boldsymbol{F}_{BC}$和 $\boldsymbol{F}_{CB}$的方向沿着 B、C 两点的连线。受力图如图 1-16(c)所示。

(3)最后分析折杆 AB。由于自身重力不计，主动力只有重物施加的力。对重物的受力分析可知，该力的大小为 P，方向竖直向下。在铰 B 处，杆 AB 受到的约束力 $\boldsymbol{F}_{BA}$来自于杆 BC，因此它与力 $\boldsymbol{F}_{BC}$构成一对作用力与反作用力，根据公理 4，它们大小相等，方向相反，沿着同一作用线。在铰 A 处，受到固定铰 A 和杆 AC 的作用，约束力 $\boldsymbol{F}_{AB}$的作用线通过 A 点，但方向待定。总之，杆 AB 受到主动力 $\boldsymbol{P}$ 和约束力 $\boldsymbol{F}_{BA}$、$\boldsymbol{F}_{AB}$的作用，保持平衡。由于力 $\boldsymbol{P}$ 和力 $\boldsymbol{F}_{BA}$汇交于一点 D，根据推论 2，力 $\boldsymbol{F}_{AB}$的作用线也应通过 D 点，从而可以确定 $\boldsymbol{F}_{AB}$的方向，但它的具体指向还需要根据平衡条件确定。杆 AB 的受力图如图 1-16(d)所示。

在上面的例题中，出现了只有两个力作用下保持平衡的构件，称为二力杆件，简称二力杆。二力杆可以是直杆，如例题中的 AC 杆；也可以是折杆，如例题中的 BC 杆，甚至可以是曲杆。二力杆所受的两个力必然沿着两个力作用点的连线，且大小相等，方向相反。二力杆在工程中经常出现，对解题也很有帮助。

通过以上两例，可以归纳出以下几点：

(1)根据研究需要，确定研究对象。可以取单个物体为研究对象，也可以取由几个物体构成的整体为研究对象。将研究对象从周围物体中脱离出来，单独画出。

(2)明确研究对象所受到力的数目。根据承受的实际荷载情况，画出所有主动力。根据研究对象与外界的接触情况，画出全部的约束力。

(3)确定约束力的方向。首先判断约束属于哪种类型，再根据约束类型的特性，画出约束力的方向。

在分析过程中，必须时刻牢记力不能脱离受力物体和施力物体而存在，虽然受力图中不需要将施力物体画出，但不能凭空创造作用力。在单独分析原本相互联系着的隔离体时，应注意它们之间的作用力是相互作用力，在一个隔离体上的作用力确定后，在另一个隔离体上的反作用力也就被确定了。

思考题

1-1　怎样确定约束力的方向？将实际工程中复杂的约束抽象成简单的、便于分析计算的约束，应该遵循什么原则？

1-2　插入砖墙内的过梁，如题 1-2 图所示。试分析墙对梁的约束情况，梁两端的支座分别可以简化成什么支座？

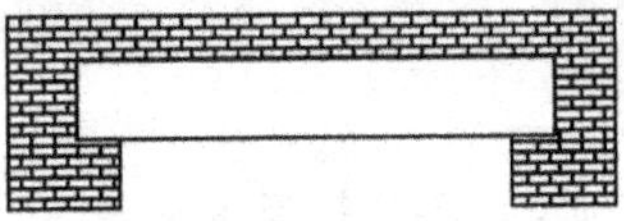

题 1-2 图

1-3　固定铰支座的支座反力方向是不定的，但为什么在简图中却可以用两个相互垂直的、方向已知的力来表示？

1-4　等式 $\boldsymbol{F}_1=\boldsymbol{F}_2$、$F_1=F_2$ 各表示什么含义？等式 $\boldsymbol{F}_3=\boldsymbol{F}_1+\boldsymbol{F}_2$、$F_3=F_1+F_2$ 又分别代表什么含义？

1-5　为什么说一个合力的分力是不惟一的？

1-6　例 1-2 中的 AB 杆是否为二力杆？如果考虑杆件自重的影响，AC 杆和 BC 杆是否仍为二力杆？

1-7　如题 1-7 图所示，图(a)、(c)、(e)为构件 AB 结构简图，图(b)、(d)、(f)为对应的受力图，试分析它们是否正确？如果错误，请改正。构件 AB 的自重不计。

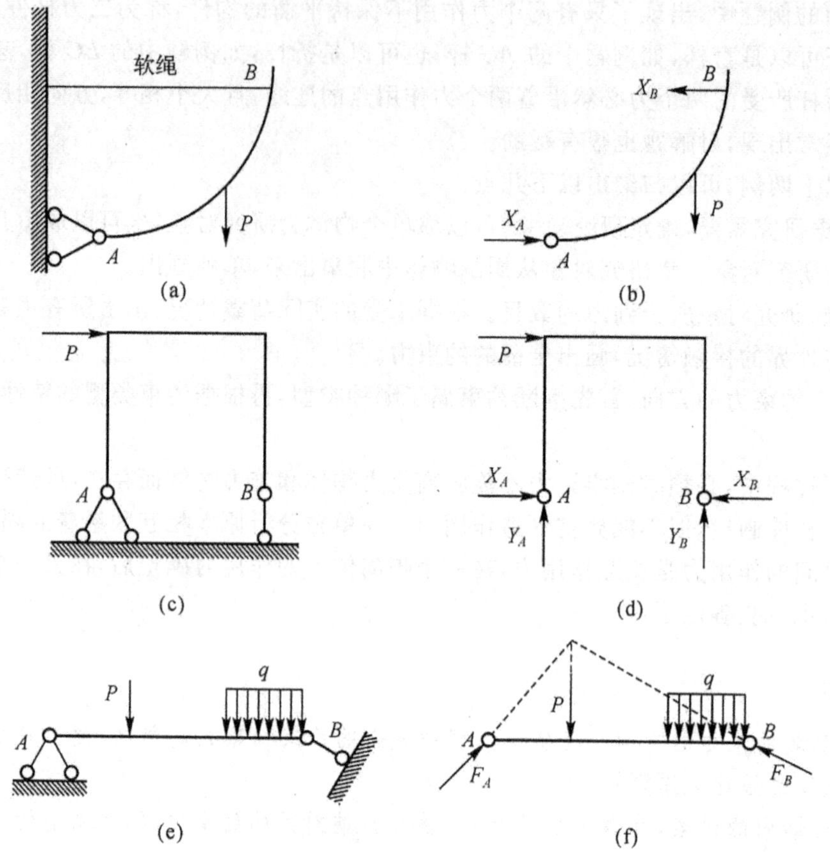

题 1-7 图

习 题

1-1 画出题 1-1 各图的约束力方向,假定接触面均光滑。

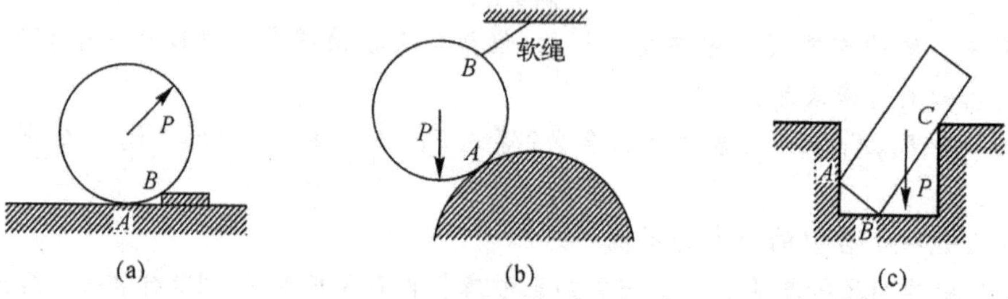

题 1-1 图

1-2 画出题 1-2 图中各构件的受力图。图中构件自重不计,假定所有接触均光滑。

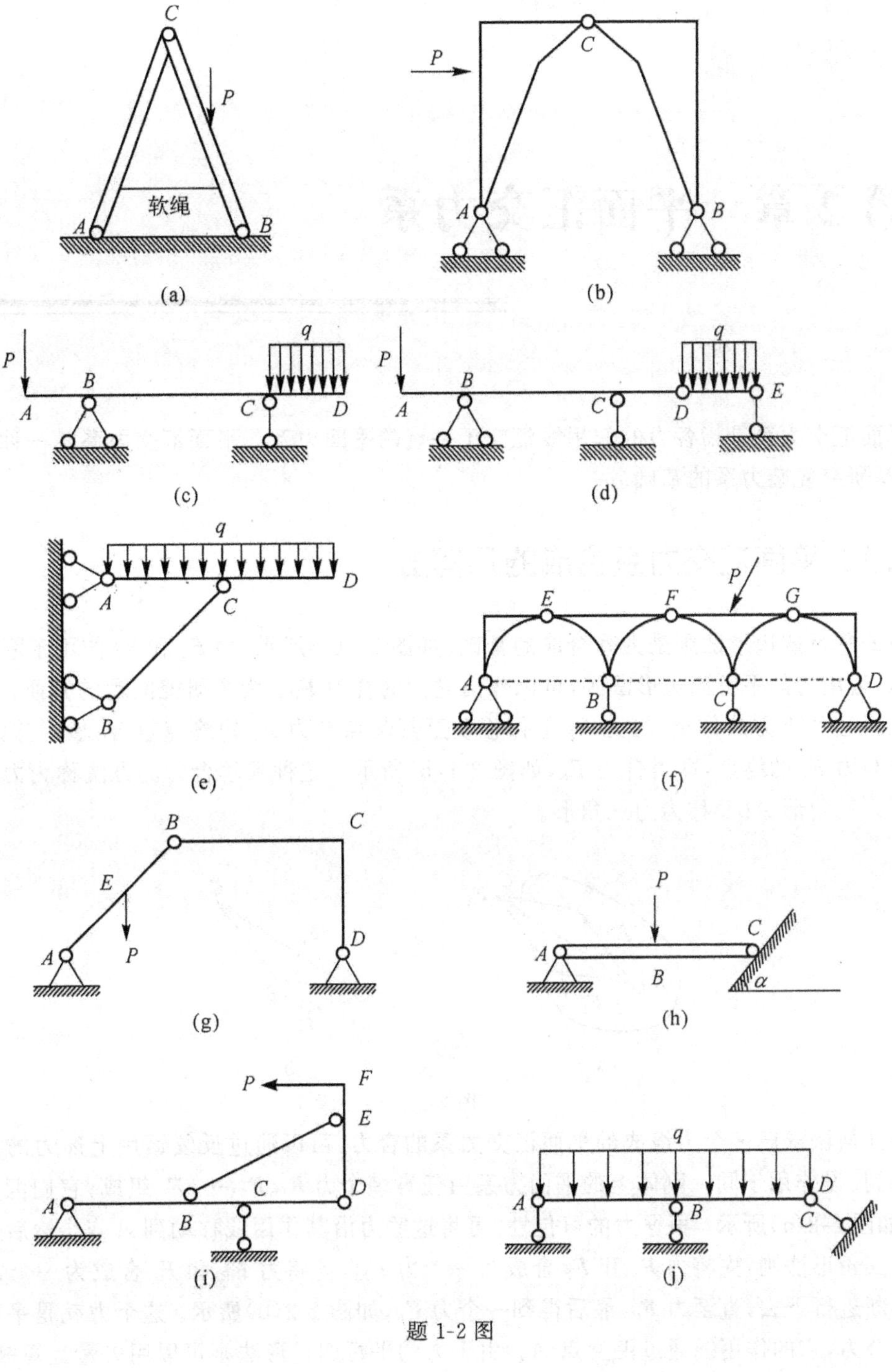

C
P
软绳
A
B
(a)
P
C
A
B
(b)
q
P
B
A
C
D
(c)
q
P
B
A
C
D
E
(d)
q
A
C
D
B
(e)
P
E
F
G
A
B
C
D
(f)
B
C
E
A
P
D
(g)
P
C
A
B
α
(h)
P
F
E
C
D
A
B
(i)
q
A
B
D
C
(j)

题 1-2 图

第 2 章　平面汇交力系

平面汇交力系是指各力的作用线汇交于一点的平面力系。平面汇交力系是一种简单的力系，是研究复杂力系的基础。

2.1　平面汇交力系合成的几何法

力的平行四边形法则是力系合成的基础。如图 2-1(a)所示，力 $\boldsymbol{F}_1$ 和 $\boldsymbol{F}_2$ 作用于刚体上同一点 A，运用力的平行四边形法则，可以作出它们的合力 $\boldsymbol{F}_R$。为了研究问题的方便，合力 $\boldsymbol{F}_R$ 也可以通过如下方法作出：将力 $\boldsymbol{F}_2$ 平行移动至其起点与力 $\boldsymbol{F}_1$ 的终点重合，然后连接力 $\boldsymbol{F}_1$ 的起点与力 $\boldsymbol{F}_2$ 的终点，即得合力 $\boldsymbol{F}_R$，如图 2-1(b)所示。这种求解合力的方法称为力的三角形法则。三角形 ABC 称为力三角形。

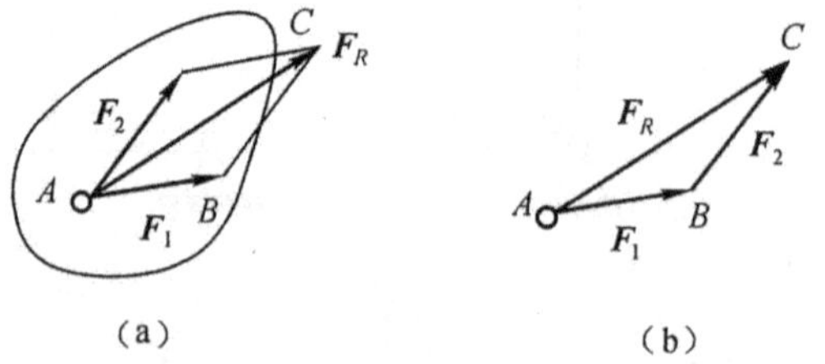

图 2-1

用几何法求解多个力组成的平面汇交力系的合力，可以通过反复运用上述力的三角形法则得到。设作用于同一刚体上的平面力系由任意多个力 $\boldsymbol{F}_1$、$\boldsymbol{F}_2$、…、$\boldsymbol{F}_n$ 组成，它们汇交于一点 A，如图 2-2(a)所示。根据力的可传性，可将这些力沿其作用线移动到 A 点。然后逐次应用力的三角形法则：先将力 $\boldsymbol{F}_1$ 和 $\boldsymbol{F}_2$ 合成为一个力 $\boldsymbol{F}_{R1}$，再将力 $\boldsymbol{F}_{R1}$ 和 $\boldsymbol{F}_3$ 合成为一个力 $\boldsymbol{F}_{R2}$。这样不断进行下去，直至力 $\boldsymbol{F}_n$，最后得到一个力 $\boldsymbol{F}_R$，如图 2-2(b)所示。这个力就是平面汇交力系的合力，它的作用线通过汇交点 A。由于力的平行四边形法则可以用矢量运算来表示，因此合力 $\boldsymbol{F}_R$ 也可以用矢量运算表示为

$$\boldsymbol{F}_R=\boldsymbol{F}_1+\boldsymbol{F}_2+\cdots+\boldsymbol{F}_n=\sum_{i=1}^{n}\boldsymbol{F}_i \tag{2-1}$$

因为矢量的加法运算符合交换律，所以在合力的求解过程中，任意变换力三角形的作图次序，不影响最后得到的合力 $\boldsymbol{F}_R$。

上面合力 $\boldsymbol{F}_R$ 还可以用更简单的方法求得，即在作图时不必将中间合力 $\boldsymbol{F}_{R1}$、$\boldsymbol{F}_{R2}$ 等画出，

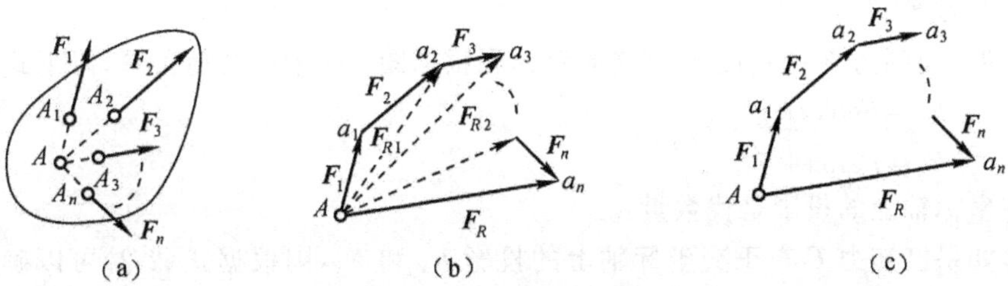

图 2-2

而只需将各力 $\boldsymbol{F}_1$、$\boldsymbol{F}_2$、…、$\boldsymbol{F}_n$ 依次首尾相连，最后连接第一个力 $\boldsymbol{F}_1$ 的起点 A 与最后一个力 $\boldsymbol{F}_n$ 的终点 a_n，矢量 $\overrightarrow{Aa_n}$ 即为合力 $\boldsymbol{F}_R$，如图 2-2(c)所示。这样作出的多边形 $Aa_1a_2\cdots a_n$ 称为力多边形，边 Aa_n 称为封闭边。这种求解合力的几何方法称为力多边形法则。

例 2-1　压路机在路面上受到挡条的阻碍而停止运动，如图 2-3(a)所示。已知碾子的重力 $G=63\text{kN}$，受到的水平牵引力 $P=23.1\text{kN}$。档条对轮子的作用力 $F=46.2\text{kN}$，方向偏离竖直方向 30°。试用几何法求出这三个力的合力 $\boldsymbol{F}_R$。

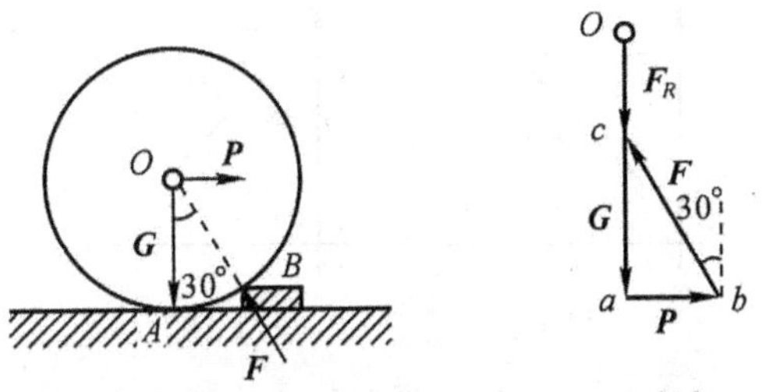

图 2-3

解　这三个力的作用线都通过碾子圆心 O，因此是一平面汇交力系。按比例和角度作出三力矢量 $\boldsymbol{G}$、$\boldsymbol{P}$、$\boldsymbol{F}$，如图 2-3(b)所示。将它们依次首尾相连，得到力多边形 $Oabc$，则矢量 $\overrightarrow{Oc}$ 即为合力 $\boldsymbol{F}_R$。按比例尺量得它的大小 $F_R=23\text{kN}$，方向沿着竖直线向下，它的作用线通过原力系的汇交点 O。

2.2　平面汇交力系合成的解析法

平面汇交力系合成的解析法是一种通过力学计算求得合力的方法，它以力在坐标轴上的投影为基础。

2.2.1　力在坐标轴上的投影

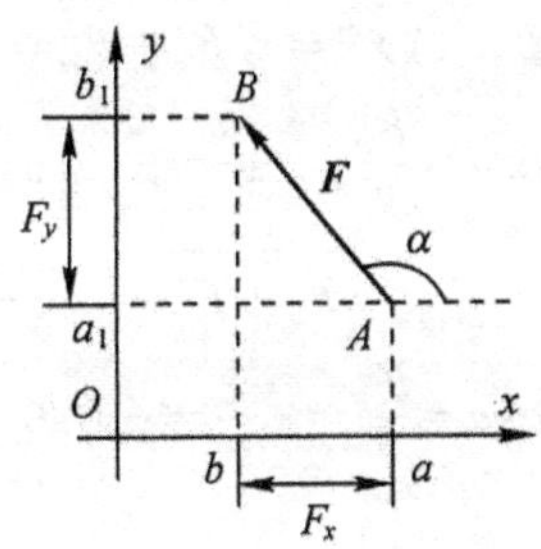

图 2-4

如图 2-4 所示，直角坐标系 xOy 所在的平面内有一力 $\boldsymbol{F}$，作用于刚体上的 A 点。过力 $\boldsymbol{F}$ 的起点 A 和终点 B 向 x 轴作垂线，得垂足 a 和 b。线段 ab 的长度再冠以正负号，称为力 $\boldsymbol{F}$ 在 x 轴上的投影，记为 F_x。如果从 a 到 b 的指向与 x 轴的正方向一致，则 F_x 取正号，反之取负号，因此图 2-4 中的 F_x 为负。同理可定义力 $\boldsymbol{F}$ 在 y 轴上的投影

F_y,图 2-4 中的 F_y 为正。

记 x 轴正向到力 $\boldsymbol{F}$ 的角度为 α(逆时针),则根据图 2-4 中的几何关系,以下式子成立:

$$\left.\begin{aligned} F_x &= F\cos\alpha \\ F_y &= F\sin\alpha \end{aligned}\right\} \tag{2-2}$$

因此,力在坐标轴上的投影是代数量。

反之,如果已知力 $\boldsymbol{F}$ 在正交坐标轴上的投影 F_x 和 F_y,则根据式(2-2)可以确定出该力的大小和方向:

$$\left.\begin{aligned} &F=\sqrt{F_x^2+F_y^2} \\ &\cos\alpha=\frac{F_x}{F},\sin\alpha=\frac{F_y}{F} \end{aligned}\right\} \tag{2-3}$$

式中:α 同样为 x 轴正向到力 $\boldsymbol{F}$ 的角度。

例 2-2 求出下列图中各力 $\boldsymbol{F}$ 在 x 轴和 y 轴上的投影 F_x 和 F_y。设各力的大小均为 10kN。

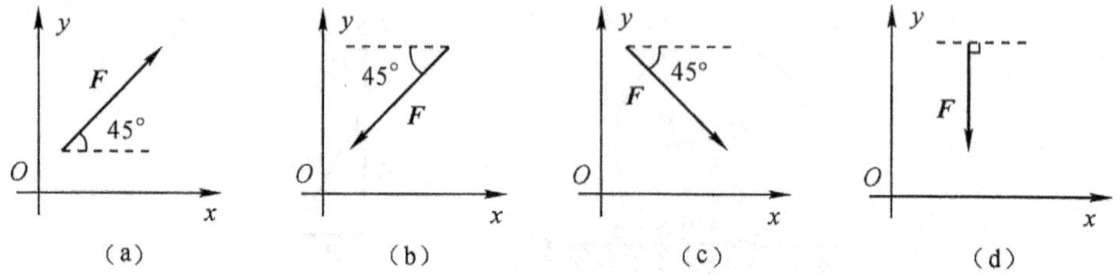

图 2-5

解 (a):$F_x=F\cos\alpha=10\times\cos45°=7.07(\text{kN})$

$F_y=F\sin\alpha=10\times\sin45°=7.07(\text{kN})$

(b):$F_x=F\cos\alpha=10\times\cos225°=-7.07(\text{kN})$

$F_y=F\sin\alpha=10\times\sin225°=-7.07(\text{kN})$

(c):$F_x=F\cos\alpha=10\times\cos315°=7.07(\text{kN})$

$F_y=F\sin\alpha=10\times\sin315°=-7.07(\text{kN})$

(d):$F_x=F\cos\alpha=10\times\cos270°=0$

$F_y=F\sin\alpha=10\times\sin270°=-10(\text{kN})$

例 2-3 已知力 $\boldsymbol{F}$ 在 x 轴和 y 轴上的投影 F_x 和 F_y,求力 $\boldsymbol{F}$:(1) $F_x=-3\text{kN}$,$F_y=4\text{kN}$;(2) $F_x=-3\text{kN}$,$F_y=-4\text{kN}$。

解 (1)$F=\sqrt{F_x^2+F_y^2}=\sqrt{(-3^2)+4^2}=5(\text{kN})$;

$\cos\alpha=\frac{F_x}{F}=\frac{-3}{5}=-0.6$,$\sin\alpha=\frac{F_y}{F}=\frac{4}{5}=0.8$,$\alpha=126.87°$

(2)$F=\sqrt{F_x^2+F_y^2}=\sqrt{(-3^2)+(-4)^2}=5(\text{kN})$

$\cos\alpha=\frac{F_x}{F}=\frac{-3}{5}=-0.6$,$\sin\alpha=\frac{F_y}{F}=\frac{-4}{5}=-0.8$,$\alpha=233.13°$。

2.2.2 合力投影定理

作用于刚体上同一点 A 的两个力 $\boldsymbol{F}_1$ 和 $\boldsymbol{F}_2$，如图 2-6 所示。用力的三角形法则作出它们的合力 $\boldsymbol{F}_R$。在力的作用平面内建立直角坐标系 Oxy，分别作出力 $\boldsymbol{F}_1$、$\boldsymbol{F}_2$ 和 $\boldsymbol{F}_R$ 在 x 轴上的投影 F_{x1}、F_{x2}和 F_{xR}。由图可见：

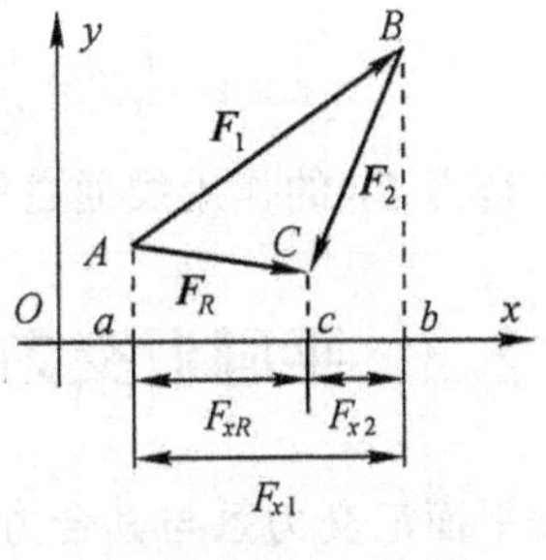

图 2-6

$$F_{x1}=|ab|,F_{x2}=-|cb|,F_{xR}=|ac|$$

根据图中的几何关系，有

$$|ac|=|ab|-|cb|$$

因此

$$F_{xR}=F_{x1}+F_{x2}$$

上式可以推广到由 n 个力组成的平面汇交力系在 x、y 轴投影的情形，即

$$\left.\begin{aligned}F_{xR}&=F_{x1}+F_{x2}+\cdots+F_{xn}=\sum_{i=1}^{n}F_{xi}\\F_{yR}&=F_{y1}+F_{y2}+\cdots+F_{yn}=\sum_{i=1}^{n}F_{yi}\end{aligned}\right\}\tag{2-4}$$

式(2-4)说明，合力在某一轴上的投影等于各分力在同一轴上的投影的代数和。此即合力投影定理。

2.2.3 平面汇交力系合成的解析法

利用合力投影定理，可以求得平面汇交力系的合力 $\boldsymbol{F}_R$ 在正交坐标轴上的投影 F_{xR}和 F_{yR}。再根据式(2-3)，即可确定出合力 $\boldsymbol{F}_R$ 的大小和方向：

$$\left.\begin{aligned}F_R&=\sqrt{F_{xR}^2+F_{yR}^2}=\sqrt{(\sum_{i=1}^{n}F_{xi})^2+(\sum_{i=1}^{n}F_{yi})^2}\\\cos\alpha&=\frac{F_{xR}}{F_R}=\frac{\sum_{i=1}^{n}F_{xi}}{F_R},\sin\alpha=\frac{F_{yR}}{F_R}=\frac{\sum_{i=1}^{n}F_{yi}}{F_R}\end{aligned}\right\}\tag{2-5}$$

式中 α 为 x 轴正向到力 $\boldsymbol{F}$ 的角度。

例 2-4　在 xOy 平面内有某一汇交力系，如图 2-7 所示。已知 $F_1=30\text{kN}$，$F_2=45\text{kN}$，$F_3=15\text{kN}$，$F_4=37.5\text{kN}$，各力的方向示于图中，试用解析法求该力系的合力 $\boldsymbol{F}_R$。

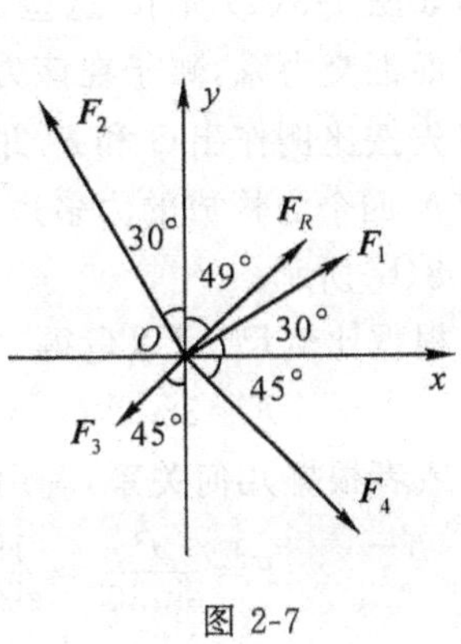

图 2-7

解　先利用合力投影定理计算 $\boldsymbol{F}_R$ 在 x、y 轴上的投影 F_{xR}、F_{yR}：

$$\begin{aligned}F_{xR}&=\sum_{i=1}^{4}F_{xi}=F_1\cos30^\circ+F_2\cos120^\circ+F_3\cos225^\circ\\&\quad+F_4\cos315^\circ=19.39(\text{kN})\end{aligned}$$

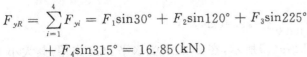

$$\begin{aligned}F_{yR}&=\sum_{i=1}^{4}F_{yi}=F_1\sin30^\circ+F_2\sin120^\circ+F_3\sin225^\circ\\&\quad+F_4\sin315^\circ=16.85(\text{kN})\end{aligned}$$

再利用式(2-5)求合力 $\boldsymbol{F}_R$ 的大小和方向：

$$F_R=\sqrt{F_{xR}^2+F_{yR}^2}=\sqrt{(19.39)^2+(16.85)^2}=25.69(\text{kN})$$

$$\cos\alpha=\frac{F_{xR}}{F_R}=\frac{19.39}{25.69}=0.75,\sin\alpha=\frac{F_{yR}}{F_R}=\frac{16.85}{25.69}=0.66,\alpha=40.99°\approx41°$$

合力 $\boldsymbol{F}_R$ 的作用线通过汇交点 O。

2.3 平面汇交力系的平衡条件

平面汇交力系与其合力等效，因此，平面汇交力系平衡的充分和必要条件是该力系的合力等于零。根据式(2-1)，亦即

$$\boldsymbol{F}_R=\sum_{i=1}^{n}\boldsymbol{F}_i=\boldsymbol{0} \tag{2-6}$$

由于合力的求解有几何法和解析法两种，因此平面汇交力系的平衡条件也可以分为几何条件和解析条件两种。现分别介绍如下。

2.3.1 平面汇交力系平衡的几何条件

用几何法求解平面汇交力系的平衡问题时，式(2-6)的含义是力多边形中的封闭边为零，或者说，力多边形中最后一个力的终点与第一点的起点重合。此时的力多边形称为自行封闭的力多边形。因此平面汇交力系平衡的几何充分必要条件是：该力系的力多边形自行封闭或者封闭边为零。

例 2-5 压路机在路面上受到障碍而停止运动，如图 2-8(a)所示。已知碾子的重力 $G=63\text{kN}$，受到的水平牵引力 $P=19.1\text{kN}$。障碍物对碾子的作用力 $\boldsymbol{F}$ 与竖直线之间的夹角为 30°。试用几何法求出力 $\boldsymbol{F}$ 的大小，以及此时路面对碾子的支撑力 $\boldsymbol{N}$ 的大小。

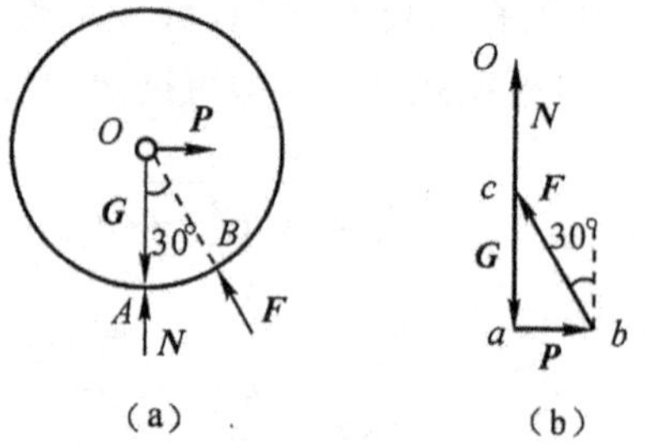

图 2-8

解 选取碾子为研究对象，它受到重力 $\boldsymbol{G}$、牵引力 $\boldsymbol{P}$、障碍物支反力 $\boldsymbol{F}$ 以及地面支撑力 $\boldsymbol{N}$ 的作用，受力图如图 2-8(a)所示，这些力汇交于碾子圆心 O，是一平面汇交力系，碾子在该力系作用下保持平衡。因为力矢量 $\boldsymbol{G}$ 和 $\boldsymbol{P}$ 的大小和方向均已知，所以先按比例作出 $\boldsymbol{G}$ 和 $\boldsymbol{P}$，并将它们首尾相连。根据平面汇交力系平衡的几何条件，力 $\boldsymbol{G}$、$\boldsymbol{P}$、$\boldsymbol{F}$ 和 $\boldsymbol{N}$ 四个力构成的力多边形应该自行封闭。结合力 $\boldsymbol{F}$ 和 $\boldsymbol{N}$ 的方向，最后作出力多边形，如图 2-8(b)所示。

根据比例尺，可以量得

$$F=38.2\text{kN},N=29.9\text{kN}$$

或者根据几何关系，利用三角公式计算得到力 $\boldsymbol{F}$ 和 $\boldsymbol{N}$ 的大小：

$$F=\frac{P}{\sin30°}=\frac{19.1}{\sin30°}=38.2(\text{kN})$$

$$N=G-\frac{P}{\tan30°}=63-\frac{19.1}{\tan30°}=29.9(\text{kN})$$

例 2-6 平面刚架 $ABCD$ 如图 2-9(a)所示，在 E 点承受水平力 $\boldsymbol{P}$ 作用，其大小 $P=$

20kN。不计刚架自重，求 A、D 两处的支座反力 $\boldsymbol{F}_A$、$\boldsymbol{F}_D$。

解　取刚架为研究对象。因为不计自重，刚架受三个力的作用：主动力 $\boldsymbol{P}$ 和 A、D 两处的支反力 $\boldsymbol{F}_A$、$\boldsymbol{F}_D$。根据可动铰支座的性质，$\boldsymbol{F}_D$ 的方向沿着竖直线，而固定铰支座 A 的支反力 $\boldsymbol{F}_A$ 方向待定。考虑到刚架只受三个力的作用而保持平衡，根据三力平衡汇交定理，这三个力的作用线应该汇交于一点，据此可以确定出支反力 $\boldsymbol{F}_A$ 的方向，从而画出刚架的受力图，如图 2-9(b)所示。这三个力组成力多边形 Oab，根据平面汇交力系平衡的几何条件，它应该是自行封闭的，如图 2-9(c)所示。利用三角公式进行计算：

$$\tan\alpha=\frac{4.66}{10}=0.466,\alpha=25°;$$

$$F_A=\frac{P}{\cos\alpha}=\frac{20}{\cos25°}=22.07(\text{kN})，作用线方向与水平线夹角 25°;$$

$$F_D=P\tan\alpha=20\cdot\tan25°=9.32(\text{kN})，作用线沿竖直方向。$$

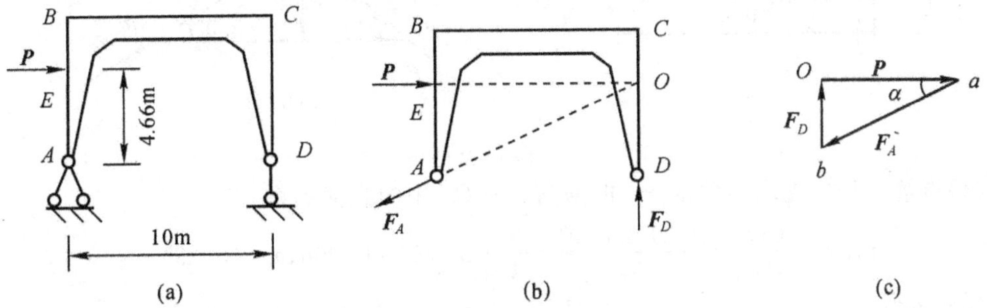

图 2-9

2.3.2　平面汇交力系平衡的解析条件

用解析法求解平面汇交力系的平衡问题时，式(2-6)的含义是合力的大小 $F_R=0$。根据式(2-5)，有

$$F_R=\sqrt{(\sum_{i=1}^{n}F_{xi})^2+(\sum_{i=1}^{n}F_{yi})^2}=0$$

上式等价于

$$\sum_{i=1}^{n}F_{xi}=0,\sum_{i=1}^{n}F_{yi}=0 \tag{2-7}$$

因此，平面汇交力系平衡的充分和必要的解析条件是：力系中各力在两个正交坐标轴上的投影之和分别等于零。式(2-7)称为平面汇交力系的平衡方程。这是两个相互独立的方程，能且只能求解两个未知量。

例 2-7　某梁结构如图 2-10(a)所示，A 为固定铰支座，B 为可动铰支座，它与水平线之间的夹角为 30°。在梁 C 处承受集中荷载 $P=10\text{kN}$。不计梁自重，求 A、B 两处的支座反力 $\boldsymbol{F}_A$、$\boldsymbol{F}_B$。

解　(1)选取梁 AB 为研究对象。

(2)画受力图。在右端，可动铰支座 B 处的支反力 $\boldsymbol{F}_B$ 与支撑面垂直，即与水平线之间的夹角为 30°。在左端，固定铰支座 A 的支反力 $\boldsymbol{F}_A$ 通过铰中心 A，但方向待定。梁 AB 在支反

力 $\boldsymbol{F}_A$、$\boldsymbol{F}_B$ 以及集中荷载 $\boldsymbol{P}$ 的作用下保持平衡，根据三力平衡汇交定理，$\boldsymbol{F}_A$ 的作用线必须通过 $\boldsymbol{F}_B$ 与 $\boldsymbol{P}$ 的作用线交点 O，从而确定出 $\boldsymbol{F}_A$ 的作用线方向。梁 AB 的受力图如图 2-10(b)所示。

(3)列平衡方程。先建立直角坐标系，选取汇交点 O 为坐标原点，如图 2-10(b)所示。由式(2-7)，有

$$\sum_{i=1}^{n} F_{xi} = 0: F_A\cos\alpha - F_B\cos 30^\circ = 0$$

$$\sum_{i=1}^{n} F_{yi} = 0: F_A\sin\alpha + F_B\sin 30^\circ - P = 0$$

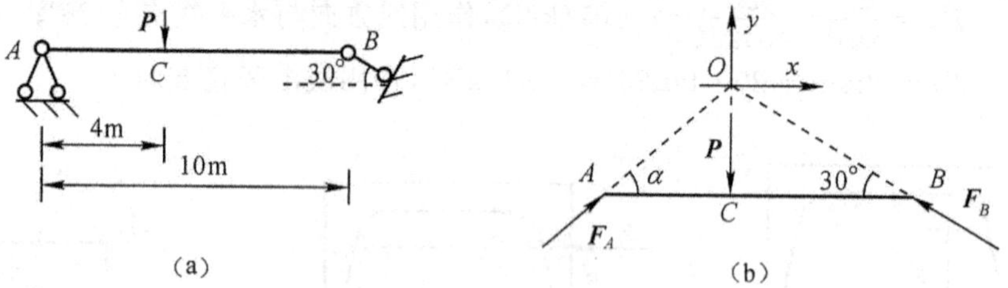

图 2-10

(4)求解方程。先求出角度 α。根据图 2-10(b)中的几何关系，有

$$\tan\alpha = \frac{|CO|}{|AC|} = \frac{|CB|\tan 30^\circ}{|AC|} = \frac{6}{4}\cdot\tan 30^\circ = 0.866, \alpha = 40.89^\circ$$

解方程可求得

$$F_A = 9.17\text{kN}, F_B = 8.00\text{kN}$$

上述结果均为正值，说明对这两个力的具体指向的假定与实际情况一致。反之，如果所得结果出现负号，则表明事先假定的力的指向与实际情况相反。

例 2-8 某支架结构如图 2-11(a)所示，A、B 为固定铰支座，斜撑 BC 与竖直线之间的夹角为 40°，与横梁 AD 通过铰 C 连接，C 点为横梁 AD 的中点。集中荷载 $P=20\text{kN}$，作用在 D 处。不计构件自重，求固定铰支座 A 的支反力 $\boldsymbol{F}_A$ 和斜撑 BC 所受的力 $\boldsymbol{N}_{BC}$。

解 (1)确定研究对象。由于 $\boldsymbol{F}_A$ 和 $\boldsymbol{N}_{BC}$ 都与横梁 AD 有关，因此可以选择梁 AD 作为研究对象。

(2)画受力图。横梁 AD 受到斜撑 BC 的作用。由于自重不计，斜撑 BC 只在两端受力，属于二力杆件，因此力 $\boldsymbol{N}_{BC}$ 的方向沿着 BC 方向，即与竖直线之间的夹角为 40°。横梁 AD 同时又受到固定铰支座 A 的支反力 $\boldsymbol{F}_A$ 作用，方向待定。在力 $\boldsymbol{N}_{BC}$、$\boldsymbol{F}_A$ 以及集中荷载 $\boldsymbol{P}$ 的作用下，横梁 AD 保持平衡。根据三力平衡汇交定理，可以确定出支反力 $\boldsymbol{F}_A$ 的方向。最后得到横梁 AD 的受力图，如图 2-11(b)所示。

(3)列平衡方程。先建立直角坐标系，将坐标原点建立在汇交点 E 上，如图 2-11(b)所示。根据式(2-7)列平衡方程

$$\sum_{i=1}^{n} F_{xi} = 0: N_{BC}\sin 40^\circ - F_A\sin\alpha = 0$$

$$\sum_{i=1}^{n} F_{yi} = 0: N_{BC}\cos 40^\circ - F_A\cos\alpha - P = 0$$

(4)求解方程。先求出角度 α。因为 C 点是横梁 AD 的中点，由图 2-11(b)有

$$|DE|=\frac{|CD|}{\tan 40°}=\frac{|AD|}{\tan\alpha},|AD|=2|CD|$$

因此

$$\tan\alpha=2\cdot\tan 40°=1.678,\alpha=59.21°$$

解方程可求得

$$F_A=39.07\text{kN},N_{BC}=52.22\text{kN}$$

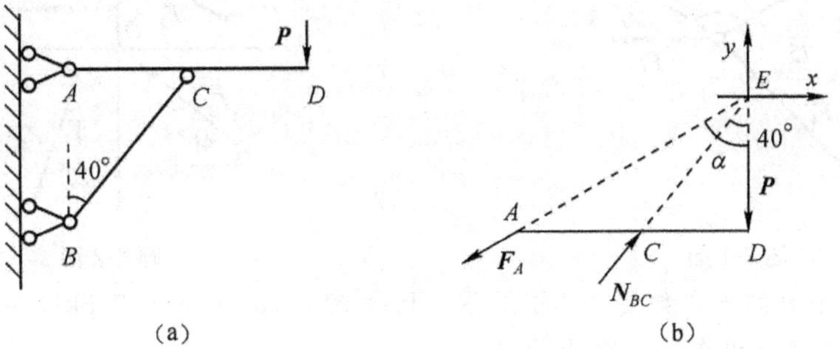

图 2-11

上面求出的 N_{BC} 实际上是斜撑 BC 对横梁 AD 的作用力，根据作用与反作用定律，斜撑 BC 所受的力大小也为 52.22kN。上述结果均为正值，说明对这两个力的具体指向的假定与实际情况一致。

通过前面几个例题，可以总结出求解平面汇交力系平衡问题的步骤是：

(1)根据题意，选择合适的平衡体作为研究对象；

(2)对研究对象进行受力分析，画出受力图；

(3)如果采用几何法求解，则作出力多边形；如果采用解析法求解，则先建立合适的直角坐标系，然后列出平衡方程；

(4)未知量求解：对于几何法，根据比例尺直接量出未知力的大小和方向，或者利用三角公式计算求解；对于解析法，通过求解平衡方程求出未知量。

思考题

2-1　题 2-1 两图中的三个力各满足什么关系？

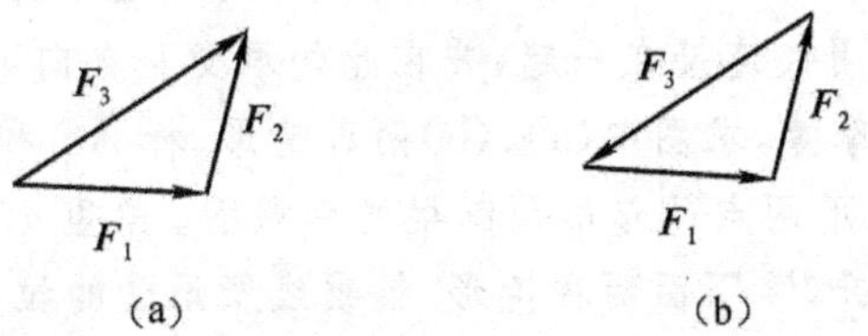

题 2-1 图

2-2　用几何法求平面汇交力系的合力时，任意变换各分力矢的作图次序，所得到的力多边形是否相同？所得到的合力是否相同？

2-3　力 $\boldsymbol{F}$ 在正交坐标轴上的投影与力 $\boldsymbol{F}$ 在正交坐标轴上的分力有什么关系？

2-4　同一个力在两相互平行的坐标轴上的投影是否相等？用解析法求解平面汇交力系的平衡问题时，直角坐标系的方向和原点选择是否任意？

习 题

2-1 分别用几何法和解析法求题 2-1 图平面汇交力系的合力。已知 $F_1=F_2=20\text{kN}$，$F_3=30\text{kN}$，$F_4=40\text{kN}$，力 $\boldsymbol{F}_1$ 作用线水平。

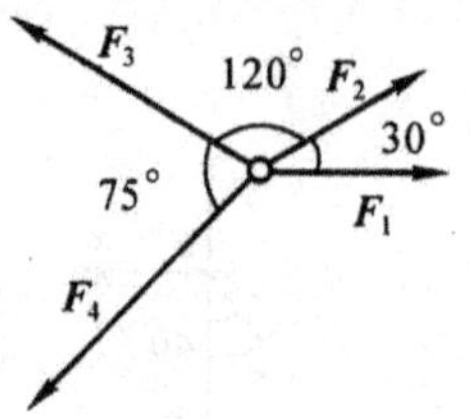

题 2-1 图

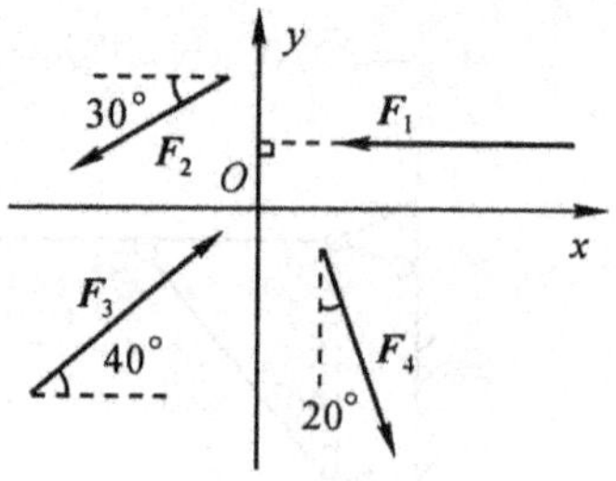

题 2-2 图

2-2 平面上四个力的方向如题 2-2 图所示。已知 $F_1=10\text{kN}$，$F_2=7.5\text{kN}$，$F_3=10\text{kN}$，$F_4=12.5\text{kN}$，求每个力在 x、y 轴上的投影。

2-3 三角支架如题 2-3 图所示，直杆 AB 和 BC 在 B 处用铰连接，与地面通过固定铰支座连接，不计杆自重。忽略所有铰的摩擦。在铰 B 处受到与支架同一平面的三个力 $\boldsymbol{P}_1$、$\boldsymbol{P}_2$ 和 $\boldsymbol{P}_3$ 的作用，其中 $P_1=200\text{N}$，$P_2=150\text{N}$，$P_3=350\text{N}$，方向如图所示。求此时杆 AB 和 BC 所承受的力，并说明杆件是受压还是受拉。

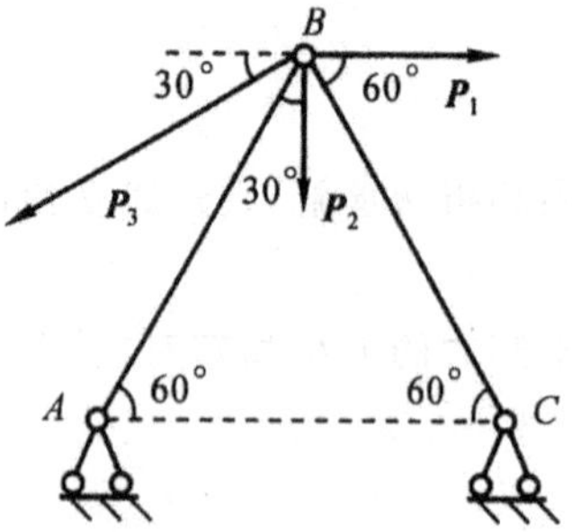

题 2-3 图

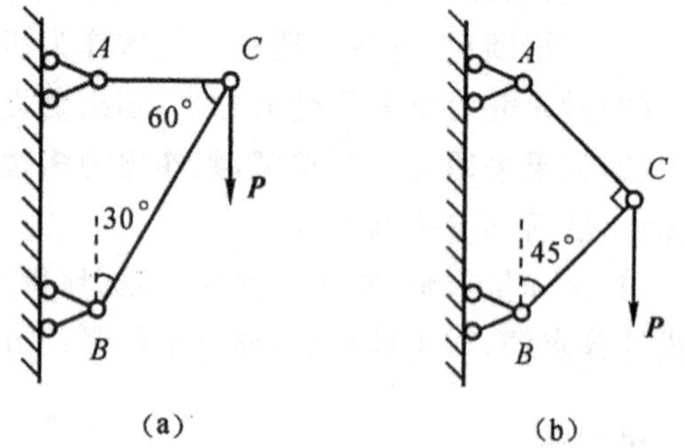

题 2-4 图

2-4 如题 2-4 图所示，支架由杆 AC 和 BC 构成。两杆的一端分别用固定铰支座与竖直墙连接，另外一端在 C 处用铰连接在一起，并在此处承受竖直向下的荷载 $P=1\text{kN}$。不计杆自重，忽略所有铰的摩擦，求图中(a)、(b)两种情形，杆 AC 和 BC 所受的力。

2-5 题 2-5 图为工地上采用两点吊起吊预制梁的示意图。梁重 40 吨，钢绞线与水平线的夹角为 α。求梁匀速上升时，下面两种情形，钢绞线所承受的拉力：(1)$\alpha=30°$；(2)$\alpha=45°$。

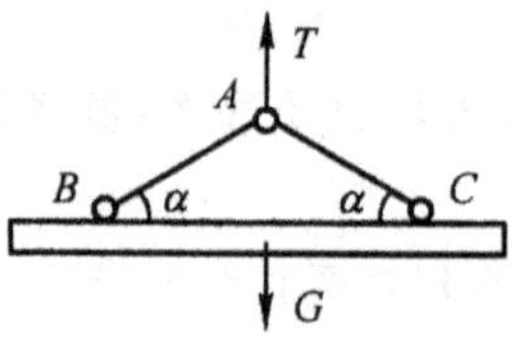

题 2-5 图

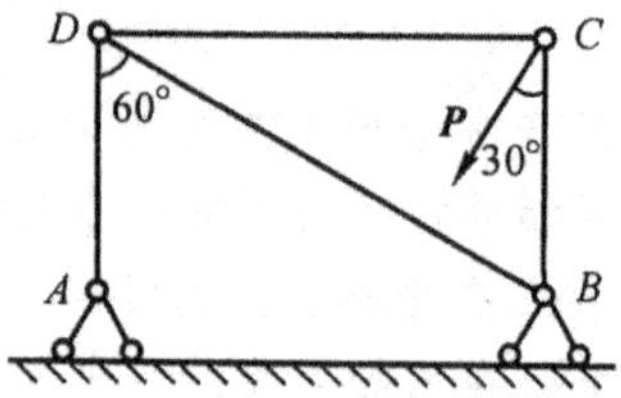

题 2-6 图

2-6 某平面结构如题2-6图所示。所有的铰均光滑，杆件自重不计。在 C 点受到力 $\boldsymbol{P}$ 的作用，方向如图所示。求此时杆 BD 所承受的力。

2-7 连杆体系如题2-7图所示，$AB=BC=l$，在力 P_1 与 P_2 共同作用下保持平衡，求此时 P_1 与 P_2 之间的大小关系（滑块与地面间光滑）。

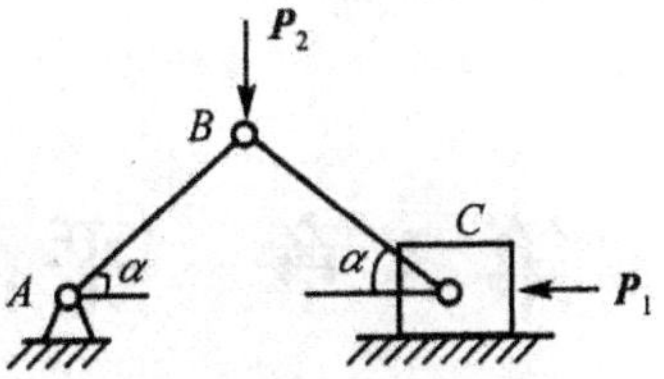

题2-7图

第 3 章　平面力偶系

3.1　平面力矩

3.1.1　力对点的矩

在长期的生产实践中，人们逐渐意识到，力对物体的作用效果可以分为两类：移动效应和转动效应。如手推门，门将绕着门轴转动，如图 3-1(a)所示。图 3-1(b)是其俯视简图。这就是力对物体的转动效应的一个例子。

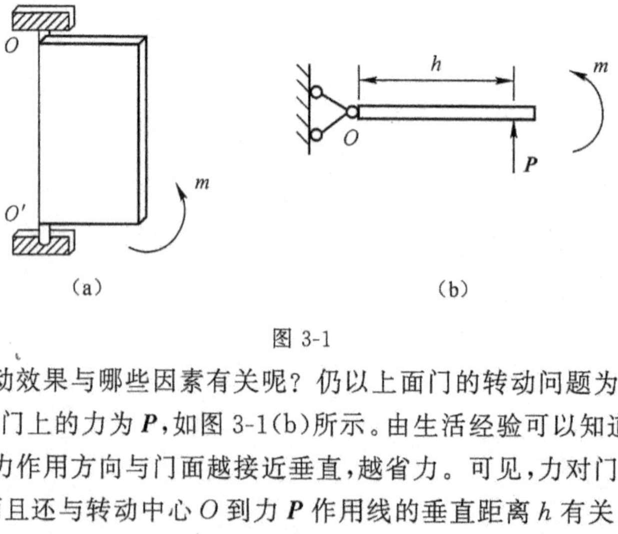

图 3-1

力对物体的转动效果与哪些因素有关呢？仍以上面门的转动问题为例。设门轴即转动中心为 O，手施加于门上的力为 $\boldsymbol{P}$，如图 3-1(b)所示。由生活经验可以知道，力作用点与门轴距离越远，越省力；力作用方向与门面越接近垂直，越省力。可见，力对门的转动效果不仅与力 $\boldsymbol{P}$ 的大小有关，而且还与转动中心 O 到力 $\boldsymbol{P}$ 作用线的垂直距离 h 有关。因此，可以用乘积 $P \cdot h$ 来衡量力 $\boldsymbol{P}$ 对门的转动效果。另外，如果改变力 $\boldsymbol{P}$ 的指向，使其朝相反的方向，则门将作反方向的转动。

上述力对物体的转动效果，可以用力对点的矩(简称为力矩)来表示，即力矩是度量力对刚体转动效应的物理量。转动中心称为力矩中心，简称为矩心。矩心到力作用线的垂直距离称为力臂。

如图 3-2 所示，力 $\boldsymbol{P}$ 与矩心 O 位于在同一平面内。力 $\boldsymbol{P}$ 对点 O 的矩记为 $M_o(\boldsymbol{P})$，根据前面的讨论，有

$$M_o(\boldsymbol{P}) = \pm P \cdot h \tag{3-1}$$

因此，在平面内，力矩是一个代数量。它的绝对值等于力的大小与力臂的乘积，它的正负号按以下规定选取：力使物体绕矩心作逆时针方向转动时取正号，反之取负号。在国际单位制中，力矩的单位是 N · m。从图 3-2 可以看出，力矩的大小两倍于图中阴影三角形的面积。

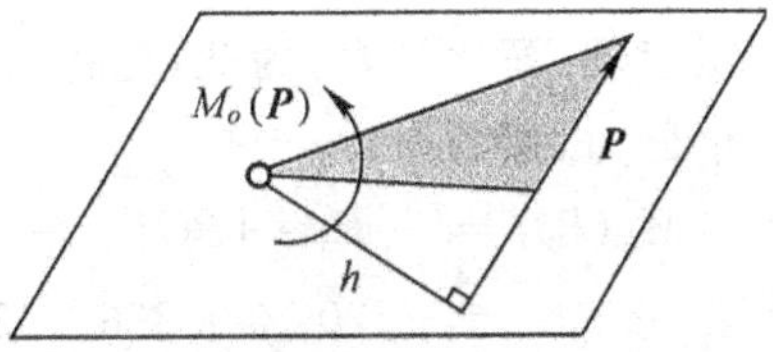

图 3-2

由式(3-1)可知，力矩等于零的两个条件是：(1)力等于零；(2)力臂等于零，即力的作用线通过矩心。另外，如果力沿着其作用线滑动，则由于力的大小和力臂均没有发生变化，因此力矩也保持不变。

例 3-1　挖土机的机械臂受力如图 3-3 所示。土重 $P=4\text{kN}$，机械臂长 $l=5\text{m}$，机械臂与水平面之间的夹角为 α，求下列两种情形，力 $\boldsymbol{P}$ 对点 O 的矩：(1)$\alpha=60°$；(2)$\alpha=30°$。

解　由图可知，力 $\boldsymbol{P}$ 对矩心 O 的力臂 $h=l\cos\alpha$，因此：

(1)$M_o(\boldsymbol{P})=-P\cdot h=-4\cdot 5\cos 60°=-10(\text{kN}\cdot\text{m})$

(2)$M_o(\boldsymbol{P})=-P\cdot h=-4\cdot 5\cos 30°$

$=-17.32\ (\text{kN}\cdot\text{m})$

其中，负号表示力 $\boldsymbol{P}$ 对点 O 的矩是顺时针转动的。

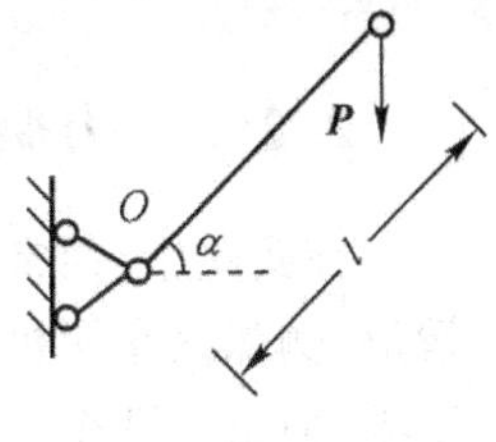

图 3-3

3.1.2　合力矩定理

在平面汇交力系中，各分力与它们的合力对物体的作用效果等效，这里的作用效果也包括物体的转动效应。由于物体的转动效应用力矩来度量，因此，平面汇交力系的合力对于平面内任一点的矩等于所有各分力对于该点的矩的代数和，这就是合力矩定理。它可以用式子表示为

$$M_o(\boldsymbol{P}_R)=\sum_{i=1}^{n}M_o(\boldsymbol{P}_i) \tag{3-2}$$

式中：$M_o(\boldsymbol{P}_R)$ 和 $M_o(\boldsymbol{P}_i)$ 分别为合力 $\boldsymbol{P}_R$ 和分力 $\boldsymbol{P}_i$ 对同一点 O 的矩。式(3-2) 的证明如下：

如图 3-4 所示，刚体上的 A 点作用力 $\boldsymbol{P}_1$ 和 $\boldsymbol{P}_2$，它们的合力为 $\boldsymbol{P}_R$。在力 $\boldsymbol{P}_1$ 和 $\boldsymbol{P}_2$ 的作用平面内任取一点 O 作为矩心。过 O 点作 OA 的垂线 Oy，作为 y 轴。力 $\boldsymbol{P}_1$、$\boldsymbol{P}_2$ 和 $\boldsymbol{P}_R$ 在 y 轴上的投影分别为 Ob_1、Oc_1 和 Od_1，则

$$M_o(\boldsymbol{P}_1)=2\times\triangle OAB\text{ 的面积}=OA\times Ob_1$$

$$M_o(\boldsymbol{P}_2)=2\times\triangle OAC\text{ 的面积}=OA\times Oc_1$$

$$M_o(\boldsymbol{P}_R)=2\times\triangle OAD\text{ 的面积}=OA\times Od_1$$

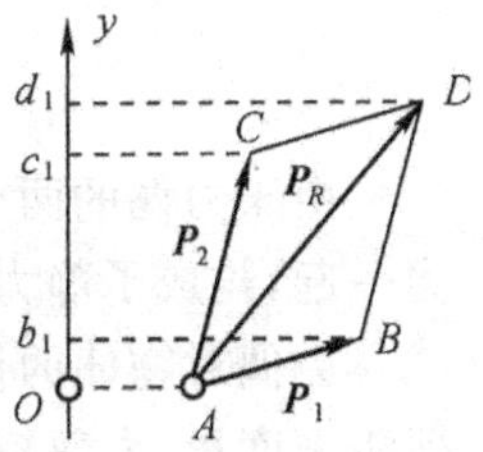

图 3-4

根据合力投影定理：$Od_1=Ob_1+Oc_1$，于是

$$M_o(\boldsymbol{P}_R)=M_o(\boldsymbol{P}_1)+M_o(\boldsymbol{P}_2)$$

以上证明了合力矩定理在两个分力时的情形成立。当平面汇交力系的分力多于两个时，可以不断重复运用上式，最后证得式(3-2)。

当力臂不易求出时，利用合力矩定理常可以简化力矩的计算。

例 3-2　折杆结构 ABC 如图 3-5 所示，AB 杆水平，BC 杆竖直。已知 $|AB|=4\text{m}$，$|BC|=3\text{m}$。A 点作用大小为 20kN 的力 $\boldsymbol{P}$，它与水平线的夹角为 30°，求力 $\boldsymbol{P}$ 对点 C 的矩。

解 力$\boldsymbol{P}$对点C的力臂不易求出，因此利用合力矩定理，简化计算。为此，先将力$\boldsymbol{P}$分解为$\boldsymbol{P}_x$和$\boldsymbol{P}_y$两个分力，如图所示。于是

$$M_C(\boldsymbol{P}_x) = -P_x \cdot |BC| = -P\cos 30° \cdot |BC|$$
$$= -20 \times 0.866 \times 3 = -51.96(\text{kN} \cdot \text{m})$$
$$M_C(\boldsymbol{P}_y) = P_y \cdot |AB| = P\sin 30° \cdot |AB|$$
$$= 20 \times 0.5 \times 4 = 40(\text{kN} \cdot \text{m})$$

根据合力矩定理

$$M_C(\boldsymbol{P}) = M_C(\boldsymbol{P}_x) + M_C(\boldsymbol{P}_y) = -11.96(\text{kN} \cdot \text{m})$$

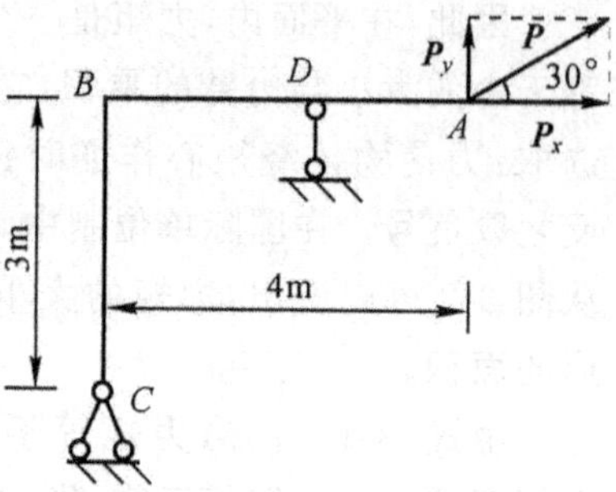

图 3-5

3.2 平面力偶

3.2.1 力偶和力偶矩

在实践中，经常会遇到两个大小相等、方向相反且不共线的平行力作用在一个物体上的情形。例如汽车司机转动方向盘时双手施加的力，如图 3-6 所示。显然，这两个力的矢量和等于零。但由于两个力不共线，不能互相平衡，它们对物体的作用效果是使物体在力作用平面内发生纯转动。这种由两个大小相等、方向相反且不共线的平行力组成的力系，称为力偶，记作$(\boldsymbol{F},\boldsymbol{F}')$，如图 3-7 所示。力偶的两个力作用线之间的距离d称为力偶臂，两个力所在的作用平面称为力偶作用面。

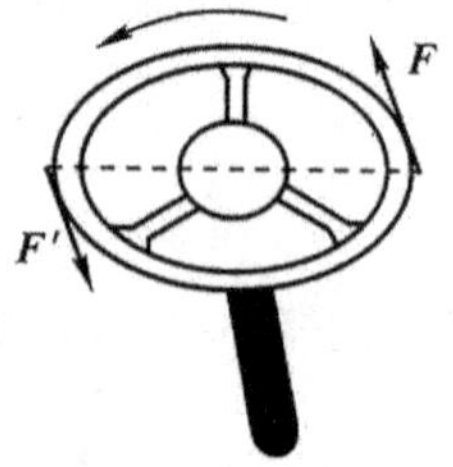

图 3-6

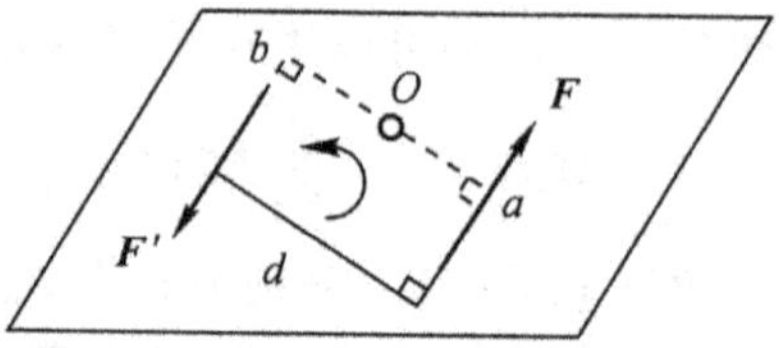

图 3-7

由于力偶的两个力平行，无法合成为一个合力，因此力偶不能用一个力来代替。力偶和力一起，构成了静力学的两个基本要素。

力偶对物体的作用效果，仅仅使物体在力偶作用面内转动。力偶对物体的转动效果用力偶矩来度量。力偶矩的大小等于力偶中的两个力对其作用面内任一点的矩的代数和。

设有一力偶$(\boldsymbol{F},\boldsymbol{F}')$，其力偶臂为$d$，如图 3-7 所示。力偶对力偶作用面内任一点$O$的矩为$M_O(\boldsymbol{F},\boldsymbol{F}')$，于是

$$M_O(\boldsymbol{F},\boldsymbol{F}') = M_O(\boldsymbol{F}) + M_O(\boldsymbol{F}') = F \cdot |Oa| + F' \cdot |Ob|$$
$$= F \cdot (|Oa| + |Ob|) = F \cdot d$$

可见，力偶矩的大小等于力乘以力偶臂，而与矩心位置无关，因此在表示平面力偶矩时可以不指明矩心，记作$M(\boldsymbol{F},\boldsymbol{F}')$或$M$。

力偶的转向不同，对物体产生的转动效果也不同。因此力偶的作用效果由下面两个因素决定：(1) 力偶矩的大小；(2) 力偶在力偶作用面内的转向。可见，平面力偶矩是一个代数量，

$M = \pm F \cdot d$，当力偶使物体逆时针转动时取正号，反之取负号。力偶矩的单位与力矩的单位相同，即 N·m。

3.2.2 平面力偶的等效定理

由于力偶仅仅使物体在力偶作用面内转动，而力偶对物体的转动效果采用力偶矩来度量。因此，在同一平面的两个力偶，如果力偶矩相等，则两力偶彼此等效。这就是平面力偶的等效定理，对它的详细证明从略，读者可以参见有关书籍。

平面力偶的等效定理给出了平面力偶的等效条件。由此可以得到平面力偶的两个性质：

(1) 力偶可在力偶作用面内任意移动，而不改变它对刚体的转动效果。即力偶对刚体的转动效果与力偶在力偶作用面内的位置无关，如图 3-8 所示。

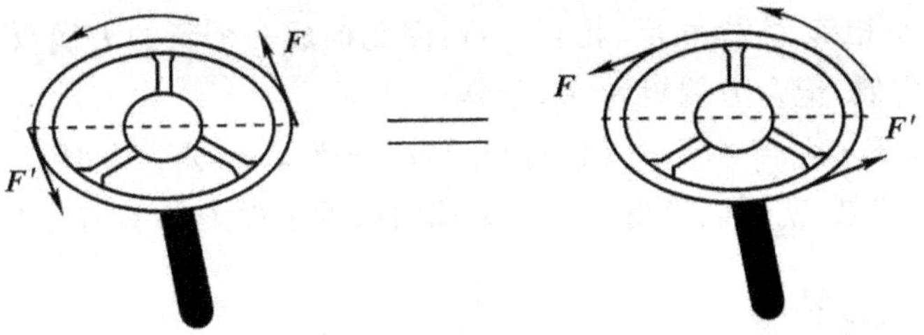

图 3-8

(2) 同时改变力偶中力的大小和力偶臂的长短，但保持力偶矩的大小和转向不变，则力偶对刚体的转动效果不变，如图 3-9 所示。

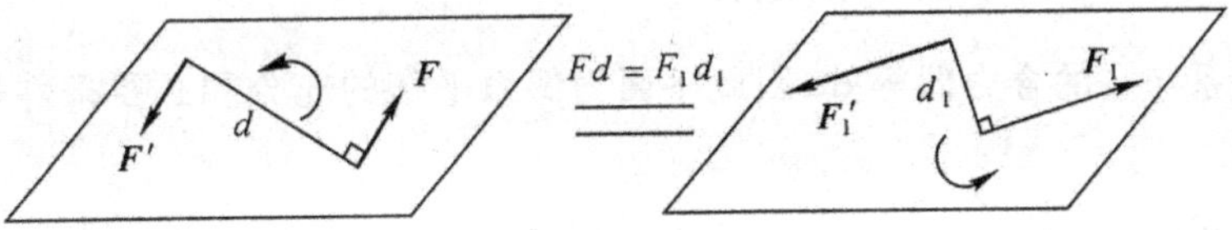

图 3-9

由此可见，力偶在力偶作用面内的位置、力偶中力的大小和力偶臂的长短，都不是力偶对刚体转动效果的最终决定因素，只有力偶矩才是力偶转动效果的惟一度量。今后将直接采用图 3-10 所示的符号来表示力偶，而不指明其作用位置等因素。

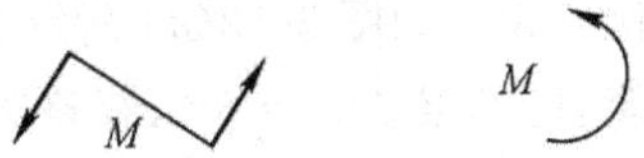

图 3-10

3.3 平面力偶系的平衡

3.3.1 平面力偶系的合成

作用于同一平面内、同一刚体上的一组力偶，称为平面力偶系。平面汇交力系可以合成为一个合力，那么平面力偶系合成的结果又怎样呢？

如图 3-11(a) 所示，在刚体的同一平面上作用有两个力偶($\boldsymbol{F}_1, \boldsymbol{F}_1'$) 和($\boldsymbol{F}_2, \boldsymbol{F}_2'$)，它们的力偶臂分别为 d_1 和 d_2，力偶矩分别为 M_1 和 M_2。根据平面力偶的性质，可以将力偶($\boldsymbol{F}_2, \boldsymbol{F}_2'$) 等效成力偶($\boldsymbol{F}_3, \boldsymbol{F}_3'$)，使得力偶($\boldsymbol{F}_3, \boldsymbol{F}_3'$) 的力偶臂 $d_3 = d_1$，并且力 $\boldsymbol{F}_3$ 的方向与力 $\boldsymbol{F}_1$ 的方向

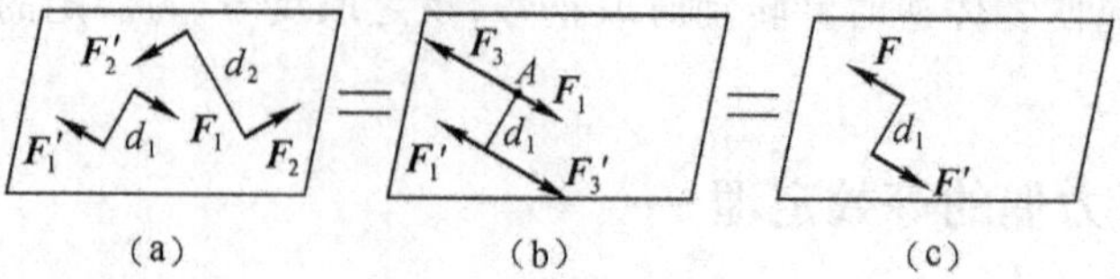

图 3-11

一致，如图 3-11(b) 所示。由力偶等效的原则，此时

$$F_3 = M_2/d_1$$

由于力 $\boldsymbol{F}_3$ 和 $\boldsymbol{F}_1$ 作用在同一点 A 处，因此可以将它们合成为一个合力 $\boldsymbol{F}$。同理，力 $\boldsymbol{F}_3{}'$ 和 $\boldsymbol{F}_1{}'$ 也可以合成为一个合力 $\boldsymbol{F}'$，如图 3-11(c) 所示，其中(假设 $F_1 < F_3$)

$$F = F_3 - F_1, F' = F_3{}' - F_1{}'$$

此时力 $\boldsymbol{F}$ 和 $\boldsymbol{F}'$ 大小相等、方向相反、相互平行，因此构成一个新的力偶$(\boldsymbol{F},\boldsymbol{F}')$，它与原力偶系等效，称之为合力偶，记合力偶矩为 M，于是

$$M = F \cdot d_1 = (F_3 - F_1)d_1 = F_3 d_1 - F_1 d_1 = M_2 + M_1$$

重复运用上述结果，就可以求得由 n 个力偶组成的平面力偶系的合力偶矩

$$M = \sum_{i=1}^{n} M_i \tag{3-3}$$

式(3-3) 说明，作用于同一刚体上的平面力偶系，可以合成为一个合力偶，合力偶矩等于各个力偶矩的代数和。

3.3.2 平面力偶系的平衡条件

平面力偶系与它的合力偶等效，因此平面力偶系平衡的充分和必要条件是合力偶矩等于零，也即

$$\sum_{i=1}^{n} M_i = 0 \tag{3-4}$$

例 3-3 如图 3-12(a) 所示，简支梁 AB 承受力偶矩为 $M = -10\text{kN} \cdot \text{m}$ 的力偶作用保持平衡。已知梁长 $l = 5\text{m}$，忽略梁自重和所有铰的摩擦，求此时支座 A、B 的约束反力。

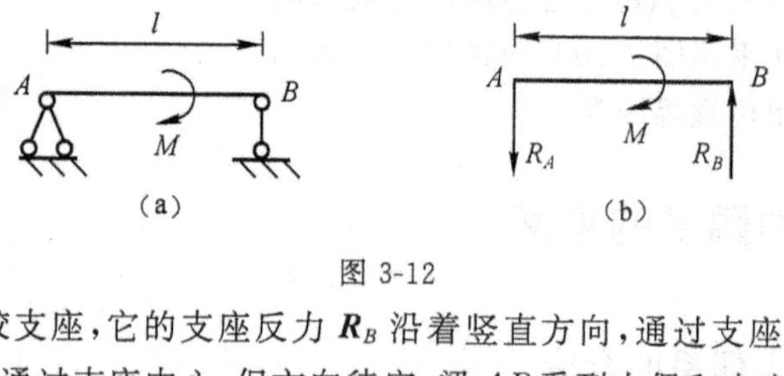

图 3-12

解 B 为可动铰支座，它的支座反力 $\boldsymbol{R}_B$ 沿着竖直方向，通过支座中心。A 为固定铰支座，它的支座反力 $\boldsymbol{R}_A$ 通过支座中心，但方向待定。梁 AB 受到力偶和支座反力 $\boldsymbol{R}_A$、$\boldsymbol{R}_B$ 的作用，保持平衡。由于力偶只能通过力偶平衡，因此力 $\boldsymbol{R}_A$ 和 $\boldsymbol{R}_B$ 必须构成一对力偶。也即 $\boldsymbol{R}_A$ 也沿着竖直方向，与 $\boldsymbol{R}_B$ 方向相反，大小相等。梁的受力图如图 3-12(b) 所示。

根据平面力偶系的平衡条件，列出平衡方程

$$\sum_{i=1}^{n} M_i = 0: M + R_A \cdot l = 0$$

解得

$$R_A = \frac{-M}{l} = \frac{10}{5} = 2(\text{kN}), R_B = R_A = 2\text{kN}$$

方向如图 3-12(b) 所示。

例 3-4　三铰刚架由直角折杆 AB 和 BC 构成，如图 3-13(a) 所示。在 AB 折杆上作用有两个力偶，力偶矩大小分别为 $M_1 = -2\text{kN}\cdot\text{m}$ 和 $M_2 = -4\text{kN}\cdot\text{m}$。已知刚架宽 $b = 8\text{m}$，高 $h = 6\text{m}$，忽略刚架自重和所有铰的摩擦，求刚架平衡时 A、C 两处的支座反力。

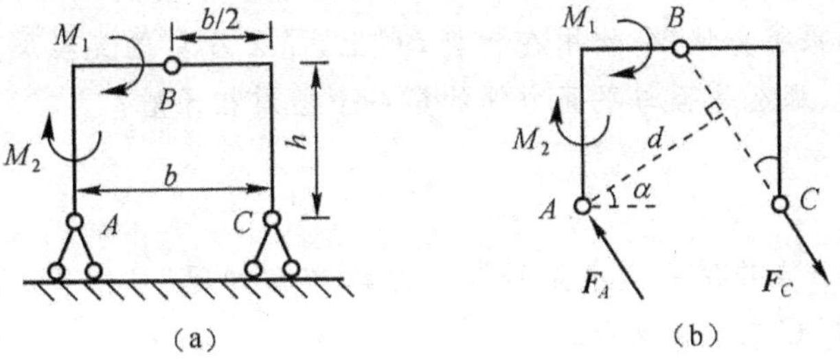

图 3-13

解　A、C 均为固定铰支座，因此它们的支座反力 $\boldsymbol{F}_A$ 和 $\boldsymbol{F}_C$ 均为通过支座中心的集中力。

先分析折杆 BC。由于忽略自重，它只在两端受集中力的作用，因此是一个二力杆。从而确定支座反力 $\boldsymbol{F}_C$ 沿着 BC 两点的连线，如图 3-13(b) 所示。

然后对刚架整体分析。刚架受到的主动荷载为两个力偶，约束反力为支座反力 $\boldsymbol{F}_A$ 和 $\boldsymbol{F}_C$。由于力偶只能通过力偶平衡，因此力 $\boldsymbol{F}_A$ 和 $\boldsymbol{F}_C$ 必须构成一对力偶，刚架才能保持平衡。由此可以确定，支座反力 $\boldsymbol{F}_A$ 和 $\boldsymbol{F}_C$ 的大小相等，互相平行但方向相反。整个刚架的受力图如图 3-13(b) 所示。

最后根据平面力偶系的平衡条件，列出平衡方程

$$\sum_{i=1}^{n} M_i = 0 : M_1 + M_2 - F_A \cdot d = 0$$

根据几何关系

$$\cos\alpha = \frac{6}{\sqrt{4^2 + 6^2}} = 0.832, d = b\cos\alpha = 8 \times 0.832 = 6.656(\text{m})$$

代入上式，得

$$F_A = \frac{M_1 + M_2}{d} = \frac{-2-4}{6.656} = -0.901(\text{kN})$$

而

$$F_C = F_A = -0.901\text{kN}$$

F_A 和 F_C 中的负号表示支座反力 $\boldsymbol{F}_A$ 和 $\boldsymbol{F}_C$ 的实际方向与图 3-13(b) 中所示相反。

此题也可以通过分析折杆 AB 来取代整体分析。有兴趣的读者可以自行练习，并比较两种方法的异同。

思考题

3-1　比较力矩和力偶矩的异同。

3-2　如题 3-2 图所示，刚体上 A、B、C、D 四点分别作用四个大小相等的力，它们刚好组成一

个封闭的力多边形。试判断此时刚体是否平衡，并说明原因。

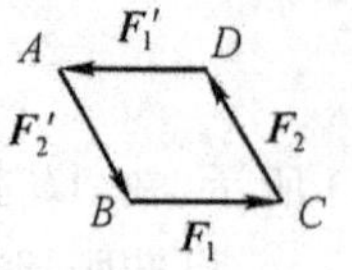

题 3-2 图

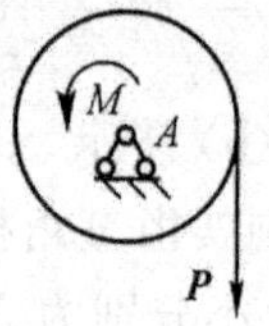

题 3-3 图

3-3　力和力偶无法平衡，那为什么题 3-3 图中承受主动力 $\boldsymbol{P}$ 和力偶 M 作用的轮子能保持静止？

3-4　在例 3-4 中，如果将力偶 M_1 作用在折杆 BC 上，那么 A、C 的支座反力是否会发生改变？如果发生改变，那么是否与平面力偶的第一个性质相矛盾？

习　题

3-1　圆盘边缘上的 A 点作用一大小为 1kN 的力 $\boldsymbol{P}$，方向如题 3-1 图所示。圆盘的半径为 1m，求此力对 O、B 、C 三点的力矩。

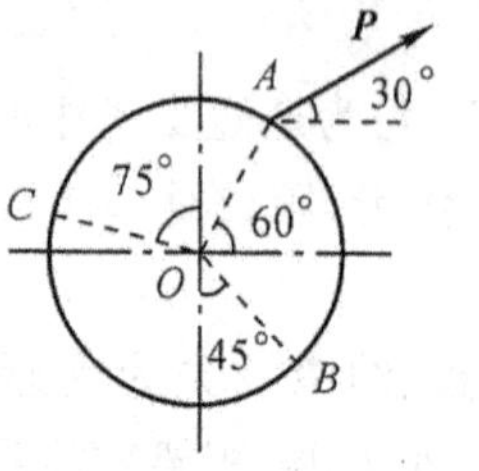

题 3-1 图

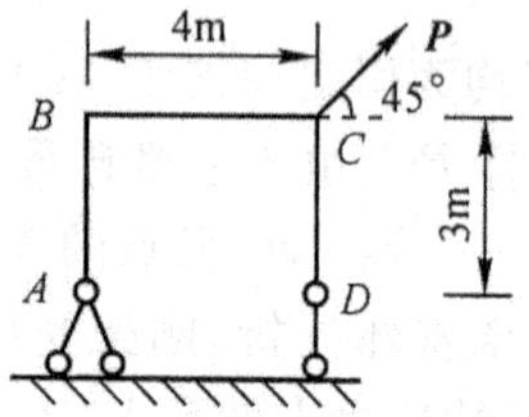

题 3-2 图

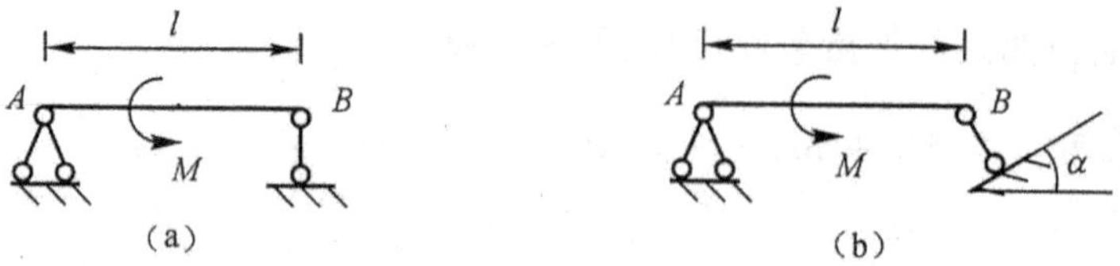

题 3-3 图

3-2　刚架结构如题 3-2 图所示，在 C 点作用力 $\boldsymbol{P}$，求它对 A、D 两点的矩。

3-3　在题 3-3 图示结构中，梁 AB 承受一力偶矩为 M 的力偶作用，分别求(a)、(b)两种情形中，支座 A、B 的约束反力。已知梁长为 l，自重不计，所有铰光滑。

3-4　某结构如题 3-4 图所示，AB、BC 均为直角折杆，在 AB 折杆上施加一力偶矩为 M 的力偶，求支座 A、C 的约束反力。各构件的自重不计。

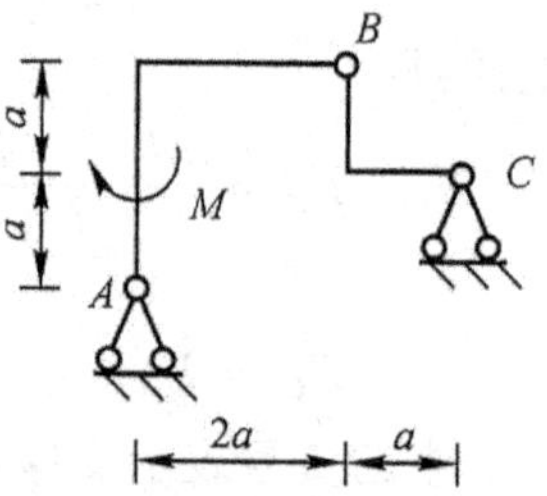

题 3-4 图

第4章　平面任意力系

各力的作用线既不汇交于一点，彼此也不都互相平行的平面力系，称为平面任意力系。这是一种最普遍的平面力系，在工程实践中广泛存在。例如，图 4-1 所示的刚架结构，受到水平向的分布荷载、竖直向的集中荷载以及支座的约束反力作用，这些力构成了一组平面任意力系。

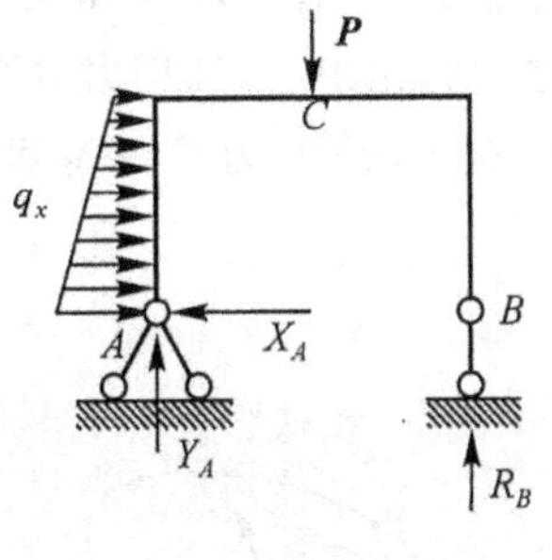

图 4-1

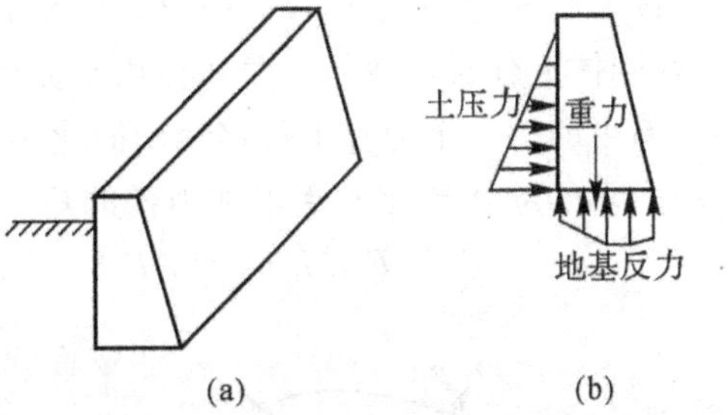

图 4-2

当物体所受的力关于某一平面对称时，往往也可以简化为平面力系。例如，图 4-2(a) 所示为一重力式挡土墙。相对于它的横截面尺寸，挡土墙在纵向的尺寸要大很多。当它受到的土压力沿纵向保持不变时，对挡土墙的受力分析可以采用单位长度上的一段来分析，土压力、地基反力以及自身重力关于这一段的横截面对称，这些力在这个对称面上构成了平面任意力系，如图 4-2(b) 所示。

4.1　平面任意力系向作用面内一点简化

4.1.1　力的平移定理

力的平移定理是平面任意力系向其作用面内一点简化的理论基础。这个定理指出：可以把作用于刚体上某点 A 的力 $\boldsymbol{F}$ 等效地平行移动到任意点 B，但必须同时附加一个力偶，这个力偶的矩等于原来作用于点 A 的力 $\boldsymbol{F}$ 对新作用点 B 的矩。

对这个定理的证明如下：

设力 $\boldsymbol{F}$ 作用于刚体上的 A 点，如图 4-3(a) 所示。在刚体上任取一点 B，并在其上添加与力 $\boldsymbol{F}$ 平行的一对平衡力 $\boldsymbol{F}_1$ 和 $\boldsymbol{F}_1'$，其中 $F_1 = F_1' = F$，如图 4-3(b) 所示。根据静力学的公理 2，这三个力 $\boldsymbol{F}$、$\boldsymbol{F}_1$ 和 $\boldsymbol{F}_1'$ 与力 $\boldsymbol{F}$ 等效。不难发现，此时力 $\boldsymbol{F}$ 和 $\boldsymbol{F}_1'$ 构成了一个力偶($\boldsymbol{F}$,$\boldsymbol{F}_1'$)，这

个力偶的矩为

$$M = M_B(\boldsymbol{F}) = Fd \tag{4-1}$$

由于力 $\boldsymbol{F}_1$ 和 $\boldsymbol{F}$ 大小相等，方向一致，相互平行，因此上述过程相当于把原来作用于 A 的力 $\boldsymbol{F}$ 平行移动到了任意点 B，但同时附加了一个矩为 M 的力偶，如图 4-3(c) 所示。

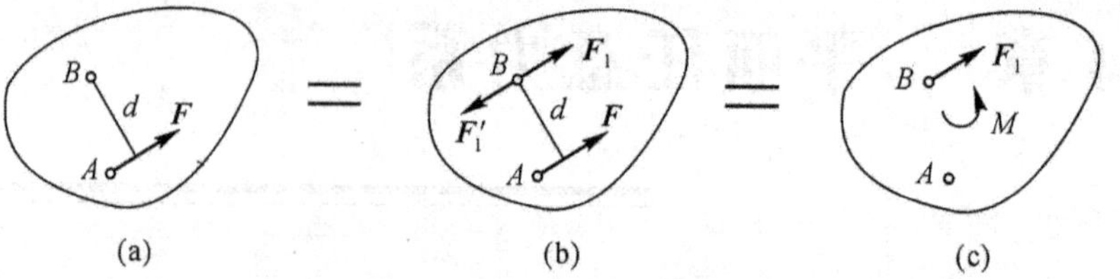

图 4-3

应用力的平移定理时，应注意力在平移过程中，大小和方向始终保持不变，但附加的力偶矩的大小和正负号随着选取点的不同而改变。

4.1.2 平面任意力系向作用面内一点简化

设平面任意力系 $\boldsymbol{F}_1, \boldsymbol{F}_2, \cdots, \boldsymbol{F}_n$，分别作用于刚体上的点 $A_1, A_2, \cdots, A_n$，如图 4-4(a) 所示。在刚体上任意选取位于力系作用平面内的一点 O，称之为简化中心。利用力的平移定理，将力系中的每一个力都平行移动到简化中心。记 $\boldsymbol{F}_i'$ $(i = 1, 2, \cdots, n)$ 为力 $\boldsymbol{F}_i$ 平移到简化中心后的力，M_i 为力 $\boldsymbol{F}_i$ 平移后附加力偶的矩，则

$$\boldsymbol{F}_i' = \boldsymbol{F}_i, M_i = M_O(\boldsymbol{F}_i)$$

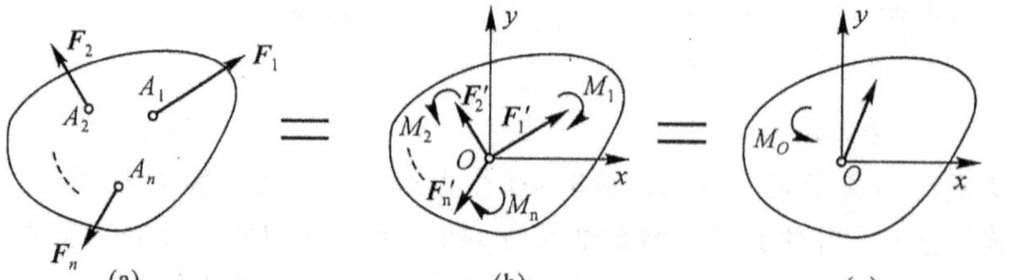

图 4-4

于是原平面任意力系等效为一个作用在简化中心的平面汇交力系和一个附加的平面力偶系，如图 4-4(b) 所示。

平面汇交力系 $\boldsymbol{F}_1', \boldsymbol{F}_2', \cdots, \boldsymbol{F}_n'$ 可以合成为一个合力 $\boldsymbol{F}_R'$：

$$\boldsymbol{F}_R' = \sum_{i=1}^{n} \boldsymbol{F}_i' = \sum_{i=1}^{n} \boldsymbol{F}_i \tag{4-2}$$

平面力偶系也可合成为一个力偶，记这个力偶的矩为 M_O：

$$M_O = \sum_{i=1}^{n} M_i = \sum_{i=1}^{n} M_O(\boldsymbol{F}_i) \tag{4-3}$$

综上所述，一般情况下，平面任意力系向其作用面内一点简化，可以得到一个力和一个力偶，如图 4-4(c) 所示。这个力 $\boldsymbol{F}_R'$ 称为该力系的主矢，它等于力系中所有力的矢量和，作用线通过简化中心；这个力偶的矩 M_O 称为该力系对简化中心的主矩，它等于力系中所有力对简化中心的矩的代数和。

主矢 F_R' 的求解，一般采用解析法。以简化中心 O 点为原点建立直角坐标系，如图 4-4(b) 所示。由于 $\boldsymbol{F}_i' = \boldsymbol{F}_i$，因此它们在同一坐标轴上的投影也相等。记力 $\boldsymbol{F}_i$ 和 $\boldsymbol{F}_i'$ 在 x 轴上的投影分别为 F_{xi} 和 F_{xi}'，它们在 y 轴上的投影分别为 F_{yi} 和 F_{yi}'，主矢 $\boldsymbol{F}_R'$ 在 x 轴和 y 轴上的投影分别为 F_{xR}' 和 F_{yR}'。由于 $\boldsymbol{F}_R'$ 是平面汇交力系 $\boldsymbol{F}_1', \boldsymbol{F}_2', \cdots, \boldsymbol{F}_n'$ 的合力，根据合力投影定理，有

$$F_{xR}' = \sum_{i=1}^{n} F_{xi}' = \sum_{i=1}^{n} F_{xi},\ F_{yR}' = \sum_{i=1}^{n} F_{yi}' = \sum_{i=1}^{n} F_{yi} \tag{4-4}$$

从而可以确定出主矢 $\boldsymbol{F}_R'$ 的大小和方向：

$$\begin{aligned} F_R' &= \sqrt{(F_{xR}')^2 + (F_{yR}')^2} = \sqrt{(\sum_{i=1}^{n} F_{xi})^2 + (\sum_{i=1}^{n} F_{yi})^2} \\ \cos\alpha &= \frac{F_{xR}'}{F_R'} = \frac{\sum_{i=1}^{n} F_{xi}}{F_R'},\ \sin\alpha = \frac{F_{yR}'}{F_R'} = \frac{\sum_{i=1}^{n} F_{yi}}{F_R'} \end{aligned} \tag{4-5}$$

式中：α 为 x 轴正向到主矢 $\boldsymbol{F}_R'$ 的角度。

最后需要指出的是，平面任意力系向其作用面内一点简化，所得到的主矢的大小和方向与简化中心无关，而所得到的主矩一般与简化中心的位置相关。

4.1.3　平面任意力系的简化结果讨论

平面任意力系向其作用面内一点简化，可以得到一个力和一个力偶。根据主矢和主矩是否等于零，有四种情形，现分别进行讨论。

1. 主矢 $\boldsymbol{F}_R' \neq 0$，主矩 $M_O = 0$

此时所有力的附加力偶系互相平衡，原平面任意力系与一个力等效，这个力称为平面任意力系的合力。

2. 主矢 $\boldsymbol{F}_R' = 0$，主矩 $M_O \neq 0$

此时原力系与一个合力偶等效，合力偶的矩等于主矩。由于力偶的矩对于作用面内任意一点都相同，因此原力系向不同的简化中心简化时，得到的合力偶均等效。也即此时力系的简化结果与简化中心的位置无关。

3. 主矢 $\boldsymbol{F}_R' \neq 0$，主矩 $M_O \neq 0$

此时力系还可以作进一步的简化。如图 4-5(a) 所示，原力系向简化中心 O 简化的结果是一个力和一个力偶。现将这个力偶用两个力 $\boldsymbol{F}_R$ 和 $\boldsymbol{F}_R''$ 来表示，其中 $\boldsymbol{F}_R = -\boldsymbol{F}_R'' = \boldsymbol{F}_R'$，如图 4-5(b) 所示。由于力 $\boldsymbol{F}_R''$ 和 $\boldsymbol{F}_R'$ 构成了一对平衡力系，因此可以将它们从刚体上移去，从而只剩下一个作用于 O' 点的力 $\boldsymbol{F}_R$，如图 4-5(c) 所示。这样，原力系就被简化成为它的合力，这个合力的大小和方向与原力系的主矢相同，作用线通过 O' 点，到简化中心 O 的距离

$$d = \frac{M_O}{F_R} \tag{4-6}$$

至于合力作用线在简化中心 O 的哪一侧，需要根据主矢的方向和主矩的正负号确定。

由式(4-6)，平面任意力系的合力对简化中心 O 的矩为

$$M_O(\boldsymbol{F}_R) = F_R \cdot d = M_O$$

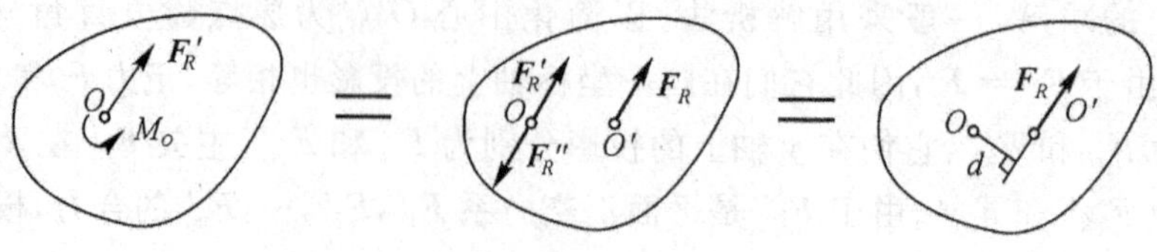

(a) (b) (b)

图 4-5

根据式(4-3)

$$M_O = \sum_{i=1}^{n} M_O(\boldsymbol{F}_i)$$

于是

$$M_O(\boldsymbol{F}_R) = \sum_{i=1}^{n} M_O(\boldsymbol{F}_i) \tag{4-7}$$

上式(4-7)说明，平面任意力系的合力对简化中心O的矩等于该力系中每个力对O点的矩的代数和。考虑到简化中心可以任意选取，于是得到如下的定理：平面任意力系的合力对作用面内任一点的矩等于力系中各力对同一点的矩的代数和。这个定理称之为平面任意力系的合力矩定理。

4. 主矢 $\boldsymbol{F}_R' = 0$，主矩 $\boldsymbol{M}_O = 0$

这时力系互相平衡。对这种情形的详细讨论参见下节。

综合以上分析结果可以看出，平面任意力系向其作用面内一点简化时，如果得到的主矢$F_R' = 0$，则其简化结果与简化中心的位置无关。反之，如果得到的主矢$F_R' \neq 0$，则其简化结果与简化中心的位置有关，而此时的简化结果最终可以简化为一个合力。需要说明的是：平面任意力系最终简化为一合力后，该合力的作用线是惟一确定的，与简化中心的位置无关。

例 4-1 图 4-6(a) 为固定支座的示意图。试用平面任意力系向一点简化的原理，分析固定支座的约束反力。

解 受固定支座约束的梁端既不能移动也不能转动。固定支座对梁端的约束力，是作用在接触面上的一群力。在平面问题中，这群力为一平面任意力系，如图 4-6(b) 所示。将这群力向作用平面内一点 A 简化，一般情况下可以得到一个力 $\boldsymbol{F}$ 和一个矩为 M 的力偶，如图 4-6(c) 所示。为了分析问题的方便，通常将力 $\boldsymbol{F}$ 用两个正交的未知分力 X 和 Y 来代替。因此在平面问题中，固定支座的约束反力一般有三个，即两个正交力 X、Y 和一个矩为 M 的力偶，如图 4-6(d) 所示。

比较固定支座与固定铰支座可以看出，由于固定铰支座只能约束住物体的移动，而固定支座除了能约束住物体的移动外，还能约束住物体的转动。因此固定支座比固定铰支座多一个约束反力：约束力偶。

例 4-2 作用于某刚体上的平面任意力系如图 4-7(a) 所示，求该力系的合力。图中网格一小格代表 1m。

解 (1) 取点 O 为简化中心，求出力系的主矢 $\boldsymbol{F}_R'$ 和力系对 O 点的主矩 M_O。

$$F_{xR}' = \sum_{i=1}^{3} F_{xi} = 0 + \left(-\frac{3}{\sqrt{2}}\right) + 2 = -0.121(\text{kN})$$

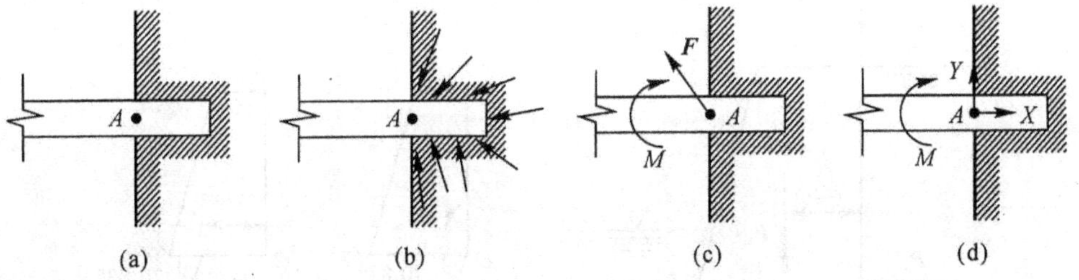

图 4-6

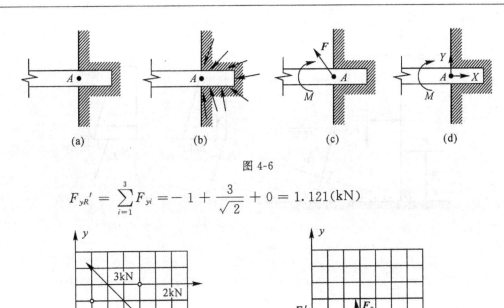

$$F_{yR}' = \sum_{i=1}^{3} F_{yi} = -1 + \frac{3}{\sqrt{2}} + 0 = 1.121(\text{kN})$$

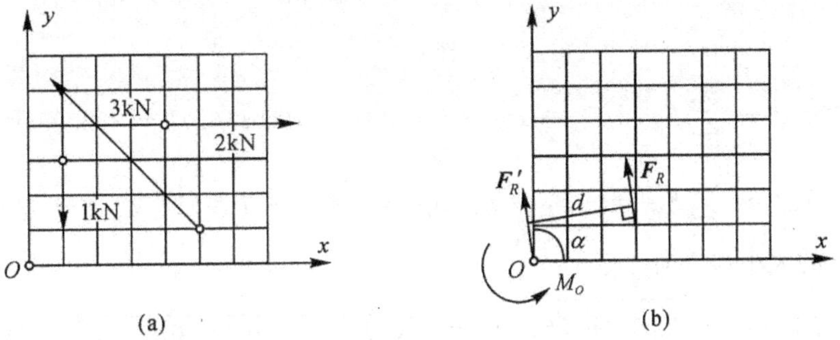

图 4-7

所以主矢 $\boldsymbol{F}_R'$ 的大小和方向为

$$F_R' = \sqrt{(F_{xR}')^2 + (F_{yR}')^2} = \sqrt{(-0.121)^2 + (1.121)^2} = 1.128(\text{kN})$$

$$\cos\alpha = \frac{F_{xR}'}{F_R'} = \frac{-0.121}{1.128} = -0.107, \sin\alpha = \frac{F_{yR}'}{F_R'} = \frac{1.121}{1.128} = 0.994$$

$$\alpha = 96.14°$$

力系对 O 点的主矩为

$$M_O = \sum_{i=1}^{3} M_O(\boldsymbol{F}_i) = -1 \times 1 + \frac{3}{\sqrt{2}} \times 1 + \frac{3}{\sqrt{2}} \times 5 - 2 \times 4$$
$$= 3.728(\text{kN} \cdot \text{m})$$

力系向 O 点简化的结果如图 4-7(b) 所示。

(2) 求解力系的合力 $\boldsymbol{F}_R$。$\boldsymbol{F}_R$ 的大小和方向与主矢 $\boldsymbol{F}_R'$ 相同，合力作用线到简化中心 O 的距离为

$$d = \frac{M_O}{F_R} = \frac{3.728}{1.128} = 3.305(\text{m})$$

根据主矢 $\boldsymbol{F}_R'$ 的方向和主矩 M_O 的正负号，可以确定出合力 $\boldsymbol{F}_R$ 的作用线位置，如图 4-7(b) 所示。

例 4-3　图 4-8(a) 为某重力式水坝所承受的荷载示意图。已知 $P_1 = 650\text{kN}, P_2 = 300\text{kN}, P_3 = 70\text{kN}, \beta = 16.7°$。求该力系向点 O 简化的结果，力系合力的大小、方向以及合力作用线与 OA 的交点到点 O 的距离。

解　(1) 设力系向 O 点简化，得到一个主矢 $\boldsymbol{F}_R'$ 和力偶矩为 M_O 的主矩。将各力向坐标轴投影，根据式(4-4)，有

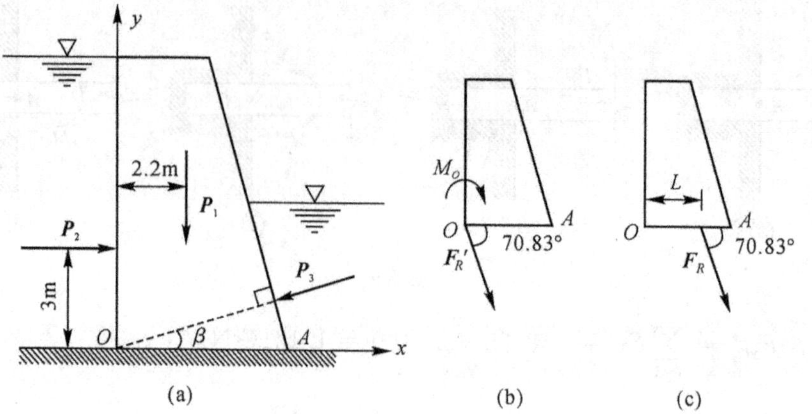

图 4-8

$$F_{xR}' = \sum_{i=1}^{3} F_{xi} = P_2 - P_3\cos\beta = 300 - 70\cos16.7° = 232.95(\text{kN})$$

$$F_{yR}' = \sum_{i=1}^{3} F_{yi} = -P_1 - P_3\sin\beta = -650 - 70\sin16.7° = -670.12(\text{kN})$$

所以主矢 $\boldsymbol{F}_R'$ 的大小和方向

$$F_R' = \sqrt{(F_{xR}')^2 + (F_{yR}')^2} = \sqrt{(232.95)^2 + (-670.12)^2} = 709.46(\text{kN})$$

$$\cos\alpha = \frac{F_{xR}'}{F_R'} = \frac{232.95}{709.46} = 0.328, \sin\alpha = \frac{F_{yR}'}{F_R'} = \frac{-670.12}{709.46} = -0.945$$

$$\alpha = 289.17°$$

力系对 O 点的主矩

$$M_O = \sum_{i=1}^{3} M_O(\boldsymbol{F}_i) = -2.2\text{m} \times P_1 - 3\text{m} \times P_2 = -2330\text{kN}\cdot\text{m}$$

力系向 O 点简化的结果如图 4-8(b) 所示。

(2) 求解力系的合力 $\boldsymbol{F}_R$。$\boldsymbol{F}_R$ 的大小和方向与主矢 $\boldsymbol{F}_R'$ 相同，合力作用线到简化中心 O 的距离

$$d = \frac{M_O}{F_R} = \frac{2330}{709.46} = 3.284(\text{m})$$

根据主矢和主矩，确定出合力 $\boldsymbol{F}_R$ 的作用线位置，如图 4-8(c) 所示。$\boldsymbol{F}_R$ 作用线与 OA 的交点到点 O 的距离

$$L = \frac{d}{\sin70.83°} = 3.477(\text{m})$$

4.2 平面任意力系的平衡

如前所述，平面任意力系是一种最广泛、最具有普遍意义的平面力系。对平面任意力系平衡的研究，既能直接指导工程实践，又为后续内容打下基础。

4.2.1 平面任意力系的平衡条件

从上一节的分析中可以知道，作用于刚体上的平面任意力系 $\boldsymbol{F}_1, \boldsymbol{F}_2, \cdots, \boldsymbol{F}_n$，与作用于简

化中心 O 的平面汇交力系 $\boldsymbol{F}_1{}', \boldsymbol{F}_2{}', \cdots, \boldsymbol{F}_n{}'$ 和矩为 $M_1, M_2, \cdots, M_n$ 的附加力偶系等效。当力系的主矢 $\boldsymbol{F}_R{}' = \boldsymbol{0}$ 时，表明作用于简化中心 O 的平面汇交力系为平衡力系；当主矩 $M_O = 0$ 时，表明附加力偶系也为平衡力偶系。因此，若平面任意力系向简化中心简化后的主矢和主矩同时等于零，则原力系为平衡力系，刚体处于平衡状态。

反之，若刚体处于平衡状态，则平面任意力系的主矢和主矩必然同时为零。否则，如果主矢和主矩中只要有一个不为零，则平面任意力系的最终简化结果为一个非零的合力或者非零的合力偶，它们都不能使刚体维持平衡状态。

由此可见，刚体在平面任意力系作用下保持平衡的充分和必要条件是

$$\left.\begin{aligned} F_R{}' &= 0 \\ M_O &= 0 \end{aligned}\right\} \tag{4-8}$$

根据式(4-3)和(4-5)，上式等价于

$$\sum_{i=1}^{n} X_i = 0, \sum_{i=1}^{n} Y_i = 0, \sum_{i=1}^{n} M_O(\boldsymbol{F}_i) = 0 \tag{4-9}$$

考虑到简化中心 O 可以任意选择，正交坐标系 xOy 也可以任意建立，因此平面任意力系平衡的必要条件是：力系中所有各力在两个任选的正交坐标轴上的投影的代数和分别等于零，并且所有各力对任意一点的矩的代数和也等于零。但是，平面任意力系平衡的充分条件只需是：存在某个正交坐标系 xOy，力系中所有各力在这两个坐标轴上的投影的代数和分别等于零，并且所有各力对坐标原点 O 的矩的代数和也等于零。

式(4-9)称为平面任意力系的平衡方程。这是三个独立的方程，最多只能求解三个未知量。实践中除了采用上述基本形式的平衡方程外，平面任意力系的平衡方程还可以采用下面两种形式(下标 i 略去)：

1. 二力矩式

$$\sum X = 0, \sum M_A(\boldsymbol{F}) = 0, \sum M_B(\boldsymbol{F}) = 0 \tag{4-10}$$

该式要求简化中心 A 和 B 的连线不能与 x 轴垂直。

证明　(i) 充分性。采用反证法。平面任意力系向 A 点简化，将得到一个主矢和主矩。因为 $\sum M_A(\boldsymbol{F}) = 0$，因此该力系向 A 点简化的结果是通过 A 点的力系合力 $\boldsymbol{F}_R$。又因为 $\sum M_B(\boldsymbol{F}) = 0$，也即合力 $\boldsymbol{F}_R$ 对 B 点的矩为零，因此 $\boldsymbol{F}_R$ 必定通过 B 点。由此可见，$\boldsymbol{F}_R$ 的作用线沿着 A 和 B 的连线方向。考虑到 A 和 B 的连线与 x 轴不垂直，因此 $\boldsymbol{F}_R$ 在 x 轴上的投影 $F_{xR} \neq 0$，这与已知条件 $\sum X = 0$ 矛盾，因为 $F_{xR} = \sum F_x$。从而充分性得证。

(ii) 必要性。

当刚体处于平衡状态时，式(4-8)成立。因为简化中心 O 可以任意选择，因此式(4-10)必然成立。必要性也得证。

2. 三力矩式

$$\sum M_A(\boldsymbol{F}) = 0, \sum M_B(\boldsymbol{F}) = 0, \sum M_C(\boldsymbol{F}) = 0 \tag{4-11}$$

该式要求简化中心 A、B 和 C 三点不能共线。

证明　根据上面的分析，此时要求力系的合力同时通过不共线 A、B 和 C 三点，而这显然是不可能的，因此充分性得证。必要性的证明完全类似，不再重复。

上面平面任意力系平衡方程的三种形式互相等价，根据解决问题的方便进行适当的选

择。一般情况下，总是把平面任意力系的简化中心取在多个未知力的交点上，把坐标轴建在与尽可能多的未知力垂直的方向，以达到每个平衡方程中未知量尽可能少的目的。

例 4-4 悬臂梁结构如图 4-9(a) 所示，梁的 A 端为固定支座，B 端自由。在梁的右半跨承受大小为 $q = 5\text{kN/m}$ 的均布荷载作用，在跨中 C 处承受力偶矩为 $M = 5\text{kN}\cdot\text{m}$ 的力偶作用。已知梁长 $l = 5\text{m}$，自重不计。求固定端 A 处的约束反力。

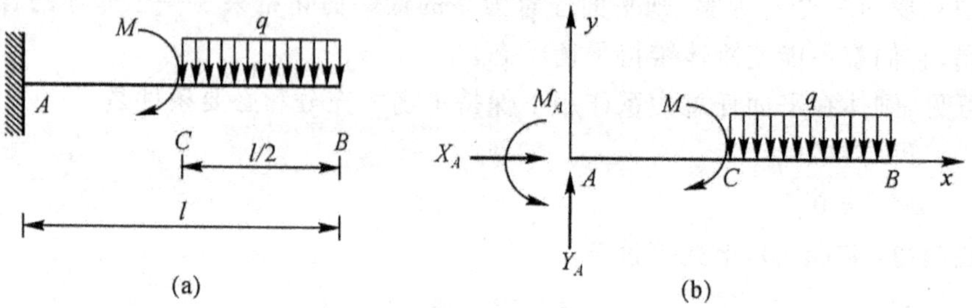

图 4-9

解 取梁 AB 为研究对象，根据固定支座的特点，画出它的受力图，如图 4-9(b) 所示。均布荷载是大小不随长度变化的分布荷载。单位长度上的荷载大小称为荷载集度。在平衡方程中，它可以用一个集中力来代替，集中力的大小为均布荷载与它的作用长度的乘积，作用在中点，方向与均布荷载相同。

建立直角坐标系如图 4-9(b) 所示，列平衡方程如下：

$$\sum X = 0, X_A = 0$$

$$\sum Y = 0, Y_A - q \cdot \frac{l}{2} = 0$$

$$\sum M_A(\boldsymbol{F}) = 0, M_A - M - q \cdot \frac{l}{2} \cdot \left(\frac{l}{2} + \frac{l}{4}\right) = 0$$

从中可以解得

$$X_A = 0$$

$$Y_A = \frac{ql}{2} = \frac{5 \times 5}{2} = 12.5(\text{kN})$$

$$M_A = M + \frac{3ql^2}{8} = 5 + \frac{3 \times 5 \times 5^2}{8} = 51.875(\text{kN}\cdot\text{m})$$

式中各所求值均为正值，说明图 4-9(b) 中假定的方向与实际情况一致。

例 4-5 图 4-10(a) 所示的梁 AB，A 端为固定铰支座，B 端为可动铰支座。梁在全跨内承受大小为 q 的均布荷载作用，在 1/4 跨处承受集中力 $\boldsymbol{P}$ 作用。已知梁长为 l，自重不计。求 A 和 B 处的支座反力。

解 取梁 AB 为研究对象，根据每个支座的特点，画出它的受力图，并建立直角坐标系，如图 4-10(b) 所示。列出平衡方程：

$$\sum X = 0, X_A = 0$$

$$\sum Y = 0, Y_A + R_B - P - q \cdot l = 0$$

$$\sum M_A(\boldsymbol{F}) = 0, R_B \cdot l - P \cdot \frac{3l}{4} - q \cdot l \cdot \frac{l}{2} = 0$$

解得

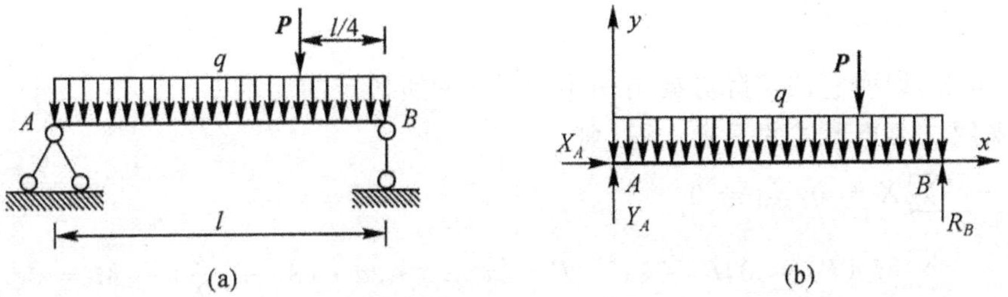

图 4-10

$$X_A = 0$$

$$R_B = \frac{3P}{4} + \frac{ql}{2}$$

$$Y_A = \frac{P}{4} + \frac{ql}{2}$$

也可以列出二力矩形式的平衡方程：

$$\sum X = 0, X_A = 0$$

$$\sum M_A(\boldsymbol{F}) = 0, R_B \cdot l - P \cdot \frac{3l}{4} - q \cdot l \cdot \frac{l}{2} = 0$$

$$\sum M_B(\boldsymbol{F}) = 0, P \cdot \frac{l}{4} + q \cdot l \cdot \frac{l}{2} - Y_A \cdot l = 0$$

这里每个方程都只包含一个未知量，有利于问题的求解。根据这三个方程得到的结果与前面相同，不再重复。

例 4-6　图 4-11(a) 所示为某外伸梁的荷载和支撑情况。已知 $P = 3qa/4$，$M = qa^2$，不计梁自重不计，求 A 和 B 两处的支座反力。

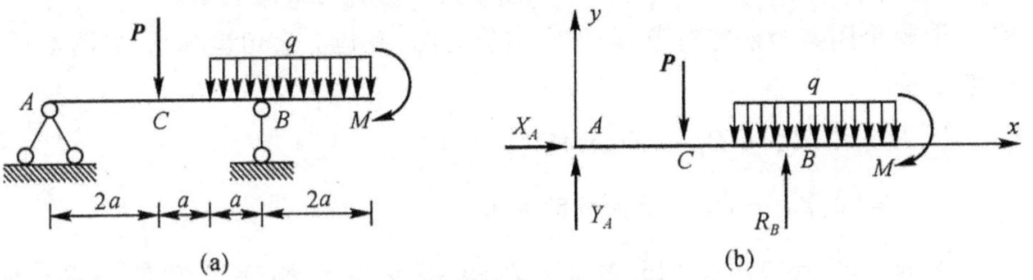

图 4-11

解　取梁 AB 为研究对象，画出它的受力图，并建立直角坐标系，如图 4-11(b) 所示。列出平衡方程：

$$\sum X = 0, X_A = 0$$

$$\sum Y = 0, Y_A + R_B - P - q \cdot 3a = 0$$

$$\sum M_A(\boldsymbol{F}) = 0, R_B \cdot 4a - P \cdot 2a - q \cdot 3a \cdot (3a + \frac{3a}{2}) - M = 0$$

联立求解三个方程，可得

$$X_A = 0$$

$$R_B = 4qa$$

$$Y_A = -\frac{qa}{4}$$

求得的 Y_A 为负，说明它的实际方向与图 4-11(b) 中所假定的相反。

如果采用二力矩形式的平衡方程，则

$$\sum X = 0, X_A = 0$$

$$\sum M_A(\boldsymbol{F}) = 0, R_B \cdot 4a - P \cdot 2a - q \cdot 3a \cdot (3a + \frac{3a}{2}) - M = 0$$

$$\sum M_B(\boldsymbol{F}) = 0, P \cdot 2a - q \cdot 3a \cdot (\frac{3a}{2} - a) - M - Y_A \cdot 4a = 0$$

求解的结果与第一种方法一致。

例 4-7 刚架结构如图 4-12(a) 所示，承受集中力 $\boldsymbol{P}_1$、$\boldsymbol{P}_2$ 和力偶矩为 M 的力偶作用。A 端为固定铰支座，B 端为可动铰支座。已知 $P_1 = 15\text{kN}, P_2 = 30\text{kN}, M = 6\text{kN} \cdot \text{m}$，刚架自重不计。求 A 和 B 两处的支座反力。

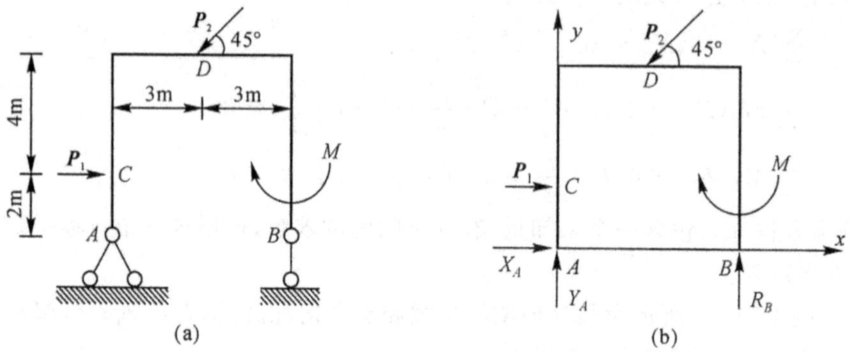

图 4-12

解 取整个刚架为研究对象，画出它的受力图，并建立直角坐标系，如图 4-12(b) 所示。列出平衡方程：

$$\sum X = 0, X_A + P_1 - P_2\cos 45° = 0$$

$$\sum Y = 0, Y_A + R_B - P_2\sin 45° = 0$$

$$\sum M_A(\boldsymbol{F}) = 0, P_2\cos 45° \times 6 - P_2\sin 45° \times 3 + R_B \times 6 - P_1 \times 2 - M = 0$$

从中可以解出

$$X_A = 6.21\text{kN}$$

$$R_B = -4.61\text{kN}$$

$$Y_A = 25.82\text{kN}$$

R_B 为负值，说明它的实际方向朝下。

如果采用二力矩形式的平衡方程，则

$$\sum X = 0, X_A + P_1 - P_2\cos 45° = 0$$

$$\sum M_A(\boldsymbol{F}) = 0, P_2\cos 45° \times 6 - P_2\sin 45° \times 3 + R_B \times 6 - P_1 \times 2 - M = 0$$

$$\sum M_B(\boldsymbol{F}) = 0, P_2\cos 45° \times 6 + P_2\sin 45° \times 3 - Y_A \times 6 - P_1 \times 2 - M = 0$$

如果采用三力矩形式的平衡方程，则

$$\sum M_A(\boldsymbol{F}) = 0, P_2\cos45° \times 6 - P_2\sin45° \times 3 + R_B \times 6 - P_1 \times 2 - M = 0$$

$$\sum M_B(\boldsymbol{F}) = 0, P_2\cos45° \times 6 + P_2\sin45° \times 3 - Y_A \times 6 - P_1 \times 2 - M = 0$$

$$\sum M_C(\boldsymbol{F}) = 0, X_A \times 2 + R_B \times 6 + P_2\cos45° \times 4 - P_2\sin45° \times 3 - M = 0$$

上面三组方程所求得的结果均相同。

最后再介绍一下平面平行力系。力系中任意两个力的作用线都平行的平面力系称为平面平行力系，它可以看作是平面任意力系的特殊情形，因此它的平衡方程可以从平面任意力系的平衡方程得到。如图 4-13 所示，作用于刚体上的所有力 $\boldsymbol{F}_1, \boldsymbol{F}_2, \cdots, \boldsymbol{F}_n$ 都相互平行，因此必然存在一个 x 轴，它与力系中各力的作用线均垂直，力系中所有力在 x 轴上的投影恒等于零。

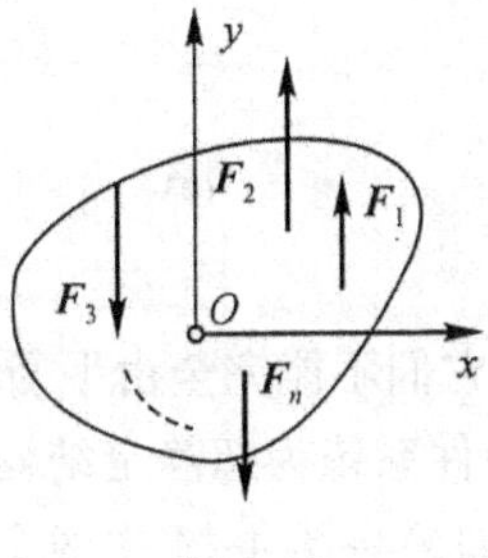

图 4-13

此时无论力系是否平衡，$\sum F_x = 0$ 恒成立。因此平面平行力系独立的平衡方程只有两个，即

$$\sum Y = 0, \sum M_O(\boldsymbol{F}) = 0 \tag{4-12}$$

或者

$$\sum M_A(\boldsymbol{F}) = 0, \sum M_B(\boldsymbol{F}) = 0 \tag{4-13}$$

其中式(4-12) 要求 y 轴与各力作用线平行，式(4-13) 要求 A 和 B 的连线与各力作用线不平行。

4.2.2　构件系的平衡

实际工程中的结构，绝大部分是由几个基本构件通过一定的连接形成的系统，如图 4-14(a) 所示的组合梁结构，图 4-14(b) 所示的三铰刚架结构。这些系统称为构件系统，而称系统内部各构件之间的连接为内约束，系统与外界(如基础等) 的联系为外约束。

当系统受到主动力作用时，无论内约束还是外约束，一般都将产生约束反力。内约束反力是系统内各构件之间的相互作用力，称为系统内力，简称内力；而主动力和外约束反力则是其他物体施加于系统的力，称为系统外力，简称外力。例如图 4-14(a) 所示的组合梁结构，它由梁 AC 和 CB 通过铰 C 连接而成，再通过固定支座 A 和可动铰支座 B 支撑在基础上。对于整个组合梁结构来说，铰 C 为内约束，在 C 处发生的梁 AC 和梁 CB 之间的相互作用力为内力；固定支座 A 和可动铰支座 B 为外约束，它们的约束反力以及主动力 q、M 为外力。需要说明的是，上述内力和外力是一个相对的概念，是相对于所研究的对象来讲的。例如在图 4-14(a) 中，如果取梁 AC 或者梁 CB 为研究对象，则此时铰 C 就成为它们的外约束了。

现在来分析平面构件系统的平衡问题。在主动力和约束力的共同作用下，若系统保持平衡，则组成该系统的每根构件都处于平衡状态。为了求出全部未知力，往往需要把一些构件隔离出来单独研究。由前面的分析可以知道，对于受平面任意力系作用的刚体，可以写出 3 个独立的平衡方程。如果平面构件系统由 n 根构件组成，则对该系统来说，可以列出 $3n$ 个独立的平衡方程，因而可以求解 $3n$ 个未知量。构件系统的未知量包括约束力、未知的主动力以及未知的几何量等，如果这些未知量的数目不超过 $3n$ 个，则它们全部可以用平衡方程求出，我们称这样的问题为静定问题，这样的构件系统为静定结构；反之，如果未知量的数目超过

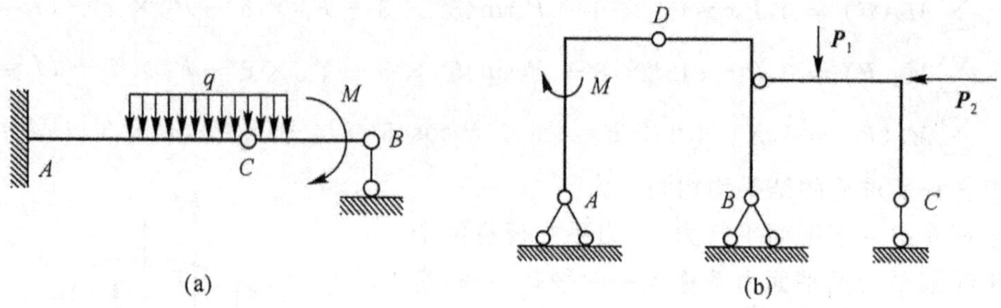

图 4-14

$3n$ 个，则它们不能完全由平衡方程求出，我们称这样的问题为超静定问题或者静不定问题，这样的构件系统为超静定结构或者静不定结构。图 4-15 所示为建筑工程中两个常见的超静定结构；如果将图 4-14 中两个结构的可动铰支座换成固定铰支座，则它们也将成为超静定结构。超静定结构的未知量需要综合考虑构件的变形、增加一定的补充方程后才能求出。在静力学中，我们不研究超静定问题。

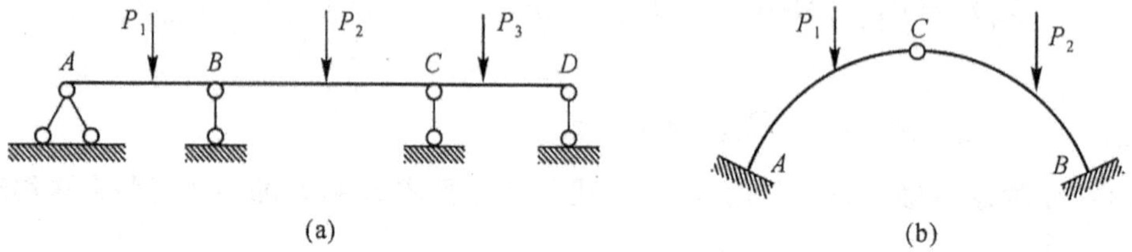

图 4-15

在求解静定平面构件系统的平衡问题时，可以依次选取单根构件为研究对象，建立整体系统的平衡方程；也可以先对整个系统列平衡方程，求出部分未知量，然后再从系统中选取某些构件作为研究对象，列出相应的平衡方程，最后求出全部未知量。选取研究对象时，以方便未知量的求解为原则，最好是一个方程只包含一个未知量，从而避免求解联立方程组。由于内力是内部构件之间的相互作用力，总是成对出现，因此在对系统进行整体分析时，内力可以不考虑，这样往往能使列出的整体平衡方程包含的未知量相对较少，有利于问题的解决。但不管怎样选取研究对象，由 n 个构件组成的平面构件系统能够列出的独立方程最多只有 $3n$ 个，如果系统中某些构件受平面平行力系或平面汇交力系作用，则系统平衡方程的数目还将相应减少。

例 4-8 图 4-16(a) 所示的组合梁结构承受集中力和均布荷载作用。已知 $P = 10\text{kN}$，$q = 5\text{kN/m}$，$a = 1\text{m}$，梁自重不计。求 A 和 C 两处的支座反力。

先分析一下。A 为固定支座，有三个约束反力；C 为可动铰支座，有一个约束反力，需要求解的未知量总共有四个。如果取组合梁整体为研究对象，则只能列出三个平衡方程，还需要补充一个方程才能求出全部未知量，这个方程只能通过分析单根构件得到。在本题中，组合梁由梁 AB 和 BD 组成，因此可以通过分析梁 AB 或 BD 来建立补充的平衡方程。考虑到梁 BD 受到的未知量只有三个：铰 B 处的两个力和支座 C 处的一个力，因此可以直接求出可动铰支座 C 的约束反力，解题时就利用它来建立补充的平衡方程（梁 AB 的未知量有五个，读者可以自行分析）。

解 (1) 先取梁 BD 为研究对象，画出受力图，如图 4-16(b) 所示。因为铰 B 的约束力汇

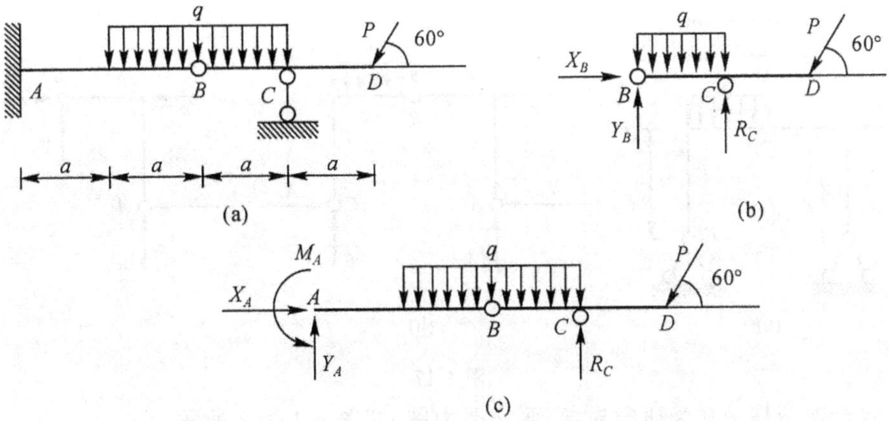

图 4-16

交于 B 点，因此对 B 点取矩可以使它们不出现在平衡方程中，求解方便。

$$\sum M_B(\boldsymbol{F}) = 0, R_C \cdot a - P\sin 60° \cdot 2a - q \cdot a \cdot \frac{a}{2} = 0$$

解得

$$R_C = 19.82\text{kN}$$

(2) 再取组合梁整体为研究对象，画出受力图，如图 4-16(c) 所示（直角坐标系省略）。

$$\sum X = 0, X_A - P\cos 60° = 0$$

$$\sum Y = 0, Y_A + R_C - P\sin 60° - q \cdot 2a = 0$$

$$\sum M_A(\boldsymbol{F}) = 0, M_A - q \cdot 2a \cdot 2a + R_C \cdot 3a - P\sin 60° \cdot 4a = 0$$

解得

$$X_A = 5\text{kN}$$

$$Y_A = -1.16\text{kN}$$

$$M_A = -4.82\text{kN} \cdot \text{m}$$

例 4-9　三铰刚架结构如图 4-17(a) 所示。已知 $h = 3l/5, P = 5ql/8$，不计结构自重，求支座 A、支座 C 以及铰 B 的约束反力。

解　(1) 先取刚架整体为研究对象，画出受力图，如图 4-17(b) 所示。

$$\sum X = 0, X_A + P - X_C = 0$$

$$\sum M_A(\boldsymbol{F}) = 0, Y_C \cdot l - P \cdot h - q \cdot \frac{l}{2} \cdot \frac{3l}{4} = 0$$

$$\sum M_C(\boldsymbol{F}) = 0, q \cdot \frac{l}{2} \cdot \frac{l}{4} - Y_A \cdot l - P \cdot h = 0$$

解得

$$X_C = X_A + \frac{5ql}{8}$$

$$Y_C = \frac{3ql}{4}$$

$$Y_A = -\frac{ql}{4}$$

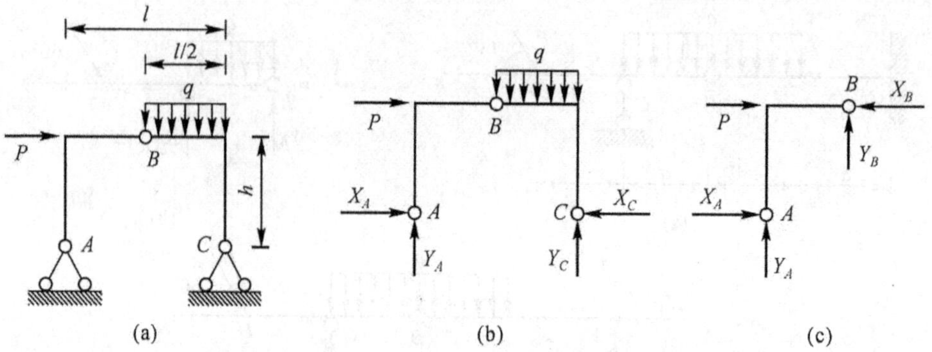

图 4-17

(2) 然后取折杆 AB 为研究对象，画出受力图，如图 4-17(c) 所示。

$$\sum M_B(\boldsymbol{F})=0, X_A\cdot h-Y_A\cdot\frac{l}{2}=0$$

$$\sum X=0, X_A+P-X_B=0$$

$$\sum Y=0, Y_A+Y_B=0$$

解得

$$X_A=-\frac{5ql}{24}$$

$$X_B=\frac{5ql}{12}$$

$$Y_B=\frac{ql}{4}$$

以及

$$X_C=\frac{5ql}{12}$$

最后，可以选取折杆 BC 为研究对象，建立平衡方程，以校核上述结果的正确性。这里从略。

例 4-10 图 4-18(a) 所示为某等边三角构架示意图。水平荷载 $\boldsymbol{P}_1$ 和竖直荷载 $\boldsymbol{P}_2$ 作用在 AC 杆的 C 点。不计构架自重，求支座 A、支座 B 和铰 C 的约束反力，以及水平杆 DE 的内力。

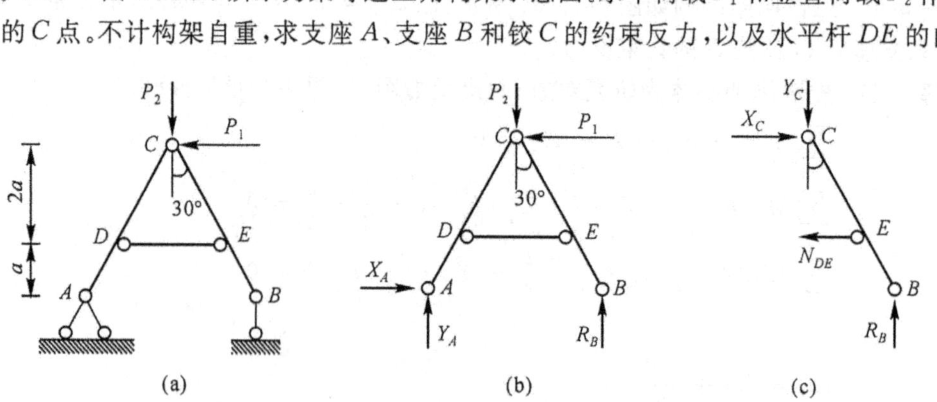

图 4-18

解 (1) 先取整体为研究对象，画出受力图，如图 4-18(b) 所示。

$$\sum M_A(\boldsymbol{F})=0, R_B\cdot 2\sqrt{3}a+P_1\cdot 3a-P_2\cdot\sqrt{3}a=0$$

$$\sum X = 0, X_A - P_1 = 0$$

$$\sum Y = 0, Y_A + R_B - P_2 = 0$$

解得

$$R_B = \frac{1}{2}P_2 - \frac{\sqrt{3}}{2}P_1$$

$$X_A = P_1$$

$$Y_A = \frac{1}{2}P_2 + \frac{\sqrt{3}}{2}P_1$$

(2) 取 BC 杆进行分析。DE 杆为二力杆，它的内力沿着 D、E 连线方向，因此受力图如图 4-18(c) 所示。

$$\sum M_C(\boldsymbol{F}) = 0, R_B \cdot \sqrt{3}a - N_{DE} \cdot 2a = 0$$

$$\sum X = 0, X_C - N_{DE} = 0$$

$$\sum Y = 0, R_B - Y_C = 0$$

解得

$$N_{DE} = \frac{\sqrt{3}}{4}P_2 - \frac{3}{4}P_1$$

$$X_C = \frac{\sqrt{3}}{4}P_2 - \frac{3}{4}P_1$$

$$Y_C = \frac{1}{2}P_2 - \frac{\sqrt{3}}{2}P_1$$

思考题

4-1　平面任意力系向其作用面内一点简化，得到的结果可能有哪些？

4-2　某平面任意力系向其作用面内的 A、B 两点简化，得到的主矩均为零，则该力系的最终简化结果有哪些可能？

4-3　平面任意力系对其作用面内任意一点的简化结果均相同，则该力系的最终简化结果是什么？

4-4　何谓平面任意力系的合力？它与主矢有什么异同？

4-5　平面任意力系的平衡方程有哪几种形式？应用时各有什么要求？

4-6　为了求解问题的方便，选择平面任意力系的平衡方程时应注意什么？那样做为什么能够达到方便求解的目的？

4-7　平面汇交力系和平面平行力系独立的平衡方程分别有几个？平衡方程的内容是否相同？

4-8　在对结构整体分析时，为什么系统内力可以不考虑？

习 题

4-1 刚体上的某平面任意力系如题 4-1 图所示，求该力系的合力(图中网格一小格代表 1m)。

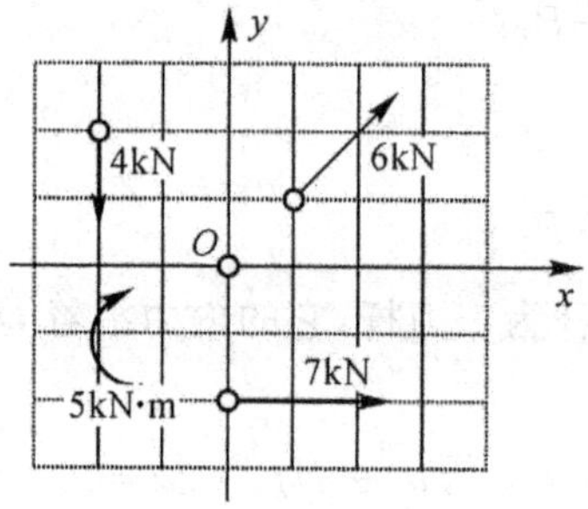

题 4-1 图

4-2 求题 4-2 图所示各梁的支座反力，不计梁自重。

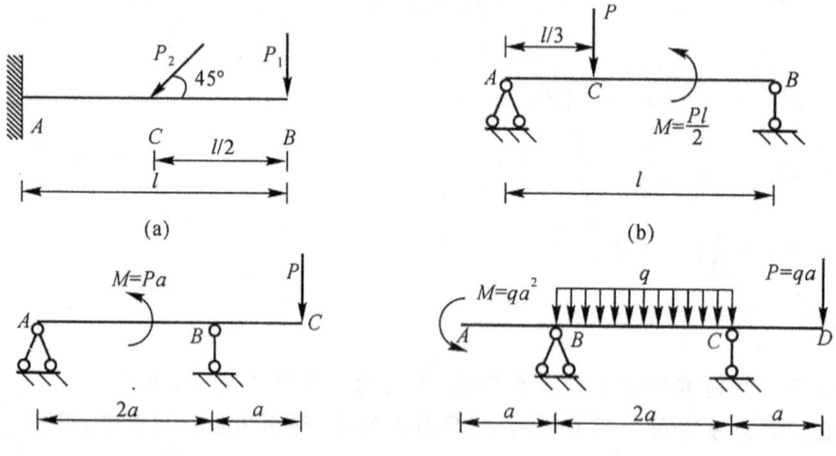

题 4-2 图

4-3 求题 4-3 图示梁的支座反力，不计梁自重。

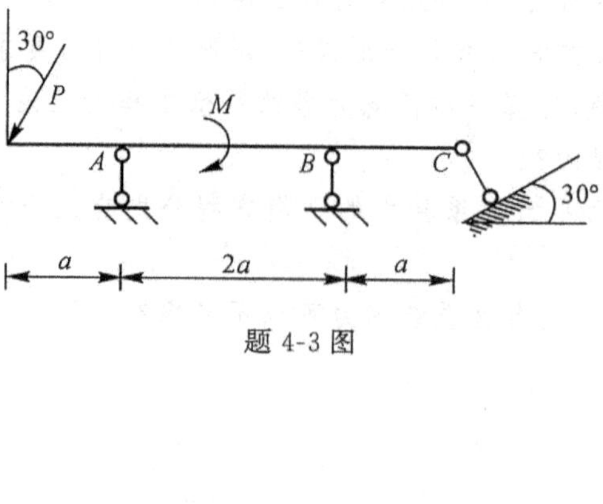

题 4-3 图

4-4　求题 4-4 图所示刚架的支座反力，不计刚架自重。

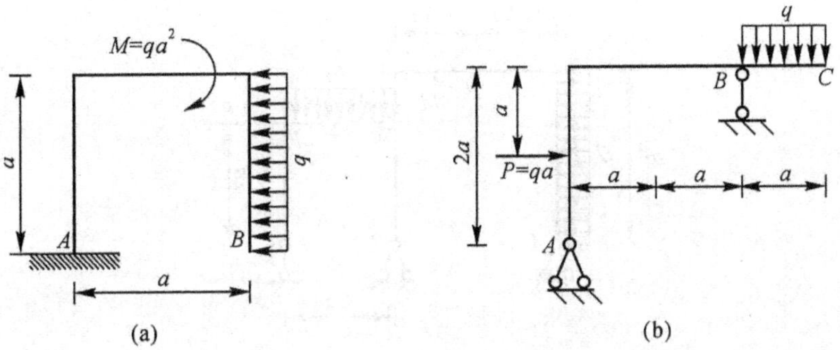

题 4-4 图

4-5　求题 4-5 图示梁在 A、B、C 三处的约束反力，不计梁自重。

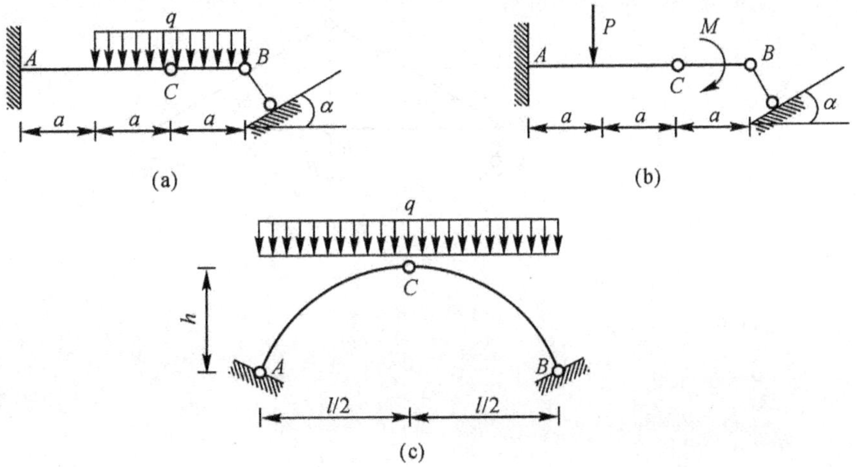

题 4-5 图

4-6　求题 4-6 图所示组合梁 A、B、C、D 四处的约束力，梁自重不计。

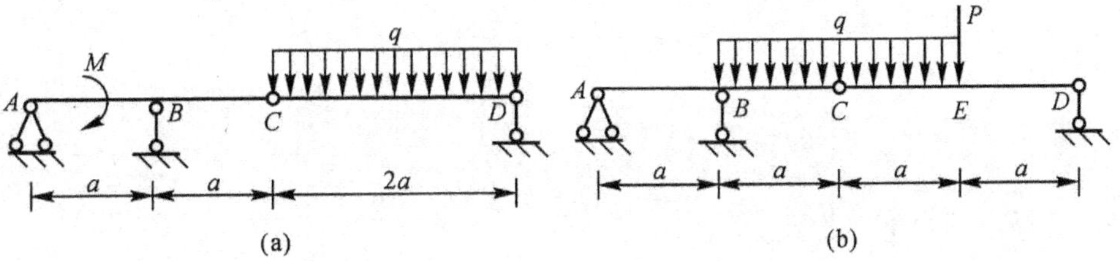

题 4-6 图

4-7　求题 4-7 图所示刚架的支座反力，刚架自重不计。

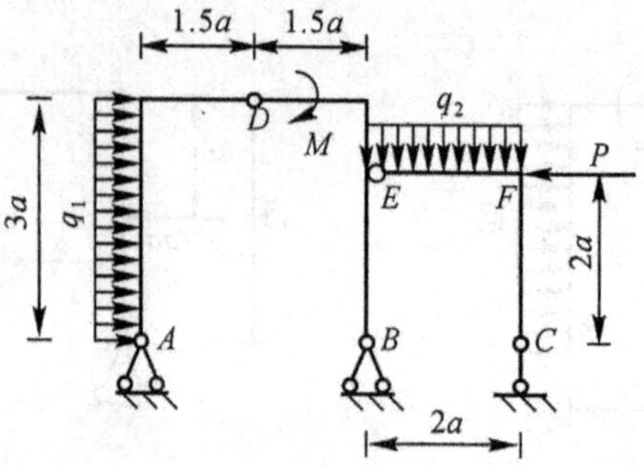

题 4-7 图

4-8　求题图 4-8 所示桁架的支座反力以及杆 AD 的内力，各杆自重不计，所有铰均光滑。

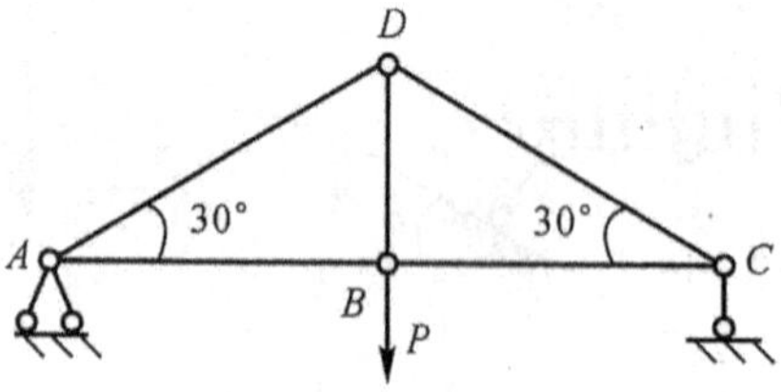

题 4-8 图

第5章 材料力学的基本概念

5.1 变形固体的概念

在现实世界中，构件的受力状况一般比较复杂，所以对它们的研究往往分两步进行：先作简化假设，再进行力学分析。在静力学中，将固体简化为刚体，即假设固体在外力作用下，其大小和形状都不发生变化。但实际上，严格的刚体在自然界中是不存在的，工程上的所有固体材料，如木材、混凝土、钢铁等，在外力作用下都会或多或少地产生变形。在外力作用下，会产生变形的固体材料称为变形固体。

由于在静力学中，研究的主要是物体在外力作用下的平衡问题，物体的微小变形对研究这种问题的影响是很小的，可以作为次要因素忽略不计，此时刚体假设是适用的。而在材料力学中，主要研究的是结构构件在外力作用下的强度、刚度和稳定性问题，此时微小的变形往往也必须予以考虑而不能忽略。因此，对于材料力学，必须将各种结构构件视为变形固体。

变形固体在受力后会产生两种变形：当外力不超过一定限度时，解除外力后变形可完全消失，这种变形称为弹性变形；而当外力超过一定限度时，解除外力后变形不能完全消失，其中残留的变形部分称为塑性变形。本书主要讨论材料在弹性范围内的变形及受力。

5.2 材料力学的基本假设

由不同的材料构成的变形固体其性质多种多样，而研究角度不同，得出的结果侧重点也不一样。在研究构件的强度、刚度和稳定性问题时，为了使问题得到简化，常略去一些次要的因素，而保留其主要影响因素。在材料力学中对变形固体材料作出以下假设。

1. 连续性假设

假设构成变形固体的物质毫无空隙地充满了其整个体积空间。

从物质结构上看，变形固体由很多微粒或晶体构成，由于在微粒或晶体间有空隙存在，实际上并不连续。但是由于这些空隙与构件的尺寸相比极其微小，在研究构件的受力和变形时可以忽略不计。这一假设对于建立相应的数学模型是有利的。

2. 均匀性假设

假设变形固体内各处的力学性质完全相同。

以工程上使用最多的金属为例，组成金属的各晶粒的力学性能并不完全相同，而且是无规则地排列。但由于其力学性能决定于各晶粒力学性能的统计平均值,所以可以认为各部分的力学性能是均匀的。

3. 各向同性假设

假设变形固体沿各个方向的力学性能均相同。

实际上,组成固体的各个晶体在不同方向上有着不同的性质。但由于构件所包含的晶体数量极多,且排列也完全没有规则,因而在各个方向上的力学性能就接近相同了。工程中使用的许多材料,如大多数金属材料、玻璃、混凝土等,都可以认为是各向同性的材料。而另外一些材料,由于沿其各方向具有明显不同的力学性能,称为各向异性材料,如木材、复合材料等。

根据上述假设,可以从物体中任一部分取出一个微小的单元来研究物体的性质,也可将那些大尺寸构件的试验结果应用于构件的局部微元。

4. 小变形假设

固体因外力作用而引起的变形,按不同情况可能很小也可能相当大,但材料力学所研究的问题一般只限于其变形的大小远小于构件原始尺寸的情况,即在研究构件的平衡和运动时,可按变形前的原始尺寸和形状进行计算。这样做可使计算工作大为简化,而又不影响计算结果的精度。

综上所述,在材料力学中将实际材料视为是连续、均匀、各向同性的变形固体,且限于小变形范围。

5.3　杆件变形的基本形式

实际构件有各种不同的形状,大致上可以归纳为四类,即板、壳、块体和杆,如图 5-1 所示。在材料力学中主要研究杆件,杆件的特点是:纵向尺寸(长度)远比横向尺寸大得多。

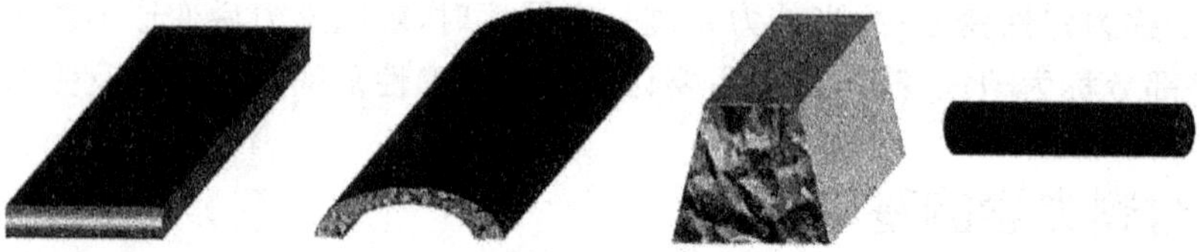

(a) 板　　(b) 壳　　(c) 块体　　(d) 杆

图 5-1

作用在杆件上的外力是多种多样的,因此杆件的变形也多种多样,但都可以归纳为以下四种基本变形之一,或者是其中几种基本变形形式的组合。

1. 轴向拉伸和压缩

在杆件两端承受一对大小相等、方向相反、作用线与杆轴线重合的外力时,杆件发生的主要变形是长度改变。这种变形称为轴向拉伸或轴向压缩,分别如图 5-2(a) 和图 5-2(b) 所示。工程上将主要承受拉伸的杆件统称为拉杆,受压杆件称为压杆或柱。

2. 剪切

在一对相距很近、大小相等、方向相反的横向外力作用下,杆件发生的主要变形是相邻横截面沿外力作用方向发生错动。这种变形形式称为剪切，如图 5-2(c) 所示。

3. 扭转

在一对大小相等、方向相反、位于垂直于杆轴线的两平面内的外力偶作用下，杆的任意横截面将发生绕轴线的相对转动，而杆的轴线仍维持直线，这种变形形式称为扭转，如图 5-2(d) 所示。工程上将主要承受扭转的杆件统称为轴。

4. 弯曲

当一对大小相等、方向相反的外力偶作用在杆的纵向平面内时，杆件的轴线由直线弯曲成曲线，这种变形形式称为弯曲，如图 5-2(e)。工程上将主要承受弯曲的杆件统称为梁。

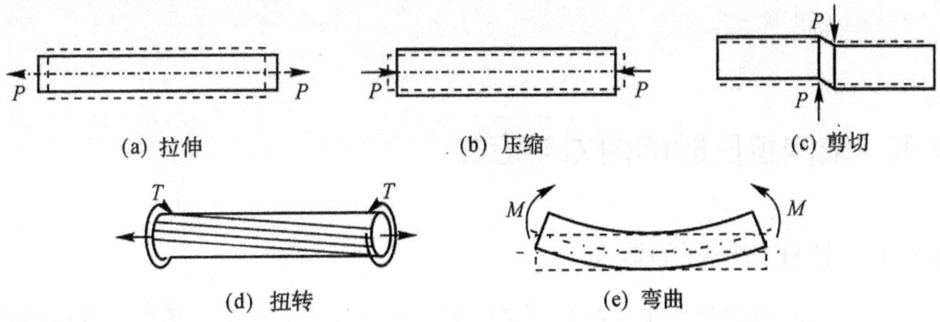

图 5-2

5. 组合变形

在工程实际中，不论杆件的受力有多复杂，其发生的变形都可看作是上述基本变形的组合。由两种或两种以上基本变形组成的复杂变形称为组合变形。本书以下几章中，将分别讨论上述各种基本变形，然后再讨论组合变形。

思考题

5-1　材料力学主要研究什么问题？

5-2　材料力学的基本假设是什么？均匀性假设与各向同性假设有何区别？

5-3　弹性变形与塑性变形有何区别？

5-4　什么是杆件？杆件的基本变形有哪些？

第 6 章 轴向拉伸和压缩

6.1 轴向拉压时的内力与应力

6.1.1 拉杆与压杆的概念

在土木工程中，许多情况下一些构件可以简化成为外力的合力作用线与杆轴线重合的杆件，如图 6-1 所示的屋盖桁架的竖杆、斜杆和上下弦杆或图 6-2 所示起重架的 1、2 杆等等。由于杆件所产生的变形是纵向伸长或缩短，这类产生轴向拉伸或压缩的杆件称为拉杆或压杆。

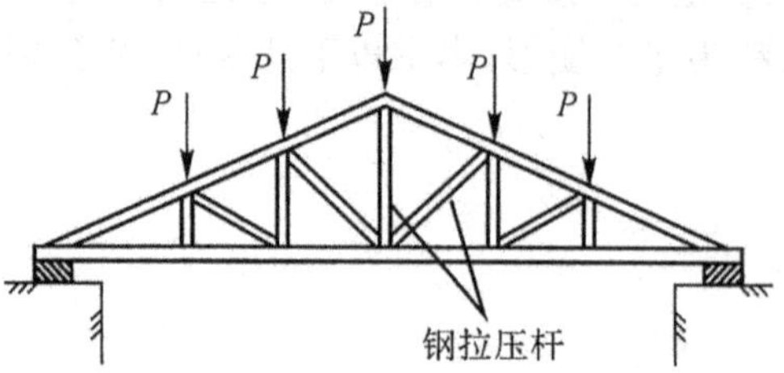

图 6-1

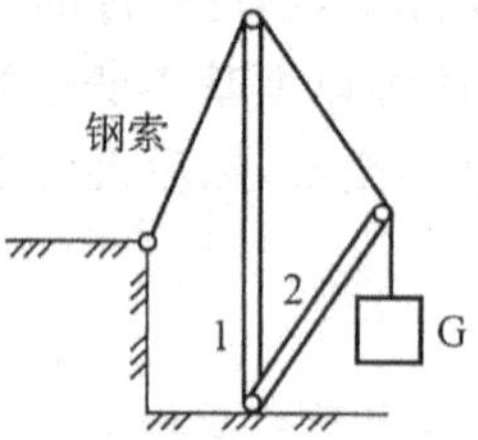

图 6-2

6.1.2 内力的概念

在没有外力作用时，变形固体内部某一部分与相邻其他部分之间本来就存在着各种相互作用力（分子结合力），当受到外力作用而发生变形时，又会产生附加的相互作用力。这种附加的相互作用力会随外力的增加而增大，到达一定限度就会引起材料的破坏，可见，它与强度问题密切相关。在材料力学中就把这种附加的相互作用力称为内力。

材料力学中研究的是受力杆件截面上的内力。根据连续性假设可知，内力是作用于截面上的连续分布力。

6.1.3 轴力与轴力图 —— 截面法

由于内力是物体内部相互作用的力，其大小和指向可通过将物体假想地截开后利用平衡条件确定。例如图 6-3(a) 中所示的拉杆，要确定某一截面上的合力，可以用一假想的横截面将杆沿截面 m-m 截开，取左段为研究对象，见图 6-3(b) 所示。由于整个杆件是处于平衡状态的，所以左段也应保持平衡，由静力平衡条件 $\sum X = 0$ 可知，截面 m-m 上的分布内力的合力 N 必与杆轴重合，且 $N = P$，指向截面外法线方向。如果取右段为研究对象，如图 6-3(c) 所示，可得出相同的结果。作用线与杆轴线相重合的内力称为轴力，用符号 N 表示。

对于压杆，也可通过上述方法求得其任一横截面 m-m 上的轴力 N，其指向如图 6-4 所示。为了区分拉伸和压缩，工程上对轴力 N 的正负号常作这样的规定：拉伸时的轴力值为正，方向与截面外法线方向重合，即拉力；压缩时的轴力值为负，方向与截面外法线方向相反，即压力。轴力的单位为牛顿(N) 或千牛(kN)。

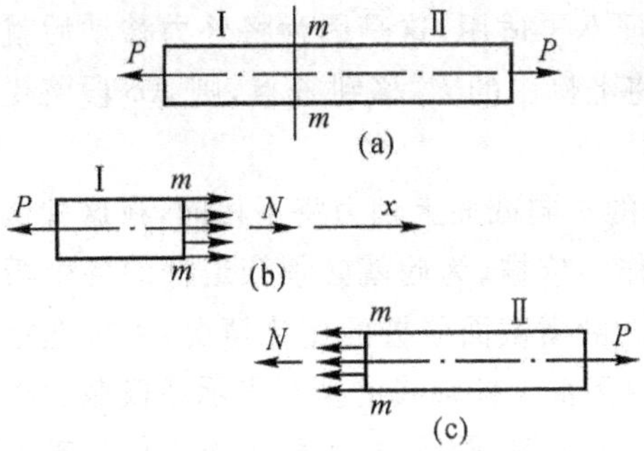

图 6-3

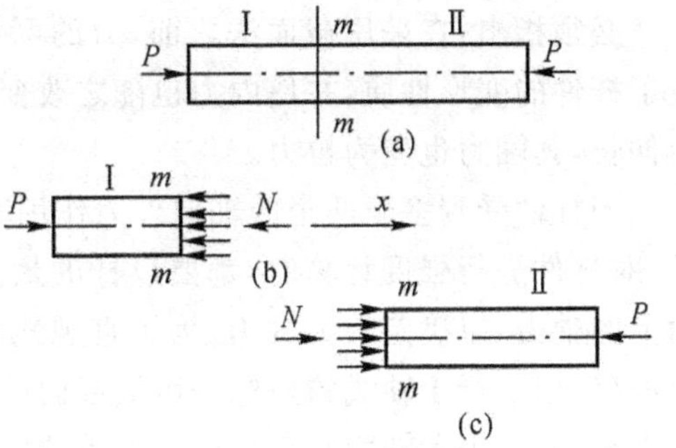

图 6-4

上述对受力杆件进行内力分析的方法称为截面法。该方法适用于杆件的各种受力情况，具有普遍性，是计算内力的基本方法。截面法一般包括以下三个步骤：

(1) 用一假想截面将杆件截分为两部分，并任取其中一部分为研究对象。

(2) 在截开面上用内力代替另一部分对该部分的作用。

(3) 列出研究对象的静力平衡方程，并求解内力。

例 6-1　杆件受力图如图 6-5(a) 所示，在外力 P_1、P_2、P_3 作用下处于平衡。已知 $P_1 = 5\text{kN}$，$P_2 = 10\text{kN}$，$P_3 = 15\text{kN}$，求杆件 AB 和 BC 段的轴力。

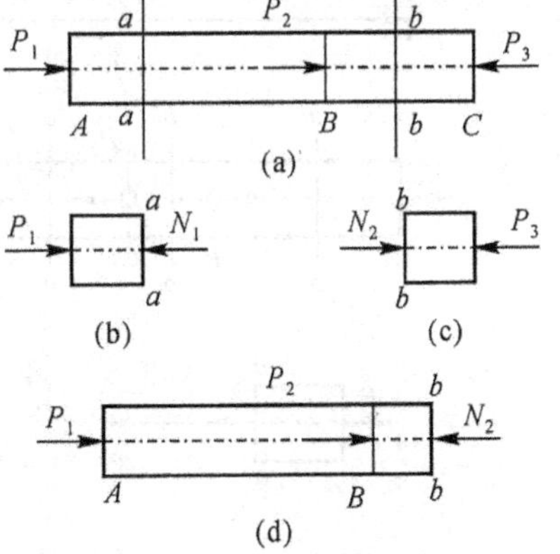

图 6-5

解　杆件承受多个轴向力作用时，根据外力情况将杆分成几段，分段求出杆的内力。

(1) 求 AB 段的轴力

在 a-a 截面处将杆件截开，取左段为研究对象，如图 6-5(b) 所示，截面上的轴力用 N_1 表示，并假设为压力，由平衡方程

$$\sum X = 0 \Rightarrow P_1 - N_1 = 0$$

得　$N_1 = P_1 = 5\text{kN}$

N_1 为正号，说明实际求出的内力方向与假设方向相同，即 AB 段的轴力为压力。

(2) 求 BC 段的轴力

用 b-b 截面在 BC 段内将杆截开，取右段为研究对象，如图 6-5(c) 所示，截面上的轴力用 N_2 表示，由平衡方程

$$\sum X = 0 \Rightarrow N_2 - P_3 = 0$$

得 $N_2 = P_3 = 15\text{kN}$

N_2 为正号，说明实际求出的方向与假设方向相同，即 BC 杆的轴力是压力。

为验证这个结果，取左段为研究对象，如图 6-5(d) 所示，并假设 N_2 为拉力，由平衡方程

$$\sum X = 0 \Rightarrow P_1 + P_2 + N_2 = 0$$

得 $N_2 = -P_1 - P_2 = -15\text{kN}$

N_2 为负号，说明假设方向与实际方向相反，即实际为压力，最终结果与取左段分析相一致。

必须指出：在采用截面法之前，力的可传性原理不再适用，这是因为将外力移动后就改变了杆件的变形性质，并使内力也随之改变。如果将上例中的 P_3 移到 A 点，则 AB 段将受拉而伸长，其轴力也变为拉力。

当杆件受到多于两个的轴向外力作用时，在杆的不同截面上轴力将不相同，在这种情况下，对杆件进行强度计算时，都要以杆的最大轴力作为依据。为此就必须知道杆的各个横截面上的轴力，以确定最大轴力。为了直观地看出轴力沿横截面位置的变化情况，可按选定的比例尺，用平行于轴线的坐标表示横截面的位置，用垂直于杆轴线的坐标表示各横截面轴力的大小，绘出表示轴力与截面位置关系的图线，称为轴力图。画图时，习惯上将正值的轴力画在上侧，负值的轴力画在下侧，并标明正负号。

例 6-2 杆件受力如图 6-6(a) 所示。试求杆内的轴力并作出轴力图。

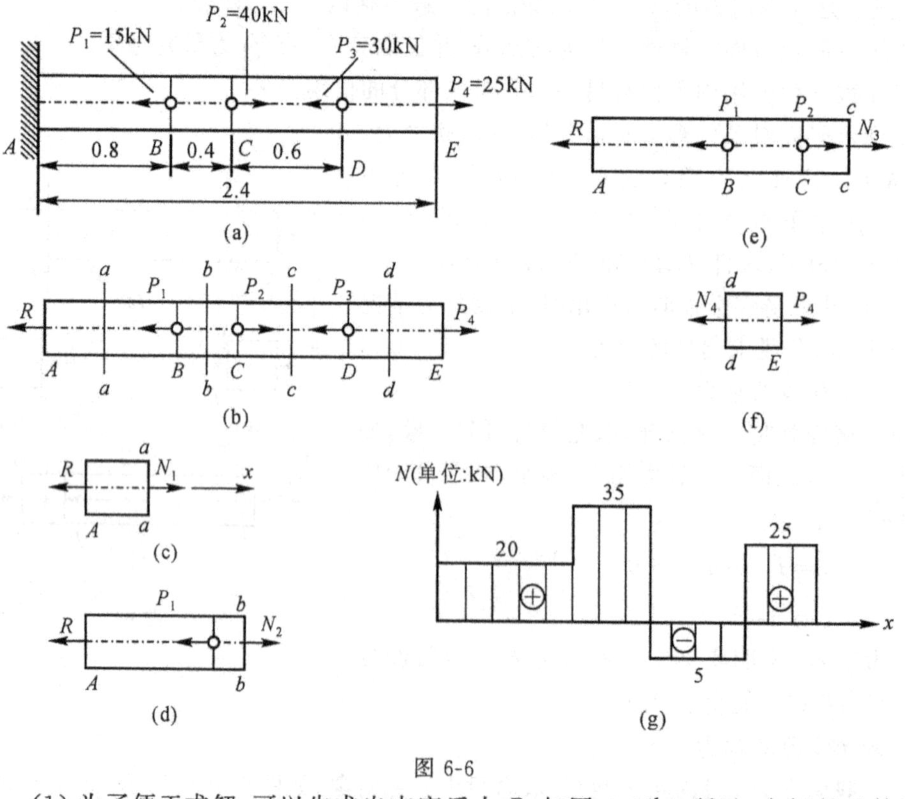

图 6-6

解 (1) 为了便于求解，可以先求出支座反力 R，如图 6-6(b) 所示，由杆的整体平衡条件

$$\sum X = 0 \Rightarrow -R - 15 + 40 - 30 + 25 = 0$$

得　　$R = 20\text{kN}$

(2) 求各段杆的轴力

求 AB 段轴力：用 a-a 截面将杆件在 AB 段内截开，取左段为研究对象，如图 6-6(c) 所示，以 N_1 表示截面上的轴力，并假设为拉力，由平衡方程

$$\sum X = 0 \Rightarrow -R + N_1 = 0$$

得　　$N_1 = R = 20\text{kN}$

N_1 为正号，表示 AB 段的轴力为拉力。

求 BC 段的轴力：用 b-b 截面将杆件截断，取左段为研究对象，如图 6-6(d) 所示，由平衡方程

$$\sum X = 0 \Rightarrow -R + N_2 - 15 = 0$$

得　　$N_2 = 35\text{kN}$

N_2 为正号，表示 BC 段的轴力为拉力。

求 CD 段轴力：用 c-c 截面将杆件截断，取左段为研究对象，如图 6-6(e) 所示，由平衡方程

$$\sum X = 0 \Rightarrow -R - 15 + 40 + N_3 = 0$$

得　　$N_3 = -5\text{kN}$

N_3 为负号，表示 CD 段的轴力为压力。

求 DE 段轴力：用 d-d 截面将杆件截断，取右段为研究对象，如图 6-6(f) 所示，由平衡方程

$$\sum X = 0 \Rightarrow 25 - N_4 = 0$$

得　　$N_4 = 25\text{kN}$

N_4 为正号，表示 DE 段的轴力为拉力。

(3) 画轴力图

以平行于杆轴的 x 轴为横坐标，垂直于杆轴的坐标轴为 N 轴，按一定比例将各段轴力标在坐标轴上，可作出轴力图如图 6-6(g) 所示。

6.1.4　应力的概念

利用截面法可以求出整个截面上分布内力的合力，由于杆件材料是连续的，所以内力必然是分布在整个截面上。为研究杆件的强度，仅仅确定了截面上的内力是不够的，还必须知道内力在截面上各点处的分布情况，即需要了解截面上各点内力的集度。

例如，两根材料相同、截面面积不同的杆，受同样大小的轴向拉力 P 作用，则两杆件横截面上的内力是相等的，但从内力在截面上分布的密集程度(简称内力集度)而言，显然杆件截面越小内力集度越大。因此随着外力的增加，截面积小的杆件必然先发生破坏。

内力在一点处的分布集度称为应力。为了说明截面上某一点 C 处的应力，可在 C 点周围取一微小面积 ΔA，作用在微面积 ΔA 上的内力合力记为 ΔP，如图 6-7(a) 所示，则比值

$$\bar{p} = \frac{\Delta P}{\Delta A}$$

$\overline{p}$ 称为 ΔA 上的平均应力，一般情况下截面上各点处的内力是连续分布的，但并不一定均匀，因此，平均应力 $\overline{p}$ 的值将随 ΔA 的大小而变化。为消除 ΔA 面积大小的影响，将 ΔA 无限缩小并趋于零后，得到的平均应力 $\overline{p}$ 的极限值即为 C 点处的内力集度，用 p 表示：

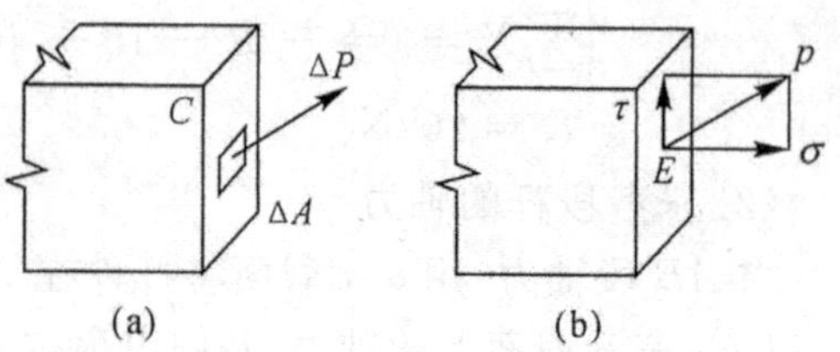

图 6-7

$$p = \lim_{\Delta A \to 0} \frac{\Delta P}{\Delta A} = \frac{\mathrm{d}P}{\mathrm{d}A}$$

p 又称为 C 点处的应力。一般来说应力 p 与截面既不垂直也不相切，为便于分析，通常将它分解为垂直于截面和相切于截面的两个分量，如图 6-7(b) 所示，与截面垂直的应力分量称为正应力(或法向应力)，用 σ 表示；与截面相切的应力分量称为剪应力(或切向应力)，用 τ 表示。

应力的单位是帕斯卡(Pascal)，简称为帕，符号为"Pa"($1\text{Pa} = 1\text{N/m}^2$)。工程中还常常使用千帕(kPa)、兆帕(MPa)及吉帕(GPa)作为单位，其中 $1\text{kPa} = 10^3\text{Pa}$，$1\text{MPa} = 10^6\text{Pa}$，$1\text{GPa} = 10^9\text{Pa}$。

在建筑工程图纸上，由于长度尺寸常以 mm 为单位，为计算方便常用到如下换算关系：

$$1\text{MPa} = 10^6\text{N/m}^2 = 10^6\text{N}/10^6\text{mm}^2 = 1\text{N/mm}^2$$

6.1.5 横截面和斜截面上的应力

1. 横截面上的正应力

如前所述，对于杆件的强度而言，研究其应力具有重要的意义，为求得杆件横截面上任一点的应力，首先应确定应力在截面上的分布规律。应力在截面上的分布不能直接观察到，但由于内力与变形有关，可以通过对杆件的变形进行实验研究来推测应力的分布。

取一根等直杆，如图 6-8(a) 所示，为便于实验观察轴向受拉杆所发生的变形现象，在未受力前的杆件表面均匀地画上若干与杆轴线平行的纵线及与轴线垂直的横线，使杆表面形成许多大小相同的方格。然后在杆的两端施加一对轴向拉力 P，如图 6-8(b) 所示，可以观察到：在保持互相平行的同时，所有的纵线都伸长了，而所有的横线在保持垂直于杆轴时仍为直线，只是相对距离增大了，从表面上看小方格相应地变成了长方格。

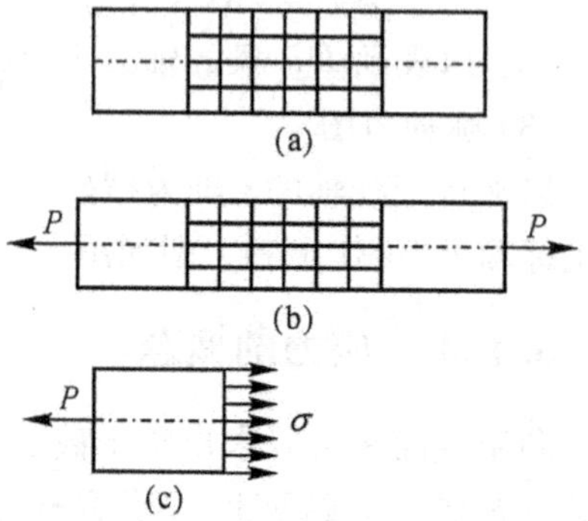

图 6-8

根据这一现象可以作出一个重要假设，即变形前原为平面的横截面，变形后仍保持为平面，并仍垂直于杆轴线，这个假设称为平面假设。根据这个假设可以推断，杆件在拉伸变形时，所有纵向纤维全都同样地伸长。

由于前面已假设材料是均匀连续的，而杆的分布内力集度又与杆的变形程度有关，又可以进一步推断，杆件在拉伸变形时，所有纵向纤维都只受沿轴线方向作用的、大小相同的拉力作用。由上可得结论：轴向拉伸时，杆件横截面上各点处产生正应力，且大小相等，如图 6-8(c) 所示。若杆件横截面上的轴力为 N，并已知该横截面的面积 A，则根据上述推断，再利

用静力学平衡条件，最终可得横截面上正应力 σ 的计算公式为

$$\sigma = \frac{N}{A} \tag{6-1}$$

此公式同样适用于杆件受压缩即 N 为负值的情况。由公式(6-1)可见，正应力也随轴力 N 而有正负之分，拉应力为正，压应力为负。

例 6-3　若例 6-2 中的等直杆为 30mm × 60mm 矩形形截面，试求杆中各段横截面上的应力。

解　杆的横截面面积为

$$A = 0.03 \times 0.06 = 0.0018 = 18 \times 10^{-4}(\text{m}^2)$$

在例 6-2 中已求得四段中的轴力分别为 $N_1 = 20\text{kN}, N_2 = 35\text{kN}, N_3 = -5\text{kN}, N_4 = 25\text{kN}$，代入正应力计算公式 $\sigma = \frac{N}{A}$ 可得

AB 段内任一横截面上的应力

$$\sigma_1 = \frac{N_1}{A} = \frac{20 \times 10^3}{18 \times 10^{-4}} = 11.11 \times 10^6(\text{Pa}) = 11.11(\text{MPa})$$

BC 段内任一横截面上的应力

$$\sigma_2 = \frac{N_2}{A} = \frac{35 \times 10^3}{18 \times 10^{-4}} = 19.44 \times 10^6(\text{Pa}) = 19.44(\text{MPa})$$

CD 段内任一横截面上的应力

$$\sigma_3 = \frac{N_3}{A} = \frac{-5 \times 10^3}{18 \times 10^{-4}} = -2.78 \times 10^6(\text{Pa}) = -2.78(\text{MPa})$$

DE 段内任一横截面上的应力

$$\sigma_4 = \frac{N_4}{A} = \frac{25 \times 10^3}{18 \times 10^{-4}} = 13.89 \times 10^6(\text{Pa}) = 13.89(\text{MPa})$$

2. 斜截面上的应力

前面讨论的杆件的横截面是一个方位特殊的截面，在这个截面上剪应力为 0。有时工程中需要考虑更为一般的情况，即杆件在任一斜截面上的应力。仍以一根在两端分别受到一个大小相等的轴向拉力 P 的作用的等截面直杆为例，如图 6-9(a) 所示，现分析任意斜截面 a-b 上的应力，设截面 a-b 的外法线 on 与杆件轴线 x 轴的夹角为 θ，并规定 θ 从 x 轴起算，逆时针转向为正。

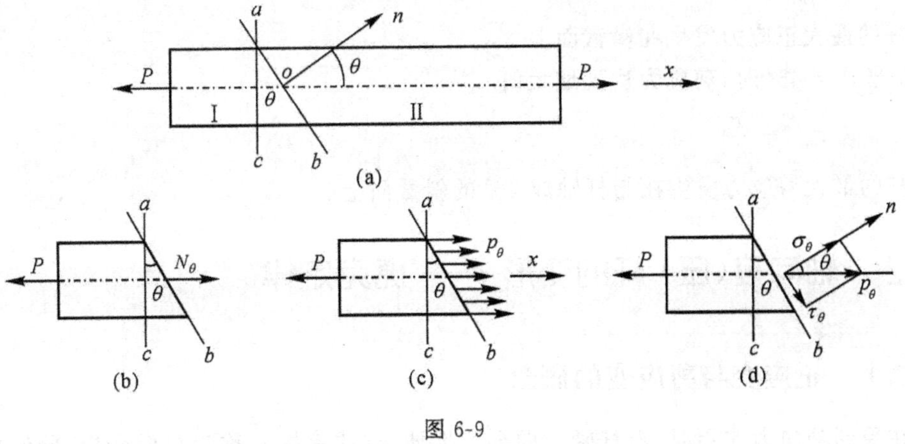

图 6-9

将杆件在 a-b 截面处截开，取左半段为研究对象，如图 6-9(b) 所示，由静力平衡方程 $\sum X=0$，可求得 a-b 截面上的内力

$$N_\theta = P = N$$

其中 N 为横截面 a-c 上的轴力。令 p_θ 表示 a-b 截面上任一点的总应力，则根据前面对横截面上 正应力变化规律的分析，同样可得到斜截面上各点处的总应力相等的结论，见图 6-9(c) 所示，于是可得

$$p_\theta = \frac{N_\theta}{A_\theta} = \frac{N}{A_\theta}$$

其中 A_θ 是斜截面的面积，从几何投影关系可知，$A_\theta = \dfrac{A}{\cos\theta}$，将它代入上式得

$$p_\theta = \frac{N}{A}\cos\theta$$

其中$\dfrac{N}{A}$ 为横截面上的正应力 σ，故得

$$p_\theta = \sigma\cos\theta$$

为便于研究，通常将 p_θ 分解为与斜截面垂直的正应力 σ_θ 和与斜截面相切的剪应力 τ_θ，如图 6-9(d) 所示，由投影关系得到

$$\sigma_\theta = p_\theta\cos\theta = \sigma\cos^2\theta \tag{6-2}$$

$$\tau_\theta = p_\theta\sin\theta = \sigma\cos\theta\sin\theta = \frac{1}{2}\sigma\sin2\theta \tag{6-3}$$

式(6-2)、式(6-3) 反映出轴向受拉杆斜截面上任一点的正应力 σ_θ 和剪应力 τ_θ 的数值随斜截面位置 θ 角而变化的规律。同样它们也适用于轴向受压杆。

σ_θ 和 τ_θ 的正负号规定如下：正应力 σ_θ 以拉应力为正，压应力为负；剪应力 τ_θ 以它使研究对象绕其中任意一点有顺时针转动趋势时为正，反之为负。

由式 (6-2)、式(6-3) 可以研究轴向拉压杆在斜截面上的正应力和剪应力随截面的方位角 θ 而变化的规律，分别对式(6-2)、式(6-3) 求一阶导数，可得

$$\sigma'_\theta = -2\sigma\sin\theta \text{ 和 } \tau'_\theta = \sigma\cos2\theta$$

令上述两个式子分别等于 0，可以得到：

(1) 当 $\theta = 0°$ 时，正应力达到最大值

$$\sigma_{max} = \sigma$$

即拉压杆的最大正应力发生在横截面上。

(2) 当 $\theta = 45°$ 时，剪应力达到最大值

$$\tau_{max} = \frac{\sigma}{2}$$

即拉压杆的最大剪应力发生在与杆轴成 45° 的斜截面上。

6.2 轴向拉(压) 杆的变形 —— 虎克定律

6.2.1 正应变与剪应变的概念

杆在受到轴向力作用时，沿杆轴方向会产生伸长(或缩短)，称为纵向变形；同时杆的横

向尺寸将减小(或增大),在考察杆的轴向变形情况时,需要用到线应变的概念,下面来介绍一些线应变的基本知识。

设有一原长为 L 的杆,受到一对轴向拉力 P 的作用后,其长度增加为 L_1,则杆的纵向伸长量为 $\Delta L = L_1 - L$,如图 6-10 所示。

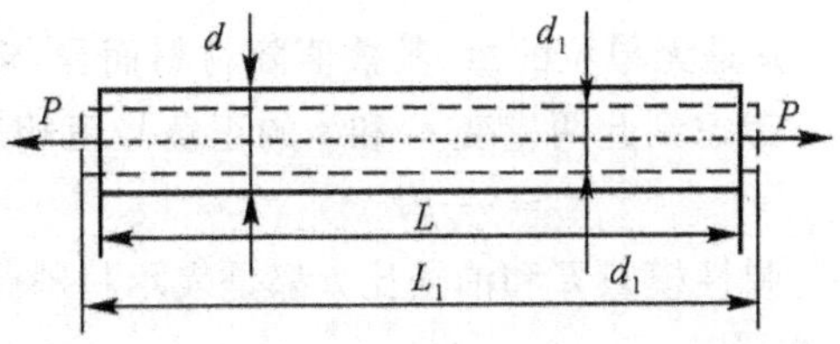

图 6-10

由于杆的各段是均匀伸长的,对于不同长度的杆件来说,考虑单位长度上的变形量更有实用意义。单位长度的纵向伸长称为纵向线应变,用 ε 表示,即

$$\varepsilon = \frac{\Delta L}{L} \tag{6-4}$$

下面来考察杆件的横向变形,设拉杆原始横向尺寸为 d,受力后缩小到 d_1,则其横向尺寸的缩小量为 $\Delta d = d_1 - d$

与之相应的应变(横向线应变)ε' 为

$$\varepsilon' = \frac{\Delta d}{d} \tag{6-5}$$

拉伸时 ε 为正,ε' 为负。

以上的一些概念也同样适用于压杆,但压杆的纵向线应变为负,而横向线应变为正。

6.2.2　虎克定律

实验结果表明:如果所施加的外力使杆件的变形处于弹性范围内,则杆的伸长量 ΔL 与杆所承受的轴向外力成正比,即

$$\Delta L \propto \frac{PL}{A}$$

根据实验反映的情况,可以引入一个比例常数 E,则有

$$\Delta L = \frac{PL}{EA} \tag{6-6}$$

当杆件只在两端承受轴向外力 P 作用时,可将上式改写成

$$\Delta L = \frac{NL}{EA} \tag{6-7}$$

上述比例关系称为虎克定律,由英国科学家虎克于 1678 年首先提出,式中比例常数 E 称为弹性模量。从式(6-7)可知,当其他条件相同时,材料的弹性模量 E 越大,则变形越小,它表示材料抵抗弹性变形的能力。E 的数值随材料而异,是通过试验测定的,其单位与应力单位相同。EA 称为杆件的抗拉(压)刚度,对于长度相等、且受力相同的拉杆,其抗拉(压)刚度越大,则变形就越小。

将式(6-1)及式(6-4)代入式(6-7)可得

$$\sigma = E \cdot \varepsilon \tag{6-8}$$

式(6-8)是虎克定律的另一表达形式,它表明当杆件应力不超过某一极限时,应力与应变成正比。

上述的应力极限值,称为材料的比例极限,用 σ_p 表示(详见下节)。

实验结果表明,当杆件应力不超过比例极限时,横向线应变 ε' 与纵向线应变 ε 的绝对值

之比为一常数，此比值称为横向变形系数或泊松比，用 μ 表示。

$$\mu = \left|\frac{\varepsilon'}{\varepsilon}\right| \tag{6-9}$$

μ 是无单位的量，其数值随材料而异，可由试验测定。

考虑到此两应变 ε' 和 ε 的正负号恒相反，故有

$$\varepsilon' = -\mu\varepsilon$$

弹性模量 E 和泊松比 μ 都是表示材料弹性性能的常数。表 6-1 中列出了几种常用材料的 E 和 μ 值。

表 6-1 几种常用材料的 E 和 μ 值

材料	E/GPa	μ
玻璃	55	0.25
混凝土	12 ～ 23	0.1 ～ 0.18
纵纹木材	9.8 ～ 12	0.5
橡胶	0.00784	0.47
低 碳 钢	196 ～ 216	0.25 ～ 0.33
合 金 钢	186 ～ 216	0.24 ～ 0.33
灰 铸 铁	78.4 ～ 147	0.23 ～ 0.27
铜及其合金	72.5 ～ 127	0.31 ～ 0.42

例 6-4 一方形截面的混凝土，如图 6-11(a) 所示，上段柱边长为 300mm，下段柱边长为 400mm。荷载 $P = 100\text{kN}$，不计自重，材料的弹性模量 $E = 3 \times 10^4\text{MPa}$，试求柱顶位移。

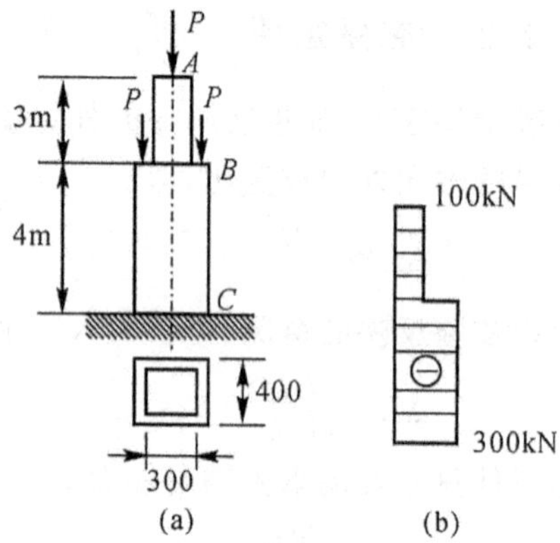

图 6-11

解 (1) 要应用虎克定律，须先求出混凝土柱各段的内力，通过与例 6-2 相似的分析，容易得到

AB 段轴力 $N_1 = -P = -100\text{kN}$

BC 段轴力 $N_2 = -3P = -300\text{kN}$

轴力均为压力，轴力图如 6-11(b) 所示。

(2) 设混凝土柱顶面 A 下降的位置为 Δl，显然它的位移就等于全柱的总缩短。由于上、下两柱的截面积及轴力都不相等，故应分别求出两段变形，然后求其总和，由式(6-7)，得

$$\Delta l = \Delta l_{AB} + \Delta l_{BC} = \frac{N_{AB} \cdot l_{AB}}{E \cdot A_{AB}} + \frac{N_{BC} \cdot l_{BC}}{E \cdot A_{BC}}$$

$$= \frac{(-100 \times 10^3) \times 3000}{3 \times 10^4 \times 300^2} + \frac{(-300 \times 10^3) \times 4000}{3 \times 10^4 \times 400^2}$$

$$= -0.111 - 0.25 = -0.361(\text{mm})$$

例 6-5 托架结构如图 6-12(a) 所示，已知外力 $P = 100\text{kN}$，求 AB 杆及 BC 杆的变形。已知 AB 杆为钢杆，$A_1 = 10\text{cm}^2$，$E_1 = 2.1 \times 10^5\text{MPa}$；$BC$ 为木杆，$A_2 = 400\text{cm}^2$，$E_2 = 1 \times 10^4\text{MPa}$。

解 (1) 求各杆的轴力。取 B 节点为研究对象(如图 6-12(b) 所示)，列平衡方程得

$$\sum X = 0 \Rightarrow -N_{AB} + N_{BC}\cos\alpha = 0 \qquad (a)$$

$$\sum Y = 0 \Rightarrow -P - N_{BC}\sin\alpha = 0 \qquad (b)$$

由 $\tan\alpha = \dfrac{AC}{AB} = \dfrac{2200}{1400} = 1.57$，得 $\alpha = 57.53°$，$\sin\alpha = 0.843$，$\cos\alpha = 0.537$，代入式(a)、(b) 解得

$N_{AB} = 63.7\text{kN}$，　　$N_{BC} = -118.6\text{kN}$

(2) 计算杆的变形

$$\Delta l_{AB} = \frac{N_{AB}l_{AB}}{E_{AB}A_{AB}} = \frac{63.7 \times 10^3 \times 1400}{2.1 \times 10^4 \times 10 \times 10^2} = 4.247(\text{mm})$$

$$\Delta l_{BC} = \frac{N_{BC}l_{BC}}{E_{BC}A_{BC}} = \frac{-118.6 \times 10^3 \times \dfrac{2200}{0.843}}{1 \times 10^4 \times 400 \times 10^2} = -0.774(\text{mm})$$

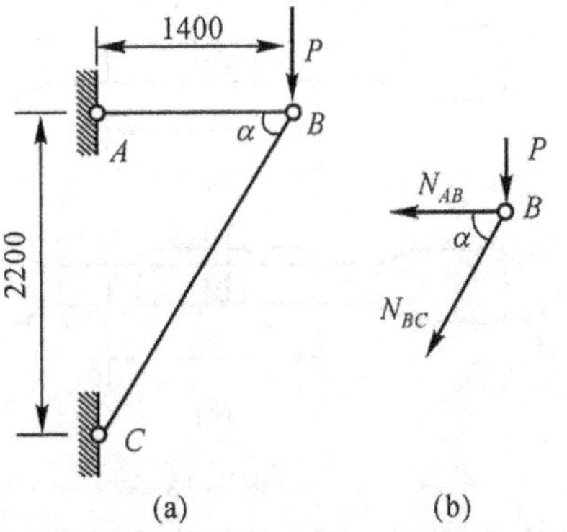

图 6-12

6.3　材料在拉伸和压缩时的力学性能

材料在拉伸和压缩时的力学性能，又称机械性能，是指材料在受力过程中在强度和变形方面表现出的特性，是解决强度、刚度和稳定性问题不可缺少的依据。

材料在拉伸和压缩时的力学性质，是通过试验得出的。拉伸与压缩试验通常在万能材料试验机上进行，试验的一般过程为：把由不同材料按标准制成的试件装夹到试验机上，试验机对试件施加荷载，使试件产生变形甚至破坏。

根据试件在拉断时塑性变形的大小，可以将其区分为塑性材料和脆性材料，塑性材料在拉断时具有较大的塑性变形，如低碳钢、合金钢、铅、铝等；脆性材料在拉断时，塑性变形很小，如铸铁、砖、混凝土等。实验研究中常把工程上用途较广泛的低碳钢和铸铁作为两类材料的代表。

6.3.1　材料在拉伸时的力学性能

拉伸试验时采用标准试件，如图 6-13 所示。试件的中间部分较细，两端加粗，便于将试件安装在试验机的夹具中。在中间等直部分标出一段作为工作段，用来测量变形，其长度称为标距 l。通常规定标距 l 与其截面直径 d 的比例为：$l = 10d$(长试件）和 $l = 5d$(短试件)。矩形截面试件标距和截面面积 A 之间的关系规定为：$l = 11.3\sqrt{A}$(长试件）和 $l = 5.65\sqrt{A}$(短试件)。

1. 低碳钢的拉伸试验

(1)P-Δl 曲线和 σ-ε 图

将低碳钢做成的标准试件装夹在万能试验机的两个夹头上，缓慢地加载，直到使试件拉断为止。在拉伸的过程中，自动绘图器将每瞬时荷载与绝对伸长量的关系绘成 P-Δl 曲线图，如图 6-14 所示。

由于 Δl 与试件的标距 l 及横截面面积 A 有关，因此，即使是同一种材料，当试件尺寸不

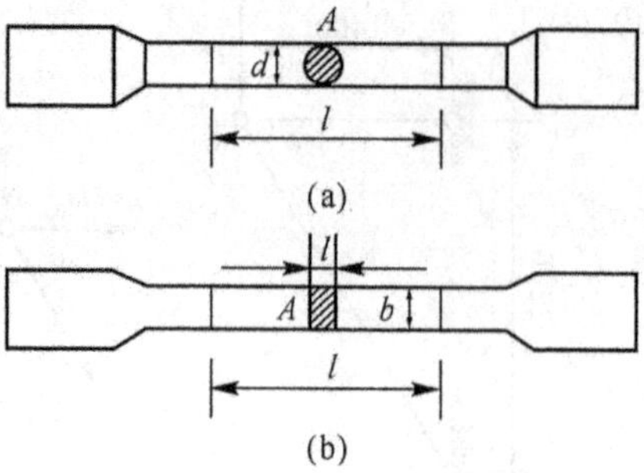

图 6-13

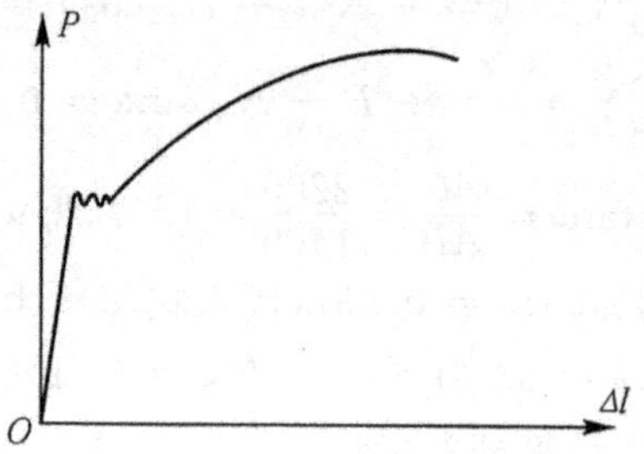

图 6-14

同时，其拉伸图也不同。为了消除试件尺寸的影响，常对拉伸图的纵坐标即除以试件横截面的原面积，用应力 $\sigma=\dfrac{P}{A}$ 表示；将其横坐标 Δl 除以试件工作段的原长 l，用线应变 $\varepsilon=\dfrac{\Delta l}{l}$ 表示。这样得到的曲线即与试件的尺寸无关，而可以代表材料的力学性能。此曲线称为 σ-ε 图(应力 — 应变图)，如图 6-15 所示。

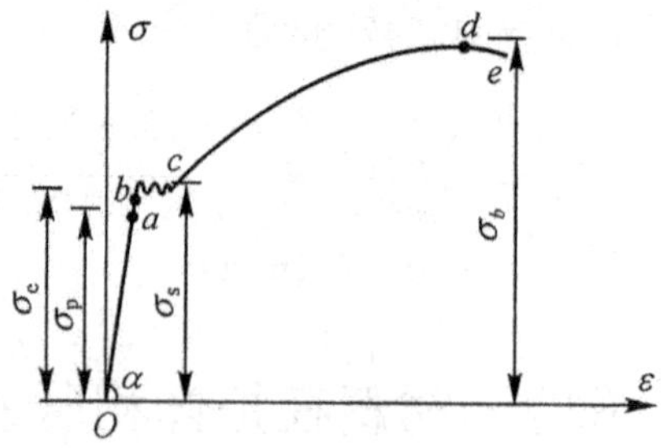

图 6-15

(2) 拉伸过程的四个阶段

根据试件的 σ-ε 曲线，低碳钢的拉伸过程可划分为四个阶段，下面分别对这些阶段进行讨论。

1) 弹性阶段(图 6-15 中 ob 段)

当加在试件上的应力不超过 b 点所对应的应力值时，材料的变形全部是弹性的，即卸去外力后变形全部消失。与这段曲线的最高点 b 相对应的应力值称为材料的弹性极限，以 σ_e 表示。

在弹性阶段时，拉伸的初始阶段 oa 为直线，表明 σ 与 ε 成正比。a 点对应的应力称为材料的比例极限，用 σ_p 表示。低碳钢受拉时的比例极限 σ_p 约为 200MPa。直线 oa 与横坐标 ε 的夹角 α 的正切值即为材料的弹性模量 E

$$E=\frac{\sigma}{\varepsilon}=\tan\alpha \tag{6-10}$$

弹性极限 σ_e 与比例极限 σ_p 意义不同，但由试验得出的数值很接近，因此，通常工程上对它们不加严格区分，常近似认为在弹性范围内材料服从虎克定律。

2) 屈服阶段(图 6-15 中的 be 段)

当应力超过 b 点对应的应力值后，应变增加很快，应力仅在一个微小的范围内波动，在 σ-ε 图上呈现出一段接近水平的“锯齿”形线段 bc。这种应力几乎不变，应变却不断增加，从而产生显著变形的现象，称为屈服现象，bc 阶段称为屈服阶段。在应力波动范围中，最高点的应力值称为上屈服极限，最低点的应力值称为下屈服极限。实验表明，很多因素对上屈服极限的数值有影响，而下屈服极限则较为稳定。因此，通常将下屈服极限称为材料的屈服极限或流动极限，以 σ_s 表示。低碳钢的屈服极限 σ_s 约为 240MPa。

当材料到达屈服阶段时，如果试件表面经过抛光，则在试件表面上可以看到许多倾斜的与试件轴线约成 45° 的条纹，这种条纹称为滑移线。这是由于在 45° 斜面上存在最大剪应力，造成材料内部晶格之间发生相互滑移所致。一般认为，晶体的相对滑移是产生塑性变形的根本原因。

当应力达到屈服极限时，材料出现了显著的塑性变形，使构件不能正常工作，故在构件设计时，一般应将构件的最大工作应力限制在屈服极限 σ_s 以下。因此，屈服极限是衡量材料强度的一个重要指标。

3) 强化阶段(图 6-15 的 cd 段)

经过屈服阶段，σ-ε 图中曲线又继续上升，这表明若要试件继续变形，必须增加应力，这一阶段称为强化阶段。

在强化阶段中变形试件主要发生塑性变形，其变形量要比在弹性阶段内大得多，所以在试验中可以明显地观察到整个试件的横向尺寸在缩小。图 6-15 中曲线最高点 d 所对应的应力称为强度极限，以 σ_b 表示，低碳钢的强度极限约为 400MPa。

4) 颈缩阶段(图 6-15 中的 de 段)

在强度极限前试件的变形是均匀的，在强度极限后，即曲线的 de 段，变形集中在试件某一局部，纵向变形显著增加，横截面面积显著减小，形成颈缩现象，出现如图 6-16 所示 的“颈缩”现象。由于颈缩处截面面积迅速缩小，试件继续变形所需的拉力 P 反而下降，最后当曲线到达 e 点时，试件被拉断，这一阶段称为“颈缩”阶段。

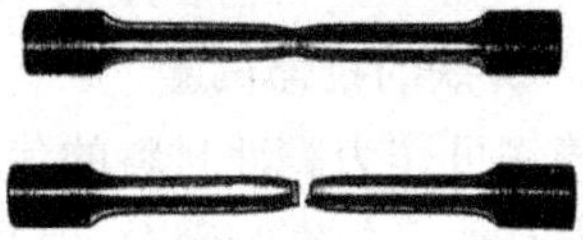

图 6-16

对于低碳钢来说，屈服极限 σ_s 和强度极限 σ_b 是衡量材料强度的两个重要指标。

(3) 塑性指标

试件拉断后，弹性变形消失了，只剩下残余变形，残余变形标志着材料的塑性。常用来衡量材料的塑性性能的指标有两个。

1) 延伸率

设试件的工作段在拉断后的长度为 l_1，原长为 l，则比值

$$\delta = \frac{l_1 - l}{l} \times 100\% \tag{6-11}$$

称为材料的延伸率。

2) 截面收缩率

试件断裂处的最小横截面面积用 A_1 表示，原截面面积为 A，则比值

$$\psi = \frac{A - A_1}{A} \times 100\% \tag{6-12}$$

称为截面收缩率。

延伸率和截面收缩率是衡量材料塑性的两个重要指标，一般来说，数值越大表明材料塑性越好。可按延伸率的大小将材料分为两类。$\delta \geqslant 5\%$ 的材料作为塑性材料，$\delta < 5\%$ 的作为脆性材料。低碳钢的延伸率约为 $20\% \sim 30\%$，ψ 值约为 60% 左右。

(4) 冷作硬化

在 试验过程中，如加载到强化阶段内的某点 k 时(如图 6-17 所示)，将荷载逐渐减小到零，可以看到，卸载过程中应力与应变仍保持为直线关系，且卸载直线 ko_1 与弹性阶段内的直线 oa 近乎平行。在图 6-17 所示的 σ-ε 曲线中，k 点的横坐标可以看成是 oo_1 与 o_1f 之和，其中 oo_1 是塑性变形 ε_s，o_1f 是弹性变形 ε_e。

如 果卸载后立即再加荷载，直到试件拉断，所得的加载曲线如图 6-17 中的 o_1kde，通过

比较可见卸载后再加载，材料的比例极限和屈服极限都得到提高，而塑性下降。这种将材料预拉到强化阶段，然后卸载，当再加载时，比例极限和屈服极限得到提高，塑性降低的现象，称为冷作硬化。在工程上常利用冷作硬化来提高钢筋和钢索等构件的屈服极限，达到节约钢材料的目的。

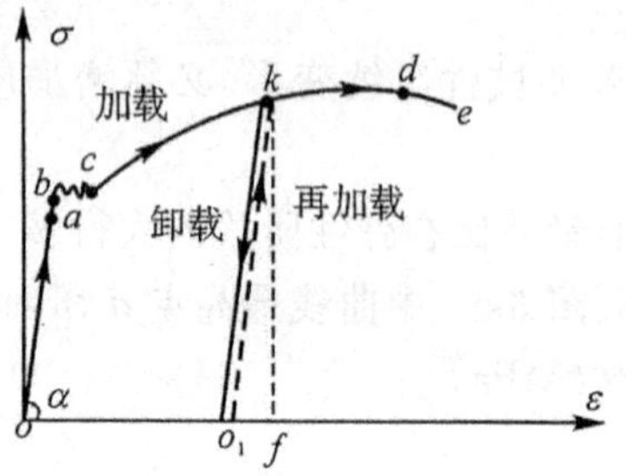

图 6-17

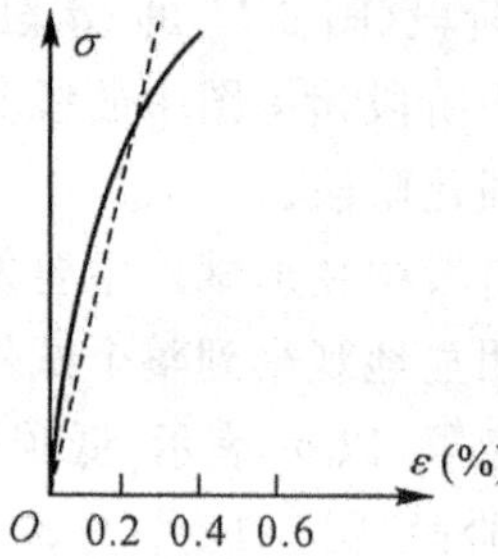

图 6-18

2. 铸铁的拉伸试验

铸铁可作为脆性材料的代表，其 σ-ε 曲线如图 6-18 所示。从铸铁的 σ-ε 曲线图可以看出，铸铁没有明显的直线部分，但直到拉断时其变形还非常小。因此，一般规定试件在产生0.1％的应变时，所对应的应力范围为弹性变形，并认为这个范围内服从虎克定律。工程上近似地将 σ-ε 曲线用一条割线来代替（如图 6-18 中虚线），从而确定其弹性模量，称之为割线弹性模量。

铸铁在拉伸时无屈服现象和颈缩现象，断裂是突然出现的。断口与轴线垂直，塑性变形很小。衡量铸铁的惟一指标是强度极限 σ_b。

工程上常用到的一些脆性材料，如玻璃钢、混凝土等，其拉伸试验的结果与铸铁相似。

6.3.2 材料在压缩时的力学性能

如图 6-19 所示，金属材料压缩试验用圆柱形试件，为了避免将试件压弯与减少试件端面的摩擦对试验结果的影响，一般取试件的高度为直径的 1.5 ～ 3 倍。非金属材料（如混凝土、石料等）试件为立方块。

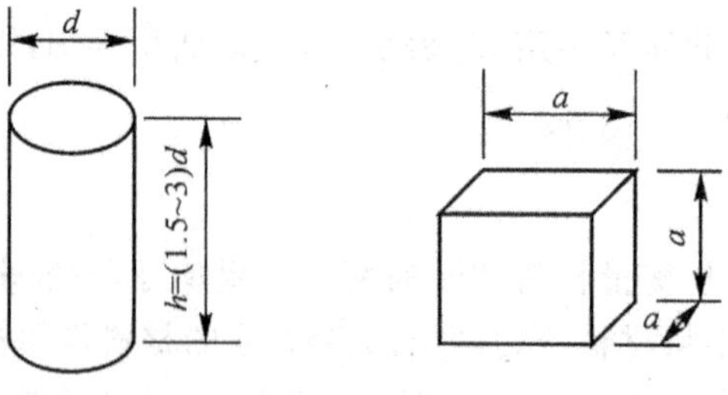

(a) (b)

图 6-19

1. 低碳钢的压缩试验

如图 6-20 所示，图中虚线表示拉伸时的 σ-ε 曲线，实线为压缩时的 σ-ε 曲线。试验表明：这类材料压缩时的屈服极限 σ_s 与拉伸时的接近，可以认为低碳钢的比例极限 σ_p、弹性模量 E、屈服极限 σ_s 都与拉伸时相同。当应力超出比例极限后，试件出现显著的塑性变形，试件明显缩短，横截面增大，随着荷载的增加，试件越压越扁，但并不破坏。因此，不能测出强度极限。

由此可见，低碳钢的力学性能指标通过拉伸试验都可测定，一般不须作压缩实验。类似情况在其他塑性材料中也存在。

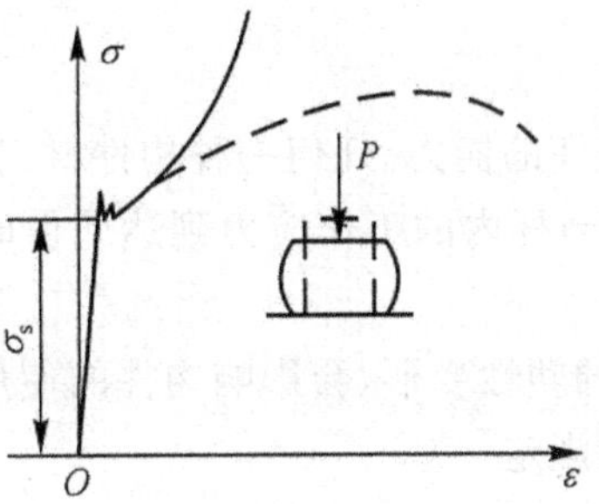

图 6-20

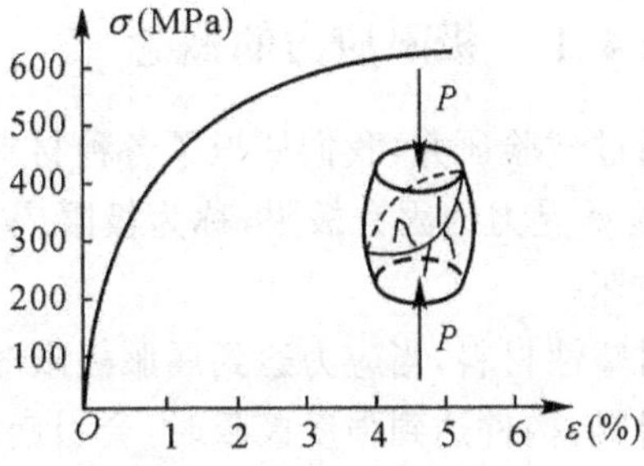

图 6-21

2. 铸铁的压缩试验

铸铁受压缩时的 σ-ε 曲线，如图 6-21 所示。图中虚线表示受拉时的 σ-ε 曲线。由图可见，整个压缩时的图形与拉伸时相似，但压缩时的延伸率 δ 要比拉伸时的大，压缩时的强度极限约是拉伸时的 3～4 倍。试件将沿与轴线成 45° 的斜截面上发生破坏，即在最大剪应力所在面上破坏。这说明铸铁的抗压强度低于抗拉压强度。

其他脆性材料如混凝土、石料及非金属材料的抗压强度也远高于抗拉强度。木材是各向异性材料，其力学性能具有方向性，顺纹方向的强度要比横纹方向高得多，而且其抗拉强度高于抗压强度，如图 6-22 所示。

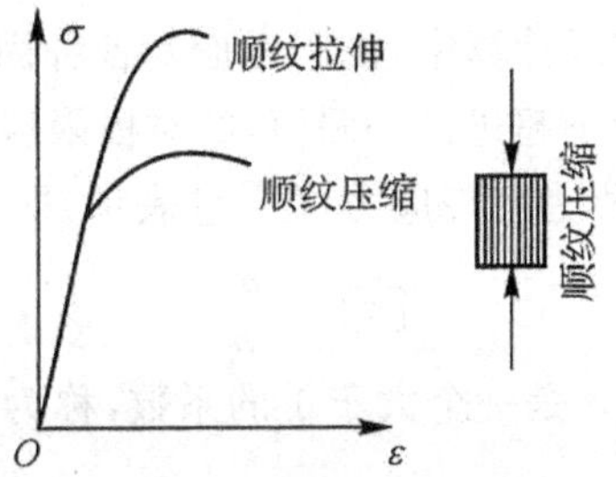

图 6-22

6.3.3　塑性和脆性材料力学性能的比较

通过上面试验分析，可知塑性材料和脆性材料在力学性能上的主要差别如下。

1. 强度方面

塑性材料拉伸和压缩的弹性极限、屈服极限基本相同。脆性材料压缩时的强度极限远比拉伸时大，适用于作受压构件。塑性材料在应力超过弹性极限后有屈服现象，破坏时发生明显变形；而脆性材料没有屈服现象，破坏是突然的。

2. 变形方面

塑性材料的 δ 和 ψ 值都比较大，构件破坏前产生较大的塑性变形，材料的可塑性大，便于加工和安装时的矫正。脆性材料的 δ 和 ψ 较小，当最大拉压应力到达强度极限时，构件就会在应力集中处逐渐裂开直至拉断，因此难以加工，在安装时的矫正中易产生裂纹和损坏。

必须指出，强度和塑性这两种性质都是相对的，都会随外在的条件（如温度、变形、速度和载荷作用方式等因素）变化而转化。例如，低碳钢在低温或承受一定动荷载时也会发生脆性破坏。

6.4 轴向拉(压)杆的强度条件及其应用

6.4.1 极限应力的概念

通过试验研究,我们认识了各种材料抵抗变形和破坏的能力。任何一种构件材料都存在一个能承受力的固有极限,称为极限应力,用 σ^0 表示。当杆内的工作应力到达此值时,杆件就会破坏。

对塑性材料,当应力达到屈服极限时,将出现显著的塑性变形,会影响构件的使用。对于脆性材料,构件达到强度极限时,会引起断裂,所以一般规定:

对塑性材料 $\sigma^0 = \sigma_s$

对脆性材料 $\sigma^0 = \sigma_b$

6.4.2 容许应力和安全系数

为了保证构件能正常工作,必须使构件工作时产生的工作应力不超过材料的极限应力。在实际计算中,由于考虑到各种因素的影响,需要有一定的强度储备,即构件中的最大工作应力不超过某一限值,故对极限应力 σ^0 折减一个适当的倍数 n,作为衡量材料承载能力的依据,称为容许应力,用$[\sigma]$表示,即

$$[\sigma] = \frac{\sigma^0}{n} \tag{6-13}$$

n 是一个大于 1 的系数,称为安全系数。采用安全系数的原因,主要是考虑以下两个方面:

(1) 强度计算中,有些数据与实际有差异。这种差异,主要是指材料组织不是理想均匀的,载荷估计不十分准确以及应力计算的近似性。

(2) 给构件留一定的强度储备。

即使载荷的估计、应力的计算等方面都比较准确,在强度方面也还是要留有一定的储备。这种强度储备要考虑到构件的工作条件及构件的重要性等。如构件在腐蚀条件下工作时,或构件的破坏要引起严重的后果时,均应给予较多的强度储备。所以安全系数的选择必须考虑构件的具体工作条件。

合理地选择安全系数是一个比较复杂的问题,安全系数偏大会造成材料的浪费,偏小又可能造成破坏事故,所以安全系数的确定是关系到安全与经济的大问题。一般工程中:

脆性材料 $[\sigma] = \dfrac{\sigma_b}{n_b}$

$n_b = 2 \sim 3.5$

塑性材料 $[\sigma] = \dfrac{\sigma_s}{n_s}$ 或 $[\sigma] = \dfrac{\sigma_{0.2}}{n_s}$

$n_s = 1.2 \sim 2.5$

常用材料的容许应力可见表 6-2。

表 6-2　常用材料的许用应力值（常温、静载和一般工作条件）

材料名称	牌　号	许用应力(MPa)	
		$[\sigma_l]$	$[\sigma_y]$
普通钢	Q215	137 ～ 152	137 ～ 152
普通碳钢	Q235	152 ～ 167	152 ～ 167
优质碳钢	45	216 ～ 238	216 ～ 238
低碳合金钢	16Mn	211 ～ 238	211 ～ 238
灰铸铁		28 ～ 78	118 ～ 147
铜		29 ～ 118	29 ～ 118
铝		29 ～ 78	29 ～ 78
松木(顺纹)		6.9 ～ 9.8	8.6 ～ 12
混凝土		0.098 ～ 0.69	0.98 ～ 8.8

注：(1) $[\sigma_l]$ 为许用拉应力，$[\sigma_y]$ 为许用压应力。

(2) 材料质量较好，尺寸较小时取上限，反之取下限。

6.4.3　轴向拉(压)杆的强度条件和强度计算

在进行强度计算中，为确保轴向拉伸(压缩)杆件有足够的强度，把许用应力作为杆件实际工作应力的最高限度，即要求工作应力不超过材料的许用应力，也即满足强度条件：

$$\sigma_{\max} = \frac{N}{A} \leqslant [\sigma] \tag{6-14}$$

式(6-14)称为拉(压)杆的强度条件。

在轴向拉(压)杆中，产生最大正应力的截面称为危险截面。对于轴向拉压的等直杆，其轴力最大的截面就是危险截面。

应用强度条件式(6-14)可以解决轴向拉(压)杆关于强度计算的三类问题：

(1) 校核强度。已知构件横截面面积 A，材料的许用应力 $[\sigma]$ 以及所受载荷 N，校核式(6-14)是否满足，从而检验构件是否安全。

(2) 设计截面。已知载荷 N 及许用应力 $[\sigma]$，根据强度条件式(6-14)设计截面尺寸 A。

(3) 确定许可载荷。已知截面面积 A 和许用应力 $[\sigma]$，根据强度条件式(6-14)确定许可载荷 N。

例 6-6　已知 Q235 号的钢拉杆受轴向拉力 $P = 18\text{kN}$ 作用，杆为圆截面杆，直径 $d = 14\text{mm}$，许用应力 $[\sigma] = 170\text{MPa}$。试校核杆的强度。

解　杆的横截面面积

$$A = \frac{\pi}{4}d^2 = \frac{1}{4} \times 3.14 \times 16^2 = 153.94(\text{mm}^2)$$

杆横截面上的应力

$$\begin{aligned}\sigma &= \frac{N}{A} = \frac{P}{A} = \frac{18 \times 10^3}{153.94} = 116.93(\text{N/mm}^2) \\ &= 116.93(\text{MPa}) < [\sigma] = 170(\text{MPa})\end{aligned}$$

所以满足强度条件。

例 6-7　图 6-23 所示支架中 AB 杆为直径 $d = 32\text{mm}$ 的圆截面杆，许用应力 $[\sigma]_{AB} = 160\text{MPa}$，$BC$ 杆为边长 $a = 10\text{cm}$ 的正方形截面杆，$[\sigma]_{BC} = 30\text{MPa}$，在结点 B 处挂一重物 P，

求许可荷载[P]。

解　(1) 计算杆的轴力

取结点 B 为研究对象(如图 6-23(b) 所示),列平衡方程

$$\sum X = 0:\ -N_{AB} - N_{BC}\cos\alpha = 0$$

$$\sum Y = 0:\ -P - N_{BC}\sin\alpha = 0$$

式中 α 由图中几何关系得:$\tan\alpha = \frac{2.2}{1.6} = 1.375$,则 $\alpha = 53.97°$。解方程得

$N_{AB} = 0.73P$(拉力)　　$N_{BC} = -1.24P$(压力)

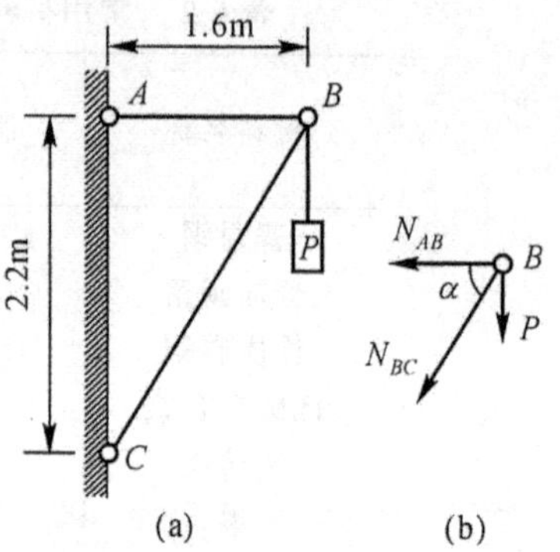

图 6-23

(2) 计算许可荷载

先根据 AB 杆的强度条件计算杆 AB 能承受的许可荷载

$$\sigma_{AB} = \frac{N_{AB}}{A_{AB}} = \frac{0.73P}{A_{AB}} \leqslant [\sigma]_{AB}$$

所以

$$[P] \leqslant \frac{A_{AB}[\sigma]_{AB}}{0.73} = \frac{\frac{1}{4} \times 3.14 \times 32^2 \times 160}{0.73} = 1.76 \times 10^5(\text{N}) = 176(\text{kN})$$

再根据 BC 杆的强度条件计算 BC 杆能承受的许可荷载[P]

$$\sigma_{BC} = \frac{N_{BC}}{A_{BC}} = \frac{1.25P}{A_{BC}} \leqslant [\sigma]_{BC}$$

所以

$$[P] \leqslant \frac{A_{BC}[\sigma]_{BC}}{1.24} = \frac{100^2 \times 30}{1.24} = 2.42 \times 10^5(\text{N}) = 242(\text{kN})$$

比较两次所得的许可荷载,取其较小者,则整个支架的许可荷载为 $[P] \leqslant 176\text{kN}$。

例 6-8　图 6-24 所示雨篷结构简图,水平梁 AB 上受均布荷载 $q = 10\text{kN/m}$ 的作用,B 端用圆钢杆 BC 拉住,钢杆的许用应力 $[\sigma] = 160\text{MPa}$,试选择钢杆的直径。

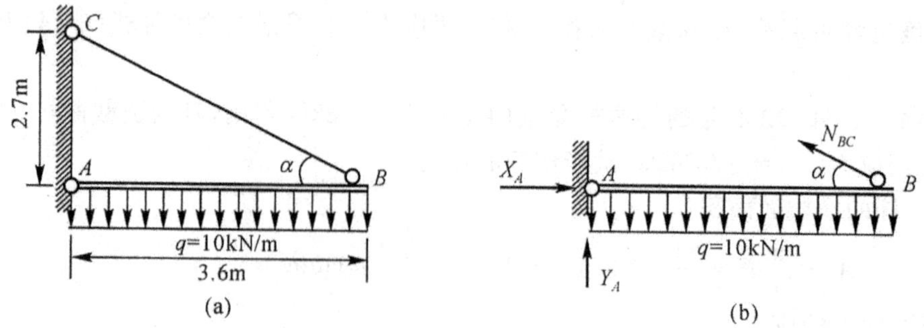

图 6-24

解　(1) 求杆 BC 的轴力。取梁 AB 为研究对象,如图 6-27(b) 所示,列对 A 点的力矩平衡方程

$$\sum M_A = 0:\quad N_{BC} \cdot \sin\alpha \times 3.6 - 10 \times 3.6 \times \frac{3.6}{2} = 0$$

式中 $\tan\alpha = \dfrac{2.7}{3.6} = 0.75, \alpha = 36.87°$

解方程得　　$N_{BC} = 30\text{kN}$

(2) 计算杆的直径 d

根据 BC 杆的强度条件有

$$\sigma_{BC} = \frac{N_{BC}}{A_{BC}} = \frac{N_{BC}}{\frac{1}{4}\pi d^2} \leqslant [\sigma]$$

所以

$$d \geqslant \sqrt{\frac{N_{BC} \times 4}{[\sigma] \times \pi}} = \sqrt{\frac{30 \times 10^3 \times 4}{160 \times 3.14}} = 15.45(\text{mm})$$

取 $d = 16\text{mm}$。

6.5　应力集中现象

6.5.1　应力集中的概念

等直杆轴向拉伸或压缩时，横截面上的正应力是均匀分布的。但由于工程上的实际需要，有些杆件经常有切口、切槽、油孔、螺纹、带有过渡圆角的轴肩等，导致在这些部位上截面尺寸发生突然变化。实验和理论研究表明，构件在截面突变处应力并不是均匀分布的。例如，图 6-25(a) 所示开有圆孔的拉杆，当其在静荷载作用下，在圆孔附近的局部区域内，应力的数值剧烈增加，而在稍远的地方，应力迅速降低而逐渐趋于平均，如图 6-25(b) 所示。又如图 6-26(a) 所示具有浅槽的圆截面拉杆，在靠近槽边处应力很大，在开槽的横截面上，其应力分布如图 6-26(b) 所示。这种因杆件截面形状突然变化而产生的应力局部增大现象，称为应力集中。

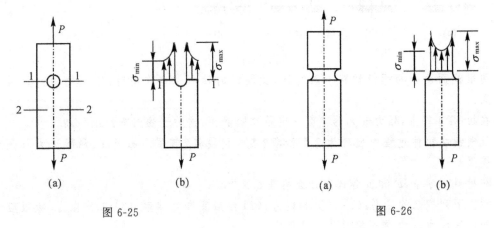

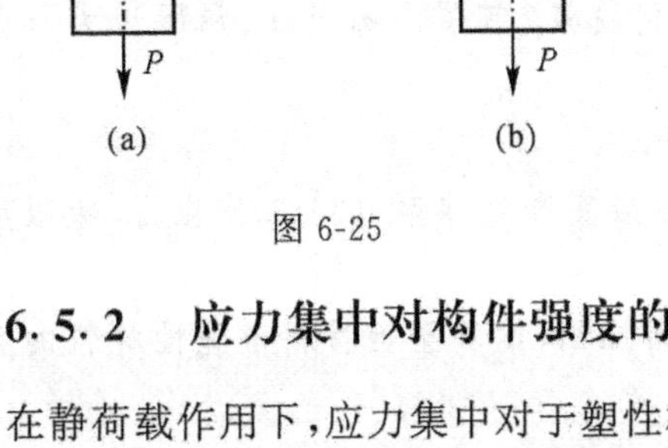

图 6-25

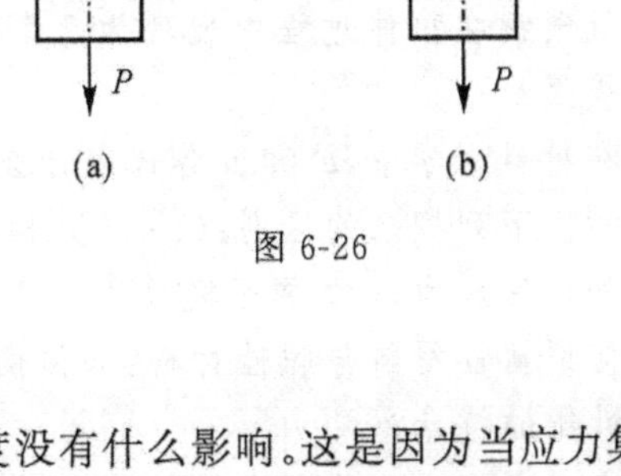

图 6-26

6.5.2　应力集中对构件强度的影响

在静荷载作用下，应力集中对于塑性材料的强度没有什么影响。这是因为当应力集中处最大应力 σ_{max} 到达屈服极限时，材料将发生塑性变形，应力不再增加。当外力继续增加时，处在弹性变形的其他部分的应力继续增大，直至整个截面上的应力都达到屈服极限时，杆件才达到极限状态，如图 6-27(a) ~ (d) 所示。由于材料的塑性具有缓和应力集中的作用，应力集中对塑性材料的强度影响就很小。而对于脆性材料来说，由于没有屈服阶段，应力集中处的最大应力 σ_{max} 随荷载的增加而一直上升。当 σ_{max} 达到 σ_b 时，杆件就会在应力集中处产生裂纹，随后在该处裂开而破坏，由于这种破坏有突然性，所以必须考虑应力集中对其强度的影响。

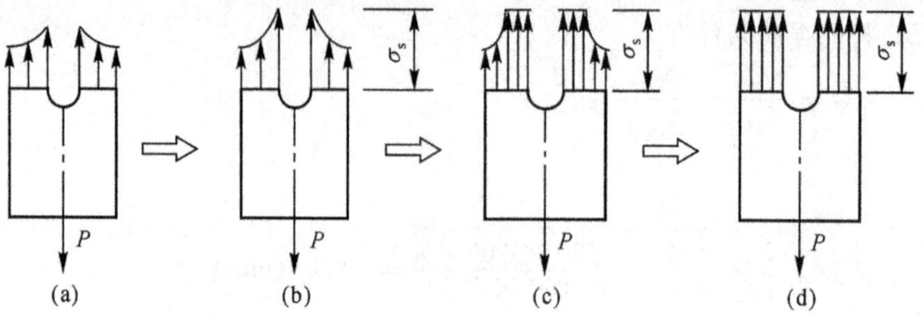

图 6-27

思考题

6-1　什么叫内力？为什么轴向拉压杆的内力必定垂直于横截面且沿杆轴方向作用？

6-2　指出图 6-28 所示杆件中哪些属于轴向拉伸和压缩。

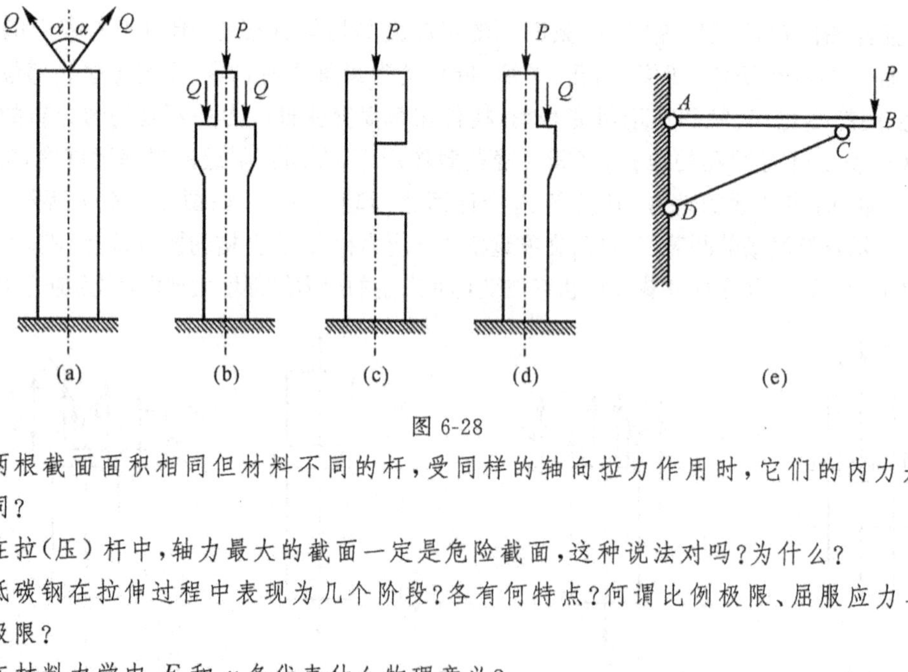

图 6-28

6-3　两根截面面积相同但材料不同的杆，受同样的轴向拉力作用时，它们的内力是否相同？

6-4　在拉(压) 杆中，轴力最大的截面一定是危险截面，这种说法对吗？为什么？

6-5　低碳钢在拉伸过程中表现为几个阶段？各有何特点？何谓比例极限、屈服应力与强度极限？

6-6　在材料力学中，E 和 μ 各代表什么物理意义？

6-7　指出下列概念的区别：(1) 外力和内力；(2) 线应变和延伸率；(3) 工作应力、极限应力和许用应力；(4) 屈服极限和强度极限。

6-8　何谓塑性材料与脆性材料？如何衡量材料的塑性？试比较塑性材料与脆性材料的力学性能的特点？

6-9　虎克定律有几种表达形式，它们的应用条件是什么？

6-10　什么是容许应力？安全系数的确定原则是什么？何谓强度条件？利用强度条件可以解决哪些形式的强度问题？

习　题

6-1　求题 6-1 图示各杆 1-1、2-2 和 3-3 横截面上的轴力,并作轴力图。

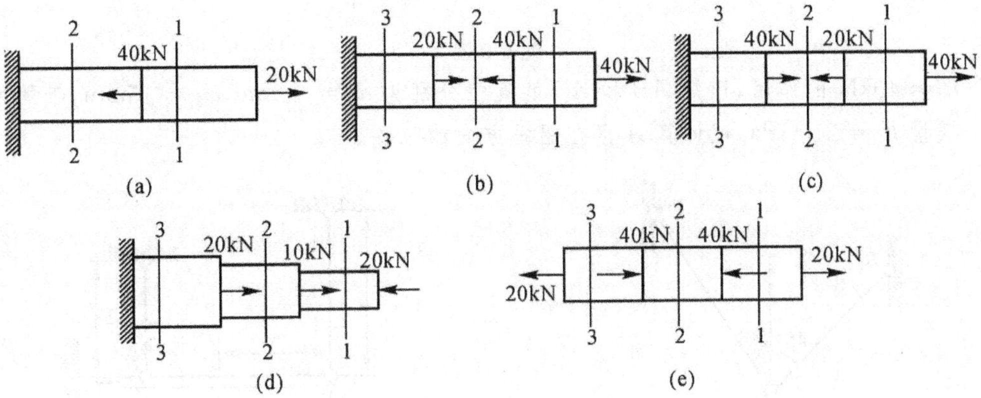

题 6-1 图

6-2　题 6-2 图所示一高 10m 的石砌桥墩,其横截面为矩形和两个半圆的组合,尺寸如图所示。已知轴向压力 $P=800\text{kN}$,材料的容重 $\gamma=23\text{kN/m}^3$,试求桥墩底面上的压应力的大小。

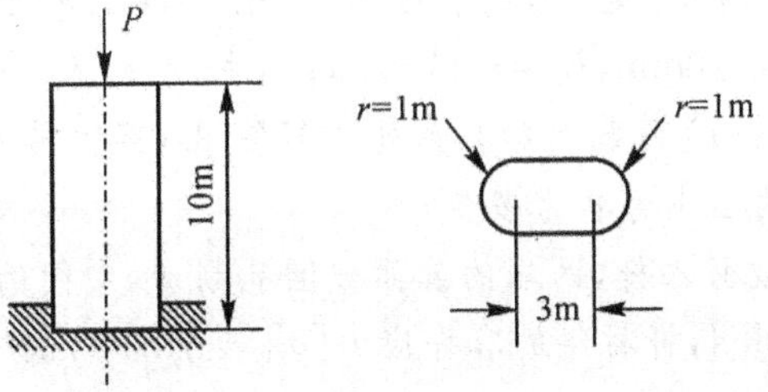

题 6-2 图

6-3　题 6-3 图所示一承受轴向拉力 $P=10\text{kN}$ 的等直杆,已知杆的横截面面积 $A=100\text{mm}^2$,试求 $\alpha=0°$、$30°$、$60°$、$90°$ 的各斜截面上的正应力和剪应力。

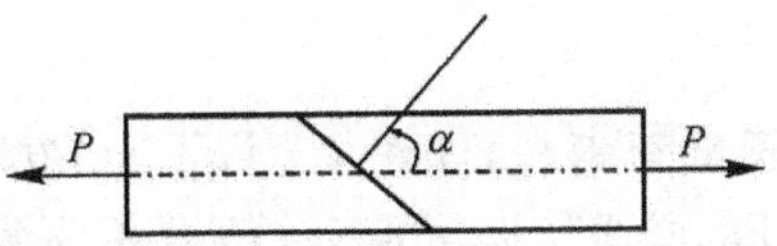

图 6-3 图

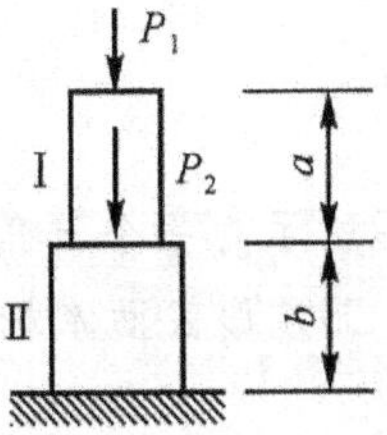

题 6-4 图

6-4　题 6-4 所图示为正方形截面短柱承受荷载 $P_1=580\text{kN}$,$P_2=660\text{kN}$。其上柱长 $a=0.6\text{m}$,边长 70mm;下柱长 $b=0.7\text{m}$,边长 120mm,材料的弹性模量 $E=2\times10^5\text{MPa}$。试求:(1) 短柱顶面的位移;(2) 上下柱的线应变之比值。

6-5　题 6-5 图所示为硬铝试件,$a=2\text{mm}$,$b=20\text{mm}$,$l=70\text{mm}$,在轴向拉力 $P=6\text{kN}$ 作用下,测得试验段伸长 $\Delta l=0.15\text{mm}$,板宽缩短 $\Delta b=0.014\text{mm}$,试计算硬铝的弹性模量 E 和泊松比 μ。

6-6　题 6-6 图所示实心圆钢杆 AB 和 AC 在 A 点用铰连接,在 A 受到一个铅垂直向下的力

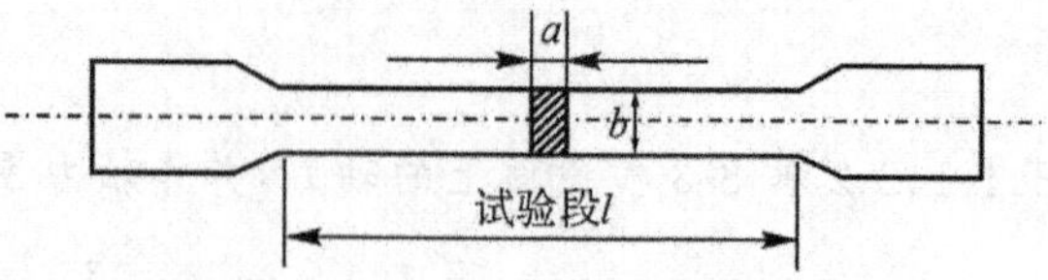

题 6-5 图

$P = 40\text{kN}$ 的作用，已知 AB 和 AC 的直径分别为 $d_1 = 12\text{mm}$，$d_2 = 15\text{mm}$，钢的弹性模量 $E = 210\text{GPa}$，试计算 A 点在铅垂方向的位移。

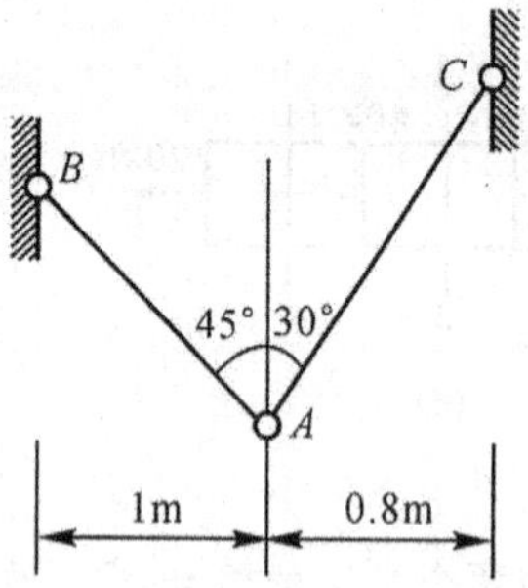

图 6-6 图

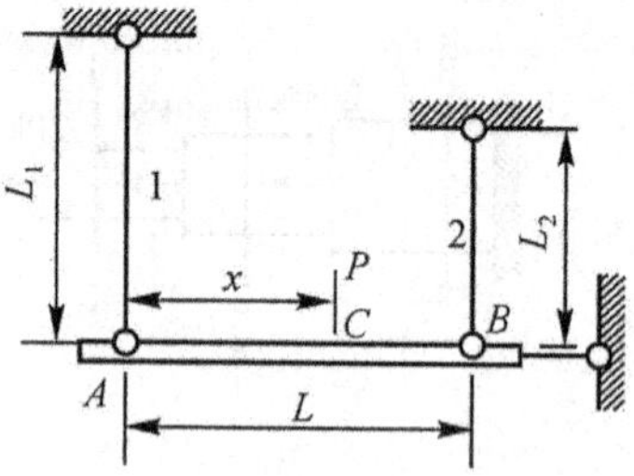

题 6-7 图

6-7 在如题 6-7 图所示结构中，梁 AB 的长度 $L = 2\text{m}$，其变形和重量忽略不计，钢杆 1 长 $L_1 = 1.5\text{m}$，直径 $d_1 = 18\text{mm}$，$E_1 = 200\text{GPa}$；钢杆 2 长 $L_2 = 1\text{m}$，直径 $d_2 = 30\text{mm}$，$E_2 = 100\text{GPa}$。试问：(1) 荷载 P 加在何处才能使 AB 梁保持水平位置？(2) 若此时 $P = 30\text{kN}$，则两拉杆内的正应力各为多少？

6-8 题 6-8 图所示矩形截面木杆，两端的截面被圈孔削弱，中间的截面被两个切口减弱，承受轴向拉力 $P = 70\text{kN}$，杆材料的容许应力 $[\sigma] = 7\text{MPa}$，试校核此杆的强度。

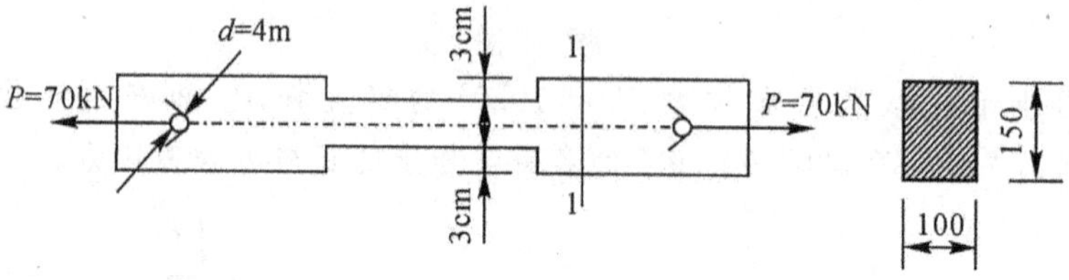

题 6-8 图

6-9 题 6-9 图所示为一个三角托架，已知：杆 AC 是圆截面钢杆，容许应力 $[\sigma] = 170\text{MPa}$，杆 BC 是正方形截面木杆，容许应力 $[\sigma] = 12\text{MPa}$，荷载 $P = 60\text{kN}$，(1) 试选择钢杆的

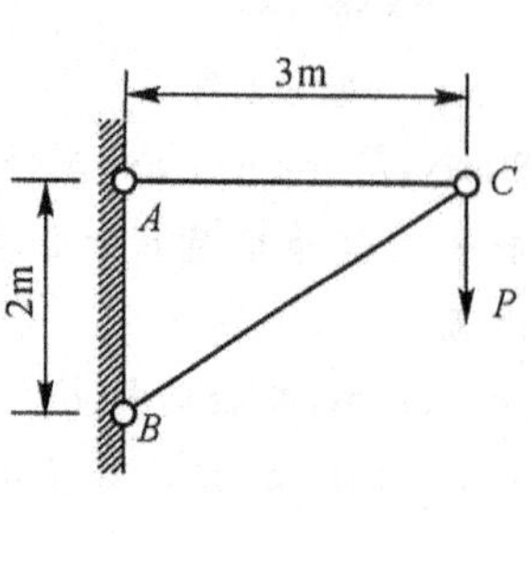

题 6-9 图

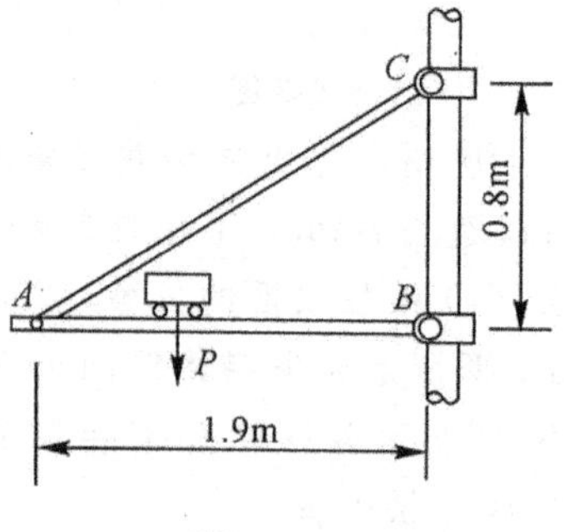

题 6-10 图

直径 d 和木杆的截面边长 a;(2) 如果 $d = 30\text{mm}, a = 100\text{mm}$,试确定荷载 P 的许用值 $[P]$。

6-10　悬臂吊车如题6-10图所示,小车可在 AB 梁上移动,斜杆 AC 的截面为圆形,许用应力 $[\sigma] = 170\text{MPa}$,已知小车荷载 $P = 200\text{kN}$,试求杆 AC 的直径 d。

6-11　一结构受力如题6-11图所示,杆件 AB、AD 均由等边角钢制成。已知材料的许用应力 $[\sigma] = 170\text{MPa}$,试确定 AB、AD 杆的截面面积。

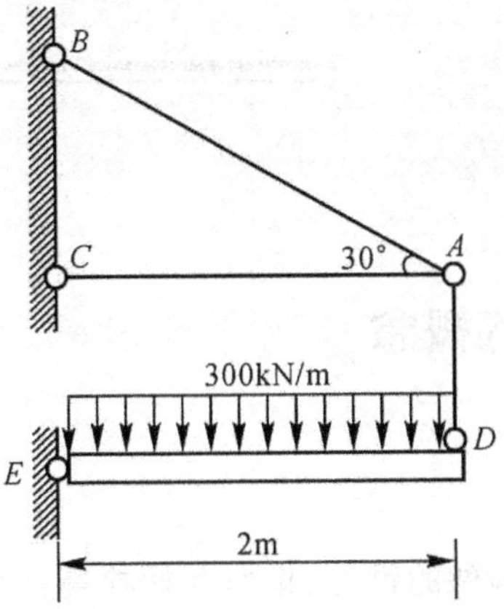

题 6-11 图

6-12　题 6-12 图所示支架受力 $P = 130\text{kN}$ 作用。AC 是钢杆,直径 $d_1 = 30\text{mm}$,许用应力 $[\sigma] = 160\text{MPa}$, BC 是铝杆,直径 $d_2 = 40\text{mm}$,许用应力 $[\sigma]_{铝} = 60\text{MPa}$,已知 $\alpha = 30°$,试校核该结构的强度。

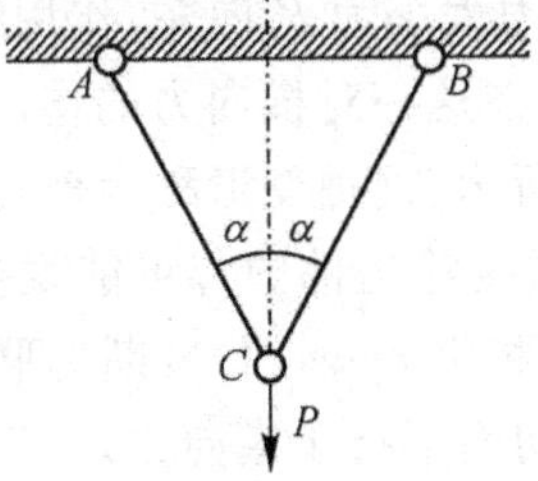

图 6-12 图

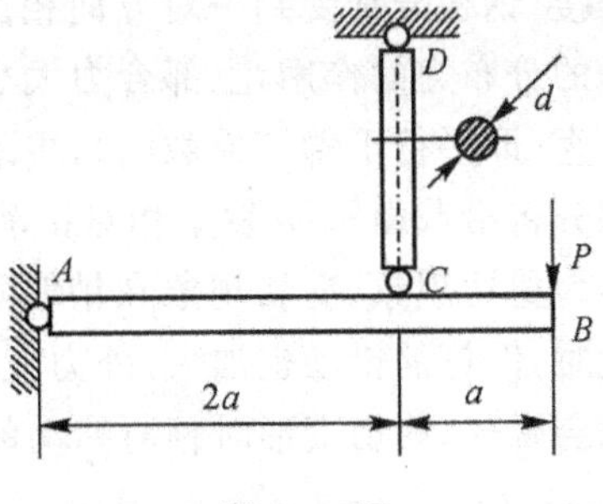

题 6-13 图

6-13　题 6-13 图所示 ACB 刚性梁,用一圆钢杆 CD 悬挂着,B 端作用集中力 $P = 25\text{kN}$。已知 CD 杆的直径 $d = 20\text{mm}$,许用应力 160MPa,试校核 CD 杆的强度,并求:

(1) 结构的许可荷载 $[P]$;

(2) 若 $P = 60\text{kN}$,设计 CD 杆的直径。

6-14　题 6-14 图所示为一双层吊架,设 1、2 杆的直径为 8mm, 3、4 杆的直径为 12mm。杆材料的许用应力 $[\sigma] = 170\text{MPa}$,试验算各杆的强度。

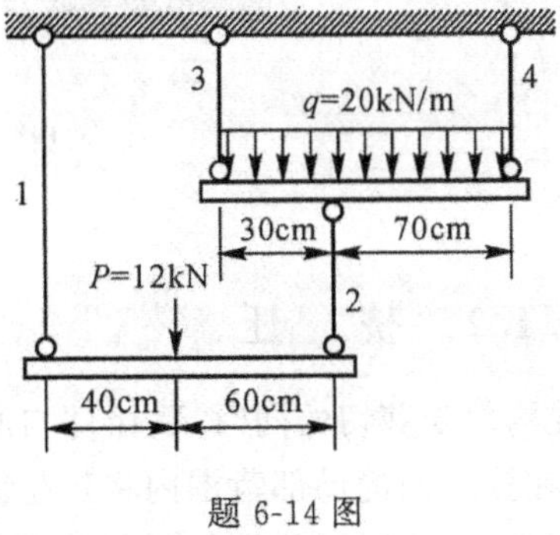

题 6-14 图

第 7 章　剪切、挤压与扭转

7.1　剪切与挤压的概念

7.1.1　剪切

工程上常用于联接结构构件的铆钉、销钉和螺栓等称为联接件。当构件处于工作状态时，联接件两侧面受到一对大小相等、方向相反且作用线相距很近的外力作用。在这样的外力作用下，联接件的主要失效形式之一，就是沿平行于这两个外力且位于该两外力作用线之间的截面发生相对错动而产生剪切破坏。

例如，图 7-1(a) 所示铆接结构的一部分的剖面图，有阴影线的是上下两块钢板，中间以铆钉联接，钢板分别受到一对方向相反的外力 P 的作用。通过受力分析可知，铆钉承受由钢板传来的分布力的作用，上部合力大小为 P 向右，下部合力大小为 P 向左，作用线均与铆钉轴线垂直（即平行于铆钉横截面），相距很近，称为横向力。在这一对横向力的作用下，铆钉上下两部分将沿截面 m-m 发生相对错动现象，如图 7-1(b) 所示。这种变形称为剪切变形，这种现象称为剪切现象。剪切现象在销钉联接件、榫接头、键联接等构件中都可能发生。显然，外力增大时，铆钉的错动也加大，外力大到一定程度时，铆钉将沿 m-m 面“剪断”。联接就失效，钢板就会脱开。剪切变形时相对错动的面称为剪切面，剪切面平行于横向力。

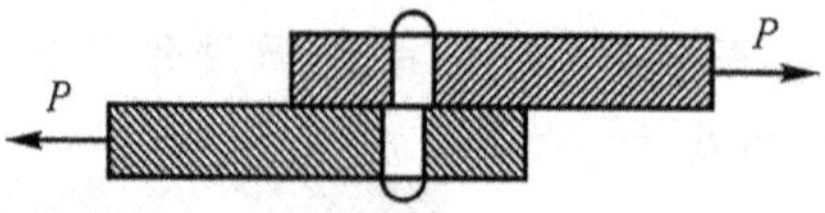

(a)

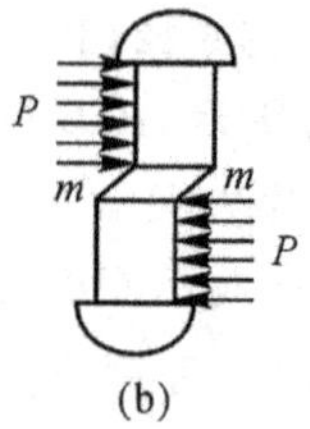

(b)

图 7-1

7.1.2　挤　压

在构件受剪切的同时，联接件与所联接的构件因相互接触而产生挤压。当这种挤压力过大时，在接触面的局部范围内将产生塑性变形，甚至被压溃，从而导致联接件与所联接的构件共同失效。这时如果钢板材料比铆钉材料“软”，钢板接触面就会压溃（如图 7-2 所示），反之，铆钉就会压溃。

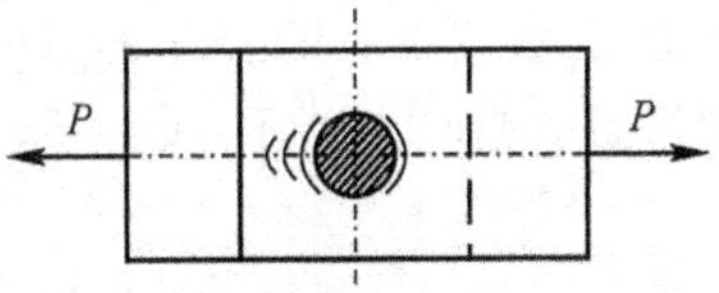

图 7-2

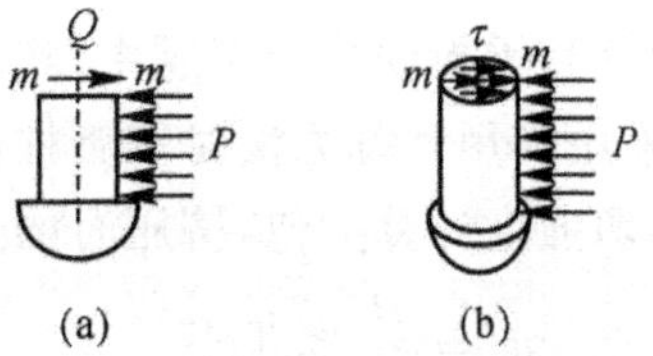

图 7-3

7.2 剪切和挤压的实用计算

7.2.1 剪切强度实用计算

构件受剪切作用时，其剪切面上将产生内力。应用截面法假想沿剪切面将铆钉分成两段，任取一段为研究对象，如图 7-3(a) 所示。由平衡条件可知，剪切面 m-m 上必须有一个与该截面平行的内力存在，这个平行于截面的内力称为剪力，常用符号 Q 表示。

$$Q = P \tag{7-1}$$

剪力的单位是牛顿(N) 或千牛顿(kN)。

单位面积上的剪力大小称为剪应力，用 τ 表示。剪应力在剪切面上的实际分布状况是很复杂的。工程上常采用以实际经验为基础的“实用计算法”来计算。“实用计算法”假设剪应力均匀地分布在剪切面上，如图 7-3(b) 所示，这种方法求得的剪应力又称为名义剪应力。设剪切面的面积为 A，剪力为 Q，则名义剪应力的计算公式为

$$\tau = \frac{Q}{A} \tag{7-2}$$

式中：Q 为剪切面上的剪力；A 为剪切面的面积。

为了保证构件在剪切情况下的安全性，必须使构件在外力作用下所产生的剪应力不超过材料的容许剪应力。

即剪切时的强度条件为

$$\tau = \frac{Q}{A} \leqslant [\tau] \tag{7-3}$$

式中$[\tau]$为材料的许用剪应力，工程中常用材料的许用剪应力可从有关规范中查得，也可按下面的经验公式确定(设$[\sigma_l]$为许用拉应力)：

韧性材料 $[\tau] = (0.6 \sim 0.8)[\sigma_l]$

脆性材料 $[\tau] = (0.8 \sim 1.0)[\sigma_l]$

7.2.2 挤压强度的实用计算

在 7.1.2 中已讲过，联接件除承受剪切外，在联接件和被联接件的接触面上还将承受挤压。所以对上面的联接件还要进行挤压强度计算。工程上一般把挤压面上的压力称为挤压力，用 P_e 表示，用 A_e 表示挤压面面积。挤压面上单位面积内承受的挤压力称为挤压应力，用 σ_e 表示，其真实分布情况比较复杂。在工程上常常采用的是类似剪切的实用计算方法，即假定挤压应力是均匀分布的，则

$$\sigma_e = \frac{P_e}{A_e} \tag{7-4}$$

在铆钉和钢板联接的例题中，实际接触面是一个半圆面，如图 7-4(b) 所示的 ABC 半圆柱面。在采用实用计算方法时取圆柱体的直径平面面积如图 7-4(c) 中所示，$A_e = \delta d$。

与剪切强度计算类似，挤压时的强度条件为

$$\sigma_e = \frac{P_e}{A_e} \leqslant [\sigma_e] \tag{7-5}$$

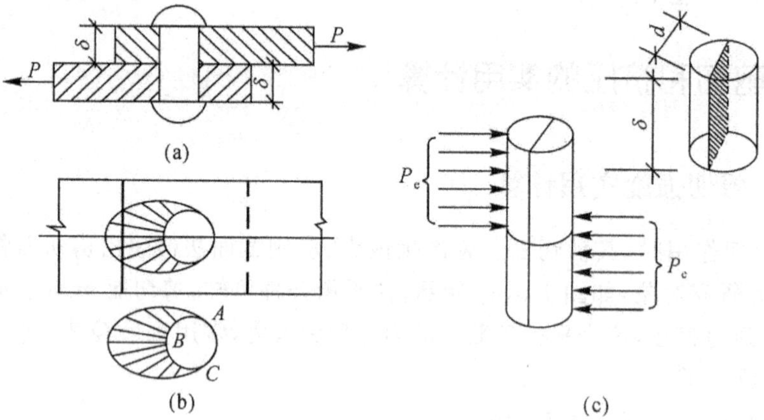

图 7-4

式中$[\sigma_e]$为材料的挤压容许应力，也可在有关手册中查到。它与同种材料拉伸容许应力的关系有：

$$[\sigma_e] = 2[\sigma_l]$$

例 7-1 如图 7-5 所示，两块钢板用三只铆钉联接，承受拉力 $P = 120\text{kN}$，钢板厚 $\delta = 15\text{mm}$，钢板宽度 $b = 100\text{mm}$，钢板的拉伸容许应力$[\sigma] = 140\text{MPa}$，铆钉的容许剪应力$[\tau] = 95\text{MPa}$，容许挤压应力$[\sigma_e] = 265\text{MPa}$，求：(1) 设计铆钉所需直径 d；(2) 校核搭接部分的强度。

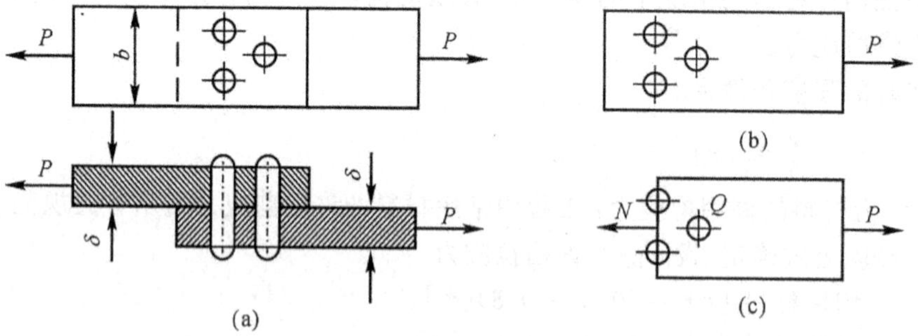

图 7-5

解 (1) 计算铆钉直径

取联接件下部分研究，如图 7-5(b) 所示。假定铆钉是平均承受荷载，由

$$\sum X = 0 \Rightarrow P - 3Q = 0, Q = \frac{P}{3} = 40(\text{kN})$$

根据剪切强度条件：

$$\frac{Q}{A} \leqslant [\tau], A \geqslant \frac{Q}{[\tau]} \Rightarrow \frac{\pi d^2}{4} \geqslant \frac{Q}{[\tau]}$$

所以　$$d \geqslant \sqrt{\frac{4Q}{\pi[\tau]}} = \sqrt{\frac{4 \times 40 \times 10^3}{3.14 \times 95 \times 10^6}} = 0.0232(\mathrm{m})$$

可以取直径 $d = 24\mathrm{mm}$。

(2) 校核强度

以上是由剪切强度条件计算得到的铆钉直径，需要进一步作铆钉的挤压强度计算和板的抗拉强度计算。

1) 校核铆钉的挤压强度：

$$\sigma_e = \frac{P_e}{A_e} = \frac{P/3}{\delta \cdot d} = \frac{40 \times 10^3}{15 \times 10^{-3} \times 0.024} = 111.11(\mathrm{MPa}) < [\sigma_e]$$

2) 校核钢板的抗拉强度：如图 7-5(c) 所示，由于铆钉孔削弱了钢板的横截面，必须校核钢板较小净面积处，即两个孔处的拉伸强度。N 表示两孔处钢板净截面上轴力的合力。由

$$\sum X = 0 \Rightarrow P - Q - N = 0$$

得 $N = 80\mathrm{kN}$

又由 $A_{净} =$ 板宽 − 两孔直径面积

得 $\sigma = \dfrac{N}{A_{净}} = \dfrac{80 \times 10^3}{0.015(0.1 - 2 \times 0.024)} = 102.6 \times 10^6(\mathrm{Pa}) = 102.6(\mathrm{MPa}) < [\sigma]$

经以上校核，说明搭接部分是安全的。

例 7-2　如图 7-6 所示，两块钢板平搭焊接在一起，钢板厚度 $\delta = 12\mathrm{mm}$。已知拉力 $P = 140\mathrm{kN}$，焊缝许用剪应力 $[\tau] = 100\mathrm{MPa}$。试确定焊缝的长度 l。

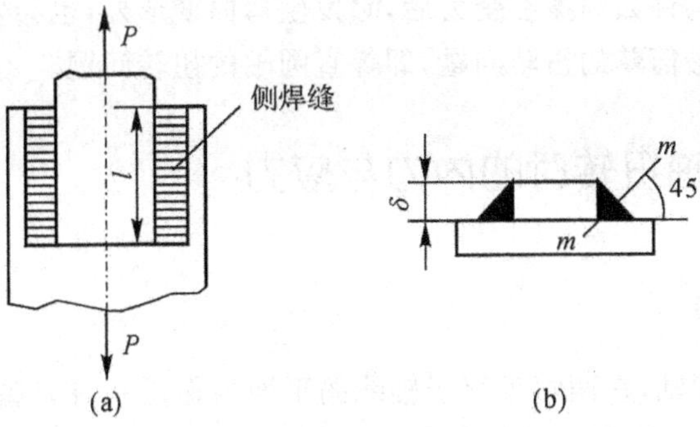

图 7-6

解　实验证明，搭接焊缝往往在焊缝面积最小的截面 m-m 方向剪断，其剪切面积为

$$A = l\delta\cos 45°$$

共有 2 条焊缝，所以剪力为 $Q = P/2$，剪切强度条件

$$\tau = \frac{Q}{A} = \frac{P}{2l\delta\cos 45°} \leqslant [\tau]$$

故　$$l \geqslant \frac{P}{\sqrt{2}\,\delta[\tau]} = 140 \times 10^3/(\sqrt{2} \times 12 \times 100) = 82.5(\mathrm{mm})$$

考虑焊缝端部质量较差，在确定它的实际长度时，通常将计算得到的长度再增加 10mm 左右，故取 $l = 95\mathrm{mm}$。

7.3 扭转的概念

扭转是工程中常遇到的现象，是构件的基本变形形式之一。例如驾驶员的两手在方向盘上的平面内各施加一个大小相等，方向相反，作用线平行的力 P，如图 7-7(a) 所示，它们形成一个力偶，作用在操纵杆的 A 端，而在操纵杆的 B 端则受到来自转向器的反向力偶的作用，这样操纵杆便受到扭转作用。又如搅拌器主轴(图 7-7(b))、生活中的螺丝刀等构件都伴有扭转问题。以扭转变形为主要变形的受力构件称为轴。工程上轴的横截面多采用圆形截面，即为圆轴。

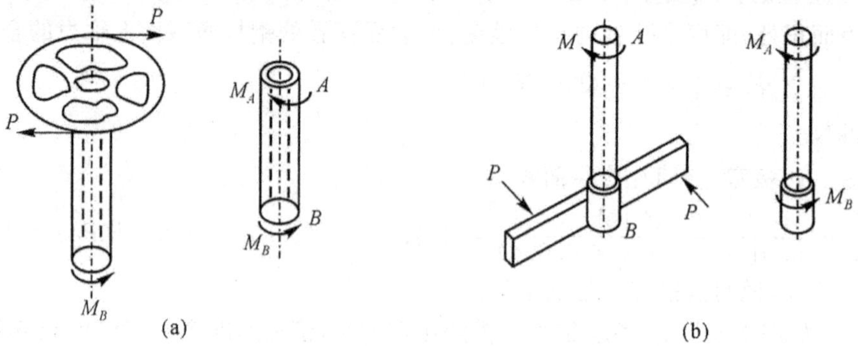

图 7-7

房屋建筑中，有的构件如雨蓬在受力后，除发生弯曲变形外，也会发生扭转变形。以下主要讨论的是最基本的、最简单的扭转问题，即等直圆轴的扭转问题。

7.4 等直圆轴扭转时的内力与应力

7.4.1 内　力

如图 7-8(a) 所示圆轴，在两端垂直于轴线的平面内作用一对力偶 T。现在分析 m-m 截面上的内力，采用截面法，假想用截面在 m-m 处截开。任取一段左半段 Ⅰ 为分离体，如图 7-8(b) 所示。由静力学中力偶系平衡条件，可知 m-m 截面上必然存在一个与外力偶相平衡的内力偶 M_m。这个内力偶称为扭矩。其力偶矩大小，由 $\sum M = 0$，得 $M_m = T$。

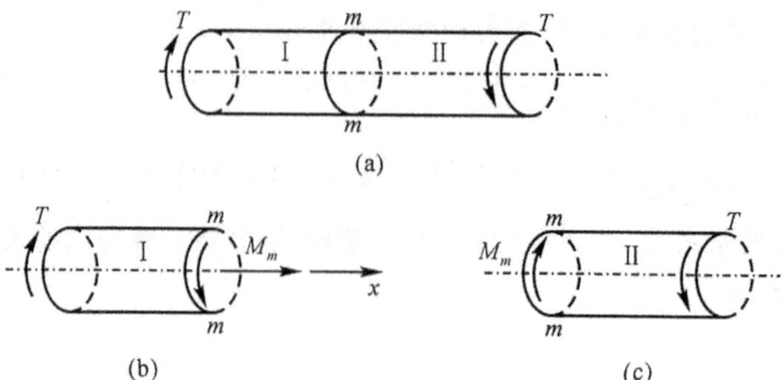

图 7-8

可见圆轴受扭转时，横截面上只有扭矩，没有其他内力。如取右半段 Ⅱ 为脱离体，也同样得到一个内力偶 M_m，大小与左段横截面上相同，但方向相反，这是内力的作用力与反作用力关系。

为了使左右两段所表示的同一 m-m 截面上的扭矩有同样的正负号，对扭矩 M_m 作如下符号规定：以右手四指指向扭矩旋转方向，当右手大拇指的指向横截面外法线方向时为正，反之为负，称为右手螺旋法则。例如图 7-8 中，Ⅰ 部分 Ⅱ 部分的 m-m 截面上的扭矩都为正。扭矩的单位与力偶矩相同，常用牛顿·米(N·m)或千牛·米(kN·m)。

7.4.2　实验中观察到的扭转现象

研究扭转时横截面上的应力分布规律，与研究受拉压杆件时一样，从观察分析杆件变形入手，做如下实验。如图 7-9(a) 所示，在橡胶圆轴表面上作许多平行的纵向线和圆周线，组成许多矩形格子，然后在两端加一对力偶，橡胶圆轴即发生变形，如图 7-9(b) 所示。我们可以观察到：

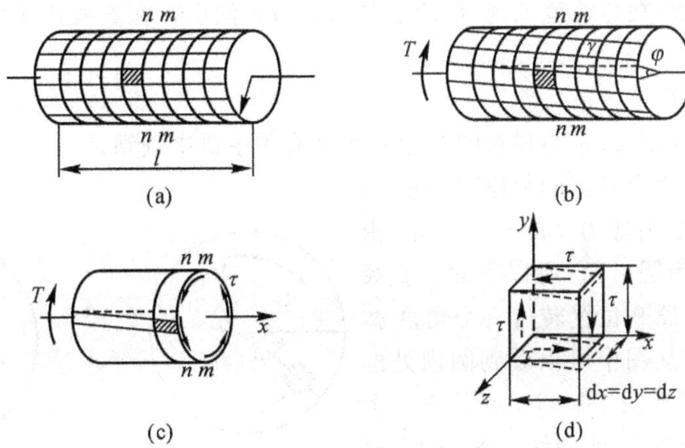

图 7-9

(1) 两条圆周线绕轴线相对旋转了一个小角度，但圆周线的长度、形状和两条圆周线间的距离没有发生变化。

(2) 原来的纵向线都倾斜了个角度 γ，原来的纵向线和圆周线形成的矩形变成了平行四边形，但纵向线仍近似为直线。

(3) 轴的长度和直径都没有发生变化。

根据观察到的这些现象，可作如下假设：圆轴在扭转变形时，各个横截面在扭转变形后仍为相互平行的平面，且形状和大小不变，只是相对地转过了一个角度。此假设称为圆轴扭转时的平面假设。圆轴任意两横截面之间相对转动的角度，称为扭转角，用 φ 来表示。

7.4.3　剪应力互等定理

根据平面假设可以得到以下结论：

(1) 由于直杆扭转后，横截面间距离不变，说明纵向纤维既没有伸长也没有缩短，纵向应变 $\varepsilon = 0$，由虎克定律 $\sigma = E\varepsilon$ 可知，横截面正应力 $\sigma = 0$。

(2) 横截面上有剪应力，且其方向与半径垂直，由于扭转变形时，相邻两横截面相对地转过一个角度，即发生了旋转式的相对滑动，由此产生了剪切变形，剪切变形的大小以 γ 角来表示，γ 称为剪应变。有剪应变的地方相应地应有剪应力存在。

如图 7-9(d) 所示，从受扭弹性体内截取一个微小的正六面体（单元体），若单元体的四个侧面上只有剪应力而没有正应力的作用，则单元体的变形完全由于剪切作用而产生。单元体的这种受力情况称为**纯剪切应力状态**。在纯剪切的情况下，应用平衡条件很容易证明：$\tau_{xy}=\tau_{yx}$，即在单元体的两个相互垂直的截面上，垂直于截面交线的剪应力数值相等，且均指向或均背向该截面交线，上述结论称为**剪应力互等定理**。

剪应力互等定理是一普遍定理，不仅适用于纯剪切，当侧面上有正应力存在时，定理同样成立。

7.4.4 横截面上的剪应力

对于扭转问题，根据平面假设还可以得到以下结论：

(1) 因半径长度不变，说明剪应变沿垂直于半径方向发生，故剪应力方向与半径垂直。根据材料的力学试验，在弹性范围内，剪应变与剪应力之间也存在直线比例关系，称为剪切虎克定律，表达式为

$$\tau = G\gamma \tag{7-6}$$

式中 G 称为剪切弹性模量。常用材料的 G 值也可从有关手册中查到。

(2) 从分析横截面上各点的剪应变 γ 着手，可以求出横截面上的剪应力 τ 的分布规律。由于圆截面变形后仍为圆平面，所以平面上直径仍为一直线，只是由原来位置转过一个角度 φ，如图 7-10(a) 所示。从图中可以看到圆周处的点移动得最大，也就是图 7-10(b) 所示表面上的剪应变 γ 最大。圆心处（即轴线位置）的点没有移动，剪应变 γ 为零。其余各点移动的大小与该点到圆心的距离成正比，即沿直径各点的剪应变 γ 与该点到圆心距离 ρ 成正比。由剪切虎克定律可知，沿直径各点的剪应力 τ 与该点到圆心距离 ρ 成正比，方向与半径垂直，如图 7-10(b) 所示。

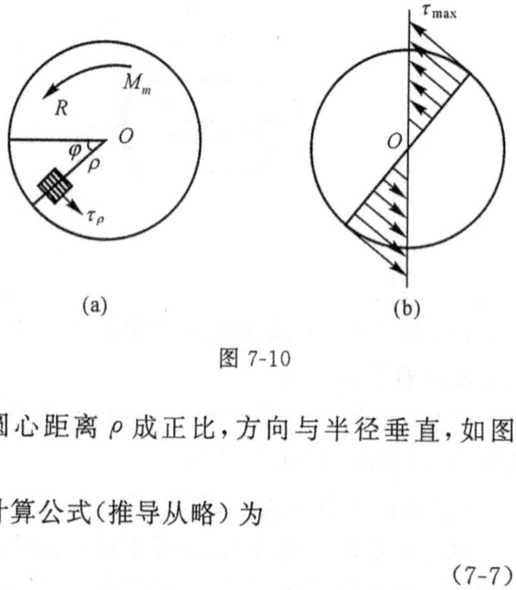

图 7-10

由此可得出：圆截面上任一点剪应力 τ_ρ 的计算公式（推导从略）为

$$\tau_\rho = \frac{M_m \rho}{I_P} \tag{7-7}$$

式中：M_m 为横截面 m-m 上所受扭矩；ρ 为横截面任一点至圆心的距离；I_P 称为横截面对形心的极惯性矩。它是一个只决定于截面尺寸和形状的几何常量。简单图形的极惯性矩可从有关手册中查到。对于实心圆轴而言：

$$I_P = \frac{\pi D^4}{32} \approx 0.1D^4 \tag{7-8}$$

式中，D 为圆截面直径。对于空心圆轴而言：

$$I_P = \frac{\pi(D^4 - d^4)}{32} \approx 0.1D^4(1-\alpha^4) \tag{7-9}$$

式中：D、d 分别为空心圆截面的外径与内径，α 为内外径之比，即 $\alpha = d/D$。I_P 的单位是长度的四次方，常用 mm^4。

由(7-7)式可知最大剪应力 τ_{max} 在圆周处，即在 $\rho_{max} = R$ 处。R 为圆截面半径，$R = D/2$。于是

$$\tau_{max} = \frac{M_m \rho_{max}}{I_P} = \frac{M_m R}{I_P}$$

令 $W_P = I_P/R$，称为抗扭截面模量，上式可改写为

$$\tau_{max} = \frac{M_m}{W_P} \tag{7-10}$$

W_P 的单位为长度的三次方，常用 mm^3。它是一个抵抗破坏的参数，其计算可从有关手册上查到，对直径为 D 的圆截面：

$$W_P = \frac{I_P}{D/2} = \frac{\pi D^3}{16} \approx 0.2D^3$$

7.5　等直圆轴扭转时的强度计算

7.5.1　强度条件

要使受到扭转的圆轴能正常工作，就应使圆轴具有足够的强度，即使轴工作时产生的最大剪应力不超过材料的许用剪应力[τ]，故强度条件为

$$\tau_{max} = \frac{M_m}{W_P} \leqslant [\tau] \tag{7-11}$$

式中[τ]为扭转时材料的容许剪应力，可由有关手册中查到。在静荷载作用下，同一材料的扭转时容许剪应力[τ]与拉伸时容许应力[σ]之间关系为：

对于塑性材料　$[\tau] = (0.5 \sim 0.6)[\sigma]$

对于脆性材料　$[\tau] = (0.8 \sim 1.0)[\sigma]$

由式(7-11)强度条件可以进行三方面计算：

(1) 对圆轴进行强度校核。若 $\frac{M_m}{W_P} \leqslant [\tau]$，则圆轴是安全的。

(2) 设计截面。当已知荷载、材料时确定圆轴直径。由 $W_P \geqslant \frac{M_m}{[\tau]}$，则实心圆轴直径为

$$D \geqslant \sqrt[3]{\frac{16M_m}{\pi[\tau]}}$$

空心圆轴外径为

$$D \geqslant \sqrt[3]{\frac{16M_m}{\pi(1-\alpha^4)[\tau]}}$$

(3) 确定许可载荷。当已知材料、圆截面尺寸时，确定圆轴所能承受的最大荷载。即

$$[T] = [M_m] \leqslant [W_P][\tau]$$

例 7-4　一实心传动轴如图 7-11 所示。轴上 B 为主动轮，A、C 为从动轮。已知轴的直径 $D = 90$mm，材料的容许剪应力[τ] = 80MPa。从动轮上的力偶矩 $T_A : T_C = 2 : 3$。试确定主动轮上能作用的最大力偶矩 T_B。

解 (1) 分析圆轴的内力

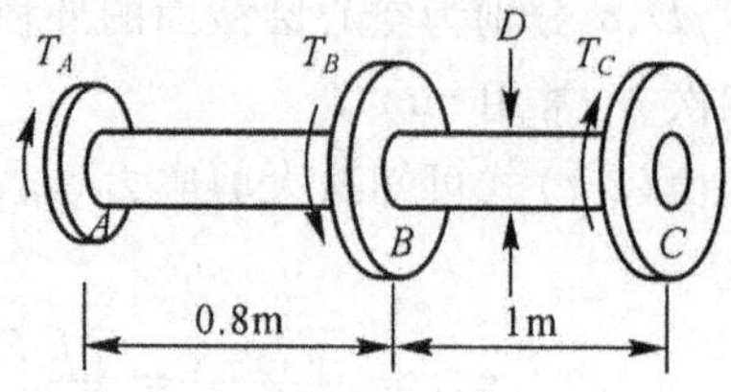

图 7-11

现在 AB 和 BC 两段轴内所受的扭矩不同。由静力学力偶系平衡条件

$$T_B = T_A + T_C$$

可知 $T_A = \frac{2}{5}T_B, T_C = \frac{3}{5}T_B$

即 BC 段轴所受的力偶矩 T_C 比 AB 段轴所受力的偶矩 T_A 大。所以受扭转后的危险截面在 BC 段，截面上相应的扭矩为

$$M_m = T_C = \frac{3}{5}T_B$$

(2) 计算容许扭矩

由强度条件$[M_m] \leqslant [W_P][\tau]$

有

$$M_m = T_C = \frac{3}{5}T_B \leqslant [W_P][\tau] = \frac{\pi D^3}{16}[\tau]$$

得

$$T_B \leqslant \frac{5}{3}\frac{\pi D^3}{16}[\tau]$$

容许扭矩 T_B 值为

$$T_B = \frac{5}{3} \times \frac{3.14 \times (0.09)^3}{16} \times 80 \times 10^6$$
$$= 19.1 \times 10^3(\text{N} \cdot \text{m}) = 19.1(\text{kN} \cdot \text{m})$$

7.5.2 薄壁圆轴的设计计算

由前面的分析可见，圆轴受扭时横截面上剪应力分布是不均匀的，当 $\rho_{\max}$ 处剪应力 τ 达到$[\tau]$时，横截面其余各点的剪应力 τ 都未达容许应力，尤其是靠近圆心部分的各点离容许应力还很远，没有得到充分利用。

工程中常将受扭圆轴做成空心轴以便充分发挥材料性能。空心轴受扭转后横截面上剪应力 τ 的分布规律如图 7-12 所示，不难看出其剪应力计算公式和强度条件与实心圆轴相同，仅在计算极惯性矩 I_P 和抗扭截面系数 W_P 时稍有不同而已。

当壁厚 δ 与圆环平均半径 R 相比很小(内外径比 $\alpha > 0.9$)时，如图 7-13 所示，称为薄壁圆轴。这时在横截面上，由于筒壁很薄，可近似地认为沿壁厚剪应力 τ 不变；又由于沿圆周方向各点情况相同，故沿圆周各点的应力也是相同的，这样横截面上内力系对转轴的力矩为

$$M_m = 2\pi R^2 \delta \tau \tag{7-12}$$

所以，剪应力计算公式改成为

$$\tau = \frac{M_m}{2\pi R^2 \delta} \tag{7-13}$$

例 7-5 用一根由无缝钢管制成的传动轴，外径 $D = 90\text{mm}$，壁厚 $\delta = 6\text{mm}$。工作时承受的最大扭矩为 $T = 3\text{kN} \cdot \text{m}$。如材料的容许剪应力$[\tau] = 60\text{MPa}$，试校核该轴的扭转强度。

解 按薄壁圆轴计算公式

由 $$R = \frac{D - \delta}{2} = 42\text{mm}$$

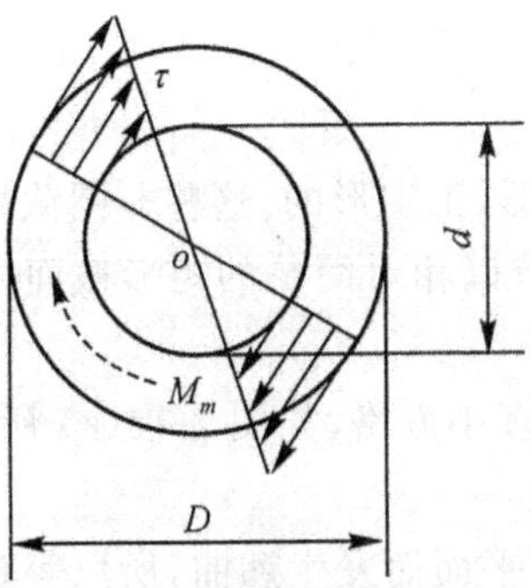

图 7-12

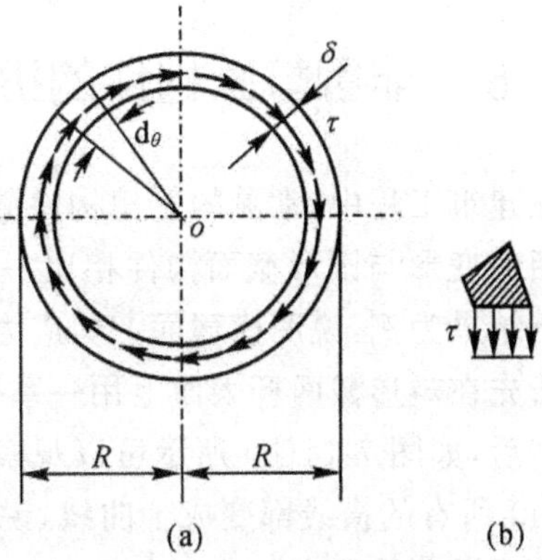

图 7-13

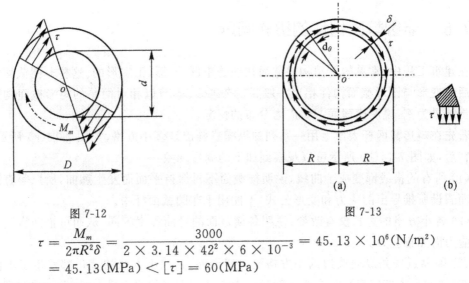

$$\tau = \frac{M_m}{2\pi R^2 \delta} = \frac{3000}{2 \times 3.14 \times 42^2 \times 6 \times 10^{-3}} = 45.13 \times 10^6 (\mathrm{N/m^2})$$
$$= 45.13(\mathrm{MPa}) < [\tau] = 60(\mathrm{MPa})$$

可见满足安全要求。

例 7-6　如把上例中的传动轴改为实心轴，最大工作扭矩不变，并要求它与原来的空心轴强度相同。试确定其直径，并比较实心轴与空心轴的重量。

解　因为要求与上例中的空心轴强度相同，故实心轴的最大剪应力也应为 45.13MPa，即

$$\tau_{\max} = \frac{M_m}{W_P} = \frac{3000}{\frac{\pi}{16} D_1^3} = 45.13 \times 10^6 (\mathrm{N/m^2})$$

式中：D_1 为实心轴所需直径。

$$D_1 = \sqrt[3]{\frac{3000 \times 16}{\pi \times 45.13 \times 10^6}} = 0.0697(\mathrm{m}) = 69.7(\mathrm{mm})$$

于是实心横截面面积是

$$A_1 = \frac{\pi D_1^2}{4} = 38.13 \times 10^{-4} (\mathrm{m^2})$$

而上例中空心轴的横截面积为

$$A_2 = \frac{\pi}{4}(D^2 - d^2) = \frac{\pi}{4}(90^2 - 78^2) \times 10^{-6} = 15.83 \times 10^{-4} (\mathrm{m^2})$$

由两轴长度相等，材料相同的情况下，两轴重之比等于两轴横截面积之比，即

$$\frac{A_2}{A_1} = \frac{15.83}{38.13} = 0.415$$

可见，在荷载相同和应力水平一致的条件下，采用空心圆轴的重量约为实心轴的 41%，其减轻重量和节约材料的作用是非常明显的。当然，在实际应用时还应该综合考虑各个方面的因素。

7.6 非圆截面构件的扭转问题

在建筑工程中，常见的受扭构件截面往往是矩形、T 形、工字形的。这些非圆截面构件受扭转后的变形与圆形截面构件相比一般要复杂得多。本节以相对简单的矩形截面构件的初步分析结果为例，说明横截面上剪应力分布的情况。

若先在矩形截面杆表面上用一系列的纵横线画出许多小方格，如图 7-14(a) 所示，则在杆扭转后，如图 7-14(b) 所示可以观察到如下的变形现象：

(1) 所有的横线都变成了曲线，说明横截面不再保持平面而发生翘曲，所以等直圆杆根据平面假设所推导出的应力和变形公式，不能用于非圆截面杆中。

(2) 各小方格的边长没有改变，说明各横截面的翘曲程度相同，从而可推知横截面上只有剪应力而无正应力。

(3) 除靠近四条纵向棱边的小方格没有变形外，其他小方格的直角都发生了不同程度的改变(即发生了剪应变)，且在横截面长边中点处小方格的改变最大。从而可推知横截面上长边中点处剪应力最大，短边中点处剪应力次之，四角处剪应力为零。根据进一步理论分析，得到矩形截面上剪应力分布规律如图 7-14(c) 所示。

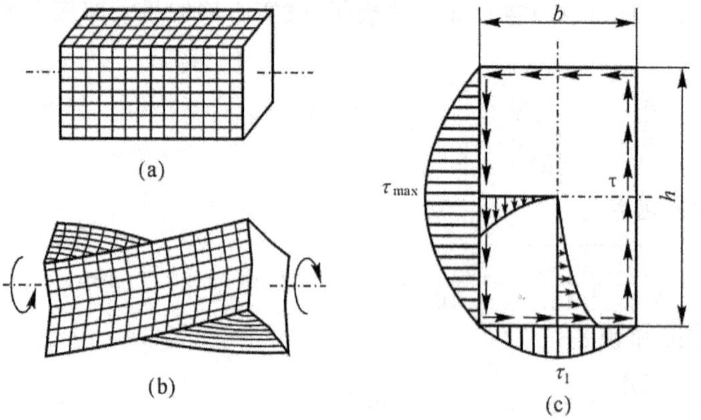

图 7-14

用弹性力学方法可以推出(过程略)，长边上最大剪应力的计算公式为

$$\tau_{max} = \frac{M_m}{W_n} = \frac{M_m}{\alpha h b^2} \tag{7-14}$$

式中：$W_n = \alpha h b^2$，称为抗扭截面系数；α 是一个比值 h/b 有关的系数，可在有关手册中查得。一般来说在相同截面积，承受相同的扭矩时，矩形截面杆的最大扭转剪应力比圆截面杆的相应值大。

思考题

7-1　剪切构件的受力和变形特点与轴向挤压比较有什么不同。

7-2　试判断题 7-2 图所示木榫接头的剪切面和挤压面。

7-3　试判断题 7-3 图所示铆接头 4 个铆钉的剪切面上的剪力 Q 等于多少？已知 $P = 200\text{kN}$。

7-4　什么叫挤压？挤压和轴向压缩有什么区别？

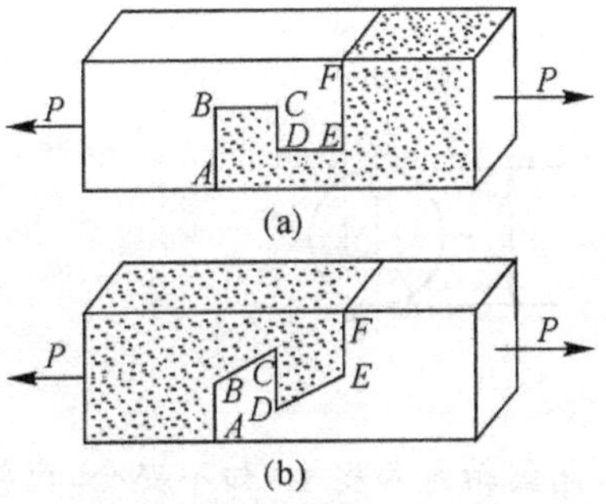

题 7-2 图

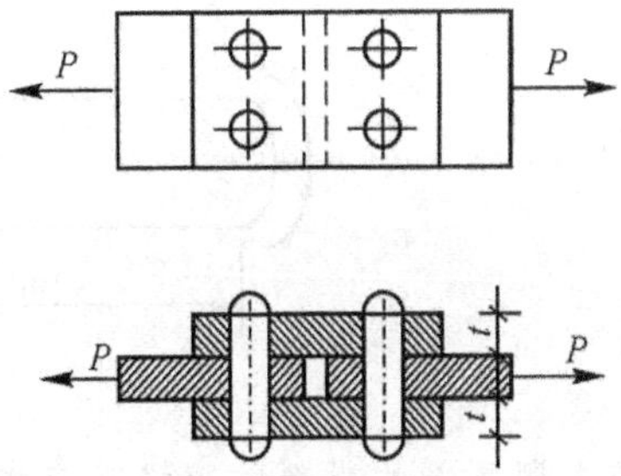

题 7-3 图

7-5　怎样从观察分析构件受扭转后的变形，得出圆轴横截面上沿圆半径各点剪应力与该点到圆心距离成正比，方向与半径垂直的结论？

7-6　从强度观点看，题7-6图所示的两个传动轴，三个轮的位置哪个布置得比较合理？

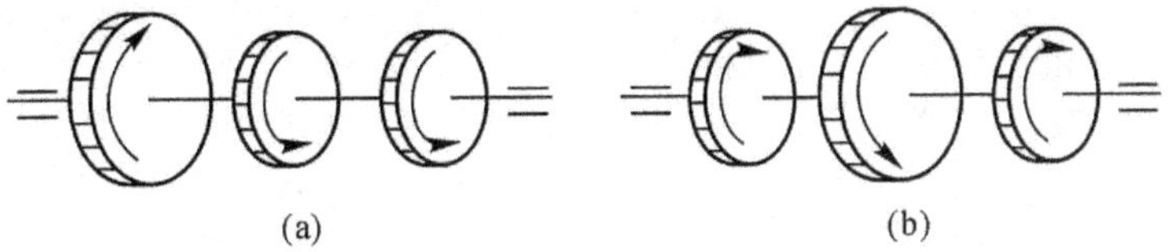

题 7-6 图

习　题

7-1　如题7-1图所示钢板由两个铆钉联接。已知铆钉直径 $d=2.4\text{cm}$，钢板厚度 $t=1.2\text{cm}$，拉力 $P=30\text{kN}$，铆钉容许剪应力 $[\tau]=60\text{MPa}$，容许挤压应力 $[\sigma_c]=120\text{MPa}$。试对铆钉作强度校核。

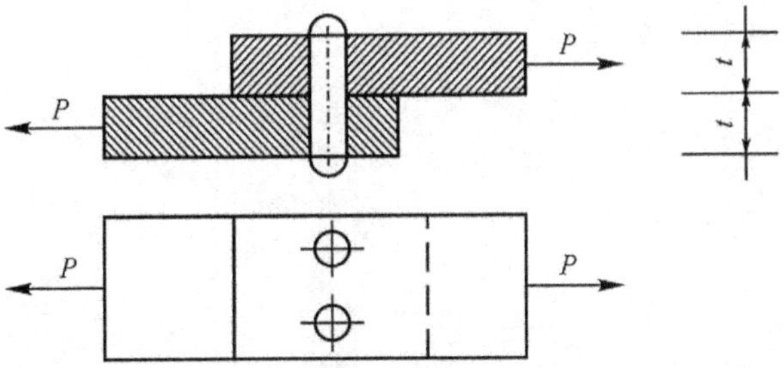

题 7-1 图

7-2　试求题7-2图所示两传动轴各段的扭矩 M。

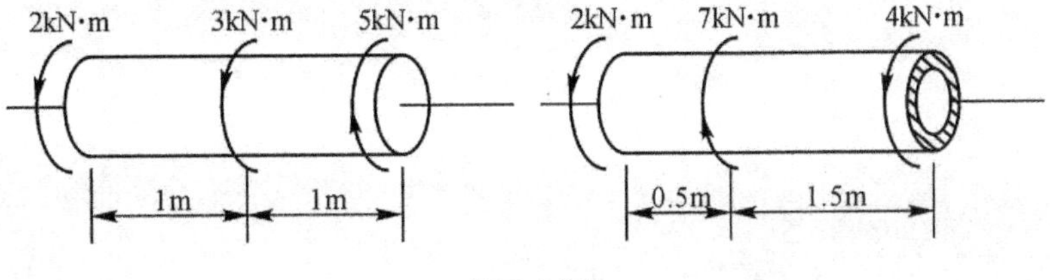

题 7-2 图

7-3　题7-3图所示圆轴的直径 $D=100\text{mm}$，长 $l=1\text{m}$，两端作用有外力偶 $T=14\text{kN}\cdot\text{m}$。试求：(1) 截面上 A、B、C 三点的剪应力；(2) 最大剪应力。

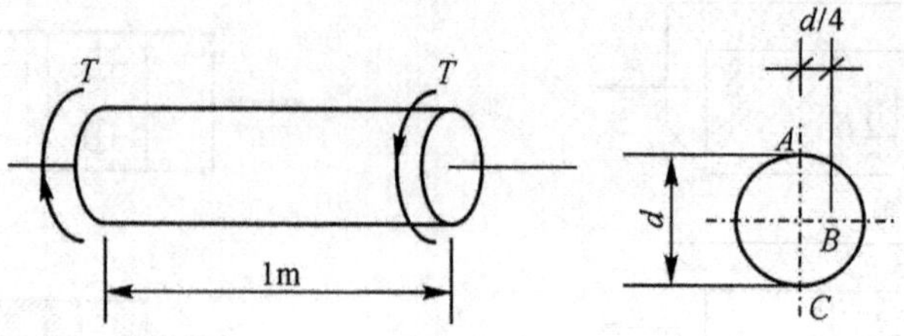

题 7-3 图

7-4 若上题圆轴的材料的容许剪应力$[\tau]=60\text{MPa}$，此圆轴是否安全？如不安全，应将圆轴直径加大到多少？

7-5 另用一内外径比$a=0.6$的空心轴代替一直径$D=400\text{mm}$的实心轴，两轴材料相同，长度相同，受力偶矩相同，试确定空心轴的外径，并比较两轴的重量。

第 8 章　梁的弯曲

8.1 弯曲变形的概念

8.1.1 平面弯曲

在土木工程中弯曲变形是一种常见的基本变形，例如房屋建筑中的楼面梁、阳台挑梁在竖向荷载作用下，都将发生弯曲变形，如图 8-1 (a)、(c) 所示。当外力和支反力都垂直于杆件轴线时，杆件的轴线由直线变成了曲线，如图 8-1(b)、(d) 所示。工程上将这些以弯曲变形为主要变形的杆件称为梁。

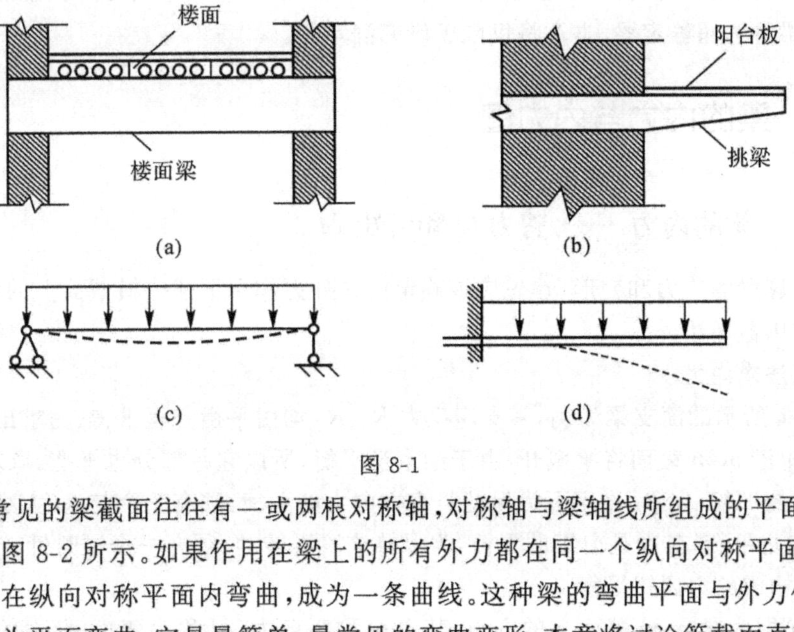

图 8-1

工程中常见的梁截面往往有一或两根对称轴，对称轴与梁轴线所组成的平面，称为纵向对称平面，如图 8-2 所示。如果作用在梁上的所有外力都在同一个纵向对称平面内，则梁变形后，轴线将在纵向对称平面内弯曲，成为一条曲线。这种梁的弯曲平面与外力作用面相重合的弯曲，称为平面弯曲。它是最简单、最常见的弯曲变形。本章将讨论等截面直梁的平面弯曲问题。

8.1.2 梁的分类

工程中常见的单跨梁按支座情况可分三种基本类型：

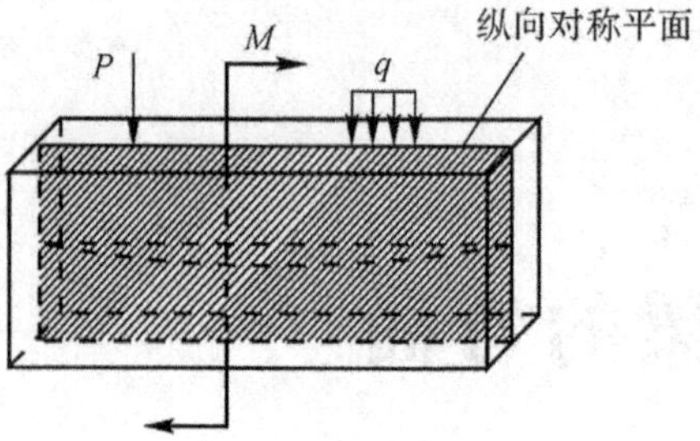

图 8-2

(1) 简支梁。梁的一端为固定铰支端，另一端为活动铰支座，见图 8-3(a) 所示。

(2) 外伸梁。其支座形式和简支梁相同，但梁的一端或两端伸出支座之外，见图 8-3(b) 所示。

(3) 悬臂梁。梁的一端固定，另一端自由，见图 8-3(c) 所示。

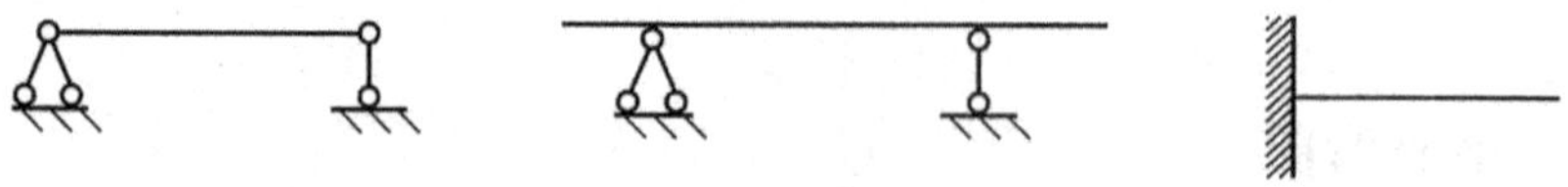

(a) (b) (c)

图 8-3

上述简支梁、悬臂梁和外伸梁，都可以用平面力系的三个平衡方程来求出其三个未知反力，因此，上述三种梁又统称为静定梁。有时为了工程上的需要，往往会为一个梁设置较多的支座，导致梁的支反力数目多于独立的平衡方程数目，这时仅用平衡方程就不能完全确定支反力，这种梁称为超静定梁。本章将仅限于研究静定梁。

8.2 梁的内力与内力图

8.2.1 梁的内力 —— 剪力 Q 和弯矩 M

为了计算梁的应力和变形，首先应该确定梁在外力作用下任一横截面上的内力。内力的求出可以利用截面法。

1. 截面法求内力

以图 8-4 所示的简支梁为例，其支座反力 R_A、R_B 均由平衡方程求得。为求出任一截面上的内力，假想沿 m-m 截面将梁截开，由于梁本身平衡，所以它每部分也平衡。取左段研究，首先是竖向力的平衡，在 R_A 作用下为保持竖直方向力的平衡，须有一个与 R_A 大小相等方向相反的力 Q 与之平衡；其次是力矩的平衡，为保持该段不转动，须有一个逆时针转动的力矩 M 与 R_A 和 Q 构成的力偶矩平衡。

Q 与 M 即为梁 m-m 截面上的内力，其中 Q 称为剪力，M 称为弯矩，剪力的单位为牛顿(N)或千牛顿(kN)，弯矩的单位同力矩。如前所述，剪力和弯矩可用平衡方程求得。

综上所述，截面法计算内力的步骤是：

(1) 计算支座反力。

(2) 用假想的截面将梁截成两段，任取某一端为研究对象。

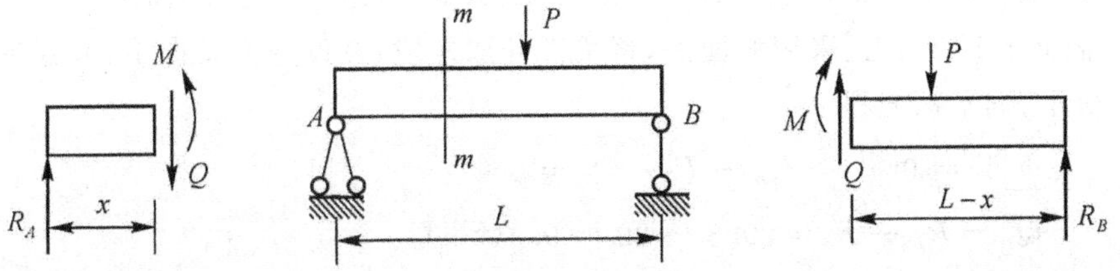

图 8-4

(3) 画出研究对象的受力图。

(4) 建立静力平衡方程,计算内力。

2. 剪力 Q 和弯矩 M 的正负号规定

(1) 剪力的正负号规定

正剪力:截面上的剪力使研究对象作顺时针方向的转动,如图 8-5(a) 所示;

负剪力:截面上的剪力使研究对象作逆时针方向的转动,如图 8-5(b) 所示。

(2) 弯矩的正负号规定

正弯矩:截面上的弯矩使该截面附近弯成上凹下凸的形状,如图 8-6(a) 所示;

负弯矩:截面上的弯矩使该截面附近弯成上凸下凹的形状,如图 8-6(b) 所示。

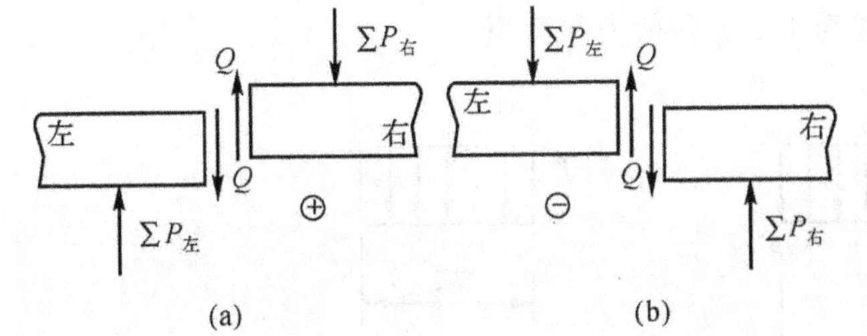

图 8-5

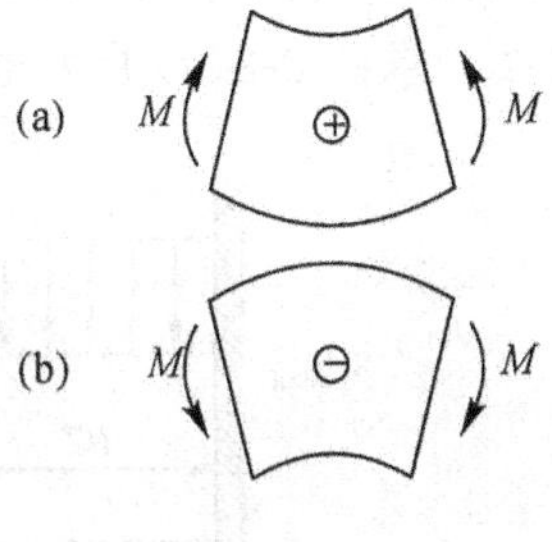

图 8-6

例 8-1　简支梁如图 8-7 所示。以知 $P = 20\text{kN}, q = 15\text{kN/m}$,求 1-1 截面上的剪力和弯矩。

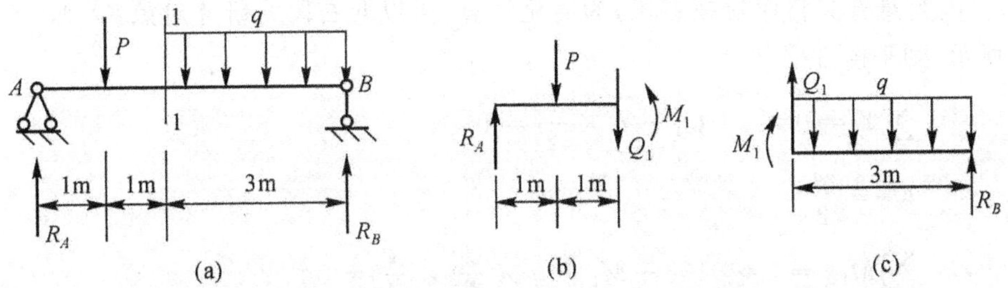

图 8-7

解　(1) 求支座反力。取整体为研究对象,假设 R_A、R_B 向上,如图 8-7(a) 所示,列静力平衡方程

$$\sum M_A(F) = 0 \Rightarrow \quad -P \times 1 - q \times 3 \times 3.5 + R_B \times 5 = 0$$

得

$$R_B = \frac{P \times 1 + q \times 3 \times 3.5}{5} = \frac{20 \times 1 + 15 \times 3 \times 3.5}{5} = 35.5(\text{kN})$$

$$\sum Y = 0 \Rightarrow \quad R_A - P - q \times 3 + R_B = 0$$

得 $$R_A = P + q \times 3 - R_B = 20 + 15 \times 3 - 35.5 = 29.5(\text{kN})$$

(2)求截面1-1的内力。采用截面法，将梁截开取左段，并设剪力Q向下，M逆时针转，如图8-7(b)所示，列平衡方程

$$\sum Y = 0 \Rightarrow \quad R_A - P - Q_1 = 0$$

得 $$Q_1 = R_A - P = 29.5 - 20 = 9.5(\text{kN})$$

$$\sum M_{1\text{-}1} = 0 \Rightarrow \quad M_1 + P \times 1 - R_A \times 2 = 0$$

得 $$M_1 = -P \times 1 + R_A \times 2 = -20 \times 1 + 29.5 \times 2 = 39(\text{kN} \cdot \text{m})$$

所得Q_1、M_1均为正值，表示假设方向与实际方向相同，故为正剪力、正弯矩。

若取右段梁为研究对象，也设Q_1、M_1为正，见图8-7(c)所示，列平衡方程

$$\sum Y = 0 \Rightarrow \quad Q_1 - q \times 3 + R_B = 0$$

得 $$Q_1 = q \times 3 - R_B = 15 \times 3 - 35.5 = 9.5(\text{kN})$$

$$\sum M_{1\text{-}1} = 0 \Rightarrow \quad -M_1 - q \times 3 \times 1.5 + R_B \times 3 = 0$$

得 $$M_1 = -q \times 3 \times 1.5 + R_B \times 3 = -15 \times 3 \times 1.5 + 35.5 \times 3 = 39(\text{kN} \cdot \text{m})$$

可见Q_1、M_1均为正值，结果与取左段分析相吻合。

例 8-2 求图8-8(*a*)所示悬臂梁截面1-1上的剪力和弯矩。

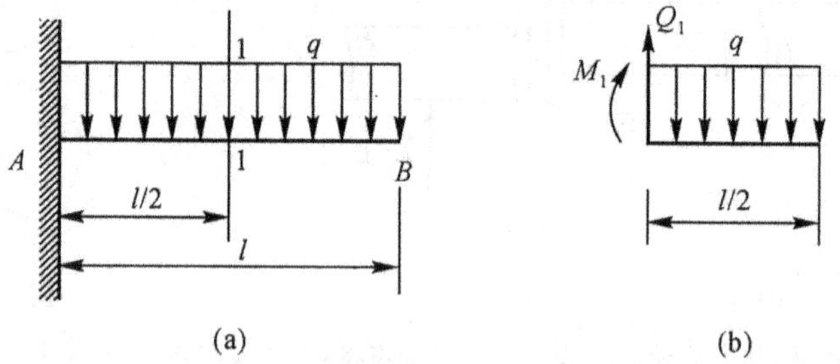

图 8-8

解 因为悬臂梁自由端在右段，为简化计算，可以取右段为研究对象，Q、M方向见图8-8(b)所示。列平衡方程

$$\sum Y = 0 \Rightarrow \quad Q_1 - q \times \frac{l}{2} = 0$$

得 $$Q_1 = \frac{ql}{2}$$

$$\sum M_{1\text{-}1} = 0 \Rightarrow \quad -M_1 - q \times \frac{l}{2} \times \frac{l}{4} = 0$$

得 $$M_1 = \frac{-ql^2}{8}$$

可见Q_1是正号，与实际方向一致，M_1是负号，与实际方向相反，即为负弯矩。

8.2.2 梁的内力图

1. 剪力方程和弯矩方程

由剪力以及弯矩的计算过程可知，一般情况下梁内各横截面上的剪力和弯矩随着横截

面位置的不同而变化。为了进行强度计算和变形计算，必须知道沿梁轴线剪力和弯矩的变化规律，若梁横截面的位置由沿梁轴线的坐标 x 来表示，则梁的各个横截面上的剪力和弯矩可以表示为 x 的函数，即

$$Q = Q(x), M = M(x)$$

以上两式分别称为梁的剪力方程和弯矩方程，统称为内力方程。为了形象地表示剪力 Q 和弯矩 M 沿梁轴线的变化规律，可根据剪力方程和弯矩方程分别绘制出剪力和弯矩沿梁轴线变化的情况，分别称为剪力图和弯矩图，统称为内力图，由内力图可直观地看出梁上最危险的截面。

2. 剪力图和弯矩图的绘制方法

在土木工程计算中，当水平杆件受到竖直向下的荷载时，一般规定绘图坐标系如图 8-9 所示，坐标原点一般选在梁的左端截面。

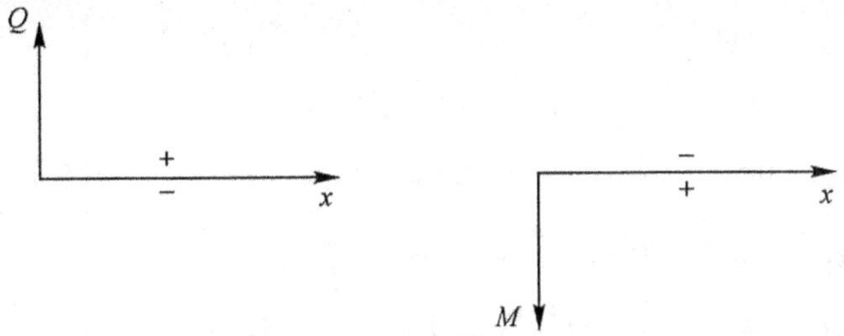

图 8-9

在上述条件下作图时，剪力正值画在 x 轴上方，负值画在下方，而 M 正值画在 x 轴下方，负值画在上方。下面举例说明。

例 8-3　简支梁受集中力作用，如图 8-10(a) 所示，试画出剪力图和弯矩图。

解　(1) 求支反力

$$\sum M_A(F) = 0 \Rightarrow \quad R_B l - Pa = 0$$

故

$$R_B = \frac{Pa}{l}$$

$$\sum Y = 0 \Rightarrow \quad R_A - P + R_B = 0$$

故

$$R_A = P - R_B = P - \frac{Pa}{l} = \frac{Pb}{l}$$

(2) 列剪力方程和弯矩方程

梁在集中力 P 的作用下，可以分为 AC 段和 CB 段研究，分别列出两段的 Q 和 M 方程。

AC 段：假想截面 1-1 在距 A 端 x_1 处切开，取左段研究如图 8-10(b) 所示，

$$\sum Y = 0 \Rightarrow \quad -Q(x_1) + R_A = 0$$

故

$$Q(x_1) = R_A = \frac{Pb}{l} \qquad (0 \leqslant x_1 \leqslant a)$$

$$\sum M_{1\text{-}1} = 0 \Rightarrow \quad -M(x_1) + R_A x_1 = 0$$

故

$$M(x_1) = R_A x_1 = x_1 \frac{Pb}{l} \qquad (0 \leqslant x_1 \leqslant a)$$

CB 段：假想截面 2-2 在距 A 端 x_2 处切开，取左段研究，如图 8-10(c) 所示，

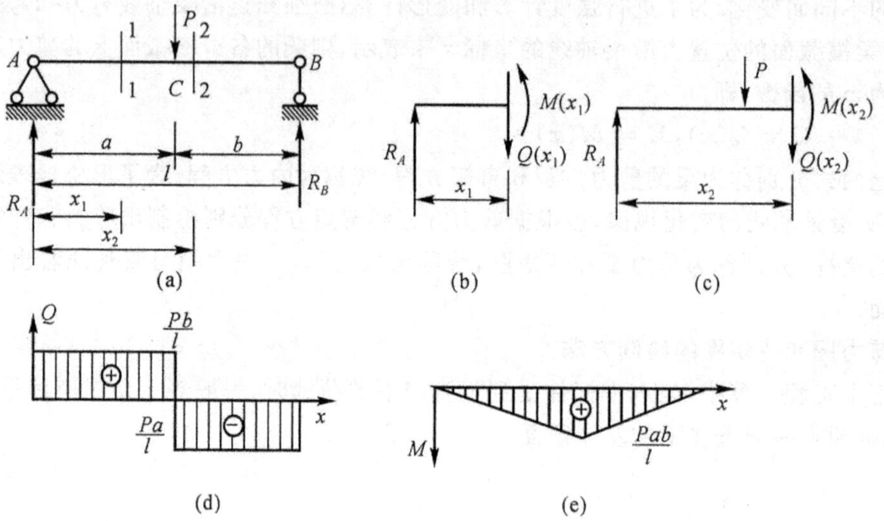

图 8-10

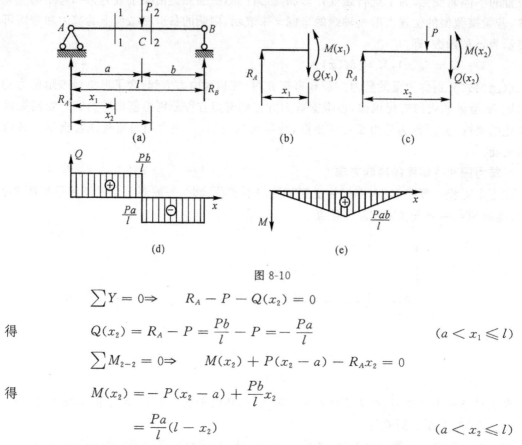

$$\sum Y = 0 \Rightarrow \quad R_A - P - Q(x_2) = 0$$

得
$$Q(x_2) = R_A - P = \frac{Pb}{l} - P = -\frac{Pa}{l} \qquad (a < x_1 \leqslant l)$$

$$\sum M_{2-2} = 0 \Rightarrow \quad M(x_2) + P(x_2 - a) - R_A x_2 = 0$$

得
$$M(x_2) = -P(x_2 - a) + \frac{Pb}{l}x_2$$
$$= \frac{Pa}{l}(l - x_2) \qquad (a < x_2 \leqslant l)$$

(3) 画出剪力图和弯矩图，根据 Q、M 方程可以判断内力图形状并描点画图。

Q 图：AC 段剪力方程为常数，由图 8-10(b) 可见，由于使截开部分顺时针转动，其值为 Pb/l，剪力图是一条在 x 轴上方平行于 x 轴的直线。CB 段剪力方程也是常数，由图 8-10(c) 可见，由于使截开部分逆时针转动，其值为 $-Pa/l$，剪力图为一条在 x 轴下方平行于 x 轴的直线，Q 图见图 8-10(d) 所示。

M 图：AC 段弯矩方程是 x_1 的一次函数，弯矩图是一条斜直线，只要计算两个截面的数值，就可画出弯矩图，对于 A 点和 C 点分别有

$$M_A = M(0) = 0, M_C = M(a) = \frac{Pab}{l}$$

BC 段弯矩方程是 x_2 的一次函数，弯矩图也是一条斜直线，同理可画出弯矩图。

$$M_C = M(a) = \frac{Pab}{l}, M_B = M(l) = 0$$

由于推导时假设 M 是正值，所以 M 图画在 x 轴下方，全梁弯矩图见图 8-10(e) 所示。

(4) 讨论。工程中关心的往往是内力的最大值，从内力图可以看出：

$$Q_{\max} = \max\left(\frac{Pa}{l}, \frac{Pb}{l}\right), M_{\max} = \frac{Pab}{l}$$

例 8-4　悬臂梁 AB 承受均布荷载 q 作用，如图 8-11(a) 所示。试画出剪力图和变矩图。

解　(1) 通过分析不难发现，取右段为研究对象可不求支反力，从而使求解过程得到简化。列右段剪力方程和弯矩方程，如图 8-11(b) 所示。

$$\sum Y = 0 \Rightarrow \quad Q(x_1) - q(l - x_1) = 0 \qquad (0 \leqslant x_1 < l)$$

得 $$Q(x_1) = q(l - x_1)$$

$$\sum M_{1\text{-}1} = 0 \Rightarrow \quad M(x_1) + q(l - x_1)\frac{(l - x_1)}{2} = 0 \qquad (0 \leqslant x_1 \leqslant l)$$

得 $$M(x_1) = -\frac{q(l - x_1)^2}{2}$$

(2) 画剪力图和弯矩图

由于均布荷载全梁均匀分布，所以无须分段。剪力方程是 x 的一次函数，所以剪力图是一条斜直线。只要计算两个端截面的数值，再连线就可画出剪力图，如图 8-11(c) 所示。

$$Q_B = Q_B(l) = 0, Q_A = Q(0) = ql$$

而由弯矩方程可知，它是 x 的二次函数，所以弯矩图是一条二次抛物线，至少需要计算三个截面的数值，方可画弯矩图，因此分别取两端和梁中点进行计算：

$$M_A = M(0) = -\frac{ql^2}{2}, M_C = M\left(\frac{l}{2}\right) = -\frac{ql^2}{8}, M_B = M(l) = 0$$

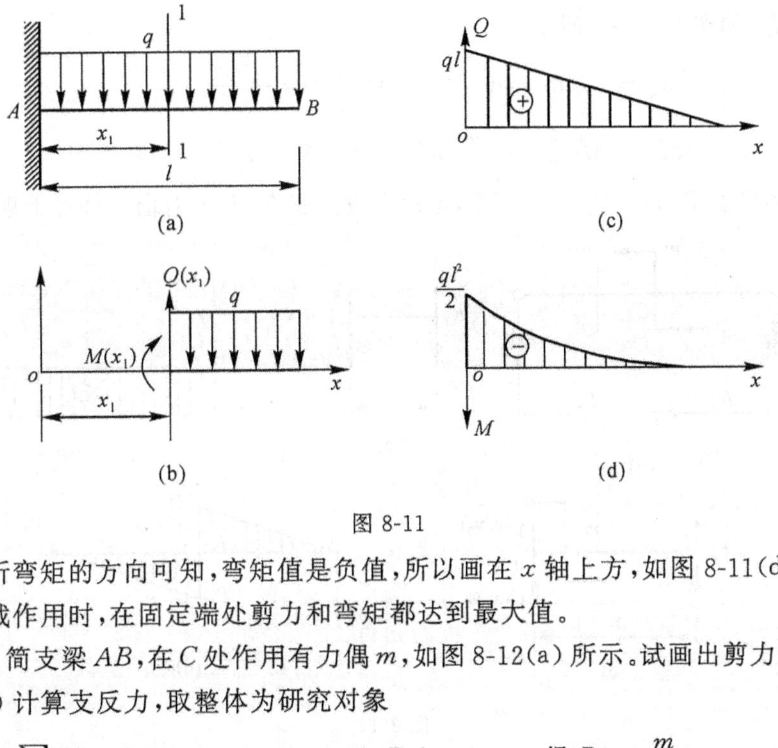

图 8-11

通过分析弯矩的方向可知，弯矩值是负值，所以画在 x 轴上方，如图 8-11(d) 所示。可见悬臂梁受均载作用时，在固定端处剪力和弯矩都达到最大值。

例 8-5　简支梁 AB，在 C 处作用有力偶 m，如图 8-12(a) 所示。试画出剪力图和弯矩图。

解　(1) 计算支反力，取整体为研究对象

$$\sum M_A(F) = 0 \Rightarrow \quad -m + R_B l = 0 \qquad 得\ R_B = \frac{m}{l}$$

$$\sum Y = 0 \Rightarrow \quad -R_A + R_B = 0 \qquad 得\ R_A = R_B = \frac{m}{l}$$

(2) 列剪力方程和弯矩方程，由于力偶 m 将梁分成两段，故须分段列出 Q、M 方程。

AC 段：采用截面法，用 1-1 截面截开，如图 8-12(b) 所示。

$$\sum Y = 0 \Rightarrow \quad -R_A - Q(x_1) = 0$$

得 $$Q(x_1) = -R_A = -\frac{m}{l} \qquad \left(0 < x_1 \leqslant \frac{l}{2}\right)$$

$$\sum M_{1\text{-}1}=0 \Rightarrow \quad M(x_1)+R_A x_1=0$$

得 $$M(x_1)=-R_A x_1=-\frac{m}{l}x_1 \qquad (0\leqslant x_1<\frac{l}{2})$$

CB 段：采用截面法，用 2-2 截面截开，如图 8-12(c) 所示。

$$\sum Y=0 \Rightarrow \quad -R_A-Q(x_2)=0$$

得 $$Q(x_2)=-R_A=-\frac{m}{l} \qquad (\frac{l}{2}\leqslant x_2<l)$$

$$\sum M_{2-2}=0 \Rightarrow \quad M(x_2)-m+R_A x_2=0$$

得 $$M(x_2)=m-R_A x_2=m-(\frac{m}{l})x_2 \qquad (\frac{l}{2}<x_2\leqslant l)$$

(3) 画出剪力图和弯矩图

Q 图：AC 段和 CB 段的剪力都是常数，根据方向可以判断为负值，是一条平行于 x 轴的直线，画在 x 轴下方，如图 8-12(d) 所示。

M 图：AC 段和 CB 段的弯矩都是 x 的一次函数，是一条斜直线，负值画在 x 轴上方，正值画在 x 轴下方。如图 8-12(e) 所示。

AC 段 $\qquad M_A=M(0)=0, M_C=M(\frac{l}{2})=-\frac{m}{2}$

CB 段 $\qquad M_C=M(\frac{l}{2})=\frac{m}{2}, M_B=M(l)=0$

从弯矩图可看出，在力偶 m 作用下，弯矩图发生突变，其绝对值正好等于集中力偶 m。

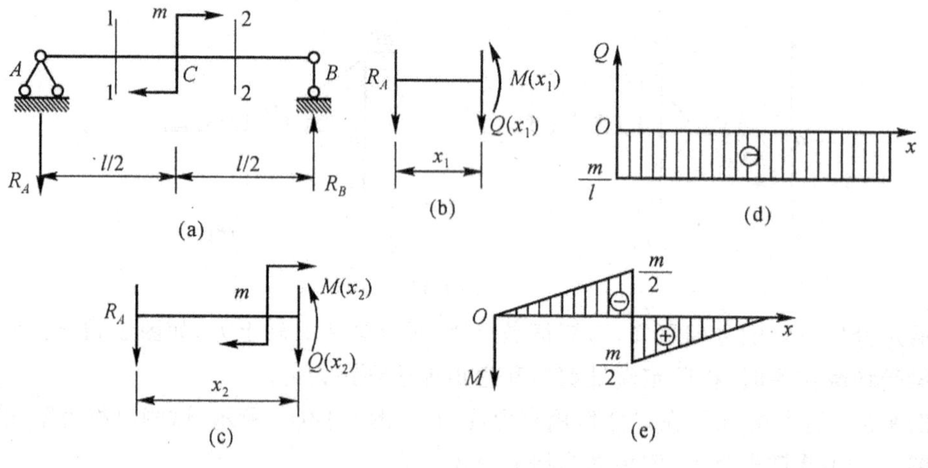

图 8-12

由例题可见，画剪力图和弯矩图的基本步骤为：

(1) 求支座反力。以梁整体为研究对象，根据梁上的荷载和支座情况，由静力平衡方程求出支座反力。

(2) 将梁分段。以集中力和集中力偶作用处、分布荷载的起讫处、梁的支承处以及梁的端面为界点，将梁进行分段。

(3) 列出各段的剪力方程和弯矩方程。各段列剪力方程和弯矩方程时，所取的坐标原点与坐标轴 x 的正向可视计算方便而定，不必一致。

(4) 画剪力图和弯矩图。先根据剪力方程（或弯矩方程）判断剪力图（或弯矩图）的形状，确定其控制截面，再根据剪力方程(或弯矩方程)计算其相应截面的剪力值(或弯矩值)，然后描点并画出整个全梁的剪力图(或弯矩图)。

剪力图和弯矩图可以确定梁的最大剪力和最大弯矩值，其相应的横截面称为危险断面。

8.3 荷载集度、剪力、弯矩之间的微分关系

8.3.1 $q(x)$、$Q(x)$、$M(x)$ 之间的微分关系

由于荷载的不同，梁各截面的剪力和弯矩也不同，因而得出不同形式的剪力图和弯矩图。事实上，荷载集度、剪力和弯矩之间存在着一定的关系。以图 8-13 所示的简支梁为例，可以推导出，距 A 点为 x 的任意横截面上的内力方程为

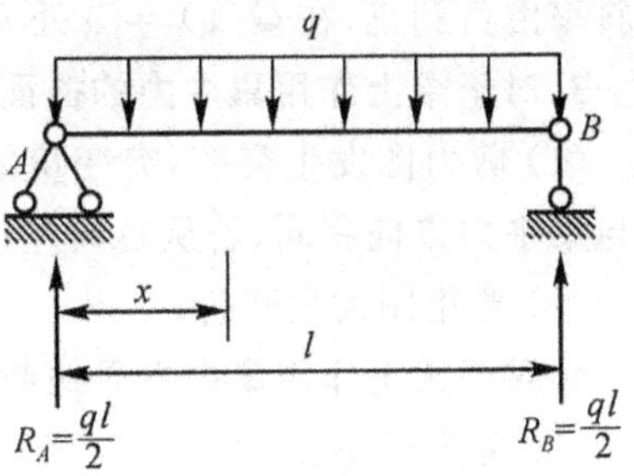

图 8-13

$$Q(x)=R_A-qx=\frac{ql}{2}-qx \quad (0\leqslant x\leqslant l) \tag{a}$$

$$M(x)=\frac{qlx}{2}-\frac{qx^2}{2} \quad (0\leqslant x\leqslant l) \tag{b}$$

将弯矩方程 $M(x)$ 对 x 求导，得

$$\frac{\mathrm{d}M(x)}{\mathrm{d}x}=\frac{ql}{2}-qx \tag{c}$$

将剪力方程 $Q(x)$ 对 x 求导，得

$$\frac{\mathrm{d}Q(x)}{\mathrm{d}x}=-q \tag{d}$$

显然(c)式与式(a)相等，而式(d)表示分布载荷的集度，设分布荷载 q 向上为正，向下为负，我们可以得到：

$$\frac{\mathrm{d}M(x)}{\mathrm{d}x}=Q(x) \tag{8-1}$$

$$\frac{\mathrm{d}Q(x)}{\mathrm{d}x}=q(x) \tag{8-2}$$

$$\frac{\mathrm{d}^2M(x)}{\mathrm{d}x}=q(x) \tag{8-3}$$

需要指出的是，在进行上述推导时，x 轴以向右为正。从式(8-1)、式(8-2)、式(8-3)可看出，将弯矩方程 $M(x)$ 对 x 求导数，即得剪力方程 $Q(x)$，将剪力方程 $Q(x)$ 对 x 求导，即得分布载荷 $q(x)$，可以证明(过程略)这种微分关系在梁的内力分析中是普遍存在的。

由数学的定义，一阶导数表示斜率，二阶导数反映出曲线的凹凸，因此剪力的大小即等于弯矩图的斜率，分布荷载集度 q 大小即等于剪力图的斜率。利用三者间的微分关系可以校核或绘制 Q、M 图。

8.3.2 利用 $q(x)$、$Q(x)$、$M(x)$ 之间的微分关系作内力图

根据前面得到的 $q(x)$、$Q(x)$、$M(x)$ 之间的微分关系，可以进一步得到内力图的如下规律：

1. 对于梁上没有均布荷载作用的一段

(1) 剪力图为一条水平线。

(2) 弯矩图为一条斜直线。

2. 对于梁上有均布荷载作用的一段

(1) 剪力图为一条斜直线,若均布荷载指向向上,其斜率为正,即由左下向右上倾斜(/);若均布荷载指向向下,其斜率为负,即由左上向右下倾斜(\)。

(2) 弯矩图是一条抛物线,抛物线的凸向与均布荷载的指向相同。当 $Q(x)$ 由正到负过渡时,弯矩图斜率由正到负,在 $Q(x)=0$ 处 M 图处于极大。当 $Q(x)$ 由负到正过渡时,变矩图斜率由负到正,在 $Q(x)=0$ 处 M 图处于极小。

3. 对于梁上作用集中力的截面

(1) 剪力图发生突变,突变量的绝对值等于集中力的大小。若从左向右作图,突变的方向与集中力方向相同;若从右向左作图,突变的方向与集中力方向相反。

(2) 弯矩图发生转折。

4. 对于梁上作用集中力偶的截面

(1) 剪力图不变。

(2) 弯矩图发生突变,突变量的绝对值等于集中力偶的力偶矩。

例 8-6 应用上述内力图的规律,绘制图 8-14(a) 所示的剪力和弯矩图。已知 $P=60\text{kN}$, $q=30\text{kN/m}$, $m=120\text{kN}\cdot\text{m}$。

解 (1) 计算支反力,取整体为研究对象

$$\sum M_A(F)=0\Rightarrow \quad -P\times 1-q\times 4\times 4+m+R_G\times 8=0$$

得
$$R_G=\frac{P+q\times 4\times 4-m}{8}=\frac{80+40\times 4\times 4-160}{8}=52.5(\text{kN})(\uparrow)$$

$$\sum Y=0\Rightarrow \quad R_A-p-q\times 4+R_G=0$$

得
$$R_A=p+q\times 4-R_G=80+40\times 4-70=127.5(\text{kN})(\uparrow)$$

(2) 绘制剪力图。根据外力的分布和变化情况,分段进行考虑:AB 段为平直线;B 截面有集中力 P 作用,剪力图发生突变;BC 段为平直线,CE 段为右下方斜直线,EG 段为平直线,在力偶 m 处剪力图无变化。再逐一计算各控制截面处的剪力值:

A 点(支座处) $Q_A=127.5\text{kN}$

B 点(集中力 P 作用处) $Q_{B左}=127.5\text{kN}$

$Q_{B右}=67.5\text{kN}$(突变绝对值等于 60kN)

C 点(均布荷载作用起点) $Q_C=67.5\text{kN}$

E 点(均布荷载作用终点) $Q_E=67.5-30\times 4=-52.5(\text{kN})$

G 点(均布荷载作用终点) $Q_G=-52.5\text{kN}$

由图 8-14(b) 可以观察到,斜线 CE 由正到负必须经过零点,需要确定剪力为零截面的位置。由相似三角形的几何关系有

$$\frac{57.5}{CD}=\frac{52.5}{4-CD},\text{故 } CD=2.25\text{m}$$

可知剪力为零的 D 点到 A 端支座距离 $AD=4.25\text{m}$。

(3) 绘弯矩图。先根据外荷载或 Q 图进行分段定性:AB 段为右下方斜直线;BC 段也是

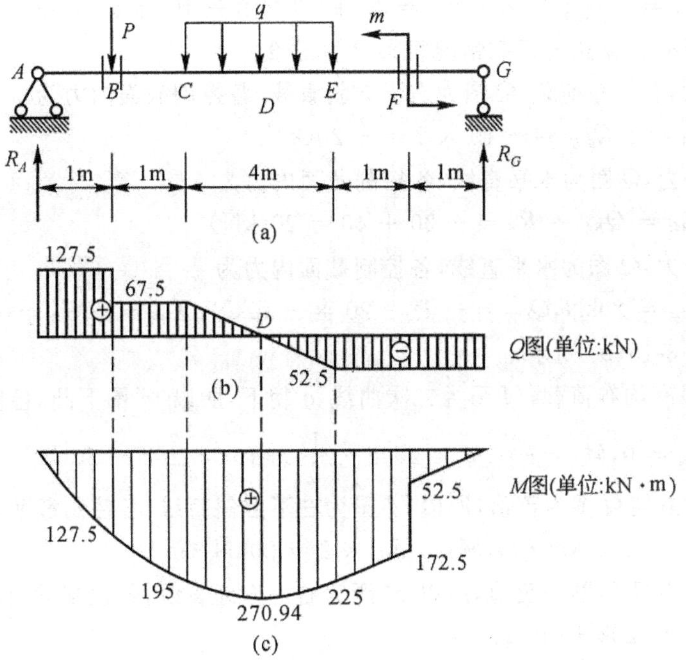

图 8-14

右下方斜直线，因为剪力都是正值，转折点为集中力 P 作用 B 处；CE 段为二次抛物线，且上凹。在剪力为零的截面上，弯矩图出现极值，EF 段和 FG 段均为右上方斜直线，因为剪力是负值。再逐一计算各控制截面的弯矩值：

A 点(支座处)　　$M_A = 0$

B 点(集中力 P 作用处)　　$M_B = 127.5 \times 1 = 127.5(\text{kN}\cdot\text{m})$

C 点(均布荷载作用起点)　　$M_C = 127.5 \times 2 - 60 \times 1 = 195(\text{kN}\cdot\text{m})$

D 点(剪力为 0 点)

$$M_D = M_{\max} = 127.5 \times 4.25 - 60 \times 3.25 - 30 \times 2.25 \times \frac{2.25}{2} = 270.94(\text{kN}\cdot\text{m})$$

E 点(均布荷载作用终点)　　$M_E = 52.5 \times 2 + 120 = 225(\text{kN}\cdot\text{m})$

F 点(集中力偶 m 作用处)

$$M_{F左} = 52.5 \times 1 + 120 = 172.5(\text{kN}\cdot\text{m})$$

$$M_{F右} = 52.5 \times 1 = 52.5(\text{kN}\cdot\text{m})$$　　(突变绝对值等于 160kN·m)

G 点(支座处)　　$M_G = 0$

最后可以绘制 M 图，如图 8-14(c) 所示。

例 8-7　利用微分关系，画出外伸梁如图 8-15(a) 所示内力图。已知 $q = 10\text{kN/m}$，$P = 30\text{kN}$。

解　(1) 先求支反力，取整体为研究对象

$$\sum M_A(F) = 0 \Rightarrow \quad q \times 2 \times 1 + R_D \times 4 - P \times 2 = 0$$

得
$$R_D = \frac{-q \times 2 \times 1 + P \times 2}{4} = \frac{-10 \times 2 + 30 \times 2}{4} = 10(\text{kN})$$

$$\sum Y = 0 \Rightarrow \quad R_B - P - q \times 2 + R_D = 0$$

得 $R_B = P + q \times 2 - R_D = 30 + 10 \times 2 - 10 = 40(\text{kN})$

(2) 画内力图。根据梁上荷载情况将梁分为三段。

Q 图：AB 段，有均布荷载，Q 图为右下方斜直线，各控制截面内力为

$$Q_A = 0, Q_{B左} = -10 \times 2 = -20(\text{kN})$$

BC 段，无外力，Q 图为水平直线，各控制截面内力为

$$Q_{B右} = Q_{B左} + R_B = -20 + 40 = 20(\text{kN})$$

CD 段，无外力，Q 图为水平直线，各控制截面内力为

$$Q_{C左} = 20\text{kN}, Q_{C右} = -P + 20 = -10\text{kN}, Q_{D左} = -R_D = -10\text{kN}$$

剪力图如图 8-15(b) 所示。

M 图：AB 段有均布荷载，M 图为二次曲线，q 朝下，所以 M 图下凸，各控制截面内力为

$$M_A = 0, M_B = -\frac{1}{2}q \times 2^2 = -\frac{1}{2} \times 10 \times 2^2 = -20(\text{kN} \cdot \text{m})$$

BC 段，无外力且 Q 图为正值，所以 M 图为右下方斜直线，各控制截面内力为

$$M_B = -20\text{kN} \cdot \text{m}, M_C = R_D \times 2 = 20\text{kN} \cdot \text{m}$$

CD 段，无外力且 Q 图为负值，所以 M 图为右上方斜直线，各控制截面内力为

$$M_C = 20\text{kN} \cdot \text{m}, M_D = 0$$

弯矩图如图 8-15(c) 所示。

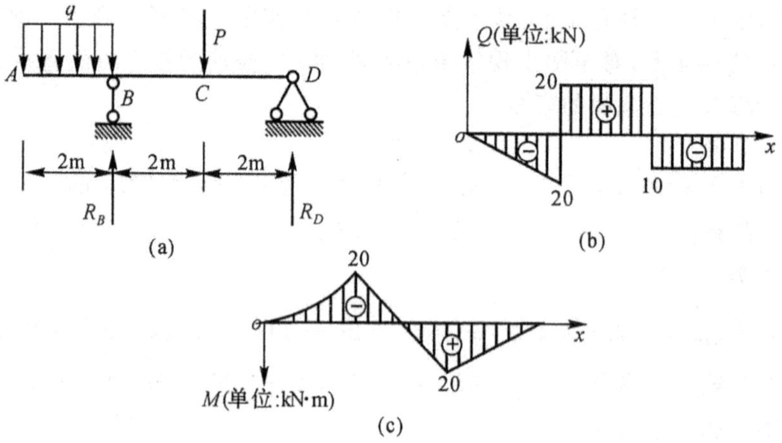

图 8-15

8.4 叠加法绘制弯矩图

8.4.1 叠加法的概念

根据小变形假设，可以认为，当梁上有若干个荷载共同作用时，每种荷载在横截面上引起的剪力和弯矩，不受其他荷载的影响。这样，当梁受几个荷载作用时，可分别作出各个荷载单独作用时的剪力图和弯矩图，然后把这些剪力图和弯矩图分别互相叠加，就得到了全部荷载同时作用下的剪力图和弯矩图。这种先分别求各荷载作用下的结果，最后再用相加而求得总结果的方法，称为叠加法。

8.4.2　利用叠加法绘制弯矩图

叠加时应注意的是，截面的内力是以纵坐标来度量的。所谓内力图的叠加，是指内力图纵坐标的代数值相加，而不是内力图的拼合。

例 8-8　试按叠加法作图 8-16(a) 所示简支梁的弯矩图，其中 $m_A = m_B$。

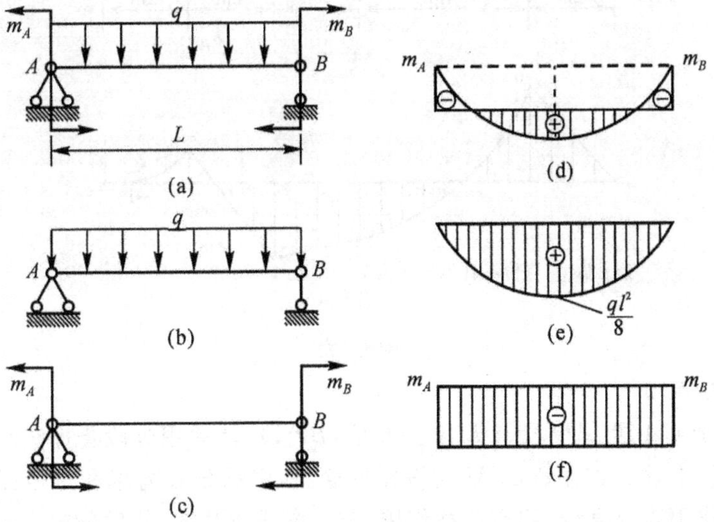

图 8-16

解　(1) 将梁上荷载拆成单个荷载单独作用，如图 8-16(b) 和(c) 所示，即(a) = (b) + (c)；

(2) 分别画出只有均布荷载作用下和只有力偶作用下的弯矩图，如图 8-16(e) 和(f) 所示；

(3) 进行各类相应纵坐标值的代数叠加，最终得到原简支梁的弯矩图，如图 8-16(d) 所示，即(d) = (e) + (f)。

例 8-9　用叠加法绘制图 8-17(a) 所示梁的弯矩图。

解　本题可以采用分段叠加的办法作弯矩图。

(1) 求支反力

$$\sum M_A(F) = 0 \Rightarrow \quad 3\times 2 - 1\times 4\times 2 - 4\times 6 + R_B\times 8 - 1\times 2\times 9 = 0$$

得
$$R_B = \frac{-3\times 2 + 1\times 4\times 2 + 4\times 6 + 1\times 2\times 9}{8} = 5.5(\text{kN})$$

$$\sum Y = 0 \Rightarrow \quad -3 + R_B - 1\times 4 - 4 + R_A - 1\times 2 = 0$$

得
$$R_A = 3 - 5.5 + 4 + 4 + 2 = 7.5(\text{kN})$$

(2) 选 $A \sim F$ 为控制截面，分别求出各个截面的弯矩值

$$M_C = 0$$

$$M_A = -3\times 2 = -6(\text{kN}\cdot\text{m})$$

$$M_D = -3\times 6 + 7.5\times 4 - 1\times 4\times 2 = 4(\text{kN}\cdot\text{m})$$

$$M_E = -1\times 2\times 3 + 5.5\times 2 = 5(\text{kN}\cdot\text{m})$$

$$M_B = -1\times 2\times 1 = -2(\text{kN}\cdot\text{m})$$

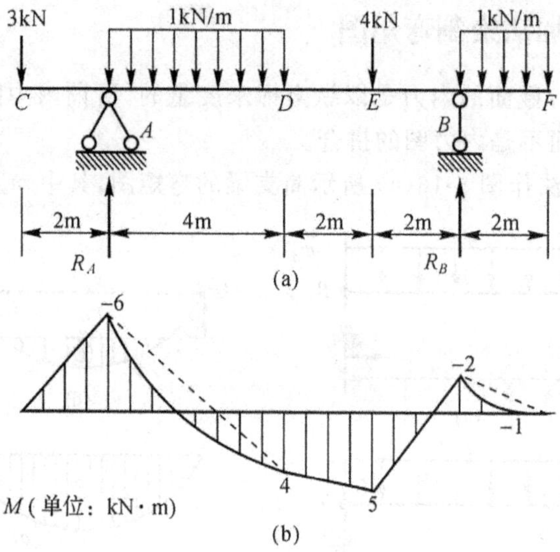

图 8-17

$M_F = 0$

(3) 把梁分成 CA 段、AD 段、DE 段、EB 段、BF 段，然后用分段叠加法绘制各段的弯矩图。具体作法是将上述各控制面的 M 值按比例绘出，根据分布荷载和弯矩图的微分关系可知，如果无荷载作用连以直线，如有荷载作用，连一虚线为基线，然后按简支梁叠加求得弯矩图。如图 8-17(b) 所示。

其中，AD 段中点弯矩为

$$M_{AD中} = \frac{-6+4}{2} + \frac{1 \times 4^2}{8} = 1(\text{kN} \cdot \text{m})$$

BF 段中点的弯矩为

$$M_{BF中} = \frac{-2+0}{2} + \frac{1 \times 2^2}{8} = -0.5(\text{kN} \cdot \text{m})$$

8.5 梁弯曲时的应力计算及强度条件

由前面知道，梁的横截面上有剪力 Q 和弯矩 M 两种内力存在，它们各自在梁的横截面上会引起剪应力 τ 和正应力 σ。下面着重讨论梁的正应力计算和剪应力计算。

8.5.1 梁的正应力计算

1. 梁弯曲时的现象与假设

取一根矩形截面梁，在梁的表面上作出与梁轴线平行的纵向线和与纵向线垂直的横向线形成均等的小方格，并加一对力偶使其发生弯曲变形，如图 8-18 所示，可观察到：

(1) 横线 ab、cd、ef、gh 等仍保持为直线，在倾斜了一个角度后，仍垂直于弯曲后的纵线且点 $abcd$ 和 $efgh$ 变形后各位于一倾斜平面内。

(2) 所有的纵线都弯曲成曲线。靠近底面的纵线伸长，靠近顶面的纵线缩短。而位于其间的某一位置的一条纵线 o-o，其长度不变。

从表面的变形现象可以推断：由于各横向线代表横截面，变形前后都是直线，表明横截面变形后都仍保持为平面；又由于梁是可以看成由无数纵向纤维组成，既然上部缩短、下部伸长，梁内必有一层既不伸长也不缩短的纵向纤维层，称为中性层。中性层与各横截面的交线，叫做中性轴。中性轴通过横截面的形心，与竖向对称轴 y 垂直，见图 8-18(c) 所示。

由以上的推断可以提出以下假设：梁的所有横截面在变形过程中要发生转动，但仍保持为平面，并且和变形后的梁轴线垂直。这一假设称为平面假设。又因为梁下部的纵向纤维伸长而宽度减小，上部纵向纤维缩短而宽度增加。因此又假设：所有与轴线平行的纵向纤维都是轴向拉伸或压缩(即纵向纤维之间无挤压)。

以上假设之所以成立，是因为以此为基础所得到的应力和变形公式得到了实验的证实。这样，平面假设就反映出了梁弯曲变形的本质。

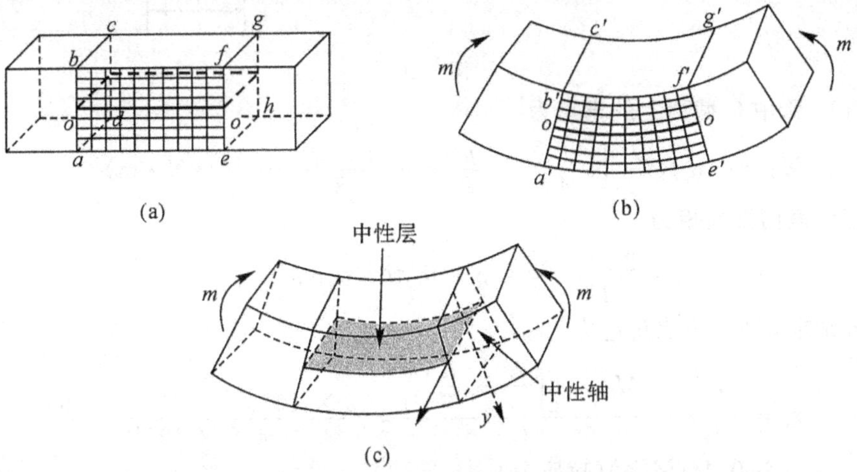

图 8-18

2. 正应力计算公式

根据平面假设，并综合考虑梁变形时几何、物理和静力学三方面关系，可以推导出梁弯曲时横截面上任一点正应力的计算公式(过程从略) 可表达为

$$\sigma = \frac{M \cdot y}{I_z} \tag{8-4}$$

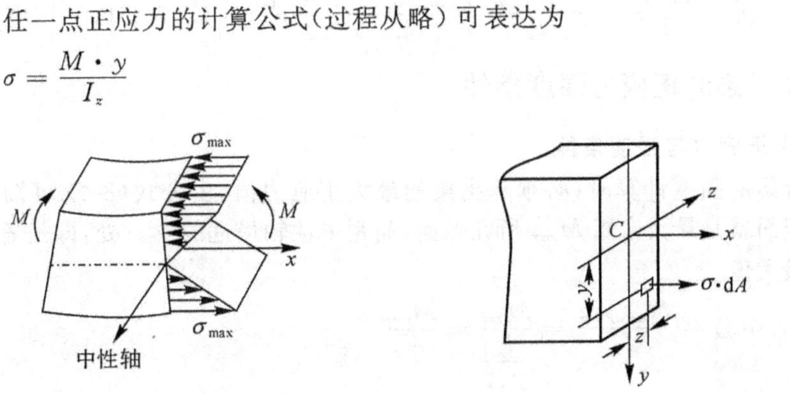

图 8-19

式中：M—— 横截面上任意一点处的弯矩；

y—— 所计算点到中性轴的垂直距离；

I_z—— 截面对中性轴的惯性矩(参见附录 Ⅱ)。

由式(8-4) 可见，梁横截面上任一点的正应力与弯矩 M 和该点到中性轴距离 y 成正比，与惯性矩 I_z 成反比，中性轴上各点正应力为零($y = 0$)。当弯矩为正时，梁下部纤维伸长，故产生拉应力，上部纤维缩短而产生压应力；弯矩为负时，则与上相反。一般用式(8-4)计算正应力时，M 与 y 均代以绝对值，而正应力的拉、压由观察判断。

例 8-10 如图 8-20，矩形截面悬臂梁受均布荷载 $q = 4\text{kN/m}$ 作用。已知 $b = 200\text{mm}$，$h = 300\text{mm}$，$l = 2\text{m}$。试求跨中 C 截面上 a、b、c 各点的正应力。

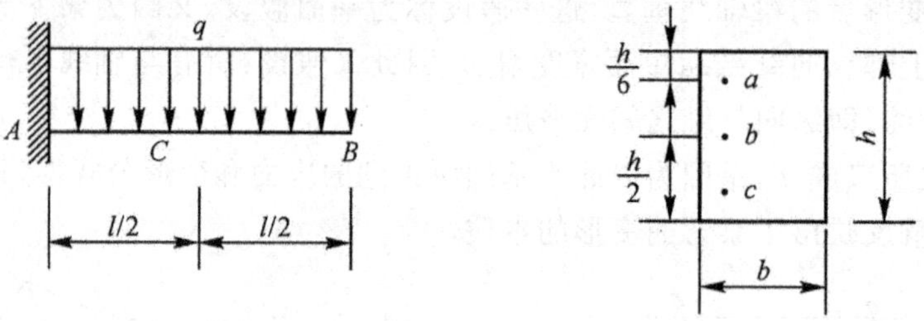

图 8-20

解 (1) 跨中 C 截面上的弯矩为

$$M_C = -q \times \frac{l}{2} \times \frac{l}{4} = -\frac{ql^2}{8} = -\frac{4 \times 2^2}{8} = -2(\text{kN} \cdot \text{m})$$

(2) 矩形截面惯性矩为

$$I_z = \frac{bh^3}{12} = \frac{0.2 \times 0.3^3}{12} = 4.5 \times 10^{-4}(\text{m}^4)$$

(3) 分别求 a、b、c 三点正应力

$$\sigma_a = \frac{M_C y_a}{I_z} = \frac{M_C \times \left[\left(\frac{h}{2} - \frac{h}{6}\right)\right]}{I_z} = \frac{2 \times 10^3 \times (0.15 - 0.05)}{4.5 \times 10^{-4}}$$

$$= 0.44(\text{MPa})(\text{拉应力})$$

$$\sigma_b = \frac{M_C y_b}{I_z} = \frac{M_C \times 0}{I_z} = 0(\text{中性轴})$$

$$\sigma_c = \frac{M_C y_c}{I_z} = \frac{M_C \times \frac{h}{2}}{I_z} = \frac{2 \times 10^3 \times 0.15}{4.5 \times 10^{-4}} = 0.67(\text{MPa})(\text{压应力})$$

8.5.2 梁的正应力强度条件

1. 最大正应力与强度条件

在进行梁的强度计算时，必须算出梁的最大正应力值。由公式(8-4)可知，弯曲变形的梁的危险截面就是最大弯矩 $M_{\max}$ 所在截面，而距中性轴最远的 $y_{\max}$ 处，即是危险点，该点正应力达到最大值

$$\sigma_{\max} = \frac{M_{\max} y_{\max}}{I_z} = \frac{M_{\max}}{\frac{I_z}{y_{\max}}} = \frac{M_{\max}}{W_z}$$

称为梁的最大正应力计算公式。为了保证梁具有足够的强度，应使危险截面上危险点的正应力不超过材料的许用应力，即

$$\sigma_{\max} = \frac{M_{\max}}{W_z} \leqslant [\sigma] \tag{8-5}$$

式(8-5)为梁的正应力强度条件。式中 W_z 称为抗弯截面模量，单位为 m^3 或 mm^3。

对于矩形截面，$W_z = \dfrac{bh^2}{6}$，$W_y = \dfrac{b^2h}{6}$

圆形截，$W_z = W_y = \frac{\pi D^3}{32}$

正方形截面，$W_z = W_y = \frac{a^3}{6}$

见图 8-21 所示。

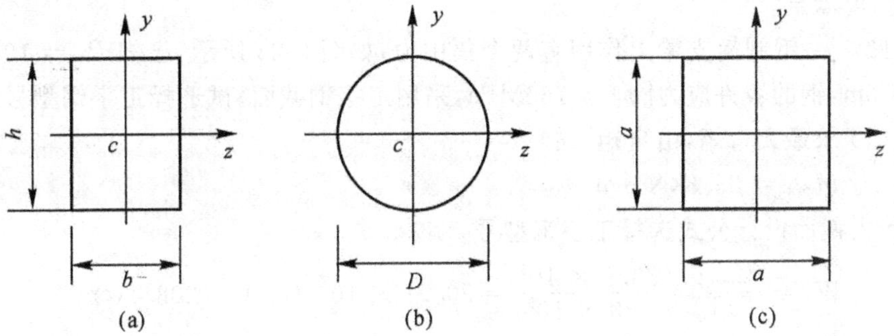

图 8-21

2. 工程中的三类强度问题

(1) 校核强度。在已知梁的材料和横截面的形状、尺寸，以及所受荷载的情况下，可以检查梁是否满足正应力强度条件，即

$$\sigma_{\max} = \frac{M_{\max}}{W_z} \leqslant [\sigma]$$

(2) 截面设计。已知荷载和梁的材料时可根据强度条件，计算所需的抗弯截面系数，即

$$W_z \geqslant \frac{M_{\max}}{[\sigma]}$$

(3) 确定许可荷载。如已知梁的材料和截面尺寸，根据强度条件，计算梁所能承受的最大弯矩，即

$$M_{\max} \leqslant W_z \cdot [\sigma]$$

例 8-11　如图 8-22 所示矩形截面的木制简支梁受均布荷载作用。已知 $q = 4\text{kN/m}$，$l = 4\text{m}$，$b = 200\text{mm}$，$h = 300\text{mm}$，梁的材料弯曲时的许用应力 $[\sigma] = 10\text{MPa}$，试校核该梁的强度。

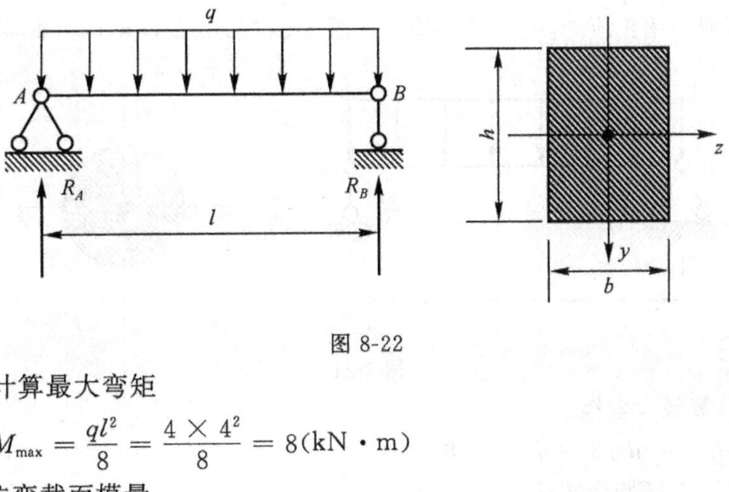

图 8-22

解　(1) 计算最大弯矩

$$M_{\max} = \frac{ql^2}{8} = \frac{4 \times 4^2}{8} = 8(\text{kN} \cdot \text{m})$$

(2) 计算抗弯截面模量

$$W_z = \frac{bh^2}{6} = \frac{0.2 \times 0.3^2}{6} = 3 \times 10^{-3}(\text{m}^3)$$

(3) 代强度公式校核

$$\sigma_{\max} = \frac{M_{\max}}{W_z} = \frac{8 \times 10^3}{3 \times 10^{-3}} = 2.67(\text{MPa}) < [\sigma]$$

所以强度满足。

例 8-12 一钢制简支梁上作用有两个集中力，如图 8-23 所示，已知 $P_1 = 10\text{kN}, P_2 = 20\text{kN}, l = 6\text{m}$，钢的容许应力$[\sigma] = 160\text{MPa}$，采用工字钢截面。试选择工字钢型号。

解 (1) 求最大弯矩，由弯矩图知

$$M_{\max} = 33.3\text{kN} \cdot \text{m}$$

(2) 代入截面设计公式选择工字钢型号

$$W_z = \frac{M_{\max}}{[\sigma]} = \frac{33.3 \times 10^3}{160 \times 10^6} = 208.1 \times 10^{-6}(\text{m}^3) = 208.1(\text{cm}^3)$$

查附录型钢表，20a 号工字钢 $W_z = 237\text{cm}^3$ 与算出的值相近，故选 20a 号工字钢。

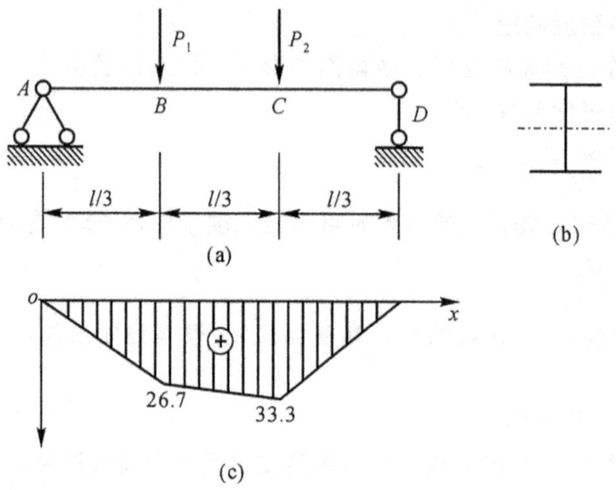

图 8-23

例 8-13 简支木梁跨长 $l = 4\text{m}$，为圆形截面，梁上受均布荷载作用。已知直径 $d = 200\text{mm}$，木材弯曲许用正应力$[\sigma] = 11\text{MPa}$，如图 8-24 所示。试确定许可载荷 q。

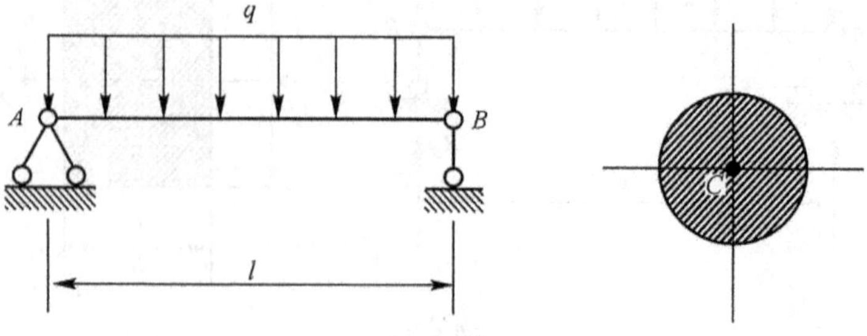

图 8-24

解 (1) 计算最大弯矩

$$M_{\max} = ql^2/8 = q \times 4^2/8 = 2q$$

(2) 计算 W_z，对于圆形截面

$$W_z = \pi d^3/32 = \pi \times 200^3/32 = 0.785 \times 10^6 (\text{mm}^3)$$

(3) 确定许可载荷，由公式(8-5)可知

$$M_{\max} = 2q \leqslant W_z \cdot [\sigma]$$

$$q \leqslant \frac{1}{2} W_z \cdot [\sigma] = \frac{1}{2} \times 0.785 \times 10^6 \times 10^{-9} \times 11 \times 10^6$$
$$= 4317(\text{N/m}) \approx 4.3(\text{kN/m})$$

8.5.3　梁的剪应力计算及强度条件

1. 剪应力计算公式

梁在发生横力弯曲时，横截面上不仅有弯矩 M 作用，而且还有剪力 Q 作用。弯矩是截面上 正应力合成的结果，剪力则是截面上剪应力合成的结果。剪应力在横截面上分布比较复杂，梁的最大剪应力产生在剪力最大的横截面的中性轴上，计算公式为

$$\tau_{\max} = \frac{Q_{\max} S_z}{I_z b} \tag{8-6}$$

式中：$Q_{\max}$—— 梁内最大剪应力；

S_z—— 截面距中性轴以上(或以下)的面积 A 对中性轴 z 的静矩，如图 8-25 所示；

I_z—— 截面惯性矩；

b—— 截面宽度，或者腹板厚度。

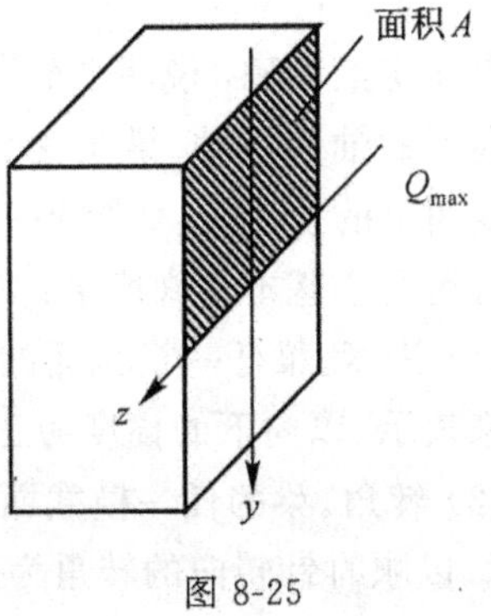

图 8-25

2. 剪应力强度条件

为保证梁的剪应力强度，梁的最大剪应力不应超过材料容许剪应力$[\tau]$，即

$$\tau_{\max} = \frac{Q_{\max} S_z}{I_z b} \leqslant [\tau] \tag{8-7}$$

式(8-7)称为梁的剪应力强度条件。$[\tau]$为材料在弯曲时的容许剪应力。

例 8-14　承受均布荷载的矩形截面外伸梁如图 8-26 所示。已知 $l = 3\text{m}$，$b = 200\text{mm}$，$h = 400\text{mm}$，$q = 6\text{kN/m}$，材料的容许剪应力$[\tau] = 1.2\text{MPa}$。试校核梁的强度。

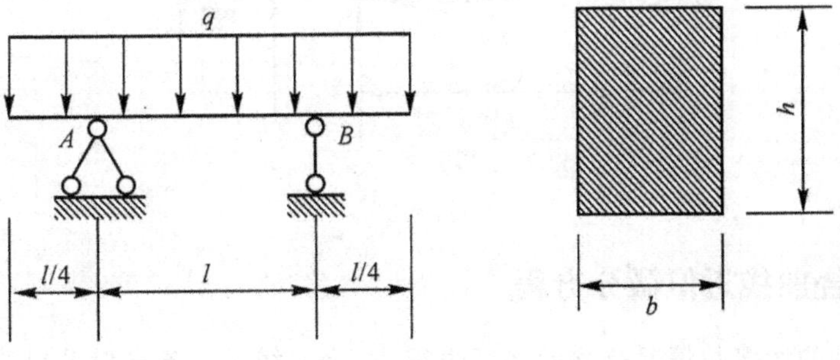

图 8-26

解　(1) 计算最大剪力 $Q_{\max}$，通过作内力图(略)可知

$$Q_{\max} = 9\text{kN}$$

(2) 计算 S_z、I_z

$$S_z = \frac{h}{2} \times b \times \frac{h}{4} = \frac{400}{2} \times 200 \times \frac{400}{4} = 4 \times 10^6 (\text{mm}^3)$$

$$I_z = \frac{bh^3}{12} = \frac{200 \times 400^3}{12} = 1.07 \times 10^9 (\text{mm}^4)$$

(3) 代剪应力公式校核

$$\tau_{\max} = \frac{Q_{\max} S_z}{I_z b} = \frac{9 \times 10^3 \times 4 \times 10^6 \times 10^{-9}}{1.07 \times 10^9 \times 10^{-12} \times 200 \times 10^{-3}}$$

$$= 0.168 \times 10^{-6} (\text{Pa}) = 0.168 (\text{MPa}) < [\tau]$$

可见抗剪强度满足要求。

8.6 梁的变形

工程中有些受弯构件在载荷作用下虽能满足强度要求，但由于弯曲变形过大，刚度不足，仍不能保证构件正常工作，成为弯曲变形问题。为了保证某些受弯构件的正常工作，必须把弯曲变形限制在一定的许可范围之内，使受弯构件满足刚度条件。

8.6.1 梁变形的概念

以简支梁为例，说明平面弯曲时变形的一些概念。取梁在变形前的轴线为 x 轴，与 x 轴垂直向下的轴为 y 轴。梁在发生弯曲变形后，梁的轴线由直线变成一条连续光滑的曲线，这条曲线叫梁的挠曲线。如图 8-27 所示，由于每个横截面都发生了移动和转动，所以梁的弯曲变形可用两个基本量来度量：

(1) 挠度。梁任一横截面的形心 C，沿 y 轴方向的线位移 CC_1，称为该截面的挠度，通常用 y 来表示。以向下的挠度为正，向上的挠度为负。

(2) 转角。梁的任一横截面 C，在梁变形后绕中性轴转动的角度，称为该截面的转角，用 θ 表示。以顺时针转向的转角为正，逆时针转向的转角为负。

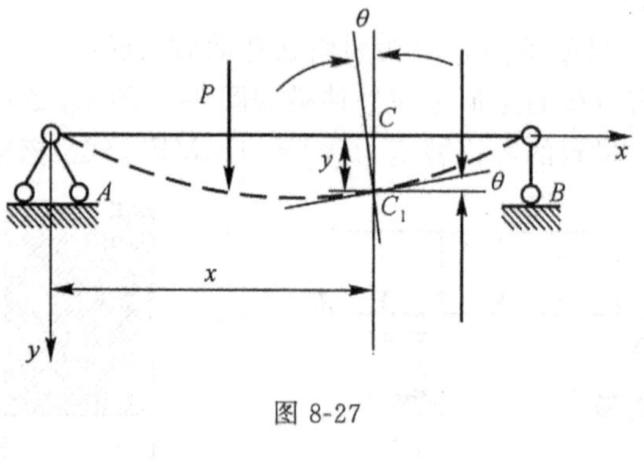

图 8-27

8.6.2 挠曲线近似微分方程

工程中遇到的大多数情况是梁的挠度值很小，挠曲线是一条光滑平坦的曲线，梁截面的转角也很小，根据梁挠曲线的概念和高等数学的曲率公式，可知梁的挠曲线与梁横截面上的弯矩 M 和梁的抗弯刚度 EI 有关(推导省略)，得公式如下(坐标轴取法同图 8-27)：

$$\frac{d^2 y}{dx^2} = -\frac{M_x}{EI} \tag{8-8}$$

上式称为梁的挠曲线近似微分方程，它反映的物理现象是：挠曲线的曲率与弯矩成正比，而与抗弯刚度成反比；在图 8-27 所示坐标系中，负号表示挠曲线突出方向向下。对该方程进行积分，便可求出挠度和转角(积分法省略)。

8.6.3　利用叠加法计算梁的变形

在建筑工程中，通常不需要建立梁的挠曲线方程，只需求出梁的最大挠度。而实际中的梁受力较复杂，因此用叠加法来做较为方便，一般可利用附录 Ⅳ 中的公式，将梁上复杂荷载拆成单一荷载单独作用情况，直接查表获得每一种荷载单独作用下的挠度和转角，其后求代数和，就得到整个梁所求变形值。这种方法称为叠加法。

例 8-15　用叠加法求图 8-28 所示悬臂梁 C 截面的挠度和转角。已知梁的抗弯刚度 EI。

解　(1) 将梁上荷载分解成单独荷载作用。

(2) 在均布荷载 q 单独作用下梁 C 截面的挠度和转角由附录 Ⅳ 中查得

$$y_{C1}=\frac{ql^4}{8EI},\theta_{C1}=\frac{ql^3}{6EI}$$

(3) 在集中力偶 M 单独作用下，梁 C 截面的挠度转角也由表 8-1 中查得。因为力偶作用在 B 处，所以 C 截面挠度应等于

$$y_{C2}=y_B+\theta_B\times\frac{l}{2}$$

查表得

$$y_B=\frac{m(\frac{l}{2})^2}{2EI}=\frac{-\frac{ql^2}{4}\times\frac{l^2}{4}}{2EI}=-\frac{ql^4}{32EI}\quad(\text{以向下为正})$$

$$\theta_B=\frac{m\times\frac{l}{2}}{EI}=\frac{-\frac{ql^2}{4}\times\frac{l}{2}}{EI}=-\frac{ql^3}{8EI}$$

代入上式得

$$y_{C2}=-\frac{ql^4}{32EI}-\frac{ql^3}{8EI}\times\frac{l}{2}=-\frac{3ql^4}{32EI}$$

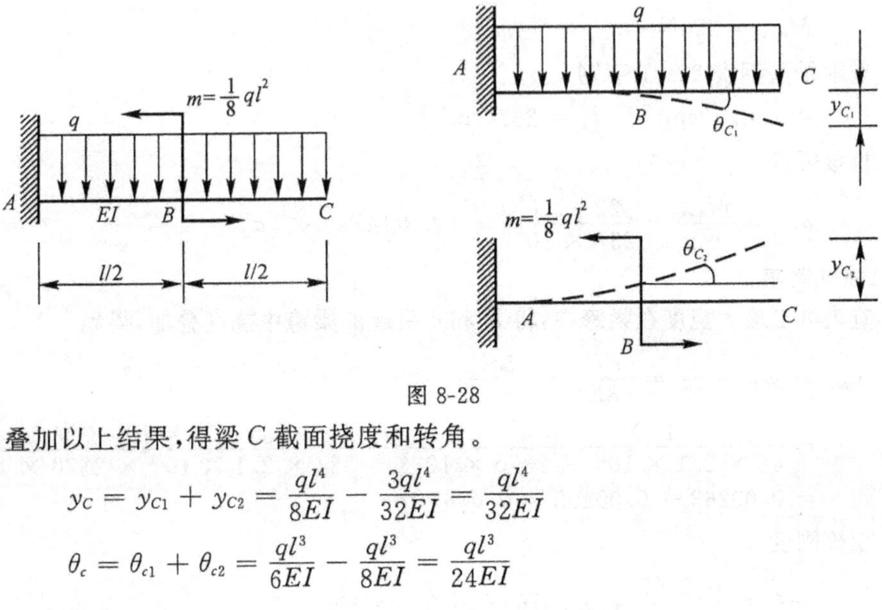

图 8-28

(4) 叠加以上结果，得梁 C 截面挠度和转角。

$$y_C=y_{C1}+y_{C2}=\frac{ql^4}{8EI}-\frac{3ql^4}{32EI}=\frac{ql^4}{32EI}$$

$$\theta_c=\theta_{c1}+\theta_{c2}=\frac{ql^3}{6EI}-\frac{ql^3}{8EI}=\frac{ql^3}{24EI}$$

8.6.4　梁的刚度条件

所谓梁的刚度条件，就是检查梁的变形是否超过规定的允许值。在建筑工程中，通常只校核挠度，不校核梁的转角，其允许值常用挠度与梁的跨长的比值$[f/l]$作为标准。即

$$\frac{y_{max}}{l} \leqslant \left[\frac{f}{l}\right]$$

根据构件的不同用途，在有关规范中有具体规定：

一般钢筋混凝土梁的$[f/l] = \frac{1}{200} \sim \frac{1}{300}$

钢筋混凝土吊车梁的$[f/l] = \frac{1}{500} \sim \frac{1}{600}$

梁必须同时满足强度和刚度条件，通常是先按强度条件设计，然后用刚度条件校核。

例 8-16　图 8-29 中所示的简支梁，受均布荷载q和集中力P共同作用，截面为 20a 号工字钢，允许应力$[\sigma] = 150\text{MPa}$，弹性模量$E = 2.1 \times 10^5\text{MPa}$，挠度允许值$[f/l] = \frac{1}{400}$，已知$l = 4\text{m}$，$q = 6\text{kN/m}$，$P = 10\text{kN}$，试校核梁的强度和刚度。

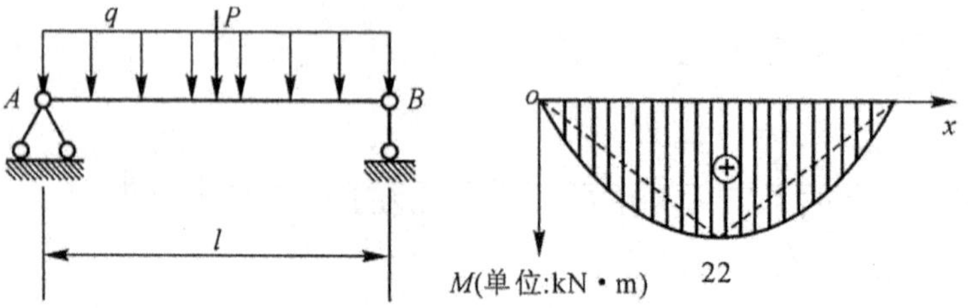

图 8-29

解　(1) 求梁的最大弯矩值，通过作弯矩图可知

$$M_{max} = 22\text{kN} \cdot \text{m}$$

(2) 查附录型钢表 20a 工字钢

$$W_z = 237\text{cm}^3 \qquad I_z = 2370\text{cm}^4$$

(3) 校核强度

$$\sigma_{max} = \frac{M_{max}}{W_z} = \frac{22 \times 10^3}{237 \times 10^{-6}} = 92.8(\text{MPa}) < [\sigma]$$

满足强度要求。

(4) 查表 8-1 最大挠度在梁跨中，将P和q引起的梁跨中挠度叠加，得到

$$\begin{aligned} y_{max} &= y_{CP} + y_{Cq} = \frac{Pl^3}{48EI} + \frac{5ql^4}{384EI} \\ &= \frac{10 \times 10^3 \times 4^3}{48 \times 2.1 \times 10^{11} \times 2370 \times 10^{-8}} + \frac{5 \times 6 \times 10^3 \times 4^4}{384 \times 2.1 \times 10^{11} \times 2370 \times 10^{-8}} \\ &= 0.00268 + 0.00402 = 0.0067(\text{m}) \end{aligned}$$

(5) 校核刚度

$$\frac{y_{max}}{l} = \frac{0.0067}{4} = 0.00168 < \left[\frac{f}{l}\right] = \frac{1}{400}$$

可见该梁的强度和刚度都满足要求。

8.6.5 提高梁刚度的措施

从梁的最大挠度已经清楚地知道，梁的最大挠度与梁的荷载、跨度、支承情况、横截面的惯性矩 I、材料的弹性模量 E 有关，所以要提高梁的刚度，就要从以上因素入手。

1. 提高梁的抗弯刚度

它包含两个措施：增大材料的弹性模量和增大截面的惯性矩。对于低碳钢和优质钢，增加 E 意义不大，因为两者相差不大。而只有增大梁的横截面的惯性矩，在面积不变的情况下，将面积分布距中性轴较远处，增大 EI，减少梁的工作应力，所以工程中构件截面常采用箱形、工字型等。

2. 减少梁的跨度

静定梁的跨长 L 对弯曲变形影响最大，因为挠度与跨度的三次方（集中载荷时）或四次方（分布载荷时）成正比。随着跨度的增加，静定梁的刚度将迅速下降，这一特点就大大限制了静定梁的使用范围。因此，对于变形过大而又不允许减少其跨长的受弯杆件，根据不同要求，可采用超静定梁（增加跨中支座）或桁架等结构。

3. 改善加载方式

在结构允许的条件下，合理地调整荷载的作用方式，可以降低弯矩，从而减小梁的变形。例如，对于长度为 l 的简支梁，如果将作用在跨中的集中力 P 分散作用在全梁上，最大弯矩 M_{max} 就由 $Pl/4$ 降低为 $Pl/8$，最大挠度 f 就由 $Pl^3/48EI$ 减小为 $5Pl^3/384EI$。

思考题

8-1　梁的剪力与弯矩正负号是如何规定的？

8-2　梁的内力 M、Q 与分布荷载 q 间的微分关系是什么？

8-3　叠加法绘制弯矩图的步骤是什么？

8-4　什么是中性层和中性轴？

8-5　梁弯曲时的强度条件是什么？

8-6　什么叫挠度、转角？

8-7　用叠加法计算梁的变形，其解题步骤如何？

8-8　如何提高梁的刚度？

习 题

8-1 用截面法求题 8-1 图所示各梁指定截面上的内力。

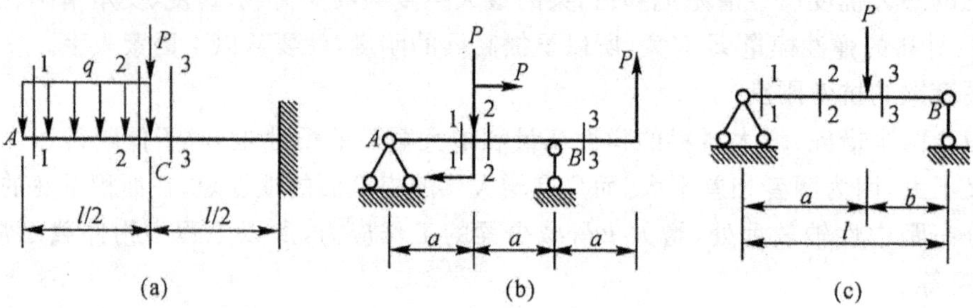

题 8-1 图

8-2 列出题 8-2 图所示各梁的剪力方程和弯矩方程，并画出 Q、M 图。

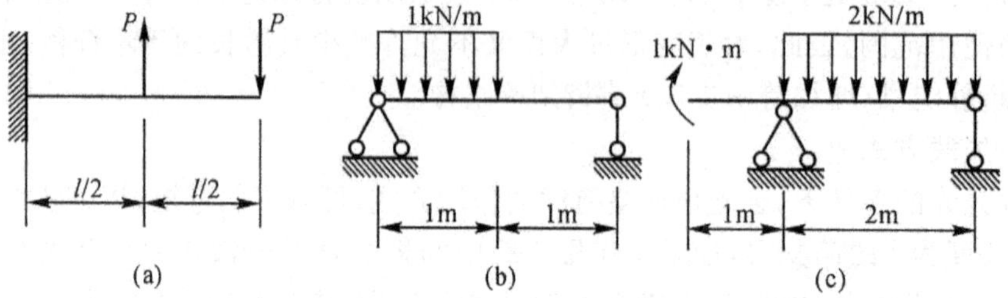

题 8-2 图

8-3 应用内力图的规律直接绘出题 8-3 图所示梁的剪力图和弯矩图。

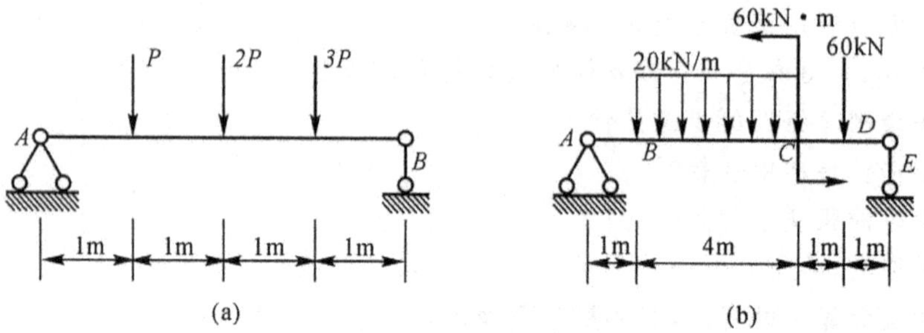

题 8-3 图

8-4 根据 M、Q 与 q 间的微分关系检查题 8-4 图所示梁的 Q 图与 M 图，并指出正确与否。

8-5 矩形截面外形伸梁受载如题 8-5 图所示，求 σ_{max} 的大小。

8-6 如题 8-6 图所示矩形截面梁，截面高 $h = 30\text{cm}$，宽 $b = 15\text{cm}$。若 $[\sigma] = 10\text{MPa}$，$[\tau] = 0.8\text{MPa}$。不计梁的自重。求荷载 P 的容许值。

8-7 题 8-7 图所示外伸梁，承受载荷 P 作用。已知载荷 $P = 20\text{kN}$，钢材容许应力 $[\sigma] = 160\text{MPa}$，许用剪应力 $[\tau] = 90\text{MPa}$。试选择工字钢型号。

8-8 题 8-8 图所示矩形截面木梁，容许正应力 $[\sigma] = 10\text{MPa}$，试根据正应力强度要求确定截面尺寸 b。

8-9 题 8-9 图所示各梁，弯曲刚度 EI 均为常数。试用叠加法计算截面 B 的转角与截面 C 的挠度。

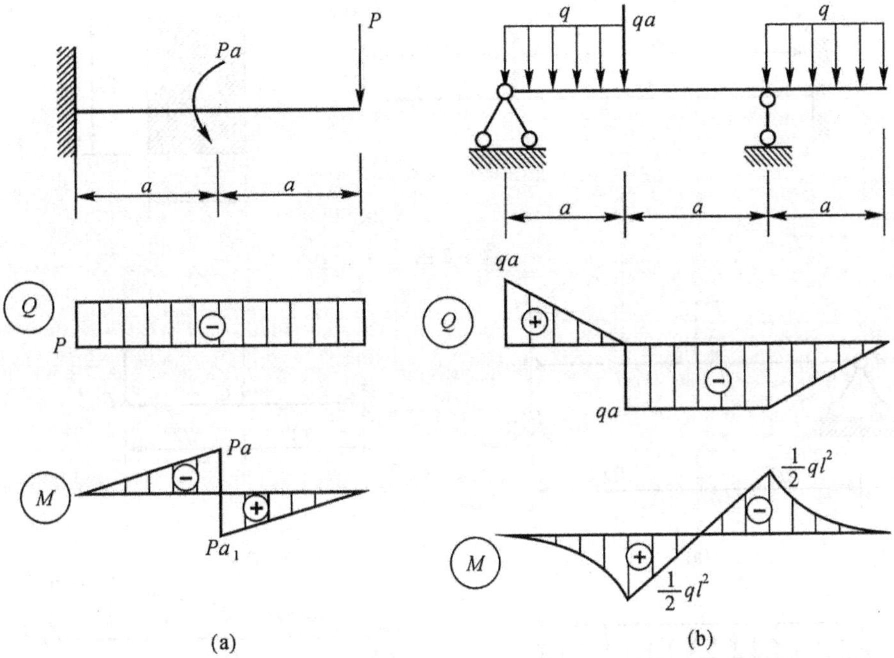

题 8-4 图

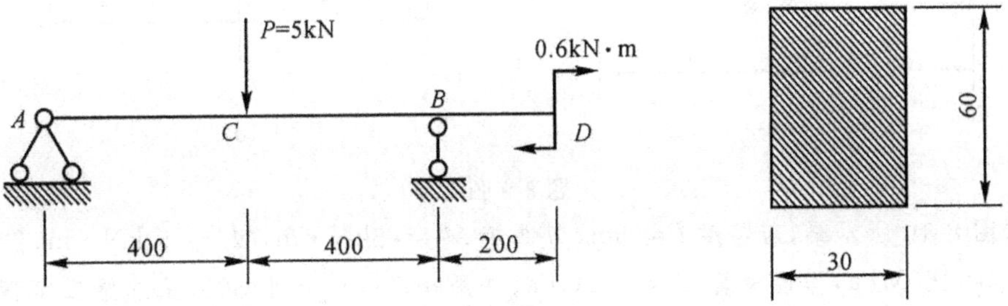

题 8-5 图

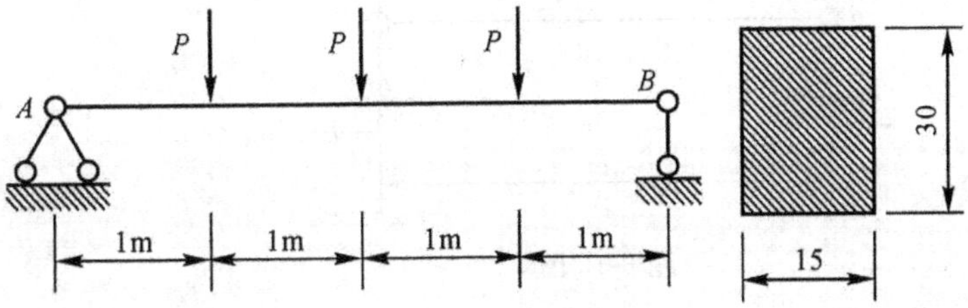

题 8-6 图

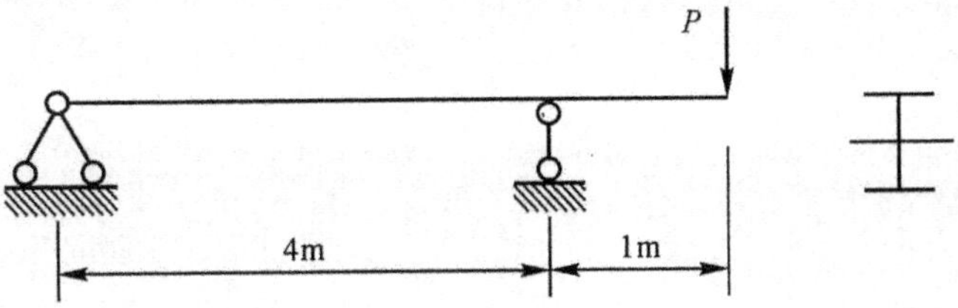

题 8-7 图

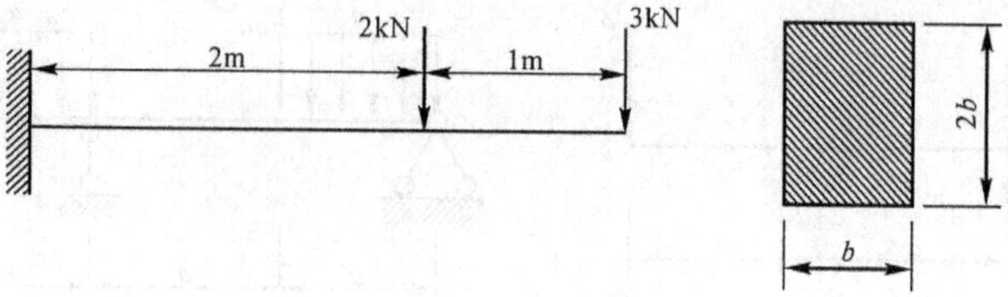

题 8-8 图

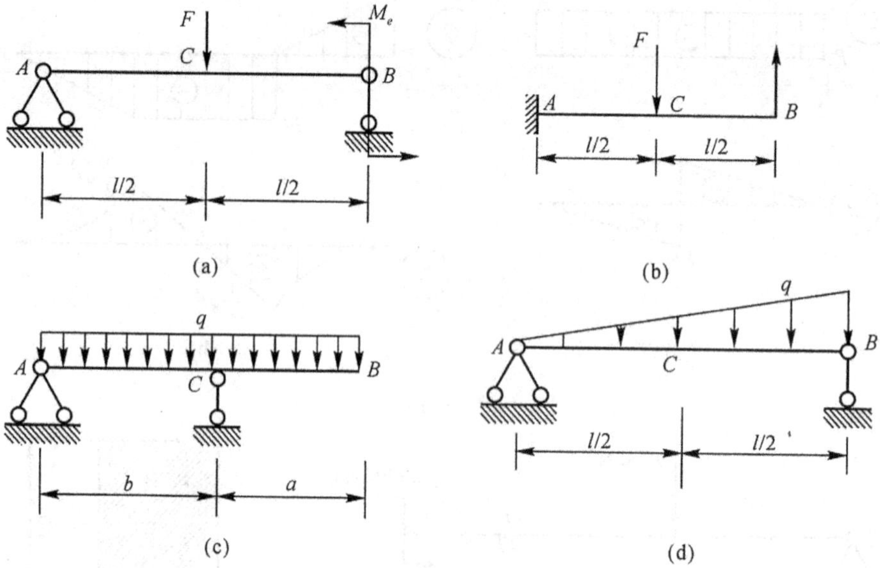

题 8-9 图

8-10 题图 8-10 所示梁，若跨度 $l=5\text{m}$，力偶矩 $M_1=5\text{kN}\cdot\text{m}$，$M_2=10\text{kN}\cdot\text{m}$，许用应力 $[\sigma]=160\text{MPa}$，弹性模量 $E=200\text{GPa}$，许用挠度 $[w]=l/500$，试选择工字钢型号。

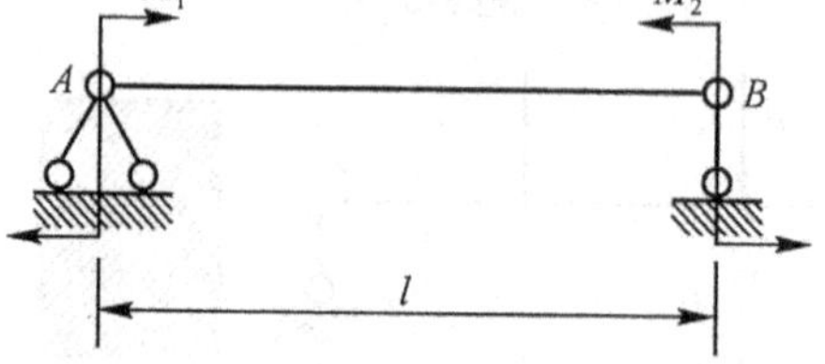

题 8-10 图

第 9 章　应力状态

9.1　点的应力状态的概念

由 6.1.5 小节中的推导可知，杆件受拉时，通过杆件内任一点所作截面上的应力，随着截面的方位改变而改变。通过前面几章的学习，我们还知道，圆轴扭转和梁弯曲时，点在横截面上位置不同，所受的应力也不同。因此，进行强度计算时，应该分析受力构件内点的应力状态，确定危险点的位置，以及在危险点处最大应力的数值和方向。

此外，在实验中所观察到的构件的变形现象和破坏原因需要合理解释。例如：低碳钢拉伸屈服时，为什么试件表面与轴线成 45° 角的方向上会出现滑移线？发生扭转变形时，为什么塑性材料制成的圆轴沿横截面被扭断，而脆性材料制成的圆轴沿与轴线大致成 45° 角的方向断裂？这都和杆件内一点的应力状态有关。

表示杆件中一点处应力状态的方法，是围绕该点截取单元体 —— 正六面体。假想围绕该点截取微小正六面体作为分离体，然后给出分离体各侧面上的应力，即单元体。现以等截面直杆的拉伸为例，如图 9-1(a) 所示，设想围绕任意一点 C 以立方体的六个截面从杆内截取一单元体，如图 9-1(b) 所示。由于所截取的单元体是极其微小的正六面体，可以认为单元体各面上的应力均匀分布，每一对平行侧面上的应力均相等。从所截取的单元体出发，根据其各侧面上的已知应力，借助于截面法和静力平衡条件，可求出单元体任何斜截面上的应力，从而确定点的应力状态，这是研究一点处应力状态的基本方法。

对于杆件单向受拉的状态，仅有两个侧面上有正应力，单元体可以采用平面图形 9-1(c) 所示的形式表示。这种前后两个侧面(法线与纸面垂直) 无应力的情况，称为平面应力状态。单元体的左、右两侧面是杆件横截面的一部分，面上的应力为 $\sigma = P/A$。单元体的上、下侧面为平行于梁轴线的纵向平面，平面上没有应力，这种四个侧面均无应力的情况称为单向应力状态。

如果按图 9-1(d) 所示的方式截取单元体，可以看到其四个侧面虽与纸面垂直，但与杆件轴线既不平行也不垂直，成为斜截面。在这种情况下，四个面上均有正应力和剪应力，且随所取斜截面的方位的不同，其应力值也不同。关于单向应力状态第 6 章已经作过详细讨论，本章将着重分析平面应力状态的情况。

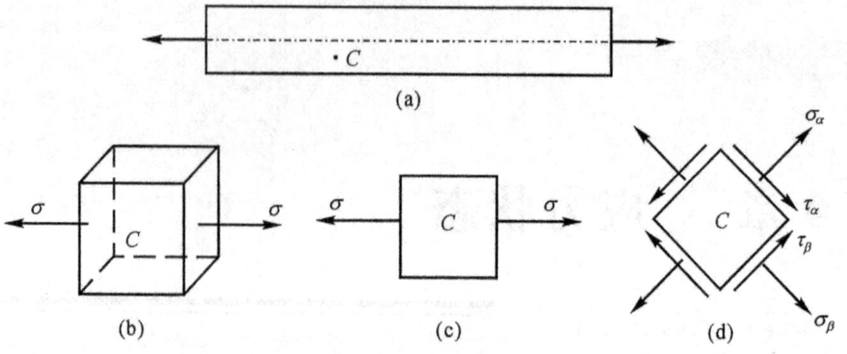

图 9-1

9.2 平面应力状态分析

取平面应力状态下的微单元体如图 9-2(a)所示,其应力分量 σ_x 和 τ_{xy} 是外法线与 x 轴平行的面上的正应力和剪应力;σ_y 和 τ_{yx} 是外法线与 y 轴平行的面上的正应力和剪应力。σ_x(或 σ_y) 的角标表示与 x(或 y) 轴同向;τ_{xy}(或 τ_{yx}) 有两个角标,第一个角标 x(或 y) 表示剪应力作用平面的外法线方向为 x 轴(或 y 轴);第二个角标 y(或 x) 表示剪应力的方向平行于 y 轴(或 x 轴)。在分析过程中,一般设应力分量 σ_x、σ_y、τ_{xy}、τ_{yx} 均为已知。

关于应力的符号规定为:正应力以拉应力为正、压应力为负;剪应力对单元体内任意点的矩为顺时针转向时,规定为正 ;反之为负。照此规定,图 9-2(a) 中,σ_x、σ_y 和 τ_{xy} 均为正,而 τ_{yx} 为负。

9.2.1 斜截面上的应力分析

为体现一般性,用任意假想斜截面 ac(截面 ac 必须垂直于 xoy 平面) 将单元体截开,设其外法线 n 与 x 轴的夹角为 θ,θ 角以由 x 轴逆时针转向外法线 n 者为正。为求斜截面 ac 上的应力 σ_θ 和 τ_θ,取图 9-2(b) 中所示的脱离体为研究对象。斜截面 ac 上的应力用正应力 σ_θ 和剪应力 τ_θ 来表示。

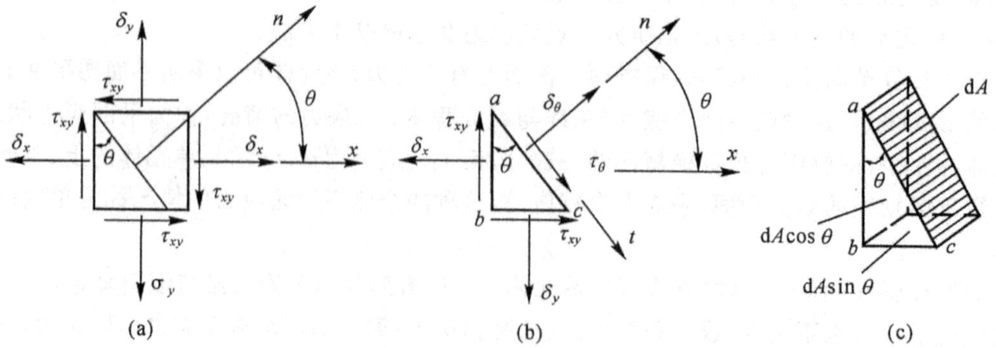

图 9-2

设截面 ac 的面积为 $\mathrm{d}A$,则 ab 面和 bc 面的面积分别是 $\mathrm{d}A\cos\theta$ 和 $\mathrm{d}A\sin\theta$(图 9-2(c)),再把作用于脱离体 abc 上的所有外力都投影到 ac 面的外法线 n 和切线 t 方向上,可得脱离体静

力平衡方程

$$\sum n = 0 \Rightarrow \sigma_\theta dA + (\tau_{xy} dA\cos\theta)\sin\theta - (\sigma_x dA\cos\theta)\cos\theta + (\tau_{yx} dA\sin\theta)\cos\theta - (\sigma_y dA\sin\theta)\sin\theta = 0$$

$$\sum t = 0 \Rightarrow \tau_\theta dA - (\tau_{xy} dA\cos\theta)\cos\theta - (\sigma_x dA\cos\theta)\sin\theta + (\sigma_y dA\sin\theta)\cos\theta + (\tau_{xy} dA\sin\theta)\sin\theta = 0$$

考虑到 $\tau_{xy} = \tau_{yx}$(剪应力互等定理),并利用三角公式

$$2\sin\theta\cos\theta = \sin2\theta, \cos^2\theta = \frac{1+\cos2\theta}{2}, \sin^2\theta = \frac{1-\cos2\theta}{2}$$

简化上述两个平衡方程,最后得

$$\sigma_\theta = \frac{\sigma_x+\sigma_y}{2} + \frac{\sigma_x-\sigma_y}{2}\cos2\theta - \tau_{xy}\sin2\theta \tag{9-1}$$

$$\tau_\theta = \frac{\sigma_x-\sigma_y}{2}\sin2\theta + \tau_{xy}\cos2\theta \tag{9-2}$$

公式(9-1)、(9-2) 表明,一点的应力状态可由该点处单元体上的应力已知量 σ_x、σ_y 和 τ_{xy} 惟一确定,而斜截面上的正应力 σ_θ 和剪应力 τ_θ 随 θ 角的改变而变化,即 σ_θ 和 τ_θ 都是 θ 的函数。由以上公式可以求出方位角 θ 为任意值的斜截面 ac 上的应力。

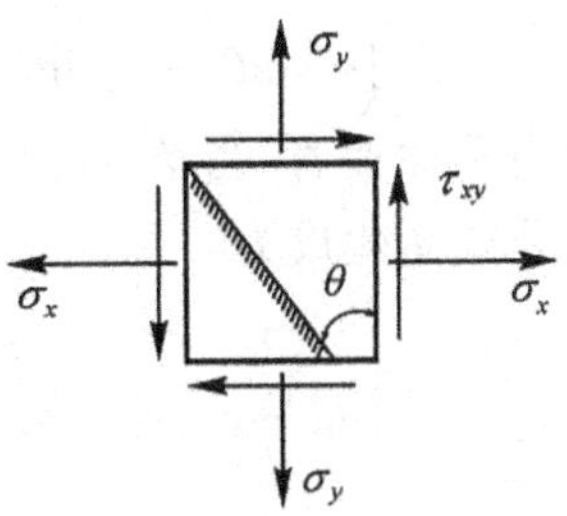

图 9-3

例 9-1　如图 9-3 所示,已知 $\sigma_x = 50\text{MPa}$, $\sigma_y = 20\text{MPa}$, $\tau_{xy} = \tau_{yx} = -15\text{MPa}$, $\theta = 30°$,试求斜截面上的应力 σ_θ、τ_θ。

解　由公式(9-1) 和(9-2) 可得

$$\begin{aligned}\sigma_\theta &= \frac{\sigma_x+\sigma_y}{2} + \frac{\sigma_x-\sigma_y}{2}\cos2\theta - \tau_{xy}\sin2\theta \\ &= \frac{50+20}{2} + \frac{50-20}{2}\times\frac{1}{2} + 15\times\frac{\sqrt{3}}{2} \\ &= 35 + 7.5 + 15\sqrt{3} = 68.48(\text{MPa})\end{aligned}$$

$$\begin{aligned}\tau_\theta &= \frac{\sigma_x-\sigma_y}{2}\sin2\theta + \tau_{xy}\cos2\theta \\ &= \frac{50-20}{2}\times\frac{\sqrt{3}}{2} - 15\times\frac{1}{2} \\ &= 12.99 - 7.5 = 5.49(\text{MPa})\end{aligned}$$

9.2.2　主应力与主平面

利用公式(9-1)、(9-2) 还可以确定正应力和剪应力的极值,并确定它们所在平面的位置。σ_θ 的极值称为主应力,对于空间三维的应力状态,可以把主应力记作 $\sigma_i (i = 1,2,3)$,而主应力的作用面称为主平面。设 θ_0 面为主平面,则

$$\begin{aligned}\left.\frac{d\sigma_\theta}{d\theta}\right|_{\theta=\theta_0} &= -(\sigma_x-\sigma_y)\sin2\theta_0 - 2\tau_{xy}\cos2\theta_0 \\ &= -2\left(\frac{\sigma_x-\sigma_y}{2}\sin2\theta_0 + \tau_{xy}\cos2\theta_0\right) = -2\tau_{\theta_0} = 0\end{aligned}$$

由上式可见，主平面上的剪应力为零。所以，主平面和主应力也可定义为：在单元体内剪应力等于零的平面为主平面，主平面上的正应力为主应力。而由

$$\tau_\theta = \frac{\sigma_x - \sigma_y}{2}\sin 2\theta_0 + \tau_{xy}\cos 2\theta_0 = 0$$

可得

$$\tan 2\theta_0 = -\frac{2\tau_{xy}}{\sigma_x - \sigma_y} \tag{9-3}$$

式(9-3)就是确定主平面方位的公式，由公式(9-3)可以求出相差 90° 的两个角度 θ_0，可见两个主平面是互相垂直的。

如果在图 9-2(c)中，将脱离体上的外力分别向 x 和 y 轴投影，可得

$$\sum X = 0 \Rightarrow \quad \sigma_\theta \mathrm{d}A\cos\theta + \tau_\theta \mathrm{d}A\sin\theta + \tau_{yx}\mathrm{d}A\sin\theta - \sigma_x \mathrm{d}A\cos\theta = 0$$

$$\sum Y = 0 \Rightarrow \quad \sigma_y \mathrm{d}A\sin\theta - \tau_{xy}\mathrm{d}A\cos\theta - \sigma_\theta \mathrm{d}A\sin\theta + \tau_\theta \mathrm{d}A\cos\theta = 0$$

由于 $\tau_{xy} = \tau_{yx}$（剪应力互等定理），化简后得到

$$\begin{cases}\sigma_\theta\cos\theta - \sigma_x\cos\theta + \tau_\theta\sin\theta = -\tau_{xy}\sin\theta \\ \sigma_y\sin\theta - \sigma_\theta\sin\theta + \tau_\theta\cos\theta = \tau_{xy}\cos\theta\end{cases}$$

对主平面而言，当 $\theta = \theta_0$ 时，$\tau_\theta = \tau_{\theta_0} = 0$，$\sigma_\theta = \sigma_{\theta_0}$，$\sigma_{\theta_0}$ 为主应力，即 $\sigma_{\theta_0} = \sigma_i (i = 1,2,3)$，则上面公式简化成为

$$\begin{cases}\sigma_i - \sigma_x = -\tau_{xy}\tan\theta_0 \\ \sigma_i - \sigma_y = -\tau_{xy}\mathrm{ctan}\theta_0\end{cases}$$

即

$$(\sigma_i - \sigma_x)(\sigma_i - \sigma_y) = \tau_{xy}^2$$

$$\sigma_i^2 - (\sigma_x + \sigma_y)\sigma_i + (\sigma_x\sigma_y - \tau_{xy}^2) = 0$$

最后得到

$$\sigma_i = \frac{\sigma_x + \sigma_y}{2} \pm \frac{1}{2}\sqrt{(\sigma_x - \sigma_y)^2 + 4\tau_{xy}^2} \tag{9-4}$$

由(9-4)式可求得最大主应力 $\sigma_{\max}$ 和最小主应力 $\sigma_{\min}$，即

$$\left.\begin{matrix}\sigma_{\max} \\ \sigma_{\min}\end{matrix}\right\} = \frac{\sigma_x + \sigma_y}{2} \pm \frac{1}{2}\sqrt{(\sigma_x - \sigma_y)^2 + 4\tau_{xy}^2}$$

在导出以上各公式时，只假设了 σ_x、σ_y 和 τ_{xy} 均为正值，而在使用这些公式时，一般可以约定用 σ_x 表示两个正应力中代数值较大的一个，即 $\sigma_x \geqslant \sigma_y$，则公式(9-3)确定的两个角度 θ_0 中，绝对值较小的一个确定 $\sigma_{\max}$ 所在的平面。

9.2.3 剪应力极值及其所在平面

用完全相似的方法，同样可以确定最大和最小剪应力以及它们所在的平面，将公式(9-2)对 θ 求导数，并令 $\theta = \theta_1$ 时有

$$\left.\frac{\mathrm{d}\tau_\theta}{\mathrm{d}\theta}\right|_{\theta=\theta_1} = 0$$

故

$$\left.\frac{\mathrm{d}\tau_\theta}{\mathrm{d}\theta}\right|_{\theta=\theta_1} = (\sigma_x - \sigma_y)\cos 2\theta_1 - 2\tau_{xy}\sin 2\theta_1 = 0$$

$$\tan 2\theta_1 = \frac{\sigma_x - \sigma_y}{2\tau_{xy}} \tag{9-5}$$

由上式也可以解出两个相差 90° 的 θ_1 值，可见剪应力极值的所在平面也是两个互相垂直的平面。由公式(9-5) 及公式(9-3)，可得

$$\tan 2\theta_0 \cdot \tan 2\theta_1 = -1$$

表明

$$2\theta_1 = 2\theta_0 + \frac{\pi}{2} \Rightarrow \theta_1 = \theta_0 + \frac{\pi}{4}$$

即最大和最小剪应力所在平面与主平面的夹角为 45°。如果将式(9-5) 代入式(9-2) 的 τ_θ 式，可以得到剪应力极值为

$$\left.\begin{matrix}\tau_{max}\\ \tau_{min}\end{matrix}\right\} = \pm \frac{1}{2}\sqrt{(\sigma_x - \sigma_y)^2 + 4\tau_{xy}^2} \tag{9-6}$$

利用公式(9-4)，还能够得到

$$\left.\begin{matrix}\tau_{max}\\ \tau_{min}\end{matrix}\right\} = \sigma_i = \pm \frac{\sigma_{max} - \sigma_{min}}{2} \tag{9-7}$$

需要指出的是：τ_{max} 和 τ_{min} 是两个数值相等而方向不同的剪应力，剪应力极值通常也称为最大剪应力。在最大剪应力的作用面上，一般存在有正应力。

例 9-2　求图 9-4 所示单元体的主应力与主平面，最大剪应力及其作用面，并均在单元体上画出。已知 $\sigma_x = -30\text{MPa}, \sigma_y = 0, \tau_{xy} = \tau_{yx} = -20\text{MPa}$。

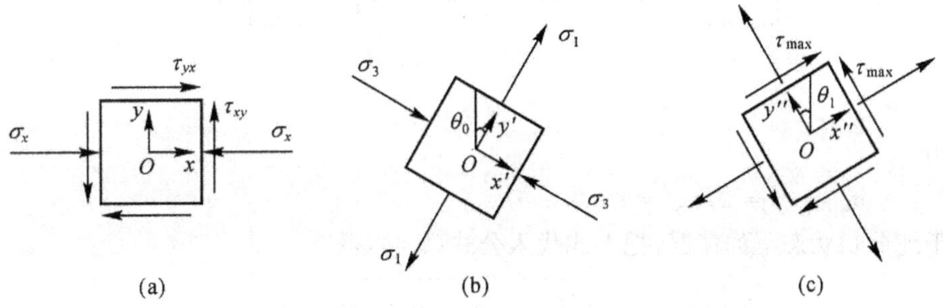

(a)　(b)　(c)

图 9-4

解　(1) 确定单元体的主平面，由公式(9-3)，得

$$\tan 2\theta_0 = -\frac{2\tau_{xy}}{\sigma_x - \sigma_y} = -\frac{2(-20)}{-30-0} = -1.33$$

$$\theta_0 = -26.5°, \theta_0 + 90° = 63.5°$$

(2) 计算主应力，由公式(9-4)，得

$$\sigma_i = \frac{\sigma_x + \sigma_y}{2} \pm \frac{1}{2}\sqrt{(\sigma_x - \sigma_y)^2 + 4\tau_{xy}^2}$$

$$= -\frac{30}{2} \pm \frac{1}{2}\sqrt{(-30)^2 + 4(-20)^2}$$

$$= \begin{cases}10 \\ -40\end{cases} \ (\text{MPa})$$

再考虑到对于平面应力状态，必有一个主应力为 0，所以按大小排列，空间的三个主应力分别为

$$\sigma_1 = 10\text{MPa}, \sigma_2 = 0, \sigma_3 = -40\text{MPa}$$

在画主平面的时候要注意，由于本题 $\sigma_x < \sigma_y$，所以 σ_1 所在主平面的法线应从 y 轴顺时针旋转 26.5° 到 y' 轴，如图 9-4(b) 所示。

(3) 最大剪应力可由公式(9-7)直接得出

$$\tau_{max} = \left|\frac{\sigma_1 - \sigma_3}{2}\right| = \left|\frac{10 - (-40)}{2}\right| = 25(\text{MPa})$$

τ_{max} 的作用面与主平面夹角为 45°,方向和作用面如图 9-4(c) 所示。

例 9-3 讨论圆轴扭转时的应力状态,并分析铸铁试件受扭时的破坏现象。

解 圆轴扭转时,横截面的边缘处剪应力为最大,其数值为

$$\tau = \frac{T}{W_t}$$

在圆轴的表层,按图 9-5(a) 所示方式取出单元体 $ABCD$,单元体各面上的应力如图 9-5(b) 所示。

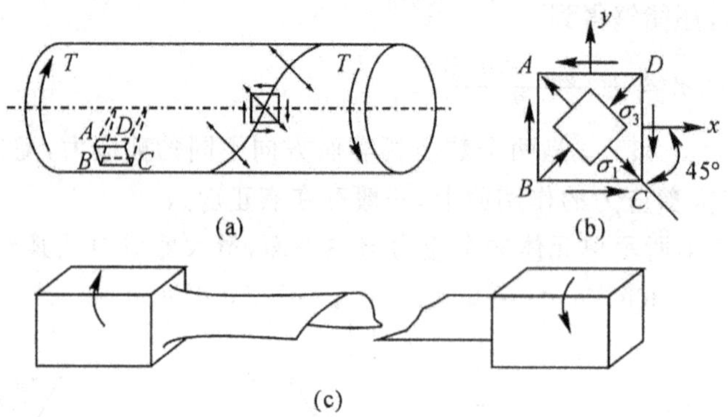

图 9-5

其中

$$\sigma_x = \sigma_y = 0, \tau_{xy} = \tau$$

对于纯剪切状态下的情况,把上式代入公式(9-4),得

$$\left.\begin{matrix}\sigma_{max}\\ \sigma_{min}\end{matrix}\right\} = \frac{\sigma_x + \sigma_y}{2} \pm \frac{1}{2}\sqrt{(\sigma_x - \sigma_y)^2 + \tau_{xy}^2} = \pm \tau$$

由公式(9-3)

$$\tan 2\theta_0 = -\frac{2\tau_{xy}}{\sigma_x - \sigma_y} \rightarrow -\infty$$

所以 $$2\theta_0 = 90°(-270°), \theta_0 = -45°(-135°)$$

以上结果表明,从 x 轴为起点量起,由 $\alpha_0 = 45°$(顺时针方向)所确定的主平面上的主应力为 σ_{max},而由 $\sigma_0 = -135°$ 所确定的主平面上的主应力为 σ_{min}。按主应力的记号规定,

$$\sigma_1 = \sigma_{max} = \tau, \sigma_2 = 0, \sigma_3 = \sigma_{min} = -\tau$$

所以,纯剪切的两个主应力的绝对值相等,即等于剪应力 τ,但其中一个为拉应力,一个为压应力。

圆截面铸铁试件扭转时,表面各点 σ_{max} 所在的主平面联成倾角为 45° 的螺旋面如图 9-5(a) 所示,由于铸铁抗拉强度低,试件将沿这一螺旋面拉伸而发生断裂破坏,如图 9-5(c) 所示。

9.3 梁主应力迹线的概念

在求出梁上一点主应力的方向后,把其中一个主应力的方向延长与相邻横截面相交。求

出交点的主应力方向，再将其延长与下一个相邻横截面相交。依次类推，我们将得到一条折线，它的极限将是一条曲线。在这样的曲线上，任一点的切线即代表该点主应力的方向。这种曲线称为主应力迹线。由前面对主应力的推导不难得知，在平面应力状态中，经过每一点有两条相互垂直的主应力迹线。

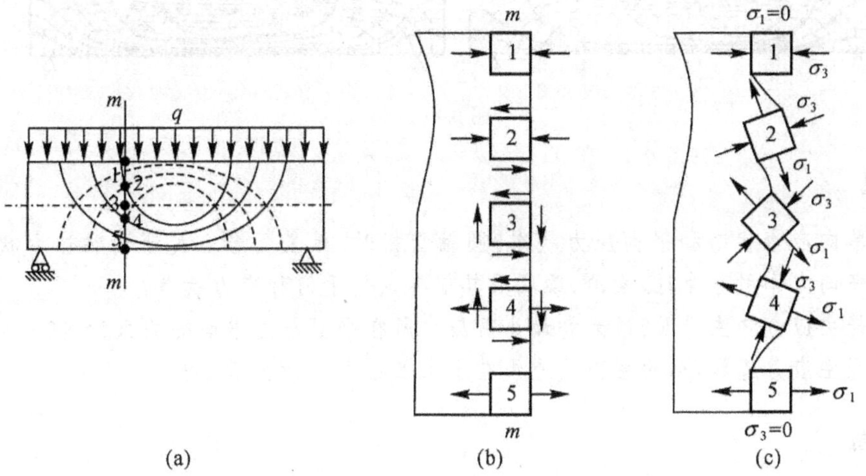

图 9-6

如图 9-6(a) 所示受均布荷载的矩形截面简支梁，梁内有两组主应力迹线，如果用虚线表示主压应力迹线，实线表示主拉应力迹线，则主应力迹线具有下述特点：

(1) 梁顶与梁底处，只有 σ 而 $\tau = 0$。

其中梁顶(受压) 处：$\sigma_{\max} = 0, \sigma_1 = 0, \theta_1 = 90°$(实线铅垂)

梁底(受拉) 处：$\sigma_{\min} = 0, \sigma_3 = 0, \theta_2 = 90°$(虚线铅垂)

(2) 中性轴处，只有 τ 而 $\sigma = 0$，其中

左半跨(τ 为正)：$\sigma_{\max} = \tau, \theta_1 = 135°$(实线)

$$\sigma_{\min} = -\tau, \theta_2 = 45°(\text{虚线})$$

在右半跨(τ 为负)，则情况刚好相反。

(3) 从图 9-6(c) 可知，主拉应力迹线(实线) 必垂直于梁顶而平行于梁底；主压应力迹线(虚线) 必垂直于梁底而平行于梁顶。

主应力迹线使复杂的应力状况形象化了，因而在工程设计中是有用的，例如在钢筋混凝土梁中，钢筋的作用是抵抗拉伸，所以应使钢筋尽可能地沿主拉应力迹线的方向放置。

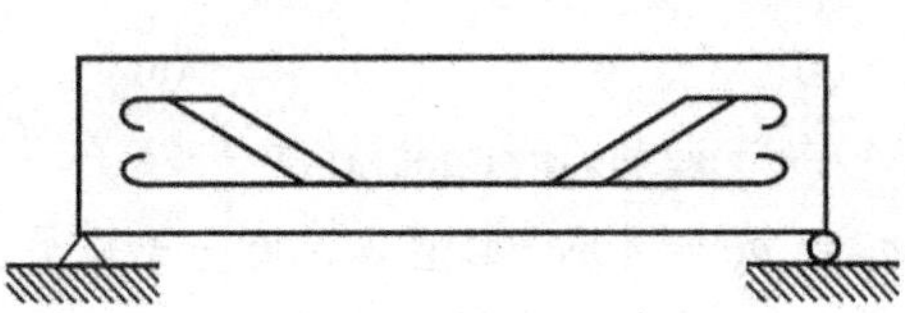

图 9-7

需要特别指出的是，荷载不同、支承各异的梁，其主应力迹线也完全不一样。图 9-8 给出了不同支承条件和不同荷载作用情况下的几种梁主应力迹线。

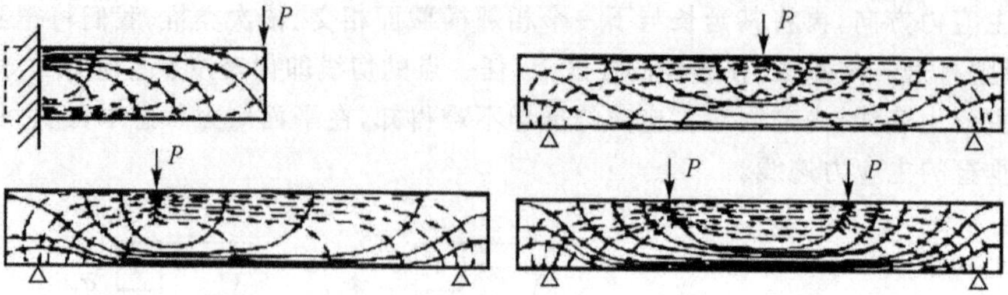

图 9-8

思考题

9-1 何为单向应力状态和平面应力状态?圆轴受扭时,轴表面各点处于何种应力状态?梁受到横向力作用弯曲时,梁顶、梁底及其他各点处于何种应力状态?

9-2 什么是主应力和主平面?最大和最小剪应力所在平面与主平面的关系如何?

9-3 什么是主应力迹线,梁的主应力迹线在土木工程上有什么用途?

习 题

9-1 求题 9-1 图所示单元体的主应力,并在单元体上标出其作用面的位置。

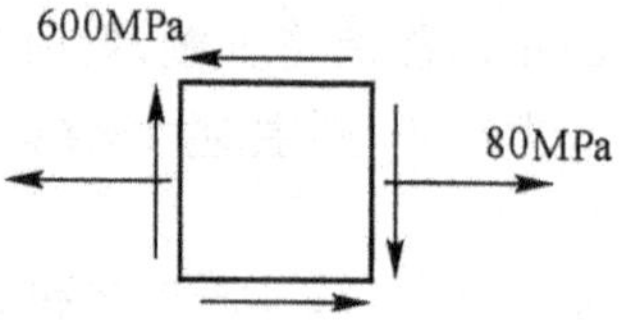

题 9-1 图

9-2 A、B 两点的应力状态如题 9-2 图所示,试求各点的主应力和最大剪应力。

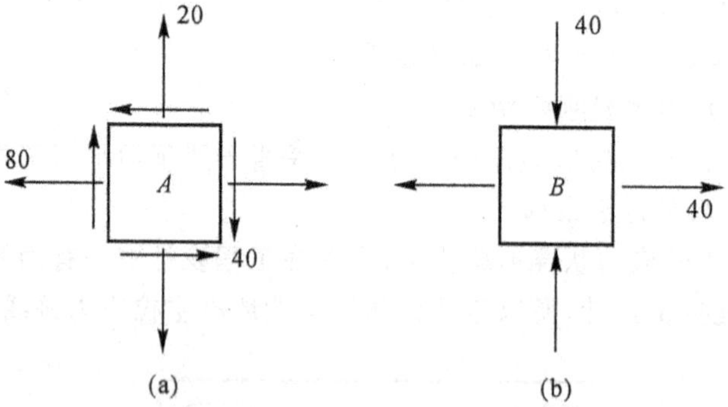

题 9-2 图(单位:MPa)

9-3 题 9-3 图所示单元体,$\sigma_x = \sigma_y = 40\text{MPa}$,且 a-a 面上无应力,试求主应力。

9-4 题 9-4 图所示单元体,求:(1) 指定斜截面上的应力;(2) 主应力大小,并将主平面标在单元体图上。

9-5 题 9-5 图所示悬臂梁,承受载荷 $F = 20\text{kN}$ 作用,试绘微元 A、B 与 C 的应力图,并确定主应力的大小及方位。

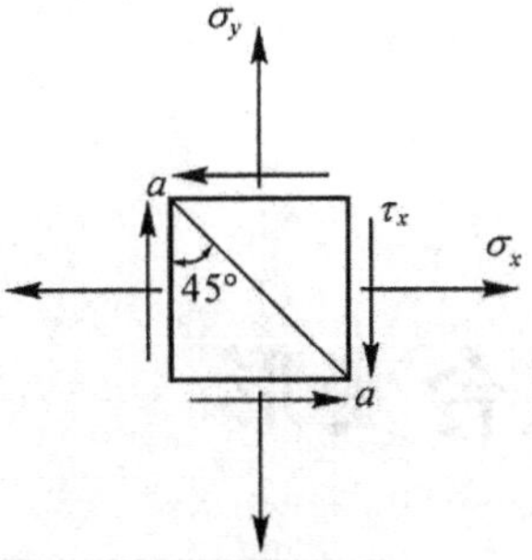

题 9-3 图

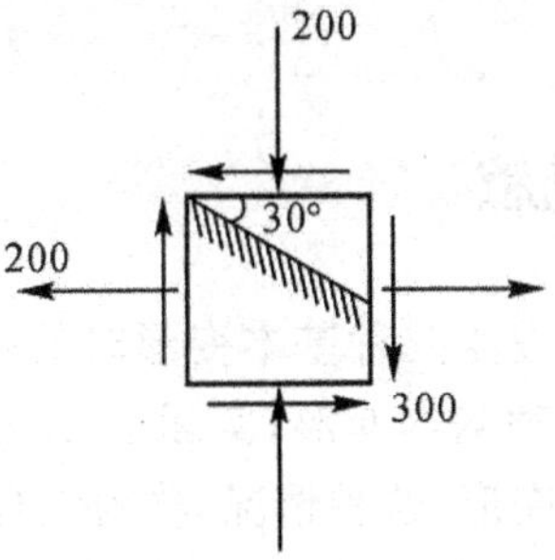

题 9-4 图(单位:MPa)

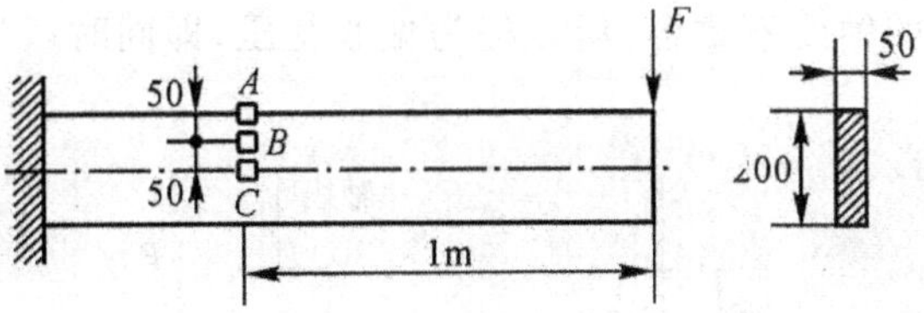

题 9-5 图(单位:mm)

第 10 章　组合变形

10.1　组合变形的概念

在前面各章里讨论了杆件在发生几种基本变形时的强度和刚度问题，即分析了简单拉伸与压缩、剪切、扭转和弯曲等四种基本变形。实际上，工程中大多数的杆件在荷载作用下，往往同时发生两种或两种以上的变形，这种情况，称为组合变形。

例如图 10-1(a) 所示的水坝，除由自重荷载引起的轴向压缩变形外，还同时产生因有水平方向的水压力作用而产生的弯曲变形；图 10-1(b) 所示的工业单层厂房牛腿柱，因为所受的 吊车轮压荷载和柱的轴线不重合，所以柱为偏心受压，即同时产生压缩和弯曲两种基本变形。

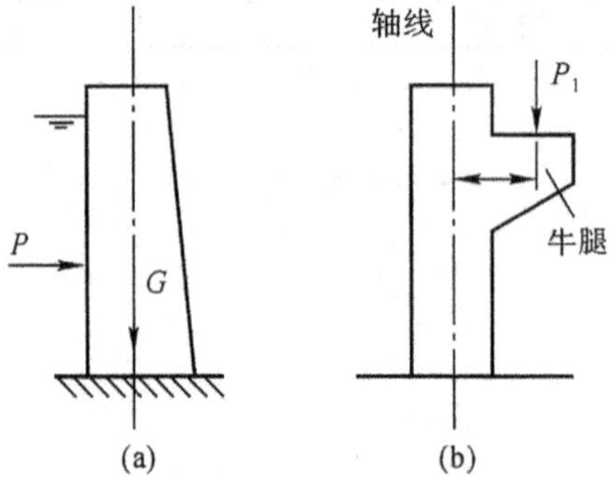

图 10-1

计算组合变形的强度问题，在小变形的前提下，一般采用叠加原理。即当杆件承受复杂荷载作用而同时产生几种变形时，只要将荷载在作用点附近适当地分解，使杆在各分载荷的作用下发生简单变形，再分别计算各简单变形所引起的应力，然后将计算结果叠加，就可得到总的应力。实践证明：在变形比较小的情况下，用叠加原理所得到的结果与实际情况是相当符合的。

本章主要讨论在建筑工程中常见的两种组合变形：斜弯曲和偏心受压。

10.2　斜弯曲

对于横截面具有对称轴的梁，当横向力作用在梁的纵向对称面内时，梁变形后的轴线仍位于外力所在的平面内，这种变形称为平面弯曲。对于平面弯曲变形的应力和强度计算问题，前面章节已讨论过。

如果外力的作用平面虽然通过梁轴线，但是不与梁的纵向对称面重合时，梁变形后的轴线就不再位于外力所在的平面内，这种弯曲称为斜弯曲。

现以图 10-2(a) 所示的矩形截面悬臂梁为例来讨论斜弯曲的特点及其强度计算问题。

10.2.1　外力的分解

图 10-2 中集中力 P 作用在梁的自由端，其作用线通过截面形心，且与竖向形心主轴 y 的夹角为 α。如果将 P 沿截面两个形心主轴 y、z 方向分解，可以得到

$$P_y = P\cos\alpha$$

$$P_z = P\sin\alpha$$

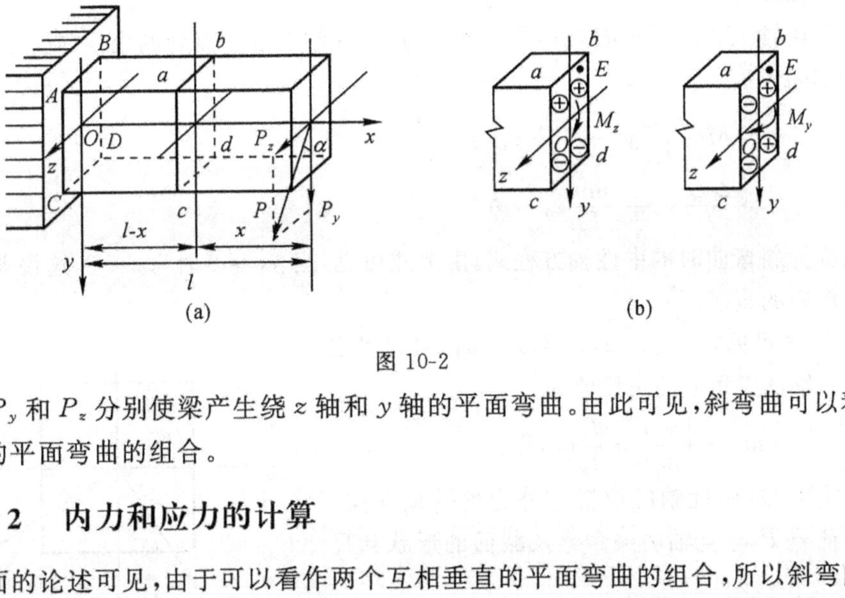

图 10-2

分力 P_y 和 P_z 分别使梁产生绕 z 轴和 y 轴的平面弯曲。由此可见，斜弯曲可以看作两个互相垂直的平面弯曲的组合。

10.2.2　内力和应力的计算

从前面的论述可见，由于可以看作两个互相垂直的平面弯曲的组合，所以斜弯曲和平面弯曲问题一样，梁的强度由最大正应力来控制，因此内力中弯矩的计算具有重要意义。

如图 10-2 所示，设在距离自由端为 x 处用任意横截面 $abcd$ 将悬臂梁截开，则 P 引起的该截面上的总弯矩为

$$M = P \cdot x$$

而两个分力 P_y 和 P_z 引起的弯矩值分别为

$$M_z = P_y \cdot x = P \cdot x\cos\alpha = M\cos\alpha$$

$$M_y = P_z \cdot x = P \cdot x\sin\alpha = M\sin\alpha$$

根据前面对平面弯曲的推导，在该横截面上任意点 H 处(设相应坐标为 y_1 和 z_1)，由 M_z 和 M_y 引起的正应力为

$$\begin{cases}\sigma_{M_z}=\dfrac{M_z\cdot y_1}{I_z}\\ \sigma_{M_y}=\dfrac{M_y\cdot z_1}{I_y}\end{cases}$$

则根据叠加原理，任意点 H 的正应力为

$$\sigma=\sigma_{M_z}+\sigma_{M_y}=\frac{M_z\cdot y_1}{I_z}+\frac{M_y\cdot z_1}{I_y} \tag{10-1a}$$

代入总弯矩可得

$$\sigma=M\left(\frac{\cos\alpha}{I_z}y_1+\frac{\sin\alpha}{I_y}z_1\right) \tag{10-1b}$$

上述公式中的 I_z 和 I_y 为横截面形心主轴 z 和 y 的惯性矩；y_1 和 z_1 为 H 点坐标。在具体计算中，M、y_1、z_1 一般都采用绝对值代入，而正应力 σ_{M_z} 和 σ_{M_y} 的正负号，可通过平面弯曲的变形情况直接判断，如图 10-2(b) 所示，拉应力取正号，压应力取负号；而 σ 的正负号通过叠加后得出。

10.2.3 斜弯曲的变形特点及强度条件

1. 中性轴位置

因为中性轴上各点的正应力都等于零，设在中性轴上任一点处的坐标为 y_0 和 z_0，将 $\sigma=0$ 代入式(10-1)，有

$$\sigma=M\left(\frac{\cos\alpha}{I_z}y_0+\frac{\sin\alpha}{I_y}z_0\right)=0$$

$$\Rightarrow\frac{\cos\alpha}{I_z}y_0+\frac{\sin\alpha}{I_y}z_0=0$$

上式称为斜弯曲时的中性轴方程式。由上式可见，当 $y_0=0$ 时，$z_0=0$，这说明中性轴是通过截面形心的直线。

由图 10-3 可见，当 y_0 和 z_0 均不为 0 时，可以求出中性轴与 z 轴的夹角 φ 的正切值为

$$\tan\varphi=\left|\frac{y_0}{z_0}\right|=\frac{I_z}{I_y}\tan\alpha$$

从上式可知，中性轴的位置与外力的数值无关，只决定于荷载 P 与 y 轴的夹角 α 及截面的形状和尺寸。

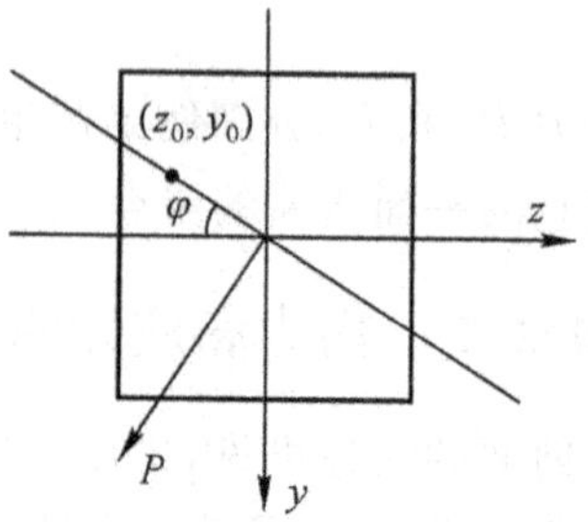

图 10-3

此外通过 φ 和 α 两个角度的数值对比可见，对于圆形、正方形和正多边形截面，由于 $I_y=I_z$，因此 $\varphi=\alpha$，即中性轴始终与外力 P 相互垂直，不存在斜弯曲的情况。对于一般截面，$I_y\neq I_z$，故 $\varphi\neq\alpha$，将有斜弯曲现象产生。

2. 危险点的确定

前面已经提到，斜弯曲可以视为两个方向平面弯曲的叠加，而由于中性轴将截面分为受拉和受压两个区，横截面上的正应力呈线性分布，所以距中性轴越远，应力越大。因此确定了中性轴位置后，距中性轴最远的点即为危险点。

对于工程上常用的具有棱角的截面，在发生斜弯曲后，危险点一定出现在棱角上。图

10-2 所示的悬臂梁中，固定端截面的弯矩值最大，为危险截面，该截面上的 B、C 两点为危险点，B 点产生最大拉应力，C 点产生最大压应力。

3. 强度条件

若材料的抗拉和抗压强度相等，则斜弯曲的强度条件为

$$\sigma_{max} = \frac{M_z}{W_z} + \frac{M_y}{W_y} \leqslant [\sigma] \tag{10-2a}$$

或

$$\sigma_{max} = M_{max}\left(\frac{\cos\alpha}{W_z} + \frac{\sin\alpha}{W_y}\right) \leqslant [\sigma] \tag{10-2b}$$

工程中根据这一强度条件，就可以进行强度校核、截面设计和确定许用荷载。对于不同的截面形状，在设计时因为有 W_z、W_y 两个未知量，所以需假定一个比值 W_z/W_y：

矩形截面　　$W_z/W_y = h/b \approx 1.2 \sim 2$；

工字形截面　　$W_z/W_y = 8 \sim 10$；

槽形截面　　$W_z/W_y = 6 \sim 8$。

例 10-1　试校核图 10-4 所示木梁的强度。已知 $[\sigma] = 10\text{MPa}$，$h = 150\text{mm}$，$b = 100\text{mm}$。

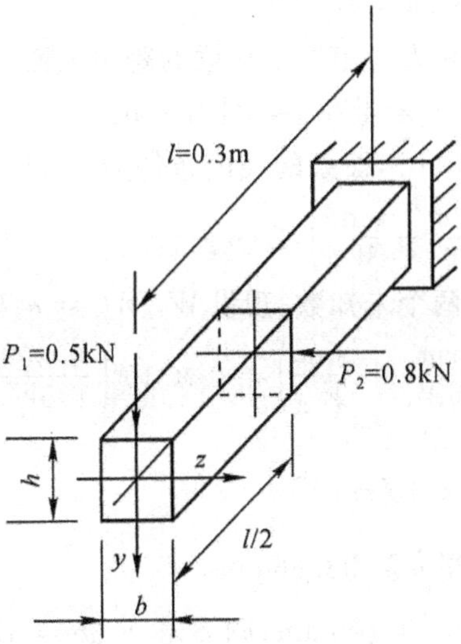

图 10-4

解　此梁受竖向荷载 P_1 和横向荷载 P_2 的共同作用部分将产生斜弯曲变形，危险截面为固定端截面。对 z 和 y 轴的弯矩分别为

$$\begin{cases} M_z = P_1 l = 0.5 \times 3 = 1.5(\text{kN} \cdot \text{m}) \\ M_y = P_2 \times l/2 = 0.8 \times 3/2 = 1.2(\text{kN} \cdot \text{m}) \end{cases}$$

截面对 z 和 y 轴的抗弯截面系数为

$$\begin{cases} W_z = \dfrac{bh^2}{6} = \dfrac{100 \times 150^2}{6} = 3.75 \times 10^5(\text{mm}^3) \\ W_y = \dfrac{b^2h}{6} = \dfrac{150 \times 100^2}{6} = 2.5 \times 10^5(\text{mm}^3) \end{cases}$$

由强度条件

$$\sigma_{max}=\frac{M_z}{W_z}+\frac{M_y}{W_y}=\frac{1.5\times10^3}{3.75\times10^5\times10^{-9}}+\frac{1.2\times10^3}{2.5\times10^5\times10^{-9}}$$
$$=4(\text{MPa})+4.8(\text{MPa})=8.8(\text{MPa})<[\sigma]=10(\text{MPa})$$

所以木梁的强度满足要求。

例 10-2 图 10-5 所示矩形截面木檩条，两端简支在屋架上，其跨度为 4m。承受屋面传来的均布荷载 $q=1\text{kN/m}$。屋面的倾角 $\alpha=25°$，檩条材料的许用应力$[\sigma]=10\text{MPa}$。试选择檩条截面尺寸。

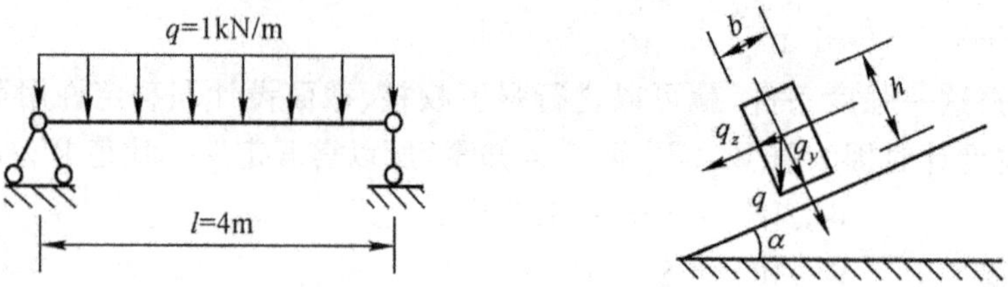

图 10-5

解 (1) 内力计算，由 $\alpha=25°$

得 $\cos\alpha=0.906, \sin\alpha=0.423$

檩条在荷载 q 的作用下，最大弯矩发生在梁的跨中截面

$$M_{max}=ql^2/8=1\times4^2/8=2(\text{kN}\cdot\text{m})$$

(2) 截面选择，根据式(10-2b)，檩条的强度条件为

$$\sigma_{max}=M_{max}\left(\frac{\cos\alpha}{W_z}+\frac{\sin\alpha}{W_y}\right)\leqslant[\sigma]$$

上式中包含有 W_z 和 W_y 两个未知数。现设 $W_z/W_y=h/b=1.5$，代入上式，得

$$\sigma_{max}=M_{max}\left(\frac{\cos\alpha}{1.5W_y}+\frac{\sin\alpha}{W_y}\right)=2\times10^3\left(\frac{0.906}{1.5W_y}+\frac{0.423}{W_y}\right)$$
$$\leqslant[\sigma]=10\text{MPa}$$
$$\Rightarrow W_y\geqslant2.054\times10^5\text{mm}^3$$

由 $W_y=\dfrac{hb^2}{6}=\dfrac{1.5b^3}{6}$ 得 $b\geqslant93.66\text{mm}$

为便于施工，取截面尺寸 $b=100\text{mm}$，则 $h=1.5b=1.5\times100\text{mm}=150\text{mm}$。选用 $100\text{mm}\times150\text{mm}$ 的矩形截面。

10.3 偏心受压(受拉)

当外力作用线与杆轴线平行但不重合时，杆件将产生压缩(拉伸)和弯曲两种基本变形，这类问题称为偏心受压(受拉)。在土木工程中，这类受力情况常常发生在竖向受力构件(柱子)上。

根据偏心的位置，又可以将偏心拉压分为单向偏心压缩(偏心拉伸)和双向偏心压缩(偏心拉伸)。如图 10-6(a) 所示，当 P 力作用在矩形受压截面柱的某一轴线上时，则产生压缩(拉伸)和弯曲变形，称为单向偏心受压(偏心受拉)；当 P 力作用在轴线外的截面的任意点上时，则称为双向偏心压缩偏心拉伸，如图 10-10(a) 所示。

与斜弯曲类似，偏心受压(受拉)可以看作平面弯曲和轴向压缩(拉伸)变形的组合。

10.3.1　单向偏心受压(受拉)

1. 荷载的简化

对于偏心受压的柱,利用力的平移定理将偏心力 P 向截面形心平移,得到一个通过柱形心的轴向压力 P 和一个力偶矩 $m = P \cdot e$,如图 10-6(b) 所示。

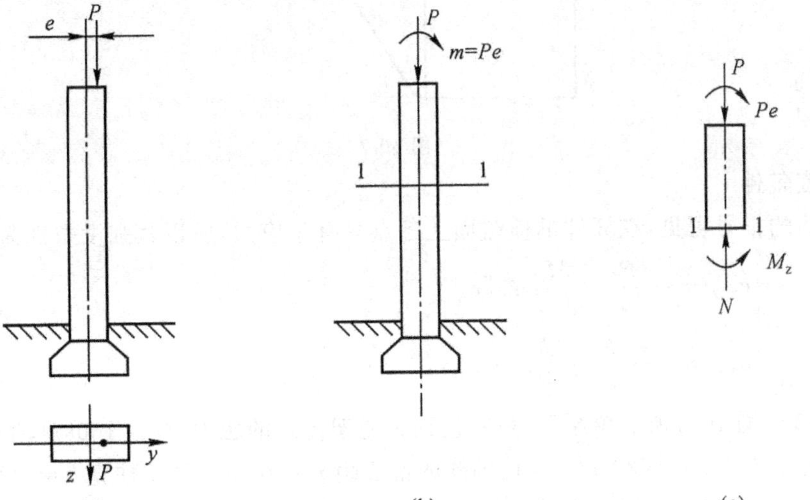

图 10-6

2. 内力计算

如图 10-6(c) 所示,利用截面 1-1 截取杆件上部,由平衡方程可求得

$$N = P$$

$$M_z = P \cdot e$$

由上述公式可见,1-1 截面的位置不影响内力的计算,可任取。

3. 应力计算

根据叠加原理,对于 1-1 截面上任一点 H(如图 10-7 所示),设其坐标为(y_1, z_1),则其应力 σ_H 应由轴向压缩应力 σ_N 和弯曲应力 σ_{M_z} 叠加得到。

由
$$\begin{cases} \sigma_N = -\dfrac{P}{A} \\ \sigma_{M_z} = \dfrac{M_z \cdot y_1}{I_z} \end{cases}$$

得
$$\sigma_H = -\frac{P}{A} \pm \frac{M_z \cdot y_1}{I_z} \tag{10-3}$$

一般情况下,在利用式(10-3) 式计算正应力时,P、M、y_1 都用绝对值代入,而由弯曲产生的正应力的符号通过直观观察来确定,轴力产生的应力符号则仍然以拉为正压为负。由公式(10-3) 不难看出,最大(最小) 正应力将发生在横截面的上、下边缘,即

$$\begin{cases} \sigma_{\max} = \sigma_{\max}^{+} = -\dfrac{P}{A} + \dfrac{M_z}{W_z} \\ \sigma_{\min} = \sigma_{\min}^{-} = -\dfrac{P}{A} - \dfrac{M_z}{W_z} \end{cases} \tag{10-4}$$

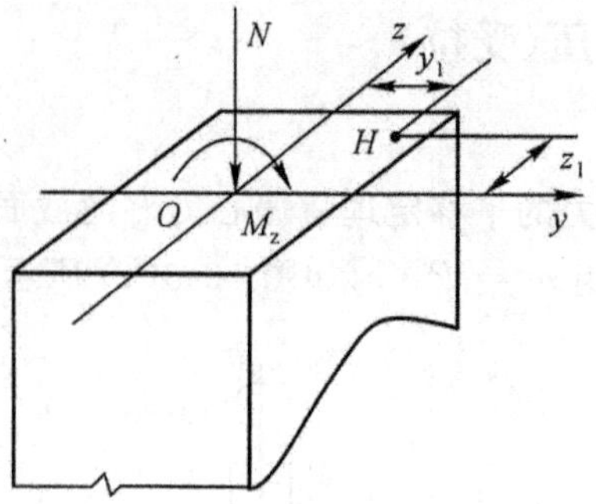

图 10-7

4. 强度条件

由前面的推导可见，在杆件的横截面上各点只有正应力，所以其强度条件为

$$\begin{cases} \sigma_{\max} = -\dfrac{P}{A} + \dfrac{M_z}{W_z} \leqslant [\sigma_+] \\ \sigma_{\min} = \left| -\dfrac{P}{A} + \dfrac{M_z}{W_z} \right| \leqslant [\sigma_-] \end{cases} \tag{10-5}$$

例 10-3 图 10-8 所示单层厂房柱，柱顶有屋架传来的压力 $P_1 = 100\text{kN}$，牛腿上承受吊车梁传来的压力 $P_2 = 50\text{kN}$；P_2 与柱轴线的偏心距 $e = 0.2\text{m}$。已知柱宽 $b = 200\text{mm}$，求：

(1) 设 $h = 300\text{mm}$，试分别求出柱截面中的最大拉应力和最大压应力；

(2) 如果要使柱截面不产生拉应力，则截面高度 h 应为多少？求出此时柱截面中的最大压应力。

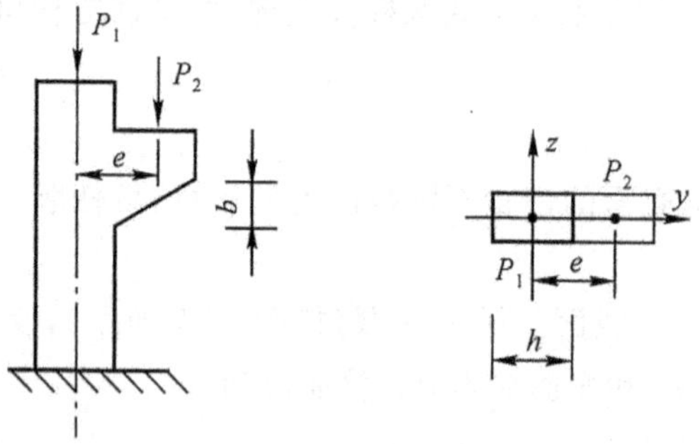

图 10-8

解 (1) 求 $\sigma^+_{\max}$ 和 $\sigma^-_{\max}$。将外力向柱截面形心简化，柱的轴向压力为

$$P = P_1 + P_2 = 100 + 50 = 150(\text{kN})$$

在柱牛腿下方任取 1-1 截面，其截面上弯矩为

$$M_z = P_2 \cdot e = 50 \times 0.2 = 10(\text{kN} \cdot \text{m})$$

故
$$\sigma^+_{\max} = -\frac{P}{A} + \frac{M_z}{W_z} = -\frac{150 \times 10^3}{200 \times 300} + \frac{10 \times 10^6}{\dfrac{200 \times 300^2}{6}}$$

$$= -2.5 + 3.33 = 0.83(\text{MPa})(\text{拉应力})$$

$$\sigma^-_{\max} = -\frac{P}{A} - \frac{M_z}{W_z} = -2.5 - 3.33 = -5.83(\text{MPa})(\text{拉应力})$$

(2) 求使截面不产生拉应力的 h 及相应 $\sigma^-_{\max}$，h 应使

$$\sigma_{\max}^{+}=-\frac{P}{A}+\frac{M_z}{W_z}\leqslant 0$$

$$\Rightarrow -\frac{150\times 10^3}{200h}+\frac{10\times 10^6}{\frac{200h^2}{6}}\leqslant 0$$

解得　　$h\geqslant 400\text{mm}$

当 $h=400\text{mm}$ 时，截面上最大压应力为

$$\sigma_{\max}^{-}=-\frac{P}{A}-\frac{M_z}{W_z}=-\frac{150\times 10^3}{200\times 400}-\frac{10\times 10^6}{\frac{200\times 400^2}{6}}$$

$$=-1.875-1.875=-3.75(\text{MPa})$$

例 10-4　截面为正方形的短柱承受荷载 P，因工程需要在柱中开一切槽，切槽后柱的最小截面积为原面积的一半，如图 10-9 所示。试问切槽后，柱内最大压应力是原来的几倍？

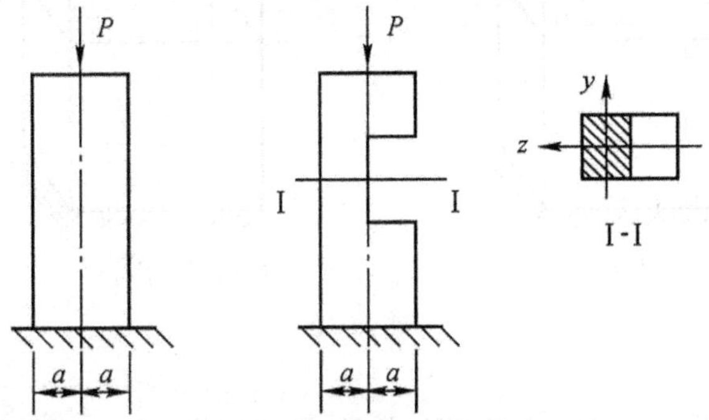

图 10-9

解　未切槽时的压应力为

$$\sigma^{-}=\left|\frac{-N}{A}\right|=\frac{P}{2a\times 2a}=\frac{P}{4a^2}$$

通过平衡分析不难得知，切槽后最大压应力应为偏心压缩情况下截面边缘（原柱轴线）的最大压应力

$$\sigma_{\max}^{-}=\left|-\frac{N}{A}-\frac{M_y}{W_y}\right|=\frac{P}{2a^2}+\frac{(P\times\frac{a}{2})\times 6}{2a\times a^2}=2\frac{P}{a^2}$$

所以
$$\frac{\sigma_{\max}^{-}}{\sigma^{-}}=\frac{2\frac{P}{a^2}}{\frac{P}{4a^2}}=8$$

由此可见，面积减小一半的切槽处其最大压应力为原来的 8 倍。

10.3.2　双向偏心受压（受拉）

1. 荷载的简化

如图 10-10(a) 所示，一等直截面柱受到偏心压力 P 的作用，已知外力 P 的作用点到 z 轴的偏心距为 e_y，到 y 轴的偏心距为 e_z，则根据力的平移定理有：

(1) 将压力 P 平移至 z 轴，附加力偶矩为 $m_z=P\cdot e_y$；

(2) 再将压力 P 从 z 轴上平移至与杆件形心重合，则附加力偶矩为 $m_y=Pe_z$；

由 10-10(b) 可见，力 P 在经过两次平移后，得到轴向压力 P 和两个附加力偶矩 m_z、m_y，即双向偏心压缩实际上可以看作轴向压缩和两个相互垂直的平面弯曲的组合。

2. 内力的计算

如图 10-10(b) 所示，由截面法截取任一横截面 $ABCD$，通过静力平衡分析可以得到，其内力均为 $N = P, m_z = Pe_y, m_y = Pe_z$。

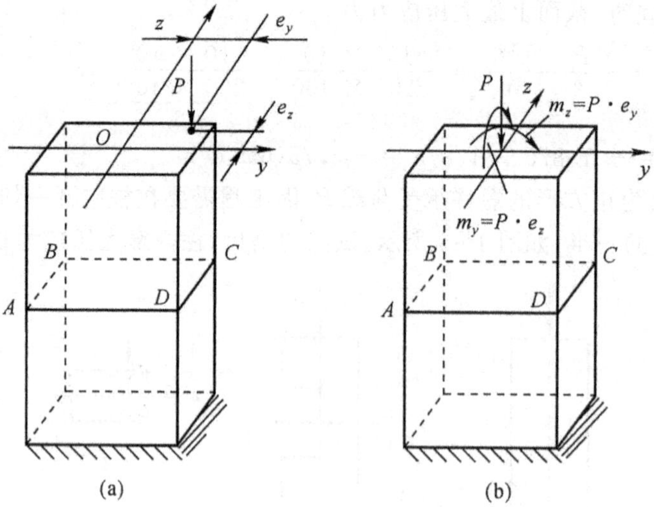

图 10-10

3. 应力计算

如图 10-11，对横截面 $ABCD$ 上任意一点 H，设坐标为(y_1，z_1)，则利用叠加原理，先分别求出轴向压缩和两个相互垂直的平面弯曲的应力分量：

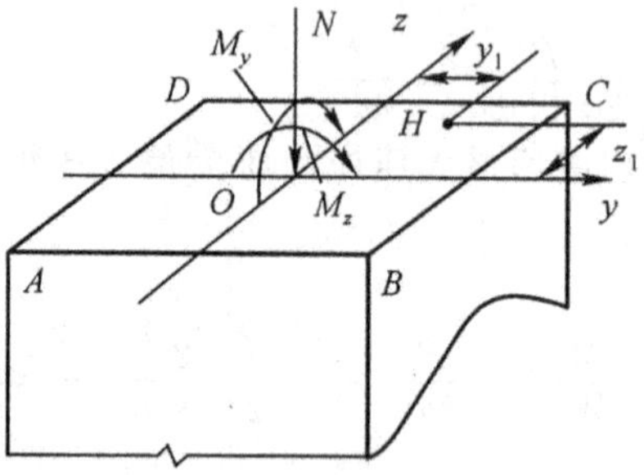

图 10-11

(1) 由轴力 P 引起 H 点的压应力为

$$\sigma_N = -\frac{P}{A}$$

(2) 由弯矩 M_z 引起 H 点的应力为

$$\sigma_{M_z} = \pm \frac{M_z y_1}{I_z}$$

(3) 由弯矩 M_y 引起 H 点的应力为

$$\sigma_{M_y} = \pm \frac{M_y z_1}{I_y}$$

将(1)(2)(3) 叠加后得到 H 点的总应力

$$\sigma = \sigma_N + \sigma_{M_z} + \sigma_{M_y}$$
$$= -\frac{P}{A} \pm \frac{M_z \cdot y_1}{I_z} \pm \frac{M_y \cdot z_1}{I_y} \tag{10-6}$$

为便于求解，上式中 P、M_z、M_y、y、z 一般用绝对值代入，式中第二项和第三项前的正负号通过观察弯曲变形的情况来确定，轴力产生的应力符号则仍然以拉为正压为负。

4. 中性轴位置

根据中性轴的定义，由公式(10-6) 可得

$$\sigma = -\frac{P}{A} - \frac{M_z \cdot y}{I_z} - \frac{M_y \cdot z}{I_y} = 0$$

即

$$\frac{P}{A} + \frac{M_z \cdot y}{I_z} + \frac{M_y \cdot z}{I_y} = 0$$

设 y_0、z_0 为中性轴上点的坐标，则中性轴方程为

$$\frac{P}{A} + \frac{Pe_y}{I_z}y_0 + \frac{Pe_z}{I_y}z_0 = 0$$

即

$$1 + \frac{e_y}{i_z^2}y_0 + \frac{e_z}{i_y^2}z_0 = 0 \tag{10-7}$$

上式也称为零应力线方程，是一与外力无关的直线方程。式中 $i_z^2 = \frac{I_z}{A}$，$i_y^2 = \frac{I_y}{A}$，分别称为截面对 z，y 轴的惯性半径，也是截面的几何量。则由该方程得到中性轴在各坐标轴上的截距为

当 $z_0 = 0$ 时，　$y_1 = y_0 = -\frac{i_z^2}{e_y}$

当 $y_0 = 0$ 时，　$z_1 = z_0 = -\frac{i_y^2}{e_z}$

从而可以确定中性轴位置。这表明，力作用点坐标偏心距 e_y、e_z 越大，截距 y_1、z_1 越小；反之亦然。说明外力作用点越靠近形心，则中性轴越远离形心。式中负号表示中性轴与外力作用点总是位于形心两侧。中性轴将截面划分成两部分，一部分为压应力区，另一部分为拉应力区。

由图 10-11 可见，最小正应力(压应力)$\sigma_{\min}$ 发生在 C 点，最大正应力(拉应力)$\sigma_{\max}$ 发生在 A 点，其值为

$$\begin{cases} \sigma_{\max} = -\frac{P}{A} + \frac{M_z}{W_z} + \frac{M_y}{W_y} \\ \sigma_{\min} = -\frac{P}{A} - \frac{M_z}{W_z} - \frac{M_y}{W_y} \end{cases} \tag{10-8}$$

危险点 A、C 都处于单向应力状态，所以双向偏心受压的强度条件可类似于单向偏心压缩的情况建立。

5. 强度条件

$$\begin{cases} \sigma_{\max} = -\frac{P}{A} + \frac{M_z}{W_z} + \frac{M_y}{W_y} \leqslant [\sigma_+] \\ \sigma_{\min} = \left| -\frac{P}{A} - \frac{M_z}{W_z} - \frac{M_y}{W_y} \right| \leqslant [\sigma_-] \end{cases} \tag{10-9}$$

例 10-5 试求图 10-12 所示偏心受拉杆的最大正应力。

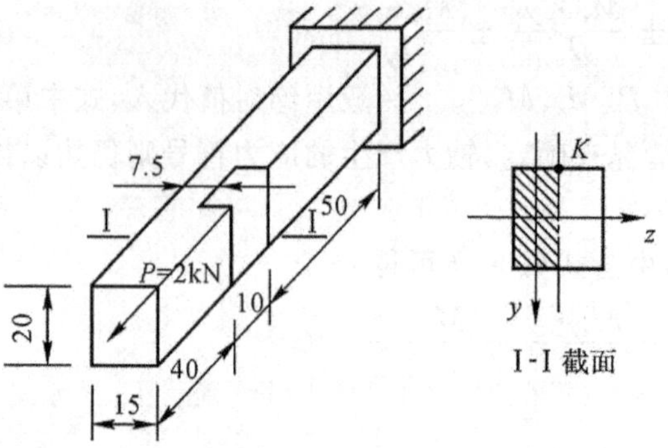

(a) (b)

图 10-12

解 通过分析不难看出，此杆切槽处的截面是危险截面，如图 10-12(b) 所示，将力 P 向切槽截面的轴线简化，得

$$N = P = 2\text{kN}$$

$$M_z = 2 \times 10 \times 10^{-3} = 20 \times 10^{-3} (\text{kN} \cdot \text{m})$$

$$M_y = 2 \times 11.25 \times 10^{-3} = 22.5 \times 10^{-3} (\text{kN} \cdot \text{m})$$

N、M_z、M_y 均在截面 K 点处引起拉应力，故 K 点为危险点，其应力为

$$\sigma_K = \frac{N}{A} + \frac{M_z}{W_z} + \frac{M_y}{W_y}$$

$$= \frac{2 \times 10^3}{20 \times 15} + \frac{6 \times 20 \times 10^{-3} \times 10^6}{15 \times 20^2} + \frac{6 \times 22.5 \times 10^{-3} \times 10^6}{20 \times 15^2}$$

$$= 56.67 (\text{MPa})$$

10.4 截面核心的概念

10.4.1 截面核心的工程背景

在土木工程中常见的砖、石、混凝土材料，由于其抗拉强度比抗压强度小得多，在设计时一般要求这类材料制成的杆件在偏心压力作用下，尽量避免在截面中出现拉应力，以免拉裂。由前面的推导可见，如果能够人为地将偏心压力的作用点限制在截面形心周围的一个区域，则杆件整个横截面上就只产生压应力而不出现拉应力，这个荷载作用的区域就称为截面核心。

10.4.2 截面核心的确定

由公式(10-7) 可见，中性轴在横截面的两个形心主轴上的截距 y_1、z_1 随压力作用点的坐标 y 和 z 变化。当压力作用点离横截面形心越近（偏心距越小）时，中性轴离横截面形心越远；当压力作用点离横截面形心越远(偏心距越大) 时，中性轴离横截面形心越近。

当中性轴与横截面周边相切时，横截面上恰好不产生拉应力，利用公式(10-7) 可以确定出一系列点，这些点的连线即为截面核心的边界线。

如图 10-13 所示，考虑一个任意形状的截面，如其截面的形心主轴为 y、z，则可将与截面周边相切的某一直线 Ⅰ 看作是中性轴，它在 y、z 两个形心主轴上的截距分别为 y_1 和 z_1。根据这两个值，就可确定与该中性轴对应的外力作用点（截面核心边界）C_1 的坐标

$$\begin{cases} y_{C_1} = -\dfrac{i_z^2}{y_1} \\ z_{C_1} = -\dfrac{i_y^2}{z_1} \end{cases} \tag{10-10}$$

式中

$$i_z^2 = \frac{I_z}{A}, i_y^2 = \frac{I_y}{A}$$

按上述方法求再求出切线 Ⅱ、Ⅲ、… 对应的截面核心边界上点 C_2、C_3、… 的坐标。连接这些点就得到的一条封闭曲线，即为所求截面核心的边界线，而该边界曲线所包围的面积，即为截面核心，如图 10-13 中的阴影部分所示。

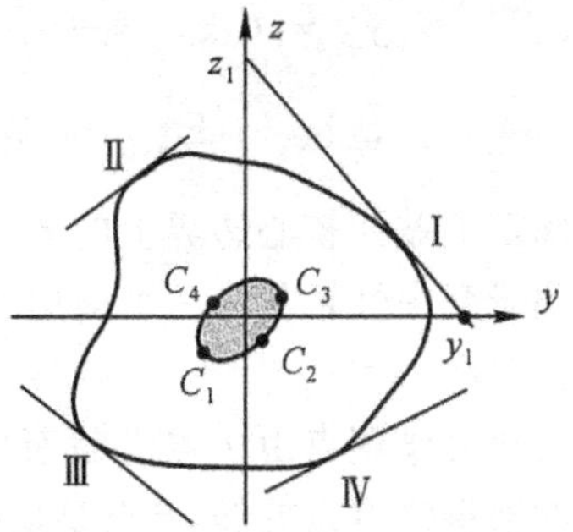

图 10-13

例 10-6　试作圆形截面的截面核心。

解　由于圆是中心对称图形，截面核心的边界对于圆心也应该是极对称的，即一个圆心为 o 的圆。作一条与圆截面周边相切于 A 的直线 Ⅰ（图 10-14），将其看作是中性轴，并取 OA 为 y 轴，于是，该中性轴在 y、z 两个形心主惯性轴上的截距为

$$y_1 = d/2, z_1 = \infty$$

而圆截面　$i_y^2 = i_z^2 = d^2/16$

将以上各值代入式(10-10)，得与中性轴 Ⅰ 相对应的截面核心边界上点 C 的坐标为

$$y_C = -\frac{i_z^2}{y_1} = -\frac{d^2/16}{d/2} = -\frac{d}{8}$$

$$z_C = -\frac{i_y^2}{z_1} = 0$$

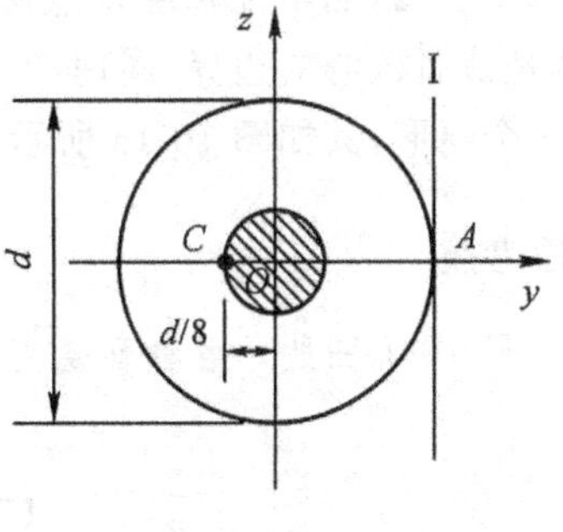

图 10-14

由对称性可知，圆形的截面核心边界也是一个以 o 为圆心、以 $d/8$ 为半径的圆，图 10-14 中带阴影线的区域即为截面核心。

例 10-7　矩形截面的边长分别为 b 和 h，如图 10-15 所示，试确定其截面核心。

解　矩形截面对称轴 oy 和 oz 也是形心主轴。可以求出该截面的惯性半径为

$$\begin{cases} i_y^2 = \dfrac{I_y}{A} = \dfrac{b^2}{12} \\ i_z^2 = \dfrac{I_z}{A} = \dfrac{h^2}{12} \end{cases}$$

设 Ⅰ 为与 AB 边重合的中性轴线，则图中 Ⅰ 对 y、z 轴的截距分别为

$y_1 = \infty, z_1 = -b/2$

由式(10-10),得到与之对应的1点坐标为

$$\begin{cases} y_{C_1} = -\dfrac{i_z^2}{y_1} = 0 \\ z_{C_1} = -\dfrac{i_y^2}{z_1} = \dfrac{b}{6} \end{cases}$$

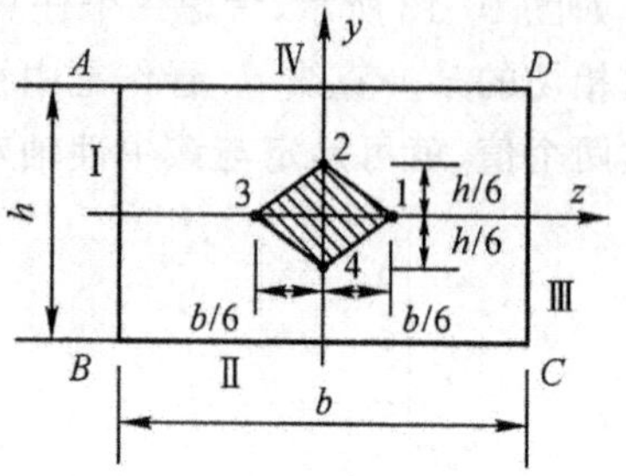

图 10-15

同理可对与矩形的其他边重合的中性轴 Ⅲ ～ Ⅳ 进行分析,得出图中 2 ～ 4 点的坐标

$$y_{C_2} = \frac{h}{6}, z_{C_2} = 0;$$

$$y_{C_3} = 0, z_{C_3} = -\frac{b}{6};$$

$$y_{C_4} = -\frac{h}{6}, z_{C_4} = 0。$$

确定了截面核心边界上的4个点后,还要确定这4个点之间截面核心边界的形状。

现研究中性轴从与一个周边相切,转到与另一个周边相切时,外力作用点的位置变化的情况。

当外力作用点由1点沿截面核心边界移动到2点的过程中,与外力作用点对应的一系列中性轴将绕B点旋转,B点是这一系列中性轴共有的点。因此,将B点的坐标y_B和z_B代入式(10-7)中,得

$$1 + \frac{e_y \cdot y_B}{i_z^2} + \frac{e_z \cdot z_B}{i_y^2} = 0$$

在这一方程中,如果将外力作用点的坐标e_y和e_z看成变量,则由于其次数为一次,所以是一个直线方程。

该式表明,当中性轴绕B点旋转时,外力作用点沿直线移动。因此,连接1点和2点的直线,就是截面核心的边界。同理,2点、3点和4点之间也分别是直线。最后可得截面的截面核心是一个菱形,其如图10-15所示。

思考题

10-1　题10-1图所示各截面悬臂梁将发生什么变形?

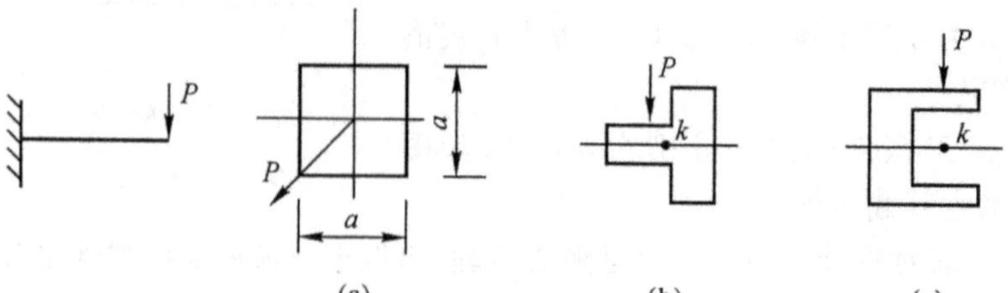

题10-1图

10-2　当梁在两个互垂对称面内同时弯曲时,如何计算最大弯曲正应力?

10-3　当杆件处于弯拉(压)组合变形时,正应力如何分布?如何计算最大正应力?

10-4　什么是截面核心?如何确定截面核心?截面核心在土木工程中有何用途?

习　题

10-1　试求题 10-1 图(a)、(b) 中所示的两杆横截面上最大正应力的比值。

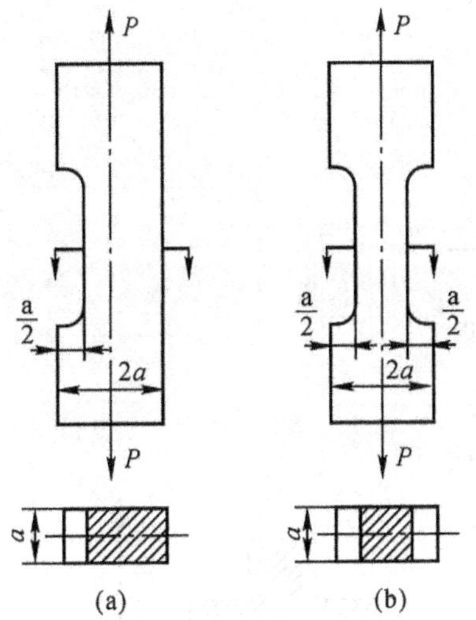

题 10-1 图

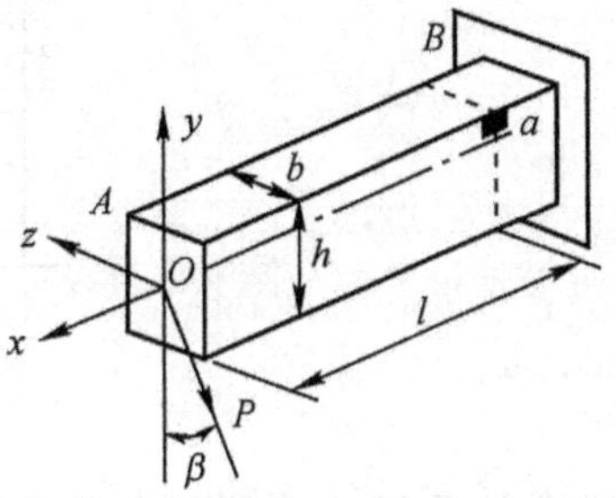

题 10-2 图

10-2　矩形截面悬臂梁受力如题 10-2 图所示，其中力 **P** 的作用线通过截面形心。试：

(1) 已知 **P**、b、h、l 和，求图中虚线所示截面上点 a 的正应力；

(2) 求使点 a 处正应力为零时的角度值。

10-3　桥墩受力如题 10-3 图所示，试确定下列载荷作用下图示截面 ABC 上 A、B 两点的正应力：

(1) 在点 1、2、3 处均有 40kN 的压缩载荷；

(2) 仅在 1、2 两点处各承受 40kN 的压缩载荷；

(3) 仅在点 1 或点 3 处承受 40kN 的压缩载荷。

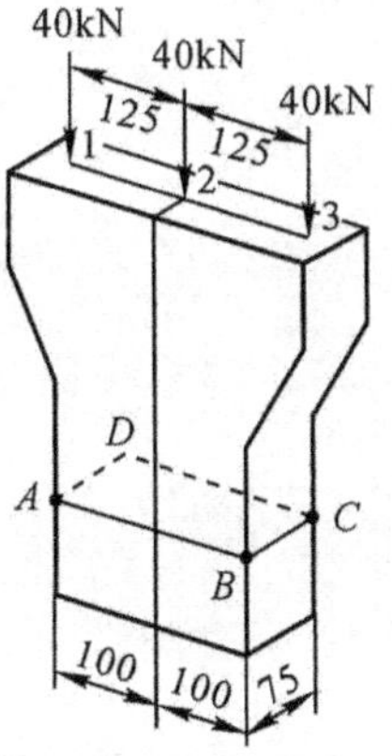

题 10-3 图

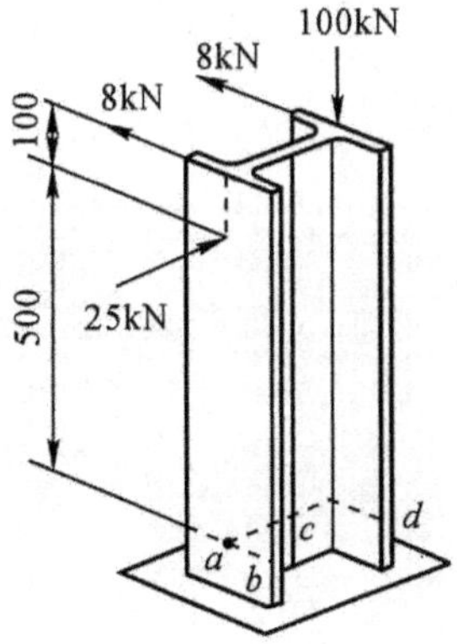

题 10-4 图

10-4　25a 普通热轧工字钢制成的立柱受力如题 10-4 图所示。试求图示横截面上 a、b、c、d 四点处的正应力。

10-5　题 10-5 图所示短柱受荷载 P 和 H 的作用，试求固定端截面上 A、B、C 及 D 的正应力，并确定其中性轴的位置。

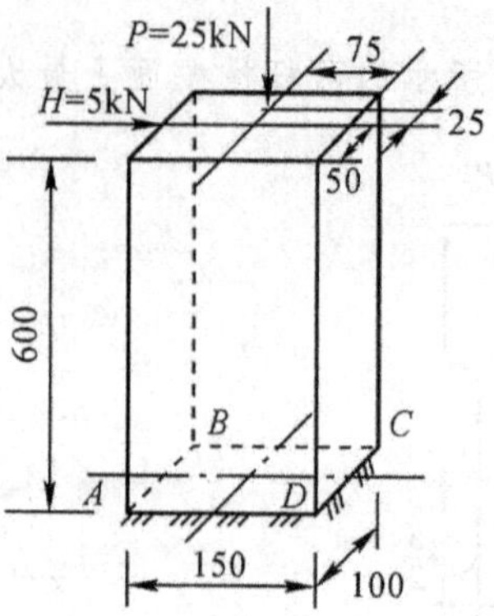

题 10-5 图

10-6　试确定题 10-6 图所示各截面图形的截面核心。

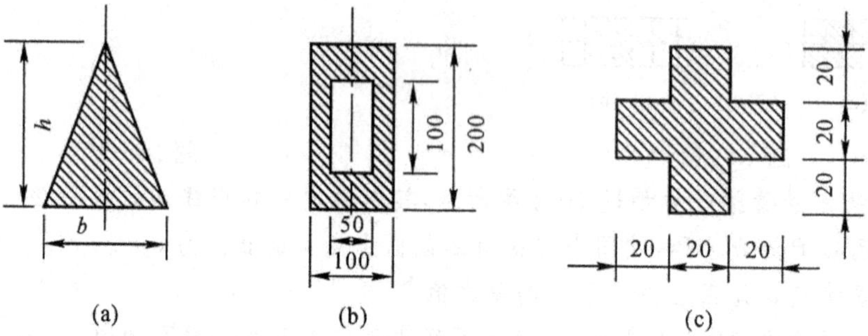

题 10-6 图

第 11 章　压杆稳定

11.1　压杆的概念

工程中把承受轴向压力的直杆称为压杆。在前面学习杆件的轴向拉伸和压缩时，认为杆件破坏的原因是由于强度不够造成的，即当横截面上的正应力达到材料的极限应力时，杆件将发生破坏。

实验表明，这种观点对于始终能够保持其原有直线形状的短粗压杆来说，可以认为是正确的，这时对它只进行强度计算也是合适的，但是，对于细长的压杆，情况却并非如此。细长压杆在轴向力的作用下，往往在因强度不足发生破坏之前，就因不能保持原有直线状态下的平衡而骤然屈曲破坏。由此可见，对于细长压杆，其能不能保持直线状态下的平衡问题必须加以考虑。在工程实践中把这类问题称为压杆的稳定性问题。

由于构件的失稳往往是突然发生的，因而其危害性也较大。历史上曾多次发生因构件失稳而引起的重大事故。例如，1907 年加拿大劳伦斯河上，跨长为 548 米的奎拜克大桥，因压杆失稳，导致整座大桥倒塌。1909 年，汉堡一个大型储气罐由于其支架中的一根压杆失稳而引起倒塌。现代土木工程中，这类事故仍时有发生。因此，稳定问题在工程设计中占有重要地位。

11.2　细长压杆的临界力分析

11.2.1　平衡与失稳

如图 11-1(a)，为了研究细长压杆的失稳过程，取一细长直杆，在杆端施加一个逐渐增大的轴向压力 P，当力 P 不大时，压杆保持直线平衡状态。

这时，如果给杆加一横向干扰力 Q，杆便发生微小的弯曲变形，当去掉干扰力后，杆经过若干次摆动，仍恢复为原来的直线形状，如图 11-1(c) 所示，杆件原来的直线形状的平衡状态称为稳定平衡；但当 P 压力增大至某一数值时，则在干扰力 Q 撤去后，杆不能恢复到原来的直线状态，并在一个曲线形态下平衡，如图 11-1(d) 所示。可见这时杆原有的直线平衡状是不稳定的，称为不稳定平衡。而这种丧失原有平衡状态的现象称为丧失稳定性，简称失稳。

在力学分析中将压杆受压后，杆件仍能保持平衡的情况称为平衡状态，并将压杆受压失稳后，其变形仍保持在弹性范围内的称为压杆的弹性稳定问题。

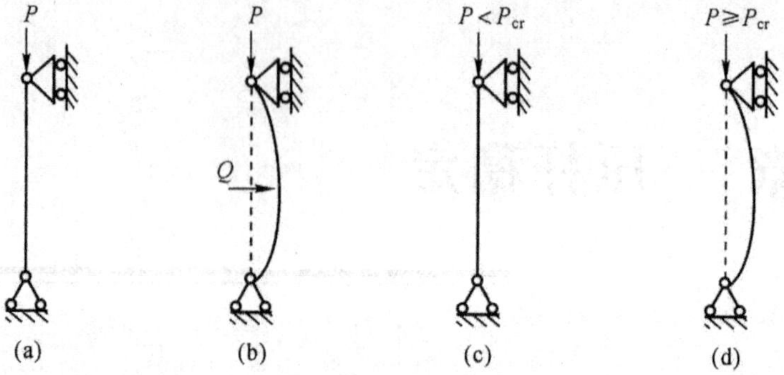

图 11-1

为了保证压杆安全可靠地工作，必须使压杆处于直线平衡形式。由前面的论述可见，同一压杆的平衡是否稳定，取决于压力 P 的大小。压杆保持稳定平衡所能承受的最大压力，称为临界力或临界荷载，用 P_{cr} 表示。显然，如 $P < P_{cr}$，压杆将保持稳定，如 $P \geqslant P_{cr}$，压杆将失稳。因此，分析稳定性问题的关键是求压杆的临界荷载。

11.2.2 临界力与欧拉公式

确定临界力的方法有静力法、能量法等。本节采用静力法，以两端铰支的中心受压直杆为例，说明确定临界力的基本方法。

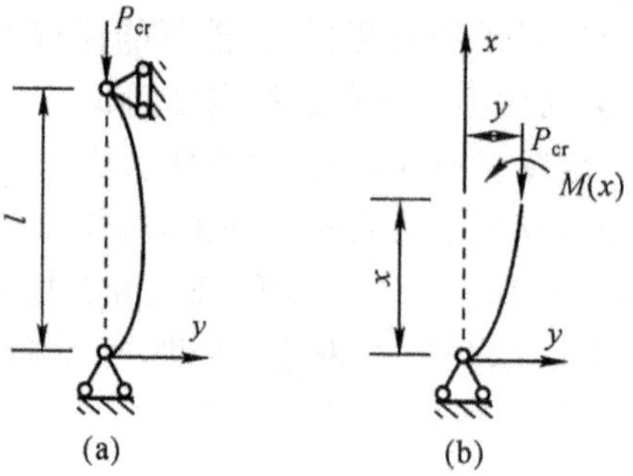

图 11-2

1. 两端铰支压杆的临界力

图 11-2(a) 所示两端铰支压杆，在临界力 P_{cr} 作用下处于临界状态，并具有微弯的平衡形式，其弹性曲线近似微分方程为

$$\frac{d^2y}{dx^2} = -\frac{M(x)}{EI} \tag{a}$$

其中任一截面(坐标为 x) 上的弯矩为

$$M(x) = P_{cr} \cdot y \tag{b}$$

将(b) 式代入(a) 式，且令

$$\frac{P_{cr}}{EI} = k^2 \tag{c}$$

得二阶常系数线性微分方程

$$\frac{\mathrm{d}^2y}{\mathrm{d}x^2}+k^2y=0 \tag{d}$$

其通解为　$y=A\sin kx+B\cos kx$　(e)

式(e) 中的 A、B 为积分常数，可由压杆的边界条件确定。两端铰支压杆的边界条件为 $x=0,y=0$ 和 $x=l,y=0$。将 $x=0,y=0$ 代入(e) 式，可得 $B=0$，而由 $x=l,y=0$ 得

$$y=A\sin kl \tag{f}$$

这有两种可能：一种是 $A=0$，即压杆没有弯曲变形，这与一开始的假设(压杆处于微弯平衡形式) 不符；二是 $kl=n\pi,n=1,2,3,\cdots$。由此得出相应于临界状态的临界力表达式：

$$P_{\mathrm{cr}}=\frac{n^2\pi^2EI}{l^2} \tag{g}$$

由式(g) 可知，压杆的临界力在理论上是多值的，实际工程中有意义的是最小的临界力值，取 $n=1$，得

$$P_{\mathrm{cr}}=\frac{\pi^2EI}{l^2} \tag{11-1}$$

式(11-1) 是两端铰支压杆临界力的计算公式，称为欧拉公式。式中：

E—— 材料的弹性模量。

I—— 杆件横截面对形心轴的惯性矩。当杆端在各方向的支承情况一致时，压杆总是在抗弯刚度最小的纵向平面内失稳，所以(11-1) 式中的 I 应取截面的最小形心主惯性矩 $I_{\min}$。

l—— 杆件长度。

2. 其他约束情况下压杆的临界力

对于杆端约束不同的压杆，均可仿照两端铰支压杆临界力公式的推导方法，得出其相应的临界力计算公式。一般而言，杆端的约束越强，压杆越不容易失稳，临界力就越大。表 11-1 列出了常用的几种杆端支承情况下压杆的临界力计算公式。

表 11-1　各种支承情况下等截面细长杆临界力公式

支承情况	两端铰支	一端固定 一端悬臂	两端固定 一端固定	一端铰支
杆端支承情况	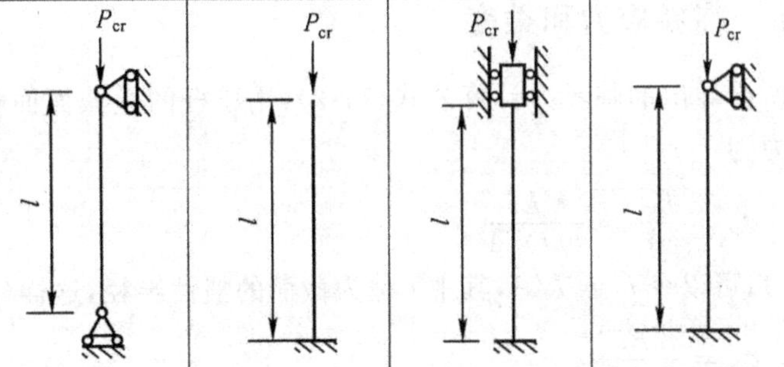			
临界力 P_{cr}	$\frac{\pi^2EI}{l^2}$	$\frac{\pi^2EI}{(2l)^2}$	$\frac{\pi^2EI}{(0.5l)^2}$	$\frac{\pi^2EI}{(0.7l)^2}$
计算长度	l	$2l$	$0.5l$	$0.7l$
长度因数 μ	1	2	0.5	0.7

11.2.3　欧拉公式的一般形式

由表 11-1 可见，可以将欧拉公式写成一般形式：

$$P_{cr}=\frac{\pi^2 EI}{(\mu l)^2} \tag{11-2}$$

式中：μl 表示将压杆折算成两端铰支压杆的长度，称为计算长度，μ 称为长度系数。由表 11-1 可见，杆端的约束愈强，则 μ 值愈小，压杆的临界力愈高；杆端的约束愈弱，则 μ 值愈大，压杆的临界力愈低。

例 11-1　两端铰支的矩形截面压杆如图 11-3 所示，$l=1.5\text{m}$，$a=15\text{mm}$，$b=30\text{mm}$，$E=10^4\text{MPa}$，$[\sigma_c]=6\text{MPa}$，试按照欧拉公式求临界力，并将其与按强度条件求得的许用压力比较。

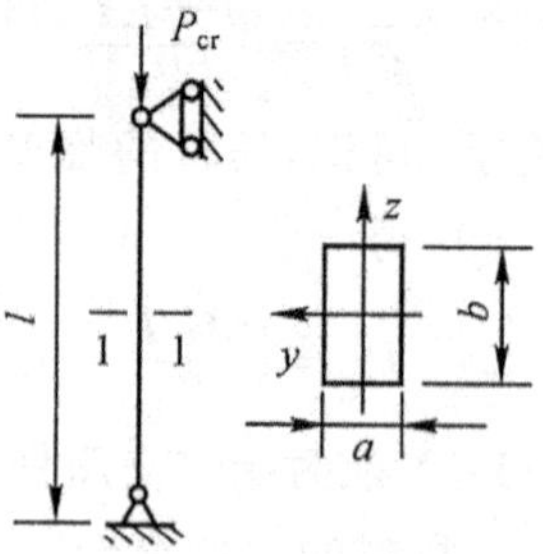

图 11-3

解　按临界力的定义，公式(11-2)中惯性矩 I 应以较小的惯性矩 I_z 代入，即

$$I_z=\frac{ba^3}{12}=\frac{30\times15^3}{12}=8437.5(\text{mm}^4)$$

由欧拉公式

$$P_{cr}=\frac{\pi^2 EI_z}{l^2}=\frac{\pi^2\times10^4\times8437.5}{(1.5\times10^3)^2}=370.1(\text{N})\approx0.37(\text{kN})$$

而由强度条件可得许用为

$$[P]=A[\sigma_c]=15\times30\times6=2700(\text{N})=2.7(\text{kN})$$

比较临界力 P_{cr} 和强度条件得到的许用压力 $[P]$，不难看出压杆在远未达到强度允许的承压力之前就已经失稳破坏了。

11.3　压杆的临界应力

11.3.1　临界应力和柔度

对前面所推导出的临界力计算公式(11-2)，用压杆的横截面面积 A 除 P_{cr}，得到与临界力对应的应力为

$$\sigma_{cr}=\frac{P_{cr}}{A}=\frac{\pi^2 EI}{(\mu l)^2 A} \tag{a}$$

称为临界应力，可以令 $i^2=I/A$，其中 i 称为截面的惯性半径，这样(a)式可写成

$$\sigma_{cr}=\frac{\pi^2 Ei^2}{(\mu l)^2} \tag{b}$$

再引入一个参数　$\lambda=\dfrac{\mu l}{i}$　　(11-3)

其中 λ 称为压杆的柔度或长细比，是一个无量纲的量，它集中反映了压杆的长度、约束条件、截面尺寸和形状等因素对临界应力的影响，则(b)式可改写成

$$\sigma_{cr}=\frac{\pi^2 E}{\lambda^2} \tag{11-4}$$

11.3.2　欧拉公式的适用范围

欧拉公式是在材料服从虎克定律的条件下导出的，所以只有在临界应力小于比例极限的条件下才能应用，即欧拉公式的适用条件为

$$\sigma_{cr} = \frac{\pi^2 E}{\lambda^2} \leqslant \sigma_p \tag{11-5}$$

$$\Rightarrow \lambda \geqslant \sqrt{\frac{\pi^2 E}{\sigma_p}}$$

如果令

$$\lambda_p \geqslant \sqrt{\frac{\pi^2 E}{\sigma_p}} \tag{11-6}$$

则上式可写为　$\lambda \geqslant \lambda_p$　(11-7)

上式表明，只有当压杆的柔度 λ 大于等于某一特定值 λ_p 时，才能用欧拉公式计算其临界荷载和临界应力。工程中把 $\lambda \geqslant \lambda_p$ 的压杆称为细长杆或大柔度杆。

由于 λ 与材料的比例极限 σ_p 和弹性模量 E 有关，所以对于不同的材料，压杆的 λ_p 是不同的。例如对于 Q235 钢，$\sigma_p = 206\text{GPa}$，$E = 200\text{GPa}$，代入(11-6) 式后，得 $\lambda_p = 101$。

11.3.3　中长杆的临界应力计算 —— 经验公式

当压杆的柔度 λ 小于 λ_p 时，称为中长杆或中柔度杆。这类压杆的临界应力 σ_{cr} 超出了比例极限 σ_p 的范围，不能应用欧拉公式，目前采用在实验基础上建立的经验公式。工程中常用的经验公式有两种：直线公式和抛物线公式。

1. 直线公式

临界应力 σ_{cr} 与柔度 λ 成直线关系，其表达式为

$$\sigma_{cr} = a - b\lambda \tag{11-8}$$

式中 a、b 为与材料有关的常数，由试验确定。例如 Q235 钢，$a = 304\text{MPa}$，$b = 1.12\text{MPa}$；松木 $a = 29.3\text{MPa}$，$b = 0.19\text{MPa}$。

实际上，(11-8) 式只能在下述范围内成立：

$$\sigma_p < \sigma_{cr} < \sigma_s \tag{11-9}$$

因为当 $\sigma_{cr} > \sigma_s$ 时，压杆将发生强度破坏而不是失稳破坏，此时压杆称为粗短杆。由式(11-8) 可得

$$\lambda = \frac{a - b}{\sigma_{cr}}$$

所以式(11-9) 也可用柔度表示为

$$\lambda_p > \lambda > \lambda_s \tag{11-10}$$

对于 Q235 钢不难求出 $\lambda_s = 61.6$。

2. 抛物线公式

根据我国的具体情况和多年的实践经验，对于钢制压杆，采用抛物线公式更为合理。抛物线公式把临界应力 σ_{cr} 与柔度 λ 的关系表示为

$$\sigma_{cr} = a_1 - b_1\lambda^2 \tag{11-11}$$

在我国钢结构设计规范中，对于 $\lambda < \lambda_p$ 的压杆，采用的抛物线公式为

$$\sigma_{cr} = \sigma_s\left[1 - 0.43\left(\frac{\lambda}{\lambda_c}\right)^2\right] \tag{11-12}$$

式中：

$$\lambda_c = \sqrt{\frac{\pi^2 E}{0.57\sigma_s}} \tag{11-13}$$

对于 Q235 钢，$\sigma_s = 240\text{MPa}, E = 210\text{GPa}, \lambda_c = 123$，则经验公式为

$$\sigma_{cr} = 240 - 0.00682\lambda^2(\text{MPa})$$

式(11-12) 有两点必须注意：

(1) 适用范围为 $\lambda \leqslant \lambda_c$。当 $\lambda > \lambda_c$ 时，仍用欧拉公式计算临界应力。因而中长杆与细长杆的柔度分界点应为 λ_c 而不是 λ_p，两者数值稍有差异。

(2)$\lambda \leqslant \lambda_c$ 的压杆不再区分中长杆和粗短杆。

11.3.4 临界应力总图

综上所述，将临界应力 σ_{cr} 和柔度的函数关系用曲线表示，该曲线称为临界应力总图。

1. 直线公式

临界应力与柔度的关系为三类：

(1)$\lambda > \lambda_p$，细长杆，$\sigma_{cr} = \dfrac{\pi^2 E}{\lambda^2}$；

(2)$\lambda_p > \lambda \geqslant \lambda_s$，中长杆，$\sigma_{cr} = a - b\lambda$；

(3) $\lambda < \lambda_s$，短杆，发生强度破坏。

其临界应力总图如图 11-4(a) 所示。

2. 抛物线公式

临界应力与柔度的关系为两类：

(1)$\lambda > \lambda_c$，$\sigma_{cr} = \dfrac{\pi^2 E}{\lambda^2}$；

(2)$\lambda \leqslant \lambda_c$，$\sigma_{cr} = a_1 - b_1\lambda^2$。

其临界应力总图如图 11-4(b) 所示。

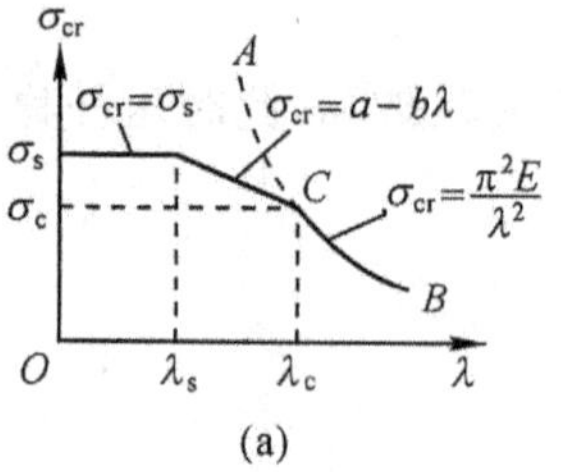

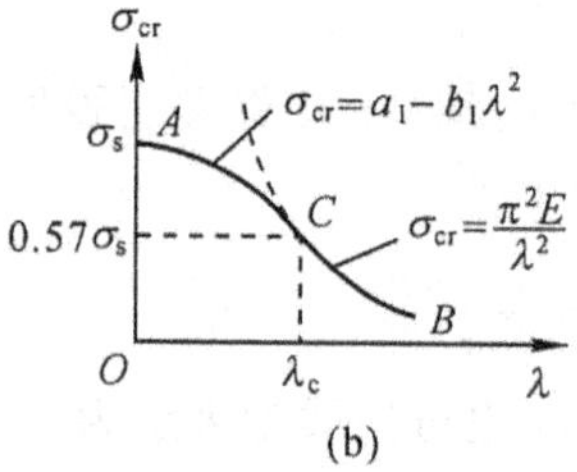

图 11-4

例 11-2 两端铰支的木制压杆，如图 11-5 所示，其中 $l = 1\text{m}$。已知压杆材料的比例极限 $\sigma_p = 9\text{MPa}$，弹性模量 $E = 10^4\text{MPa}$，请比较以下两种压杆截面对应的临界荷载：

(1) $h = 100\text{mm}, b = 25\text{mm}$ 的矩形；

(2) $h = b = 50\text{mm}$ 的正方形(已知中长压杆的直线公式系数为 $a = 29.3\text{MPa}, b = 0.19\text{MPa}$)。

解　(1) 矩形截面。由表 11-1 可知对于两端铰支，$\mu=1$。截面的最小惯性半径为

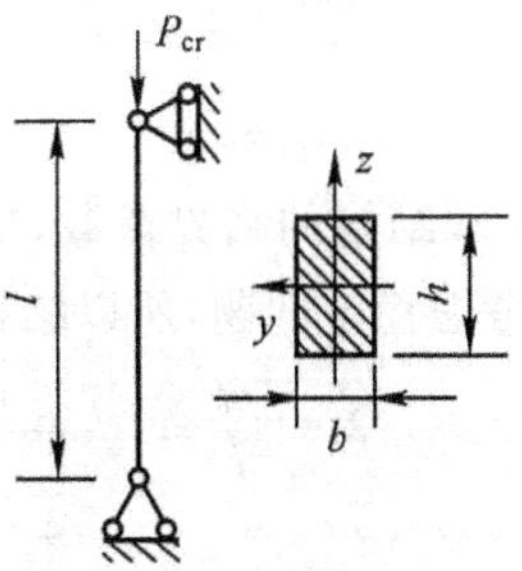

图 11-5

$$i_z=\sqrt{\frac{I_z}{A}}=\sqrt{\frac{\frac{hb^3}{12}}{bh}}=\frac{b}{\sqrt{12}}=\frac{25}{\sqrt{12}}=7.22(\text{mm})$$

长细比为

$$\lambda=\frac{\mu l}{i}=\frac{1\times 1\times 10^3}{7.22}=138.5$$

由(11-6)式得

$$\lambda_p=\sqrt{\frac{\pi^2 E}{\sigma_p}}=\sqrt{\frac{\pi^2\times 1\times 10^4}{9}}=104.7$$

$\lambda>\lambda_p$，故该压杆为细长杆，临界力采用欧拉公式(11-4)计算，得

$$P_{cr}=\sigma_{cr}A=\frac{\pi^2 E}{\lambda^2}\cdot A=\frac{\pi^2\times 10^4}{138.5^2}\times 25\times 100=12863(\text{N})=12.9(\text{kN})$$

(2) 正方形截面。截面的惯性半径为

$$i_y=i_z=\frac{b}{\sqrt{12}}=\frac{50}{\sqrt{12}}=14.43(\text{mm})$$

长细比为

$$\lambda=\frac{\mu l}{i}=\frac{1\times 1\times 10^3}{14.43}=69.3$$

因为 $\lambda<\lambda_p$，所以杆为中长杆，采用直线公式(11-8)计算其临界应力，有

$$\sigma_{cr}=a-b\lambda=29.3-0.19\times 69.3=16.13(\text{MPa})$$

临界荷载为

$$P_{cr}=\sigma_{cr}\cdot A=16.13\times 50^2=40325(\text{N})=40.3(\text{kN})$$

通过(1)、(2)对比可见，上述两种压杆截面的面积相等，而正方形截面压杆的临界荷载较大，抗失稳能力更强。

例 11-3　由五根直径均为 $d=50\text{mm}$ 的圆钢杆组成正方形结构，如图 11-6 所示，构件连接处均为光滑铰接，正方形边长 $a=1\text{m}$，材料为 Q235 钢，$E=200\text{Gpa}$，$\sigma_p=200\text{MPa}$，试求结构的临界荷载值。

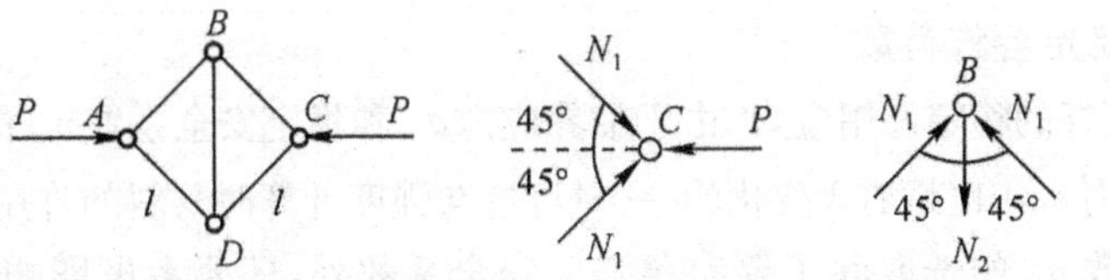

图 11-6

解　(1) 各杆轴力分析。由于结构和荷载具有对称性，所以结构四边的杆的轴力相等，根据 C 节点的静力平衡条件有

$$\sum X=0\Rightarrow\qquad P-2N_1\cdot\cos 45^\circ=0$$

故　$N_1=P/\sqrt{2}$

由 B 节点的静力平衡条件

$$\sum Y = 0 \Rightarrow \quad 2N_1 \cdot \cos 45° - N_2 = 0$$

故 $N_2 = P$

(2) 求结构的临界荷载。根据(1)中假设的轴力方向可知,BD 杆受拉而其他杆受压。拉杆无需考虑稳定问题,所以结构的临界荷载应根据四边的压杆求出。

$$\lambda = \frac{\mu l}{i} = \frac{1 \times 1 \times 10^3}{\frac{1}{4} \times 50} = 80$$

因 $\lambda < 100$,故用直线公式,得结构的临界载荷为

$$\frac{P_{cr}}{\sqrt{2}} = (a - b\lambda) \cdot \frac{\pi d^2}{4}$$

即

$$P_{cr} = \sqrt{2}(304 - 1.12 \times 80) \times \frac{\pi \times 50^2}{4} = 595000(\text{N}) = 595(\text{kN})$$

11.4 压杆的稳定性计算

11.4.1 压杆稳定条件

为了保证压杆具有足够的稳定性,应使作用在杆上的压力 P 不超过压杆的临界力 P_{cr},对工程上的压杆,由于存在着种种不利因素,还需有一定的安全储备。

$$p \leqslant \frac{p_{cr}}{n_{st}} = [p_{st}] \tag{11-14}$$

或

$$\sigma \leqslant \frac{\sigma_{cr}}{n_{st}} = [\sigma_{st}] \tag{11-15}$$

式中:P—— 实际作用在压杆上的压力;

P_{cr}—— 压杆的临界力;

n_{st}—— 稳定性安全系数,随 λ 的改变而变化。一般来说,稳定安全系数比强度安全系数 n 大;

$[P_{st}]$—— 稳定容许荷载;

$[\sigma_{st}]$—— 压杆的稳定许用应力。由于临界应力 σ_{cr} 和稳定安全系数 n_{st} 都随压杆的柔度系数而变化,所以$[\sigma_{st}]$ 也是随 λ 变化的一个量,这与强度计算时材料的许用应力$[\sigma]$ 不同。

稳定安全系数 n_{st} 的选取除了要参照强度安全系数外,还要考虑影响压杆失稳所特有的不利因素,如压杆不可避免地存在初始曲率、材料不均、荷载的偏心等。下面是几种常用材料的 n_{st}:

钢材	1.8 ~ 3.0
铸铁	5.0 ~ 5.5
木材	2.8 ~ 3.2

此外,工程上的压杆由于构造或其他原因,有时截面会受到局部削弱,如杆中有小孔或槽等,当这种削弱不严重时,对压杆整体稳定性的影响很小,在稳定计算中可不予考虑。但对

这种削弱的局部截面，则应作强度校核。

11.4.2　压杆的稳定性计算

根据压杆稳定条件式(11-14)和式(11-15)，就可以对压杆进行稳定性计算。压杆稳定计算的内容与强度计算类似，包括三类问题：校核稳定性、截面设计和求许用荷载。压杆稳定计算通常有两种方法。

1. 安全系数法

临界压力 P_{cr} 是压杆的极限荷载，P_{cr} 与工作压力 P 之比即为压杆的工作安全系数 n，它应大于规定的稳定安全系数 n_{st}，故有

$$n=\frac{P_{cr}}{P}\geqslant n_{st} \tag{11-16}$$

用这种方法进行压杆稳定计算时，必须计算压杆的临界荷载，而为了计算 P_{cr}，应首先计算压杆的柔度，再按不同的范围选用合适的公式计算。其中稳定安全系数 n_{st} 可在设计手册或规范中查到。

2. 折减系数法

在工程实际中，为了简化压杆的稳定计算，常将变化的稳定许用应力$[\sigma_{st}]$与强度许用应力$[\sigma]$联系起来。

由　$$[\sigma_{st}]=\frac{\sigma_{cr}}{n_{st}},[\sigma]=\frac{\sigma_0}{n}$$

得　$$[\sigma_{st}]=\frac{\sigma_{cr}}{n_{st}}\cdot\frac{n}{\sigma^0}\cdot[\sigma]=\varphi[\sigma]$$

式中　$$\varphi=\frac{[\sigma_{st}]}{[\sigma]}=\frac{\sigma_{cr}}{n_{st}}\cdot\frac{n}{\sigma^0}$$

表 11-2　压杆折减系数

λ	φ 值				
	Q215、Q235 钢	16Mn 钢	铸铁	木材	混凝土
0	1.000	1.000	1.000	1.000	1.00
20	0.981	0.937	0.91	0.932	0.96
40	0.927	0.895	0.69	0.822	0.83
60	0.842	0.776	0.44	0.658	0.70
70	0.789	0.705	0.34	0.575	0.63
80	0.731	0.627	0.26	0.460	0.57
90	0.669	0.546	0.20	0.371	0.46
100	0.604	0.462	0.16	0.300	
110	0.536	0.384		0.248	
120	0.466	0.325		0.209	
130	0.401	0.279		0.178	
140	0.349	0.242		0.153	
150	0.306	0.213		0.134	
160	0.272	0.188		0.117	
170	0.243	0.168		0.102	
180	0.218	0.151		0.093	
190	0.197	0.136		0.083	
200	0.180	0.124		0.075	

σ^0 为强度极限应力，n 为强度安全系数。由于 $\sigma_{cr} < \sigma^0$，$n_{st} > n$，因此 φ 值总是小于 1 且随柔度 λ 变化。表 11-2 中列出了几种常用材料的 $\lambda - \varphi$ 变化关系，计算时可查用。

因此压杆的稳定条件可用折减系数与强度许用应力来表达：

$$\sigma = \frac{P}{A} \leqslant \varphi[\sigma] \tag{11-17}$$

上述形式与压杆强度条件表达式类似，可以理解为：由于压杆在强度破坏之前便丧失稳定，故由降低强度许用应力 $[\sigma]$ 来保证杆件的安全。

应用折减系数法作稳定计算时，首先要算出压杆的柔度 λ，再按其材料，由表 11-2 查出 φ 值，然后按式(11-17)式进行计算。当计算出的 λ 值不是表中的整数值时，可用线性内插的近似方法得出相应的 φ 值。

应用稳定条件式(11-17)，能求解压杆稳定性方面的三类计算，即稳定性校核、确定许用荷载和截面设计。

例 11-4 某建筑底层钢管柱一端固定一端铰支，长 $l = 3.3\text{m}$。外径 $D = 100\text{mm}$，内径 $d = 80\text{mm}$，材料采用 Q235 钢，许用压应力 $[\sigma] = 160\text{MPa}$，已知承受轴向压力 $P = 300\text{kN}$，试校核此柱的稳定性。

解 柱一端固定一端铰支，故 $\mu = 0.7$，钢管截面惯性矩

$$I = \frac{\pi}{64}(D^4 - d^4) = \frac{\pi}{64}(100^4 - 80^4) = 289.8 \times 10^4(\text{mm}^4)$$

截面面积

$$A = \frac{\pi}{4}(D^2 - d^2) = \frac{\pi}{4}(102^2 - 86^2) = 49.7 \times 10^2(\text{mm}^2)$$

惯性半径

$$i = \sqrt{\frac{I}{A}} = \sqrt{\frac{289.8 \times 10^4}{49.7 \times 10^2}} = 24.1(\text{mm})$$

柔度

$$\lambda = \frac{\mu l}{i} = \frac{0.7 \times 3300}{24.1} = 95.9$$

由表 11-2 查出：

当 $\lambda = 90$ 时 $\varphi = 0.669$

当 $\lambda = 100$ 时 $\varphi = 0.604$

用线性内插法确定 $\lambda = 95.9$ 时对应的 φ 值

$$\varphi = 0.669 - \frac{95.9 - 90}{100 - 90}(0.669 - 0.604) = 0.631$$

校核稳定性

$$\sigma = \frac{P}{A} = \frac{300 \times 10^3}{49.7 \times 10^2} = 60.4(\text{MPa})$$

而

$$\varphi[\sigma] = 0.631 \times 160 = 101(\text{MPa})$$

所以 $\sigma < \varphi[\sigma]$，支柱满足稳定条件。

例 11-5 图 11-7 所示的立柱，高度 $l = 2\text{m}$，材料为 Q235 工字钢，容许应力 $[\sigma] = 160\text{MPa}$。已知该杆受到 250kN 的轴向压力作用，试选择工字钢型号。

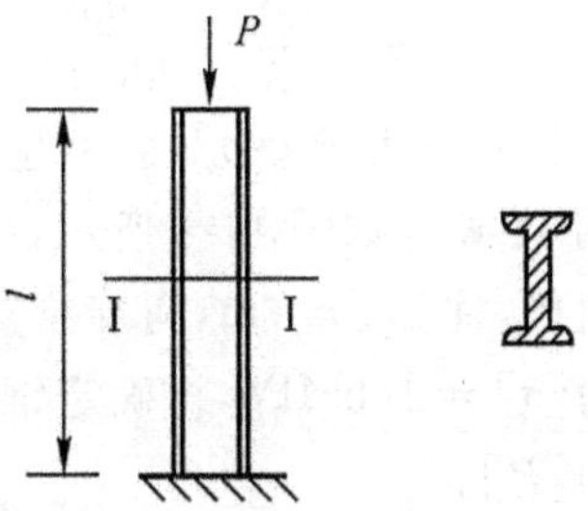

图 11-7

解　(1) 问题分析。在已知条件中给出了$[\sigma]$值，但对n_{st}没有特殊要求，所以应按折减系数法进行计算。

本例要求设计截面，应按式(11-17)进行，但其中φ尚未知，而φ应根据值查得，λ值又与工字钢截面尺寸有关，因此必须用试算法进行。

(2) 第一次试算。先假设$\varphi = 0.5$，代入式(11-17)，得

$$A \geqslant \frac{P}{\varphi[\sigma]} = \frac{250 \times 10^3}{0.5 \times 160} = 31.25 \times 10^2 (\text{mm}^2)$$

由型钢表选 20a 号工字钢，$A = 35.5 \times 10^2 \text{mm}^2$，$i_{min} = 21.2\text{mm}$

立柱一端固定一端自由，$\mu = 2$，因而

$$\lambda = \frac{\mu l}{i_{min}} = \frac{2 \times 2000}{18.9} = 188.7$$

查表 11-2 并用线性内插法，得$\varphi = 0.163$，与原假设$\varphi = 0.5$相差甚大，需作调整。

(3) 第二次试算。再假设

$$\varphi = \frac{0.5 + 0.202}{2} = 0.35$$

代入式(11-17)，得

$$A \geqslant \frac{250 \times 10^3}{0.35 \times 160} = 44.64 \times 10^2 (\text{mm}^2)$$

由型钢表选 22b 工字钢

$$A = 46.4 \times 10^2 \text{mm}^2$$

$i_{min} = 22.7\text{mm}$，因而

$$\lambda = \frac{\mu l}{i_{min}} = \frac{2 \times 2000}{22.7} = 176.2$$

查表得$\varphi = 0.23$，与假设$\varphi = 0.35$仍相差过大。

(4) 作第三次试算。再假设

$$\varphi = \frac{0.35 + 0.23}{2} = 0.29$$

代入式(11-17)，得

$$A \geqslant \frac{250 \times 10^3}{0.29 \times 160} = 53.88 \times 10^2 (\text{mm}^2)$$

由型钢表选 28a 工字钢

$$A = 55.45 \times 10^2 \text{mm}^2$$

$i_{min} = 24.95\text{mm}$，因而

$$\lambda = \frac{2 \times 2000}{24.95} = 160.3$$

查表得$\varphi = 0.27$，与假设$\varphi = 0.29$相差不大，故可选 28a 工字钢。

(5) 校核稳定性，根据式(11-17)

$$\varphi[\sigma] = 0.27 \times 160 = 43.2(\text{MPa})$$

而

$$\sigma = \frac{P}{A} = \frac{250 \times 10^3}{55.45 \times 10^2} = 45.1(\text{MPa})$$

可见 σ 虽大于 $\varphi[\sigma]$，但不超过 5%，满足稳定性要求。

例 11-6 如图 11-8 所示，一根钢柱由两根 18 号槽钢组成，柱高 $l = 6\text{m}$，两端铰支，材料为 Q235 钢，许用应力 $[\sigma] = 160\text{MPa}$，试确定钢柱所能承受的最大轴向压力 $[P]$。

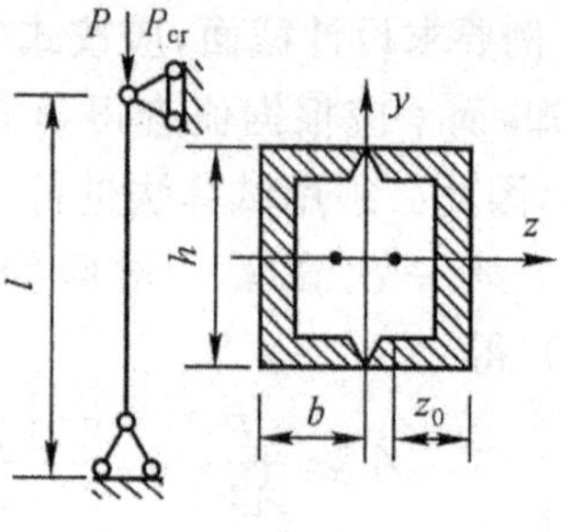

图 11-8

解 18 号槽钢的相关参数可以通过查表获得

$b = 70\text{mm}, z_0 = 18.4\text{mm}, A = 29.3 \times 10^2\text{mm}^2$,

$I_{z0} = 1369.9 \times 10^4\text{mm}^4, I_{y0} = 111 \times 10^4\text{mm}^4$

钢柱截面由两根槽钢组成：

$$I_z = I_{z0} = 2 \times 1369.9 \times 10^4 = 2739.8 \times 10^4(\text{mm}^4)$$

I_y 可以通过平行移轴公式求出：

$$I_y = 2[I_{y0} + A(b - z_0)^2] = 2[111 \times 10^4 + 29.3 \times 10^2 \times (70 - 18.4)^2] = 1782.2 \times 10^4(\text{mm}^4)$$

$$i_{\min} = i_y = \sqrt{\frac{I_y}{A}} = \sqrt{\frac{1782.2 \times 10^4}{2 \times 29.3 \times 10^2}} = 55.1(\text{mm})$$

钢柱两端铰支，$\mu = 1$，钢柱柔度为

$$\lambda = \frac{\mu l}{i_{\min}} = \frac{1 \times 6000}{55.1} = 108.9$$

查表，由线性内插法，得 $\varphi = 0.543$，所以许可荷载为

$$[P] = A[\sigma]\varphi = 2 \times 29.3 \times 10^2 \times 160 \times 0.543 = 509116.8(\text{N}) \approx 509(\text{kN})$$

11.5 提高压杆稳定性的措施

由以上各节的讨论可知，影响压杆稳定的因素有压杆的截面形状、长度和约束条件、材料的性质等。要提高压杆的稳定性，可从下列四个方面考虑。

1. 选择合理的截面形状

临界应力 σ_{cr} 是随柔度 λ 的减小而增大，而 λ 又与惯性半径 i 成反比。因此，在截面面积不变的条件下，增大 i 值，可提高压杆的稳定性。通常采用空心截面和型钢组合截面，比较 11-9 所示的几个截面，其中(a) 与(b) 的截面面积相同，显然，空心圆较实心圆合理；图(c) 与(d) 同为用四根等边角钢组合成的压杆截面，显然，图 11-9(d) 所示的方案更合理。

当压杆在各纵向平面内的约束情况相同时，应采用使各个方向的惯性矩相同的截面，例如采用圆形截面和方形截面。

当压杆在两个主惯性平面内的约束情况不相同时，应采用两个方向惯性矩不同的截面，如矩形截面和工字形截面等，以与相应的约束情况配合，从而保证两个主惯性平面内的柔度相同。

2. 改善端部支承情况

从表 11-1 中可以看出，压杆两端连接的刚性越好，长度系数 μ 越小，则 λ 越小，临界应力

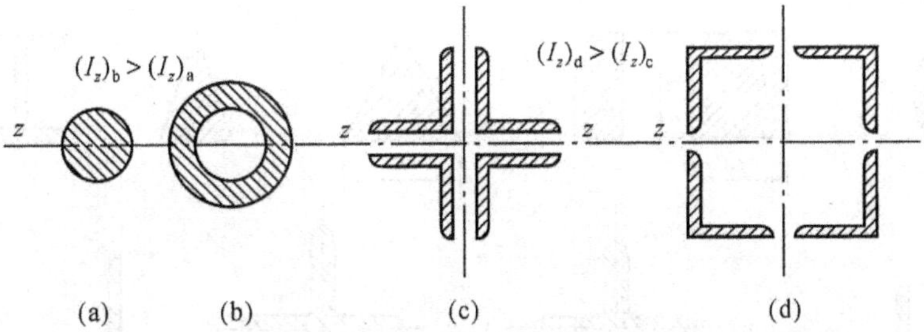

图 11-9

就越大。因此提高支承的刚性，可以提高压杆的稳定性。

3. 减小压杆的长度

在其他条件相同的情况下，减小压杆的长度，可以降低压杆的长细比，从而提高其稳定性。在可能的情况下，压杆增加中间支承，亦能有效地减小压杆的长度，提高压杆的稳定性。

此外，在结构允许的情况下，将压杆转换成拉杆，可从根本上消除稳定性问题。

4. 合理选择材料

对于大柔度杆，根据欧拉公式可知，压杆的临界应力与材料的弹性模量 E 成正比，而与材料的强度指标无关。实验表明，各种钢材的 E 值相差不大，因此没有必要因稳定性问题选用优质钢材。

对于中柔度杆，根据经验公式可知，临界应力与材料的屈服极限和比例极限有关，所以采用高强度钢材可在一定程度上提高压杆的稳定性。

思考题

11-1　何谓失稳？何谓稳定平衡与不稳定平衡？何谓临界载荷？临界状态的特征是什么？

11-2　两端铰支细长压杆的临界载荷公式是如何建立的？应用该公式的条件是什么？

11-3　何谓惯性半径？何谓柔度？它们的量纲是什么？各如何确定？

11-4　如何区分大柔度杆、中柔度杆与小柔度杆？它们的临界应力（或极限应力）各如何确定？如何绘制临界应力总图？

11-5　如何进行压杆的合理设计？

习　题

11-1　两端为铰支的压杆，当横截面如题 10-1 图所示各种不同形状时，试问压杆会在哪个平面内失稳？（即失去稳定时压杆的截面绕哪一根形心轴转动）

11-2　两端铰支压杆，材料为 Q235 钢，具有题 10-2 图所示四种截面形状，截面面积均为$4.0\times 10^3\text{mm}^2$，试比较它们的临界力。其中 $d_2 = 0.7d_1$。

11-3　截面为圆形、半径为 d 的两端固定的压杆和截面为正方形边长为 d 两端铰支的压杆。若两杆都是细长杆且材料及柔度均相同。求两压杆的柔度之比以及临界力之比。

11-4　截面为 $160\text{mm}\times 240\text{mm}$ 的矩形木柱，长 $l = 6\text{m}$，两端铰支。若材料的容许应力$[\sigma]=10\text{MPa}$，问承受轴向压力 $P = 60\text{kN}$ 时，柱是否安全。

11-5　在题 11-5 图所示铰接体系 ABC 中，AB 和 BC 皆为细长压杆，且截面相同，材料一样。若因在 ABC 平面内失稳而破坏，并规定 $0<\theta<\pi/2$，试确定 P 为最大值时的 θ 角。

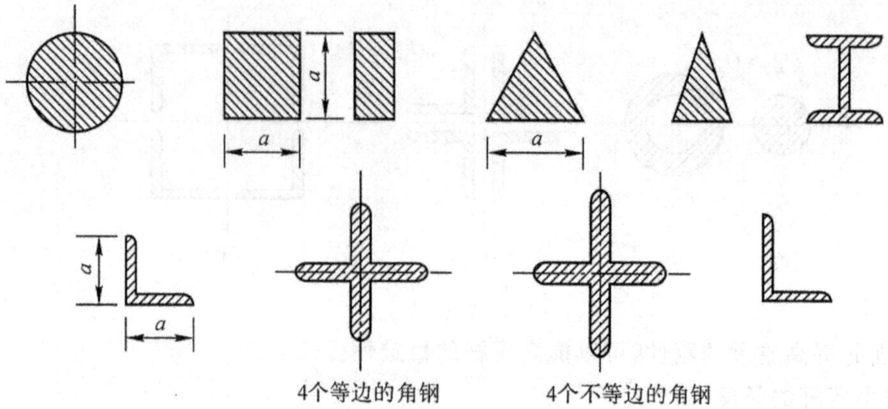

题 11-1 图

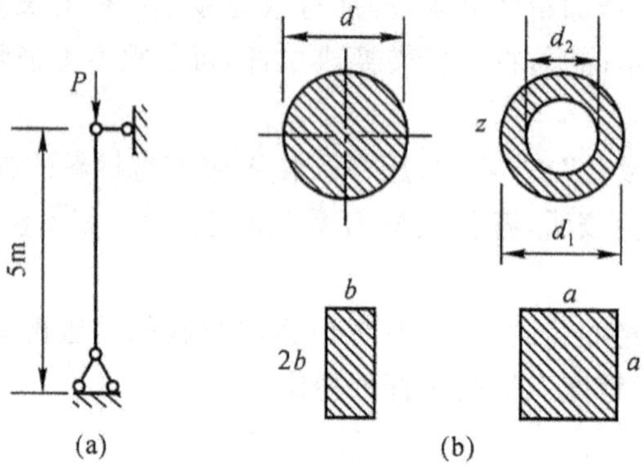

题 11-2 图

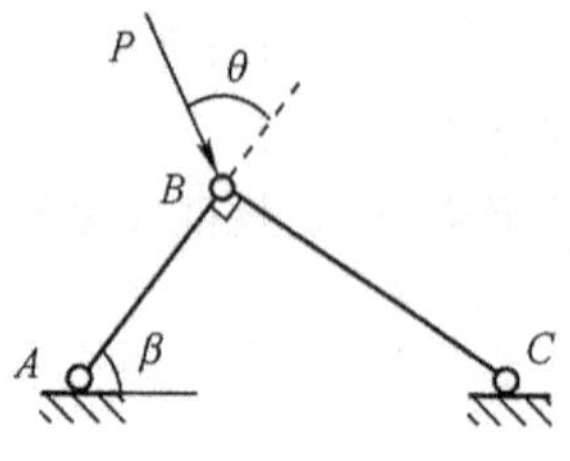

题 11-5 图

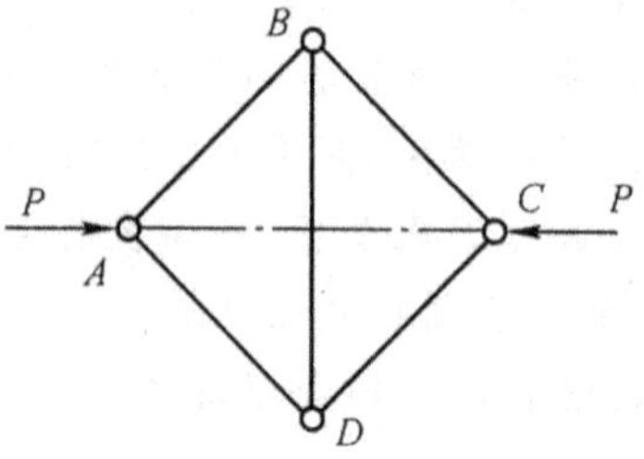

题 11-6 图

11-6 题 11-6 图所示正方形桁架结构由五根圆钢杆组成，各杆直径均为 $d=40\text{mm}$，正方形边长为 $a=1\text{m}$，材料均为 Q235 钢，$[\sigma]=160\text{MPa}$，连接处均为铰接。试：

(1) 求结构的容许载荷$[P]$；

(2) 若 P 力的方向与(1) 中相反，问容许载荷是否改变，若有改变，应为多少？

11-7 压杆由两根等边角钢 $L4012$ 组成如题 11-7 图所示。杆长 $l=2.4\text{m}$，两端铰支。承受轴向压力 $P=800\text{kN}$，$[\sigma]=160\text{MPa}$，铆打孔直径 $d=23\text{mm}$，试对压杆作稳定和强度校核。

11-8 题 11-8 图所示桁架，在节点 C 承受载荷 $P=100\text{kN}$ 作用。两杆均为圆截面杆，材料为低碳钢 Q275，许用压应力$[\sigma]=180\text{MPa}$，试确定两杆的杆径。

11-9 结构尺寸及受力如题 11-9 图所示。梁 ABC 为 22b 工字钢，$[\sigma]=160\text{MPa}$；柱 BD 为

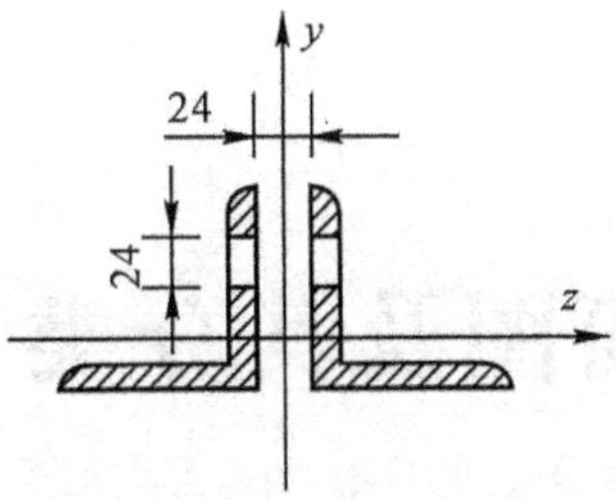

题 11-7 图

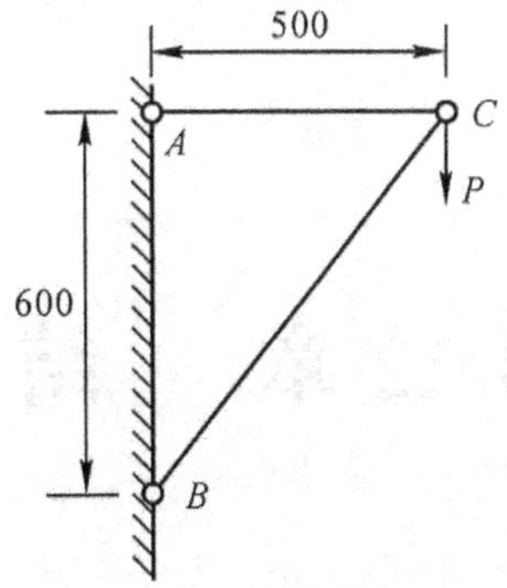

题 11-8 图

圆截面木材，直径 $d = 160\text{mm}$，$[\sigma] = 10\text{MPa}$，两端铰支。试作梁的强度校核。

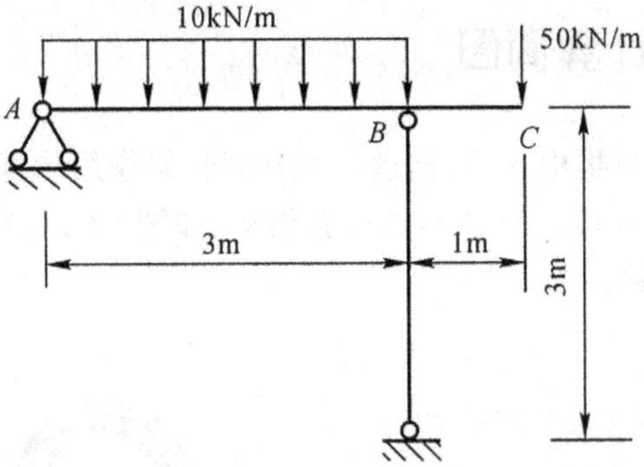

题 11-9 图

11-10　横截面如题 11-10 图所示之立柱，由四根 80mm × 80mm × 6mm 的角钢所组成，柱长 $l = 6\text{m}$。立柱两端为铰支，承受轴向压力 $P = 450\text{kN}$ 作用。立柱用 Q235 钢制成，许用压应力 $[\sigma] = 160\text{MPa}$，试确定横截面的边宽 a。

11-11　题 11-1 图所示立柱，由两根槽钢焊接而成，在其中点横截面 C 处，开有一直径为 $d = 60\text{mm}$ 的圆孔，立柱用低碳钢 Q275 制成，许用压应力 $[\sigma] = 180\text{MPa}$，轴向压力 $P = 400\text{kN}$。试选择槽钢型号。

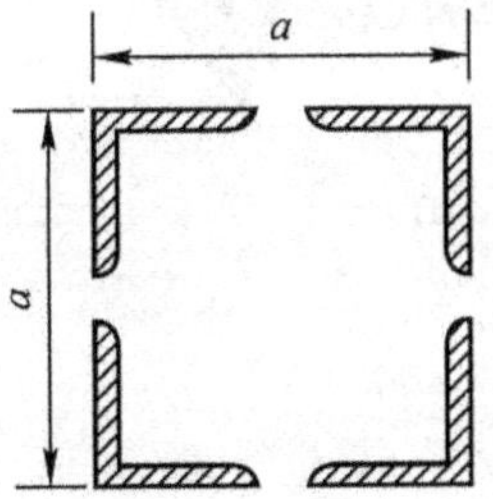

题 11-10 图

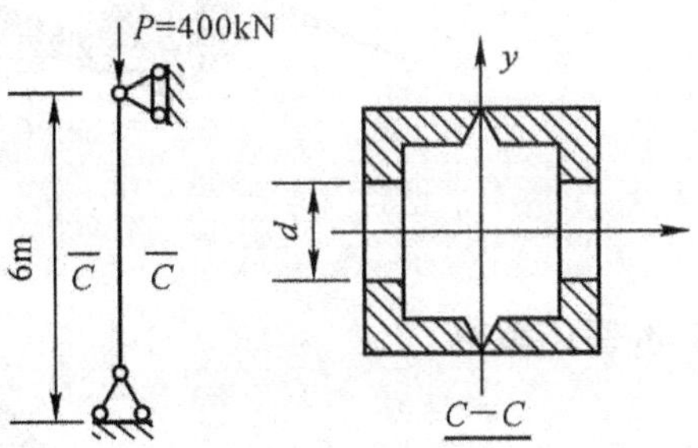

题 11-11 图

第12章　结构的计算简图及其分类

12.1　结构的计算简图

结构是在建筑物、构筑物中承受、传递荷载并起骨架作用的部分。

结构可分为如图12-1(a)、(b)所示的杆系结构、如图12-2(a)、(b)所示的板壳结构以及如图12-3所示的块体结构。

1. 杆系结构

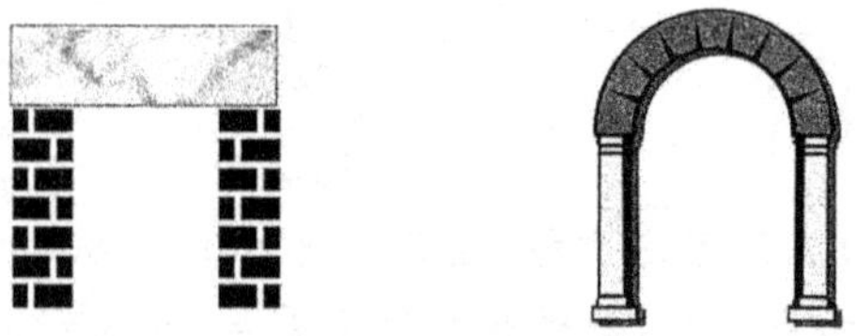

(a)　　(b)

图12-1

2. 板壳结构

(a)　　(b)

图12-2

3. 实体结构

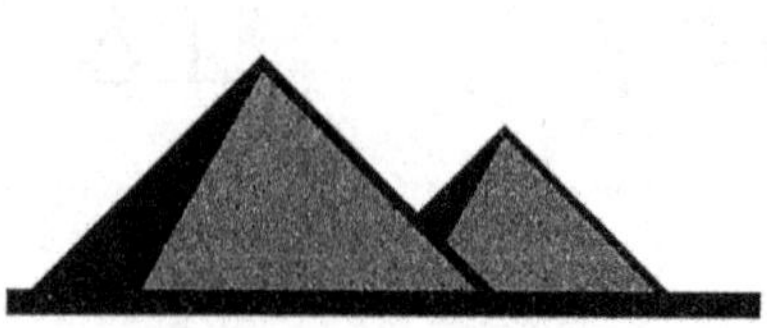

图12-3

杆系结构由杆件组成，杆件的几何特征是截面尺寸远小于长度。当组成结构的各杆轴线都在同一平面时，称为平面杆系结构。

12.1.1　计算简图的简化原则

工程结构的实际受力情况往往是很复杂的，完全按照其实际受力情况进行计算不现实，也是没必要的。用以代替原结构进行结构的力学分析、计算的简化图形叫结构的计算简图。对实际结构的力学计算往往在结构的计算简图上进行。所以，计算简图的选择必须注意下列原则：

(1) 反映结构实际情况 —— 计算简图能正确反映结构的实际受力情况，使计算结果尽可能精确；

(2) 分清主次因素 —— 计算简图可以略去次要因素，使计算简化；

(3) 视计算工具而定 —— 当使用的计算工具较为先进，如随着电子计算机的普及，结构力学计算程序的完善，就可以选用较为精确的计算简图。

12.1.2　计算简图的简化方法

1. 结构、杆件的简化

实际的杆系结构均为空间结构，但空间结构在很多情况下可简化或分解为几个平面结构来计算，本书仅讨论平面杆系结构。

(1) 结构体系的简化

如图 12-4(a) 所示的高层建筑，有时可简化成 12-4(b) 所示的平面结构，进而简化为 12-4(c) 所示的平面杆系计算简图来计算。

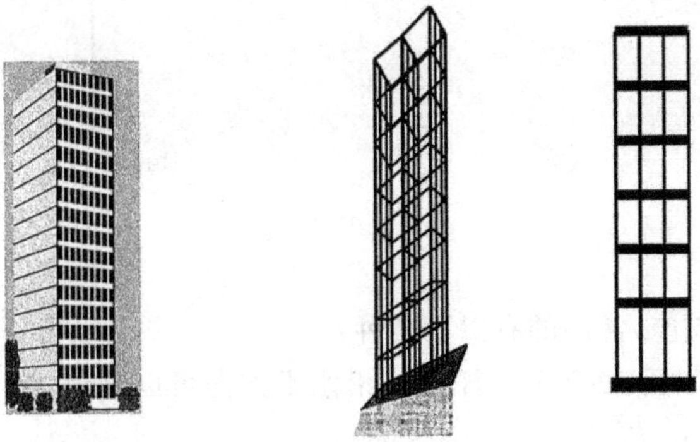

(a)　(b)　(c)

图 12-4

(2) 杆件的简化

如图 12-5 所示，杆件均可用其杆轴线来代替。

2. 结点的简化

杆系结构的结点，通常可简化为铰结点和刚结点。

其中：

(1) 铰接结点的受力变形特点：

(a) 铰结点上各杆间的夹角可以改变，与受荷载的夹角不同；

图 12-5

(b) 各杆的铰接端点不产生弯矩。如图 12-8(a) 所示。

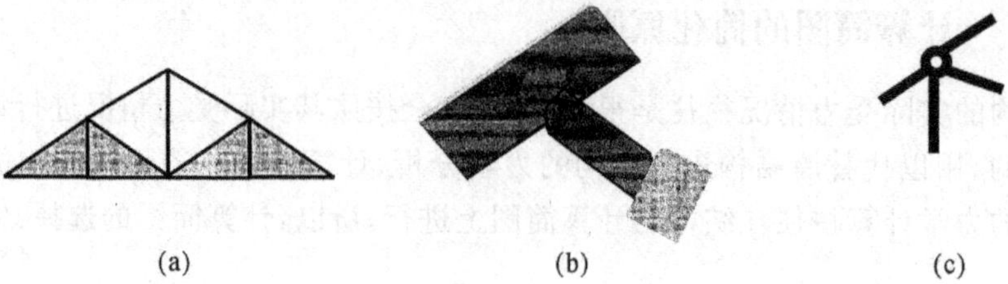

图 12-6

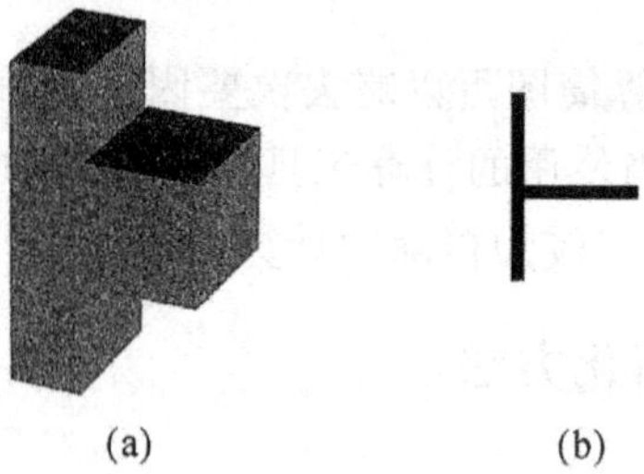

图 12-7

（2）刚结点受力变形特点：

（a）刚结点上各杆间的夹角保持不变，各杆的刚结端点在结构变形时旋转同一角度。

（b）各杆的刚结端点一般产生弯矩。如图 12-8(b) 所示。

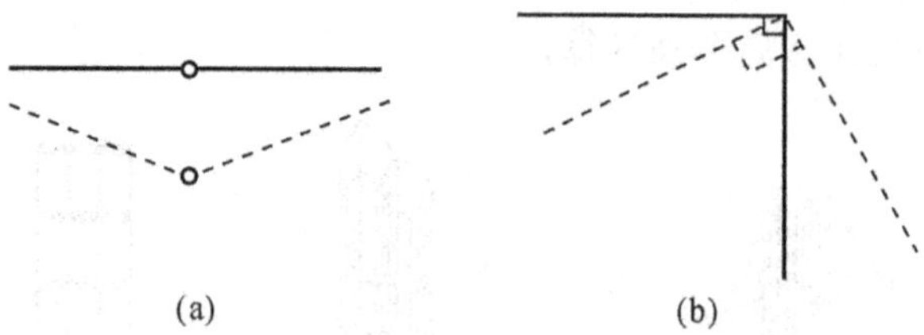

图 12-8

3. 支座的简化

平面杆系结构的支座，常用的有以下四种：

（1）可动铰支座，如图 12-9—— 杆端 A 沿水平方向可以移动，绕 A 点可以转动，但沿支座杆轴方向不能移动。

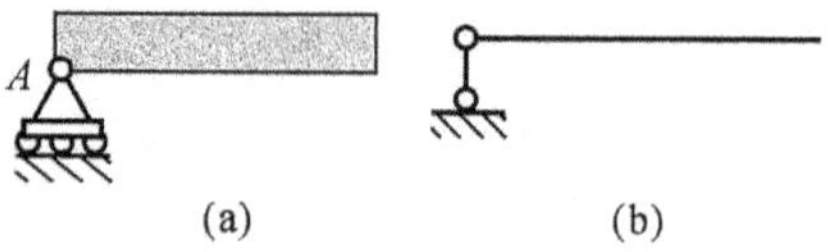

图 12-9

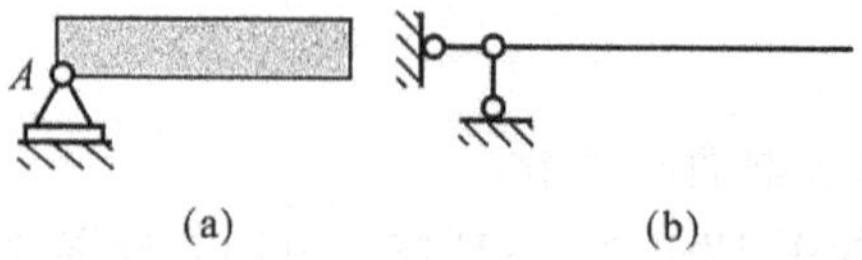

图 12-10

（2）固定铰支座，如图 12-10—— 杆端 A 绕 A 点可以自由转动，但沿任何方向均不能移动。

（3）固定端支座，如图 12-11——A 端支座为固定端支座，既不能移动，也不能转动。

（4）定向支座，如图 12-12—— 这种支座只允许杆端沿一个方向移动，而沿其他方向不能移动，也不能转动。

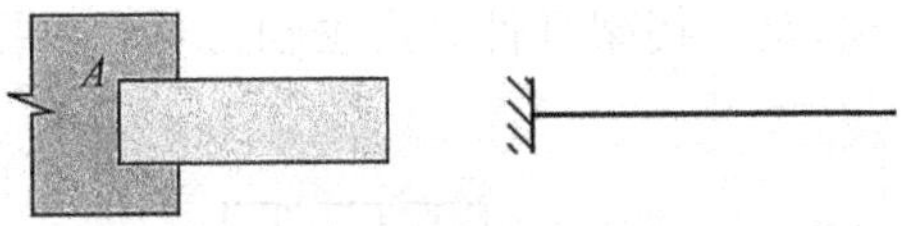

(a)　(b)

图 12-11

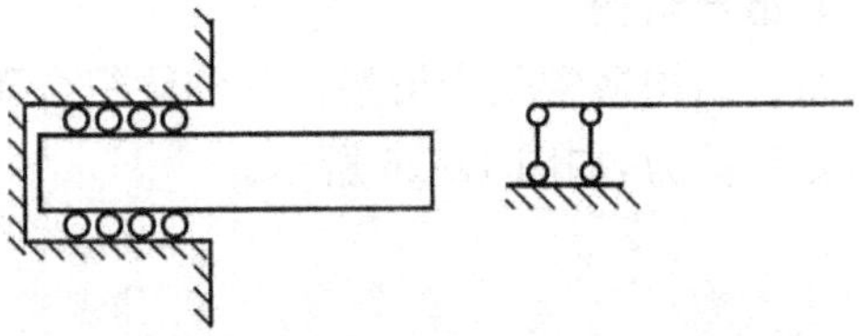

(a)　(b)

图 12-12

12.2　杆系结构的分类

杆系结构分类方法很多，这里仅根据其受力特点和变形特征分为如下几种。

1. 梁

梁在荷载作用下是一种以受弯为主的构件，可以是单跨的，如图 12-13(a) 所示，也可以是多跨的，见图 12-13(b) 所示；可以是静定的，如图 12-13(a) 所示，也可以是超静定的，如图 12-13(c)、(d) 所示。梁的内力以弯矩和剪力为主。

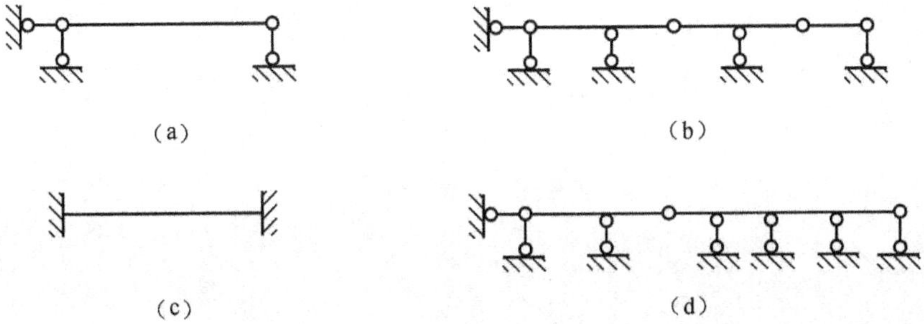

图 12-13

2. 桁架

桁架杆件均为直杆，且各杆连接点均为铰结点，如图 12-14 所示。在结点荷载作用下，桁架各杆发生沿轴线方向伸长或缩短为主的变形，并产生以轴力为主的内力。因此，桁架杆又称拉压杆，或二力杆。

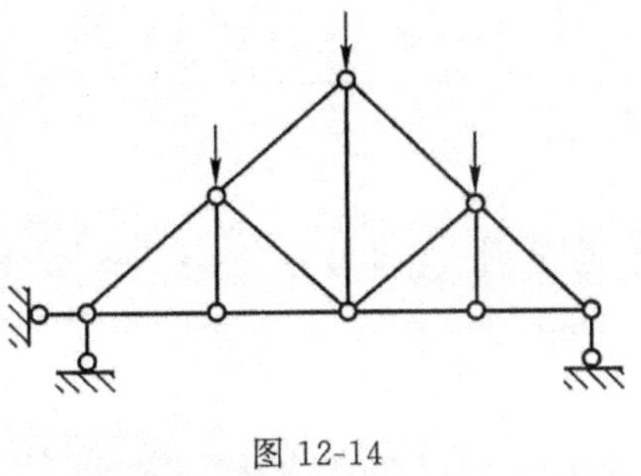

图 12-14

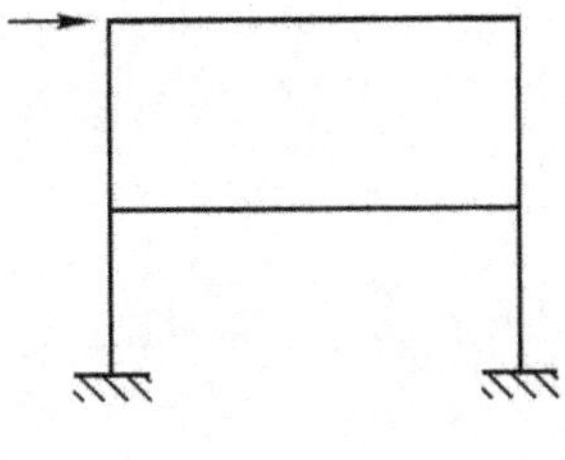

图 12-15

3. 刚架

刚架在一般情况下杆件均为直杆，各杆相连接处的结点通常为刚结点，如图 12-15 所示。刚架中的各杆内力为弯矩、剪力和轴力。

4. 组合结构

组合结构通常是指桁架杆件和梁组合而成的结构。其中桁架杆件只产生轴力，梁主要产生弯矩和剪力，如图 12-16 所示。

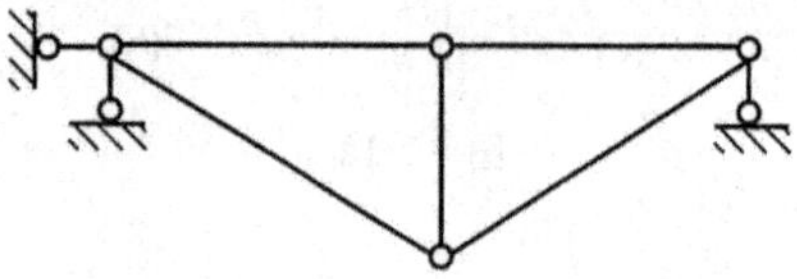

图 12-16

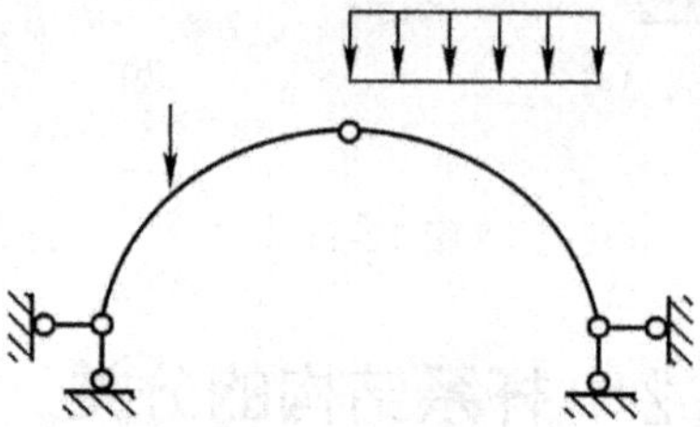

图 12-17

5. 拱

拱的轴线为曲线，其特点是在竖向荷载作用下，杆件将产生水平支座反力。拱的内力在通常情况下有弯矩、剪力和轴力，如图 12-17 所示。

第 13 章　平面体系的几何组成分析

13.1　几何组成分析的目的

13.1.1　几何组成的概念

杆件结构是由若干杆件相互连接而组成的体系，并置于支座上，用以承担荷载，因此，设计由杆件组成的体系时必须保持自身的几何形状及位置不变。这里的几何形状的改变与结构的变形是两个性质不同的概念。结构受荷载作用的同时，截面上产生应力，材料因而产生应变。由于材料的应变，结构会产生变形，但这种变形通常是很小的，而几何形状的改变与材料应变而产生的变形无关。

在不考虑材料应变的条件下，体系受力后，几何形状和位置保持不变的体系称为几何不变 体系。如图 13-1(a) 所示的铰接三角形，在荷载的作用下，可以保持其几何形状和位置不变，可以为工程结构所使用。

在不考虑材料应变的条件下，几何形状和位置可以改变的体系称为几何可变体系。如图 13-1(b)、(c) 所示。其中(b) 的位置可以改变；(c) 的几何形状可以改变，但如果在铰结四边形中加一根斜杆，构成(d) 所示的铰结三角形体系，就可以保持其几何形状和位置，从而可作为工程结构使用。

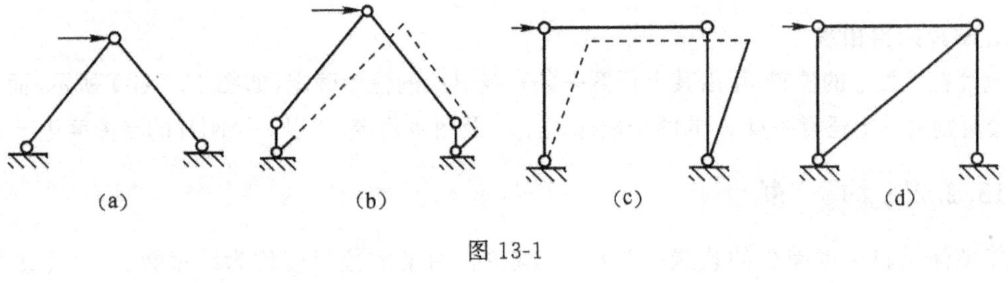

图 13-1

13.1.2　几何组成分析的目的

在设计结构和考虑选取其计算简图时，首先必须判断拟用作结构的体系是否几何不变。这种判别过程称为体系的几何组成分析。

判断结构的几何组成可以达到如下目的：

(1) 确定结构必须是几何不变体系，以使结构能承担荷载并保持平衡；

(2) 由几何组成情况，确定结构是静定的还是超静定的，了解结构的构成和层次，并根据结构的几何构成特点，选择结构受力分析的顺序，选择相应的反力与内力的计算方法。

13.1.3 刚体和刚片

在不考虑材料的应变时，杆系结构本身的变形与几何变形无关，所以，此时的某一杆件可视为刚体；同理，已经判明是几何不变的部分(如图 13-2)，也可看成是刚体。在几何组成分析时，平面的刚体又称为刚片。

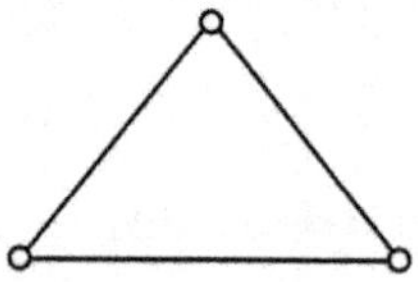

图 13-2

需要特别注意的是：所有结构的基础是地基(地球)，几何组成分析的前提是地基为几何不变体系，所以地基是一个大刚片。

13.2 自由度和约束的概念

13.2.1 自由度

自由度是用来确定体系运动时位置改变的独立坐标的数目。

1. 点的自由度

图 13-3(a) 所示平面坐标系统中的点 A，如需确定其具体位置，需要坐标 x、y，所以在平面内一个点的自由度为 2。

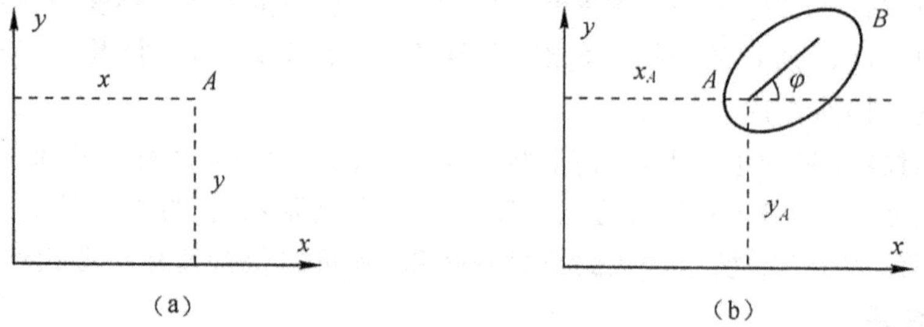

图 13-3

2. 刚片的自由度

刚片在平面上的位置，可由其上任意一条直线 AB 的位置确定，如图 13-3(b) 所示，而这直线的位置则由其上任意一点 A 的两个坐标 x_A、y_A 及角 φ 确定。所以一个刚片的自由度等于 3。

13.2.2 约 束

能使体系自由度减少的装置称为约束。减少自由度的数目就称为约束数。工程上最常见的约束有以下六类：

1. 链杆约束

链杆是指两端以铰与别的物体相连的直杆。图 13-4(a) 中的杆 AB 就是链杆。刚片 AC 上增加一根链杆 AB 约束后，刚片只能绕 A 转动和铰 A 绕 B 点转动，原来刚片有三个自由度，现在只有两个。因此，一根链杆可使刚片减少一个自由度，相当于一个约束。

2. 固定铰支座

如图 13-4(b) 所示固定铰支座 A，使刚片 AB 只能绕 A 转动，刚片减少了两个自由度，相当于两个约束。亦可认为 A 铰支座是由两根链杆组成的约束，所以，一个固定铰支座相当于两根链杆，相当于两个约束。

3. 固定端支座

如图 13-4(c) 所示，固定端支座 A 约束住了 AB 杆任何可能的运动，所以减少了三个自由度，相当于三个约束。

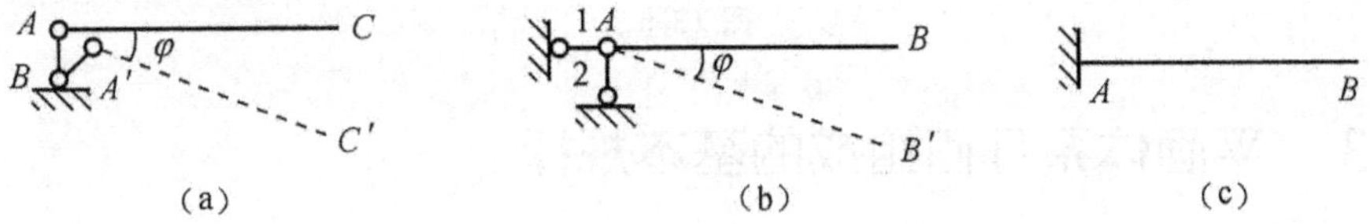

图 13-4

4. 单铰

连接两个刚片的铰称为单铰，如图 13-5(a) 所示，原刚片 AB、AC 共有 6 个自由度，连接以后，减少了两个自由度(减少了沿两个独立方向移动的可能性)，所以，单铰相当于两个约束。

5. 复铰

如图 13-5(b) 所示，连接 3 个或 3 个以上刚片的铰，称为复铰。复铰的约束数可用折算成单铰的办法来分析。其连接过程可想象为：先有刚片 AB，然后以单铰将刚片 AD 连于刚片 AB，再以单铰将刚片 AC 连于刚片 AB。这样，连接 3 个刚片的复铰相当于两个单铰。推广后，可得结论：连接 n 个刚片的复铰相当于 $(n-1)$ 个单铰，即相当于 $2(n-1)$ 个约束。

6. 刚性连接

如图 13-5(c) 所示，AB 和 AC 之间为刚性连接原有 6 个自由度，连接后，使其只有 3 个自由度。因此，刚性连接相当于 3 个约束。

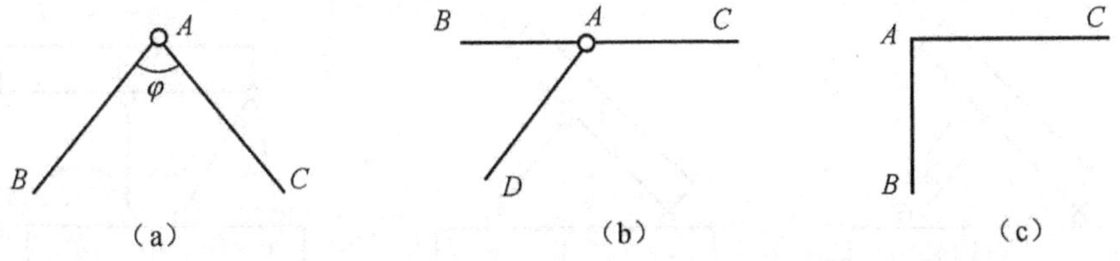

图 13-5

13.2.3　实铰和虚铰

一个铰相当于两根链杆。如图 13-6 所示，(a) 图中用铰 A 相连的刚片 Ⅰ、Ⅱ 和(b) 图中用 AB、AC 两链杆相连的效果完全一样，两链杆的交点 A 称为实铰。

对于图 13-6(c) 中所示刚片 Ⅰ 和 Ⅱ 用两根链杆 1 和 2 相连，相当于把刚片 Ⅰ 扩展，在点 O 以单铰与刚片 Ⅱ 相连，1、2 链杆的交点 O 称为虚铰。在运动过程中虚铰的位置会随时改变，这与实铰不同，所以，O 点也称为瞬时转动中心。但就约束而言，虚铰和实铰的作用是一致的。

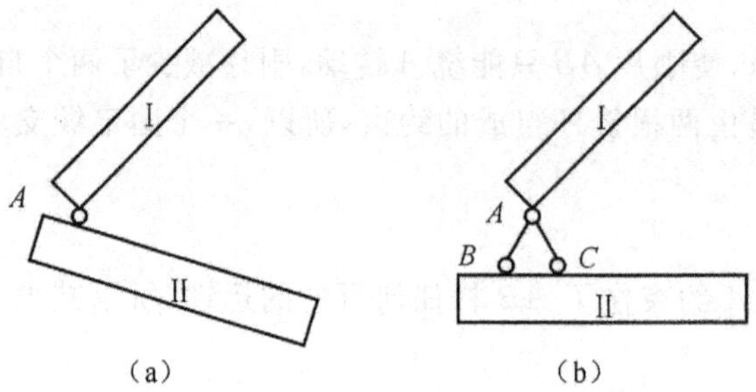

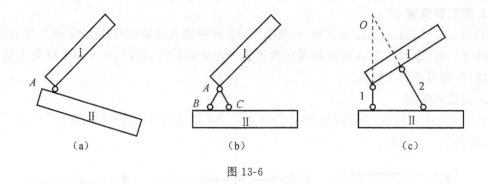

图 13-6

13.3 平面体系几何组成的基本规律

13.3.1 基本组成规则

如果在一个体系中增加一个约束,而体系的自由度并不因而减少,则此约束称为多余约束。

一个几何结构体系,如果去掉其中任何一个约束,该体系就变成几何可变体系,则称该体系为几何不变体系。

无多余约束的几何不变体系的基本组成规则如下:

规则一:三个刚片用不在同一条直线的铰两两相连,如图 13-7 (a) 所示,组成几何不变体系。

规则二:两个刚片以一铰及不通过该铰的一根链杆相连,如图 13-7(b) 所示,组成几何不变体系。

规则三:两刚片用既不互相平行、也不相交于一点的三根链杆相连,如图 13-7(c) 所示,组成几何不变体系。

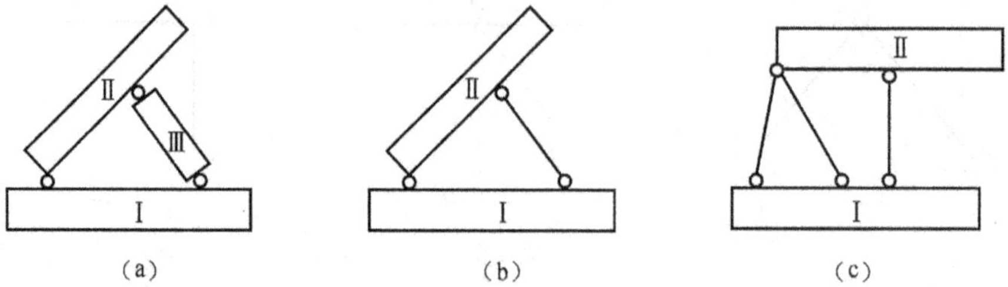

图 13-7

规则四:在刚片上加“二元体”后形成的新体系为无多余约束的几何不变体系(图 13-8)。所谓二元体,就是由两根不在同一直线上的链杆连接一个新结点的构造。

13.3.2 瞬变体系的概念

图 13-9(a) 所示体系与几何不变体系的构成方式相同,但 3 个铰在同一直线上,现说明其机动性质。

从约束的布置上就可以看出是不恰当的,因为链杆 1 和 2 都是水平的。因此,对限制 A

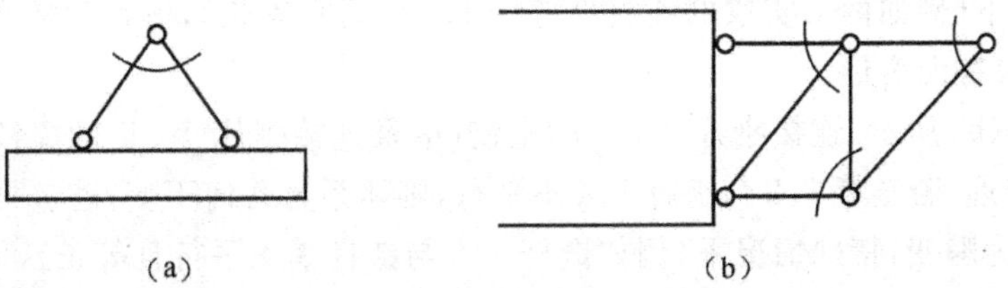

图 13-8

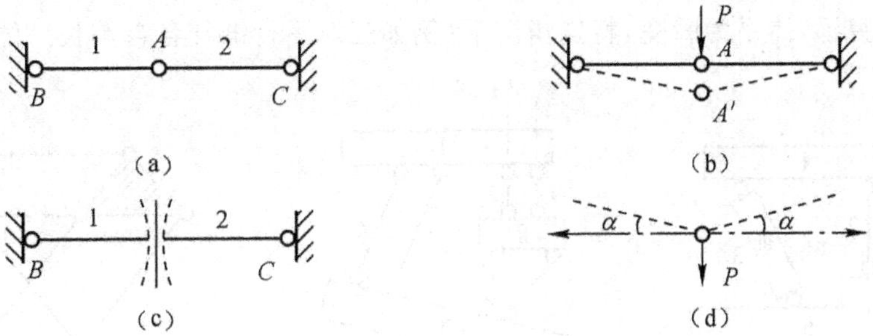

图 13-9

点的水平位移来说具有多余约束，而在竖向没有约束，A 点可沿竖向移动，体系是可变的。另外，从几何关系亦可证明上述结论，设想去掉铰 A 将链杆 1、2 分开，如图 13-9(c) 所示，则链杆 1 上的 A 点可沿以 B 点为中心、BA 为半径的圆弧转动；同理，链杆 2 上的 A 点可沿以 C 点为中心、CA 为半径的圆弧转动。因两个圆弧在 A 点有公切线，铰 A 可沿此公切线方向作微小运动，说明体系是可变的。不过当铰 A 发生微小移动至 A' 时，两杆不再共线，运动就将中止。这种在某一瞬间可以发生微小位移但经微小位移后即成为几何不变的体系称为瞬变体系。瞬变体系作为可变体系的一种，不能作为结构使用。

瞬变体系虽只能产生微小位移，但是瞬变过程会产生很大内力，所以不能用作建筑结构。现仍然以图 13-9 (b)、(d) 为例加以说明，在力 P 作用下，由平衡方程 $\sum Y = 0$，可得：

$$2N\sin\alpha - P = 0$$

$$N = \frac{P}{2\sin\alpha}$$

由于 α 无限小，在不考虑杆件变形的情况下，则当 $\alpha \to 0$ 时，$N \to \infty$。

综上所述，瞬变体系一方面几何可变，另一方面又有多余约束存在，不能作为结构使用。

对应瞬变体系，把可以发生大位移的体系称为常变体系。瞬变体系和常变体系都不能作为结构在工程中采用。

13.3.3　虚铰在无穷远处

由规则一已知，三刚片用三个铰(实铰或虚铰) 两两相连，如三个铰不在同一直线上，则体系为几何不变，如三个铰在同一直线上，则体系为瞬变。当体系的虚铰在无穷远处时，有以下几种情况。

1. 一个虚铰在无穷远

如图 13-10(a) 所示，连接刚片 Ⅰ、Ⅱ 的两平行链杆 1、2 组成的虚铰在无穷远。如两个实铰的连线与链杆 1、2 不平行，体系为几何不变；如两个实铰的连线与链杆 1、2 平行，体系为瞬变,特殊情况下(例如两个实铰的连线与链杆 1、2 平行且等长),体系为常变。

2. 两个虚铰在无穷远

如图 13-10(b) 所示,连接刚片 Ⅰ、Ⅱ 的虚铰 O_{12} 及连接刚片 Ⅰ、Ⅲ 的虚铰 O_{13} 在无穷远,但 O_{23} 不在无穷远。若链杆 1、2 与链杆 3、4 不平行,则体系为几何不变;若链杆 1、2 与链杆 3、4 平行,则体系为瞬变,特殊情况下(例如链杆 1、2 与链杆 3、4 平行且等长),体系为常变。

3. 三个虚铰在无穷远

如图 13-10(c) 所示,刚片 Ⅰ、Ⅱ、Ⅲ 各用一对平行链杆两两相连,这三对平行链杆组成的虚铰均在无穷远,体系为瞬变,特殊情况下(例如三对平行链杆各自等长),体系为常变。

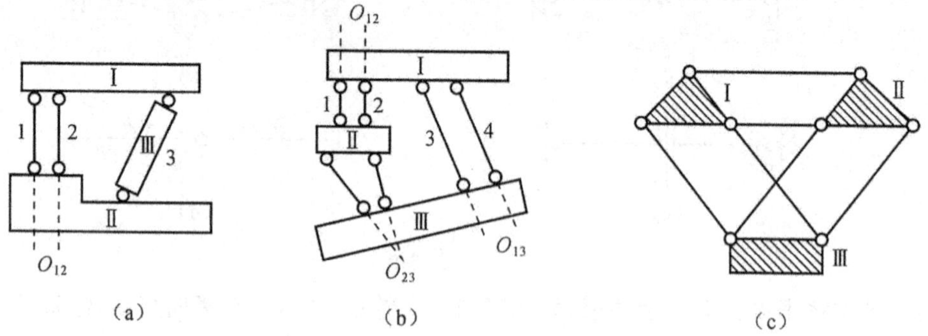

图 13-10

13.3.4 体系几何组成分析举例

几何组成分析的依据是上节所述的几个组成规则,具体分析时必须能正确和灵活地运用它们。下面对工程中常用的几类结构分别举例说明其分析方法。

例 13-1 对图 13-11 所示体系作几何组成分析。

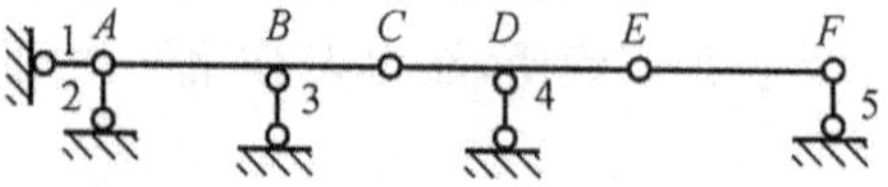

图 13-11

解 观察其中 ABC 部分,是由不交于同一点的三根链杆 1、2、3 和基础相连组成几何不变体系。于是,可以将 ABC 梁段和基础一起看成是一扩大了的刚片。在此基础上,依次用铰 C 和链杆 4 固定 CDE 梁,用铰 E 和链杆 5 固定 EF 梁,且铰 C 与链杆 4 及铰 E 与链杆 5 均不共线,根据组成规则二,判定原体系属几何不变体系,且无多余约束。

例 13-2 对图 13-12 所示体系作几何组成分析。

解 结点 1 是二杆结点(二元体),拆去后,结点 2 即成为二杆结点。去掉结点 2 后,再去掉结点 3,就得到三角形 $AB4$。它是几何不变的,因而原体系为几何不变体系。也可以进一步把结点 4 拆去,这样一来就剩下地球了。这说明原体系对应于地球是不动的,即几何不变体系。

例 13-3 作图 13-13 所示体系的几何组成分析。

解 该体系左部分(图 13-13(b))是几何不变的(三刚片以三铰相连,三铰不在一条直线上),这部分即可视为基础的一部分。于是右部分 DB 与基础的连接情况如图 13-13(c) 所

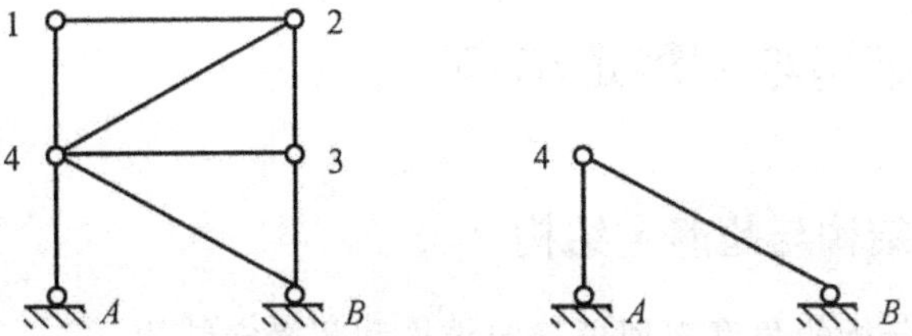

图 13-12

示，用一个铰和一个链杆相连，链杆不通过铰，为几何不变。这样，整个体系（图(a)）是几何不变的。

在此体系中，右部分结构依附于左部分，左部分是整个结构的基础。所以称左部分为基本部分，而右部分为附属部分。这类结构称为主从结构。

判断基本部分与附属部分的方法是：把两部分的联系切断（在本例中把铰 D 切断）后，依然保持几何不变的部分（图 13-13(b)）就是基本部分，必须依赖于基本部分的存在才能成为几何不变的部分（图 13-13(d)）就是附属部分。

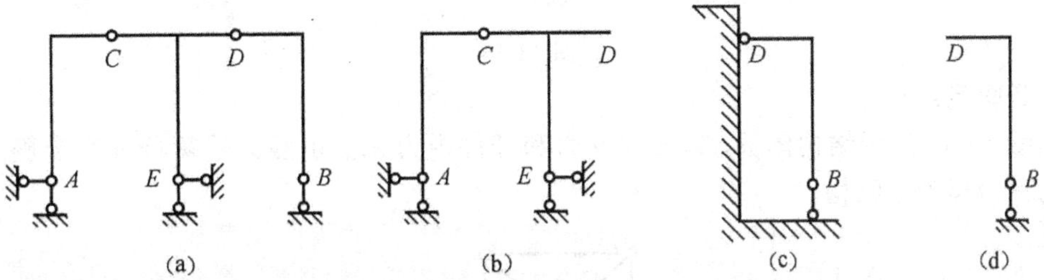

图 13-13

例 13-4　试分析图 13-14 所示体系。

解　由于体系与基础用一铰一链杆相连，符合两刚片原则，故可把与地基的联系去掉，只分析体系本身。

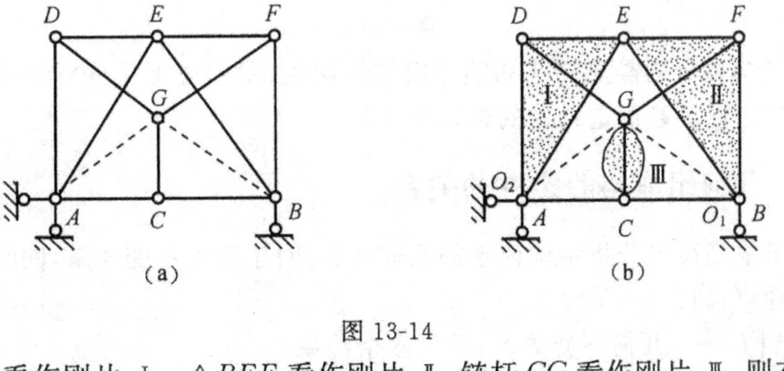

图 13-14

将 △ADE 看作刚片 Ⅰ，△BEF 看作刚片 Ⅱ，链杆 CG 看作刚片 Ⅲ，则有：

刚片 Ⅰ、Ⅱ —— 用铰 E 相连；

刚片 Ⅰ、Ⅲ —— 用链杆 AC、DG 相连接，虚铰在 O_1；

刚片 Ⅱ、Ⅲ —— 用链杆 BC、FG 相连接，虚铰在 O_2；

由于 O_1、E、O_2 三铰不共线，所以组成几何不变体系，且无多余约束。

13.4 静定结构与超静定结构

13.4.1 静定结构与超静定结构

从前述章节受力分析的角度来划分静定结构和超静定结构。

1. 静定结构

如图 13-15 所示结构体系，只需利用静力平衡条件就能计算出结构的全部支座反力和杆件内力，这种结构称为静定结构。

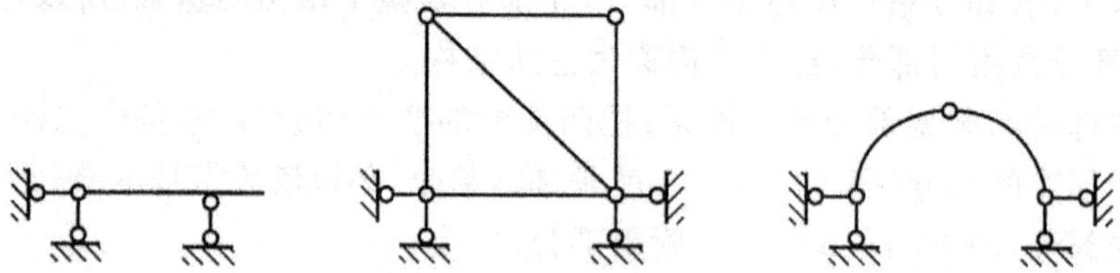

(a) (b) (c)

图 13-15

2. 超静定结构

如图 13-16 所示结构体系，其支座反力和杆件内力无法由静力平衡条件完全确定，这种结构称为超静定结构。

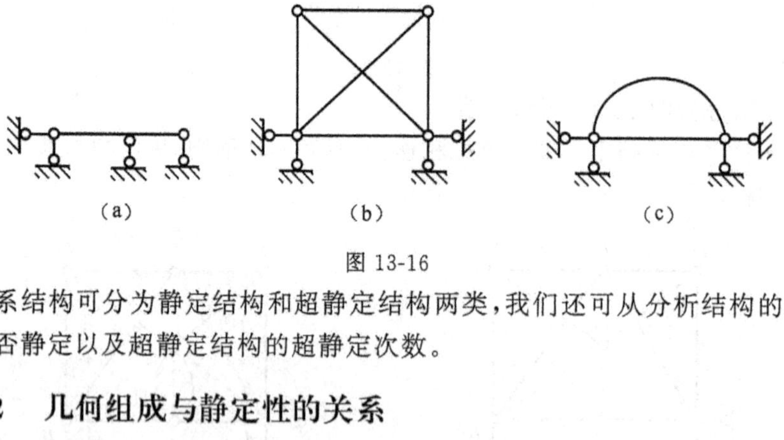

(a) (b) (c)

图 13-16

平面杆系结构可分为静定结构和超静定结构两类，我们还可从分析结构的几何组成来判断结构是否静定以及超静定结构的超静定次数。

13.4.2 几何组成与静定性的关系

通过几何组成规律可分析结构体系的几何特征。对于几何不变体系，同时可分析出结构是否存在多余约束，即：

(1) 静定结构 —— 几何不变体系，且无多余约束。

(2) 超静定结构 —— 体系几何不变，且有多余约束；多余约束的个数即为结构的超静定次数。

只有无多余联系的几何不变体系才是静定的。或者说，静定结构的几何构造特征是几何不变且无多余联系。凡按基本简单组成规则组成的体系，都是静定结构；而在此基础上还有多余联系的便是超静定结构。

思考题

13-1　在一确定为几何不变的体系上依次去掉或者增设二元体，能改变体系的几何不变性吗？反之，用依次增减二元体的办法，能否将一可变体系转变为几何不变体系？

13-2　几何不变体系的三个规则之间有何联系？为什么说它们实际上是同一规则？

13-3　何谓瞬变体系？为什么瞬变体系不能用于工程结构？

习　题

题 13-1 ～ 13-12　对以下各图所示体系的几何组成进行分析。

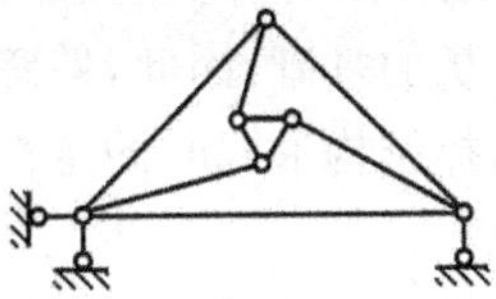

题13-1图

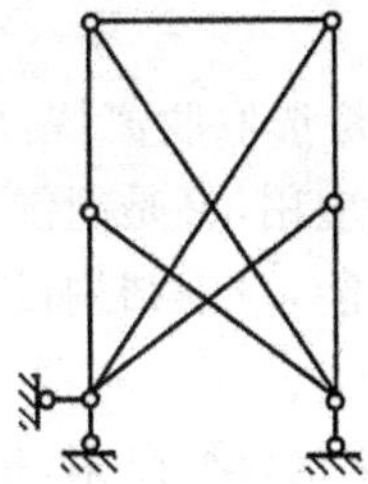

题13-2图

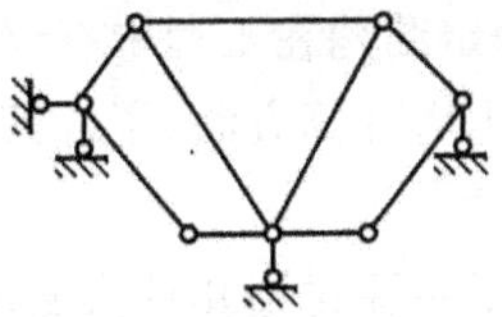

题13-3图

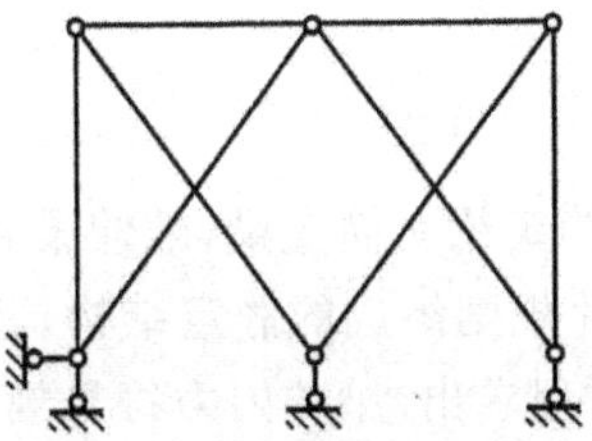

题13-4图

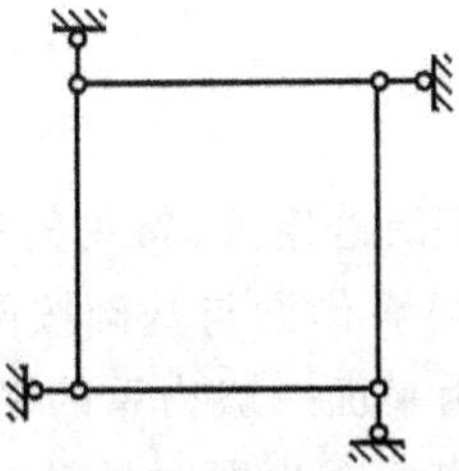

题13-5图

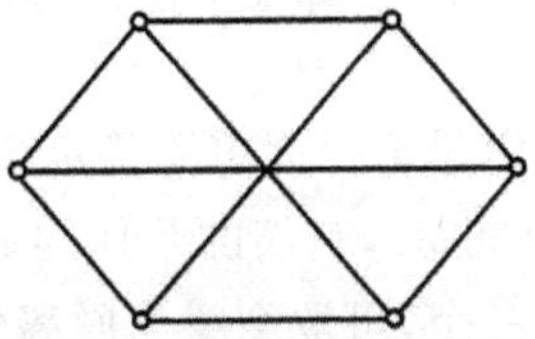

题13-6图

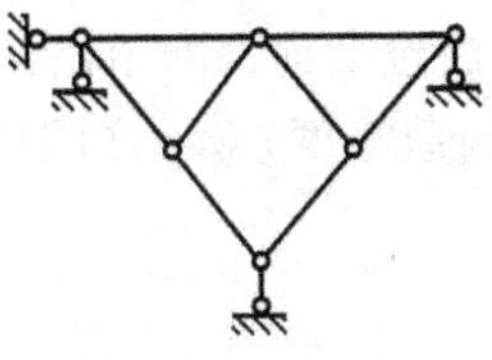

题13-7图

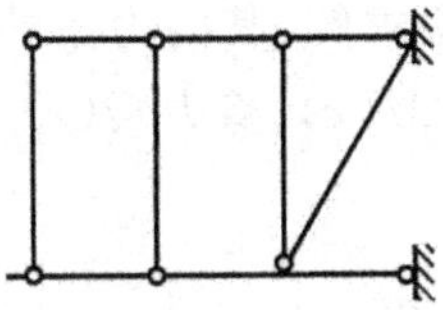

题13-8图

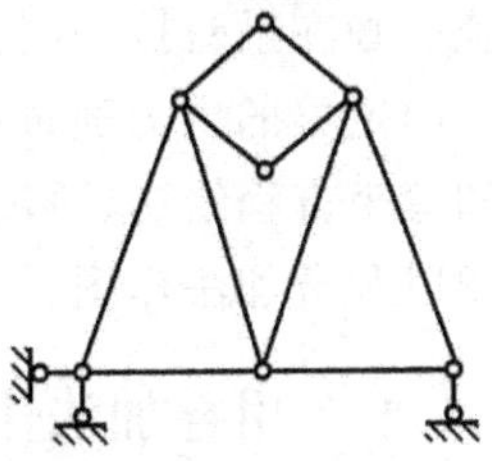

题13-9图

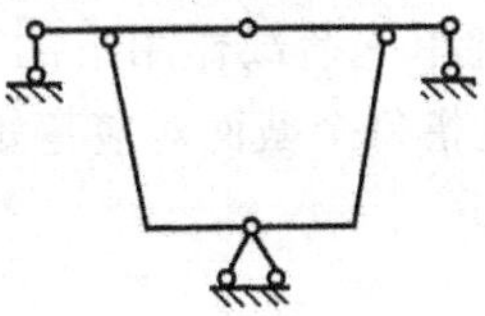

题13-10图

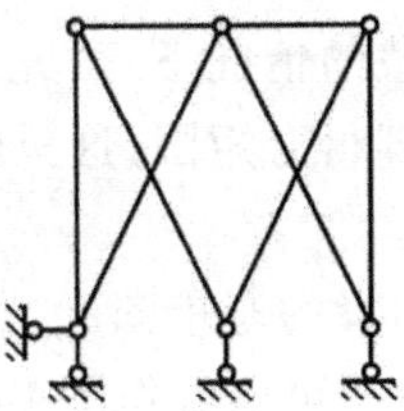

题13-11图

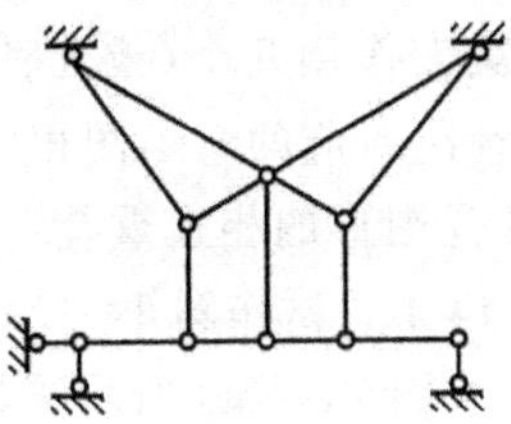

题13-12图

第 14 章　静定结构内力的计算与分析

静定结构的内力计算方法主要是选取脱离体，应用平衡条件来计算支座反力和杆件的内力。静定结构在工程中有着广泛的应用，又是超静定结构分析的基础。因此，熟练掌握静定结构的内力计算方法，了解其力学性能，对于结构设计或者选择结构形式时的定性分析是极为重要的。

本章主要讨论几种典型的静定结构（梁、刚架、拱、桁架和组合结构等）的内力。

14.1　单跨静定梁

静定梁可分为单跨静定梁与多跨静定梁。常见的单跨静定梁有简支梁、外伸梁和悬臂梁三种（图 8-3），它们的几何构成均可看作梁与基础按两刚片规则组成的静定结构。其支座反力均为三个，可取全梁为脱离体，由平面一般力系的平衡方程求出。梁的内力符号规定：轴力以拉为正，压为负；剪力以所在脱离体产生顺时针转动趋势为正，反之为负；弯矩不分正负，弯矩图统一画在梁受拉一侧。

单跨静定梁的内力通过截面法求解，其内力图的绘制方法包括前面章节所述的建立剪力方程和弯矩方程绘制、通过弯矩 $M(x)$、剪力 $Q(x)$ 和分布荷载集度 $q(x)$ 之间微分关系的规律作图以及叠加法作图。

14.1.1　用叠加法作弯矩图

1. 分荷载叠加法

当梁上作用几个（或几种）荷载的情况下，可先求出各种单一荷载作用下的弯矩，然后将各种情况对应的弯矩图相叠加，即得弯矩图。这里的叠加是指每个截面对应弯矩竖标的叠加，并非是图形的相互重叠。

例 14-1　试作图 14-1(a) 所示梁的弯矩图。

解　图 14-1(a) 所示梁的弯矩图可以看作图 14-1(b)、(d) 所示两种不同荷载分别作用在同一个结构上以后产生的弯矩图叠加的结果。图 14-1(b)、(d) 所示两种不同荷载对应的弯矩图分别为 14-1(c)、(e) 所示，叠加后的结果如图 14-1(f) 所示。

2. 区段叠加法

在梁上有较多种荷载作用时，用上述方法作弯矩图较为麻烦，通常可先求出某些区段两端截面的弯矩，然后将该区段视为简支梁在两端单独作用着该区段端部弯矩和简支梁单独

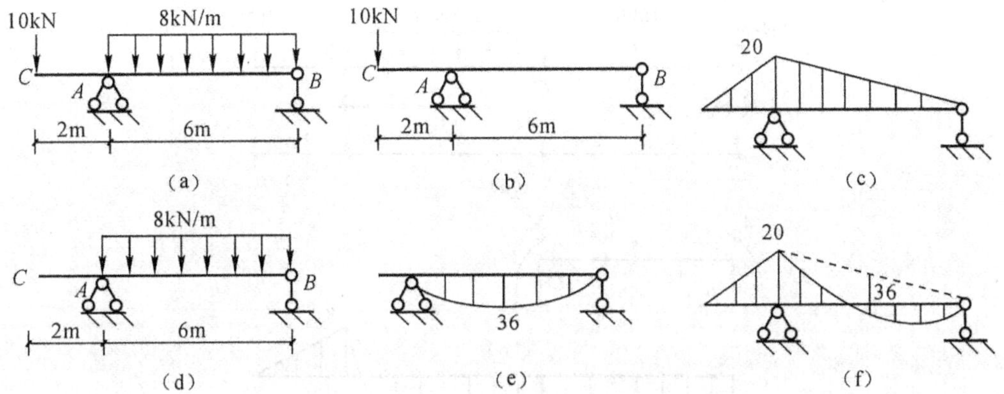

图 14-1

作用该区段原有荷载的叠加。利用该叠加方法，通常可更方便地绘出这些区段的弯矩图。如，当已知 AB 区段有集中力 P 作用并且两端弯矩分别为 M_A、M_B 时，可看作图 14-2(a) 所示简支梁，其弯矩图可看作图 14-2(b) 与图(c) 的叠加。作图时可先将两端弯矩 M_A、M_B 的竖标绘出并连以直线，如图(d) 中虚线所示，然后以此虚线为基线叠加上简支梁在集中力 P 作用下的弯矩图。这里弯矩图的叠加，仍是指其纵坐标叠加，图 14-2(d) 中的竖标 $\frac{Pab}{l}$ 仍应沿竖向取(而不是垂直于 M_A、M_B 连线的方向)。这样，最后所得的图线与最初的水平基线(梁轴线)之间所包围的图形即为叠加后所得的弯矩图。

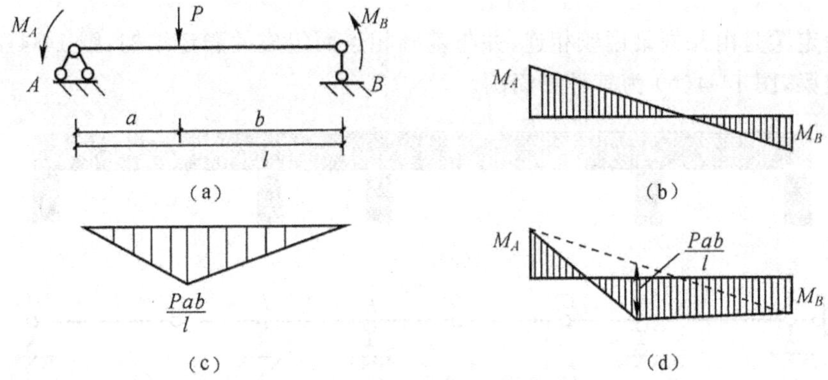

图 14-2

例 14-2　试作图 14-3(a) 所示梁的弯矩图。

解　首先由整体平衡条件求出支座反力：

$$R_A = 11\text{kN}; R_B = 23\text{kN}$$

然后，取图 14-3(b) 所示脱离体，求 C 截面弯矩。

由 $\sum M_C = 0$:　　$4 + 11 \times 4 - 10 \times 2 - M_C = 0$

得　　$M_C = 28\text{kN} \cdot \text{m}$(下侧受拉)

同理，可求得 $M_D = 8\text{kN} \cdot \text{m}$(上侧受拉)。将 AC、CD 分别视为区段，用区段叠加法便可将最后弯矩图绘出，如图 14-3(c) 所示。

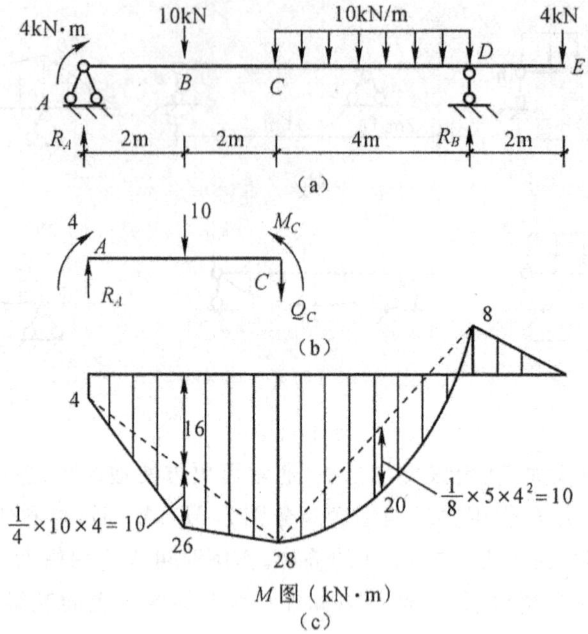

图 14-3

14.2　多跨静定梁

多跨静定梁是由几根梁用铰相连，并与基础相连而组成的静定结构，图 14-4(a) 所示为一多跨静定梁，图 14-4(b) 为其计算简图。

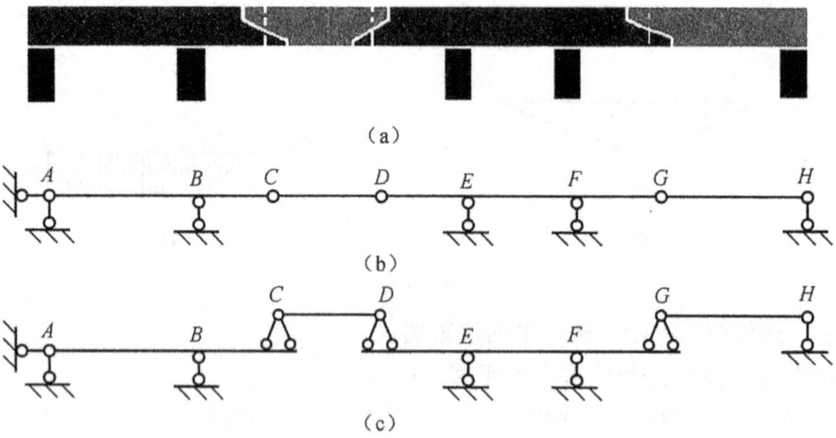

图 14-4

从几何组成上看，多跨静定梁可以分为基本部分和附属部分。如上述多跨静定梁，其中 AC 部分与 DG 部分均不依赖其他部分可独立地保持其几何不变性，我们称之为基本部分。而 CD 以及 GH 部分则必须依赖基本部分才能维持其几何不变性，故称为附属部分。为更清晰地表明各部分间的支承关系，可以把基本部分画在下层，而把附属部分画在上层，如图 14-4(c) 所示，称为层次图。

从受力分析来看，当荷载作用于基本部分上时，将只有基本部分受力，附属部分不受力。当荷载作用于附属部分上时，不仅附属部分受力，而且附属部分的支承反力将反向作用于基本部分上，因而使基本部分也受力。由上述关系可知，在计算多跨静定梁时，应先求解附属部分的反力和内力，然后求解基本部分的反力和内力。而每一部分的反力、内力的计算与相应的单跨梁计算完全相同。

例 14-3　试作图 14-5(a) 所示多跨梁的内力图，并求出支座 C 的反力。

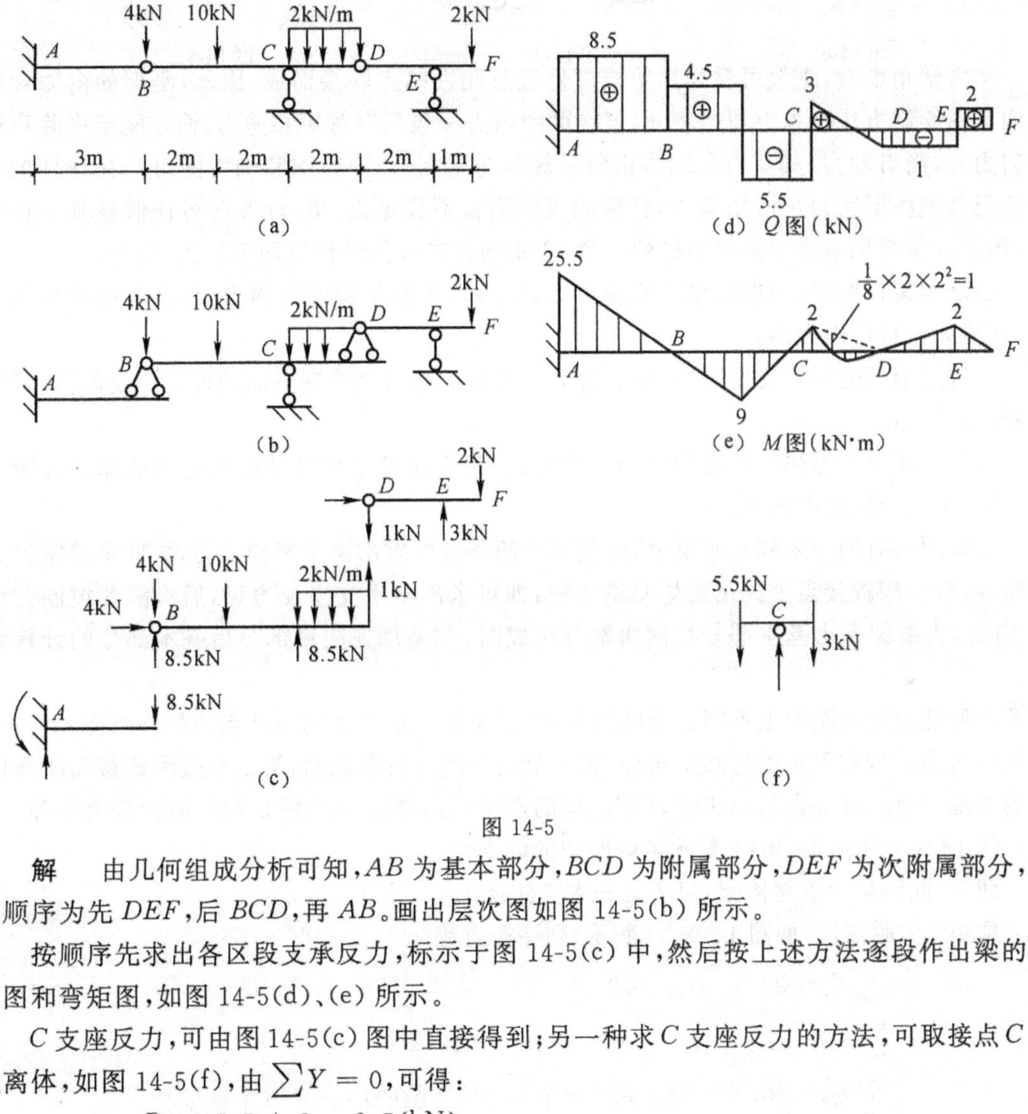

图 14-5

解　由几何组成分析可知，AB 为基本部分，BCD 为附属部分，DEF 为次附属部分，求解顺序为先 DEF，后 BCD，再 AB。画出层次图如图 14-5(b) 所示。

按顺序先求出各区段支承反力，标示于图 14-5(c) 中，然后按上述方法逐段作出梁的剪力图和弯矩图，如图 14-5(d)、(e) 所示。

C 支座反力，可由图 14-5(c) 图中直接得到；另一种求 C 支座反力的方法，可取接点 C 为脱离体，如图 14-5(f)，由 $\sum Y=0$，可得：

$$R_C = 5.5 + 3 = 8.5(\text{kN})$$

14.3　静定平面刚架

刚架是由直杆组成的具有刚结点的结构。各杆轴线和外力作用线在同一平面内的刚架称平面刚架。刚架整体性好，内力分布较均匀，杆件较少，内部空间较大，所以在工程中得到广泛应用。

静定平面刚架常见的形式有悬臂刚架、简支刚架及三铰刚架等，分别如图 14-6、图 14-7、图 14-8 所示。

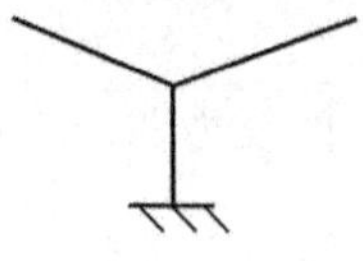
图 14-6

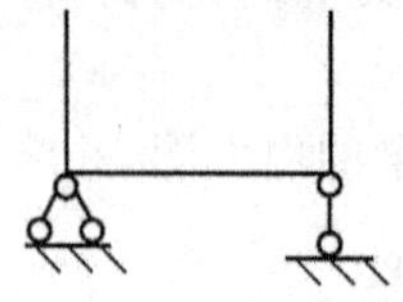
图 14-7

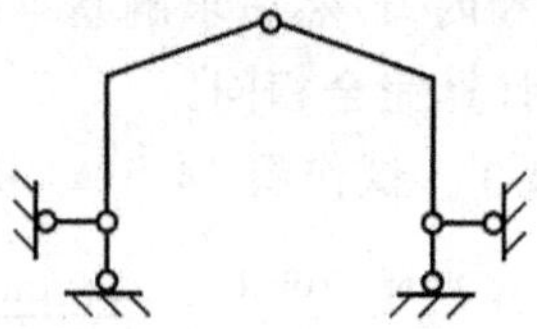
图 14-8

从力学角度看，刚架可看作由梁式杆件通过刚性结点联接而成。因此，刚架的内力计算和内力图绘制方法基本上与梁相同，但在梁中内力一般只有弯矩和剪力，而在刚架中除弯矩和剪力外，尚有轴力。其剪力和轴力正负号规定与梁相同，剪力图和轴力图可绘在杆件的任一侧但必须注明正、负号。刚架中，杆件的弯矩通常不规定正、负，计算时可任假设某一侧受拉，根据计算结果来确定最终受拉的一侧，弯矩图绘在杆件受拉侧而不注正、负号。

静定刚架计算时，一般先求出支座反力，然后求各控制截面的内力，再将各杆内力画竖标、连线即得最后内力图。

悬臂刚架可先不求支座反力，从悬臂端开始依次截取至控制截面的杆段为脱离体，求出控制截面内力。

简支刚架可由整体平衡条件求出支座反力，从支座开始依次截取至控制截面的杆段为脱离体，求出控制截面内力。

三铰刚架有四个未知支座反力，由整体平衡条件可求出两个竖向反力，再取半跨刚架为脱离体，对中间铰接点处列出弯矩平衡方程，即可求出水平支座反力，然后求解各控制截面的 内力。当刚架系由基本部分与附属部分组成时，亦遵循先附属部分后基本部分的计算顺序。

为明确地表示刚架上不同截面的内力，尤其是区分汇交于同一结点的各杆截面的内力，一般在内力符号右下角引用两个角标：第一个表示内力所属截面，第二个表示该截面所属杆件的远端。例如，M_{AB} 表示 AB 杆 A 端截面的弯矩，Q_{CA} 表示 AC 杆 C 端截面的剪力等等。

例 14-4　作图 14-9(a) 所示悬臂刚架的内力图。

解　此刚架为悬臂刚架，可不必先求支座反力。

取 BC 为脱离体，如图 14-9(b) 所示，列平衡方程

$$\sum X = 0:\quad N_{BC} = 0$$

$$\sum Y = 0:\quad Q_{BC} = -5 \times 2 = -10(\text{kN})$$

$$\sum M_B = 0:\quad M_{BC} = 5 \times 2 \times 1 = 10(\text{kN}\cdot\text{m})\quad (上侧受拉)$$

取 BD 为脱离体图，如 14-9(c) 所示，列平衡方程

$$\sum X = 0:\quad N_{BD} = 0$$

$$\sum Y = 0:\quad Q_{BD} = 10\text{kN}$$

$$\sum M_B = 0:\quad M_{BD} = 10 \times 2 = 20(\text{kN}\cdot\text{m})\quad (上侧受拉)$$

取 CBD 为脱离体，如图 14-9(d) 所示，列平衡方程

$\sum X = 0$:　　$Q_{BA} = 0$

$\sum Y = 0$:　　$N_{BA} = -5 \times 2 - 10 = -20(\text{kN})$

$\sum M_B = 0$:　　$M_{BA} = 5 \times 2 \times 1 - 10 \times 2 = -10(\text{kN} \cdot \text{m})$　（左侧受拉）

将上述内力绘图即可得弯矩图、剪力图、轴力图如图 14-9(e)、(f)、(g) 所示。

取 B 结点进行弯矩、剪力、轴力的校核，如图 14-9(h)、(i)，可知弯矩、剪力、轴力均满足平衡条件。

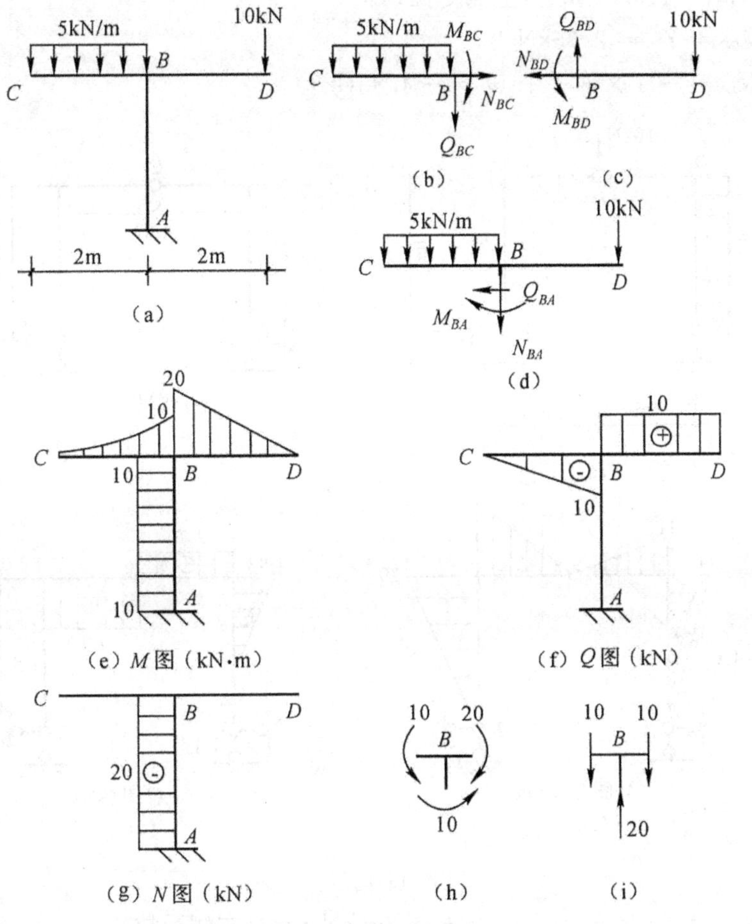

图 14-9

例 14-5　试作图 14-10(a) 所示三铰刚架的内力图。

解　(1) 求支座反力

由整体平衡条件，有

$\sum M_A = 0$:　　$1 \times 6 \times 3 + 10 \times 4 - Y_B \times 8 = 0, Y_B = 7.25\text{kN} \uparrow$

$\sum Y = 0$:　　$Y_A = 10 - Y_B = 2.75\text{kN} \uparrow$

$\sum X = 0$:　　$X_A + 1 \times 6 - X_B = 0, X_A = X_B - 6$

再取 CB 为脱离体，研究右半部分，由 $\sum M_C = 0$，得

$X_B \times 6 - Y_B \times 4 = 0 \qquad X_B = \dfrac{Y_B \times 4}{6} = \dfrac{7.25 \times 4}{6} = 4.83(\text{kN})$

$X_A = X_B - 6 = 4.83 - 6 = -1.17(\text{kN})$

(2) 求 D、E 各控制截面的内力如下：

$M_{DA} = 1 \times 6 \times 3 - 1.17 \times 6 = 11(\text{kN} \cdot \text{m})$ （左侧受拉）

$Q_{DA} = -1 \times 6 - (-1.17) = -4.83(\text{kN})$

$N_{DA} = -Y_A = -2.75\text{kN}$

$M_{DC} = 11\text{kN} \cdot \text{m}$ （上侧受拉）

$Q_{DC} = Y_A = 2.75\text{kN}$

$N_{DC} = -1 \times 6 + 1.17 = -4.83(\text{kN})$

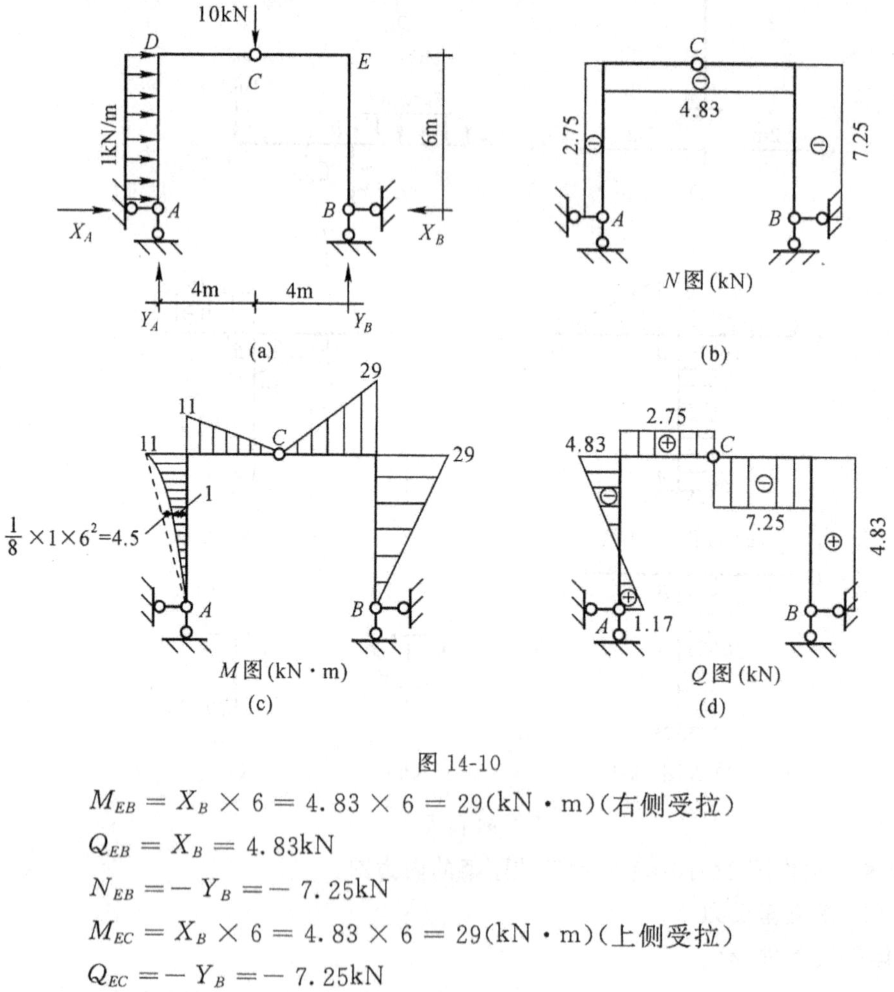

图 14-10

$M_{EB} = X_B \times 6 = 4.83 \times 6 = 29(\text{kN} \cdot \text{m})$（右侧受拉）

$Q_{EB} = X_B = 4.83\text{kN}$

$N_{EB} = -Y_B = -7.25\text{kN}$

$M_{EC} = X_B \times 6 = 4.83 \times 6 = 29(\text{kN} \cdot \text{m})$（上侧受拉）

$Q_{EC} = -Y_B = -7.25\text{kN}$

$N_{EC} = -X_B = -4.83\text{kN}$

根据以上截面内力，用叠加法即可绘出刚架的轴力图、弯矩图、剪力图分别如图 14-10(b)、(c)、(d) 所示。

14.4 静定拱

拱是杆轴为曲线且在竖向荷载下会产生水平推力的结构。土建工程中，拱结构是应用比较广泛的结构形式之一，特别是大跨结构。常见的拱有三铰拱、二铰拱和无铰拱，如图 14-11(a)、(b) 和(c) 所示。三铰拱是静定的，后两种拱都是超静定的。

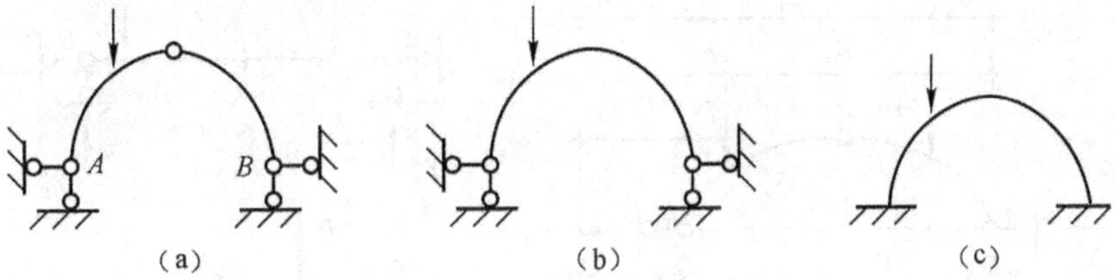

图 14-11

拱与梁的区别不仅在于杆轴线的曲直，更重要的是拱在竖向荷载作用下其支座会产生水平反力(又称推力)。由于推力的存在，拱的各个截面所受的弯矩比跨度、荷载相同的梁相应截面的弯矩小得多，而以承受轴向压力为主。拱的主要优点就是能充分发挥材料的作用，特别是可利用抗压性能好而抗拉性能差的砖、石等材料建造拱桥、拱形屋面等。河北的赵州桥就是石拱桥的一个典型例子。建筑上也常用砖拱代替门窗过梁。

在竖向荷载下是否产生推力是区别曲梁与拱的主要标志。如图 14-12(a) 所示的结构，虽然其杆轴是曲线形的，但在竖向荷载作用下，支座并不产生水平反力，所以它不是拱式结构而是梁式结构，通常叫曲梁。图 14-12(b) 所示的结构，在拱的两支座间设置了拉杆，在竖向荷载作用下，拉杆将产生拉力，代替支座承受的水平推力，这种形式称为带拉杆的拱。用于屋盖承重系统时，为减小对墙体的水平推力，拱圈下常设置拉杆，这种拱称为系杆拱。

拱的各部分名称如图 14-12(c) 所示。

拱的两端支座称为拱趾，两拱趾间的水平距离称为拱的跨度，拱轴上的最高点称为拱顶。拱顶至两拱趾水平连线的竖向距离称为拱高。拱高与跨度之比 f/l 称为高跨比，是拱的基本参数之一。

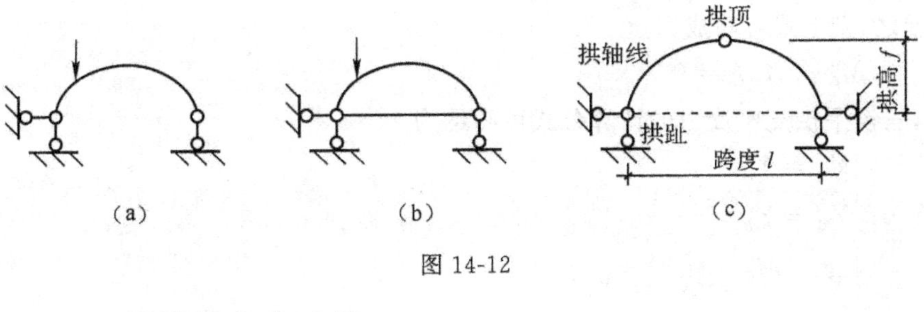

图 14-12

14.4.1 三铰拱的内力计算

现讨论在竖向荷载作用下，三铰拱的支座反力和内力的计算方法，并与相同跨度和荷载情况的简支梁受力加以比较，以明确拱的受力特性。

1. 支反力计算

图 14-13(a) 所示三铰拱有 4 个支座反力 X_A、Y_A、Y_B、X_B，由总体平衡方程可求出 Y_A、Y_B 以及 X_A 和 X_B 的关系，另需取半跨结构对 C 铰取矩，即可解出 X_A 和 X_B。为便于比较，在图 14-13(b) 中画出与三铰拱同跨度、同荷载的相应简支梁，其内力和反力的右上角加零以示区别。拱的支座反力求解如下。

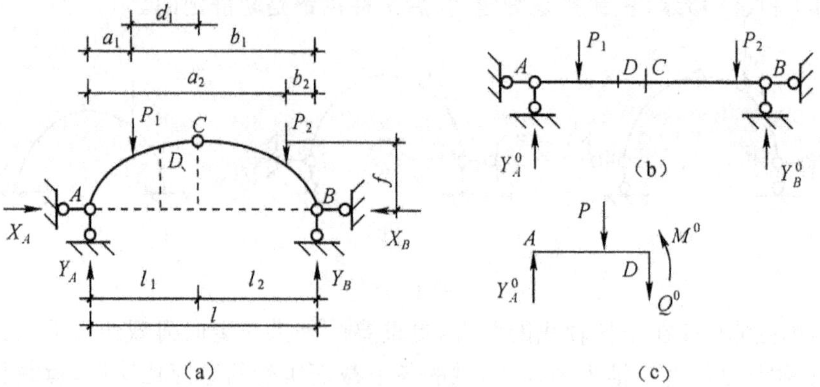

图 14-13

由 $\sum M_A = 0$ 和 $\sum M_B = 0$，可求得

$$Y_A = \frac{1}{l}(P_1 b_1 + P_2 b_2)$$

$$Y_B = \frac{1}{l}(P_1 a_1 + P_2 a_2)$$

与图 14-13(b) 比较，可知

$$Y_A = Y_A^0$$

$$Y_B = Y_B^0$$

即拱的竖向支座反力与相应简支梁的竖向支座反力相同。

由 $\sum X = 0$ 得 $X_A = X_B = X$

由 $\sum M_C = 0, Y_A \cdot l_1 - P_1 d_1 - X_A f = 0$

前两项是 C 点以左所有竖向外力对 C 点的力矩代数和，等于简支梁相应截面 C 的弯矩，以 M_C^0 表示之，则上式可写成

$$M_C^0 - X_A f = 0$$

所以，三铰平拱支座反力的计算公式可归纳为

$$\begin{cases} Y_A = Y_A^0 \\ Y_B = Y_B^0 \\ X = \dfrac{M_C^0}{f} = X_A = X_B \end{cases} \tag{14-1}$$

由此可知，推力只与荷载及三个铰的位置有关而与拱轴形式无关，当荷载与拱跨不变时，推力 X 与拱高 f 成反比。拱愈陡时 X 愈小；反之，拱愈平坦时 X 愈大。若 $f = 0$，则 $X = \infty$，此时三个铰已在一直线上，成为瞬变体系。

2. 内力计算

反力求出后，用截面法即可求出拱轴上任一截面处的内力。因拱常受压，故规定拱轴力

以压力(指向截面)为正。弯矩以内侧纤维受拉为正。剪力以使所在脱离体产生顺时针转动趋势为正。

如求图 14-14(a) 所示三铰拱截面 K 的内力,可取图 14-14(c) 所示的脱离体,由

$$\sum M_K = 0$$

可得

$$M_K = [Y_A x_K - P_1(x_K - a_1)] - X_A y_K$$

由于 $Y_A = Y_A^0$,可见式中方括号内之值即为相应简支梁(图 14-14(b)) 截面 K 的弯矩 M_K,故上式可写为

$$M_K = M_K^0 - X \cdot y_K$$

即拱内任一截面的弯矩 M 等于相应简支梁对应截面的弯矩 M^0 减去推力所引起的弯矩 $X \cdot y_K$。可见,由于推力的存在,拱的弯矩比同荷载同跨度梁的要小。

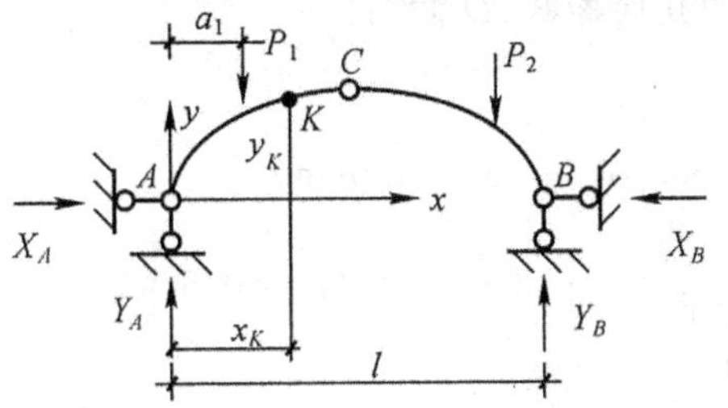

(a)

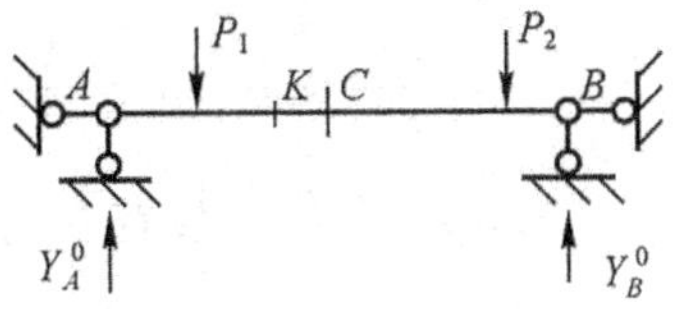

(b)

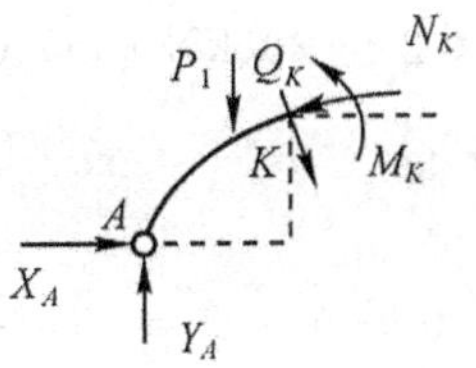

(c)

图 14-14

拱轴截面的剪力以使脱离体产生顺时针转动趋势为正,反之为负。任一截面 K 的剪力 Q 等于该截面一侧所有外力在该截面方向上的投影代数和,由图 14-14(c) 可得

$$\begin{aligned} Q_K &= Y_A\cos\varphi - P_1\cos\varphi - X\sin\varphi = (Y_A - P_1)\cos\varphi - X\sin\varphi \\ &= Q^0\cos\varphi - X\sin\varphi \end{aligned}$$

式中 $Q^0 = Y_A - P_1$,为相应简支梁截面 K 的剪力,φ的符号在图示坐标系中左半拱取正,右半拱取负。

任一截面 K 的轴力等于该截面一侧所有外力在该截面法线方向上的投影代数和,由图 14-14(c) 有

$$\begin{aligned} N_K &= (Y_A - P_1)\sin\varphi + X\cos\varphi \\ &= Q^0\sin\varphi + X\cos\varphi \end{aligned}$$

综上所述,三铰平拱在竖向荷载作用下的内力计算公式可写为

$$\begin{cases} M_K = M_K^0 - X \cdot y_K \\ Q_K = Q^0\cos\varphi - X\sin\varphi \\ N_K = Q^0\sin\varphi + X\cos\varphi \end{cases} \tag{14-2}$$

由式(14-2)可知，三铰拱的内力值不但与荷载及三个铰的位置有关，而且与拱轴线的形状有关。

例 14-6 试求图 14-15 所示三铰拱 D、E 截面的内力。拱轴为抛物线，其方程为 $y=\frac{4f}{l^2}x(l-x)$。

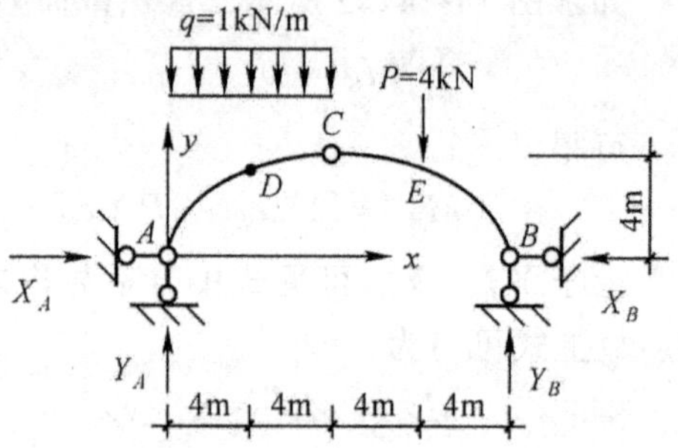

图 14-15

解 (1) 计算支座反力，由式(14-1)得

$$Y_A=Y_A^0=\frac{4\times4+8\times12}{16}=7(\text{kN})$$

$$Y_B=Y_B^0=\frac{8\times4+4\times12}{16}=5(\text{kN})$$

$$X=\frac{M_C^0}{f}=\frac{5\times8-4\times4}{4}=6(\text{kN})$$

(2) 内力计算

为计算 D、E 截面的内力，需先求出截面的几何参数，D 截面：

$$x=4\text{m}$$

$$y=\frac{4f}{l^2}x(l-x)=\frac{4\times4}{16^2}\times4\times(16-4)=3.0(\text{m})$$

$$\tan\varphi=\frac{\text{d}y}{\text{d}x}=\frac{4f}{l^2}(l-2x)=\frac{4\times4}{16^2}\times(16-2\times4)=0.5$$

$$\sin\varphi=0.447\qquad\cos\varphi=0.894$$

相应简支梁 D 截面内力：

$$M_D^0=7\times4-1\times4\times2=20(\text{kN}\cdot\text{m})\text{（内侧受拉）}$$

$$Q_D^0=7-1\times4=3(\text{kN})$$

由式(14-2)得

$$M_D=M_D^0-X\cdot y_D=20-6\times3=2(\text{kN}\cdot\text{m})\quad\text{（内侧受拉）}$$

$$Q_D=Q_D^0\cos\varphi-X\sin\varphi=3\times0.894-6\times0.447=0$$

$$N_D=Q_D^0\sin\varphi+X\cos\varphi=3\times0.447+6\times0.894=6.7(\text{kN})\text{（受压）}$$

E 截面：

$$x=12\text{m}$$

$$y=\frac{4f}{l^2}x(l-x)=\frac{4\times4}{16^2}\times12\times(16-12)=3.0(\text{m})$$

$$\tan\varphi=\frac{4f}{l^2}(l-2x)=\frac{4\times4}{16^2}\times(16-2\times12)=-0.5$$

从而得

$$\sin\varphi=-0.447,\cos\varphi=0.894$$

E 为集中力作用点，剪力有突变，所以要算出 E 截面左右两边的剪力和轴力。

$$M_E^0=Y_B\times4=5\times4=20(\text{kN}\cdot\text{m})\text{（内侧受拉）}$$

$$Q_{E左}^0=P-Y_B=4-5=-1(\text{kN})$$

$$Q_{E右}^0=-Y_B=-5\text{kN}$$

由式(14-2)得

$$M_E=M_E^0-Xy=20-6\times3=2(\text{kN}\cdot\text{m})\text{（内侧受拉）}$$

$$Q_{E左} = Q^0_{E左}\cos\varphi - X\sin\varphi = -1 \times 0.894 - 6 \times (-0.447) = 1.79(\text{kN})$$
$$Q_{E右} = Q^0_{E右}\cos\varphi - X\sin\varphi = -5 \times 0.894 - 6 \times (-0.447) = -1.79(\text{kN})$$
$$N_{E左} = Q^0_{E左}\sin\varphi + X\cos\varphi = -1 \times (-0.447) + 6 \times 0.894 = 5.81(\text{kN})(压)$$
$$N_{E右} = Q^0_{E右}\sin\varphi + X\cos\varphi = -5 \times (-0.447) + 6 \times 0.894 = 7.6(\text{kN})(压)$$

14.4.2　三铰拱的合理拱轴线

由前所述，拱在荷载作用下，各截面上一般产生三个内力分量，即弯矩、剪力和轴力，截面处于偏心受压状态，其正应力分布不均匀。但是如果选取一根适当的拱轴线，使得在给定的荷载作用下，拱上各截面的弯矩都为零，即只承受轴力。这个时候，各截面都处于均匀受压的状态，材料能得到充分的利用，相应的截面尺寸是最小的。从理论上说，设计成这样的拱是最经济的，故称这样的拱轴为合理拱轴。

合理拱轴线可根据各截面弯矩为零的条件来确定。在竖向荷载作用下，三铰拱合理轴线方程可由下式求得：

$$M = M^0 - Xy = 0$$

由此，得

$$y = \frac{M^0}{X} \tag{14-3}$$

上式表明，在竖向荷载作用下，三铰拱合理拱轴线的纵坐标与相应简支梁弯矩图的竖标成正比。当荷载已知时，只需求出相应简支梁的弯矩方程，然后除以水平推力 X（常数），便可得到合理拱轴线方程。了解合理拱轴线的概念，有助于设计中的合理选型。

例 14-7　试求图 14-16(a) 所示三铰拱在均布荷载 q 作用下的合理拱轴线。

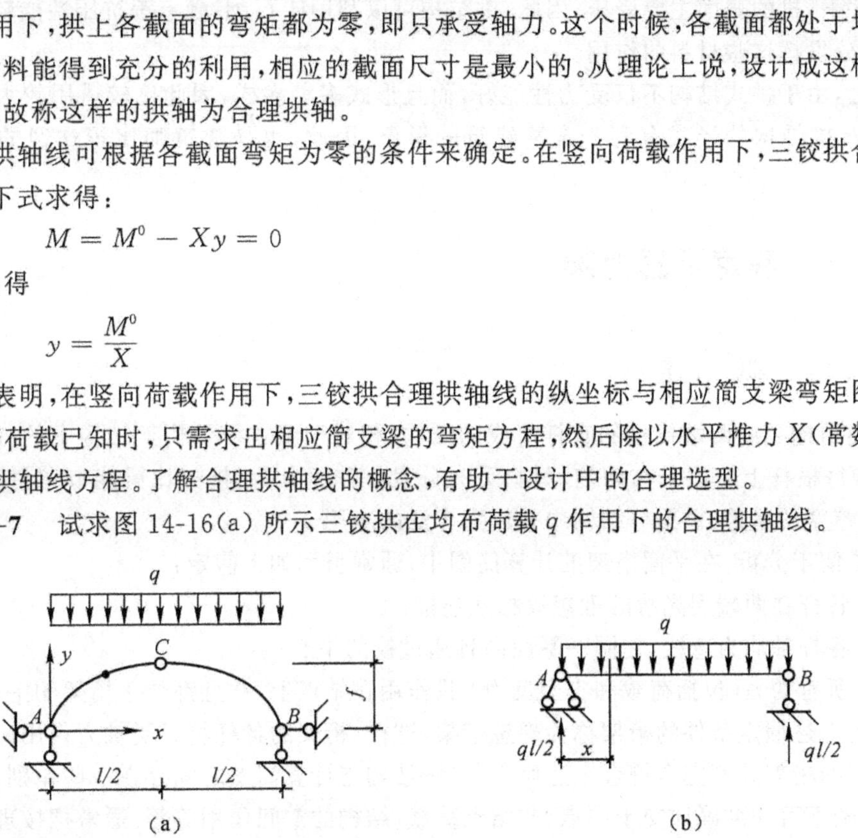

图 14-16

解　相应简支梁图 14-16(b) 的弯矩方程为

$$M^0 = \frac{ql}{2}x - \frac{qx^2}{2} = \frac{1}{2}qx(l-x)$$

拱的推力可由式(14-2) 求得：

$$X = \frac{M^0_C}{f} = \frac{\frac{1}{8}ql^2}{f} = \frac{ql^2}{8f}$$

又由式(14-3) 有

$$y = \frac{M^0}{X} = \frac{4f}{l^2}x(l-x)$$

可见在竖向均布荷载作用下，三铰拱的合理拱轴线是抛物线。

由以上的讨论可以把三铰拱的性能归纳如下：

(1) 在竖向荷载作用下，梁没有水平力，而拱则有水平推力。因此，必须有坚固的基础以承受此水平推力，故三铰拱的基础比梁的基础要大。特别是高跨比 f/l 愈小时，水平推力愈大，则更需要引起注意。当拱作为屋盖结构时，为了阻止因水平推力而使两端支承发生推移，往往采用具有拉杆的三铰拱(或两铰拱)，以减小对墙(或柱和基础)的推力。

(2) 由于水平推力的存在，从而减小了拱截面的弯矩，故拱的截面尺寸要比其对应的简支梁为小。就这点而言，三铰拱比简支梁较为经济，并能跨越较大的跨度。

(3) 在竖向荷载作用下，梁的截面没有轴力，而拱的截面内轴力较大。在选择适当的拱轴的条件下，拱的截面主要受压，因此，拱结构可以利用砖石、混凝土等抗压性能较好的材料制作，充分发挥这些材料的作用。

总之，由于拱式结构不仅受力性能好，而且形式多种多样，因此比较适用较大跨度的结构。另外，拱结构的形式有利于丰富建筑的形象，因此，也是建筑师比较欢迎的一种结构形式。

14.5 静定平面桁架

14.5.1 概 述

桁架结构是由两端铰接的直杆组成的结构。相对于梁式杆件桁架结构中的各杆主要承受 轴力，每根杆上应力分布均匀，材料可充分发挥作用，因而桁架比梁能节省材料，减轻自重，在大跨度的屋盖、桥梁等结构中有较为广泛的应用。

为了便于分析，在平面桁架的计算简图中，通常引用如下假定：

(1) 各杆在两端用光滑的理想铰相互连接；

(2) 各杆轴均为直线，在同一平面内且通过铰的中心；

(3) 所有的力(包括荷载和支座反力) 只作用在结点上，并且都位于桁架的平面内。

满足上述假定条件的桁架称为理想桁架，这样，桁架的各杆将只受轴力作用。

实际的桁架并不完全符合上述假定。实际结构与计算简图之间存在一些差别，如结点的刚性、杆轴不可能准确地交于一点、非结点荷载、结构的空间作用等等。通常把按理想平面桁架算得的应力称为主应力，而把上述一些因素产生的附加应力称为次应力。理论计算和试验及实际量测的结果表明，在一般情况下次应力的影响较小，可以忽略不计。对于必须考虑次应力的桁架可参考有关文献，本节只讨论理想桁架的计算。

桁架的杆件，依其所在位置不同，可分为弦杆和腹杆两类。弦杆又分为上弦杆和下弦杆，腹杆又分为斜杆和竖杆。弦杆上相邻两结点间的区间称为节间，其间距称为节间长度。两支座间的水平距离 l 称为跨度，支座连线至桁架最高点的距离 h 称为桁高。如图 14-17 所示。

桁架可按其外形或几何组成方式进行分类：

根据桁架外形，可分为平行弦桁架(图 14-17)、折线形桁架(图 14-18(a)) 和三角形桁架图 14-18(b) 和(c))。

按桁架的几何组成方式可分为简单桁架和联合桁架。简单桁架是由一个基本铰接三角

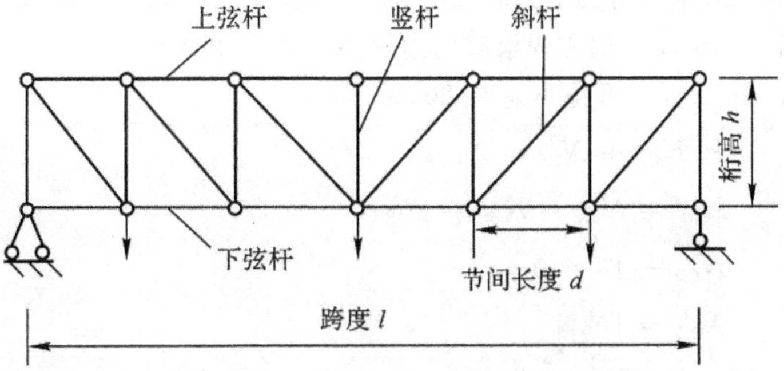

图 14-17

形或由基础开始依次增加二元体而组成的桁架(图 14-18(a)、(b));联合桁架是由几个简单桁架按几何不变体系的组成规则联合而成的桁架(图 14-18(c))。

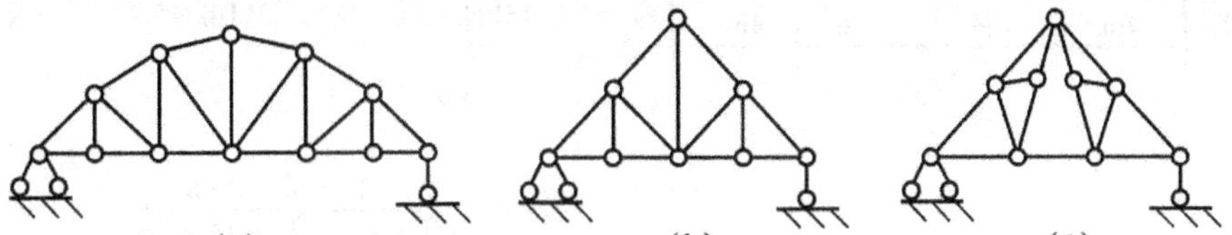

图 14-18

14.5.2　桁架内力计算的结点法

理想桁架在结点荷载作用下,各杆件将只产生轴力。为了求得桁架各杆的内力,可以截取桁架的一部分为脱离体,由脱离体的平衡条件来计算所截断杆件的内力。若所取脱离体只包含一个结点,取桁架结点为研究对象,考虑结点上的外力和杆件内力的平衡,用平面汇交力系的平衡条件计算杆件内力,这种方法称为结点法。结点法适应于计算全部杆件内力。一般从两个未知杆的结点开始,依次进行。一般说来,静定桁架各杆的内力均可以由结点法依次求出。因为作用于任一结点的各力均组成一平面汇交力系,可建立两个独立的平衡方程,所以结点法宜从未知力不多于两个的结点开始求解。对于简单桁架,在先求出支座反力后,可按与几何组成相反的顺序,由最后的结点开始,依次计算未知内力杆件,便可全部求解桁架内力。在画结点受力图时,对方向已知的力可按实际方向画出;对于方向未知的力,通常先假设为拉力,如果计算结果是正值,表明原假定的指向是正确的,即杆的内力为拉力;如果计算值为负值,则表明实际指向与假设相反,即杆的内力为压力。现举例说明结点法的计算如下。

例 14-7　试求图 14-19(a) 所示桁架各杆的内力。

解　(1) 求支座反力,由整体平衡条件可得

$$Y_A = Y_B = 15\text{kN}$$

$$X_A = 0$$

从受力情况可知(因水平支座反力为零),此桁架为对称桁架,且承受对称荷载,故只需求出对称轴一侧杆件的内力,另一侧杆件的内力即可由对称性求得。

(2) 从 A 结点开始,依次选取只有两个未知力的结点,列平衡方程求解,求解顺序为 A

→ C → D → E，每个结点作出其受力脱离体分别如图 14-19(b)、(c)、(d)、(e) 所示。

结点 A：由图 14-19 (b)，列方程求解内力得 $N_{AD} = -25\text{kN}$

结点 C：由图 14-19 (c)，可得 $N_{AC} = 20\text{kN}$

$$\sum X = 0: \quad -N_{CA} + N_{CF} = 0$$

$$N_{CF} = N_{CA} = N_{AC} = 20\text{kN}$$

$$\sum Y = 0: \quad N_{CD} - 10 = 0$$

$$N_{CD} = 10\text{kN}$$

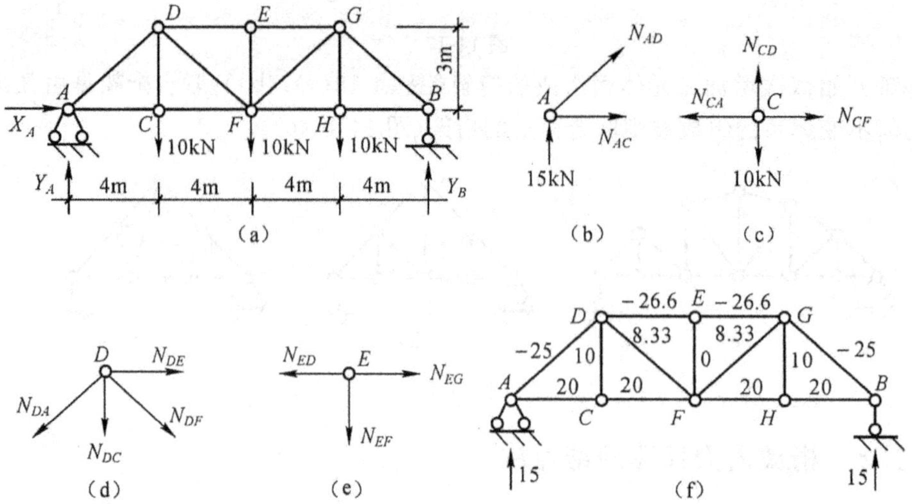

图 14-19

结点 D：见图 14-19(d)

$$\sum Y = 0: \quad -N_{DA} \times \frac{3}{5} + 10 + N_{DF} \times \frac{3}{5} = 0 \quad N_{DF} = 8.33\text{kN}$$

$$\sum X = 0: \quad N_{DE} + N_{DF} \times \frac{4}{5} - N_{DA} \times \frac{4}{5} = 0$$

$$N_{DE} = -26.66\text{kN}(\text{压})$$

结点 E：由图 14-19(e)，可得

$$\sum X = 0: \quad -N_{DE} + N_{EG} = 0$$

$$N_{EG} = N_{ED} = N_{DE} = -26.66\text{kN}$$

$$\sum Y = 0: \quad N_{EF} = 0$$

根据对称性即可标出各杆最后内力，示于图 14-19(f)。

在桁架中常有些特殊形状的结点，通常可以直观地求解出结点上某些杆件的内力，可给计算带来很大方便。现列举如下：

(1) 只有两根杆件构成的接点，当结点上无荷载作用时，两杆内力皆为零，如图 14-20(a) 所示。内力为零的杆件称为零力杆，简称零杆。

(2) 三杆汇交的结点，若其中两杆共线，如图 14-20(b) 所示，当结点上无荷载时，第三杆必为零杆，而共线两杆的内力相等且性质相同(即同为拉力或同为压力)。

上述结论均可根据适当的投影平衡方程得出，读者可自行证明。

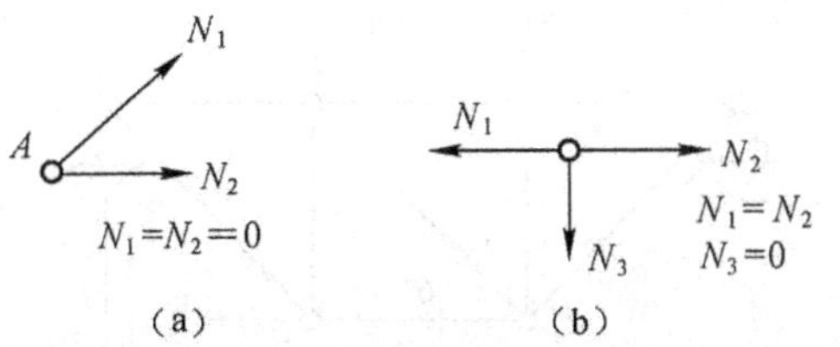

图 14-20

应用上述结论，不难判断图 14-21(a)、(b) 所示桁架中，虚线所示各杆皆为零杆，其余杆件内力计算工作便大为简化。

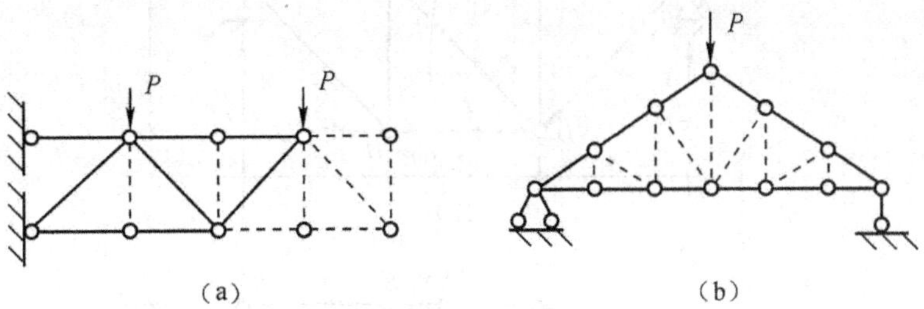

图 14-21

零力杆是在某种荷载情况下才出现的。零力杆并不是多余杆，它们对桁架的几何构成是必要的，不能随意去掉，判定零杆，只是为了使计算工作简便。

14.5.3　桁架内力计算的截面法

当只需要求解桁架中指定的一根或者几根杆的内力时，可以每次假想一个截面把桁架切分为两部分，使得所选取的脱离体包含全部或者部分待求杆的内力，此时脱离体中包含两个或者两个以上的结点，此种求桁架内力的方法称为截面法。这样截取的脱离体上的外力和内力构成平面一般力系，可建立三个平衡方程。因此，若脱离体上的未知力不超过三个，则可以全部求出。为避免求解联立方程，应注意选择适当的投影或力矩平衡方程。现举例说明如下。

例 14-8　如图 14-22(a) 所示平面桁架，$P=40\text{kN}$，$Q=10\text{kN}$。求杆件 4、5、6 杆的内力。

解　(1) 求支座反力。如图 14-22(b)，由整体平衡条件，有

$$\sum M_A=0 \quad Y_B\cdot 3a+Q\cdot a-P\cdot a=0$$

得
$$Y_B=10\text{kN}\uparrow$$

(2) 取 m-m 截面以右为脱离体，如图 14-22 (b)、(c) 所示，有

$$\sum M_E=0 \quad Y_B\cdot a+Q\cdot a-N_6\cdot a=0 \quad 得\ N_6=20\text{kN}$$

$$\sum M_D=0 \quad Y_B\cdot 2a+N_4\cdot a=0 \qquad 得\ N_4=-20\text{kN}$$

再由 $\sum Y=0$，有 $Y_B-N_5\cdot\cos 45^\circ=0$　得 $N_5=14.14\text{kN}$

14.5.4　桁架受力性能的比较

不同形式的桁架，其内力分布情况和适用场合亦各不同，要选择适当形式的桁架，就应该明确不同桁架形式对内力分布和构造上的影响，以及它们的应用范围。弦杆的外形对桁架

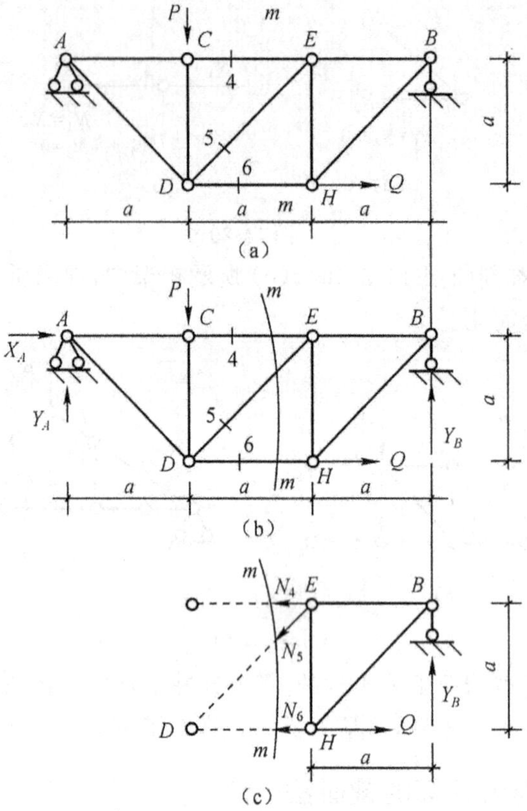

图 14-22

杆的内力的分布有很大的影响。各桁架的内力分布和应用范围归纳如下：

(1) 平行弦桁架的内力分布不均匀，弦杆内力由两端向跨中递增，腹杆内力由两端向跨中递减。在实际应用中平行弦桁架一般采用截面一致的弦杆，当跨度不大时，可使材料不致有很大浪费。平行弦桁架在构造上有许多优点，如所有弦杆、斜杆、竖杆长度都分别相等，所有结点处相应各杆的交角均相等，因而有利于标准化。平行弦桁架一般常用于轻型桁架、12m 以上的吊车梁及铁路桥中。

(2) 抛物线形桁架(上弦各结点在一条抛物线上) 的内力分布比较均匀，从其受力角度来看是比较好的桁架形式，但其构造和施工复杂。为了节约材料，在跨度 18 ～ 30m 的屋架中常采用抛物线形桁架。

(3) 三角形桁架的内力分布也不均匀，弦杆内力从中间向支座方向递增，近支座处最大。在腹杆中，斜杆受压，而竖杆受拉(或为零力杆)，而且腹杆的内力是从支座向中间递增。这种桁架的端结点处，上下弦杆之间夹角较小，构造复杂。但三角形桁架两面斜坡的外形符合屋顶构造的要求，故在跨度较小，坡度较大的屋盖结构中多采用三角形桁架。

14.6 静定结构的基本特性

静定结构是工程中常见的一种结构形式，静定结构的内力计算也是超静定结构计算的基础。静定结构的基本特性包括：

(1) 静定结构和超静定结构都是几何不变体系，在几何构造方面，静定结构没有多余联系，而超静定结构有多余联系。在静力平衡方面，静定结构的全部反力和内力仅由平衡条件就可求出，在任何给定的荷载下，满足平衡条件的反力和内力解答只有一种，而且是有限的数值，这是静定结构解答的惟一性。

(2) 静定结构的反力和内力与结构所用材料的性质、截面的大小和形状都没有关系。

(3) 在静定结构中，除荷载外，其他因素如温度改变、支座位移、材料收缩、制造误差等均不引起结构的反力和内力。

如图 14-23 (a) 所示悬臂梁，若其上、下侧温度分别升高 t_1 和 t_2(设 $t_1 > t_2$)，则梁将产生如图中虚线所示的变形。由于没有外加荷载，由平衡条件可知，梁的反力和内力均为零。又如图 14-23(b) 所示简支梁当支座 B 发生沉陷时，梁随之产生位移如图中虚线所示，同样，梁不产生任何反力和内力。

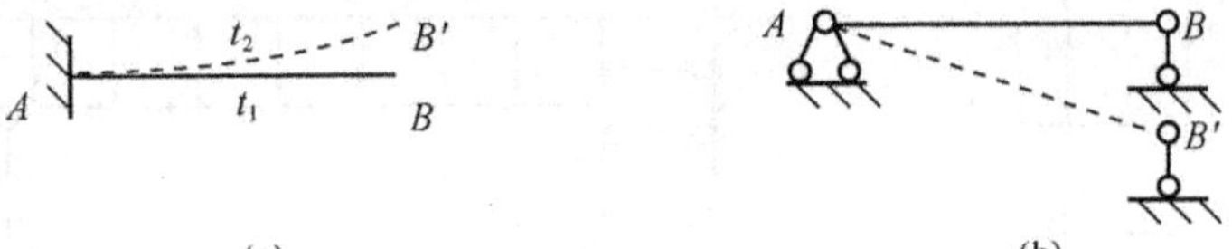

(a)　(b)

图 14-23

(4) 如果一组平衡力系作用于静定结构的某一几何不变的部分，则只有此部分产生内力，其余各部分不会产生内力。如图 14-24 所示，一对平衡力系作用在桁架的 $CDEF$ 几何不变部分，则其余部分的反力和内力都为零。可分别由力系平衡条件 $\sum X = 0$, $\sum M_B = 0$, $\sum M_A = 0$ 得

$$X_A = Y_A = Y_B = 0$$

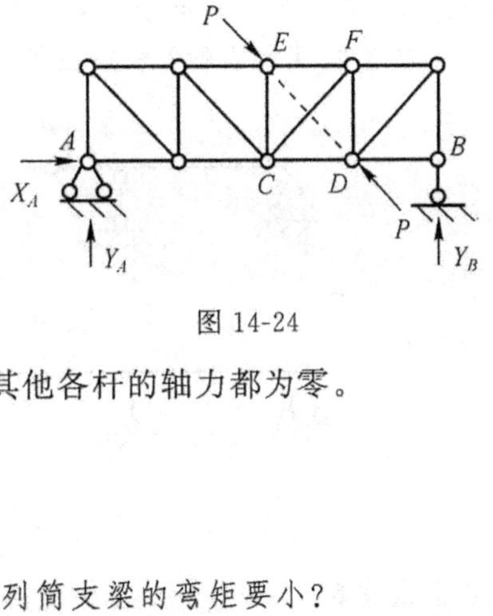

图 14-24

再由结点平衡的特殊情况，可知除 $CDEF$ 部分外，其他各杆的轴力都为零。

思考题

14-1　为什么在一般情况下，静定多跨梁的弯矩比一系列简支梁的弯矩要小？

14-2　拱的受力情况和内力计算与梁和桁架有何异同？

14-3　刚架与梁比较，力学性能有何不同？内力计算有哪些异同？为什么刚架中内力分布要比梁均匀、合理？

14-4　桁架的计算简图作了哪些假设？

14-5　零杆既然不受力，为何在实际结构中不把它去掉？

习 题

14-1 ～ 14-2 试作题 14-1 图和题 14-2 图所示单跨静定梁的 M 图和 Q 图。

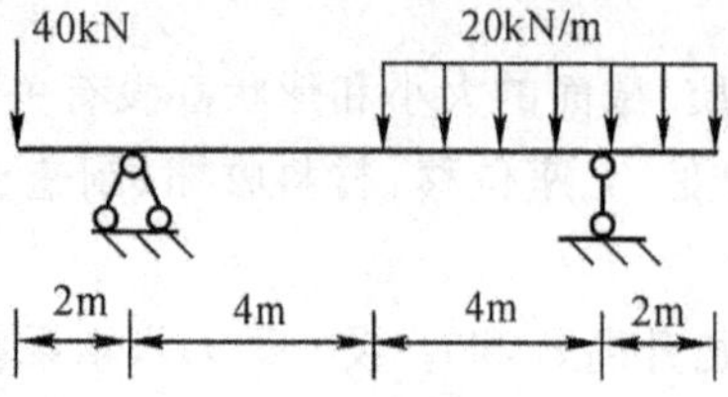

题 14-1 图

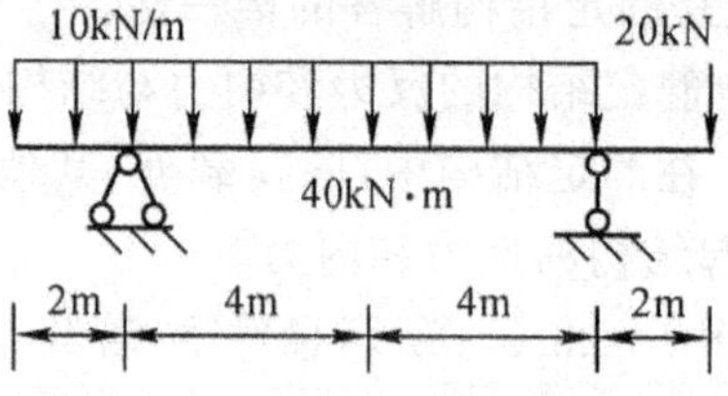

题 14-2 图

14-3 ～ 14-4 试作题 14-3 图和题 14-4 图所示单跨静定梁的 M 图。

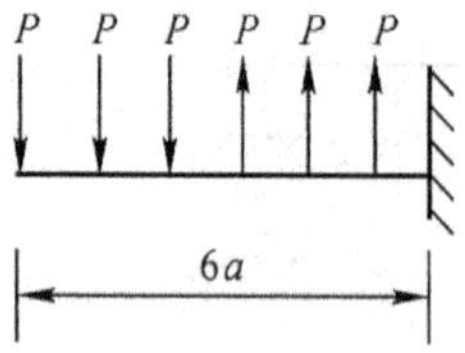

题 14-3 图

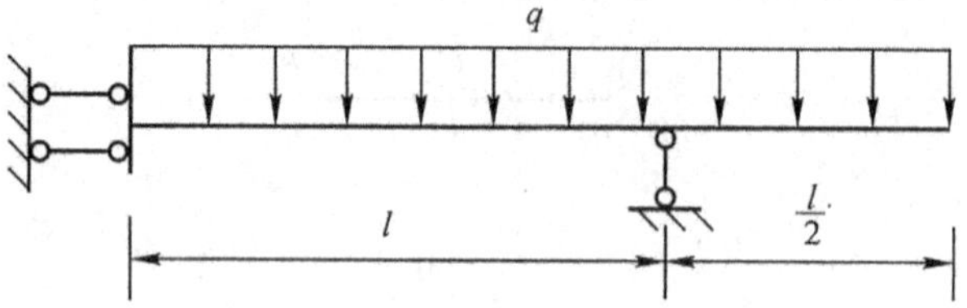

题 14-4 图

14-5 题 14-5 图所示多跨静定梁承受左图和右图的荷载时（即集中力或集中力偶分别作用在铰左侧和右侧）弯矩图是否相同？

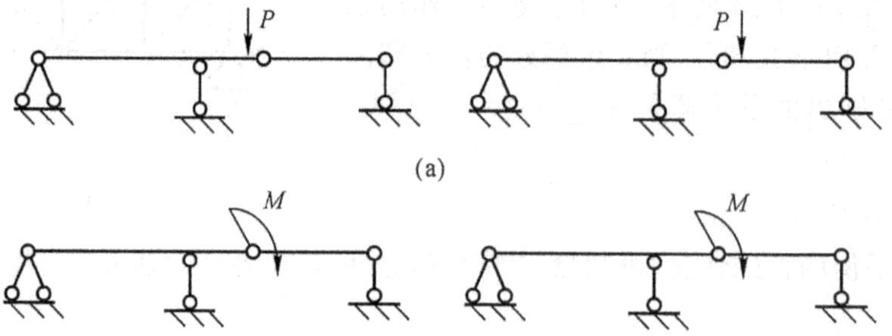

题 14-5 图

14-6 试作题 14-6 图所示多跨静度梁的 M、Q 图。

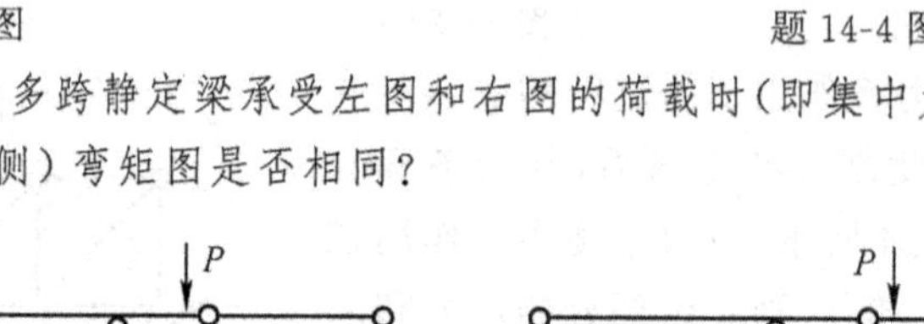

题 14-6 图

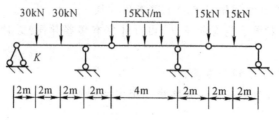

14-7 试不计算反力而绘出题 14-7 图所示梁的弯矩图。

14-8 ～ 14-9 试作题 14-8 图和题 14-9 图所示刚架的 M、Q、N 图。

14-10 试作题 14-10 图所示刚架的 M、Q、N 图。

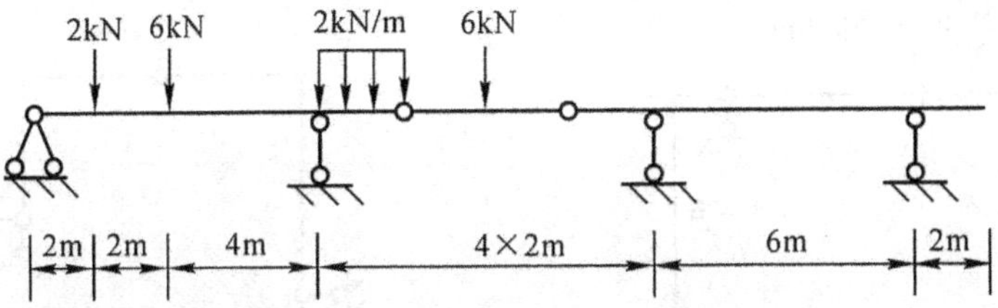

题 14-7 图

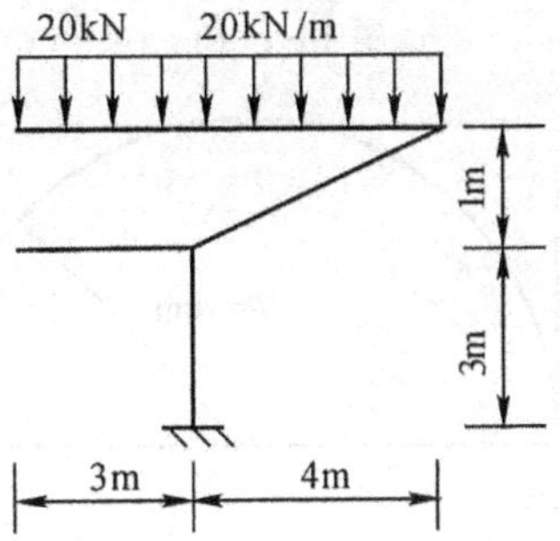

题 14-8 图

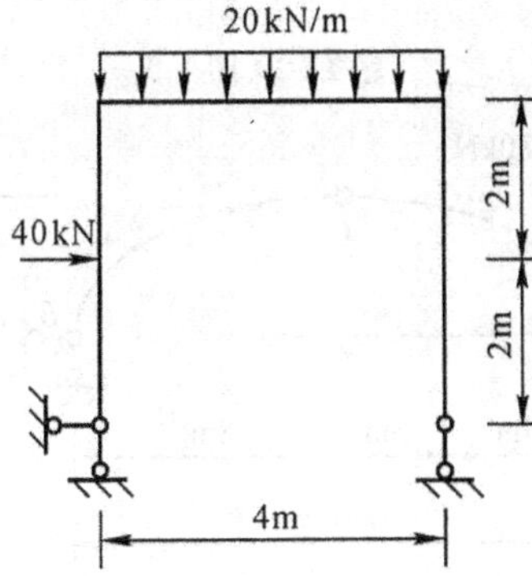

题 14-9 图

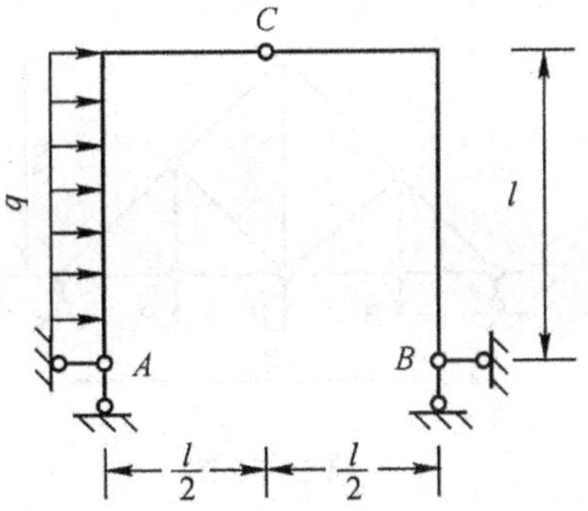

题 14-10 图

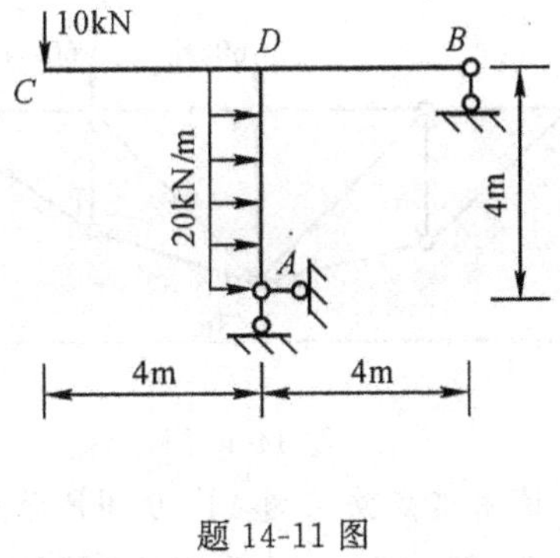

题 14-11 图

14-11 ～ 14-15　试作题 14-11 ～ 题 14-15 图所示刚架的 M 图。

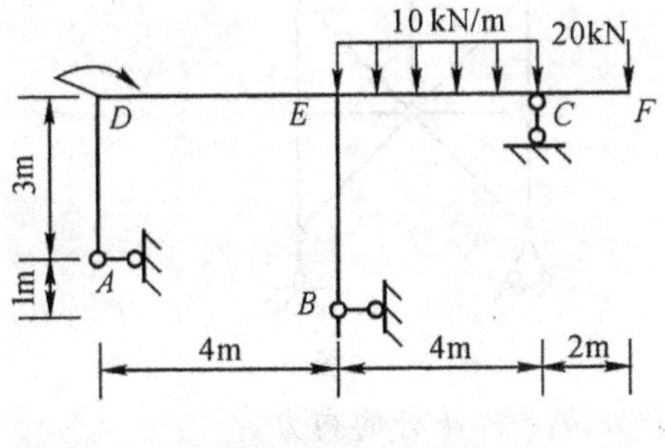

题 14-12 图

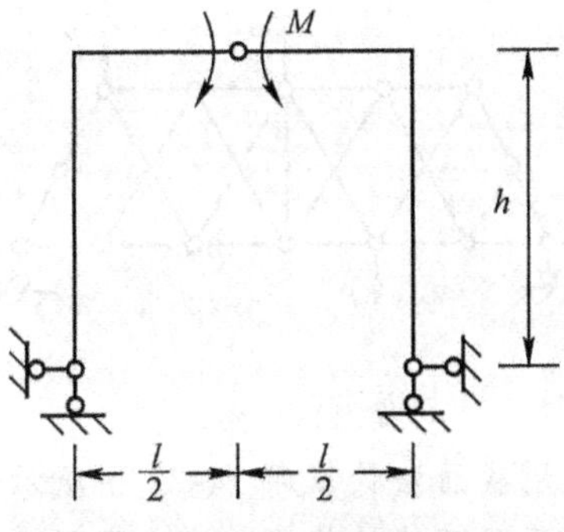

题 14-13 图

14-16　题 14-16 图所示抛物线三铰拱的轴线方程为 $y=\frac{4f}{l^2}x(l-x)$，试求截面 K 的内力。

14-17　试求题 14-17 图所示带拉杆的半圆三铰拱截面 K 的内力。

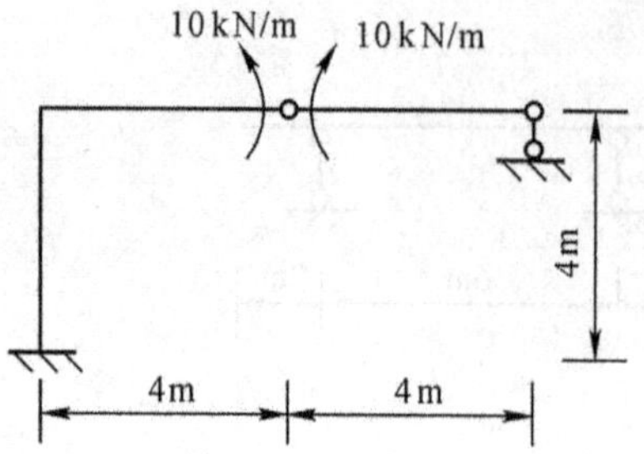

题 14-14 图

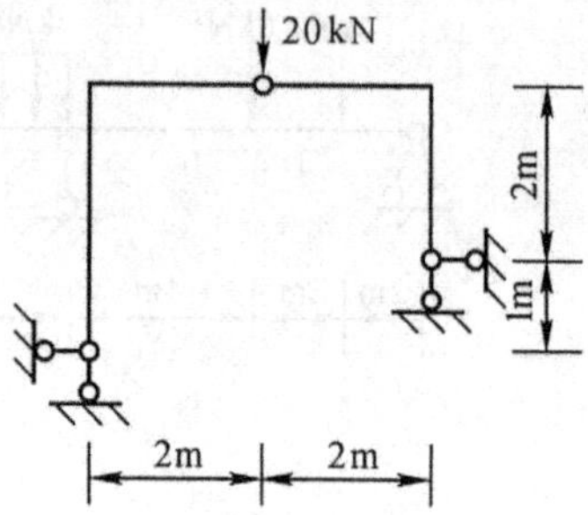

题 14-15 图

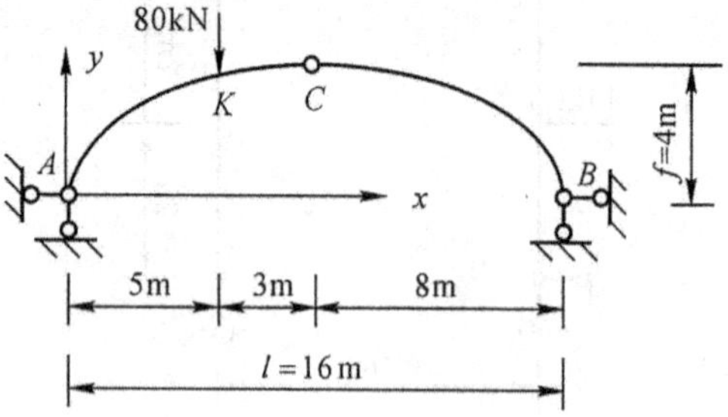

题 14-16 图

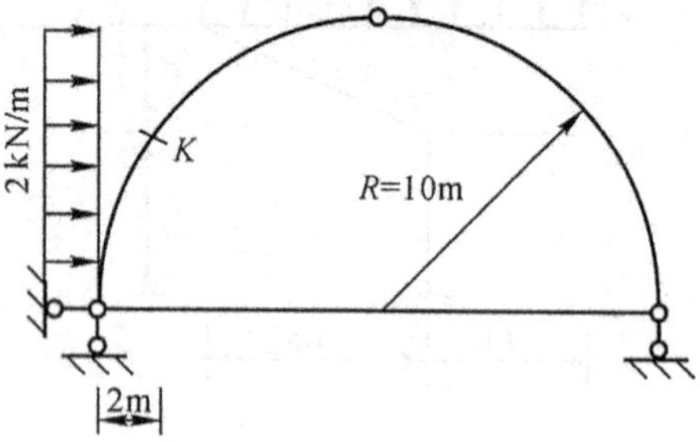

题 14-17 图

14-18 试用结点法求题 14-18 图所示桁架各杆的轴力。

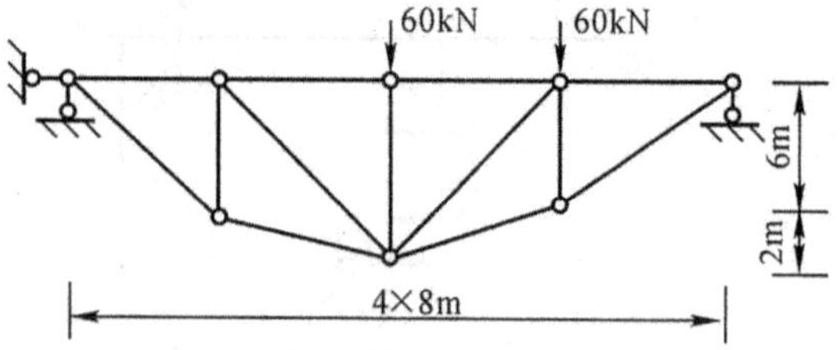

题 14-18 图

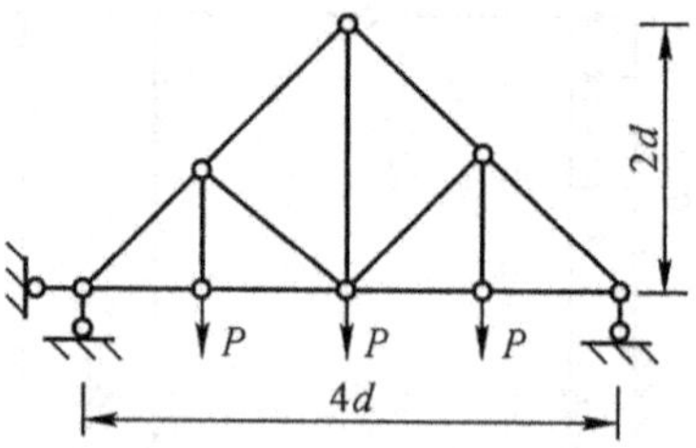

题 14-19 图

14-19 试用结点法求题 14-19 图所示桁架各杆的轴力。

14-20 ～ 14-21 试判断题 14-20 图和题 14-21 图所示桁架中的零杆。

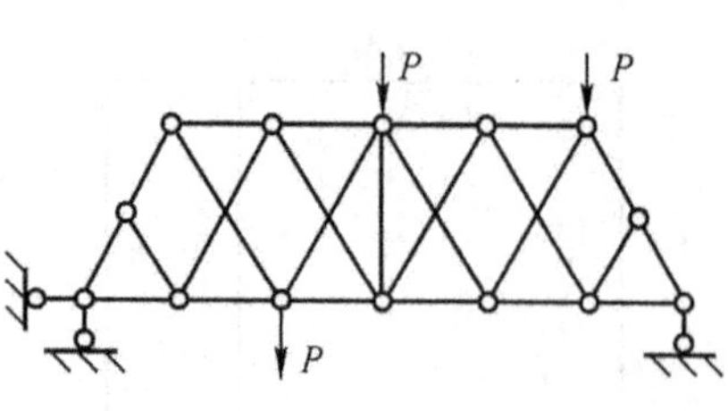

题 14-20 图

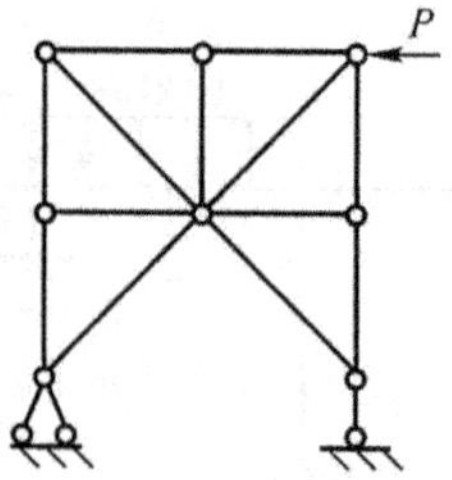

题 14-21 图

14-22 用截面法计算题 14-22 图所示桁架中指定杆件 a、b、c 和 d 杆的内力。

14-23 用截面法计算题 14-23 图所示桁架中指定杆件 1、2、3 和 4 杆的内力。

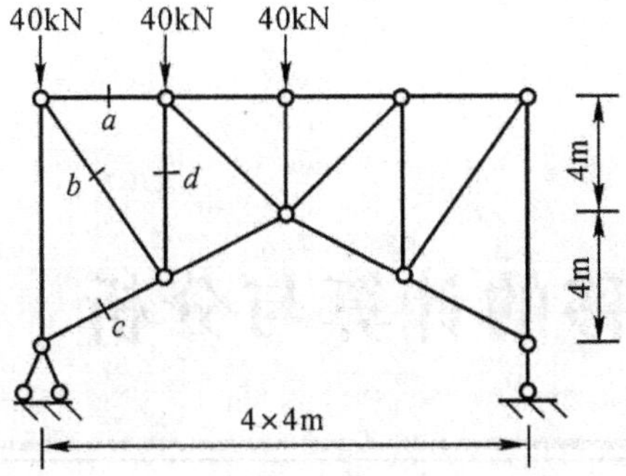

题 14-22 图

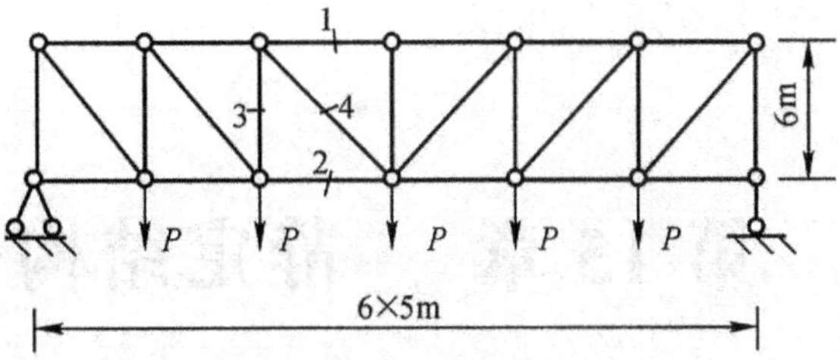

题 14-23 图

第 15 章　静定结构位移的计算与分析

15.1　结构的变形与位移

1. 结构变形与位移的概念

结构在荷载作用下其形状将会发生改变，结构的形状改变称为变形；与此同时其结点与截面位置将随之发生移动或转动，这种移动和转动称为结构的位移。图 15-1(a) 所示刚架在荷载作用下 A 点位置移到了 A' 点，线段 AA' 称为 A 点的线位移，记为 ΔA。它可以用水平线位移 Δx 和竖向线位 Δy 两个分量来表示，如图 15-1(b) 所示。同时截面 A 还转动了一个角度，称为截面 A 的角位移，用 θ_A 表示。线位移是指结构上某点沿直线方向移动的距离(竖向线位移一般称作挠度)，角位移是指结构上某截面转动的角度(一般用弧度表示)。某两点间的距离变化称为相对线位移，如图 15-1(c) 中 $\Delta_{CD}=\Delta_{CC'}+\Delta_{DD'}$，某两截面相对转动的角度称为相对角位移，如图 15-1(c) 中的 $\theta_{AB}=\theta_A+\theta_B$。

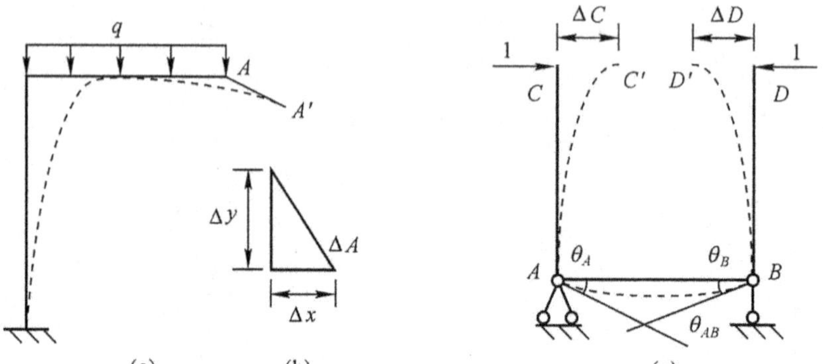

图 15-1

2. 结构位移计算的目的

(1) 验算结构的刚度。即结构在保证有足够强度的同时，还需要保证有足够的刚度，以防止结构因过大的变形而不能正常使用。

(2) 为超静定结构的计算打下基础。超静定结构只凭静力方程是不能全部确定其反力和内力的，需要补充建立必须的位移条件，方可确定其全部解答。

(3) 为施工服务。在结构的制作、架设、养护等过程中，往往需要预先知道结构的变形情况，以便采取一定的施工措施。

此外，在结构动力计算和稳定计算时，也需要计算结构的位移。可见，结构的位移计算在工程上是具有重要意义的。

3. 产生变形与位移的原因

除了荷载能使结构产生变形和位移外，其他因素如温度改变、支座移动、材料收缩和制造误差等，也是使结构产生变形和位移的原因。静定结构的特点是温度改变与支座移动时，虽产生位移但并不产生内力。

本章所要研究的是线性变形体系的位移计算。所谓线性变形体系是指位移与荷载成线性比例的结构体系，荷载对这种体系的影响可以叠加，而当荷载全部撤去后，由荷载引起的位移也完全消失。由于位移是微小的，因此在计算结构内力和反力时，可以认为结构的几何形状和尺寸在发生变形前后保持不变。

15.2　变形体的虚功原理

结构位移计算的一般公式需要由变形体的虚功原理推导而得出。变形体的虚功原理推导过程较为繁杂，本节将着重对该原理的基本表达加以解释和说明，以便于下一步的应用。虚功原理详细的理论推导从略。

功的基本定义是：力与沿力方向发生位移的乘积称为功。如果位移是由于力本身引起的，这时力所做的功称为实功；如果力与位移是各自独立，彼此互不相关，也就是说形成位移的原因并不是力本身，而是另外的荷载或其他别的什么因素作用（如温度改变、支座移动），此时力在别的荷载或者其他外在因素引起的位移上所做的功，称为虚功。

变形体的虚功原理可表述如下：在任何虚位移过程中，变形体上所有外力所做虚功总和（$W_{外}$），等于变形体各微段截面上的内力在其变形上所做变形虚功的总和（$W_{变}$）。

变形体的虚功原理，可表示为

$$W_{外}=W_{变} \tag{15-1}$$

式(15-1)称为变形体的虚功方程。

为说明变形体虚功原理，必须建立两个状态，即力状态和位移状态。如图 15-2(a) 所示的平面刚架，已知其在力系作用下处于平衡状态，图中未标出由于力系作用产生的刚架变形曲线。图 15-2(b) 所示为同一个平面刚架，由于其他外界因素的影响，刚架发生如图中虚线所示的位移，该位移状态与图 15-2(a) 的力状态互不相干。因此图 15-2(a) 所示力状态在图 15-2(b) 的位移状态上所做的功，即为虚功。

式(15-1)中外力虚功$W_{外}$表示如图 15-2(a) 所示作用于整个结构上的外力（包括支座反力和作用荷载）在相应的位移上（图 15-2 (b) 中虚线所示）所做的虚功总和；

变形虚功 $W_{变}$ 是指各微段两侧截面上的内力在微段变形位移上所做虚功的总和。

现在讨论变形虚功 $W_{变}$ 的计算。

图 15-2(a) 中的微段平衡力系在图 15-2(b) 所示的变形上所做的虚功便是变形虚功。对平面杆系结构，微段的变形一般分为轴向变形 du、弯曲变形 $d\varphi$ 和剪切变形 $d\eta$（即 $\gamma \cdot ds$）（如图 15-3 所示）。

微段上各力（略去了内力增量所做虚功的高阶微量）在其相应变形上所做的变形虚功

可写为

$$dW_{变} = Ndu + Md\varphi + Qd\eta$$

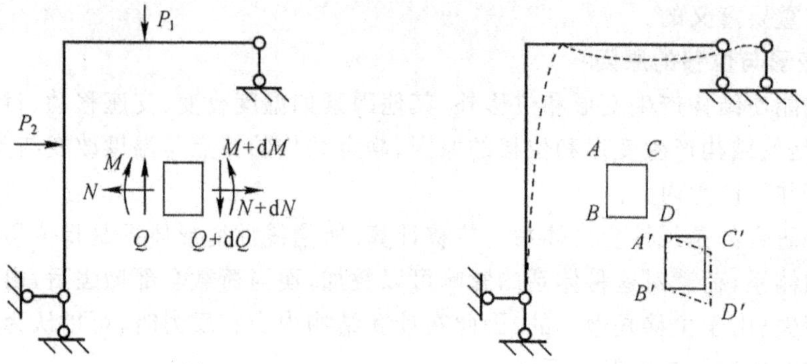

图 15-2

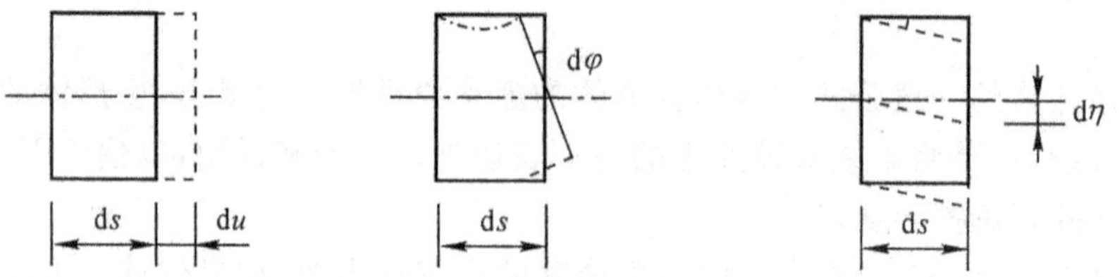

图 15-3

因为是以微段 ds 出发导出变形虚功的，所以当微段上作用有集中力或集中力偶时，可以理解为把它们等效作用于微段左侧截面上，这样当微段变形时，这些力并不做功。整个结构的变形虚功为

$$W_{变} = \sum\int dW_{变} = \sum\int Ndu + \sum\int Md\varphi + \sum\int Qd\eta$$

将上式代入变形体虚功方程 $W_{外} = W_{变}$，便可得平面杆系结构的虚功方程为

$$W_{外} = \sum\int Ndu + \sum\int Md\varphi + \sum\int Qd\eta \tag{15-2}$$

在上面的讨论中，并不涉及材料的物理性质，只要在小变形范围内，对弹性、非弹性、线性、非线性的变形体系，虚功方程都是适用的。变形体虚功原理在具体应用时要有两个状态(力状态和位移状态)。当力状态为实际状态、位移状态为虚设状态时，变形体虚功原理称为虚位移原理，可以利用它来求解力状态中的未知力；当位移状态为实际状态，力状态为虚设状态时，变形体虚功原理称为虚力原理，可利用它来求解位移状态中的未知位移。本章要讨论的结构的位移计算，就是以变形体虚力原理作为理论依据的。

15.3 结构位移计算的一般公式

利用变形体虚功原理，可导出计算结构位移的一般公式。设有如图 15-4(a) 所示结构，由于某种因素(如荷载、支座移动、温度变化等) 的作用，发生了变形和位移(图中虚线所示)，这一状态是结构的实际受力和变形状态，通常称为实际状态。实际状态下各杆件内力分别用 $\overline{M}$、$\overline{Q}$、$\overline{N}$ 表示，现要求该状态中 D 点的水平位移 Δ。

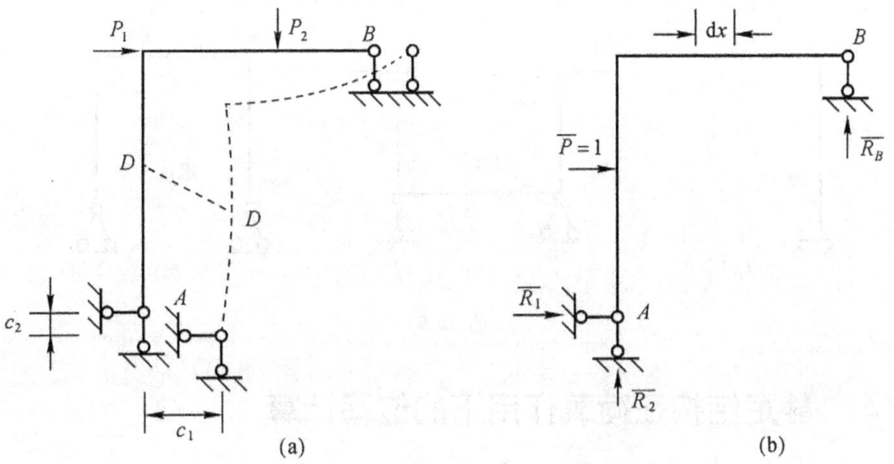

图 15-4

为求 D 点的水平位移，可在欲求位移处沿要求的位移的方向施加一单位荷载 $\overline{P}=1$，这一状态称为虚力状态，此时 A 支座产生的反力分别用 $\overline{R}_1$、$\overline{R}_2$ 表示，各杆件内力分别用 $\overline{M}$、$\overline{Q}$、$\overline{N}$ 表示。

现就图 15-4(b) 所示虚力状态在图 15-4(a) 实际位移状态上所做的虚功应用变形体虚功原理讨论如下：

外力虚功除单位荷载 $\overline{P}=1$ 在其相应位移上所做的功外，还有支座反力 $\overline{R}_1$、$\overline{R}_2$ 在相应的支座位移 c_1、c_2 上所做的功，因此

$$W_{外}=\overline{P}\cdot\Delta+\overline{R}_1\cdot c_1+\overline{R}_2\cdot c_2=1\times\Delta+\sum\overline{R}\cdot c$$

式中 $\sum\overline{R}\cdot c$ 表示虚力状态中的各支座反力在实际位移状态中相应的支座位移上所做的总虚功。

变形虚功是虚力状态中杆件内力 $\overline{M}$、$\overline{Q}$、$\overline{N}$ 分别在实际状态相应变形 $\mathrm{d}\varphi$、$\mathrm{d}u$、$\mathrm{d}\eta$ 上所做的虚功，可表示为

$$W_{内}=\sum\int\overline{M}\mathrm{d}\varphi+\sum\int\overline{N}\mathrm{d}u+\sum\int\overline{Q}\mathrm{d}\eta$$

将 $W_{外}$、$W_{内}$ 代入虚功方程(15-1)，可得

$$\Delta=\sum\int\overline{M}\mathrm{d}\varphi+\sum\int\overline{N}\mathrm{d}u+\sum\int\overline{Q}\mathrm{d}\eta-\sum\overline{R}\cdot c \tag{15-3}$$

上式就是计算结构位移的一般公式。这种利用虚功原理求结构位移的方法称为单位荷载法。应用这种方法，每次可求出一个截面的指定位移。在计算时，虚设单位力的指向可任意假定，只要按式(15-3) 计算出来的结果为正，说明实际位移的方向与虚设单位力的方向相同，否则相反。

单位荷载法不仅可用来计算结构某点的线位移，而且可用来计算角位移或相对线位移、相对角位移等，只要虚拟状态中的单位力是与所求位移相对应的广义力即可。图 15-5 例举了求某种位移时所应施加的单位力状态。

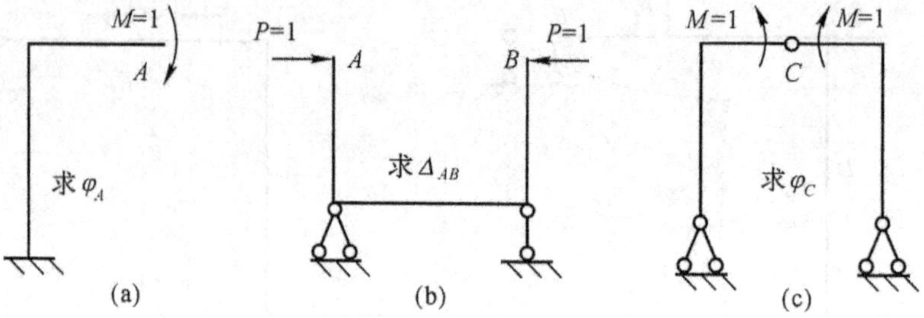

图 15-5

15.4 静定结构在荷载作用下的位移计算

当结构仅受荷载作用时，则计算位移的一般公式可写为

$$\Delta_P = \sum\int\overline{M}\mathrm{d}\varphi_P + \sum\int\overline{N}\mathrm{d}u_P + \sum\int\overline{Q}\mathrm{d}\eta_P \tag{15-4}$$

式中：$\overline{M}$、$\overline{N}$、$\overline{Q}$ 代表虚设状态中由于单位力所产生的虚设内力；$\mathrm{d}\varphi_P$、$\mathrm{d}u_P$、$\mathrm{d}\eta_P$ 是由实际状态相应内力引起的微段变形。对线弹性结构，结合图 15-6(a)，由前面章节力学公式可知

微段弯曲变形 $\mathrm{d}\varphi_P = \dfrac{M_P\mathrm{d}x}{EI}$

微段轴向变形 $\mathrm{d}u_P = \dfrac{N_P\mathrm{d}x}{EA}$

微段剪切变形 $\mathrm{d}\eta_P = r_P\mathrm{d}x = \dfrac{kQ_P}{GA}\mathrm{d}x$

式中：E 为材料的弹性模量，G 为材料的剪切弹性模量，I 和 A 分别为杆件截面的惯性矩和面积，k 为剪应力不均匀分布系数，对矩形截面 $k = 1.2$，圆形截面 $k = 1.11$ 等。

将微段变形代入式 (15-4)，可得

$$\Delta_P = \sum\int\frac{\overline{M}M_P}{EI}\mathrm{d}x + \sum\int\frac{\overline{N}N_P}{EA}\mathrm{d}x + \sum\int\frac{k\overline{Q}Q_P}{GA}\mathrm{d}x \tag{15-4a}$$

上式即是平面杆系结构在荷载作用下位移计算的一般表达式。式中等号右方三项分别表示结构的弯曲变形、轴向变形和剪切变形对位移的影响。计算结果 Δ_P 若为正值，则所求位移方向和虚设状态中单位力的方向相同；反之，则方向相反。此外，此公式在推导过程中，没有考虑杆件的曲率对变形的影响，是以直杆推导的，但是对于一般的曲杆，只要曲率不大，仍然可以近似地采用。

在具体计算中(15-4a) 比较烦琐，根据结构的不同类型，略去次要因素对位移的影响，可以得到位移计算的实用公式。现就几类不同形式的静定结构位移计算分别讨论如下。

1. 桁架的位移计算

理想桁架在结点荷载作用下，桁架的每一根杆件只有轴力作用，没有弯矩和剪力。同一杆件的轴力及轴向刚度 EA 和杆长 l 均为常数，故桁架的位移公式可由式(15-4a) 改写成：

$$\Delta_P = \sum\int\frac{\overline{N}_iN_P}{EA}\mathrm{d}x = \sum\frac{\overline{N}_iN_P}{EA}l \tag{15-5}$$

例 15-1 试求图 15-6(a) 所示对称桁架结点 D 的竖向线位移 Δ_{DV}。图中括号内数值表示杆件的截面积，设 $E = 21000\mathrm{kN/cm^2}$。

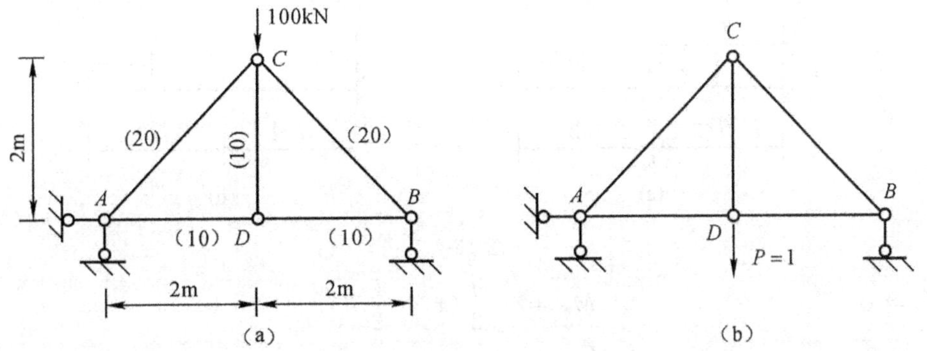

图 15-6

表 15-1　桁架位移计算

杆件	l(cm)	A(cm²)	$\overline{N}$	N_P(kN)	$\overline{N}N_Pl/A$(kN/cm)
AC	283	20	−0.707	−70.71	707.5
BC	283	20	−0.707	−70.71	707.5
AD	200	10	0.5	50.0	500
BD	200	10	0.5	50.0	500
CD	200	10	1.0	0	0
					$\sum$2415.0

解　要求 D 点的竖向线位移，在 D 点加一竖向单位力，如图 15-6(b) 所示，用结点法分别求出实际状态下和单位力状态下各杆轴力 N_P、$\overline{N}$，根据桁架位移计算公式(15-5)，列成表格计算，详见表 15-1。

由此可求得

$$\Delta_{DV} = \sum \frac{\overline{N}_i N_P l}{EA} = \frac{2415}{21000} = 0.115(\text{cm}) \downarrow$$

正号表示 D 点竖向线位移的实际方向与单位荷载 $P=1$ 的假设方向一致，即方向竖直向下。

2. 梁及刚架的位移计算

在一般情况下，梁和刚架的位移主要是由弯矩引起的，轴力和剪力的影响较小，可以略去不计，因此，计算位移的一般公式可简化为

$$\Delta_P = \sum \int \frac{\overline{M}_i M_P}{EI} \mathrm{d}x \tag{15-6}$$

例 15-2　试求图 15-7(a) 所示悬臂梁端点 C 的竖向线位移 Δ_{DV}。

解　(1) 首先列出实际状态和虚设状态的内力方程，设坐标原点为 C 点，x 以水平向左为正，分段列出内力方程如下。

图 15-7(a) 所示的实际状态：

CB 段$(0 \leqslant x \leqslant \frac{l}{2})$　　　　BA 段$(l/2 \leqslant x \leqslant l)$

$N_P = 0$　　　　$N_P = 0$

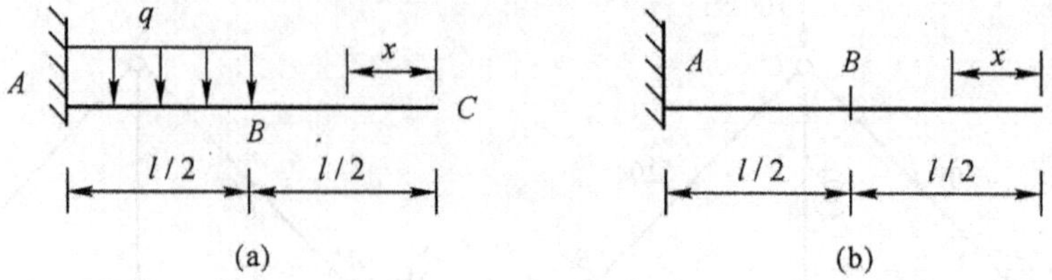

图 15-7

$M_P = 0$　　　　$M_P = -\frac{q}{2}(x - \frac{l}{2})^2$

$Q_P = 0$　　　　$Q_P = 0$

虚设状态：

CB 段　　　　BA 段

$\overline{N} = 0$　　　　$\overline{N} = 0$

$\overline{M} = 0$　　　　$\overline{M} = -x$

$\overline{Q} = 0$　　　　$\overline{Q} = 1$

(2) 将两个状态内力方程代入式(15-6)，进行分段积分。假设截面形状为矩形，$k = 1.2$。

$$\begin{aligned}\Delta_{CV} &= \int_{l/2}^{l} \frac{\overline{M}M_P}{EI}\mathrm{d}x + \int_{l/2}^{l} \frac{k\overline{Q}Q_P}{GA}\mathrm{d}x \\ &= \int_{l/2}^{l}(-x)\left[-\frac{q}{2}(x - \frac{l}{2})^2\right]\frac{\mathrm{d}x}{EI} + \int_{l/2}^{l} 1.2\left[-\frac{q}{2}(x - \frac{l}{2})\right]\frac{\mathrm{d}x}{GA} \\ &= \frac{q}{2EI}\int_{l/2}^{l}(x^3 - lx^2 + \frac{l^2}{4}x)\mathrm{d}x + \frac{6q}{5GA}\int_{l/2}^{l} 1(x - \frac{l}{2})\mathrm{d}x \\ &= \frac{7ql^4}{384EI} + \frac{3ql^2}{20GA}(\downarrow)\end{aligned}$$

(3) 讨论

现在计算剪切变形和弯曲变形的比值。由上述计算可知

$$\Delta_M = \frac{7ql^4}{384EI}, \Delta_Q = \frac{3ql^2}{20GA}$$

$$\frac{\Delta_M}{\Delta_Q} = \frac{\frac{7ql^4}{384EI}}{\frac{3ql^2}{20GA}} = \frac{GAl^2}{8.23EI}$$

由此可见，剪切变形引起的位移与弯曲变形引起的位移比值将随 h/l 的平方而变化。如当 $h/l = 1/10$ 时，上例中$\frac{\Delta_M}{\Delta_Q} = 1.83\%$，当 $h/l = 1/5$ 时，$\frac{\Delta_M}{\Delta_Q} = 7.32\%$。一般说来当杆为细长杆($h/l = 1/5$)时，可以忽略剪切变形对位移的影响。轴向变形对结构位移的影响也较小，可以忽略不计，证明此处从略。

例 15-3 试求图 15-8(a) 所示刚架 C 点的竖向位移 Δ_{CV}。各杆材料相同，截面 I、A 均为常数。

解 (1) 在 C 点加一竖向单位荷载作为单位力状态，如图 15-8(b) 所示。

分别设各杆的坐标如图所示，写出各杆的弯矩方程为

CB 段：$\overline{M} = -x$；$M_P = \frac{qx^2}{2}$ (上侧受拉)

BA 段：$\overline{M}=l$；$M_P=\dfrac{ql^2}{2}$　（左侧受拉）

(2) 代入公式(15-6)，有

$$\Delta_{CV}=\sum\int\frac{\overline{M}M_P}{EI}\mathrm{d}x$$
$$=\int_0^l(-x)\left(-\frac{qx^2}{2}\frac{\mathrm{d}x}{EI}\right)+\int_0^l l\cdot\frac{ql^2}{2}\frac{\mathrm{d}x}{EI}=\frac{5}{8}\frac{ql^4}{EI}(\downarrow)$$

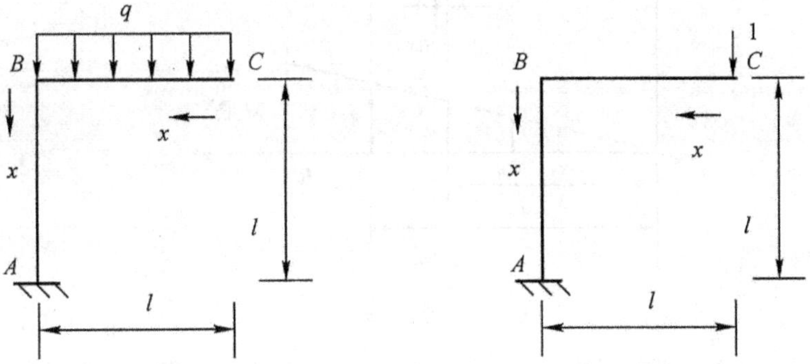

(a) 实际状态　　(b) 单位力状态

图 15-8

以上讨论了梁和刚架位移计算实用公式，这种直接由公式(15-6)求解的方法称为积分法。积分法的计算步骤为：

(1) 分别列出实际状态和虚设状态下有关的内力方程。注意坐标原点的选取应使内力方程简单，便于积分。此外，两个状态中的内力正负号规定应一致。(一般情况下可只列弯矩方程。)

(2) 将两个状态下的弯矩方程，代入位移计算实用公式(15-6)中进行积分。

(3) 计算结果若为正值，则实际位移方向与单位荷载的假设方向一致；若得负值，则实际位移的方向与单位荷载的假设方向相反。

15.5　图乘法

从上节可知，计算梁和刚架在荷载作用下的位移时，先要写出 $\overline{M}_i$ 和 M_P 的方程，然后代入公式(15-6)进行积分计算，有时积分运算是比较麻烦的。如果所考虑的问题满足下述条件时，可用图形相乘的方法来代替积分运算，使计算得到简化，其条件为：

(1) 杆轴为直线；

(2) 杆件抗弯刚度 EI 为常数；

(3) $\overline{M}_i$ 和 M_P 两个弯矩图中至少有一个是直线图形。

下面推导图乘法的基本公式。设等截面直杆 AB 段上的两个弯矩图中，$\overline{M}_i$ 图为直线，而 M_P 图为任意形状。如图 15-9 所示，以 AB 杆轴作为 x 轴，以 $\overline{M}_i$ 图的延长线与 x 轴的交点 O 为原点，并设置 y 轴，则积分式 $\int\dfrac{\overline{M}_iM_P}{EI}\mathrm{d}x$ 中，EI 可提到积分号外面，因 $\overline{M}_i$ 为直线变化，故有 $\overline{M}_i=x\tan\alpha$，且 $\tan\alpha$ 为常数，故上面积分式可写为

$$\int \frac{\overline{M}_i M_P}{EI} \mathrm{d}x = \frac{\tan\alpha}{EI} \int x M_P \mathrm{d}x = \frac{\tan\alpha}{EI} \int x \mathrm{d}\omega$$

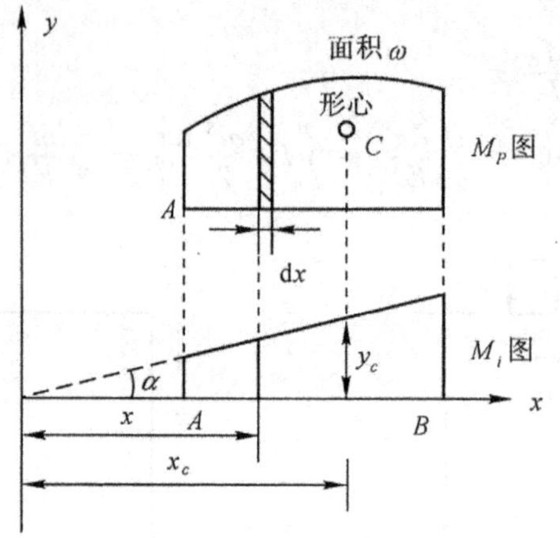

图 15-9

式中 $\mathrm{d}\omega = M_P\mathrm{d}x$ 为 M_P 图中阴影的微分面积，故 $x\mathrm{d}\omega$ 为微分面积对 y 轴的静矩。$\int x\mathrm{d}\omega$ 即为整个 M_P 图的面积对 y 轴的静矩，根据合力矩定理，它应等于 M_P 图的面积 ω 乘以其形心 C 到 y 轴的距离，即

$$\int x \mathrm{d}\omega = \omega \cdot x_C$$

将此关系式代入上式，得

$$\int \frac{\overline{M}_i M_P}{EI} \mathrm{d}x = \frac{\tan\alpha}{EI} \omega x_C = \frac{1}{EI} \omega x_C \tan\alpha = \frac{1}{EI} \omega y_C$$

这里 $y_C = x_C\tan\alpha$，y_C 是 M_P 图中形心 C 处对应于 $\overline{M}_i$ 图中的纵坐标。可见，上述积分式等于一个弯矩图的面积 ω 乘以其形心处所对应的另一个直线弯矩图上的竖标 y_C，再除以 EI，这就称为图乘法。

如果结构上各杆均可图乘，则位移计算公式(15-6) 可写为

$$\Delta_P = \sum \int \frac{\overline{M}_i M_P}{EI} \mathrm{d}x = \sum \frac{\omega \cdot y_C}{EI} \tag{15-7}$$

根据以上推证过程，可知在应用图乘法时应注意下列几点：(1) 杆件为等截面直杆(分段截面相同也可)；(2) 竖标 y_C 只能取自直线图形；(3)ω 与 y_C 若在杆件同侧则乘积取正号，异侧则乘积取负号。

现将常用的几种简单图形的面积及形心位置列入图 15-10 中，图中所示的抛物线为标准抛物线，即通过抛物线顶点处的切线应与其基线平行。

当图形的面积或形心位置不便确定时，我们可以将它分解为几个简单的图形，将它们分别与另一图形相乘，然后把所得结果相加。

例如图 15-11 所示两个梯形相乘时，可将 M_P 图分解为两个三角形(也可分解为一个矩形及一个三角形)，此时 $M_P = M_{Pa} + M_{Pb}$，故有

$$\frac{1}{EI} \int \overline{M}_i M_P \mathrm{d}x = \frac{1}{EI} \int \overline{M}_i (M_{Pa} + M_{Pb}) \mathrm{d}x$$
$$= \frac{1}{EI} \int \overline{M}_i M_{Pa} \mathrm{d}x + \frac{1}{EI} \int \overline{M}_i M_{Pb} \mathrm{d}x$$

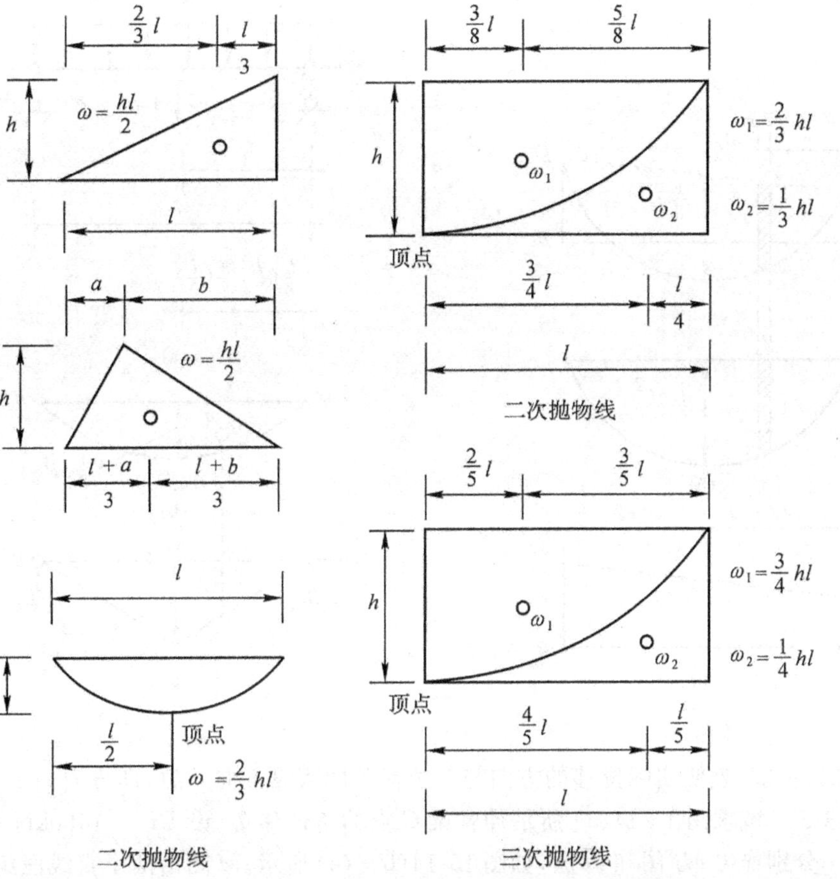

图 15-10

$$= \frac{1}{EI}\left(\frac{al}{2}y_a + \frac{bl}{2}y_b\right)$$

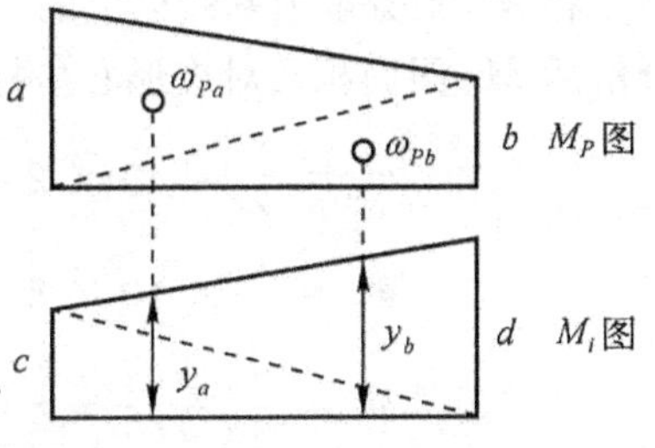

图 15-11

其中竖标 y_a 和 y_b 可按下式计算：

$$y_a = \frac{2}{3}c + \frac{1}{3}d, y_b = \frac{1}{3}c + \frac{2}{3}d$$

对图 15-12(a) 所示由弯矩叠加法所绘制的 M_P 图，则可将 M_P 图分解为在两端弯矩 M_A、M_B 作用下的梯形图形(图 15-12(c))和相应区段为简支梁时在均布荷载作用下的抛物线(图 15-12(b))。经过以上的图形分解，就能方便地与另一图形进行图乘。此外，在应用图乘法中，当 y_C 所属的图形不是一段直线而是由若干段直线组成的折线时，或当各杆段的截面不相等时，均应分段图乘，再进行叠加。

例 15-4　试求图 15-13(a) 所示简支梁跨中截面 C 的竖向线位移 Δ_{CV}。设 $EI=$ 常数。

解　分别绘出实际状态和单位力状态的 M_P 图及 $\overline{M}$ 图，如图 15-13(b)、(c) 所示。M_P 图为标准二次抛物线，$\overline{M}$ 图是由两条对称直线段组成的折线图形。根据图乘法规则，需将 M_P 图从跨中分解成两个对称的抛物线图形，然后分别与对应的 $\overline{M}$ 图直线段相图乘。

由对称关系可得

$$\Delta_{CV} = 2 \times \frac{\omega y_C}{EI} = \frac{2}{EI} \times \frac{2}{3}\left(\frac{ql^2}{8}\right) \cdot \left(\frac{l}{2}\right) \cdot \frac{5}{8}\left(\frac{l}{4}\right) = \frac{5ql^4}{384EI}(\downarrow)$$

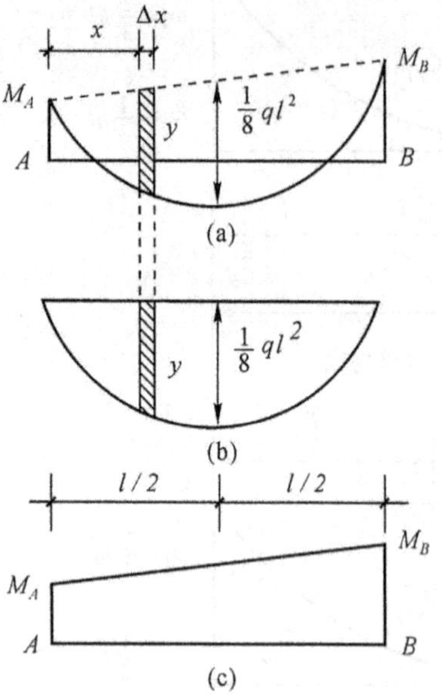

图 15-12

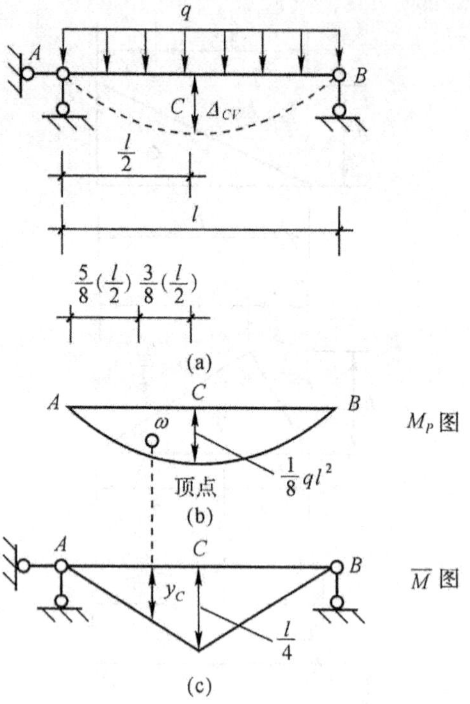

图 15-13

结果为正值，表明实际位移的方向与单位荷载的假设方向一致，即方向向下。

例 15-5 试求图 15-14(a) 所示伸臂梁 C 点的角位移 θ_C。设 $EI = 1400\text{kN}\cdot\text{m}^2$。

解 分别作出 M_P 图和 $\overline{M}$ 图，如图 15-14(b)、(e) 所示。$\overline{M}$ 图由两个直线段组成，故应分为 AB，BC 段分别图乘。

将 M_P 图分解为基线以上的三角形和基线以下的二次抛物线，如图 15-14(c)、(d) 所示，分解后 M_P 图面积及对应形心坐标如下：

$$\omega_1 = \frac{1}{2}\times 40\times 2 = 40(\text{kN}\cdot\text{m}^2),\ y_1 = 1$$

$$\omega_2 = \frac{1}{2}\times 40\times 8 = 160(\text{kN}\cdot\text{m}^2),\ y_2 = \frac{2}{3}$$

$$\omega_3 = \frac{2}{3}\times 32\times 8 = 170(\text{kN}\cdot\text{m}^2),\ y_3 = \frac{1}{2}$$

由图乘公式得

$$\theta_C = \sum\frac{\omega_i y_{Ci}}{EI} = \frac{1}{EI}(\omega_1 y_1 + \omega_2 y_2 + \omega_3 y_3)$$

$$= \frac{1}{1400}(40\times 1\text{-}160\times\frac{2}{3} - 170.7\times\frac{1}{2})$$

$$= 0.0438(\text{弧度})$$

结果为正值，表明实际角位移的方向与假设单位力偶方向一致，即沿顺时针方向转动。

例 15-6 试求图 15-15(a) 所示刚架 C、D 两点间的距离变化值。设 $EI =$ 常数。

解 实际状态的 M_P 如图 15-15(b) 所示。虚拟状态应在 C、D 两点沿其连线方向加一对指向相反的单位力，$\overline{M}$ 图如图 15-15(c) 所示。图乘时需分 AC、AB、BD 三段计算，但其中 AC、BD 段的 $M_P = 0$，故可不必计算。

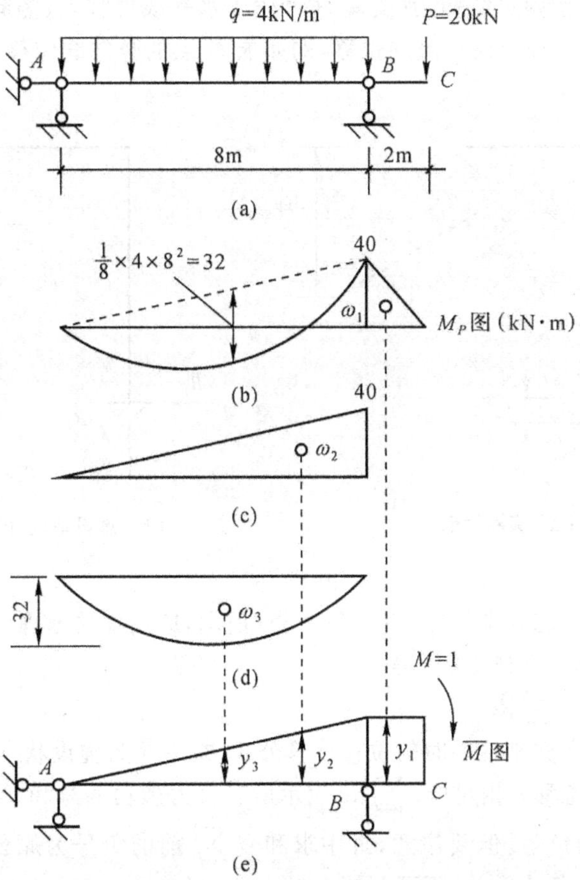

图 15-14

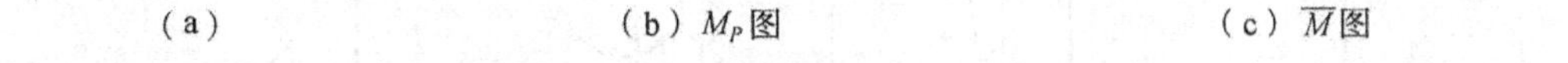

图 15-15

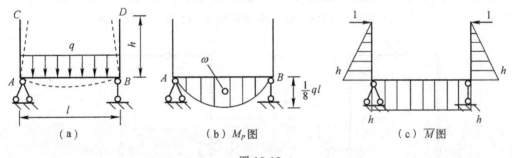

$$\theta_{CD}=\sum\frac{\omega\cdot y_C}{EI}=\frac{1}{EI}\left(\frac{2}{3}\frac{ql^2}{8}\cdot l\right)\cdot h=\frac{qhl^3}{12EI}(\rightarrow\quad\leftarrow)$$

所得结果为正，表明实际状态中 C、D 两点是相互靠拢的。

15.6　静定结构在支座移动时的位移计算

静定结构若由于地基不均匀沉降使支座发生了移动(线位移、角位移)，此时结构并不产生内力，在无其他外因影响时，结构材料也不发生变形。故此时结构的位移纯属刚体位移，可用几何方法求解。但采用刚体虚功原理来计算位移更为简便。

如图 15-16(a) 所示静定结构，其支座 A 产生了水平线位移 c_1、竖向线位移 c_2 和角位移 c_3，现要求由此引起的结构上任一点的位移，例如求 K 点的竖向线位移 Δ_{KV}。

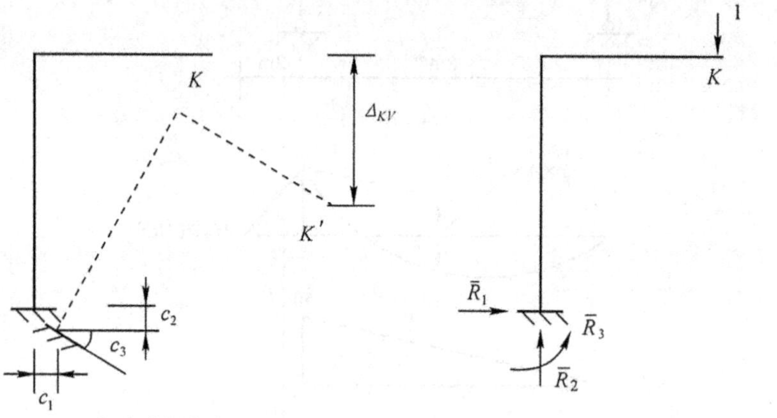

(a) 实际状态　　(b) 虚设单位力状态

图 15-16

实际状态和虚设状态分别如图 15-16(a)、(b) 所示，应用虚功原理，因 $d\varphi$、du、$d\eta$ 均为零，代入位移计算的一般公式(15-3) 可得

$$\Delta_{KV} = -\sum \overline{R}c \tag{15-8}$$

这就是静定结构在支座移动时的位移计算公式。式中 $\overline{R}$ 为虚设状态中的各支座反力，它与实际状态中的支座位移 c 相对应；$\sum \overline{R}c$ 表示所有反力虚功的总和。当 $\overline{R}$ 与 c 的方向一致时，$\overline{R}c$ 为正值，反之为负值。但要注意，式中求和号 $\sum$ 前的负号为原公式推导时移项后所得，它与反力虚功的正负值无关，不可漏掉。

例 15-7　图 15-17(a) 所示三铰刚架，当 B 支座发生竖向位移 $\Delta_{BY} = 0.06\text{m}$(向下)，水平位移 $\Delta_{BX} = 0.04\text{m}$(向右) 时，求由此引起的 A 端转角 φ_A。已知 $l = 12\text{m}, h = 8\text{m}$。

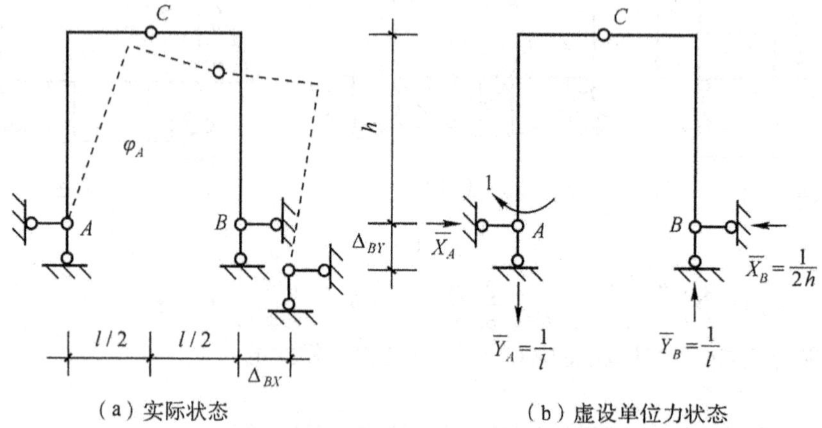

(a) 实际状态　　(b) 虚设单位力状态

图 15-17

解　在 A 支座处加一顺时针转向的单位力偶，得图 15-17(b) 所示的单位力状态，考虑刚架的整体平衡，由 $\sum M_A = 0$ 可求得

$$\overline{Y}_B = \frac{1}{l}\uparrow$$

再考虑右半刚架的平衡，由 $\sum M_C = 0$ 可求得

$$\overline{X}_B = \frac{1}{2h}\leftarrow$$

代入公式(15-8)有

$$\varphi_A = -\sum \overline{R}c = -\left(-\frac{1}{l}\times\Delta_{BY} - \frac{1}{2h}\Delta_{BX}\right)$$

$$= \frac{\Delta_{BY}}{l} + \frac{\Delta_{BX}}{2h}$$

$$= \frac{0.06}{12} + \frac{0.04}{2\times 8} = 0.0075(\text{rad})(\text{顺时针})$$

15.7　线弹性体系的互等定理

本节将对线性体系中的三个互等定理分别加以介绍。线弹性结构最基本的互等定理是功的互等定理，由功的互等定理可推导出位移互等定理、反力互等定理等。这些定理在超静定结构的分析中要经常用到。

15.7.1　功的互等定理

功的互等定理可由变形体的虚功原理导出。

设有两组外力 P_1 和 P_2 分别作用于线弹性结构上而使其处于不同的状态，如图15-18(a)、(b)所示，分别称为第一状态和第二状态。第一状态在荷载 P_1 作用下，某微段 ds 的内力为 N_1、M_1、Q_1，相应的变形为 du_1、$d\varphi_1$、$d\eta_1$。第二状态在荷载 P_2 作用下，同一微段 ds 的内力为 N_2、M_2、Q_2，相应的变形为 du_2、$d\varphi_2$、$d\eta_2$。

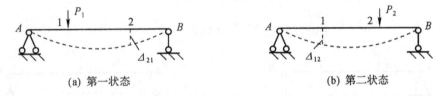

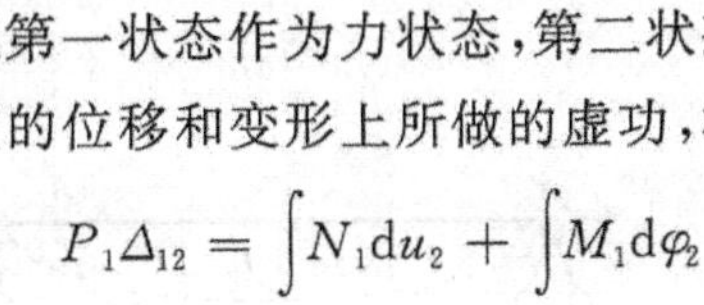

(a) 第一状态

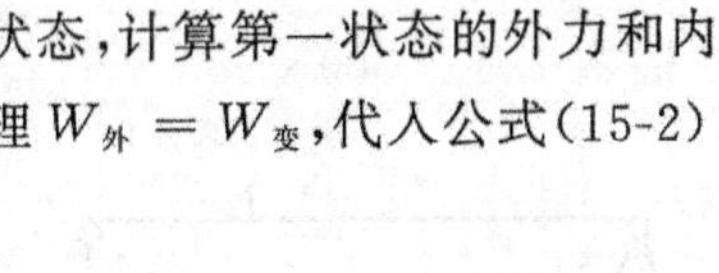

(b) 第二状态

图 15-18

现在把第一状态作为力状态，第二状态作为位移状态，计算第一状态的外力和内力在第二状态相应的位移和变形上所做的虚功，根据虚功原理 $W_{外} = W_{变}$，代入公式(15-2)有

$$P_1\Delta_{12} = \int N_1 du_2 + \int M_1 d\varphi_2 + \int Q_1 d\eta_2$$

或

$$P_1\Delta_{12} = \int N_1\left(\frac{N_2 dx}{EA}\right) + \int M_1\left(\frac{M_2 dx}{EI}\right) + \int Q_1\left(\frac{kQ_2 dx}{GA}\right) \tag{a}$$

如果把两个状态的性质变换一下，即把第二状态作为力状态，第一状态作为位移状态，计算第二状态的外力和内力在第一状态相应的位移和变形上所做的虚功，则有

$$P_2\Delta_{21} = \int N_2 du_1 + \int M_2 d\varphi_1 + \int Q_2 d\eta_1$$

或　　　$$P_2\Delta_{21} = \int N_2\left(\frac{N_1\mathrm{d}x}{EA}\right) + \int M_2\left(\frac{M_1\mathrm{d}x}{EI}\right) + \int Q_2\left(\frac{kQ_1\mathrm{d}x}{GA}\right) \quad \text{(b)}$$

注意到(a)、(b) 两式等号右边是相等的，故有

$$P_1\Delta_{12} = P_2\Delta_{21} \tag{15-9}$$

这里 Δ_{12} 和 Δ_{21} 两个下标的含义为：第一个下标表示位移的地点和方向，第二个下标表示产生位移的原因。Δ_{12} 即为 P_1 作用点位置由于 P_2 作用产生的位移；Δ_{21} 为 P_2 作用点位置在 P_1 作用下的位移。式(15-9) 可写成

$$W_{12} = W_{21} \tag{15-10}$$

式(15-10) 便称为功的互等定理。用文字可表述如下：第一状态的外力在第二状态相应的位移上所做的虚功，等于第二状态的外力在第一状态相应的位移上所做的虚功。

15.7.2　位移互等定理

应用功的互等定理，可以研究如图 15-19 所示的特殊情况，假设两个状态中的荷载都是单位力，即 $P_1 = 1$，$P_2 = 1$，与其相应的位移用 δ_{12} 和 δ_{21} 表示，则由功的互等定理，即式(15-9) 有

$$1 \cdot \delta_{12} = 1 \cdot \delta_{21}$$

故　　　$$\delta_{12} = \delta_{21} \tag{15-11}$$

这就是位移互等定理。它表明：第一个单位力的作用点和方向上，由于第二个单位力的作用引起的位移，等于在第二个单位力的作用点和方向上，由于第一个单位力的作用所引起的位移。

位移互等定理是功的互等定理的特例。

这里的单位力可以是单位集中力、单位力偶或其他形式的广义单位力。位移可以是线位移、角位移、广义位移。例如在图 15-20 所示的两个状态中，根据位移互等定理，应有 $\varphi_A = f_C$。

实际上，应用图乘法可求得这两个位移分别为

$$f_C = \delta_{12} = \frac{Ml^2}{16EI};\varphi_A = \delta_{21} = \frac{Pl^2}{16EI}$$

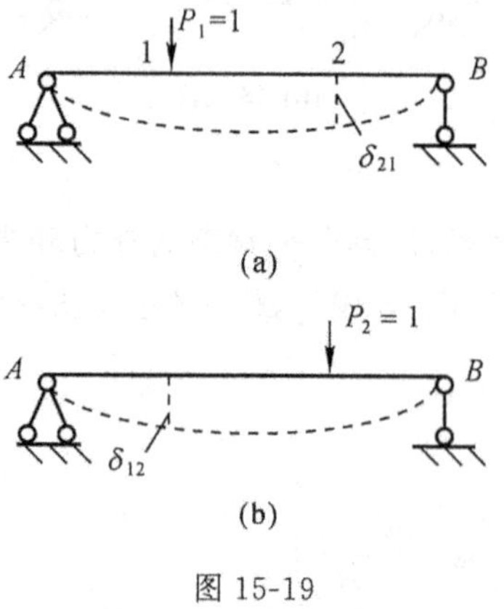

图 15-19

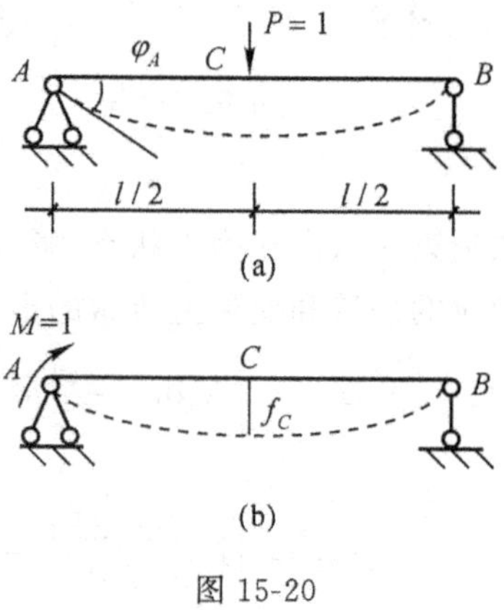

图 15-20

当 $M = 1$，$P = 1$(注意，这里的 1 都是不带单位的，即都是无量纲量)，故有

$$\varphi_A = f_C = \frac{l^2}{16EI}$$

可见，虽然 φ_A 代表单位力引起的角位移，f_C 代表单位力偶引起的线位移，含义虽不同，但此时二者在数值上是相等的，量纲也相同。这就验证了线位移与角位移也同样存在位移互等关系。

15.7.3　反力互等定理

反力互等定理也是功的互等定理的一个特殊情况，也只适用于超静定结构。它表明超静定结构在支座发生单位位移时，两个状态中反力的互等关系。

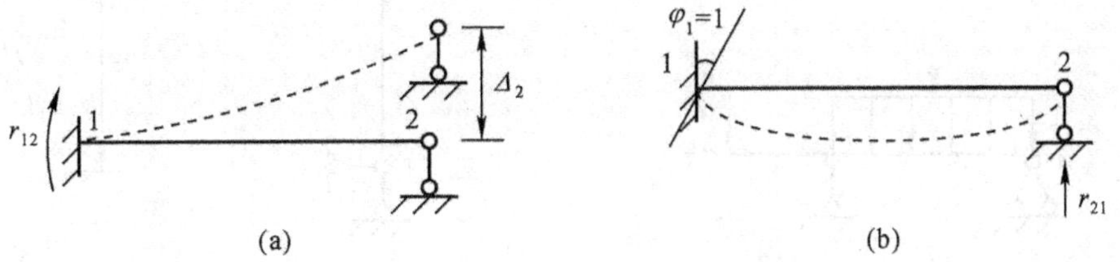

图 15-21

如图 15-21(a) 所示表示支座 2 发生单位位移 $\Delta_2 = 1$ 时的状态，此时使支座 1 产生的反力为 r_{12}；图 15-21(b) 表示支座 1 发生单位位移 $\Delta_1 = 1$ 的状态，此时使支座 2 产生的反力为 r_{21}；根据功的互等定理，有

$$r_{12} \cdot \Delta_1 = r_{21} \cdot \Delta_2$$

因 $\Delta_1 = \Delta_2$，故得

$$r_{12} = r_{21} \tag{15-12}$$

这就是反力互等定理。它表明：支座 1 发生单位位移所引起的支座 2 的反力，等于支座 2 发生单位位移所引起的支座 1 的反力。

这一定理对结构上任何两个支座都适用，互等关系可以是两个支座反力之间的互等，也可以是一个支座反力和一个支座反力偶之间的互等。它们不仅数值相等，量纲也是相同的。

思考题

15-1　虚功的特点是什么？

15-2　图乘法的应用条件及注意点是什么？

15-3　为何虚设的单位荷载可以不带量纲？求出的位移是否包括了虚拟单位荷载引起的位移？

15-4　怎样确定支座移动时的位移公式 $\Delta = -\sum \overline{R} \cdot c$ 中，$\overline{R} \cdot c$ 的符号？$\sum$ 前的负号如何得来？

15-5　反力互等定理是否可用于静定结构？这时会得出什么结果？

习　题

15-1　试求题 15-1 图所示各结构中 B 处的转角和 C 处的竖向线位移，设 EI = 常数。

15-2　试求题 15-2 图所示结构 B 点的水平线位移。

15-3　题 15-3 图所示桁架各杆截面均为 $A = 2 \times 10^{-3}\text{m}^2$，$E = 210\text{GPa}$，$P = 40\text{kN}$，$D = 2\text{m}$。试求：(1) C 点的竖向位移；(2) $\angle ADC$ 的改变量。

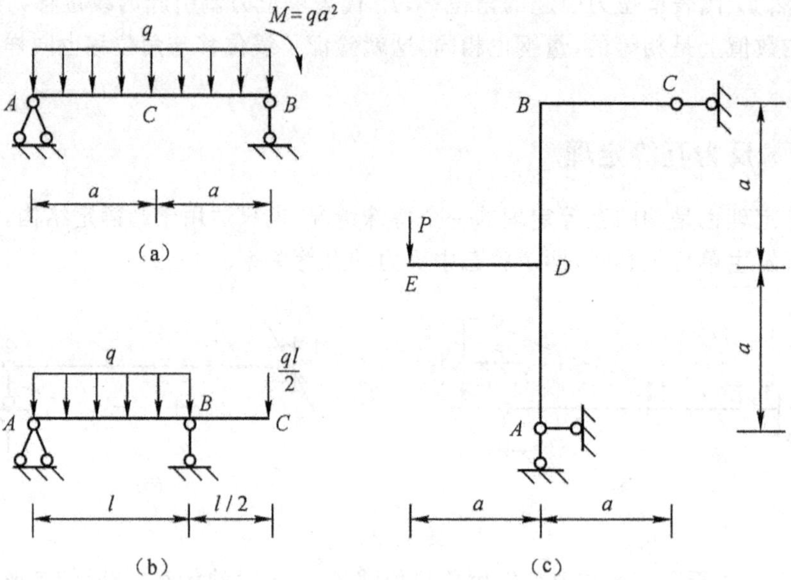

题 15-1 图

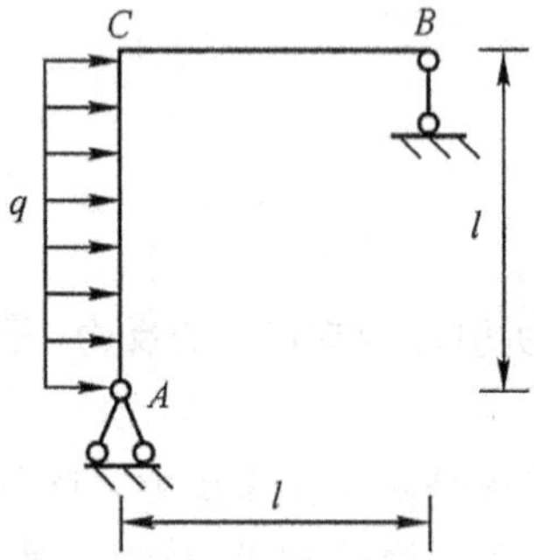

题 15-2 图

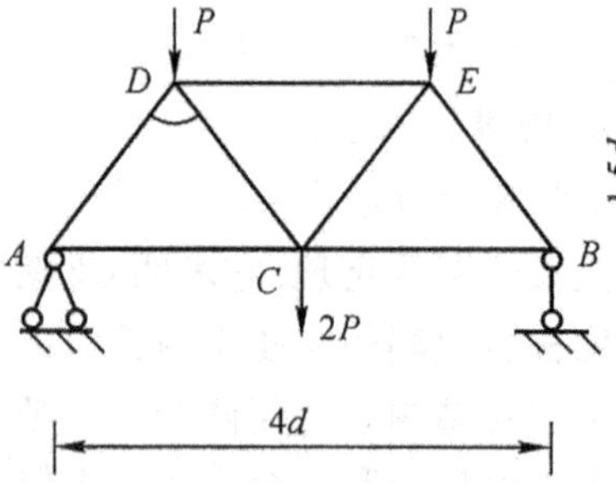

题 15-3 图

15-4 题 15-4 图中各图乘是否正确?如不正确应如何改正?

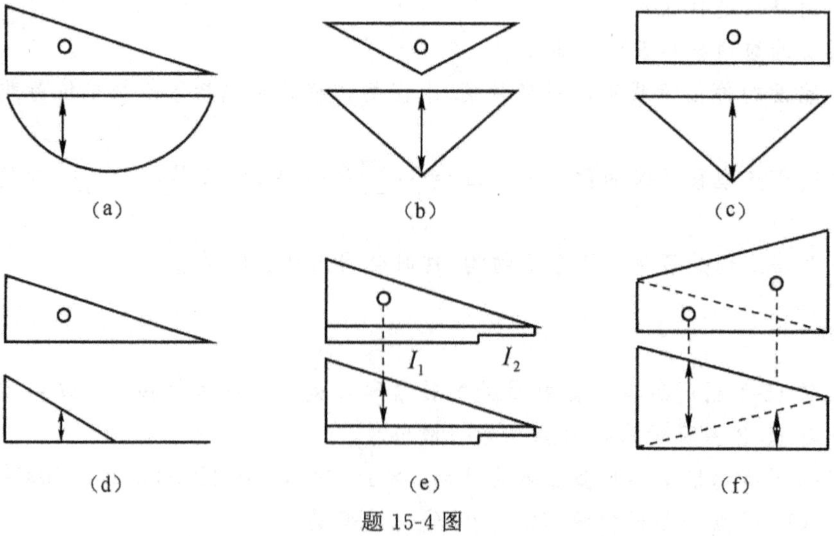

题 15-4 图

15-5　用图乘法求题 15-5 图所示结构的最大挠度。

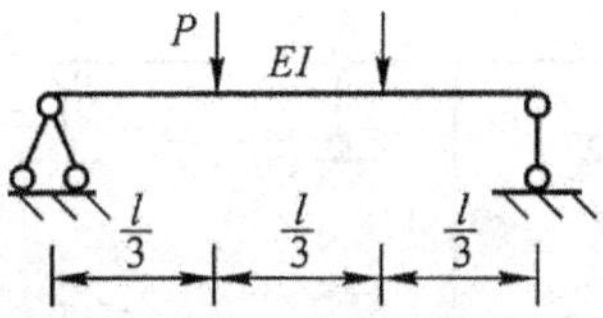

题 15-5 图

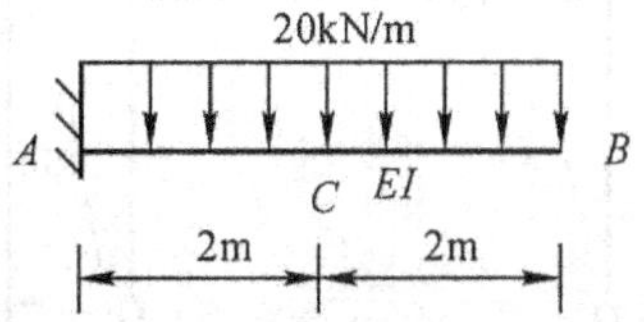

题 15-6 图

15-6　用图乘法求题 15-6 图所示结构中点 C 的垂直方向的位移 Δ_{Cy}。

15-7　用图乘法求题 15-7 图所示结构中点 C 的垂直方向的位移 Δ_{Cy}。

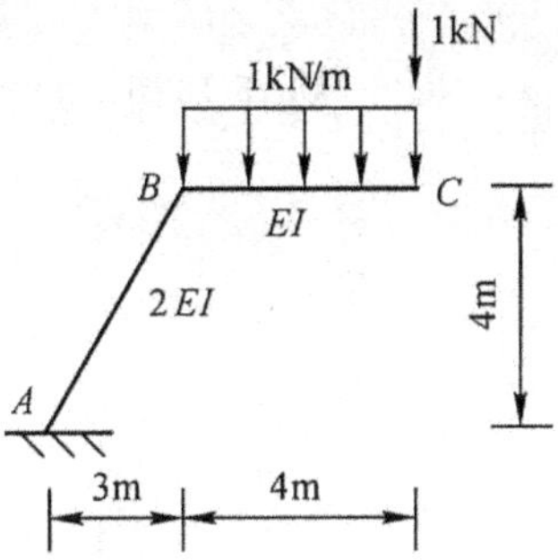

题 15-7 图

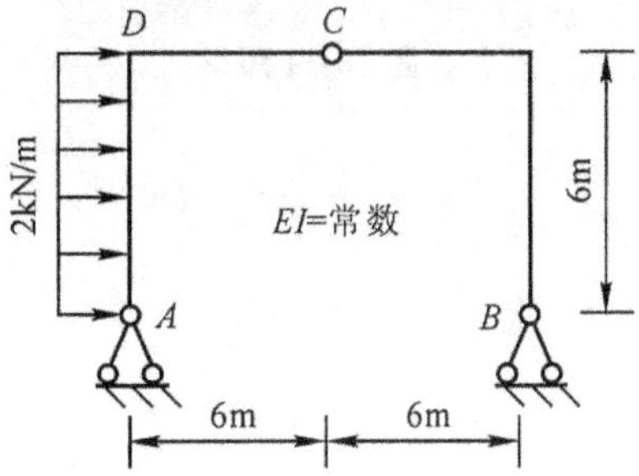

题 15-8 图

15-8　用图乘法求题 15-8 图所示结构铰 C 的垂直方向的位移 Δ_{Cy} 和水平方向的位移 Δ_{Cx} 以及 D 处截面的转角 φ_D，并勾画出变形曲线。

15-9　用图乘法求题 15-9 图所示结构铰 C 左右两截面相对转角以及 C、D 两点距离改变，并勾绘变形曲线。

15-10　用图乘法求题 15-10 图所示结构 AB 两点相对水平位移并勾绘变形曲线。

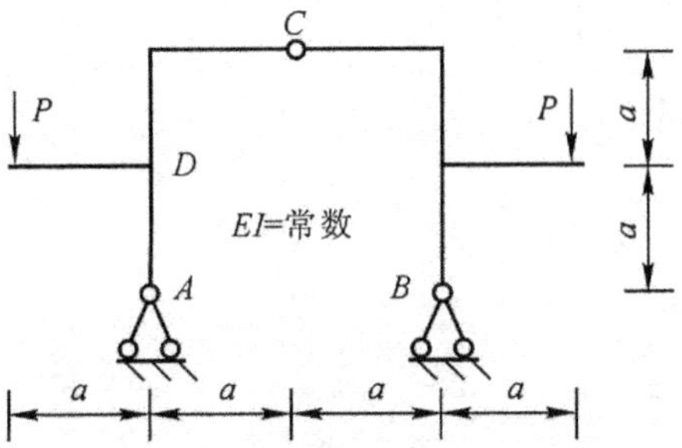

题 15-9 图

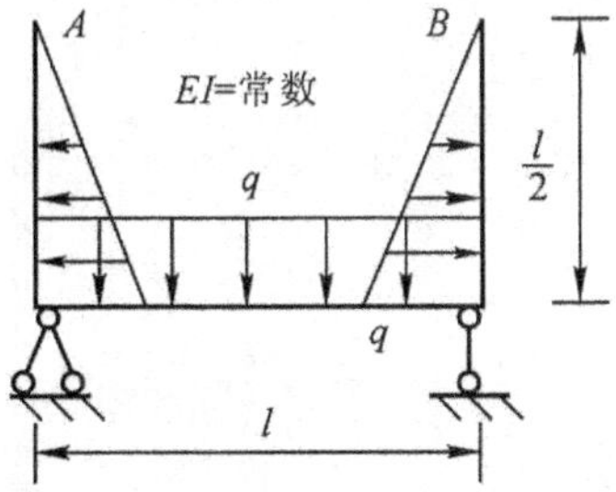

题 15-10 图

15-11　题 15-11 图所示简支刚架支座 B 下沉 b，试求 C 点水平位移。

15-12　题15-12 图所示两跨简支梁 $l = 16\text{m}$，支座 A、B、C 的沉降分别为 $a = 40\text{mm}$，$b = 100\text{mm}$，$c = 80\text{mm}$。试求 B 铰左右两侧截面的相对角位移 φ。

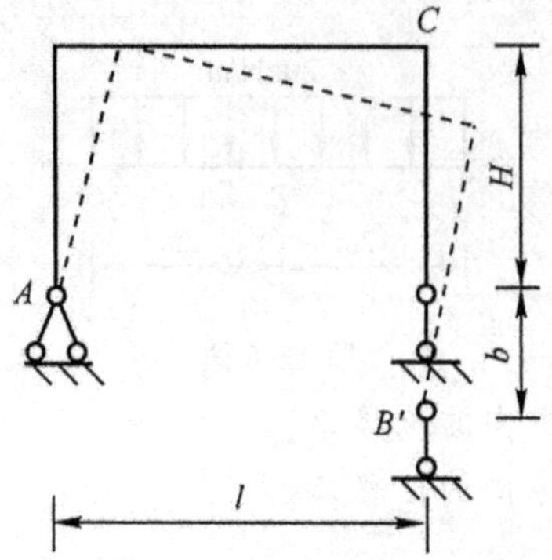

题 15-11 图

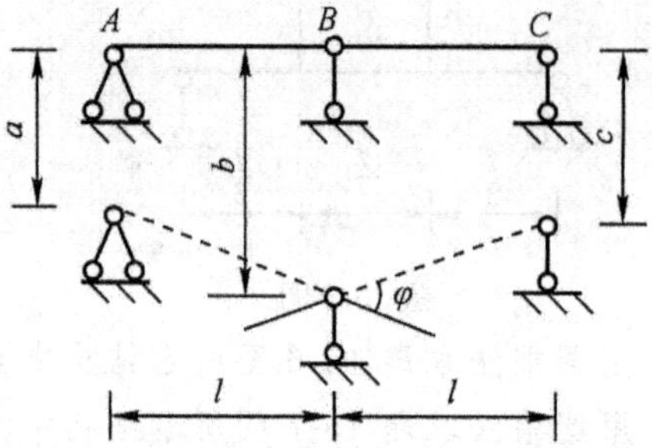

题 15-12 图

第16章　力　法

16.1　超静定结构概述

16.1.1　超静定结构的概念

前面各章中研究的对象主要是静定结构，静定结构的主要标志就是结构几何不变并且没有多余联系，它的支座反力和内力用静力平衡条件就可以确定。但工程实际中还有另外一类结构，即超静定结构，它也是几何不变体系，但是有多余联系，它们的反力和内力不能够全部由静力平衡条件来确定，例如图16-1(a)所示的梁，利用静力平衡条件可以求出A支座的水平反力，但却求不出竖向反力及反力矩。又如图16-1(b)所示的组合结构，利用静力平衡条件可以求出全部支反力，但却不能求出全部杆件内力。

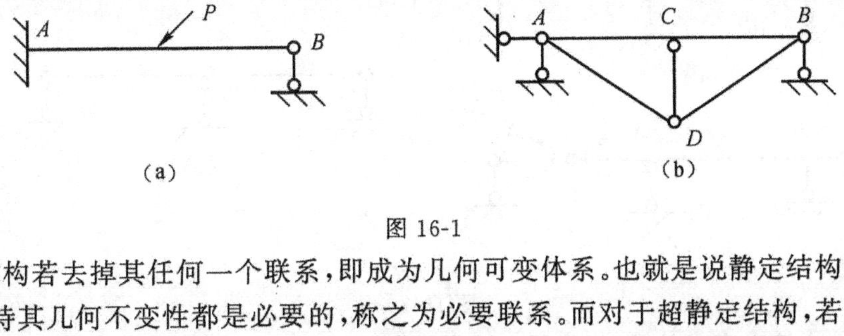

图16-1

静定结构若去掉其任何一个联系，即成为几何可变体系。也就是说静定结构的任何一个联系，对维持其几何不变性都是必要的，称之为必要联系。而对于超静定结构，若去掉其若干个多余联系后，仍然可以是一个几何不变体系。如图16-1(a)所示超静定梁，去掉支座B的链杆，即为静定悬臂梁，是几何不变的。图16-1(b)所示组合结构去掉链杆CD，仍为几何不变体系。多余联系并不是说这些联系对结构的组成不重要，而是相对于静定结构而言这些联系是多余的。与多余联系相应的反力称之为多余反力。

由此可知，超静定结构的几何组成特征是具有多余联系，从静力学方面去研究超静定结构的特征是具有多余未知力。

16.1.2　超静定次数的确定

超静定结构中多余联系的数目，或者多余未知力的数目称为超静定结构的超静定次数。由超静定次数的定义可知，确定超静定次数的方法是：去掉超静定结构的多余联系，使之变成静定结构，则去掉多余联系的个数，或多余未知力的个数便是超静定结构的超静定次数。现以具体例子分析如下。

1. 去掉支座处的一根链杆或切断一根链杆，相当于去掉一个联系。

图 16-2(a) 所示连续梁，去掉支座 B 处链杆，变成图 16-2(b) 所示简支梁。图 16-2(c) 所示组合结构，切断链杆 CD，变成图 16-2(d) 所示静定结构，相当在刚片 AB 上加一个二元体。可见图 16-2(a) 所示连续梁，还可以将支座 C 处链杆视为多余联系去掉，变成图 16-3(a) 所示外伸梁。还可以在连续杆上加一个铰，变成图 16-3(b) 所示多跨静定梁。

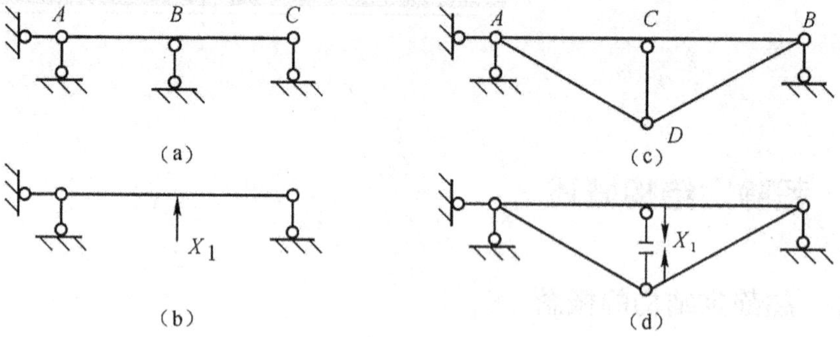

图 16-2

显然，超静定结构去掉多余联系的方式不止一种，但注意不能去掉必要联系，否则将变成几何可变体系。如图 16-2(a) 所示连续梁不能去掉 A 支座处的水平链杆，因为去掉 A 支座处水平链杆后，将 AC 梁视为刚片 Ⅰ，大地视为刚片 Ⅱ，两刚片由三根完全平行链杆相连(图 16-3(c))，成为几何可变，而可变体系是不能作为结构在工程中使用的。

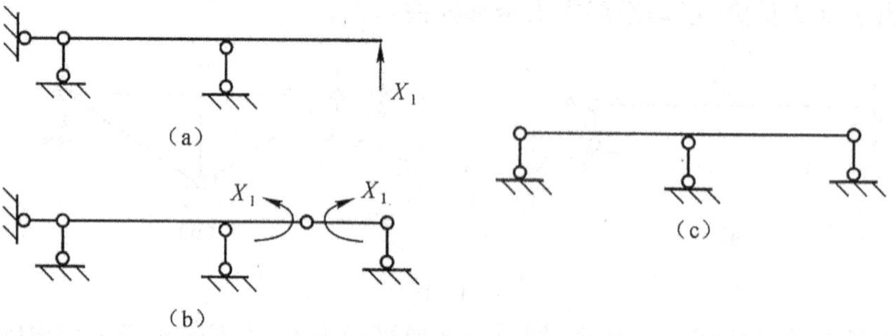

图 16-3

2. 去掉一个铰支座或单铰，相当于去掉两个联系。

图 16-4(a) 所示刚架，可去掉 C 截面的单铰，代之以相应多余未知力 X_1 和 X_2，变成图 16-4(b) 所示两个静定悬臂刚架。

3. 在连续杆上或者在固定端上加一个单铰，相当于去掉一个联系。

图 16-5 (a) 所示刚架，可在连续杆 CD，固定端支座 A、B 处分别加铰，代之以相应多余未知力 X_1、X_2、X_3，变成图 16-5 (b) 所示静定三铰刚架。

对于图 16-5(a) 所示刚架，亦可以将连续杆 CD 中的截面切断，代之以多余未知力 X_1、X_2、X_3，成为图 16-5(c) 所示两个静定悬臂刚架。或者去掉一个固定端，代之以相应多余未知力，变成图 16-5(d) 所示一个静定悬臂刚架。

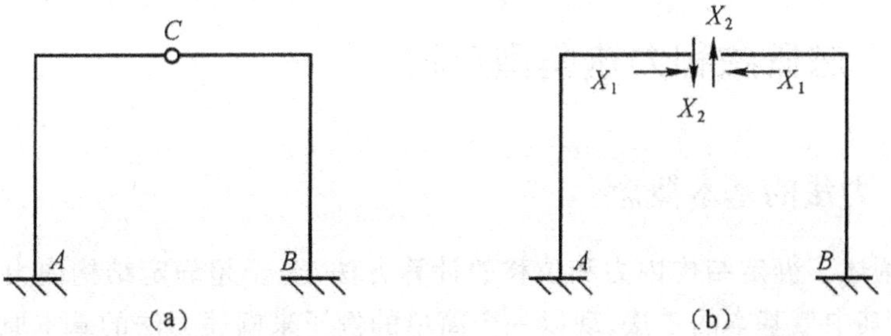

图 16-4

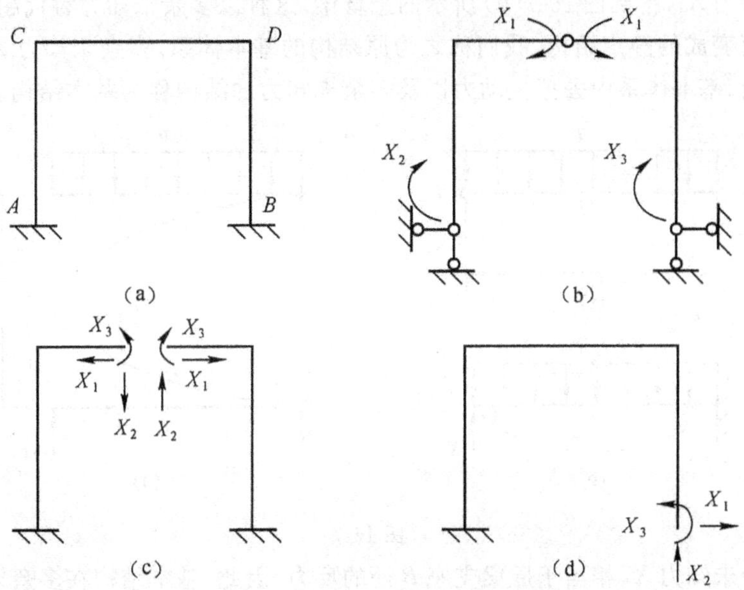

图 16-5

4. 切断连续杆或者去掉一个固定端，相当于去掉三个联系。

需要指出的是，图 16-5(a) 所示刚架相当于一个无铰封闭框。由此可知一个无铰闭合框有三个多余联系，其超静定次数等于三。例如图 16-6(a) 所示的两跨两层刚架，它有四个闭合框，其超静定次数等于 $3 \times 4 = 12$ 次。这一点由图 16-6(b) 所示三个静定悬臂刚架可以看出，它们是由切断四根连续杆得到的，其去掉多余联系的个数为 $3 \times 4 = 12$ 个。

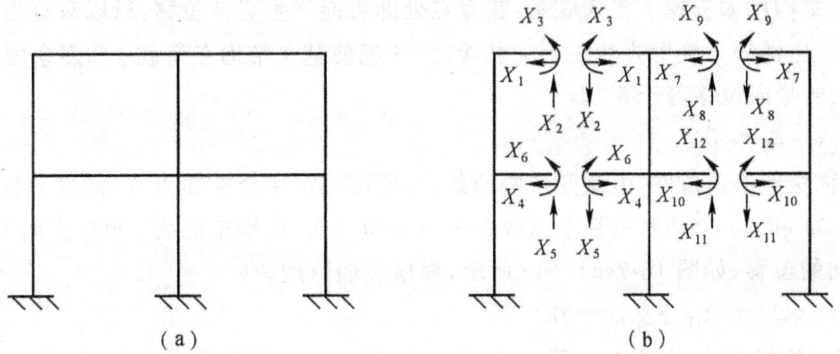

图 16-6

16.2 力法概念和力法典型方程

16.2.1 力法的基本概念

前面各章阐述了静定结构内力和位移的计算方法，至于超静定结构内力和位移的计算与分析，力法是其中最基本的方法。现以一个简单的例子来阐述力法的基本原理。

图 16-7(a) 所示为一次超静定梁，若将支座 B 处链杆视为多余联系，解除掉并代之以相应的多余未知力 X_1，得到图 16-7(b) 所示的悬臂梁。这种以多余未知力替代超静定结构多余联系的作用而变成的静定结构，我们称之为原结构的基本体系。多余未知力 X_1 称为力法中的基本未知量。基本体系中去掉主动力以及多余未知力的结构称为基本结构。

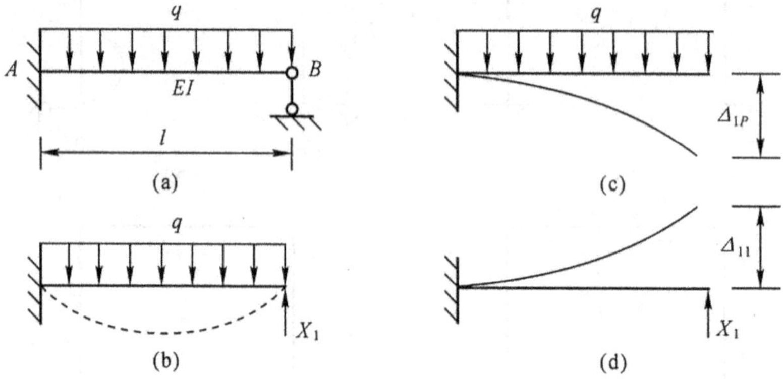

图 16-7

由于多余未知力 X_1 相当于原梁支座 B 处的反力，因此，基本结构在多余未知力 X_1 和均布荷载 q 作用下的内力和变形与原梁完全一样。这样，计算原结构就可以在它的基本结构上进行。

首先应该解出作用在基本体系上的多余未知力 X_1，然后和静定结构计算方法一样解出基本结构在荷载 q 和多余未知力共同作用下的外力和内力。因此，计算超静定结构的关键是求解出多余未知力。

对比原结构与基本体系情况可知，原结构在支座 B 处由于有多余联系不可能有竖向位移；而基本结构则因去掉了多余联系，在 B 点处即可能产生竖向位移，所以只有当 X_1 的数值与原结构支座链杆 B 实际发生的反力相等时，才能使基本结构在荷载 q 和多余力 X_1 共同作用下，B 点的竖向位移等于零。即

$$\Delta_1 = 0$$

上式称变形协调条件，由此变形协调条件，便可确定多余未知力 X_1 的惟一解。

设以 Δ_{11} 和 Δ_{1P} 分别表示基本结构在多余未知力 X_1 和均布荷载 q 单独作用下 B 点截面沿 X_1 方向的位移，如图 16-7(c)、(d) 所示，根据叠加原理，有

$$\Delta_1 = \Delta_{11} + \Delta_{1P} = 0$$

Δ_{11}、Δ_{1P} 均以与 X_1 的指向一致为正。图 16-7(d) 中 Δ_{1P} 与 X_1 指向相反，为负。

为了使位移条件式 $\Delta_1 = \Delta_{11} + \Delta_{1P} = 0$ 中显现出多余未知力 X_1，令 $X_1 = 1$ 时 B 点截面

沿 X_1 方向所产生的位移为 δ_{11}，则 $\Delta_{11}=\delta_{11}X_1$。于是式 $\Delta_1=\Delta_{11}+\Delta_{1P}=0$ 可写成：

$$\delta_{11}X_1+\Delta_{1P}=0 \tag{16-1}$$

式中 δ_{11} 和 Δ_{1P} 分别是静定结构 B 点截面在 $X_1=1$ 及均布荷载 q 作用下的位移，可用图乘法求得。将求得的 δ_{11}、Δ_{1P} 代入式(16-1)即可求出 X_1。求出 X_1 后，基本体系就成为已知均布荷载 q 和集中力 X_1 作用情况的悬臂梁，其反力和内力均可求出。该反力和内力即为原超静定梁的反力和内力。

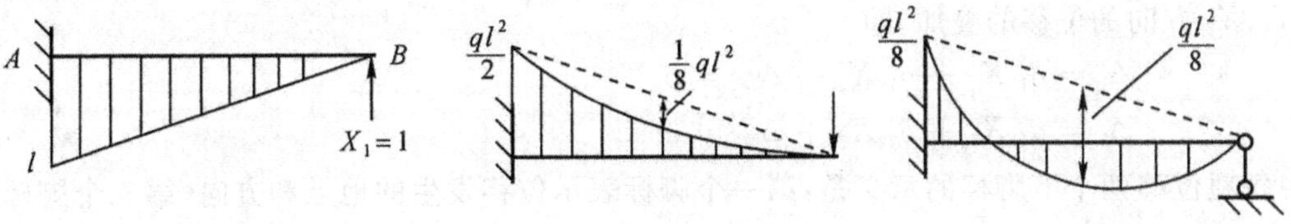

(a) $\overline{M_1}$图　(b) M_P图　(c) M图

图 16-8

对于本例图 16-8(a)、(b)

$$\delta_{11}=\frac{1}{EI}(\frac{1}{2}l\cdot l\cdot\frac{2}{3}l)=\frac{l^3}{3EI}$$

$$\Delta_{1P}=-\frac{1}{EI}(\frac{1}{3}\times\frac{1}{2}ql^2\cdot l\cdot\frac{3}{4}l)=-\frac{ql^4}{8EI}$$

将求得的 δ_{11}、Δ_{1P} 代入式(16-1)，解得

$$X_1=\frac{-\Delta_{1P}}{\delta_{11}}=\frac{3}{8}ql$$

结果为正，表明 X_1 的指向与所假设方向相同。求出 X_1 值后，基本体系的反力和内力按静定结构求反力和内力的方法可以完全确定。

综上所述，力法的基本结构是静定结构，力法的基本未知量是多余未知力。多余未知力由变形协调条件来确定。

16.2.2　力法的典型方程

上一节中通过只有一个未知力的超静定结构的计算，对力法的基本原理和计算步骤作了说明。下面以图 16-9(a)所示两次超静定刚架为例，说明如何根据变形协调条件来建立多次超静定结构的力法方程。

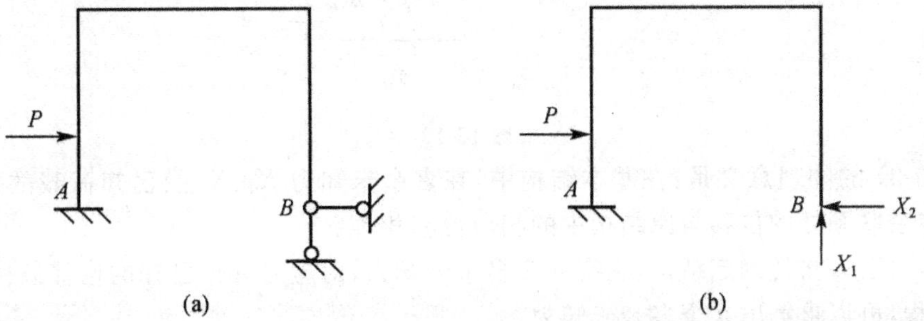

(a)　(b)

图 16-9

将 B 支座的两根链杆视为多余联系解除掉，得到图 16-9(b)所示基本体系。被去掉的支座链杆的作用以多余力 X_1、X_2 来代替，X_1、X_2 就是力法的基本未知量。

由于原结构的 A 点没有任何方向的位移，所以基本结构在荷载及 X_1、X_2 共同作用下，A 点沿 X_1 和 X_2 方向的位移都等于零。即

$$\left.\begin{aligned}\Delta_1 = 0\\ \Delta_2 = 0\end{aligned}\right\}$$

上式便是求解多余未知力 X_1、X_2 的变形协调条件。

根据叠加原理，位移 Δ_1、Δ_2 是多余未知力 X_1、X_2 和荷载分别作用在基本结构上时 A 点沿 X_1、X_2 方向的位移的叠加。即

$$\begin{aligned}\Delta_1 = \delta_{11}X_1 + \delta_{12}X_2 + \Delta_{1P} = 0\\ \Delta_2 = \delta_{11}X_1 + \delta_{22}X_2 + \Delta_{2P} = 0\end{aligned} \tag{16-2}$$

式中每项位移两个下脚标的意义是：第一个脚标表示位移发生的地点和方向，第二个脚标表示产生该位移的原因。由此：

δ_{11} 表示 $X_1=1$ 单独作用在基本结构上时，X_1 作用点处沿 X_1 方向的位移，如图 16-10(a) 所示；δ_{12} 表示 $X_2=1$ 单独作用在基本结构上时，X_1 作用点沿 X_1 方向的位移，如图 16-10(b) 所示；Δ_{1P} 表示外荷载单独作用在基本结构上时，X_1 作用点沿 X_1 方向的位移，如图 16-10(c) 所示。δ_{21}、δ_{22} 所代表的含义定义的方法相同。

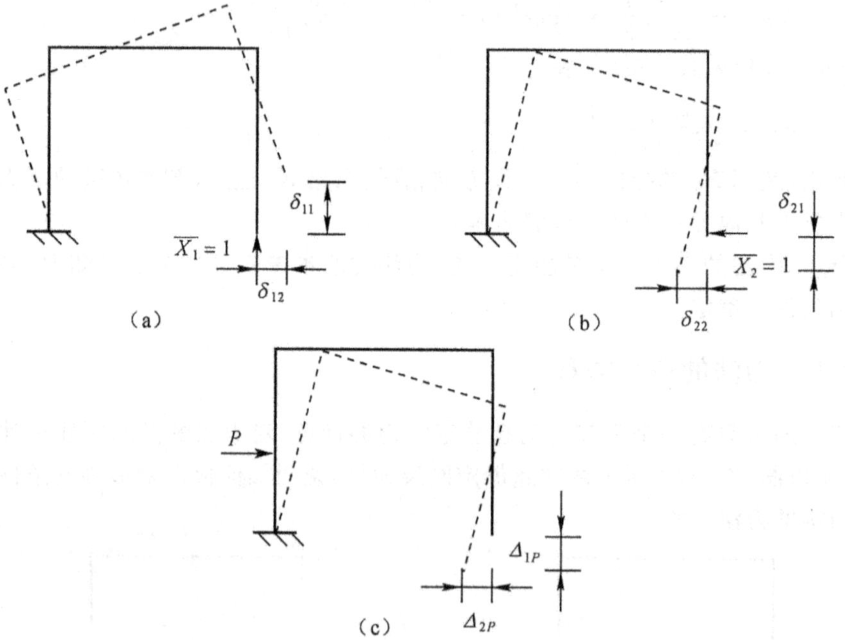

图 16-10

式(16-2) 的物理意义是：在基本结构中，在多余未知力 X_1、X_2 及已知荷载的共同作用下，去掉多余联系处的位移与原结构中的相应位移相等。

同理，对于 n 次超静定结构，它有 n 个多余未知力，对应有 n 个已知的位移条件，能够建立 n 个方程，可以求解出 n 个多余未知力。

这 n 个多余未知力的力法方程是：

$$\left.\begin{aligned}
&\delta_{11}X_1+\delta_{12}X_2+\cdots+\delta_{1i}X_i\cdots+\delta_{1n}X_n+\Delta_{1P}=\Delta_1\\
&\delta_{21}X_1+\delta_{22}X_2+\cdots+\delta_{2i}X_i\cdots+\delta_{2n}X_n+\Delta_{2P}=\Delta_2\\
&\cdots\cdots\\
&\delta_{i1}X_1+\delta_{i2}X_2+\cdots+\delta_{ii}X_i\cdots+\delta_{in}X_n+\Delta_{iP}=\Delta_i\\
&\cdots\cdots\\
&\delta_{n1}X_1+\delta_{n2}X_2+\cdots+\delta_{ni}X_i\cdots+\delta_{nn}X_n+\Delta_{nP}=\Delta_n
\end{aligned}\right\}\tag{16-3}$$

如果沿所有多余力的位移均等于零时，则式(16-3)为

$$\left.\begin{aligned}
&\delta_{11}X_1+\delta_{12}X_2+\cdots+\delta_{1i}X_i\cdots+\delta_{1n}X_n+\Delta_{1P}=0\\
&\delta_{21}X_1+\delta_{22}X_2+\cdots+\delta_{2i}X_i\cdots+\delta_{2n}X_n+\Delta_{2P}=0\\
&\cdots\cdots\\
&\delta_{i1}X_1+\delta_{i2}X_2+\cdots+\delta_{ii}X_i\cdots+\delta_{in}X_n+\Delta_{iP}=0\\
&\cdots\cdots\\
&\delta_{n1}X_1+\delta_{n2}X_2+\cdots+\delta_{ni}X_i\cdots+\delta_{nn}X_n+\Delta_{nP}=0
\end{aligned}\right\}\tag{16-4}$$

式(16-4)称为力法典型方程。式中：

①δ_{ii} 称为主系数，表示当 $X_i=1$ 作用在基本结构上时，X_i 作用点沿 X_i 方向的位移。由于 δ_{ii} 是 $X_i=1$ 引起的自身方向上的位移，所以为正值；

②$\delta_{ij}(i\neq j)$ 称为副系数，表示当 $X_j=1$ 作用在基本结构上时，X_i 作用点沿 X_i 方向的位移，可能为正、为负或为零。由位移互等定理，有 $\delta_{ij}=\delta_{ji}$；

③Δ_{iP} 称为自由项。

以上各系数均为基本结构在已知荷载和多余未知力的作用下的位移。由于基本结构是静定结构，所以可用前一章求静定结构位移的公式进行计算或用图乘法，即

$$\begin{cases}
\delta_{ii}=\sum\int\dfrac{\overline{M}_i^2}{EI}\mathrm{d}s\\
\delta_{ij}=\sum\int\dfrac{\overline{M}_i\overline{M}_j}{EI}\mathrm{d}s\\
\delta_{iP}=\sum\int\dfrac{\overline{M}_i\overline{M}_P}{EI}\mathrm{d}s
\end{cases}$$

式中 $\overline{M}_i$、$\overline{M}_j$ 和 $\overline{M}_P$ 分别表示当 $X_i=1$、$X_j=1$ 和外荷载分别作用在基本结构上时，基本结构的弯矩或弯矩图。

将求得的各系数和自由项代入式(16-4)中，便可求出多余力，然后就可按静定结构求其反力和内力。力法中通常用叠加的方法求出弯矩，绘制弯矩图。即

$$M=\overline{M}_1X_1+\overline{M}_2X_2+\cdots+\overline{M}_nX_n+M_P$$

16.3　力法求解荷载作用下的超静定结构

综合前面两节的叙述，用力法求解超静定结构的过程可以按以下步骤进行。

(1) 去掉多余联系，代之以相应多余未知力，得到基本体系，同时确定超静定次数；

(2) 据原结构解除多余联系处位移的实际情况，按照变形协调条件，列出力法典型方程；

(3) 分别确定基本体系多余未知力的 $\overline{M}_i$ 和外荷载的 M_P，用单位载荷法或者图乘法求出所有系数与自由项；

(4) 解方程，求出所有多余未知力；

(5) 用叠加法绘制 M 图；

(6) 视题目要求绘制 Q、N 图。

下面分别对采用力法求解几种不同的典型超静定结构的方法加以说明。

16.3.1 超静定梁和刚架的计算

在后面解超静定结构的位移法和力矩分配法中，常用到单跨超静定梁的杆端弯矩、剪力。下面先通过例题说明如何用力法求得单跨超静定梁的弯矩、剪力。

例 16-1 用力法解图 16-11(a) 所示超静定梁，画 M 图。已知 EI 为常数。

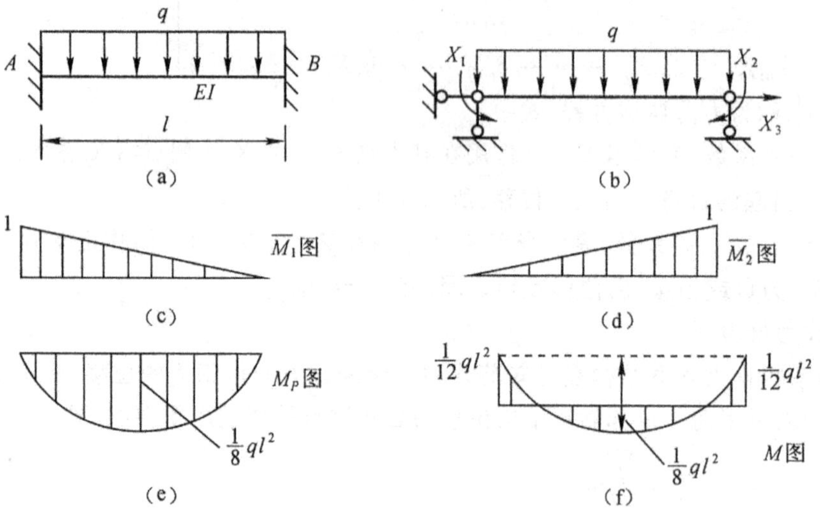

图 16-11

解 (1) 选取基本体系

经分析，这梁有三个多余联系，为三次超静定。取基本体系如图 16-11(b) 所示。取基本体系时注意必须为几何不变体系，另外由于基本结构有多种取法，尽量选取便于计算的基本体系。

(2) 建立力法典型方程

在小变形前提下，两端固定端的单跨梁受垂直于梁轴荷载作用时，轴向多余力 X_3 为零。此类问题可当作两次超静定来计算。即

$$\delta_{11}X_1 + \delta_{12}X_2 + \Delta_{1P} = 0$$

$$\delta_{21}X_1 + \delta_{22}X_2 + \Delta_{2P} = 0$$

(3) 因为符合图乘法条件，画单位弯矩图 $\overline{M}_1$ 和 $\overline{M}_2$ 图，并画外荷载弯矩图 M_P 图，用图乘法求各系数和自由项。

$$\delta_{11} = \frac{1}{EI}(\frac{1}{2} \times 1 \times l \times \frac{2}{3}) = \frac{l}{3EI}$$

$$\delta_{12} = \delta_{21} = \frac{1}{EI}(\frac{1}{2} \times 1 \times l \times \frac{1}{3}) = \frac{l}{6EI}$$

$$\delta_{22} = \frac{1}{EI}(\frac{1}{2} \times 1 \times l \times \frac{2}{3}) = \frac{l}{3EI}$$

$$\Delta_{1P} = -\frac{1}{EI}(\frac{2}{3} \cdot \frac{1}{8}ql^2 \cdot l \cdot \frac{1}{2}) = -\frac{ql^3}{24EI}$$

$$\Delta_{2P} = -\frac{ql^3}{24EI}$$

(4) 解方程

$$\frac{1}{3EI}X_1 + \frac{1}{6EI}X_2 - \frac{ql^3}{24EI} = 0$$

$$\frac{1}{6EI}X_1 + \frac{1}{3EI}X_2 - \frac{ql^3}{24EI} = 0$$

解得　$X_1 = \frac{1}{12}ql^2, X_2 = \frac{1}{12}ql^2$

两个杆端弯矩相等，此类结构可利用对称条件简化计算，后面将会介绍。

(5) 叠加法绘制 M 图

$$M = \overline{M}_1X_1 + \overline{M}_2X_2 + M_P$$

绘得的 M 图如图 16-11(f) 所示。

将求得的 X_1、X_2 对照基本体系，按静定梁的方法计算出基本体系的剪力。

例 16-2　作图 16-12 (a) 所示刚架的弯矩图、剪力图、轴力图。

解　(1) 选择力法基本体系

这是一个两次超静定刚架，解除 B 支座的两个多余联系代之以多余未知力 X_1、X_2，得到图 16-12(b) 所示基本体系。

(2) 建立力法典型方程

原刚架支座 B 为固定端支座，没有任何移动和转动，力法典型方程为

$$\delta_{11}X_1 + \delta_{12}X_2 + \Delta_{1P} = 0$$

$$\delta_{21}X_1 + \delta_{22}X_2 + \Delta_{2P} = 0$$

(3) 绘 M_P、$\overline{M}_1$ 和 $\overline{M}_2$ 图，分别示于图 16-12(c)、(d)、(e)。用图乘法求各系数及自由项：

$$\delta_{11} = \frac{1}{2EI}(l \times l \times l) + \frac{1}{2EI}(\frac{1}{2} \times l \times l \times \frac{2}{3}l) + \frac{1}{EI}(\frac{1}{2} \times l \times \frac{2}{3}l) = \frac{l^3}{EI}$$

$$\delta_{22} = \frac{1}{2EI}(\frac{1}{2} \times 1 \times l \times \frac{2}{3}) + \frac{1}{EI}(l \times 1 \times 1) = \frac{7l}{6EI}$$

$$\delta_{12} = \delta_{21} = \frac{1}{2EI}(\frac{1}{2} \times l \times 1) \times l + \frac{1}{EI}(1 \times l) \times \frac{l}{2} = \frac{3l^2}{4EI}$$

$$\Delta_{1P} = \frac{1}{2EI}(\frac{1}{2} \times \frac{Pl}{4} \times l) \times l = -\frac{Pl^3}{16EI}$$

$$\Delta_{2P} = \frac{1}{2EI}(\frac{1}{2} \times \frac{Pl}{4} \times l) \times \frac{1}{2} = -\frac{Pl^2}{32EI}$$

(4) 解方程，求 X_1、X_2

将以上求得的各系数，自由项代入力法典型方程，有

$$\frac{l^3}{EI}X_1 + \frac{3l^2}{4EI}X_2 - \frac{Pl^3}{16EI} = 0$$

$$\frac{3l^2}{4EI}X_1 + \frac{7l}{6EI}X_2 - \frac{Pl^2}{32EI} = 0$$

解得

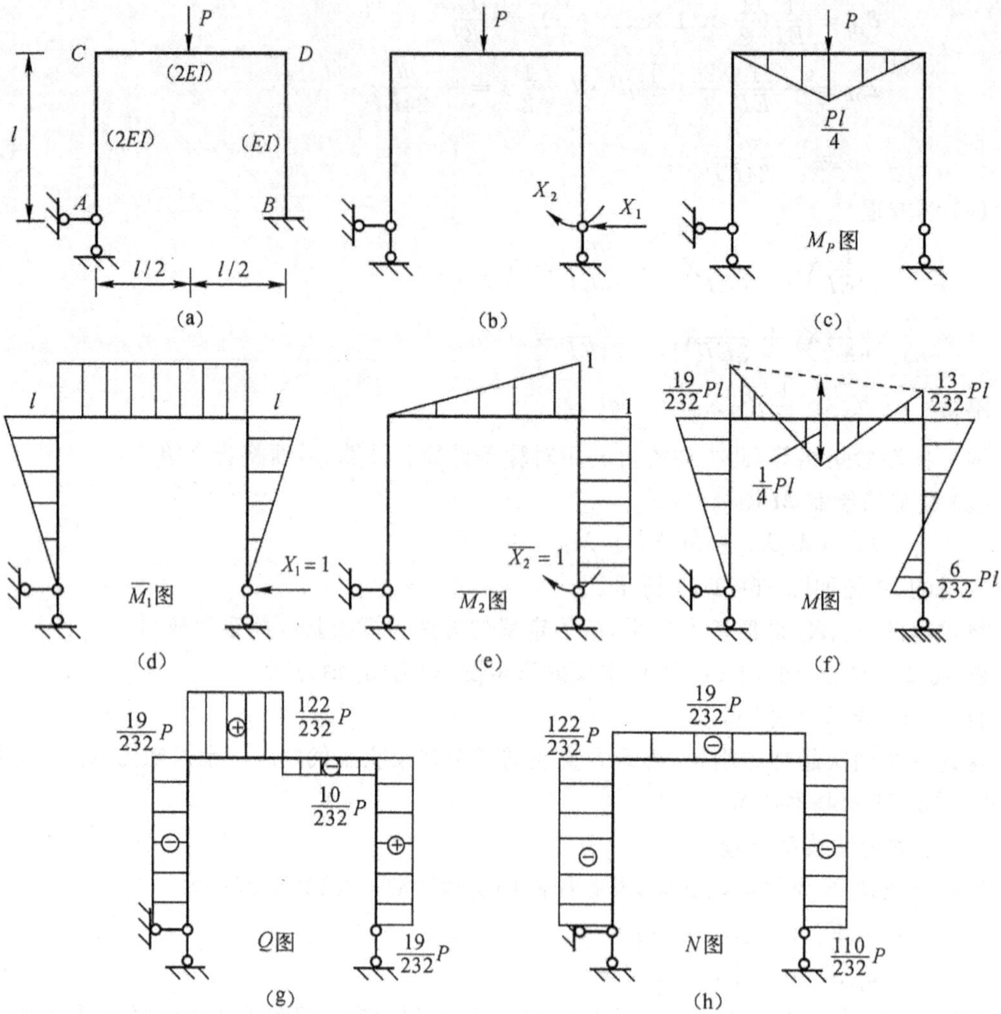

图 16-12

$$X_1=\frac{19P}{232},X_2=-\frac{6Pl}{232}$$

(5) 用叠加法画 M 图

$$M=\overline{M}_1X_1+\overline{M}_2X_2+M_P$$

据上式先将刚架各杆两个端截的弯矩值计算出来：

$$M_{CA}=l\times\frac{19P}{232}=\frac{19Pl}{376}\quad（左拉）$$

$$M_{AC}=0$$

$$M_{CD}=l\times\frac{19P}{232}=\frac{19Pl}{232}\quad（上拉）$$

$$M_{CD}=M_{CA}$$

$$M_{DC}=l\times\frac{19P}{232}-\frac{6Pl}{232}=\frac{13Pl}{232}\quad（上拉）$$

$$M_{DC}=M_{DB}$$

$$M_{DB}=l\times\frac{19P}{232}-\frac{6Pl}{232}=\frac{13Pl}{232}\quad（右拉）$$

$$M_{BD}=\frac{6Pl}{232}\qquad(\text{左拉})$$

CD 杆 P 作用点 $M=\frac{1}{4}Pl-\frac{1}{2}(\frac{19}{232}+\frac{13}{232})Pl$

求得以上各值之后，看各杆是否作用有横向荷载：杆 AC、BD 上无荷载作用。可直接将两个端截面的弯矩值 M_{AC}、M_{CA} 及 M_{BD}、M_{DB} 连成一直线即可；杆 CD 上作用横向荷载，则按简支梁叠加的方法画其 M 图，先将两个端截面的弯矩值 M_{CD}、M_{DC} 连成虚线，然后以此虚线为基线，叠加上简支梁跨中受集中力作用下的弯矩图。跨中截面弯矩值为 $\frac{1}{4}Pl-\frac{1}{2}(\frac{19}{232}+\frac{13}{232})Pl$。

最终弯矩图如图 16-12(f) 所示。

(6) 绘剪力图、轴力图

将求得的多余未知力 X_1、X_2 对应在基本体系上，按静定结构画剪力图的方法绘得剪力图如图 16-12(g) 所示。轴力图如图 16-12(h) 所示。

例 16-3　用力法求解图 16-13(a) 所示刚架，已知 EI 为常数，绘出 M 图。

解　(1) 去掉 B 支座水平链杆，代之以多余未知力 X_1，得基本体系如图 16-13(b) 所示。

(2) 列力法典型方程

$$\delta_{11}X_1+\Delta_{1P}=0$$

(3) 绘 M_P 图及 $\overline{M}_1$ 图(见图 16-13(c)、(d))，计算系数及自由项。

$$\delta_{11}=\frac{1}{EI}[(\frac{1}{2}\times l\times l)(\frac{2}{3}l)\times 3+(l\times l\times l)\times 2]=\frac{3l^3}{EI}$$

$$\Delta_{1P}=\frac{1}{EI}[-(\frac{1}{3}\times\frac{ql^2}{2}\times l)\times\frac{3}{4}l-(\frac{ql^2}{2}\times l)\times l]=-\frac{5Pl^4}{8EI}$$

(4) 解方程，求 X_1

$$X_1=-\frac{\Delta_{1P}}{\delta_{11}}=\frac{5ql}{24}$$

(5) 叠加法画 M 图

$$M=\overline{M}_1X_1+M_P$$

由于杆 BC、DC、DF 没有由荷载引起的弯矩($M_P=0$)，故只需将 $\overline{M}_1$ 图扩大 X_1 倍即可。

求出杆 AE 两个端截面的弯矩，将此二值连成直线即为杆 AE 的弯矩图。端截面的弯矩值为

$$M_{AE}=M_{EA}=\overline{M}_1X_1+M_P$$

$$=l\times\frac{5ql}{24}-\frac{1}{2}ql^2=-\frac{7}{24}ql^2\qquad(\text{下拉})$$

杆 EF 上作用有均布荷载 q，可先求出两个端截面的弯矩值：

$$M_{FE}=0$$

$$M_{EF}=l\times\frac{5ql}{24}-\frac{1}{2}ql^2=-\frac{7}{24}ql^2\qquad(\text{左拉})$$

将该二值连成虚线，然后以此虚线为基线叠加简支梁在均布荷载作用下的弯矩图。

刚架最终弯矩图如图 16-13(e) 所示。

从以上各例可以看出，在荷载作用下，结构的多余未知力及内力的大小与杆件的绝对刚

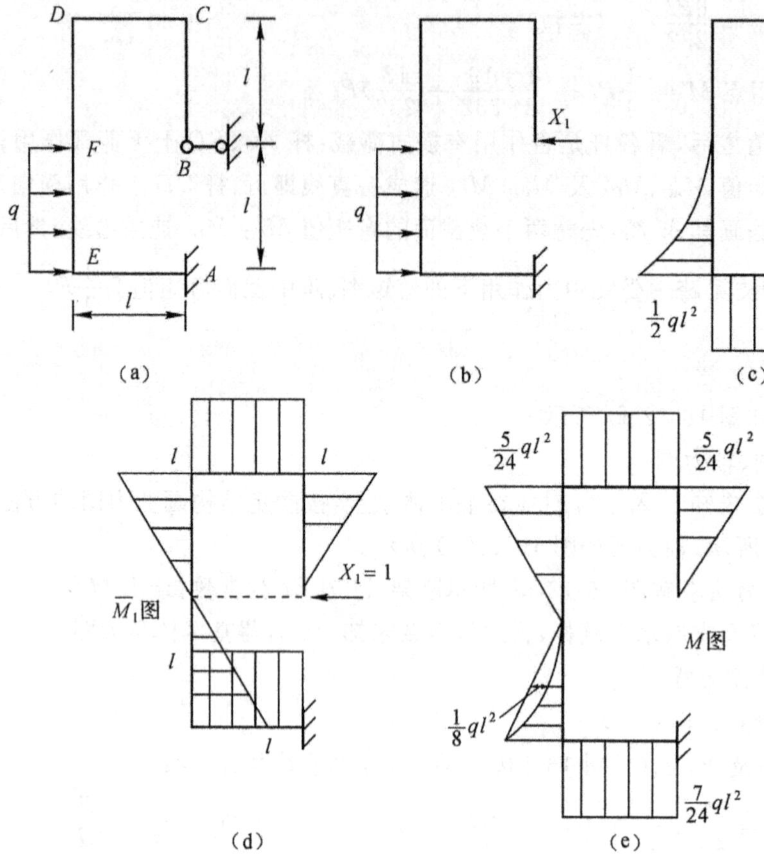

图 16-13

度值无关(EI 在解力法典型方程中被消掉),但与各杆相互之间的刚度比值有关。因此,当结构是由同一种材料制成时,其多余未知力和内力的大小只与杆件之间惯性矩 I 的相对比值有关。

16.3.2 超静定桁架的计算

用力法计算超静定桁架的方法和步骤与刚架相同,但桁架的内力只有轴力,因此基本体系的位移仅由杆件的轴向变形引起。其力法典型方程中的系数和自由项不能用图乘法计算,计算公式为

$$\delta_{ii} = \sum \frac{\overline{N}_i^2 l}{EA}$$

$$\delta_{ij} = \sum \frac{\overline{N}_i \overline{N}_j l}{EA}$$

$$\Delta_{iP} = \sum \frac{\overline{N}_i N_P l}{EA}$$

桁架各杆最后内力值仍按叠加法计算,即

$$N = \overline{N}_1 X_1 + \overline{N}_2 X_2 + \cdots + \overline{N}_n X_n + N_P$$

例 16-4 用力法计算图 16-14(a) 所示的超静定结构。设各杆 EA 为常数。

解 (1) 选取力法基本体系

此桁架支座处没有多余联系，桁架内部以任意铰结三角形为一个刚片，增加一个二元体得到静定桁架后多余一根链杆，切断链杆 CD 代之以多余力 X_1，得基本体系如图 16-14(b) 所示。桁架的这种超静定形式叫做内部超静定。此桁架是一次内部超静定。

(2) 建立力法典型方程

根据基本结构切口两侧截面在 X_1 和荷载共同作用下沿杆轴方向的相对线位移与原桁架相应线位移相同(即 $\Delta_1 = 0$) 的条件(切口两侧截面原来是同一截面)，建立力法典型方程

$$\delta_{11}X_1 + \Delta_{1P} = 0$$

(3) 为了求方程中的系数和自由项，分别求出 $X_1 = 1$、荷载 P 单独作用下基本结构各杆轴力 $\overline{N}_1$ 和 N_P。一般是列表计算，如表 16-1 所示。

表 16-1

杆件	l	$\overline{N}_1$	N_P	$\overline{N}_1N_Pl$	$\overline{N}_1^2l$	$\overline{N}_1X_1 + N_P$
AD	l	1	P	Pl	l	$0.603P$
BC	l	1	0	-0	l	$-0.396P$
AB	l	1	0	0	l	$-0.396P$
DC	l	1	0	0	l	$-0.396P$
AC	$\sqrt{2}l$	$-\sqrt{2}$	0	0	$2\sqrt{2}l$	$0.56P$
BD	$\sqrt{2}l$	$-\sqrt{2}$	$-\sqrt{2}P$	$2\sqrt{2}Pl$	$2\sqrt{2}l$	$0.852P$
$\sum$				$2Pl(1+\sqrt{2})$	$4(1+\sqrt{2})l$	

$$\delta_{11} = \frac{l}{EA}(1\times 1\times 4) + \frac{\sqrt{2}}{EA}l\times[(-\sqrt{2})^2\times 2)] = \frac{4l}{EA}(1+\sqrt{2})$$

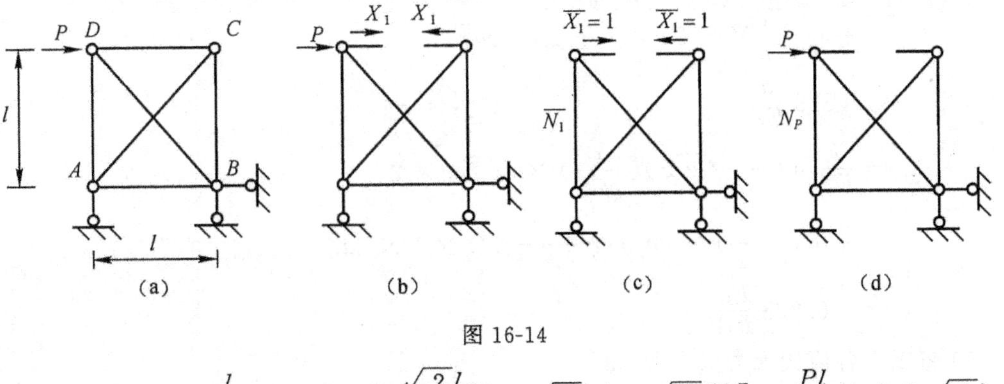

图 16-14

$$\Delta_{1P} = \frac{l}{EA}(1\times P) + \frac{\sqrt{2}l}{EA}[(-\sqrt{2})(-\sqrt{2}P)] = \frac{Pl}{EA}(1+2\sqrt{2})$$

(4) 求得的 δ_{11}、Δ_{1P} 代入力法典型方程，得

$$X_1 = \frac{\Delta_{1P}}{\delta_{11}} = -\frac{(1+2\sqrt{2})P}{4(1+2\sqrt{2})} = -0.396P$$

(5) 用叠加法求出各杆轴力

$$N = \overline{N}_1X_1 + N_P$$

求得桁架各杆轴力如表 16-1 所示。

例 16-5　用力法计算图 16-15(a) 所示桁架，EA = 常数。

解 (1) 选取基本体系

这是一个外部一次超静定桁架，因为它的支座具有一个多余联系，去掉支座C处的链杆代之以多余未知力X_1，得基本体系如图16-15(b)所示。

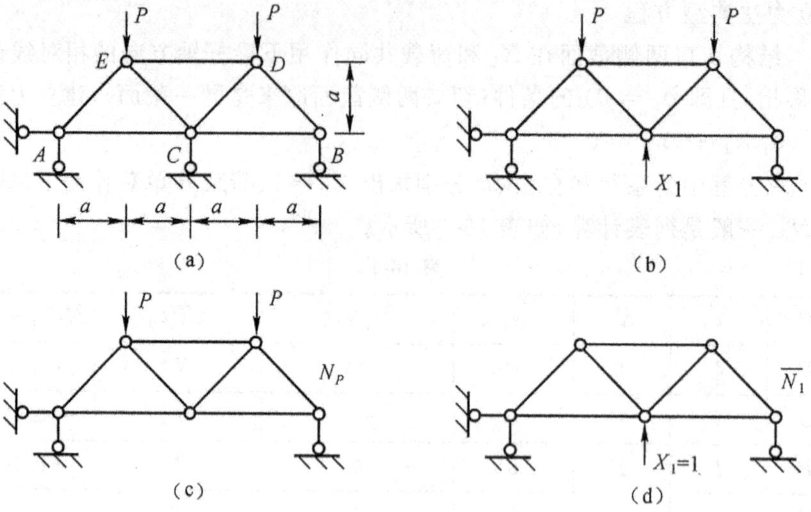

图 16-15

(2) 建立力法典型方程

$$\delta_{11}X_1 + \Delta_{1P} = 0$$

(3) 分别计算在荷载及$X_1 = 1$单独作用下各杆轴力，列于表16-2中。

(4) 求出系数和自由项

$$\delta_{11} = \frac{1}{EA}[(\frac{1}{\sqrt{2}})^2 \times \sqrt{2}a \times 2 + (-\frac{1}{\sqrt{2}})^2 \times \sqrt{2}a \times 2 + (-\frac{1}{2})^2 \times 2a \times 2 + 1^2 \times 2a] = 5.828\frac{a}{EA}$$

$$\Delta_{1P} = \frac{l}{EA}[(1 - \sqrt{2}P)(\frac{1}{\sqrt{2}}) \times \sqrt{2}a \times 2 + P(-\frac{1}{2}) \times 2a \times 2 + (-P) \times 1 \times 2a] = -6.828\frac{Pa}{EA}$$

(5) 将以上各值代入力法方程，得

$$X_1 = -\frac{\Delta_{1P}}{\delta_{11}} = 1.172P$$

(6) 按叠加法求出各杆内力

$$N = \overline{N}_1 X_1 + N_P$$

各杆轴力示于表16-2中。

表 16-2

杆件	l	$\overline{N}_1$	N_P	$\overline{N}_1 N_P l$	$\overline{N}_1^2 l$	$\overline{N}_1 X_1 + N$
AC	$2a$	$-\frac{1}{2}$	P	$-Pa$	$\frac{a}{2}$	$0.414P$
BC	$2a$	$-\frac{1}{2}$	P	$-Pa$	$\frac{a}{2}$	$0.414P$
BD	$\sqrt{2}a$	$\frac{1}{\sqrt{2}}$	$-\sqrt{2}P$	$-\sqrt{2}Pa$	$\frac{a}{\sqrt{2}}$	$-0.585P$
DE	$2a$	1	$-P$	$-2Pa$	$2a$	$0.172P$
AE	$\sqrt{2}a$	$\frac{1}{\sqrt{2}}$	$-\sqrt{2}P$	$-\sqrt{2}Pa$	$\frac{a}{\sqrt{2}}$	$-0.585P$
CE	$\sqrt{2}a$	$\frac{-1}{\sqrt{2}}$	0	0	$\frac{a}{\sqrt{2}}$	$-829P$
CD	$\sqrt{2}a$	$\frac{-1}{\sqrt{2}}$	0	0	$\frac{a}{\sqrt{2}}$	$-0.829P$
$\sum$				$-2Pa(2+\sqrt{2})$	$(3+2\sqrt{2})a$	

16.3.3　排架的计算

单层厂房常采用排架作为其主要承重结构。排架由屋架(或屋面大梁)、柱和基础组成,如图 16-16(a) 所示。柱子与基础之间为刚结,屋架和柱顶可视为铰结。在屋面荷载作用下,屋架可按桁架计算。一般情况下,联系两个柱顶的屋架(或屋面大梁) 两端之间的距离可认为是不变的,故将屋架看作是一根抗拉刚度无限大($EA=\infty$) 的链杆。由于柱子上经常放置吊车梁,因此,往往做成阶梯式。横向排架的计算简图如图 16-16(b) 所示。

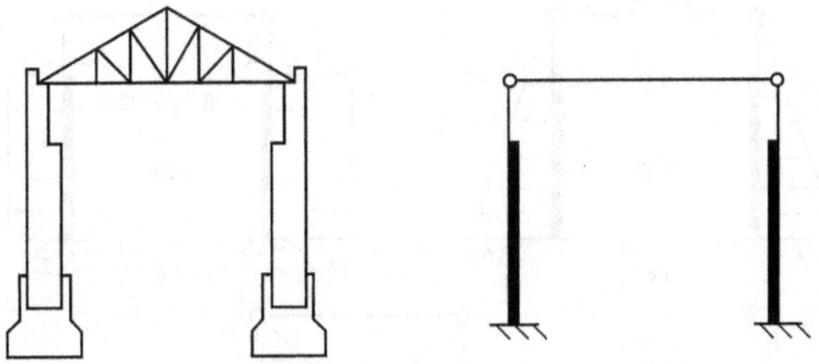

(a)　(b)

图 16-16

单跨排架为一次超静定结构。用力法计算时,其方法和步骤与刚架相同。其基本结构的取法通常是将横梁作为多余联系而切断,代之以多余未知力,以切口处两侧截面的相对水平位移为零的条件,建立力法方程。下面举例说明:

图 16-17(a) 所示的单跨排架,上柱抗弯刚度为 EI_1,下柱抗弯刚度为 EI_2,设 I_2 与 I_1 的比值为 5.77,受力如图所示,试用力法计算该排架,并绘出其弯矩图。

由于排架的横梁 CD 是一根链杆,截断一根链杆相当于去掉一个联系,将横梁 CD 切断,代之以一对多余未知力 X_1，得基本体系如图 16-17(b) 所示。

根据基本结构在多余未知力和荷载的共同作用下，横梁切口两侧截面相对水平位移与原结构相应位移相等(切口两侧截面是同一个截面)，即 $\Delta_1=0$ 的条件，建立力法典型方程为

$$\delta_{11}X_1+\Delta_{1P}=0$$

分别画出单位弯矩图 $\overline{M}_1$ 和荷载弯矩图 M_P 示于图 16-17(c)、(d)。由于柱子的刚度不一样，用图乘法求位移时需分段进行，另外横梁 CD 被视为刚性杆，计算系数时不考虑横梁变形。用图乘法求得系数和自由项如下：

$$\delta_{11}=\frac{2}{EI_1}\left[\left(\frac{1}{2}\times 3.15\times 3.15\right)\times\left(\frac{2}{3}\times 3.15\right)\right]+\frac{2}{EI_2}\left[\left(\frac{1}{2}\times 3.15\times 7.75\right)\times\left(\frac{1}{3}\times 10.9+\frac{2}{3}\times 3.15\right)+\left(\frac{1}{2}\times 10.9\times 7.75\right)\times\left(\frac{1}{3}\times 3.15+\frac{2}{3}\times 10.9\right)\right]$$

$$=962.91\frac{1}{EI_2}$$

$$\Delta_{1P}=\frac{1}{EI_2}\left[78.7\times 7.75\times\frac{1}{2}(3.15+10.9)+22.3\times 7.75\times\frac{1}{2}(3.15+10.9)\right]$$

$$=5498.8\frac{1}{EI_2}$$

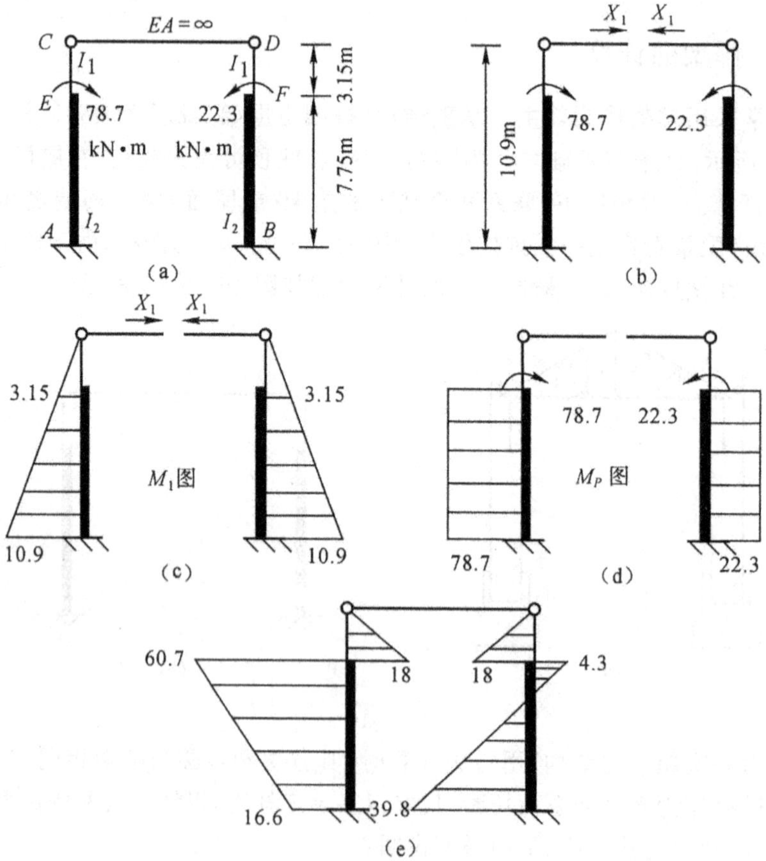

图 16-17

将系数和自由项代入典型方程，解出 X_1

$$X_1 = -\frac{\Delta_{1P}}{\delta_{11}} = -\frac{5498.8\frac{1}{EI_2}}{962.91\frac{1}{EI_2}} = -5.7(\text{kN})$$

按式 $M = \overline{M}_1 X_1 + M_P$，得排架最终弯矩图如图 16-17(e) 所示。

16.4　对称性的利用

用力法求解超静定结构时，结构的超静定次数愈多，多余未知力也愈多，计算工作量就愈大。但在工程实际中有很多结构是对称的，可以利用结构对称性，适当地选取基本结构，使计算得到简化。

利用对称性之前，需要明确对称结构、正对称荷载和反对称荷载的概念。

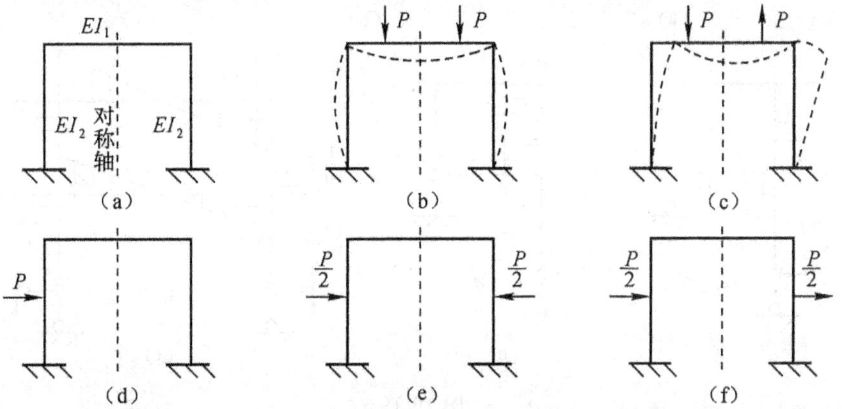

图 16-18

图 16-18(a) 所示结构的几何形状是对称图形；相对于它的对称轴，结构的支座是左右对称的；各杆的刚度（杆件的截面尺寸和弹性模量）也是左右对称的。简单地说，若将结构绕对称轴对折，则左右两部分完全重合，这样的结构称为对称结构。

如果对称轴两边的荷载大小相等，绕对称轴对折后，作用点重合且指向相同，如图 16-18(b)，称为正对称荷载；若对称轴两边的荷载大小相等，绕对称轴对折后作用点重合，但指向相反，如图 16-18(c)，则称为反对称荷载。

但有时作用在对称结构上的荷载既不是正对称荷载也不是反对称荷载，称之为一般荷载（图 16-18(d)），则可将一般荷载分解为正对称（图 16-18(e)）和反对称（图 16-18(f)）两组。

可以证明，对称结构在对称荷载作用下，其内力和变形是正对称的（参看图 16-18(b) 虚线）；在反对称荷载作用下，其内力和变形都是反对称的（参看图 16-18(c) 虚线）。利用这一性质，当对称结构承受对称荷载或反对称荷载时，我们可以取结构的一半进行计算。当对称结构承受一般荷载作用时，分解成正对称、反对称两组，分别取结构的一半计算，然后叠加。这种“半个结构”称之为原结构的等代结构。

下面具体举例来说明如何应用上述结论。

例 16-6　用力法计算图 16-19(a) 所示结构，绘弯矩图，已知 $EI =$ 常数。

解 本结构为 4 次超静定结构，属于奇数跨受反对称荷载作用情况。取等代结构如图 16-19(b) 所示，只有一个多余联系，选取力法基本体系如图 16-19(c) 所示。

建立力法典型方程

$$\delta_{11}X_1 + \Delta_{1P} = 0$$

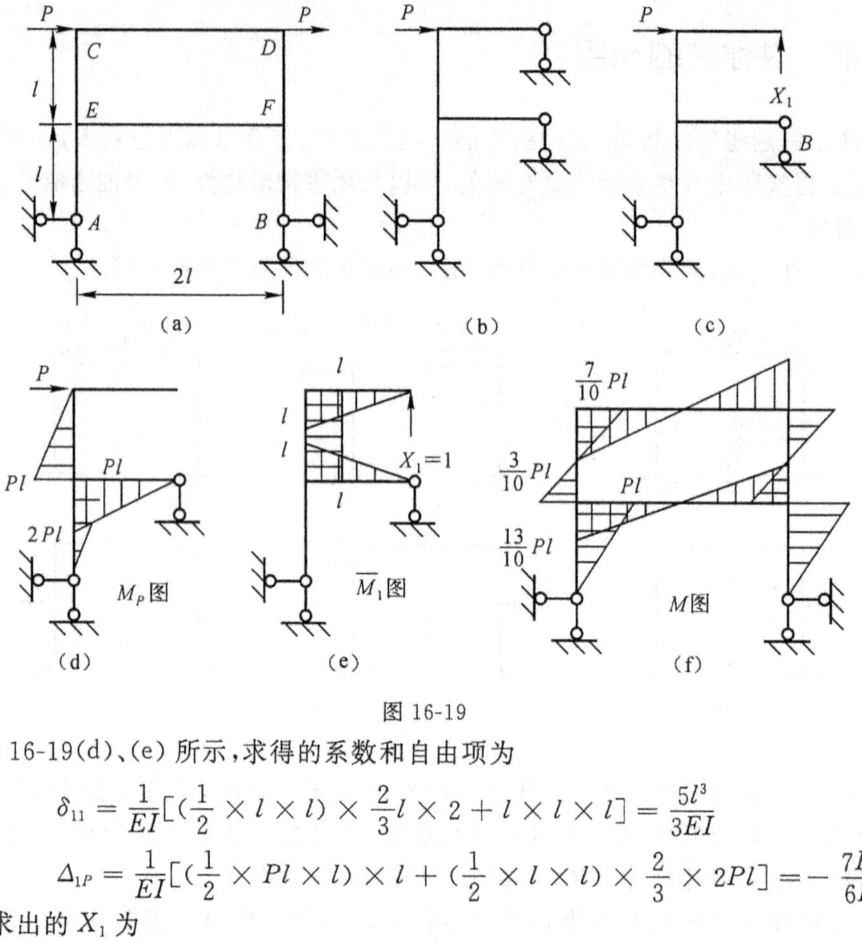

图 16-19

如图 16-19(d)、(e) 所示，求得的系数和自由项为

$$\delta_{11} = \frac{1}{EI}[(\frac{1}{2} \times l \times l) \times \frac{2}{3}l \times 2 + l \times l \times l] = \frac{5l^3}{3EI}$$

$$\Delta_{1P} = \frac{1}{EI}[(\frac{1}{2} \times Pl \times l) \times l + (\frac{1}{2} \times l \times l) \times \frac{2}{3} \times 2Pl] = -\frac{7Pl^3}{6EI}$$

解方程，求出的 X_1 为

$$X_1 = -\frac{\Delta_{1P}}{\delta_{11}} = \frac{7}{10}P$$

按反对称性绘得整个结构弯矩图如图 16-19(f) 所示。

例 16-7 用力法计算图 16-20(a) 所示结构，绘弯矩图，已知 EI 为常数。

解 本结构有两个对称轴，而且荷载对两个轴都是正对称的。所以取四分之一结构计算即可。取等代结构如图 16-20(b) 所示，为 2 次超静定，而原结构为 6 次超静定。

选取力法基本体系如图 16-20(c) 所示，建立力法典型方程：

$$\delta_{11}X_1 + \delta_{12}X_2 + \Delta_{1P} = 0$$

$$\delta_{21}X_1 + \delta_{22}X_2 + \Delta_{2P} = 0$$

绘 $\overline{M}_1$、$\overline{M}_2$ 和 M_P 图如图 16-20(d)、(e)、(f) 所示。求出的系数和自由项为

$$\delta_{11} = \frac{1}{EI}[(\frac{1}{2} \times \frac{3}{2}l \times \frac{3}{2}l) \times \frac{2}{3} \times \frac{3}{2}l] = \frac{9l^2}{8EI}$$

$$\delta_{12} = \delta_{21} = -\frac{1}{EI}\left[(\frac{1}{2} \times \frac{3}{2}l \times \frac{3}{2}l) \times l\right] = -\frac{9l^3}{8EI}$$

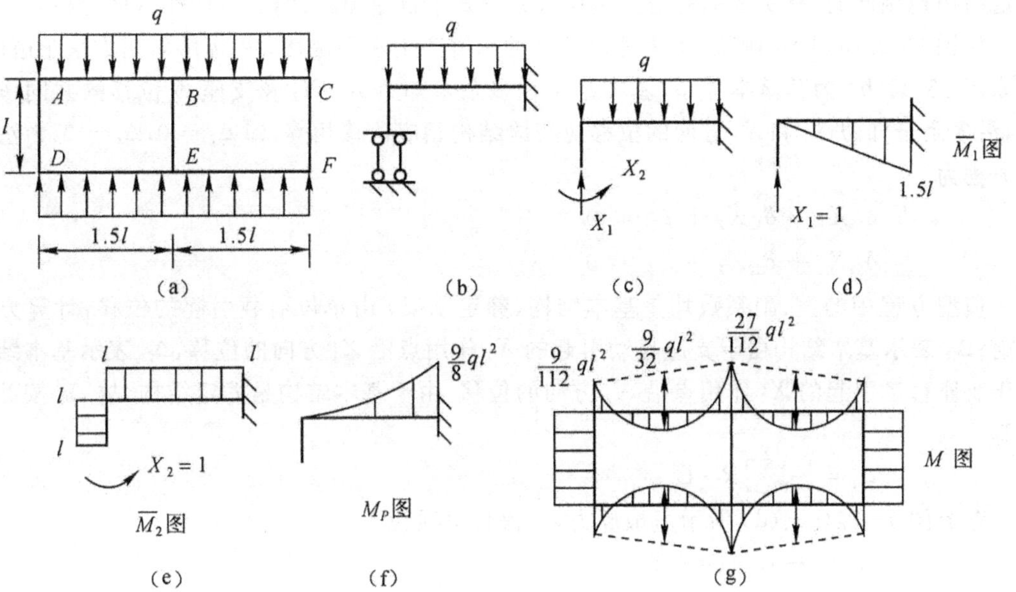

图 16-20

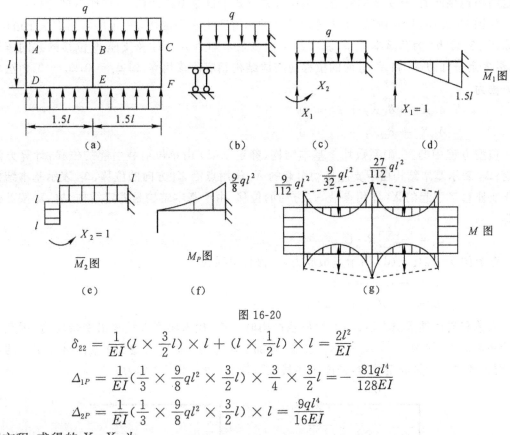

$$\delta_{22}=\frac{1}{EI}(l\times\frac{3}{2}l)\times l+(l\times\frac{1}{2}l)\times l=\frac{2l^2}{EI}$$

$$\Delta_{1P}=\frac{1}{EI}(\frac{1}{3}\times\frac{9}{8}ql^2\times\frac{3}{2}l)\times\frac{3}{4}\times\frac{3}{2}l=-\frac{81ql^4}{128EI}$$

$$\Delta_{2P}=\frac{1}{EI}(\frac{1}{3}\times\frac{9}{8}ql^2\times\frac{3}{2}l)\times l=\frac{9ql^4}{16EI}$$

解方程，求得的 X_1、X_2 为

$$X_1=\frac{72}{112}ql, X_2=\frac{9}{112}ql$$

用叠加法作等代结构 M 图，然后根据对称性绘制原结构弯矩图如图 16-20(g) 所示。

16.5　超静定结构在支座移动作用下的计算

静定结构支座移动时不产生任何反力和内力。与静定结构相比较，超静定结构由于具有多余联系，将阻碍支座的位移而使结构产生内力。例如图 16-21 所示超静定梁，当支座 B 发生移动时，将受到多余联系 C 支座处链杆的阻碍而使各支座产生反力，同时使梁产生内力并发生弹性变形。

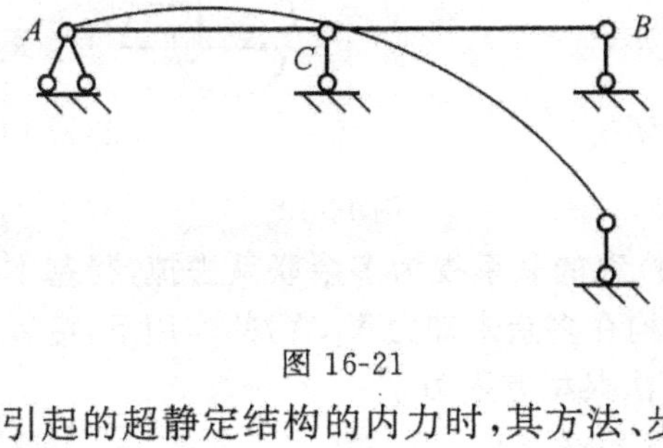

图 16-21

用力法计算支座移动引起的超静定结构的内力时，其方法、步骤与计算荷载作用下的超

静定结构是相同的，有所区别的是力法典型方程式中自由项的计算。下面作具体分析。

如图 16-22(a) 所示刚架，支座 A 由于某种原因产生水平位移 a 和转角 θ，用力法求解时，选取图 16-22(b) 为其基本体系。基本结构在多余未知力 X_1、X_2 及支座 A 位移的共同作用下，沿多余未知力 X_1 和 X_2 方向的位移应与原结构相应位移相等，即 $\Delta_1=0, \Delta_2=0$，力法典型方程为

$$\delta_{11}X_1+\delta_{12}X_2+\Delta_{1c}=0$$
$$\delta_{21}X_1+\delta_{22}X_2+\Delta_{2c}=0$$

典型方程中的主、副系数均是基本结构（静定刚架）由单位荷载引起的位移，计算方法同前；Δ_{1c} 表示基本结构由于支座移动引起的 X_1 作用点沿 X_1 方向的位移，Δ_{2c} 表示基本结构由于支座移动引起的 X_2 作用点沿 X_2 方向的位移。由于基本结构是静定结构，故 Δ_{ic} 按下式计算：

$$\Delta_{ic}=-\sum\overline{R}\cdot C$$

参看图 16-22(c)、(d) 所示虚拟反力，求得自由项为

$$\Delta_{1c}=-(\theta l)=-\theta\cdot l$$
$$\Delta_{2c}=-(\theta l+1\times a)=-\theta l-a$$

系数和自由项求出之后，与前面荷载作用时一样，代入典型方程求出多余反力。用叠加法绘制弯矩图，即 $M=\overline{M}_1X_1+M_P$。注意，叠加法画弯矩图时没有叠加由支座移动引起的弯矩。因为基本结构是静定结构，如前所述其位移是刚性的，不产生内力。

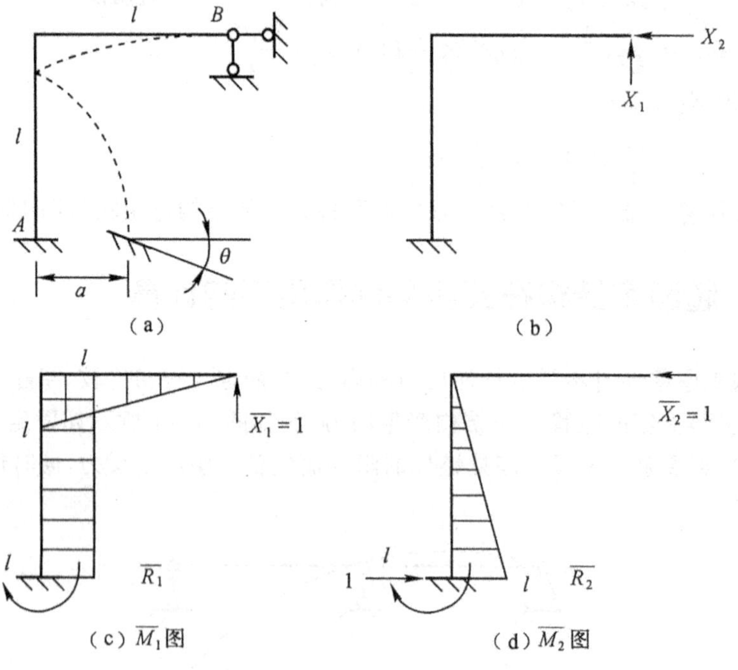

图 16-22

也可以将支座 A 处有位移的联系视为多余联系去掉，得基本体系如图 16-23(a) 所示。其变形条件应该是，基本结构在多余未知力 X_1、X_2 的作用下，沿 X_1、X_2 方向的位移与原结构相同，即 $\Delta_1=a, \Delta_2=\theta$。力法典型方程为

$$\delta_{11}X_1+\delta_{12}X_2=a$$

$$\delta_{21}X_1+\delta_{22}X_2=\theta$$

力法典型方程中不含有自由项，这是因为基本结构中已不存在发生位移的联系了。

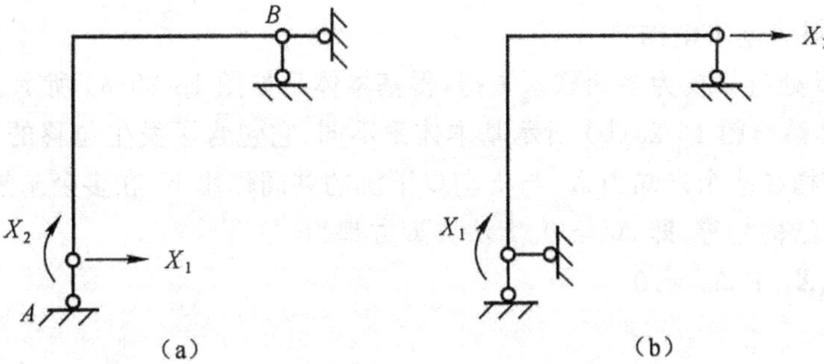

图 16-23

还可以选取图 16-23(b) 所示结构体系为基本体系。其力法典型应方程为

$$\delta_{11}X_1+\delta_{12}X_2+\Delta_{1c}=a$$
$$\delta_{21}X_1+\delta_{22}X_2+\Delta_{2c}=0$$

例 16-8　图 16-24(a) 所示连续梁，其支座 C 下沉 Δ，求由此引起的弯矩。已知各杆 $EI=$ 常量。

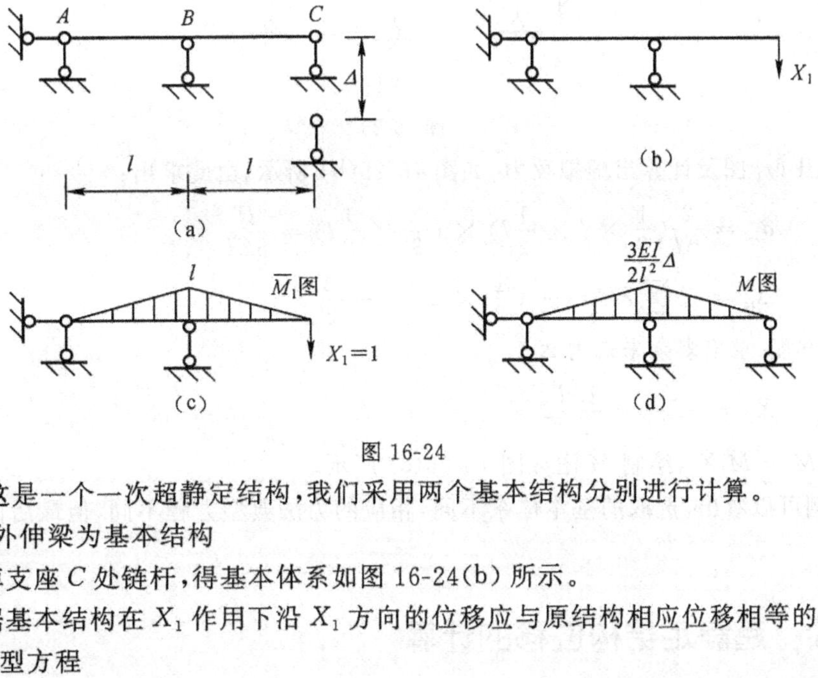

图 16-24

解　这是一个一次超静定结构，我们采用两个基本结构分别进行计算。

(1) 选外伸梁为基本结构

1) 去掉支座 C 处链杆，得基本体系如图 16-24(b) 所示。

2) 根据基本结构在 X_1 作用下沿 X_1 方向的位移应与原结构相应位移相等的变形条件，建立力法典型方程

$$\delta_{11}X_1=\Delta$$

典型方程中不含有自由项，其原因如前所述，因为基本结构中所有联系均无位移。位移 Δ 取正号是由于位移下沉 Δ 与虚拟多余未知力 X_1 的指向一致。

3) 画出 $\overline{M}$ 图示于图 16-24(c)。求得

$$\delta_{11}=\frac{1}{EI}\left(\frac{1}{2}\times l\times l\times\frac{2}{3}l\right)\times 2=\frac{2l^3}{3EI}$$

4) 解方程，求出 X_1

$$X_1 = \frac{3EI}{2l^3}\Delta$$

5) 按 $M = \overline{M}_1 X_1$，绘制的 M 图如图 16-24(d) 所示。

(2) 选简支梁为基本结构

1) 将支座 B 处链杆视为多余联系去掉，得基本体系如图 16-25(a) 所示。

2) 该基本体系与图 16-24(b) 所示基本体系不同，它包含了发生位移的支座 C，因此变形条件是基本结构在多余未知力 X_1 与支座 C 下沉的共同作用下，在多余未知力 X_1 处沿 X_1 方向的位移与原结构相等，即 $\Delta_1 = 0$。力法典型方程为

$$\delta_{11}X_1 + \Delta_{1c} = 0$$

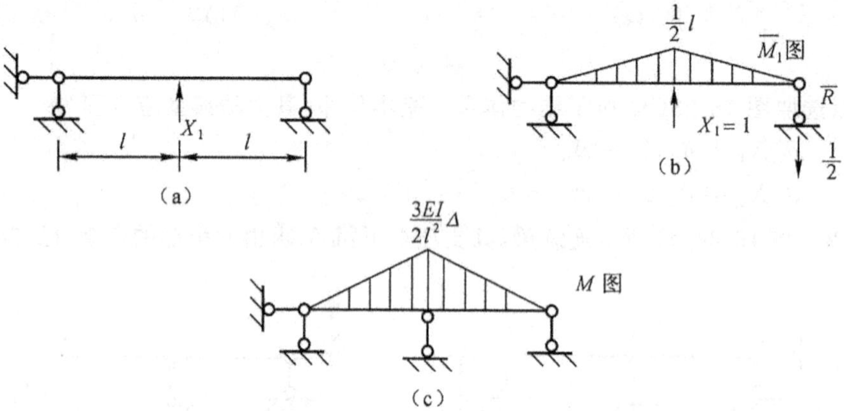

图 16-25

3) 绘出 $\overline{M}_1$ 图及计算出虚拟反力，如图 16-25(b) 所示。由此求出：

$$\delta_{11} = \frac{2}{EI}(\frac{1}{2} \times l \times \frac{1}{2}l) \times (\frac{2}{3} \times \frac{1}{2}l) = \frac{l^3}{6EI}$$

$$\Delta_{1c} = -\sum RC = -(\frac{1}{2} \times \Delta) = -\frac{\Delta}{2}$$

4) 解方程，求出多余未知力 X_1

$$X_1 = -\frac{\Delta_{1c}}{\delta_{11}} = \frac{3EI}{l^3}\Delta$$

5) 按 $M = \overline{M}_1 X_1$，绘制 M 图如图 16-25(c) 所示。

由本例可以看出，选取的基本体系不同，相应的力法典型方程不同，但最后内力图是相同的。

16.6 超静定结构位移的计算

前面的章节中介绍了结构位移计算的一般方法，它不仅适用于静定结构，同时也适用于超静定结构。因为对于超静定结构，只要将求出的多余力也当作荷载加到原结构的基本结构上去，而计算静定的基本结构在已知荷载以及多余力的共同作用下的位移，这个位移也就是原来超静定结构的位移。如前面所述，用力法解超静定结构是在它的基本结构上进行的。这样，超静定结构的位移计算即转变成静定结构的位移计算问题了。

由前一章知，对于刚架和梁，位移计算公式为

$$\Delta_{iP} = \sum\int \frac{\overline{M}_i M}{EI}\mathrm{d}s$$

式中：M 为原超静定结构的最终弯矩图，$\overline{M}_i$ 为单位荷载弯矩图。

需要说明的是，因为超静定结构的内力并不因所取基本结构的不同而不同。因此，我们可以认为超静定结构的内力是从任一形式的基本结构求得的。这样，计算超静定结构位移时，可以取任一基本结构作为虚设状态。

综上所述，求解超静定结构的具体方法是：

(1) 解算超静定结构，绘出最终 M 图；

(2) 将单位力加在任一基本结构上，绘出 $\overline{M}_i$ 图；

(3) 按位移计算公式或图乘法求位移。

例 16-9　求图 16-26(a) 所示刚架 C 截面的水平线位移。

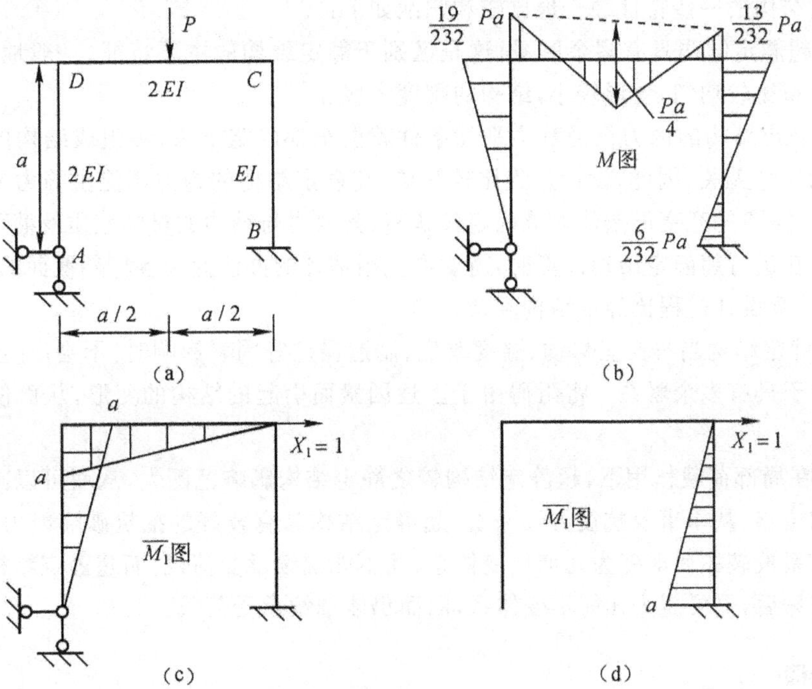

图 16-26

解　(1) 解算超静定刚架，绘出最终 M 图

选取简支刚架作为力法基本结构，最终弯矩图如图 16-26(b) 所示。

(2) 将单位荷载加在基本结构 C 结点上，绘 $\overline{M}_i$ 图，如图 16-26(c) 所示。由图乘法求出 C 点水平线位移。

$$\begin{aligned}\Delta_C &= -\frac{1}{2EI}\left(\frac{1}{2}\times a\times a\right)\left(\frac{2}{3}\times\frac{19Pa}{232}\right)-\frac{1}{2EI}\left[\left(\frac{1}{2}\times a\times a\right)\right.\\&\quad\left.\left(\frac{2}{3}\times\frac{19Pa}{232}+\frac{1}{3}\,\frac{13Pa}{232}\right)\right]+\frac{1}{2EI}\left(\frac{1}{2}\times a\times\frac{Pa}{4}\right)\left(\frac{1}{2}a\right)\\&=-\frac{19Pa^3}{EI\times 6\times 232}-\frac{17Pa^3}{EI\times 4\times 232}+\frac{Pa^3}{EI\times 232}\\&=-\frac{Pa^3}{1392EI}(\leftarrow)\end{aligned}$$

计算结果为负值,表示C点位移方向与所设单位力的方向相反,即实际方向应向左。

为使计算简化,亦可选取图 16-26(d) 所示的基本结构作为虚设状态。绘出$\overline{M}_1$图,如图16-26(d) 所示。用图乘法求得

$$\Delta_C = \frac{1}{EI}\left(\frac{1}{2} \times a \times a\right)\left(\frac{2}{3} \times \frac{6Pa}{232} - \frac{1}{3} \times \frac{13Pa}{232}\right) = -\frac{Pa^3}{1392}(\leftarrow)$$

选取两种基本结构作为虚设状态,计算结果完全相同。但是,选取图 16-26(d) 所示基本结构作为虚设状态时,计算要简单得多。

16.7 超静定结构的特性

前面的内容介绍了用力法计算超静定结构的内力和位移,在此基础上将超静定结构不同于静定结构的一些特性综合地比较和归纳如下:

(1) 超静定结构具有多余联系,这是区别于静定结构的主要特征。一般地,超静定结构的内力分布比较均匀,变形较小,结构的刚度大些。

(2) 静定结构的内力仅由静力平衡条件就能全部确定下来,和组成结构的材料性质及截面形状尺寸无关,因此,设计过程比较简单。超静定结构的内力不能由静力平衡条件全部确定下来,需要补充变形条件才能确定其解答,其内力与结构的材料性质及截面形状尺寸有关。因此,在进行超静定结构计算时,需要事先用估计的办法假设各杆件截面的大小,进行反复演算,计算设计过程比静定结构复杂。

(3) 静定结构当有支座移动、温度改变、制造误差等因素影响时,不会产生内力,而超静定结构由于具有多余联系,将阻碍由于上述因素而引起的结构的变形,从而使结构产生内力。

(4) 在局部荷载作用下,超静定结构较之静定结构影响范围大,从而可以减小局部较大的内力和位移。从军事及抗震方面来看,超静定结构具有较好的抵抗破坏能力。静定结构当其任一联系被破坏后即变为几何可变体系,而不能继续承受荷载。而超静定结构任一多余联系遭到破坏后,仍可能为几何不变体系,因而仍能继续承受荷载。

思考题

16-1 力法的基本概念?用力法解超静定结构的步骤是什么?

16-2 什么是力法的基本结构?力法基本结构的形式是否是惟一的?选择力法基本结构需注意什么问题?力法的基本结构与原结构有什么异同?

16-3 什么是力法的基本未知量?如何求得力法的基本未知量?如何建立力法的典型方程?

16-4 说明力法典型方程的系数、自由项的物理意义,如何求解这些系数和自由项?

16-5 相对于静定结构,超静定结构有哪些主要特征?

16-6 用力法计算超静定梁、刚架、排架时,力法方程中的系数和自由项计算时主要考虑哪些变形因素?

16-7 计算超静定结构的位移和计算静定结构的位移,两者有何异同?

16-8 为什么计算超静定结构位移时,单位荷载可以加在任一基本结构上?

习　题

16-1　确定题 16-1 图所示超静定结构的超静定次数。

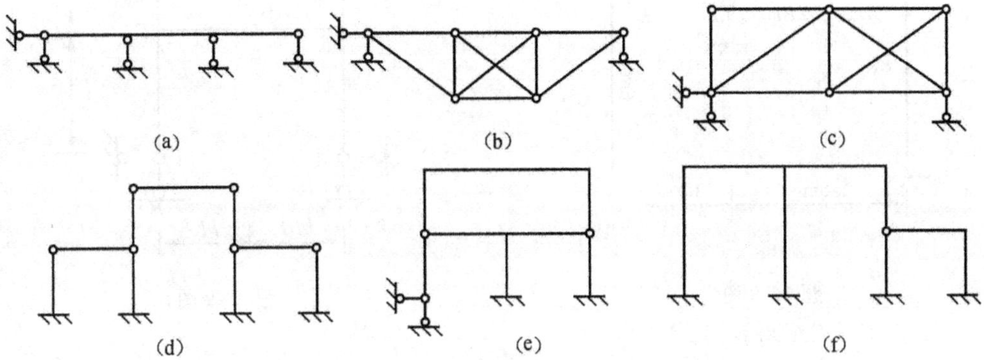

题 16-1 图

16-2 ～ 16-4　用力法分别求作题 16-2 ～ 16-4 图所示超静定梁的弯矩图。

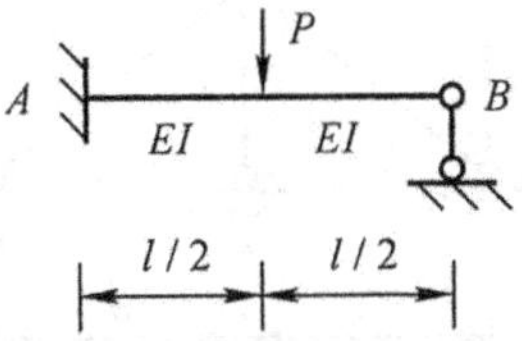

题 16-2 图

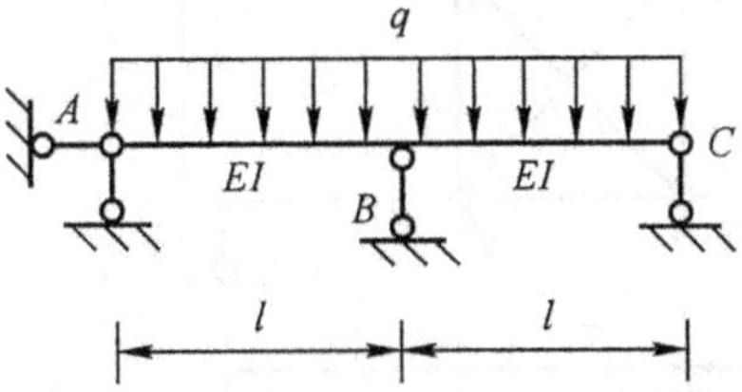

题 16-3 图

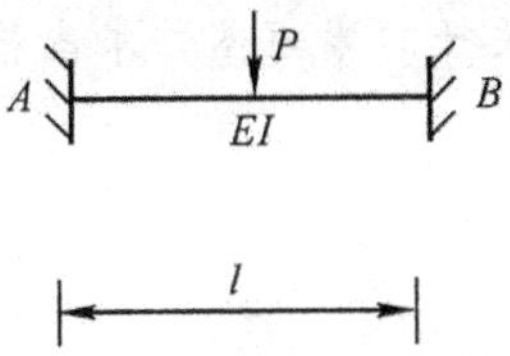

题 16-4 图

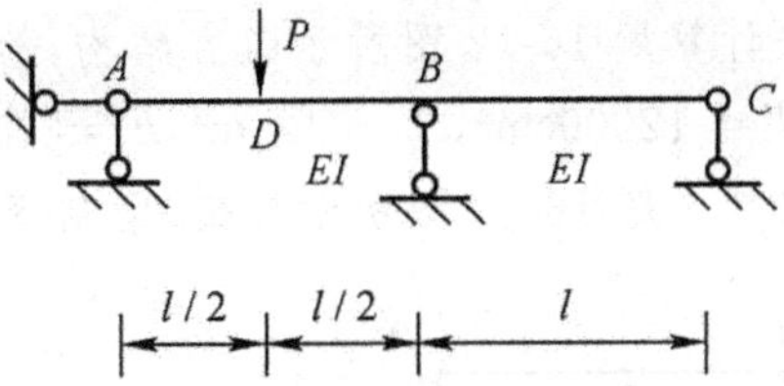

题 16-5 图

16-6 ～ 16-7　用力法分别求作题 16-6 图和题 16-7 图所示刚架的弯矩图、剪力图和轴力图。

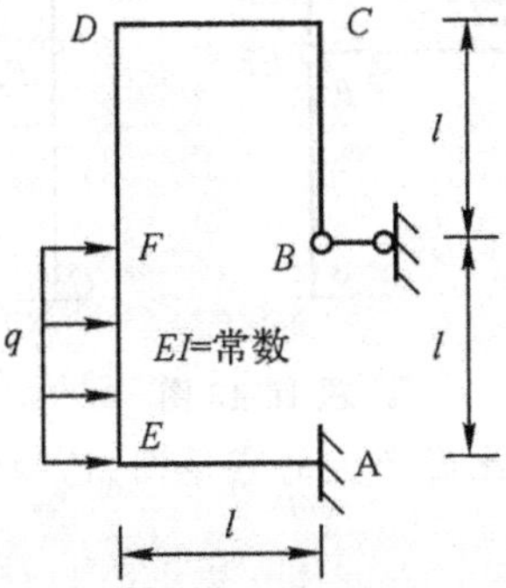

题 16-6 图

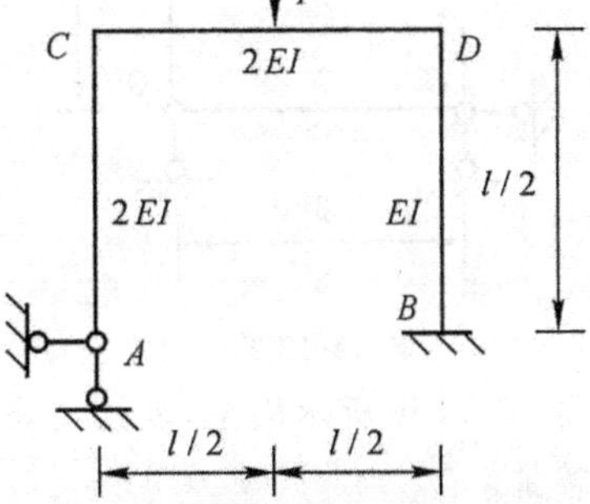

题 16-7 图

16-8 ～ 16-9　用力法分别求作题 16-8 图和题 16-9 图所示刚架弯矩图。

16-10 ～ 16-11　用力法分别计算题 16-10 图和题 16-11 图所示桁架各杆的轴力，设各杆的

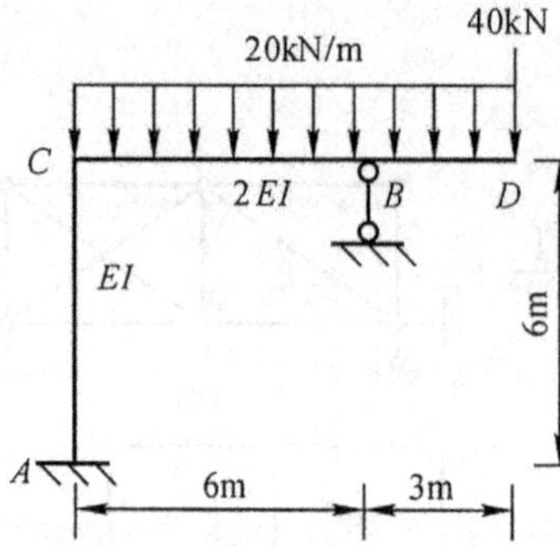

题 16-8 图

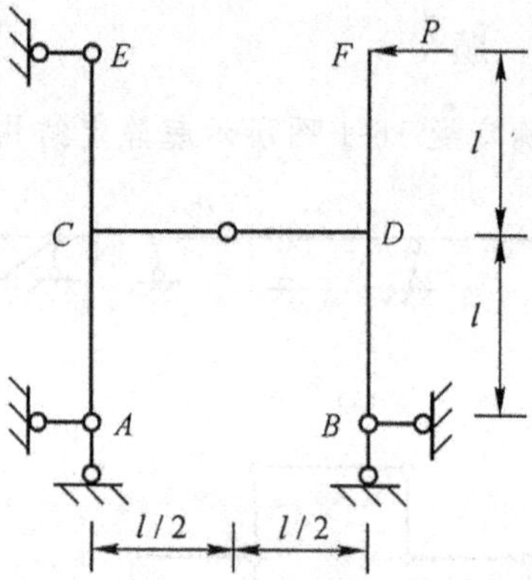

题 16-9 图

EA 均相同。

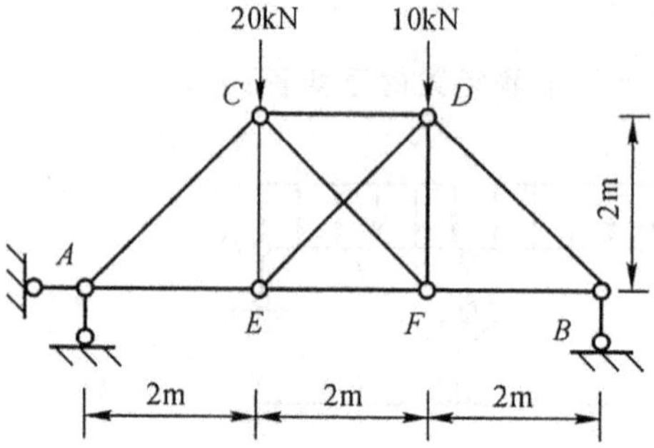

题 16-10 图

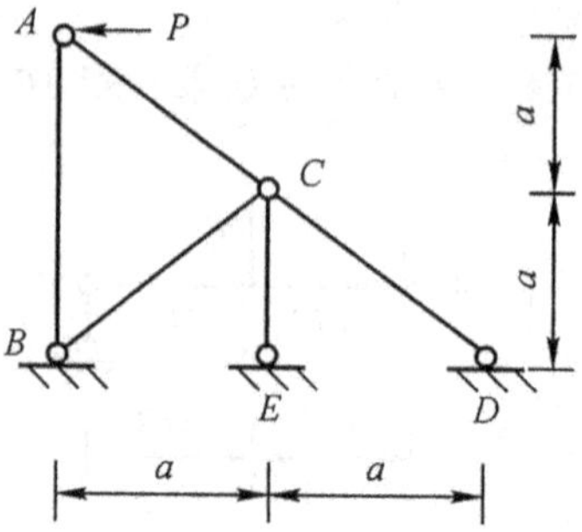

题 16-11 图

16-12 用力法计算题 16-12 图所示组合结构，绘出刚架杆的弯矩图并求出桁架杆的轴力。已知：$I=12000\text{cm}^4$，$A=12\text{cm}^2$，$E=$ 常数。

16-13 用力法计算题 16-13 图所示排架，绘制弯矩图。

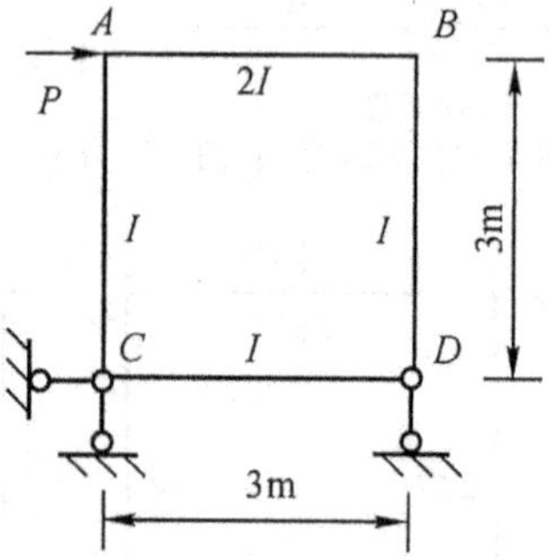

题 16-12 图

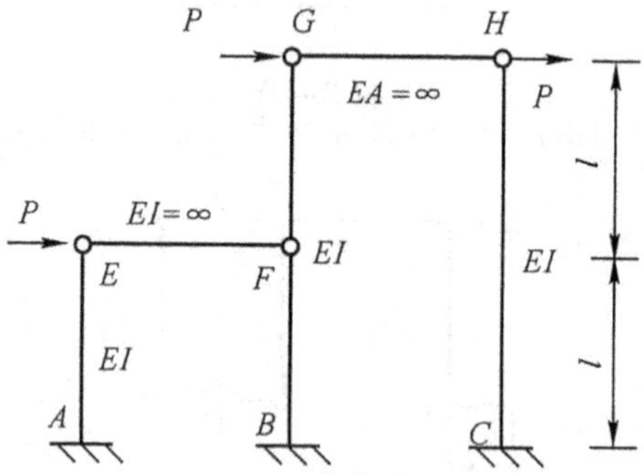

题 16-13 图

16-14 题 16-14 图所示刚架，其左支座转角为 θ，绘制由此而产生的弯矩图。已知各杆 EI 为常量。

16-15 题 16-15 图所示刚架，其左支座竖直下沉 Δ，求由此引起的内力，并绘制弯矩图。设 EI 为常量。

16-16 计算题 16-16 图所示刚架结点 D 的转角。已知各杆刚度均为 EI。

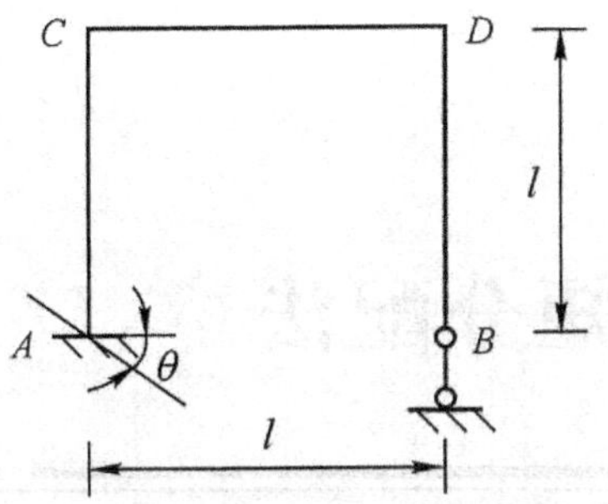

题 16-14 图

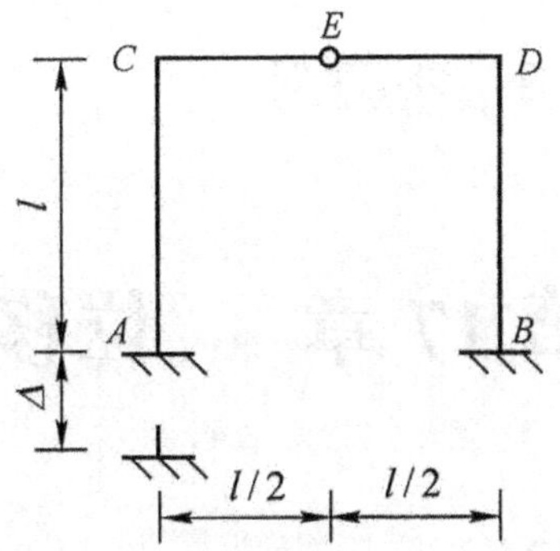

题 16-15 图

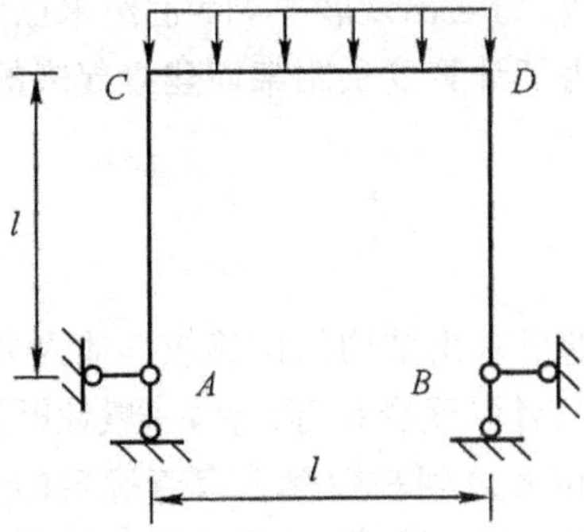

题 16-16 图

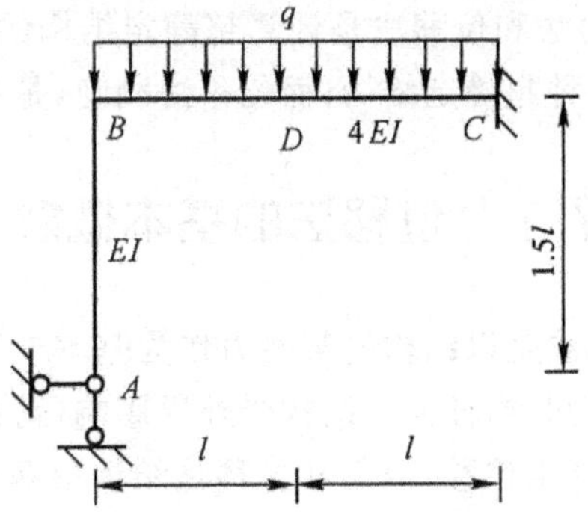

题 16-17 图

16-17　计算题 16-17 图所示刚架横梁 BC 中点 D 的竖向位移。

16-18～16-19　利用结构对称性分别计算题 16-18 图和题 16-19 图所示结构，绘出弯矩图。设 $EI=$ 常数。

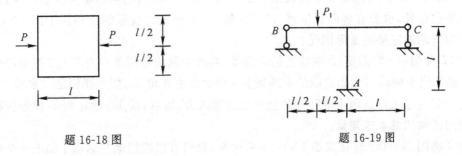

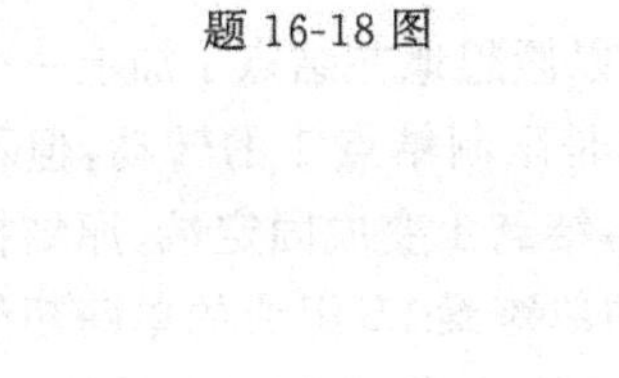

题 16-18 图

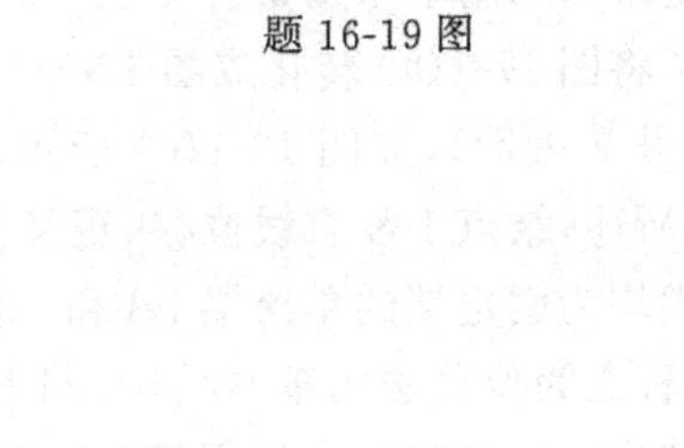

题 16-19 图

第 17 章　位移法和力矩分配法

力法和位移法是计算超静定结构的两种基本方法。力法出现较早，19 世纪末已经用于分析各种超静定结构；而位移法稍晚，是在 20 世纪初为了计算复杂刚架而建立起来的。

17.1　位移法的基本概念

力法是以结构的某些力作为基本未知量，求得后即可求出结构的位移或其他内力。实践经验可知，当任何一结构受外界影响（荷载、支座移动或者温度变化等）后，一般地既产生内力，也产生位移，内力和位移是结构中两种不同的量，两者之间在数量上有着确定的对应关系，也就是说它们之间应该是相互联系和具有内部规律的。这样，引导我们可以按照与力法不同的分析次序来解决问题，即以结构的结点位移作为基本未知量，求得后求出结构的内力和其他位移，这种方法称为位移法，这种思路有时候比力法解决问题来得简便。

接下来，以图 17-1(a) 所示刚架为例来说明位移法的基本概念。

在荷载 P 作用下，刚架变形曲线示于图 17-1 (a) 中，略去刚架的轴向变形，刚结点 1 既没有水平线位移，也没有竖向线位移，仅有转角 Z_1，这样刚架变形情况相当于图 17-1(b) 所示两个单跨超静定梁的变形情况。

梁 $1B$ 相当于 1 端固定、B 端铰支的单跨梁，其跨中截面作用集中力 P 且 1 截面产生转角 Z_1，$1A$ 梁相当于两端均为固定端的单跨梁且 1 截面发生转角 Z_1。如果我们能设法求出 Z_1，则利用力法就可以求得这两个单跨梁的全部反力和内力。所以，结点 1 的转角 Z_1 便是位移法计算超静定结构的基本未知量。

为了将图 17-1(a) 转化成图 17-1(b) 来计算，我们可以假想地在结点 1 加上一个附加刚臂（以符号 ▽ 表示），如图 17-1(c) 所示。附加刚臂的作用是限制结点 1 的转动，但不限制移动。如前所述，结点 1 没有线位移，现又没有角位移，因此，结点 1 变成固定端。原结构可看成是由两端均为固定端的单跨梁 $1A$ 和 1 端固定 B 端铰支的单跨梁 $1B$ 组成的单跨超静定梁的组合体，称之为位移法的基本结构。同力法一样，基本未知量 Z_1 需要在基本结构上求得。为使基本结构的受力和变形与原结构一致，将荷载加在基本结构上，并强迫基本结构的附加刚臂转动与实际情况相同的转角 Z_1，得到基本体系如图 17-1(d) 所示。这样，基本体系的受力与变形就与原结构完全一致。所以，原结构的计算就可以在它的基本体系上进行。

由以上分析可知，求解基本未知量 Z_1 是位移法的关键所在，求解 Z_1 的方程推导如下：

由叠加原理，可将基本结构受荷载、转角 Z_1 共同作用情况（图 17-1(d)）分解为基本结构在荷载、转角 Z_1 分别作用(图 17-1(e)、(f))两种情况。在图 17-1(e) 中没有转角 Z_1 的因素，只有荷载 P 的作用。其中 $1A$ 杆上没有荷载，因此，也没有内力。杆 $1B$ 在荷载 P 作用下的 M 图可由力法绘制，如图 17-1(e) 所示；在图 17-1(f) 中没有荷载因素的影响，仅有单跨超静定梁 $1B$ 和 $1A$ 的固定端支座 1 截面发生转角 Z_1，其弯矩图可由力法中支座移动时超静定结构的计算方法来确定。

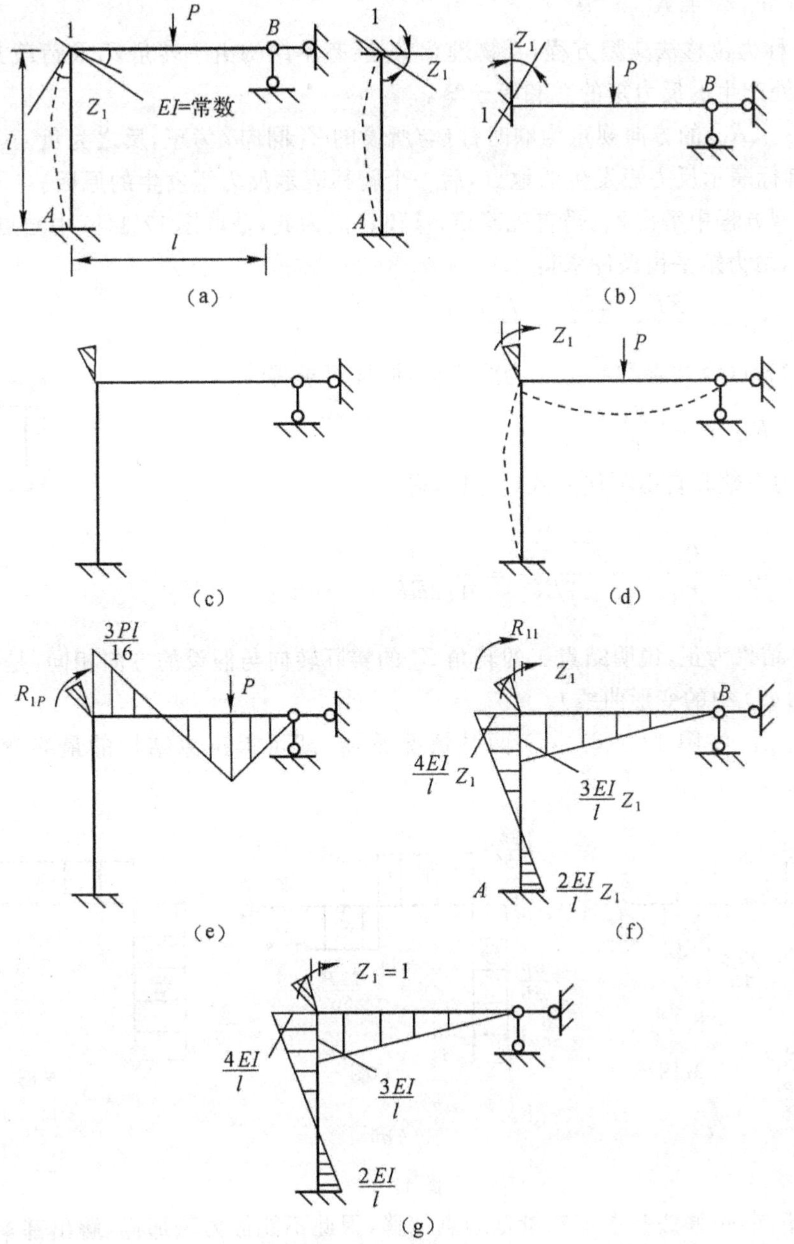

图 17-1

当荷载作用在基本结构上时，由于附加刚臂限制结点 1 转动，附加刚臂上必然产生反力矩，以 R_{1P} 表示(见图 17-1(e))；强令附加刚臂转动 Z_1 角，附加刚臂上产生的反力矩，以 R_{11} 表示(见图 17-1(f))，那么当荷载与转角共同作用时，基本结构附加刚臂上的反力矩 R_1 应等于以上两项之和，即$R_1 = R_{11} + R_{1P}$。由于基本结构的受力与变形与原结构完全一致，而原结构结点1是可以自由转动的，不存在限制转动的反力矩。因此，基本结构附加刚臂上的反力矩R_1应等于零。即

$$R_{11} + R_{1P} = 0$$

令$Z_1 = 1$时附加刚臂上的反力矩为r_{11}，则$R_{11} = r_{11}Z_1$。上式可表示为

$$r_{11}Z_1 + R_{1P} = 0 \tag{17-1}$$

式17-1称为位移法典型方程，其物理意义是：基本结构由于转角Z_1及荷载共同作用，在附加刚臂1处产生的反力矩的总和等于零。

反力矩r_{11}、R_{1P}的方向规定为顺时针（与所设的Z_1同向）为正，反之为负。其脚标的含意是：前一个脚标表示反力矩发生的地点，后一个脚标表示反力矩发生的原因。

为从典型方程中解出Z_1，需首先确定r_{11}和R_{1P}。为此，截取图17-1(f)中结点1为脱离体（如图17-2），由力矩平衡条件求得

$$r_{11} = \frac{3EI}{l} + \frac{4EI}{l} = \frac{7EI}{l}$$

再从图17-1(e)中截取结点1为脱离体，同样可求得

$$R_{1P} = -\frac{3Pl}{16}$$

将求得的系数和自由项代入式(17-1)，得

$$Z_1 = \frac{R_{1P}}{r_{11}} = -\frac{-\frac{3Pl}{16}}{\frac{7EI}{l}} = \frac{3Pl^2}{112EI}$$

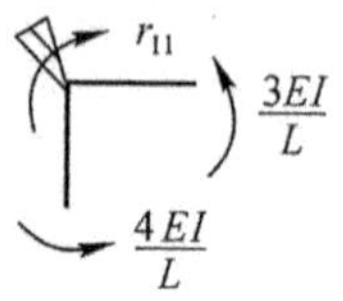

图 17-2

求得Z_1结果为正，说明结点1的转角Z_1的实际转向与假设的方向相同，是顺时针转动（参看图17-1(a)中的变形曲线）。

求得Z_1后，将图17-1(e)、(f)两种情况叠加，即可得出原结构的最终弯矩图，如图17-3(a)所示。

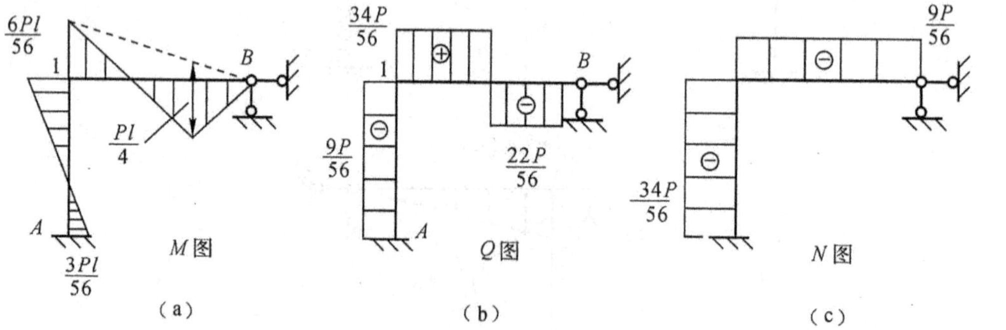

图 17-3

与力法不同，位移法基本未知量是结点位移，因此不能像力法那样，解出基本未知量（多余未知力）后，将多余力加在基本结构上，按静定结构求剪力和轴力的方法绘出剪力图和轴力图。位移法中可根据绘出的弯矩图，由平衡条件绘出剪力图，再由剪力图的平衡条件绘出轴力图。

对于本例，截取杆1B和杆1A，此时，杆端弯矩可视为已知外力作用在脱离体上，如图

17-4 (a)、(b) 所示，由平衡条件求出各杆端剪力：

对于图 17-4(a)，由 $\sum M_1 = 0$，得

$$Q_{B1} \times l + P \times \frac{l}{2} - \frac{6}{56}Pl = 0$$

$$Q_{B1} = -\frac{22}{56}P$$

由 $\sum M_B = 0$，得

$$Q_{1B} \times l - P \times \frac{l}{2} - \frac{6}{56}Pl = 0$$

$$Q_{1B} = \frac{34}{56}P$$

对于 17-4(b)，由平衡条件求出

$$Q_{1A} = Q_{A1} = -\frac{9}{56}P$$

求得各杆端剪力之后，便可绘出剪力图，如图 17-3(b) 所示。

绘出剪力图后，从剪力图中截取结点 1，将剪力图中的剪力作为已知外力加在结点上，由于弯矩在坐标轴上没有投影，可略去不画，如图 17-4(c)。由平衡条件求出

$$N_{1B} = -\frac{9}{56}P, N_{1A} = -\frac{34}{56}P$$

轴力图如图 17-3(c) 所示。

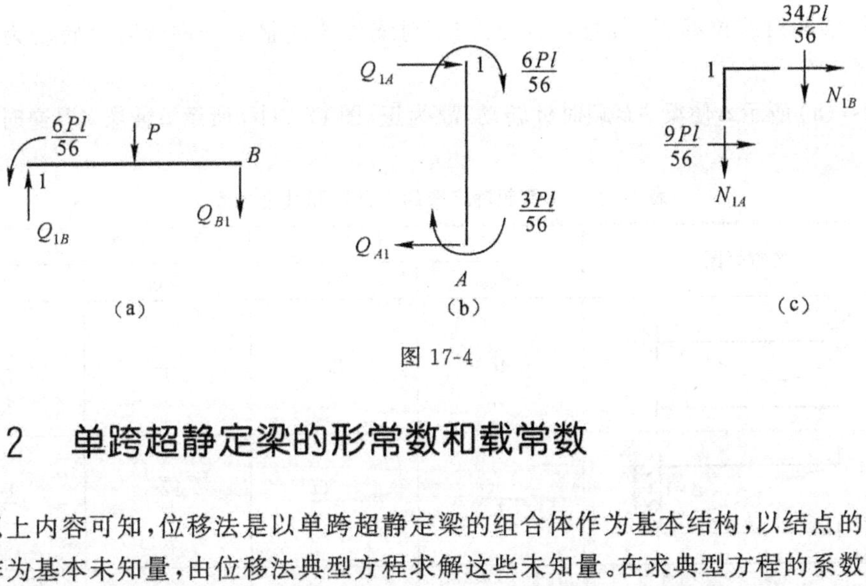

图 17-4

17.2　单跨超静定梁的形常数和载常数

由以上内容可知，位移法是以单跨超静定梁的组合体作为基本结构，以结点的角位移或线位移作为基本未知量，由位移法典型方程求解这些未知量。在求典型方程的系数和自由项时需要用到单跨超静定梁在外荷载以及杆端产生单位转角或单位线位移时的杆端弯矩。我们可以用力法求得杆端弯矩，并且利用梁的平衡条件求出各杆端剪力。

为了应用方便，我们将用力法算得的常用单跨超静定梁在不同情况下的杆端弯矩和剪力的值列于表 17-1 中。其中凡是由荷载产生的均称为载常数，凡是由单位杆端位移产生的均称为形常数。

使用该表之前，对有关问题说明如下：

1. 为了计算方便，令$\frac{EI}{l}=i$，i 称为线刚度，其物理意义是表示杆件单位长度的抗弯刚度。

2. 在位移法中，单跨超静定梁弯矩的正负号规定为：对杆端来说，弯矩绕杆端顺时针转动为正，逆时针转动为负；对支座或结点来说，则逆时针转动为正，顺时针转动为负。例如图 17-5(a) 所示的 AB 梁，从端部截开示于图 17-5(b)。弯矩 M_{AB} 绕杆段 AB 的 A 截面顺时针转动，绕结点 A 逆时针转动，故为正；弯矩 M_{BA} 绕杆段 AB 的 B 截面逆时针转动，绕结点 B 顺时针转动，故为负。

至于剪力和轴力的正、负号规定与前面相同，即剪力使所在脱离体产生顺时针转动趋势时为正，反之为负。轴力以拉为正，压为负。

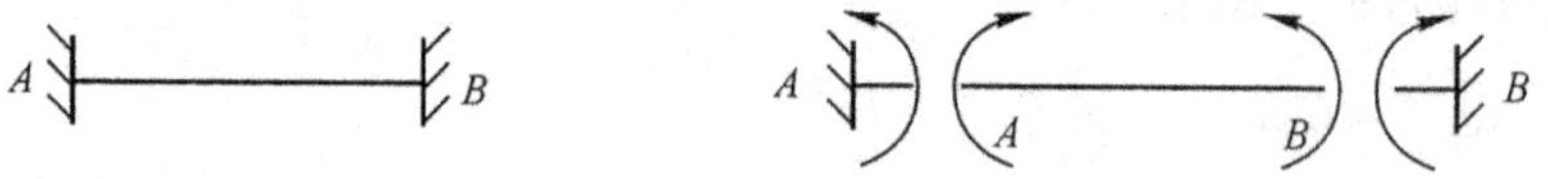

(a)　　　　(b)

图 17-5

3. 杆端位移正、负号规定

(1) 支座截面转角规定为顺时针转动为正，逆时针转动为负。

例如图 17-6(a) 所示转角 φ_A 顺时针转动，故为正。图 17-6(b) 所示转角 φ_A 逆时针转动，故为负。

(2) 杆端相对线位移正、负号规定为：该相对线位移使整个杆件顺时针转动为正，逆时针转动为负。

图 17-7(a) 所示 Δ 使梁 AB 顺时针转动，故为正。图 17-7(b) 所示 Δ 使梁 AB 逆时针转动，故为负。

表 17-1　单跨超静定梁的形常数和载常数表

编号	梁的简图	弯矩		剪力	
		M_{AB}	M_{BA}	Q_{AB}	Q_{BA}
1	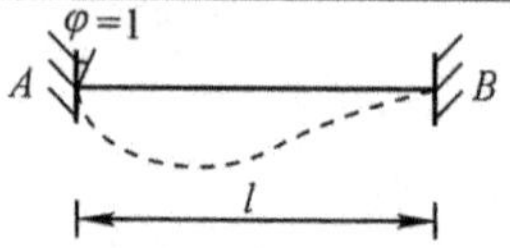	$4i$	$2i$	$\frac{-6i}{l}$	$\frac{-6i}{l}$
2	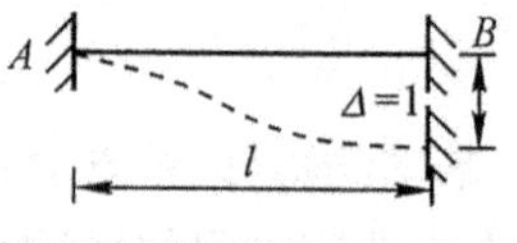	$\frac{-6i}{l}$	$\frac{-6i}{l}$	$\frac{12i}{l^2}$	$\frac{12i}{l^2}$
3	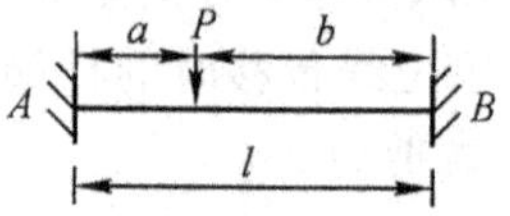	$\frac{-Pab^2}{l^2}$	$\frac{Pba^2}{l^2}$	$\frac{Pb^2}{l^2}(1+\frac{2a}{l})$	$\frac{-Pa^2}{l^2}(1+\frac{2b}{l})$
4	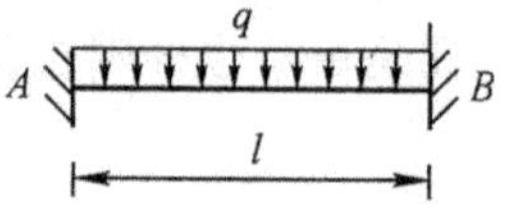	$\frac{-ql^2}{12}$	$\frac{ql^2}{12}$	$\frac{ql}{2}$	$\frac{-ql}{2}$

续表

编号	梁的简图	弯矩		剪力	
		M_{AB}	M_{BA}	Q_{AB}	Q_{BA}
5	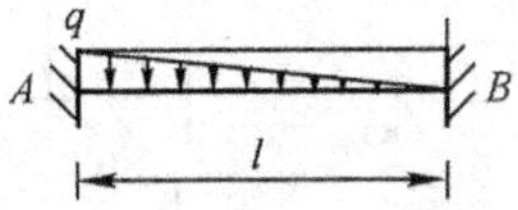	$\frac{-ql^2}{20}$	$\frac{ql^2}{30}$	$\frac{7ql}{20}$	$\frac{-3ql}{20}$
6	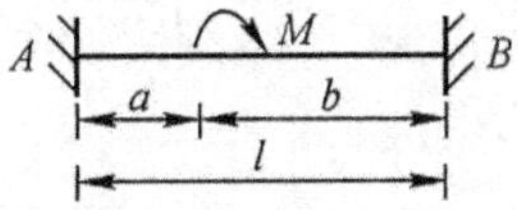	$\frac{Mb(3a-l)}{l^2}$	$\frac{Mb(3b-l)}{l^2}$	$\frac{-6Mab}{l^2}$	$\frac{-6Mab}{l^2}$
7	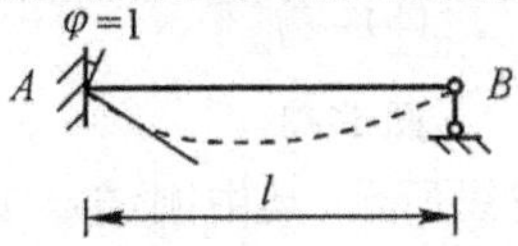	$3i$	0	$\frac{-3i}{l}$	$\frac{-3i}{l}$
8	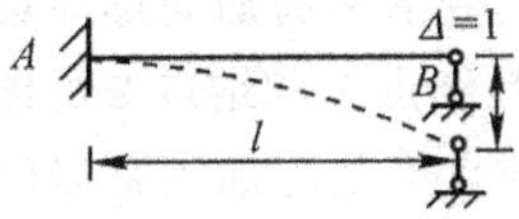	$\frac{-3i}{l}$	0	$\frac{3i}{l^2}$	$\frac{3i}{l^2}$
9	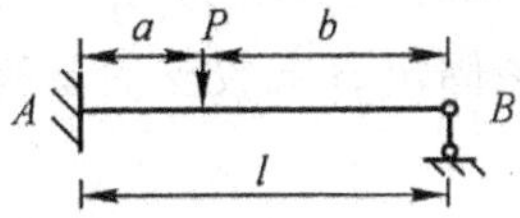	$\frac{Pb(b^2-l^2)}{2l^2}$	0	$\frac{Pb(3l^2-b^2)}{2l^3}$	$\frac{Pa^2(a-3l)}{2l^3}$
10	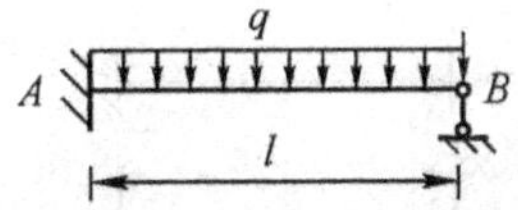	$-\frac{ql^2}{8}$	0	$\frac{5ql}{8}$	$-\frac{3ql}{8}$
11	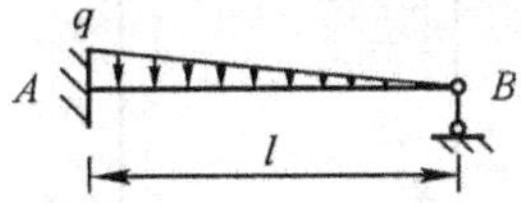	$-\frac{ql^2}{15}$	0	$\frac{4ql}{10}$	$\frac{-ql}{10}$
12	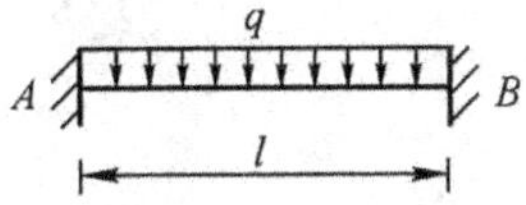	$-\frac{ql^2}{12}$	$\frac{ql^2}{12}$	$\frac{ql}{2}$	$-\frac{ql}{2}$

4. 固端弯矩和固端剪力

由外荷载引起的单跨梁杆端弯矩、剪力分别称为固端弯矩和固端剪力，其表示方法是在弯矩 M 或剪力 Q 的右上角加上一个 F，以区别与支座移动引起的杆端弯矩与剪力，例如 M_{AB}^F、Q_{AB}^F 等。

17.3　位移法基本结构和基本未知量

在力法计算中，是将原结构的多余联系解除而得到基本结构。而在位移法计算中，是在原结构的刚性结点处暂时加上刚臂，以阻止全部刚性结点产生角位移，同时在结点有线位移处暂时加上链杆，以阻止全部结点产生线位移，这样便形成了位移法的基本结构。由此可见，位移法的基本结构是由一系列的单跨超静定梁所组成。下面举例加以说明。

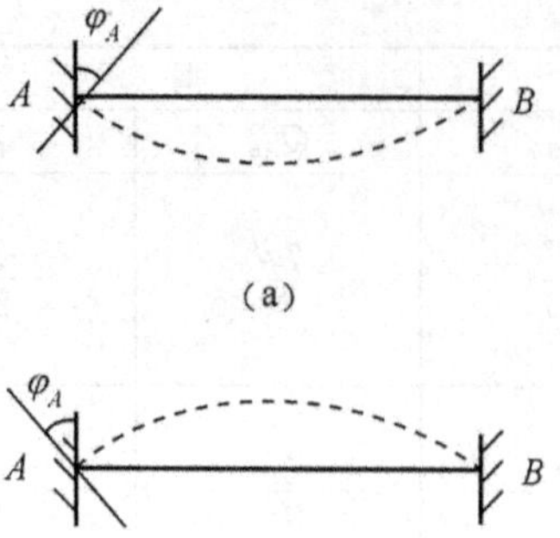

(a)

(b)

图 17-6

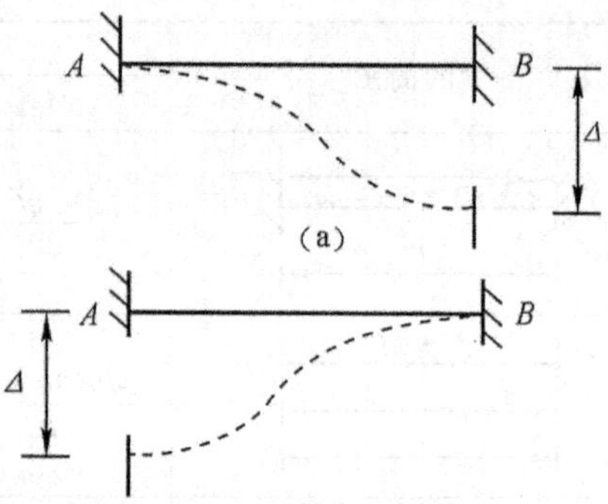

(a)

(b)

图 17-7

图 17-8(a) 所示刚架，在荷载 P 作用下变形曲线如图中虚线所示。其中刚结点 1、2 除了有角位移 Z_1、Z_1 外还有线位移 Z_3、Z_4，由于弯曲变形微小，轴向变形和剪切变形对梁和刚架位移的影响可略去不计。我们可以认为各杆长度保持不变，就是结点 1 和结点 2 的线位移相等，即 $Z_3 = Z_4 = Z$。为得到位移法基本结构，我们在结点 1、结点 2 处附加刚臂以阻止其转动；为阻止两个结点的水平线位移，可在结点 2 附加一个链杆，如图 17-8(b) 所示。这样，杆 1A 和杆 12 就变成两端固定端的单跨超静定梁；杆 2B 变成 2 端固定 B 端铰支的单跨超静定梁，见图 17-8(b) 所示。

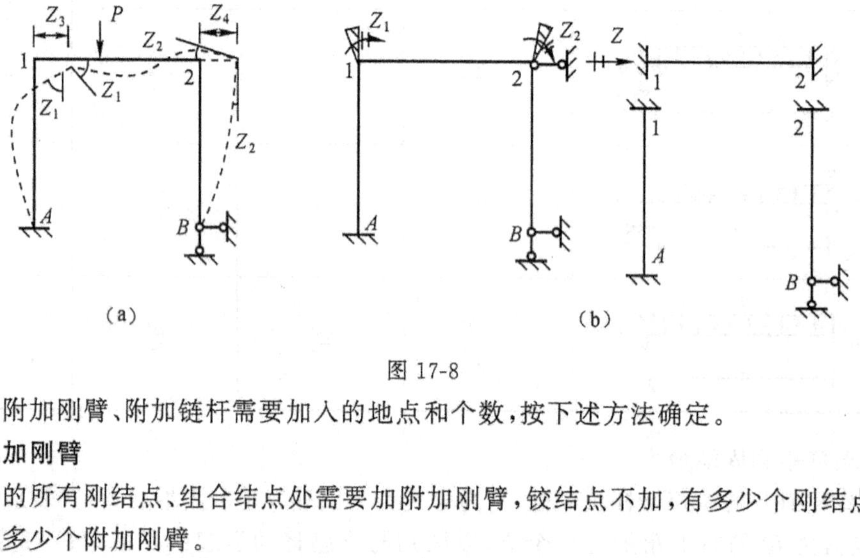

(a)

(b)

图 17-8

对于附加刚臂、附加链杆需要加入的地点和个数，按下述方法确定。

1. 附加刚臂

结构的所有刚结点、组合结点处需要加附加刚臂，铰结点不加，有多少个刚结点和组合结点就有多少个附加刚臂。

2. 附加链杆

附加链杆的个数就是结点独立线位移的个数。有几个独立的结点线位移，就加几根附加链杆。

有些复杂结构，附加链杆的数目不如附加刚臂那样好确定。为此，我们可采用铰结刚结点的方法。即把所有的刚结点都变成铰结点，把所有的固定端支座变成固定铰支座。然后对这个铰结体系作机动分析。如果几何不变，则原结构没有结点线位移；如果几何可变，则原结构有结点线位移，结点独立线位移的个数就是将该体系变成几何不变体系所需增加链杆的个数。

例如对于图 17-9(a) 所示刚架，化为铰结体系示于图 17-9(b)，为几何可变体系，缺少两个联系。因此，需要加两个链杆使其成为几何不变体系。这两个链杆可加在结点 4、8 处，如图 17-9(c) 所示，也可以加在结点 2、3 处上。据几何不变体系的组成规则可以认为是从地球上依次增加二元体而得到的几何不变体系。该刚架有 5 个刚结点，还需加入 5 个附加刚臂，如图 17-9(c) 所示。

从以上分析可以看出，附加约束所约束的位移就是位移法中的基本未知量，附加约束的个数就是基本未知量的数目。本例有 7 个基本未知量，其中 5 个是转角，2 个是线位移。但需注意，力法中基本未知数的数目等于超静定次数，而位移法中基本未知量的个数并不是超静定的次数，而等于刚性结点的角位移数和线位移数的总和。还可以看出，附加约束确定之后，位移法的基本结构也就确定了。

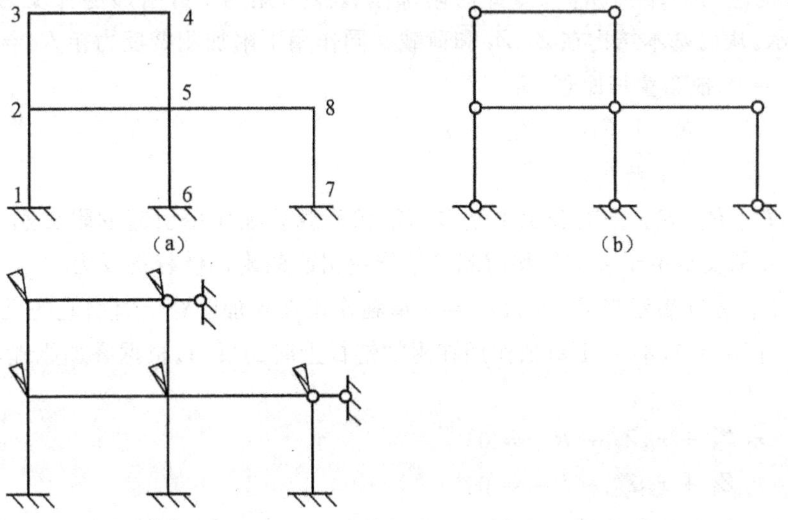

图 17-9

17.4　位移法典型方程和计算示例

本节结合图 17-10(a) 所示刚架来说明一般情况下如何建立位移法的方程。

此刚架有两个基本未知量，即结点角位移 Z_1 和一个独立的结点线位移 Z_2，如图 17-10(a) 虚线所示。在刚结点 1 处加附加刚臂，在结点 2 处（也可以在 1 处）加附加链杆，得基本结构如图 17-10(b) 所示。将均布荷载 q 加在基本结构上，得到基本体系。

为了在基本结构上建立求解 Z_1、Z_2 的方程，需要基本结构和原结构等效。为此，我们从受力和变形两方面对基本结构和原结构加以比较。如图 17-10(a)、(b) 所示，变形方面：基本结构由于加入附加刚臂限制转动，加入附加链杆限制移动，因此基本结构结点 1 没有转角，结点 1 和结点 2 没有线位移，而原结构有这些位移。受力方面：基本结构结点 1 由于加入附加刚臂限制转动，刚臂上将产生附加反力矩，结点 2 由于加入附加链杆限制移动，则要产生附加反力。而原结构的结点 1 和结点 2 没有这些附加联系，也就不存在附加的反力矩和反力。为消除掉这些差异，强令基本结构附加刚臂转动与原结构相同的角，强令附加链杆产生与原

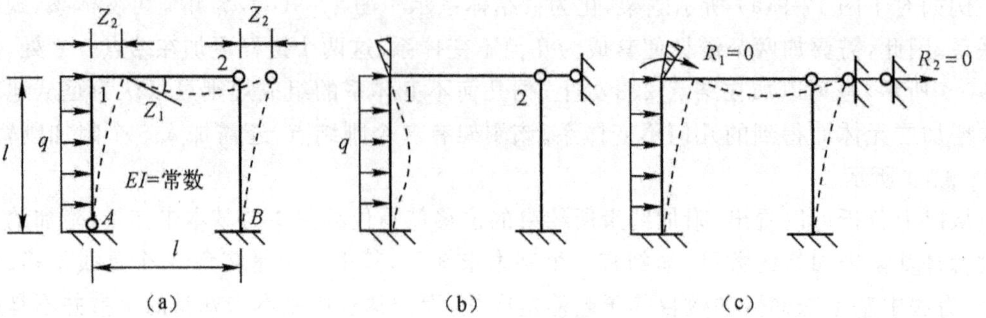

图 17-10

结构相同的线位移，如图 17-10(c) 所示。现在，由于基本结构变形已与原结构相同，则基本结构的受力也应与原结构相同。令此时附加刚臂反力矩为 R_1，附加链杆反力为 R_2，如图 17-10(c) 所示。从而基本结构在 Z_1、Z_2 和荷载共同作用下附加刚臂反力矩 $R_1=0$，并且附加链杆反力 $R_2=0$。根据叠加原理，有

$$\left.\begin{aligned}R_1 &= R_{11}+R_{12}+R_{1P}=0\\ R_2 &= R_{21}+R_{22}+R_{2P}=0\end{aligned}\right\}$$

上式中，R_{11}、R_{12}、R_{1P} 分别表示由于 Z_1、Z_2 和荷载单独作用引起的附加刚臂的反力矩；R_{21}、R_{22}、R_{2P} 分别表示由于 Z_1、Z_2 和荷载单独作用引起的附加链杆的反力。

设以 r_{11}、r_{12} 分别表示当 $Z_1=1$、$Z_2=1$ 单独作用在附加刚臂上时引起的反力矩，以 r_{21}、r_{22} 分别表示当 $Z_1=1$、$Z_2=1$ 单独作用在附加链杆上时的反力。根据叠加原理，则上式可以表示为

$$\left.\begin{aligned}r_{11}Z_1+r_{12}Z_2+R_{1P}=0\\ r_{21}Z_1+r_{22}Z_2+R_{2P}=0\end{aligned}\right\}$$

此式即为本例的位移法典型方程。其前式表明基本结构附加刚臂 1 上的总反力矩等于零；后式表明基本结构在附加链杆上的总反力等于零。因此，位移法的典型方程实质上是静力平衡方程。

对于具有几个基本未知量的结构，需要加入几个附加联系，根据每一附加联系上的总反力矩和总反力均应为零的静力平衡条件，建立其位移法典型方程如下：

$$\left.\begin{aligned}&r_{11}Z_1+r_{12}Z_2+\cdots+r_{1i}Z_i+\cdots+r_{1n}Z_n+R_{1P}=0\\ &r_{21}Z_1+r_{22}Z_2+\cdots+r_{2i}Z_i+\cdots+r_{2n}Z_n+R_{2P}=0\\ &\cdots\cdots\\ &r_{i1}Z_1+r_{i2}Z_2+\cdots+r_{ii}Z_i+\cdots+r_{in}Z_n+R_{iP}=0\\ &\cdots\cdots\\ &r_{n1}Z_1+r_{n2}Z_2+\cdots+r_{ni}Z_i+\cdots+r_{nn}Z_n+R_{nP}=0\end{aligned}\right\} \tag{17-2}$$

式(17-2) 中，r_{ii} 称为主系数(或主反力)；r_{ij} 称为副系数(或副反力)；R_{iP} 称为自由项。它们的正、负号规定为：与所属联系所设位移方向一致为正，反之为负。主系数 r_{ii} 的方向永远和所设位移 $\overline{Z}_1=1$ 的方向相同，故恒为正；副系数 r_{ij} 及自由项 R_{iP} 则可能为正，可能为负或为零。且由反力互等定理可知 $r_{ij}=r_{ji}(i\neq j)$。

与力法解典型方程相同，要从位移法典型方程求解出基本未知量，需要首先求出方程中

的所有系数及自由项。为此，我们可以根据表 17-1，绘出基本结构(一组单跨超静定梁) 在 $Z_1 = 1$、$Z_2 = 1$ 及荷载分别单独作用下的弯矩图 $\overline{M}_1$、$\overline{M}_2$ 和 M_P，如图 17-11(a)、(b) 和(c) 所示，然后通过截取附加刚臂处的刚结点 1 及截断各竖柱顶端所得上部为脱离体，列静力平衡条件便可求出其所有系数和自由项。

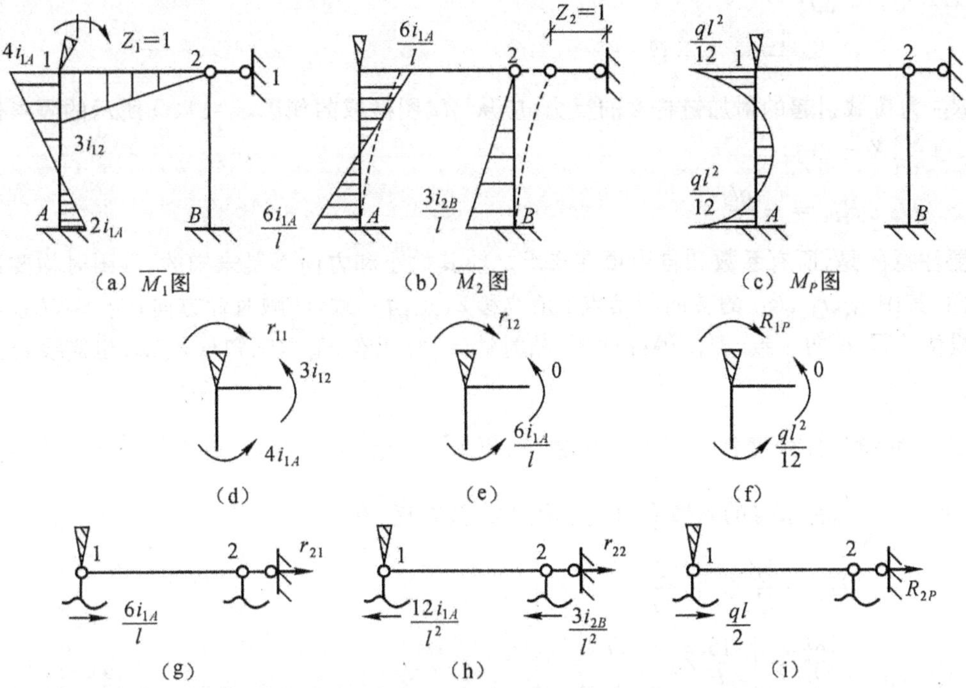

图 17-11

r_{11} 为 $Z_1 = 1$ 引起的附加刚臂 1 处的反力矩，求解 r_{11} 需从 $\overline{M}_1$ 图上取出 1 结点，如图 17-11(d) 所示，由力矩平衡方程 $\sum M_1 = 0$，得

$$r_{11} = 3i_{12} + 4i_{1A}$$

上式表明，反力矩 r_{11} 等于图 17-11(d) 杆 12 与杆 $1A$ 杆端弯矩之和。这些杆端弯矩可直接从 $\overline{M}_1$ 图的 1 结点处读出来。

r_{12} 为 $Z_2 = 1$ 引起的附加刚臂 1 处的反力矩，从 $\overline{M}_2$ 图上截取结点 1，如图 17-11(e) 所示，由平衡条件求得

$$r_{12} = \frac{6i_{1A}}{l}$$

R_{1P} 为荷载引起的附加刚臂 1 处的反力矩，从 M_P 图中截取结点 1，如图 17-11(f) 所示，由平衡条件求得

$$R_{1P} = \frac{ql^2}{12}$$

由此可见，第一个脚标为 1 的系数和自由项均为附加刚臂 1 上的反力矩，可通过结点 1 的平衡条件去求；第一个脚标为 2 的系数和自由项均为链杆 2 上的反力，可分别在图 17-11(a)、(b)、(c) 中用截面截断两柱顶端，取其上部为脱离体，如图 17-11(g)、(h) 所示，并查表 17-1 得到杆 $1A$、$2B$ 的杆端剪力，然后由投影方程 $\sum X = 0$ 求得 r_{21}、r_{22} 和 R_{2P}。

r_{21} 为 $Z_1 = 1$ 单独引起的附加链杆 2 上的反力，应从 $\overline{M}_1$ 图截取的如图 17-11(g) 所示的

隔离体上去求，由$\sum X=0$得

$$r_{21}=-\frac{6i_{1A}}{l}$$

r_{22}为$Z_2=1$单独引起的附加链杆2的反力，应从$\overline{M}_2$图截取的如图17-11(h)所示的隔离体上去求，由$\sum F_x=0$得

$$r_{22}=\frac{12i_{1A}}{l^2}+\frac{3i_{2B}}{l^2}$$

R_{2P}为荷载引起的附加链杆2的反力，应从M_P图截取的如图17-11(i)所示的隔离体上去求，由$\sum X=0$得

$$R_{2P}=-\frac{ql}{2}$$

要注意的是，所有系数和自由项在未求之前其大小和方向都是未知的。画图时均要设成正方向。其中r_{11}、r_{12}、R_{1P}的转向与结点1角位移Z_1正向一致，即顺时针方向；r_{21}、r_{22}、R_{2P}与结点2线位移Z_2正向一致，即使得杆件$2B$顺时针转动。还有，基本未知量Z_1、Z_2也需设成正的方向。

由于本例各杆长度相等，$EI=$常数，所以$i_{1A}=i_{2B}=i$。则$r_{11}=7i$，$r_{12}=-\frac{6i}{l}$，$r_{21}=-\frac{6i}{l}$，$r_{22}=\frac{15i}{l^2}$。将求得的系数和自由项代入典型方程，有

$$\left.\begin{aligned}7iZ_1-\frac{6i}{l}Z_2+\frac{ql^2}{12}=0\\-\frac{6i}{l}Z_1+\frac{15i}{l^2}Z_2-\frac{ql}{2}=0\end{aligned}\right\}$$

解得

$$Z_1=\frac{7ql^2}{276i};\ Z_2=\frac{ql^3}{23i}$$

Z_1、Z_2均为正值，说明与所设方向相同。

求出Z_1、Z_2后，按叠加原理$M=\overline{M}_1Z_1+\overline{M}_2Z_2+M_P$绘制最终弯矩图，如图17-12(a)所示。

绘出弯矩图后，应校核结点是否满足平衡条件，从图17-12(a)中截取结点1，受力图如图17-12(b)所示，可见满足$\sum M_1=0$。

确定M图无误后可利用M图计算杆端剪力，由杆端剪力绘出剪力图。

从图17-12(a)中截出杆12为脱离体，如图17-13(a)所示。

由静力平衡方程，有

$$Q_{12}=Q_{21}=-\frac{\frac{21}{276}ql^2}{l}=-\frac{21}{276}ql$$

从图17-12(a)中截取杆$1A$为脱离体，示于图17-13(b)中。由力矩平衡方程式$\sum M_1=0$，有

$$Q_{A1}\times l-q\times l\times\frac{l}{2}-\frac{81ql^2}{276}-\frac{21ql^2}{276}=0$$

$$Q_{A1}=\frac{240}{276}ql$$

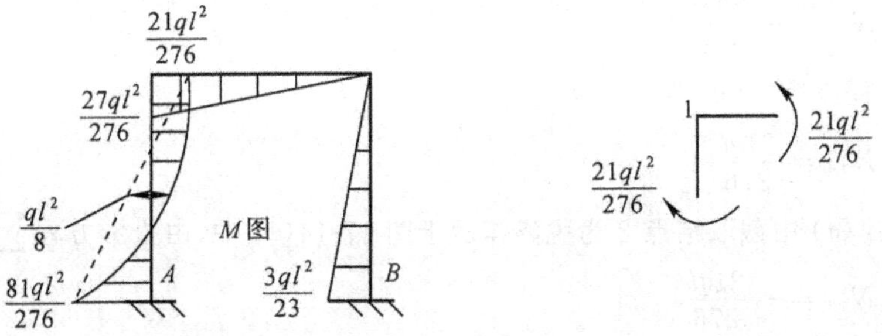

(a)　　　　(b)

图 17-12

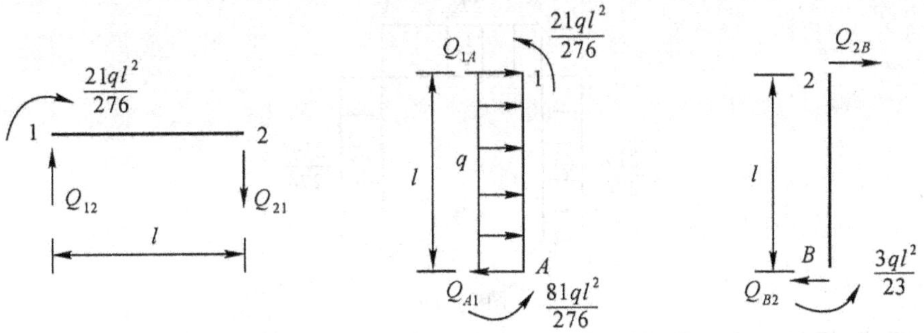

(a)　　　　(b)　　　　(c)

图 17-13

由力矩平衡方程式 $\sum M_A = 0$,有

$$Q_{1A} \times l + q \times l \times \frac{l}{2} - \frac{21ql^2}{276} - \frac{81ql^2}{276} = 0$$

$$Q_{1A} = -\frac{36}{276}ql$$

从图 17-12(a) 中截取杆 $2B$ 为脱离体,如图 17-13(c) 所示。由静力平衡方程式可求出

$$Q_{2B} = Q_{B2} = \frac{3ql}{23}$$

由以上求得的各杆端剪力绘出剪力图如图 17-14(a) 所示。

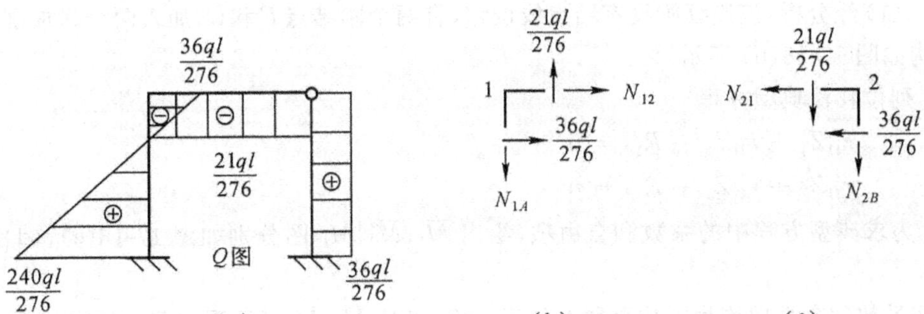

(a)　　　　(b)　　　　(c)

图 17-14

由绘出的剪力图便可求出轴力图。

从图 17-14(a) 中截取结点 1 为脱离体示于图 17-14(b)。由投影方程 $\sum X = 0$,得

$$N_{12} = -\frac{36ql}{276}$$

由投影方程 $\sum Y = 0$,得

$$N_{1A} = \frac{21ql}{276}$$

从图 17-14(a) 中截取结点 2 为脱离体示于图 17-14(c) 中,由投影方程 $\sum Y = 0$,有

$$N_{1B} = -\frac{21ql}{276}$$

绘得轴力图如图 17-15 所示 。

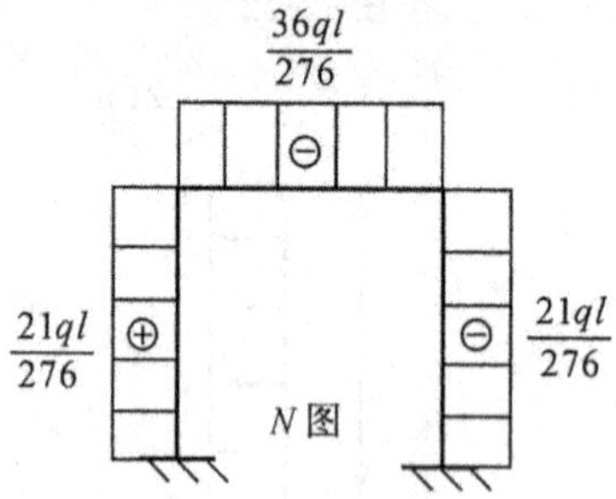

图 17-15

综上所述,用位移法计算超静定结构的步骤简要归纳如下:

(1) 计算基本未知数数目,相应地加上附加刚臂或者链杆约束,得到基本结构;

(2) 根据附加约束中总的反力或者反力矩为零的条件,建立位移法典型方程;

(3) 利用表 17-1,绘出基本结构的各单位弯矩图和荷载弯矩图,由平衡条件求出各系数和自由项;

(4) 各系数和自由项代入典型方程,求出基本未知量;

(5) 用叠加方法画弯矩图;

(6) 如若题目有要求,则根据弯矩图画剪力图,根据剪力图画轴力图。

下面举例进行具体说明。

例 17-1 用位移法计算图 17-16(a) 所示连续梁,绘弯矩 M 图。

解 (1)经分析,该连续梁没有结点线位移,有两个刚结点 B 和 C,加入两个附加刚臂得基本结构如图 17-16(b) 所示。

(2) 列位移法典型方程

$$r_{11}Z_1 + r_{12}Z_2 + R_{1P} = 0$$

$$r_{21}Z_1 + r_{22}Z_2 + R_{2P} = 0$$

(3) 为求典型方程中的系数和自由项,绘出 $\overline{M}_1$、$\overline{M}_2$、M_P 图分别如图 17-16(c)、(d)、(e) 所示。

这些系数和自由项均为附加刚臂上的反力矩,可从 $\overline{M}_1$、$\overline{M}_2$、M_P 图中截取结点 B 和 C 为脱离体,用力矩平衡条件 $\sum M = 0$ 求出,也可以从 $\overline{M}_1$、$\overline{M}_2$、M_P 图中结点 B 和 C 处的杆端弯矩值直接读出。

由 $\overline{M}_1$ 图 Z_1 处(结点 B) 得

$$r_{11} = 4i + 4i = 8i$$

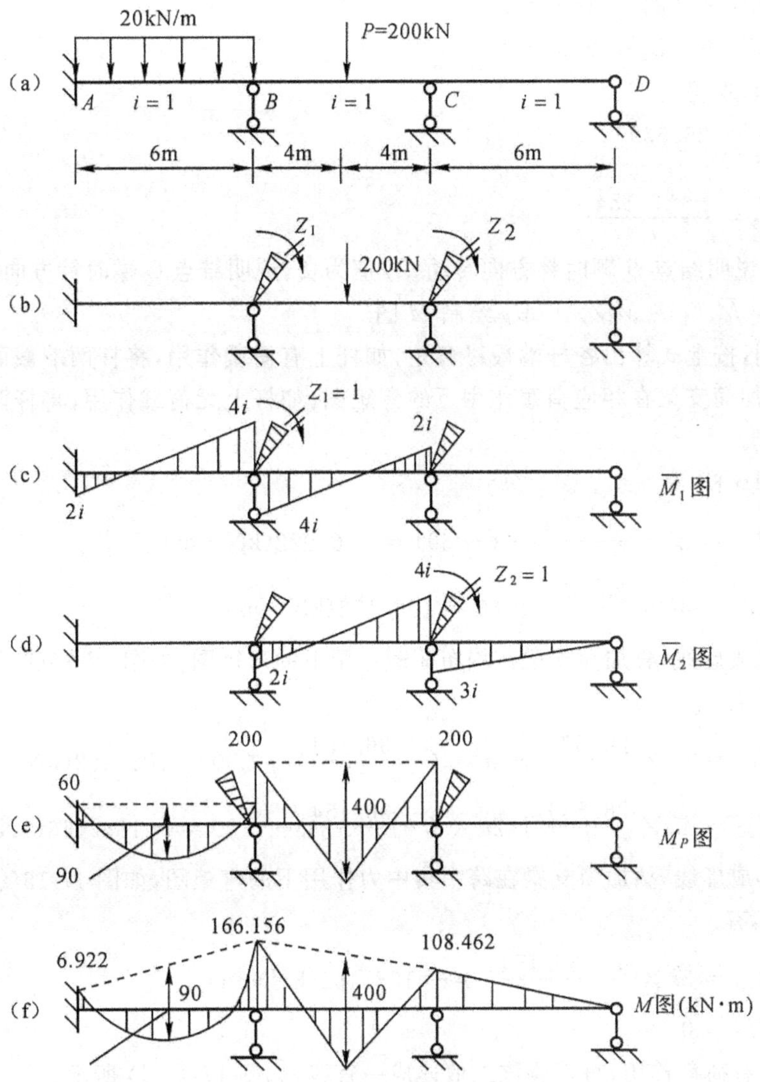

图 17-16

由 $\overline{M}_1$ 图 Z_2 处(结点 C) 得

$$r_{21} = 2i$$

由 $\overline{M}_2$ 图 Z_1 处得

$$r_{12} = 2i$$

由 $\overline{M}_2$ 图 Z_2 处得

$$r_{22} = 4i + 3i = 7i$$

由 M_P 图 Z_1 处得

$$R_{1P} = -200 + 60 = -140(\text{kN} \cdot \text{m})$$

由 M_P 图 Z_2 处得

$$R_{2P} = 200\text{kN} \cdot \text{m}$$

由反力互等定理知 $r_{12} = r_{21}$，只需计算其中一个便可。

(4) 将以上各系数和自由项之值代入位移法典型方程，有

$$8iZ_1 + 2iZ_2 - 140 = 0$$
$$2iZ_1 + 7iZ_2 + 200 = 0$$

解联立方程，求得

$$Z_1 = \frac{26.539}{i}$$
$$Z_2 = \frac{-36.154}{i}$$

Z_1 值为正，说明结点 B 顺时针方向转动；Z_2 值为负，说明结点 C 逆时针方向转动。

(5) 按 $M = \overline{M}_1 Z_1 + \overline{M}_2 Z_2 + M_P$ 绘制 M 图

与力法相同，按上式算出各杆端最终弯矩，如杆上有荷载作用，将杆两端截面弯矩值连成虚线，而后叠加简支梁在相应荷载作用下的弯矩图；如杆上无荷载作用，将杆两端截面的弯矩值直接连线。

对于本例 AB 杆，有

$$M_{AB} = 2i \times \frac{26.539}{i} + (-60) = -6.922(\text{kN}\cdot\text{m})$$
$$M_{BA} = 4i \times \frac{26.539}{i} + 60 = 166.156(\text{kN}\cdot\text{m})$$

将该二值连成虚线，叠加简支梁在均布荷载作用下的弯矩图，如图 17-16(f) 所示。

对于杆 BC，有

$$M_{CB} = 2i \times \frac{26.539}{i} + 4i \times \left(-\frac{36.154}{i}\right) + 200 = 108.462(\text{kN}\cdot\text{m})$$
$$M_{BC} = 4i \times \frac{26.539}{i} + 2i \times \left(-\frac{36.154}{i}\right) - 200 = -166.156(\text{kN}\cdot\text{m})$$

将该二值连成虚线，叠加简支梁在跨中集中力作用下的弯矩图，如图 17-16(f) 所示。

对于杆 CD，有

$$M_{CD} = 3i \times \left(-\frac{36.154}{i}\right) = -108.462(\text{kN}\cdot\text{m})$$
$$M_{DC} = 0$$

杆 CD 上没有荷载作用，直接将该二值连成一直线，如图 17-16(f) 所示。

如图 17-16(f) 可见，结点 B 与结点 C 满足 $\sum M = 0$ 的平衡条件。

例 17-2 用位移法计算图 17-17(a) 所示刚架，绘弯矩图。

解 (1) 此刚架具有两个角位移，没有结点线位移，称无侧移刚架。在结点 1 和结点 2 加入附加刚臂，得到图 17-17(b) 所示的基本结构。

(2) 根据附加刚臂上反力矩应等于零的条件，建立位移法典型方程

$$r_{11}Z_1 + r_{12}Z_2 + R_{1P} = 0$$
$$r_{21}Z_1 + r_{22}Z_2 + R_{2P} = 0$$

(3) 绘出基本结构的 $\overline{M}_1$、$\overline{M}_2$ 图和荷载弯矩 M_P 图分别如图 17-7(c)、(d)、(e) 所示。计算典型方程中的各系数及自由项。

各系数及自由项都是附加刚臂的反力矩。故可取结点 1 和 2 为脱离体，根据静力平衡条件 $\sum M = 0$ 求出，或者由 $\overline{M}_1$、$\overline{M}_2$ 和 M_P 图结点 1 和 2 处杆端弯矩值直接读出。

由 $\overline{M}_1$ 图结点 1 处得

$$r_{11} = 6i + 4i + 8i = 18i$$

由 $\overline{M}_1$ 图结点 2 处得

$$r_{21} = 4i = r_{12}$$

由 $\overline{M}_2$ 图结点 2 处得

$$r_{22} = 8i + 4i + 6i = 18i$$

由 M_P 图结点 1 处得

$$R_{1P} = \frac{1}{8}ql^2$$

由 M_P 图结点 2 处得

$$R_{2P} = 0$$

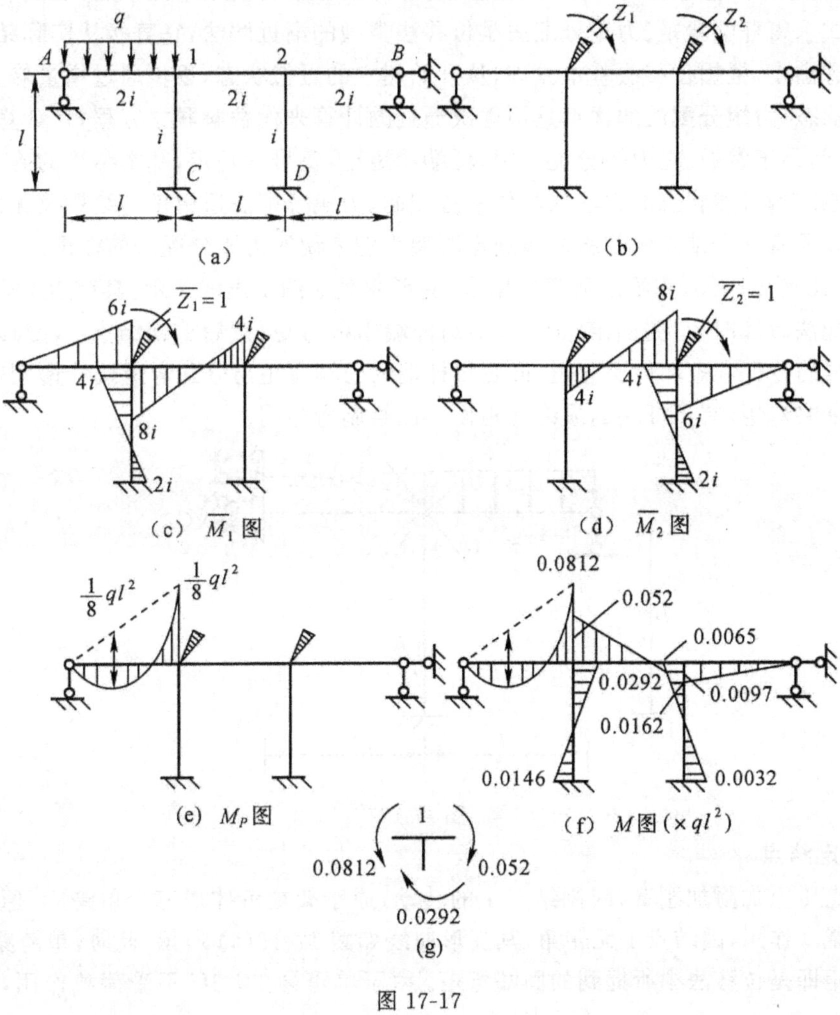

图 17-17

(4) 把以上求得的各系数及自由项代入典型方程中，有

$$18iZ_1 + 4iZ_2 + \frac{1}{8}ql^2 = 0$$

$$4iZ_1 + 18iZ_2 = 0$$

联立方程，求得

$$Z_1 = -\frac{9ql^2}{1232i};Z_2 = \frac{ql^2}{616i}$$

(5) 按照 $M=\overline{M}_1Z_1+\overline{M}_2Z_2+M_P$ 叠加绘出最终弯矩图如图 17-17(f) 所示。

从最终 M 图中截出结点 1 如图 17-17(g) 所示，由

$$\sum M_1 = 0.052 + 0.0292 - 0.0812 = 0$$

确认 M 图绘制无误。

17.5 力矩分配法的基本概念

前面介绍的力法和位移法，是计算超静定结构的两种基本方法。它们都需建立和求解联立方程。当基本未知量较多时，计算工作量较大，并且在求得基本未知量后，还要利用杆端弯矩叠加公式求得杆端弯矩。力矩分配法是位移法类型的渐近解法，它直接从实际结构的受力和变形状态出发，根据位移法基本原理，从开始建立的近似状态，逐步通过增量修正，最后收敛于真实状态。力矩分配法的优点是用逐次逼近的计算来代替解联立方程，且计算按相同规律循环进行，易于掌握。在力矩分配法中，杆端弯矩正、负号的规定，基本结构的确定，使基本结构恢复原结构自然状态的方法均与位移法相同。力矩分配法适用于连续梁及无侧移刚架。

下面以只有一个结点角位移的超静定刚架为例来说明力矩分配法的概念。

图 17-18 所示刚架，在给定荷载作用下，变形曲线如图中虚线所示。其结点 1 发生转角 φ。用力矩分配法解算时，首先固定结点 1，得到杆端固端弯矩。然后放松结点 1，使其恢复转角 φ，得到杆端的分配弯矩和传递弯矩。最后将杆端的固端弯矩与分配弯矩或传递弯矩相加，即得杆端的最终弯矩，有了杆端的最终弯矩便可以绘制弯矩图。

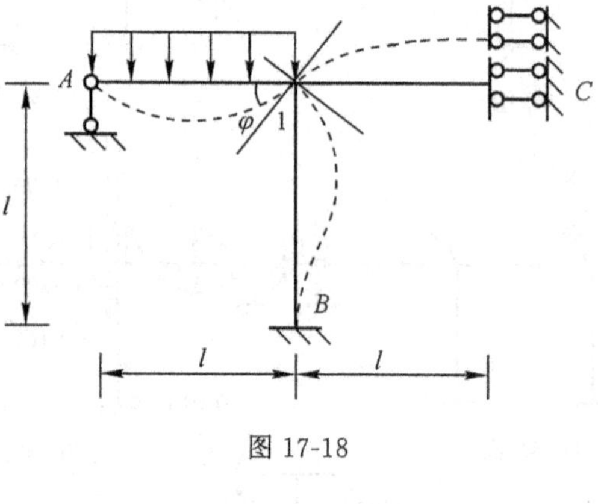

图 17-18

1. 固定结点

在结点 1 上加附加刚臂，限制结点 1 的转动，原刚架被解体成三个单跨梁。原刚架上所受均布荷载 q 作用，因结点 1 无转角，其变形曲线如图 17-19(a) 所示，此时，单跨梁 $A1$ 两端产生的弯矩即是位移法中所提到的固端弯矩。由于单跨梁 $1B$、$1C$ 不受荷载作用，故不产生固端弯矩。

查表 17-1，得单跨梁 $A1$ 的固端弯矩为

$$M_{A1}^F = 0,\quad M_{1A}^F = \frac{1}{8}ql^2$$

由于附加刚臂阻止结点 1 转动，附加刚臂上将产生反力矩，称之为“不平衡力矩”，书写时在 M 的右上角标上字母 μ，对于本例，结点 1 的不平衡力矩表示为 M_1^μ。不平衡力矩的符号，规定顺时针为正，逆时针为负。

从图 17-19(a) 中取出结点 1 为脱离体，画受力图，如图 17-19(b) 所示（不平衡力矩、固端弯矩均画成正向），按力矩平衡条件可求出不平衡力矩 M_1^μ 为

$$M_1^\mu = M_{1A}^F + M_{1B}^F + M_{1C}^F = \frac{1}{8}ql^2$$

此式表明，结点 1 的不平衡力矩等于汇交于结点 1 各杆固端弯矩的代数和，亦即各固端弯矩不能平衡的差额，因此称为不平衡力矩。

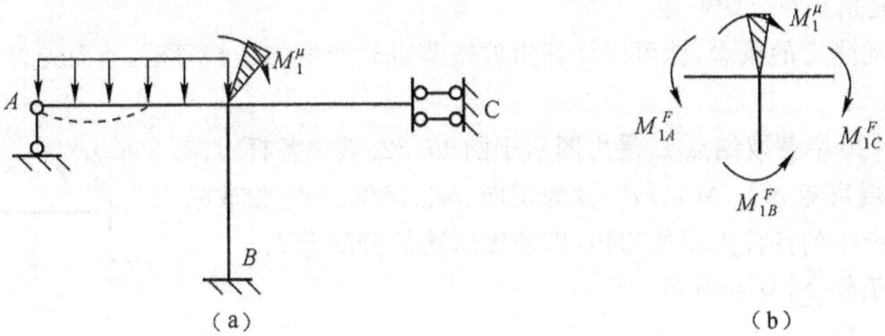

图 17-19

2. 放松节点

为使刚架恢复自然状态，必须消除不平衡力矩 M_1^μ 的作用。为此，需要在结点 1 加一个与它大小相等、方向相反的力偶，即加上一个反向的不平衡力矩 M_1^μ。如图 17-20 所示。

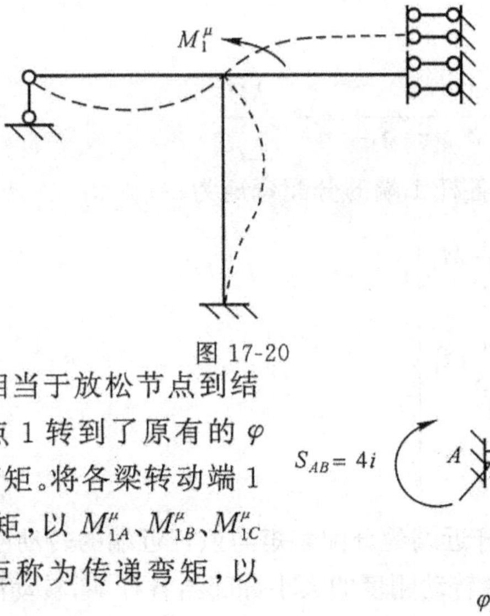

图 17-20

施加反向不平衡力矩相当于放松节点到结构恢复原有自然状态。结点 1 转到了原有的 φ 角。此时各单跨梁将产生弯矩。将各梁转动端 1 端产生的弯矩称为分配弯矩，以 M_{1A}^μ、M_{1B}^μ、M_{1C}^μ 表示。各梁远端产生的弯矩称为传递弯矩，以 M_{A1}^C、M_{B1}^C、M_{C1}^C 表示。

为了计算分配弯矩和传递弯矩，需要引入转动刚度、分配系数和传递系数。

(1) 转动刚度

为使杆件的某一端产生单位转角时，在该端所需施加的力矩称为杆件在该端的转动刚度，以符号 S 表示。S 的下脚标标明杆件名称，其中第一个脚标表示转动端，有时也称为近端，

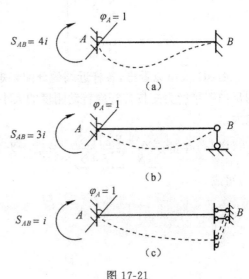

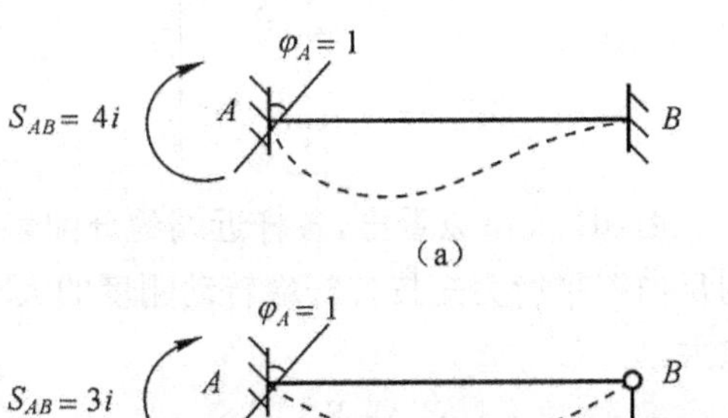

图 17-21

第二个脚标表示远端。例如杆件 AB 的 A 端转动刚度用 S_{AB} 表示，B 端转动刚度用 S_{BA} 表示。

转动刚度表示杆端抵抗转动的能力，其值与杆件的线刚度 $i=\dfrac{EI}{l}$ 有关，而且与杆件远端支承情况有关。当远端为固定端时，近端的转动刚度为 $4i$，如图 17-21(a) 所示；当远端为铰支时，近端的转动刚度为 $3i$，如图 17-21(b) 所示；当远端为定向支座时，近端的转动刚度为 i，如图 17-21(c) 所示。实际上转动刚度已在表 17-1 中给出了。

(2) 分配系数与分配弯矩

有了转动刚度的概念，就可以计算出放松节点时产生的杆端弯矩。下面先讨论分配系数和分配弯矩。

从图 17-20 中截取结点 1，受力图示于图 17-22。其中各杆对结点作用的杆端弯矩 M_{1A}^{μ}、M_{1B}^{μ}、M_{1C}^{μ} 设为正向。M_{1A}^{μ}、M_{1B}^{μ}、M_{1C}^{μ} 为放松结点 1 时所产生的各杆近端的弯矩，即前面所述的分配弯矩。

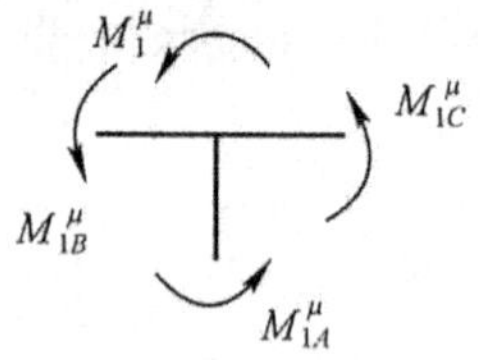

图 17-22

由平衡条件 $\sum M=0$ 得

$$M_{1A}^{\mu}+M_{1B}^{\mu}+M_{1C}^{\mu}+M_1^{\mu}=0 \tag{a}$$

式中

$$\left.\begin{aligned}M_{1A}^{\mu}&=S_{1A}\varphi\\M_{1B}^{\mu}&=S_{1B}\varphi\\M_{1C}^{\mu}&=S_{1C}\varphi\end{aligned}\right\} \tag{b}$$

将(b) 式代入(a) 式得

$$\varphi=-\frac{M_1^{\mu}}{S_{1A}+S_{1B}+S_{1C}}=-\frac{M_1^{\mu}}{\sum S} \tag{c}$$

将(c) 式代回(b) 式得各杆 1 端的分配弯矩为

$$\left.\begin{aligned}M_{1A}^{\mu}&=-\frac{S_{1A}}{\sum S}M_1^{\mu}\\M_{1B}^{\mu}&=-\frac{S_{1B}}{\sum S}M_1^{\mu}\\M_{1C}^{\mu}&=-\frac{S_{1C}}{\sum S}M_1^{\mu}\end{aligned}\right\} \tag{d}$$

由(d) 式可以看出，各杆近端的分配弯矩与该杆近端的转动刚度成正比，或者说，结点 1 的反向不平衡力矩按各杆端转动刚度的大小分配给各杆端，转动刚度愈大，所承担的弯矩也愈大。

式(d) 中的 $\dfrac{S_{1A}}{\sum S}$、$\dfrac{S_{1B}}{\sum S}$、$\dfrac{S_{1C}}{\sum S}$ 分别称为 $1A$、$1B$、$1C$ 杆的分配系数。分配系数用符号 μ 表示。写成

$$\left.\begin{aligned}\mu_{1A} &= \frac{S_{1A}}{\sum S}\\ \mu_{1B} &= \frac{S_{1B}}{\sum S}\\ \mu_{1C} &= \frac{S_{1C}}{\sum S}\end{aligned}\right\} \tag{e}$$

(e) 式写成一般形式，杆件转动端(近端) 用 i 表示，远端用 j 表示，则有

$$\mu_{ij} = \frac{S_{ij}}{\sum S} \tag{17-3}$$

公式(17-3) 表明，杆件端的分配系数等于该端的转动刚度除以汇交于 i 端的各杆在该端的转动刚度之和。

对于本例，结点 1 处各杆的分配系数为

$$\mu_{1A} = \frac{S_{1A}}{S_{1A} + S_{1B} + S_{1C}} = \frac{3i}{3i + 4i + i} = \frac{3}{8}$$

$$\mu_{1B} = \frac{4i}{3i + 4i + i} = \frac{4}{8}$$

$$\mu_{1C} = \frac{i}{3i + 4i + i} = \frac{1}{8}$$

由此可见，结点 1 上各杆分配系数的总和等于 1。即

$$\sum \mu_{ij} = 1$$

计算分配系数时，可应用此式进行校核，确认无误之后再计算分配弯矩。

将公式(17-3) 代入式(d)，得各杆的分配弯矩

$$\left.\begin{aligned}M_{1A}^{\mu} &= -\ \mu_{1A}M_1^{\mu}\\ M_{1B}^{\mu} &= -\ \mu_{1B}M_1^{\mu}\\ M_{1C}^{\mu} &= -\ \mu_{1C}M_1^{\mu}\end{aligned}\right\} \tag{f}$$

写成一般形式为

$$M_{ij}^{\mu} = \mu_{ij}(-\ M_i^{\mu}) \tag{17-4}$$

式(17-4) 表示，将结点不平衡力矩的正负号改变，乘以各杆的分配系数，即得各杆的分配弯矩。

对于本例，各杆在 1 端所得分配弯矩为

$$M_{1A}^{\mu} = \mu_{1A}(-\ M_1^{\mu}) = \frac{3}{8}(-\ \frac{1}{8}ql^2) = -\ \frac{3ql^2}{64}$$

$$M_{1B}^{\mu} = \mu_{1B}(-\ M_1^{\mu}) = \frac{4}{8}(-\ \frac{1}{8}ql^2) = -\ \frac{4ql^2}{64}$$

$$M_{1C}^{\mu} = \mu_{1C}(-\ M_1^{\mu}) = \frac{1}{8}(-\ \frac{1}{8}ql^2) = -\ \frac{ql^2}{64}$$

由此可见，各杆在 1 端所得分配弯矩的总和等于反号的不平衡力矩。即反号的不平衡力矩必须全部分配给各杆近端。

(3) 传递系数与传递弯矩

在图 17-20 中，当放松节点 1 时，各杆在 1 端产生分配弯矩的同时，也使各杆远端产生弯

矩，即前面所述的传递弯矩。各杆的传递弯矩与各杆远端支承情况有关。

由表 17-1 可知

远端固定端：$M_{ij} = 4i\varphi, M_{ji} = 2i\varphi$

远端铰支座：$M_{ij} = 3i\varphi, M_{ji} = 0$

远端定向支座：$M_{ij} = i\varphi, M_{ji} = -i\varphi$

为了利用近端弯矩去求远端弯矩，我们将远端弯矩与近端弯矩的比值称为传递系数。传递系数用符号 C 表示。则

$$C = \frac{M_{ij}}{M_{ji}} \tag{17-5}$$

远端固定端：$C = \dfrac{2i\varphi}{4i\varphi} = \dfrac{1}{2}$

远端铰支座：$C = \dfrac{0}{3i\varphi} = 0$

远端定向支座：$C = \dfrac{-i\varphi}{i\varphi} = -1$

为了应用方便，将常见三种单跨梁的转动刚度和传递系数示于表 17-2 中。

表 17-2 等截面直杆的杆端转动刚度与传递系数

远端支承情况	杆端转动刚度	传递系数
固定支座	$4i$	1/2
铰支座	$3i$	0
定向支座	i	-1

据式(17-5)，传递弯矩可表达为

$$M_{ji}^{C} = C \cdot M_{ij}^{\mu} \tag{17-6}$$

式(17-6)表明，传递弯矩等于传递系数乘以分配弯矩。

对于本例，各杆远端所得传递弯矩为

$$M_{B1}^{C} = -\frac{4ql^2}{64} \times \frac{1}{2} = -\frac{2}{64}ql^2$$

$$M_{A1}^{C} = 0$$

$$M_{C1}^{C} = -\frac{ql^2}{64} \times (-1) = \frac{ql^2}{64}$$

3. 最终弯矩

将第一步固定结点各杆端的固端弯矩与第二步放松节点时相应杆端的分配弯矩或传递弯矩相加即可得出杆端的最终弯矩。

对于本例，各杆最终弯矩为

$$M_{1A} = M_{1A}^{F} + M_{1A}^{\mu} = \frac{1}{8}ql^2 + \left(-\frac{3ql^2}{64}\right) = \frac{5ql^2}{64}$$

$$M_{A1} = M_{A1}^{F} + M_{A1}^{C} = 0 + 0 = 0$$

$$M_{1B} = M_{1B}^{F} + M_{1B}^{\mu} = 0 + \left(-\frac{4ql^2}{64}\right) = -\frac{4ql^2}{64}$$

$$M_{B1} = M_{B1}^{F} + M_{B1}^{C} = 0 + \left(-\frac{2ql^2}{64}\right) = -\frac{2ql^2}{64}$$

$$M_{1C}=M_{1C}^{F}+M_{1C}^{\mu}=0+(-\frac{ql^2}{64})=-\frac{ql^2}{64}$$

$$M_{C1}=M_{C1}^{F}+M_{C1}^{C}=0+\frac{ql^2}{64}=\frac{ql^2}{64}$$

最终弯矩图如图 17-23 所示。

下面举例说明具有一个刚结点的连续梁及无侧移刚架的具体运算过程，以进一步明确和理解上述力矩分配法的基本概念。通常我们把这种只有一个结点角位移未知量的运算称为单结点的力矩分配。

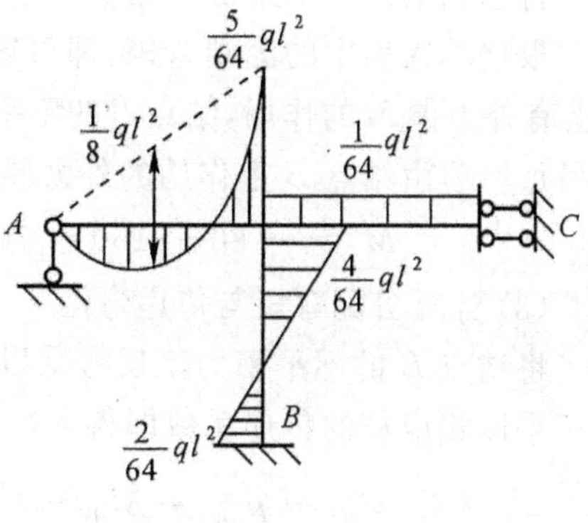

图 17-23

例 17-3　用力矩分配法计算图 17-24(a) 所示的两跨连续梁，绘出弯矩图。

解　计算连续梁时，其过程可以直接在梁的下方列表进行(见表 17-3)，具体说明如下。

(1) 求分配系数

$$\mu_{BA}=\frac{S_{BA}}{S_{BA}+S_{BC}}=\frac{4i}{4i+3i}=\frac{4}{7}$$

$$\mu_{BC}=\frac{S_{BC}}{S_{BA}+S_{BC}}=\frac{3i}{4i+3i}=\frac{3}{7}$$

校核 $\sum\mu=\frac{4}{7}+\frac{3}{7}=1$

将它们填入表中第一行结点 B 的两端。

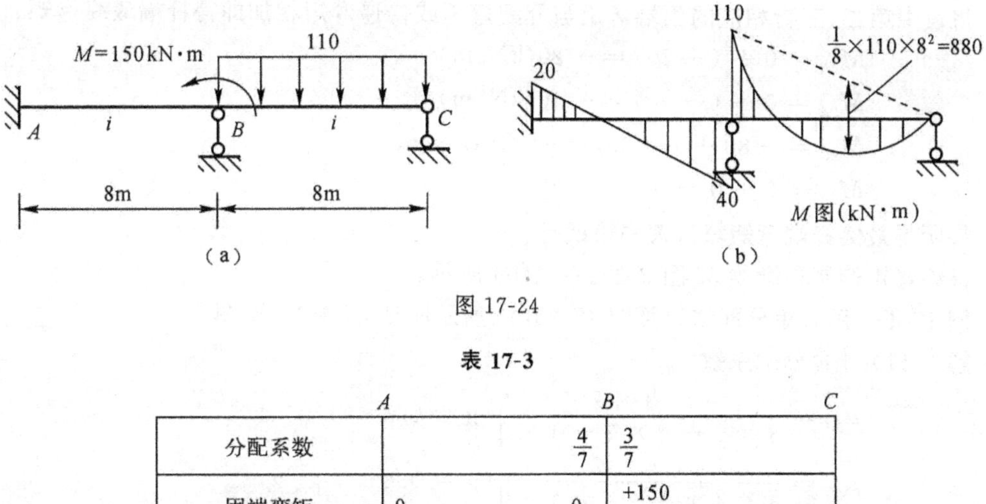

图 17-24

表 17-3

	A	B		C
分配系数		$\frac{4}{7}$	$\frac{3}{7}$	
固端弯矩	0	0	+150 −80+150	0
分配与传递	−20 ←	−40	−30 →	0
杆端弯矩	−20	−40	−110	0

(2) 求固端弯矩

固定结点 B(不必在图 17-24(a) 的结点 B 上画出刚臂)。杆 BA 为两端固定端的单跨梁，杆 BC 为 B 端固定 C 端铰支的单跨梁，查表 17-1 算出

$$M_{AB}^{F}=M_{BA}^{F}=0$$

$$M_{BC}^{F}=-\frac{1}{8}ql^{2}=-\frac{1}{8}\times 10\times 8^{2}=-80(\text{kN}\cdot\text{m})$$

$$M_{CB}^{F}=0$$

将它们填入表中第二行相应杆端下面。

根据填入表中的固端弯矩，即可算出结点 B 的不平衡力矩。需注意的是，因为此例结点 B 上有外力偶 M 的作用，结点 B 的不平衡力矩不能直接用 B 结点各固端力矩之和来计算，还需另加一项由结点 B 上作用的外力偶引起的约束反力矩。故不平衡力矩为

$$M_{B}^{\mu}=-80+150=70(\text{kN.m})$$

(3) 计算分配弯矩与传递弯矩

将结点 B 的不平衡力矩反号乘以各杆分配系数得各杆近端分配弯矩，然后将所得分配弯矩乘以相应杆的传递系数即得远端传递弯矩。

$$M_{BA}^{\mu}=\mu_{BA}(-M_{B}^{\mu})=\frac{4}{7}\times(-70)=-40(\text{kN}\cdot\text{m})$$

$$M_{BC}^{\mu}=\mu_{BC}(-M_{B}^{\mu})=\frac{3}{7}\times(-70)=-30(\text{kN}\cdot\text{m})$$

$$M_{AB}^{C}=CM_{BA}^{\mu}=\frac{1}{2}\times(-40)=-20(\text{kN}\cdot\text{m})$$

$$M_{CB}^{C}=CM_{BC}^{\mu}=0$$

把分配弯矩与传递弯矩分别填入表中第三行相应杆端下面，且在分配弯矩与传递弯矩之间画一水平方向箭头，表示传递方向；在分配弯矩下面画一横线，表示分配及传递结束。

(4) 计算杆端最终弯矩

将表中第二、三行相应的固端弯矩与分配弯矩或传递弯矩相加即得杆端最终弯矩：

$$M_{AB}=0+(-20)=-20(\text{kN.m})$$

$$M_{BA}=0+(-40)=-40(\text{kN.m})$$

$$M_{BC}=-80+(-30)=-110(\text{kN.m})$$

$$M_{CB}=0+0=0$$

将所得最终杆端弯矩填入表中第四行。

最终弯矩绘制连续梁 M 图如图 17-24(b) 所示。

例 17-4 用力矩分配法计算图 17-25(a) 所示刚架，绘弯矩 M 图。

解 (1) 计算分配系数

$$\mu_{AB}=\frac{3\times 2}{3\times 2+4\times 2+4\times 1.5}=0.3$$

$$\mu_{AC}=\frac{4\times 2}{3\times 2+4\times 2+4\times 1.5}=0.4$$

$$\mu_{AD}=\frac{4\times 1.5}{3\times 2+4\times 2+4\times 1.5}=0.3$$

(2) 查表 17-1 计算固端弯矩

$$M_{AB}^{F}=\frac{ql^{2}}{8}=\frac{30\times 4^{2}}{8}=60(\text{kN}\cdot\text{m})$$

$$M_{AD}^{F}=-\frac{Pl}{8}=-\frac{4\times 80}{8}=-40(\text{kN}\cdot\text{m})$$

$$M_{DA}^{F}=\frac{Pl}{8}=40(\text{kN}\cdot\text{m})$$

不平衡力矩

$$M_A^\mu = 60 + (-40) = 20(\text{kN}\cdot\text{m})$$

和连续梁的计算方法相似，把以上求得的分配系数、固端弯矩填入表 17-4 内。与连续梁列表有所区别的是：由于刚架立柱的杆端不能直观地与水平表格上下对应，所以表格中第一栏需要列出结点名称，第二栏说明结点从属的杆端。为了便于分配，可把同一结点的各杆端列在一起，如下面杆端弯矩表中所示 AB、AC、AD 列在一起。为了便于传递，可把同一杆的两端尽量相邻，如弯矩表中所示 AB 与 BA 相邻，AD 与 DA 相邻。由填入的固端弯矩一栏，求得 A 结点的不平衡力矩为

$$M_A^\mu = M_{AB}^F + M_{AC}^F + M_{AD}^F = 60 + (-40) = 20(\text{kN}\cdot\text{m})$$

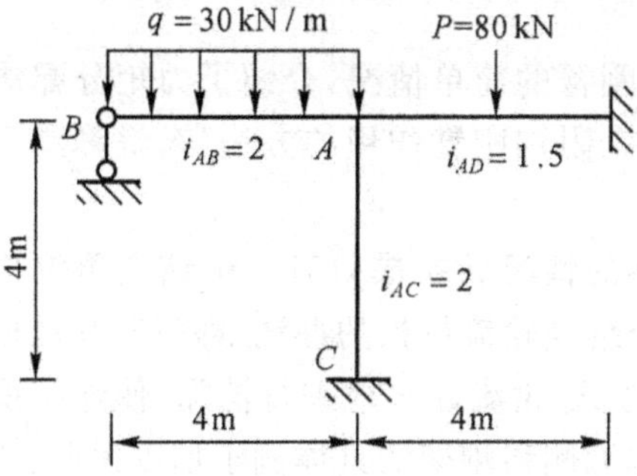

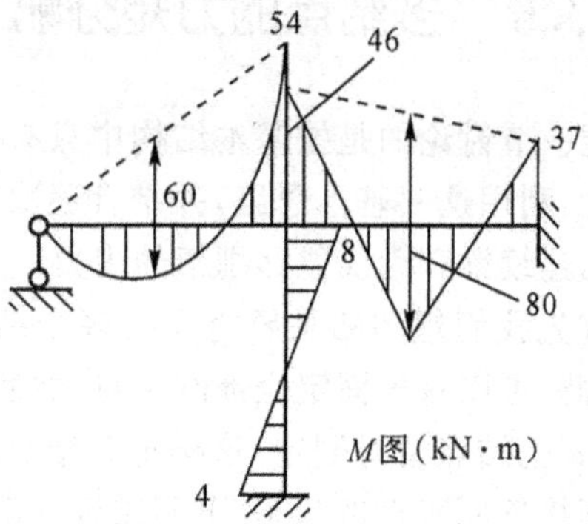

图 17-25

表 17-4　杆端弯矩计算表

结点	B	A			D	C
杆　端	BA	AB	AC	AD	DA	CA
分配系数		0.3	0.4	0.3		
固端弯矩 M^F		60	0	−40	40	0
分配与传递弯矩	0	−6	−8	−6	−3	−4
最终弯矩	0	54	−8	−46	37	−4

(3) 计算分配与传递弯矩

$$M_{AB}^\mu = \mu_{AB}(-M_A^\mu) = 0.3 \times (-20) = -6(\text{kN}\cdot\text{m})$$

$$M_{AC}^\mu = \mu_{AC}(-M_A^\mu) = 0.4 \times (-20) = -8(\text{kN}\cdot\text{m})$$

$$M_{AD}^\mu = \mu_{AD}(-M_A^\mu) = 0.3 \times (-20) = -6(\text{kN}\cdot\text{m})$$

$$M_{BA}^C = CM_{AB}^\mu = 0$$

$$M_{CA}^C = CM_{AC}^\mu = \frac{1}{2}(-8) = -4(\text{kN}\cdot\text{m})$$

$$M_{DA}^C = CM_{AD}^\mu = \frac{1}{2} \times (-6) = -3(\text{kN}\cdot\text{m})$$

(4) 计算杆端最终弯矩

$$M_{BA}=0$$

$$M_{AB}=M_{AB}^{F}+M_{AB}^{\mu}=60+(-6)=54(\mathrm{kN\cdot m})$$

$$M_{AC}=M_{AC}^{F}+M_{AC}^{\mu}=0+(-8)=-8(\mathrm{kN\cdot m})$$

$$M_{AD}=M_{AD}^{F}+M_{AD}^{\mu}=-40+(-6)=-46(\mathrm{kN\cdot m})$$

$$M_{DA}=M_{DA}^{F}+M_{DA}^{C}=40+(-3)=37(\mathrm{kN\cdot m})$$

$$M_{CA}=M_{CA}^{F}+M_{CA}^{C}=0+(-4)=-4(\mathrm{kN\cdot m})$$

杆端最终弯矩绘制弯矩图如图 17-25(b) 所示。

17.6 多结点的力矩分配

上一节讨论的是按基本结构中只有一个附加刚臂的简单情况，介绍了力矩分配法的基本概念。利用这一基本思路，并结合逐次否定每一个附加刚臂作用的方法，来解算具有多个结点的连续梁和无线位移刚架的内力。

首先我们想到的是要将具有多个结点角位移的情况转换成只有一个结点角位移的情况。为此，可以首先固定全部刚结点，然后采取逐个结点轮流放松的办法。即每次只放松一个结点，其他结点暂时固定，这样把各结点的不平衡力矩轮流逐次地进行消除，使连续梁或刚架逐渐接近原来自然状态，下面结合一般连续梁和无侧移刚架的具体例子加以说明。

如图 17-26(a) 所示连续梁，具有两个结点角位移，首先把两个刚结点 1、2 同时固定起来，然后加入荷载，此时可查表 17-1 求得各杆的固端弯矩为

$$M_{A1}^{F}=-\frac{ql^2}{12}=\frac{-10\times 6^2}{12}=-30(\mathrm{kN\cdot m})$$

$$M_{1A}^{F}=\frac{ql^2}{12}=30(\mathrm{kN\cdot m})$$

$$M_{12}^{F}=-\frac{Pl}{8}=-\frac{200\times 8}{8}=-200(\mathrm{kN\cdot m})$$

$$M_{21}^{F}=\frac{Pl}{8}=200(\mathrm{kN\cdot m})$$

将上述结果填入表 17-3 中相应的杆端下面。由表中的固端弯矩求得 1、2 两结点的不平衡力矩分别为

$$M_1^{\mu}=M_{1A}^{F}+M_{12}^{F}=30+(-200)=-170(\mathrm{kN\cdot m})$$

$$M_2^{\mu}=M_{21}^{F}+M_{2B}^{F}=200+0=200(\mathrm{kN\cdot m})$$

如前所述，为了消除这两个不平衡力矩，需要将结点 1 和 2 逐次地轮流放松，使其分别恢复原有自然状态，即使它们转动和实际结构有相同的角位移。

为了使计算尽快地收敛，应先放松不平衡力矩绝对值大的结点，本例应先放松结点 2，此时结点 1 仍固定着，所以和前面章节放松单个结点的情况完全相同，可按前述弯矩分配和传递的方法来消除节点 2 的不平衡力矩。为此需要算出汇交于结点 2 的各杆端的分配系数：

$$\mu_{21}=\frac{S_{21}}{S_{21}+S_{2B}}=\frac{4i}{4i+3i}=0.571$$

$$\mu_{2B}=\frac{S_{2B}}{S_{21}+S_{2B}}=\frac{3i}{4i+3i}=0.429$$

不平衡力矩

$$M_A^\mu = 60 + (-40) = 20(\text{kN} \cdot \text{m})$$

和连续梁的计算方法相似，把以上求得的分配系数、固端弯矩填入表 17-4 内。与连续梁列表有所区别的是：由于刚架立柱的杆端不能直观地与水平表格上下对应，所以表格中第一栏需要列出结点名称，第二栏说明结点从属的杆端。为了便于分配，可把同一结点的各杆端列在一起，如下面杆端弯矩表中所示 AB、AC、AD 列在一起。为了便于传递，可把同一杆的两端尽量相邻，如弯矩表中所示 AB 与 BA 相邻，AD 与 DA 相邻。由填入的固端弯矩一栏，求得 A 结点的不平衡力矩为

$$M_A^\mu = M_{AB}^F + M_{AC}^F + M_{AD}^F = 60 + (-40) = 20(\text{kN} \cdot \text{m})$$

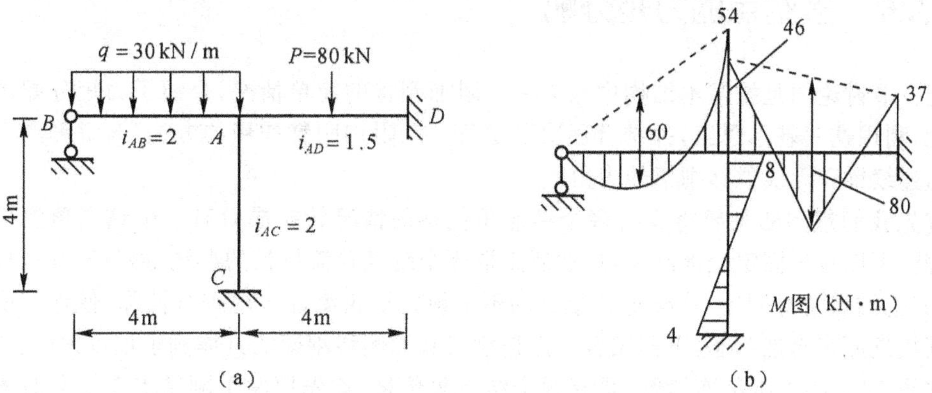

图 17-25

表 17-4　杆端弯矩计算表

结点	B	A			D	C
杆　端	BA	AB	AC	AD	DA	CA
分配系数		0.3	0.4	0.3		
固端弯矩 M^F		60	0	−40	40	0
分配与传递弯矩	0	−6	−8	−6	−3	−4
最终弯矩	0	54	−8	−46	37	−4

(3) 计算分配与传递弯矩

$$M_{AB}^\mu = \mu_{AB}(-M_A^\mu) = 0.3 \times (-20) = -6(\text{kN} \cdot \text{m})$$

$$M_{AC}^\mu = \mu_{AC}(-M_A^\mu) = 0.4 \times (-20) = -8(\text{kN} \cdot \text{m})$$

$$M_{AD}^\mu = \mu_{AD}(-M_A^\mu) = 0.3 \times (-20) = -6(\text{kN} \cdot \text{m})$$

$$M_{BA}^C = CM_{AB}^\mu = 0$$

$$M_{CA}^C = CM_{AC}^\mu = \frac{1}{2}(-8) = -4(\text{kN} \cdot \text{m})$$

$$M_{DA}^C = CM_{AD}^\mu = \frac{1}{2} \times (-6) = -3(\text{kN} \cdot \text{m})$$

(4) 计算杆端最终弯矩

$$M_{BA} = 0$$

$$M_{AB} = M_{AB}^{F} + M_{AB}^{\mu} = 60 + (-6) = 54(\text{kN} \cdot \text{m})$$

$$M_{AC} = M_{AC}^{F} + M_{AC}^{\mu} = 0 + (-8) = -8(\text{kN} \cdot \text{m})$$

$$M_{AD} = M_{AD}^{F} + M_{AD}^{\mu} = -40 + (-6) = -46(\text{kN} \cdot \text{m})$$

$$M_{DA} = M_{DA}^{F} + M_{DA}^{C} = 40 + (-3) = 37(\text{kN} \cdot \text{m})$$

$$M_{CA} = M_{CA}^{F} + M_{CA}^{C} = 0 + (-4) = -4(\text{kN} \cdot \text{m})$$

杆端最终弯矩绘制弯矩图如图 17-25(b) 所示。

17.6 多结点的力矩分配

上一节讨论的是按基本结构中只有一个附加刚臂的简单情况，介绍了力矩分配法的基本概念。利用这一基本思路，并结合逐次否定每一个附加刚臂作用的方法，来解算具有多个结点的连续梁和无线位移刚架的内力。

首先我们想到的是要将具有多个结点角位移的情况转换成只有一个结点角位移的情况。为此，可以首先固定全部刚结点，然后采取逐个结点轮流放松的办法。即每次只放松一个结点，其他结点暂时固定，这样把各结点的不平衡力矩轮流逐次地进行消除，使连续梁或刚架逐渐接近原来自然状态，下面结合一般连续梁和无侧移刚架的具体例子加以说明。

如图 17-26(a) 所示连续梁，具有两个结点角位移，首先把两个刚结点 1、2 同时固定起来，然后加入荷载，此时可查表 17-1 求得各杆的固端弯矩为

$$M_{A1}^{F} = -\frac{ql^2}{12} = \frac{-10 \times 6^2}{12} = -30(\text{kN} \cdot \text{m})$$

$$M_{1A}^{F} = \frac{ql^2}{12} = 30(\text{kN} \cdot \text{m})$$

$$M_{12}^{F} = -\frac{Pl}{8} = -\frac{200 \times 8}{8} = -200(\text{kN} \cdot \text{m})$$

$$M_{21}^{F} = \frac{Pl}{8} = 200(\text{kN} \cdot \text{m})$$

将上述结果填入表 17-3 中相应的杆端下面。由表中的固端弯矩求得 1、2 两结点的不平衡力矩分别为

$$M_{1}^{\mu} = M_{1A}^{F} + M_{12}^{F} = 30 + (-200) = -170(\text{kN} \cdot \text{m})$$

$$M_{2}^{\mu} = M_{21}^{F} + M_{2B}^{F} = 200 + 0 = 200(\text{kN} \cdot \text{m})$$

如前所述，为了消除这两个不平衡力矩，需要将结点 1 和 2 逐次地轮流放松，使其分别恢复原有自然状态，即使它们转动和实际结构有相同的角位移。

为了使计算尽快地收敛，应先放松不平衡力矩绝对值大的结点，本例应先放松结点 2，此时结点 1 仍固定着，所以和前面章节放松单个结点的情况完全相同，可按前述弯矩分配和传递的方法来消除节点 2 的不平衡力矩。为此需要算出汇交于结点 2 的各杆端的分配系数：

$$\mu_{21} = \frac{S_{21}}{S_{21} + S_{2B}} = \frac{4i}{4i + 3i} = 0.571$$

$$\mu_{2B} = \frac{S_{2B}}{S_{21} + S_{2B}} = \frac{3i}{4i + 3i} = 0.429$$

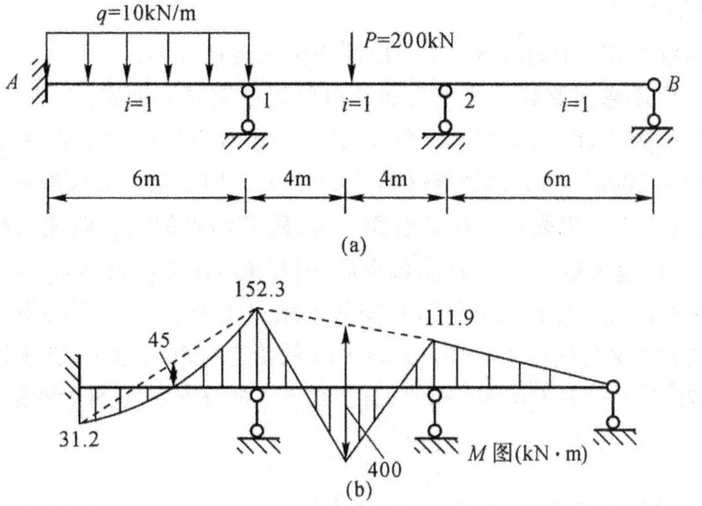

图 17-26

分配系数通常取到小数点后面 3 位。

将其结果填入表 17-5 中连续梁相应杆端下面。

表 17-5

		1		2	
分配系数 μ		0.5	0.5	0.571	0.429
固端弯矩 M^F	−30	30	−200	200	
分配与传递			−57.1 ←	−114.3	−85.7
	56.8 ←	113.6	113.6 →	56.8	
			−16.2 ←	−32.5	−24.3
	4.1 ←	8.1	8.1 →	4.1	
			−1.2 ←	−2.3	−1.8
	0.3 ←	0.6	0.6 →	0.3	
			−0.1 ←	−0.2	−0.1
最终弯矩	31.2	152.3	−152.3	−111.9	−111.9

然后把结点 2 的不平衡力矩 200kN · m 反号进行分配，得分配弯矩：

$$M_{21}^{\mu} = 0.571 \times (-200) = -114.3(\text{kN} \cdot \text{m})$$

$$M_{2B}^{\mu} = 0.429 \times (-200) = -85.7(\text{kN} \cdot \text{m})$$

将其填入连续梁相应杆端下面，并在分配弯矩值下面画一横线，表示此时结点 2 已获平衡。同时分配弯矩各向其远端传递，其值分别为

$$M_{12}^{C} = \frac{1}{2} \times (-114.2) = 57.1(\text{kN} \cdot \text{m})$$

$$M_{B2}^{C} = 0$$

将其填入连续梁相应杆端下面，并画出箭头标明传递方向。

分配弯矩与传递弯矩取到小数点后面几位要视所需精度而定。一般可将最大固端弯矩绝对值取四位有效数字，以此来确定分配、传递弯矩小数点后面的位数。例如本例中，最大固端弯矩的绝对值为200kN·m，四位有效数字为200.0，即小数点后面有一位有效数字，则计算分配弯矩、传递弯矩时均取到小数点后面一位。随着结点的逐次轮流放松，分配弯矩传递弯矩逐渐减少，当传递弯矩小于0.1(小数点后一位)时，计算可以结束。

结点2暂时平衡后，重新将其固定，再来放松结点1。结点1原有的不平衡力矩是-170 kN·m，注意结点2又传递过来-57.1kN·m的传递弯矩，故此时结点1的不平衡力矩为$-170+(-57.1)=-227.0$(kN·m)，计算结点1的分配系数，分配弯矩及传递弯矩如下：

分配系数

$$\mu_{1A} = \frac{S_{1A}}{S_{1A}+S_{12}} = \frac{4i}{4i+4i} = 0.5$$

$$\mu_{12} = \frac{S_{12}}{S_{1A}+S_{12}} = \frac{4i}{4i+4i} = 0.5$$

分配弯矩

$$M_{1A}^{\mu} = 0.5 \times 227.1 = 113.6(\text{kN}\cdot\text{m})$$

$$M_{12}^{\mu} = 0.5 \times 227.1 = 113.6(\text{kN}\cdot\text{m})$$

传递弯矩

$$M_{A1}^{C} = 113.6 \times \frac{1}{2} = 56.8(\text{kN}\cdot\text{m})$$

$$M_{21}^{C} = 113.6 \times \frac{1}{2} = 56.8(\text{kN}\cdot\text{m})$$

结点1暂时平衡，将它重新固定起来。再来看结点2，由于放松节点1，结点2又有了新的不平衡力矩56.8kN·m。现在第二次放松节点2以消除其新的不平衡力矩。如此反复地循环下去，就可以使结点1和结点2的不平衡力矩愈来愈小，最后逐渐接近了真实情况。

把固端弯矩与逐次放松节点所得相应杆端的分配弯矩或传递弯矩相加，即得出杆端最终弯矩。据此绘制出的弯矩图如图17-26(b)所示。

其计算结果正确与否，还应该进行校核。正确的计算结果应同时满足静力平衡条件和变形条件。静力平衡条件可根据每一结点是否满足$\sum M=0$来校核。至于变形条件的校核此处从略。

综上所述，用力矩分配法计算多结点连续梁及无侧移刚架的步骤可归纳如下：

(1) 计算汇交于各结点每一杆端的分配系数。

(2) 计算各杆端的固端弯矩和不平衡力矩。

(3) 从不平衡力矩绝对值较大的结点开始，逐次循环放松各结点以消除不平衡力矩。每放松一个结点时，将不平衡力矩反号乘以分配系数分配给汇交于该结点的各杆端(分配弯矩)，然后将分配弯矩乘以传递系数传递给各杆远端(传递弯矩)。如此反复循环计算直到传递弯矩小到可以略去为止。

(4) 将固端弯矩与相应杆端历次的分配弯矩或传递弯矩相加，即得各杆端的最终弯矩。

(5) 绘制弯矩图。

例 17-5 计算图 17-27(a) 所示连续梁，并绘 M 图及剪力图，$EI=$ 常数。

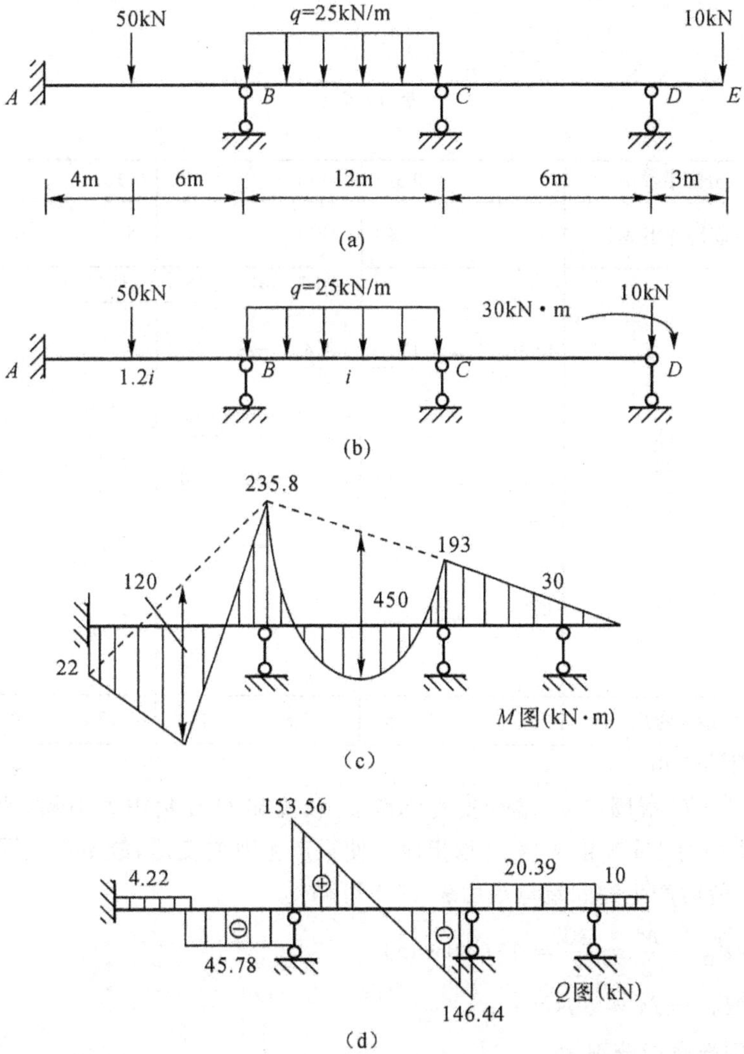

图 17-27

解 该连续梁 DE 部分为静定的，其内力可按静力平衡条件求出，即

$$M_{DE}=-10\times 3=-30(\text{kN}\cdot\text{m})$$

$$Q=10\text{kN}$$

去掉悬臂部分，把 M_{DE} 作为外力施加在结点 D 上，如图 17-27(b) 所示，则结点 D 便转化为铰支端，计算原结构可在图 17-27(b) 上进行。

(1) 计算分配系数

为了计算方便，令 $i=\dfrac{EI}{12}$，则 $i_{AB}=1.2i, i_{BC}=i, i_{CD}=1.5i$

$$\mu_{BA}=\frac{4\times 1.2i}{4\times 1.2i+4\times i}=0.545$$

$$\mu_{BC}=\frac{4\times i}{4\times 1.2i+4\times i}=0.455$$

$$\mu_{CB}=\frac{4\times i}{4\times i+3\times 1.5i}=0.471$$

$$\mu_{CD}=\frac{3\times 1.5i}{4\times i+3\times 1.5i}=0.529$$

表 17-6

	A	B		C		
分配系数 μ		0.545	0.455	0.471	0.529	
固端弯矩 M^F	-72	48	-300	300	15	30
分配与传递			-74.2 ←	-148.4	-166.6	
	88.9 ←	177.8	148.4 →	74.2		
			-17.5 ←	-34.9	-39.3	
	4.8 ←	9.5	8 →	4		
			-0.9 ←	-1.9	-2.1	
	0.3 ←	0.5	0.4			
最终弯矩 M	22	235.8	-235.8	193	-193	30

(2) 计算固端弯矩

杆 CD 相当于 C 端固定、D 端铰支的单跨梁。铰支端 D 受集中力 10kN 及集中力偶 30 kN·m 作用。集中力 10kN 由支座 D 承担而不使梁产生弯曲变形，故不产生固端弯矩。集中力偶 30kN·m 使梁产生的固端弯矩由表 17-1 可得

$$M_{CD}^F=\frac{M}{2}=\frac{30}{2}=15(\text{kN}\cdot\text{m})$$

$$M_{DC}^F=M=30\text{kN}\cdot\text{m}$$

其余各杆固端弯矩分别为

$$M_{AB}^F=-\frac{Pab^2}{l^2}=-\frac{50\times 4\times 6^2}{10^2}=-72(\text{kN}\cdot\text{m})$$

$$M_{BA}^F=\frac{Pa^2b}{l^2}=\frac{50\times 4^2\times 6}{10^2}=48(\text{kN}\cdot\text{m})$$

$$M_{BC}^F=-\frac{ql^2}{12}=-\frac{25\times 12^2}{12}=-300(\text{kN}\cdot\text{m})$$

$$M_{CB}^F=\frac{ql^2}{12}=300(\text{kN}\cdot\text{m})$$

将以上分配系数，固端弯矩数据填入连续梁相应杆端下面。

(3) 分配与传递

从不平衡力矩大的结点 C 开始循环，交替进行分配与传递，一共进行三轮运算。整个运算过程均可在表上进行，如表 17-6 所示。

(4) 将固端弯矩与相应杆端分配弯矩或传递弯矩相加得最终杆端弯矩。

(5) 由最终杆端弯矩绘出 M 图，如图 17-27(c) 所示。

(6) 剪力图的绘制方法与位移法相同。分别截出各杆画受力图，受力图除包括已知外荷载外还有图 17-27(c) 求得的各杆端弯矩，然后据平衡条件即可求出杆端剪力。

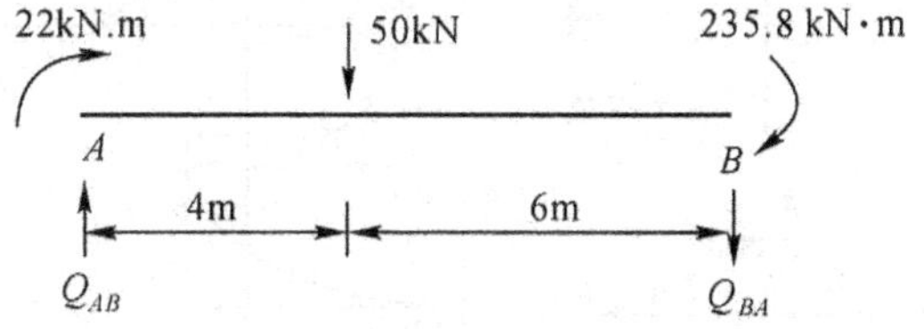

图 17-28

例如杆 AB(如图 17-28)：

$$Q_{AB} = 4.22\text{kN}$$

$$Q_{BA} = 45.78\text{kN}$$

剪力图如图 17-27(d) 所示。

例 17-6　用力矩分配法计算图 17-29(a) 所示刚架，绘制 M 图及 Q 图。

解　图示刚架没有结点线位移，故适于用力矩分配法求解，其计算方法和步骤与连续梁完全相同。

(1) 计算分配系数

为了计算方便，可利用各杆的相对线刚度，令 $i = \dfrac{EI}{6}$，则 $i_{AD} = i_{BE} = 1.5i, i_{AB} = i, i_{BC} = 2i$

$$\mu_{AD} = \frac{4i_{AD}}{4i_{AD} + 4i_{AB}} = 0.6$$

$$\mu_{AB} = \frac{4i_{AB}}{4i_{AD} + 4i_{AB}} = 0.4$$

$$\mu_{BA} = \frac{4i_{AB}}{4i_{AB} + 4i_{BE} + 3i_{BC}} = 0.25$$

$$\mu_{BE} = \frac{4i_{BE}}{4i_{AB} + 4i_{BE} + 3i_{BC}} = 0.375$$

$$\mu_{BC} = \frac{3i_{BC}}{4i_{AB} + 4i_{BE} + 3i_{BC}} = 0.375$$

(2) 计算固端弯矩

$$M_{DA}^{F} = -\frac{30 \times 4^2}{12} = -40(\text{kN} \cdot \text{m})$$

$$M_{AD}^{F} = \frac{30 \times 4^2}{12} = 40(\text{kN} \cdot \text{m})$$

$$M_{AB}^{F} = \frac{-60 \times 4 \times 2^2}{6^2} = -26.67(\text{kN} \cdot \text{m})$$

$$M_{BA}^{F} = \frac{60 \times 4^2 \times 2}{6^2} = 53.33(\text{kN} \cdot \text{m})$$

分配、传递弯矩及最终杆端弯矩的计算结果见表 17-7，结点 A、B 均满足静力平衡条件 $\sum M = 0$。最终弯矩图如图 17-29(b) 所示。

由绘制出的弯矩图及静力平衡条件绘出剪力图，如图 17-29(c) 所示。

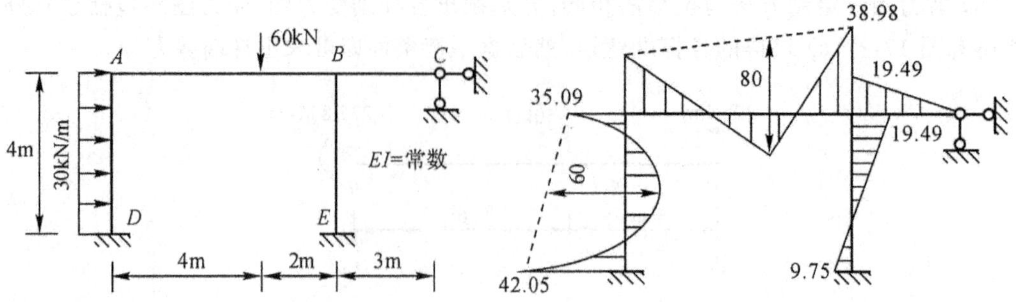

（a） （b） M图(kN·m)

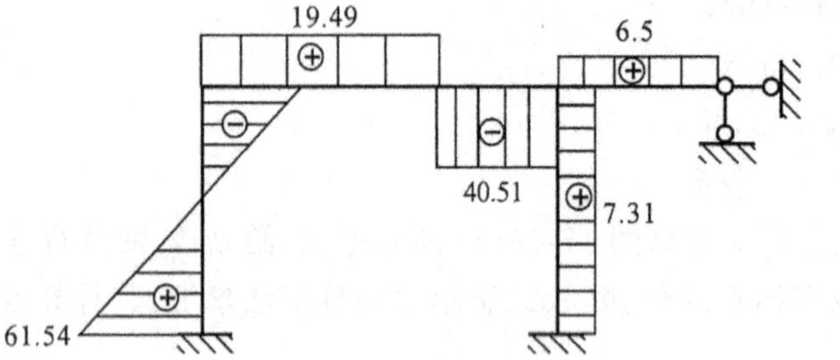

（c） Q图(kN)

图 17-29

表 17-7 杆端弯矩计算表

结点	D	A		B			E	C
杆端	DA	AD	AB	BA	BC	BE	EB	CB
μ	固端	0.6	0.4	0.25	0.375	0.375	固端	铰支
M^F	−40	40	−26.67	53.33				
分配与传递弯矩				−6.67	−13.33	−20	−20	−10
	−2	−4	−2.66	−1.33				
			0.16	0.33	0.5	0.5	0.25	
	−0.05	−0.1	−0.06	−0.03				
				0.01	0.01	0.01		
M	−42.05	35.9	−35.9	38.98	−19.49	−19.49	−9.75	0

17.7 对称性的利用和联合法

力法一章中，已经讨论过对称结构在对称荷载及反对称荷载作用下的简化计算问题。若遇一般荷载作用，可以将一般荷载分解为对称和反对称两种情况，分别利用各自的等代结构进行计算，然后将两者的计算结果进行叠加便得到原结构所求的解答。

值得指出的是，学习了解超静定结构的第二种方法即位移法后，在取得等代结构以后，需要进一步考虑选择力法还是位移法使其计算更加简便。下面以具体例子加以说明。

例 17-7　试计算图 17-30(a) 所示刚架，绘弯矩图。设 $EI=$ 常数。

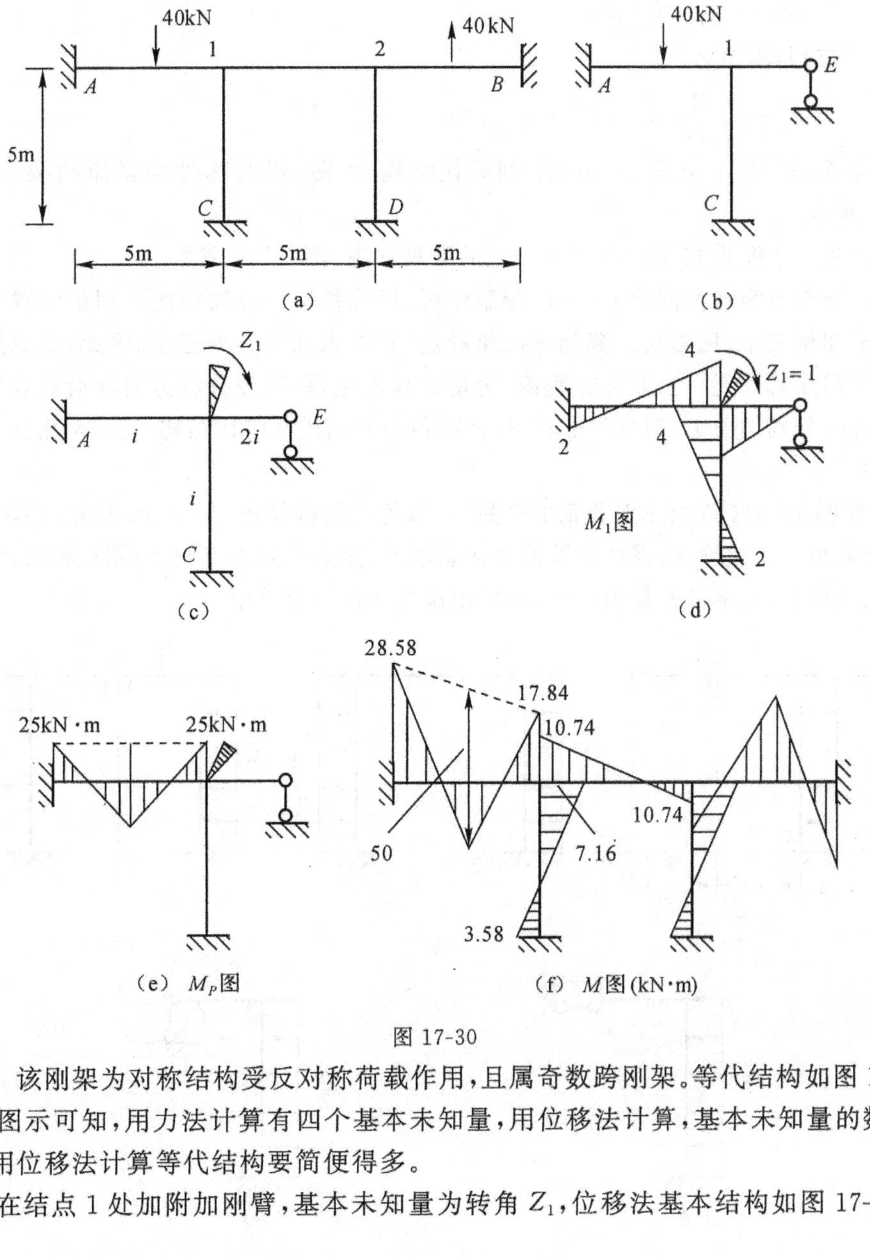

图 17-30

解　该刚架为对称结构受反对称荷载作用，且属奇数跨刚架。等代结构如图 17-30(b) 所示。由图示可知，用力法计算有四个基本未知量，用位移法计算，基本未知量的数目为一个，显然用位移法计算等代结构要简便得多。

(1) 在结点 1 处加附加刚臂，基本未知量为转角 Z_1，位移法基本结构如图 17-30(c) 所示。

(2) 基本结构在转角 Z_1 及荷载共同作用下，附加刚臂上的反力矩为零。故位移法典型方程为

$$r_{11}Z_1+R_{1P}=0$$

(3) 为了计算方便，采取相对线刚度，令 $EI=5$，则 $i_{1A}=i_{1C}=\frac{5}{5}=1$。其中，1E 杆长为原长的一半，即 $i_{1E}=\frac{5}{2.5}=2$。绘 $\overline{M}_1$、M_P 图分别如图 17-30(d)、(e) 所示。求出系数和自由项：

由 $\overline{M}_1$ 图结点 1 处得

$$r_{11}=4+4+6=14$$

由 M_P 图结点 1 处得

$$M_P = 25(\text{kN}\cdot\text{m})$$

(4) 解方程，求出 Z_1

$$Z_1 = -\frac{R_{1P}}{r_{11}} = -\frac{25}{14} = -1.79$$

(5) 按公式 $M = \overline{M}_1 Z_1 + M_P$ 绘制等代结构 M 图，据对称性绘得原刚架 M 图如图 17-30(f) 所示。

例 17-8 分析图 17-31(a) 所示刚架的计算方法。设 EI = 常数。

解 该刚架为对称刚架，受一般荷载作用，用位移法计算需加两个附加刚臂和一根链杆，基本未知量三个；用力法计算为三次超静定，基本未知量亦为三个。因此，无论用哪种方法计算，都需要解三元一次联立方程组。为使计算简化，把荷载分解为对称荷载和反对称荷载两种情况，分别如图 17-31(b) 和 17-31(c) 所示，分别用其等代结构计算，然后将两种计算结果叠加。

(1) 如图 17-31(b) 所示对称荷载作用下，取等代结构如图 17-31(d) 所示。由图示可见，用力法计算为二次超静定，需要解除两个多余联系，多余未知力有两个；用位移法计算，仅有一个结点角位移，基本未知量为一个，所以用位移法计算更方便。

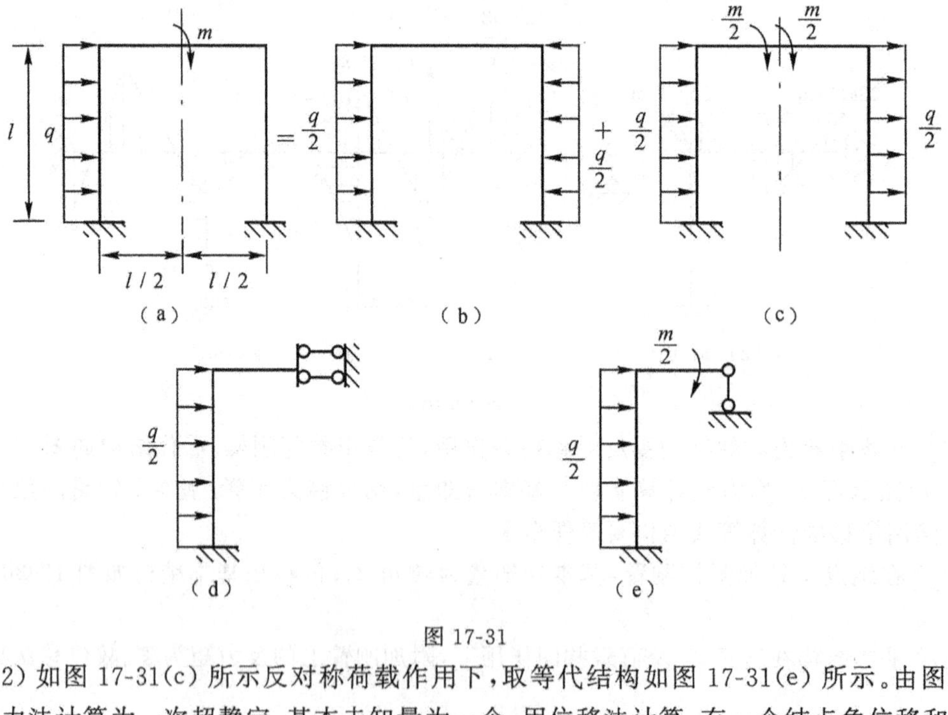

图 17-31

(2) 如图 17-31(c) 所示反对称荷载作用下，取等代结构如图 17-31(e) 所示。由图示可见，用力法计算为一次超静定，基本未知量为一个；用位移法计算，有一个结点角位移和一个独立的线位移，基本未知量为两个，所以用力法计算更简便。

可见，对称荷载作用和反对称荷载作用，可以分别选取合适的计算方法，使未知量的数目大为减少，因而带来较大方便。一般说来，对称荷载作用下位移法未知量个数较力法未知量个数少，宜选用位移法。反对称带荷载作用下力法未知量个数较位移法未知量个数少，宜选用力法。这种力法和位移法结合起来的计算方法称为联合法。联合法适合计算较复杂的结构。

思考题

17-1　结点角位移如何确定?确定的依据是什么?

17-2　独立结点线位移的数目是如何确定的?确定的基本假设是什么?

17-3　位移法中,杆端弯矩、支座截面转角以及杆端相对线位移的正、负号是怎样定义的?

17-4　位移法典型方程的物理意义是什么?典型方程中的系数和自由项分为几类?各自的含意是什么?

17-5　说明力矩分配法的基本概念。力矩分配法与位移法有什么相同和不同之处?

17-6　什么叫线刚度?什么叫转动刚度?转动刚度和线刚度是否有关?

17-7　如何计算分配系数?分配系数和转动刚度有何关系?为什么在同一结点上各杆的分配系数之和等于1?

17-8　什么叫传递系数?传递系数是怎样确定的?

17-9　什么是分配弯矩?如何进行计算?

17-10　什么叫固端弯矩?如何计算结点上的约束力矩?为什么要将约束力矩变号才能进行分配?

习　题

17-1　确定题 17-1 图所示各结构位移法基本未知量,并绘出位移法基本结构。

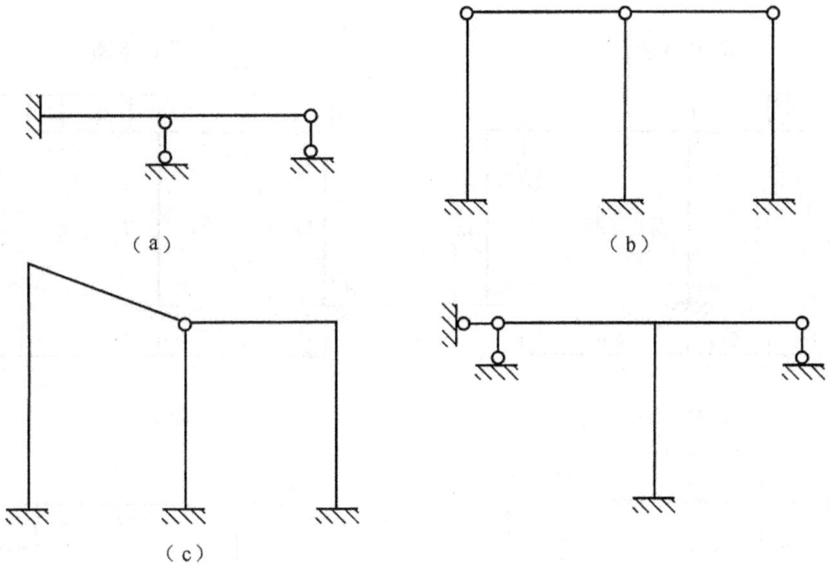

题 17-1 图

17-2　用位移法计算题 17-2 图所示刚架,绘弯矩图。设各刚架 EI 等于常数。

17-3　用位移法计算题 17-3 图所示刚架,绘弯矩、剪力和轴力图。设各刚架 EI 等于常数。

17-4　用位移法计算题 17-4 图所示连续梁,绘弯矩图。

17-5　用位移法计算题 17-5 图所示铰结排架,绘弯矩图。

17-6～17-7　用位移法分别计算题 17-6 图和题 17-7 图所示各刚架,并绘弯矩图。

17-8～17-9　用位移法分别计算题 17-8 图和题 17-9 图所示各刚架,并绘弯矩图。

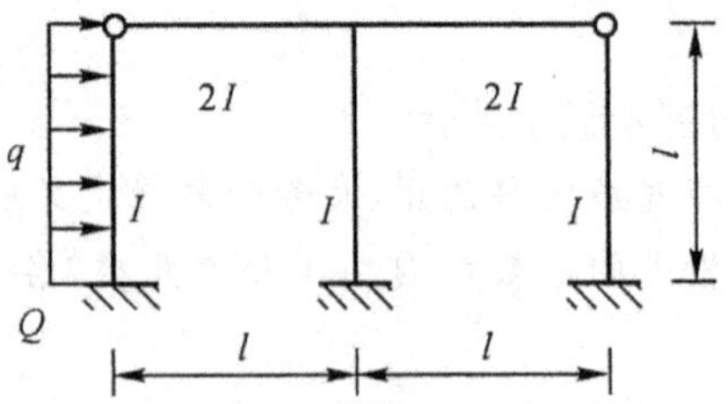

题 17-2 图

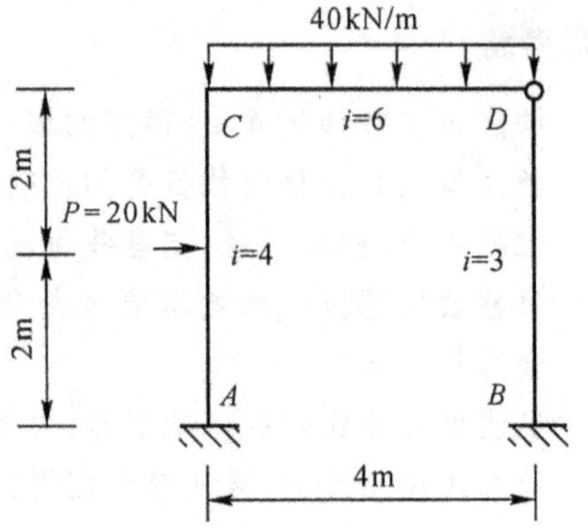

题 17-3 图

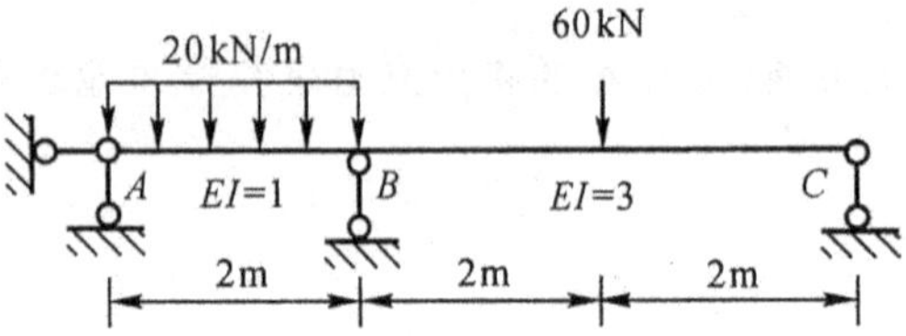

题 17-4 图

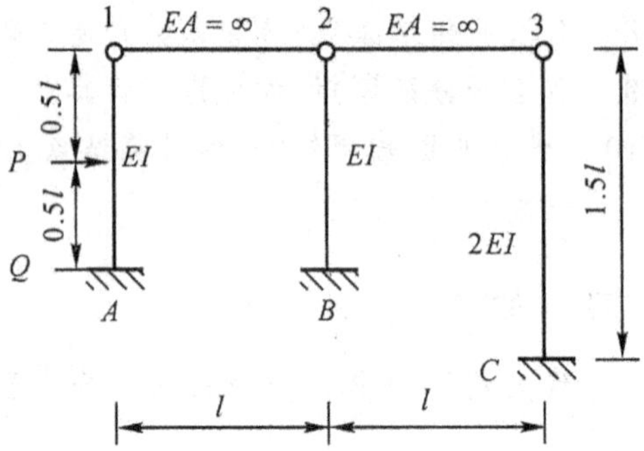

题 17-5 图

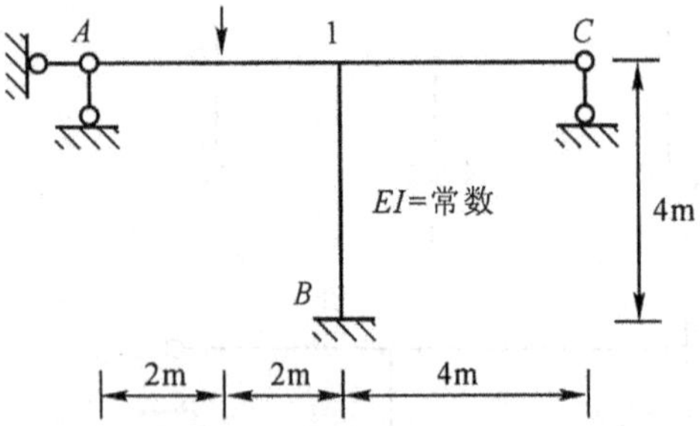

题 17-6 图

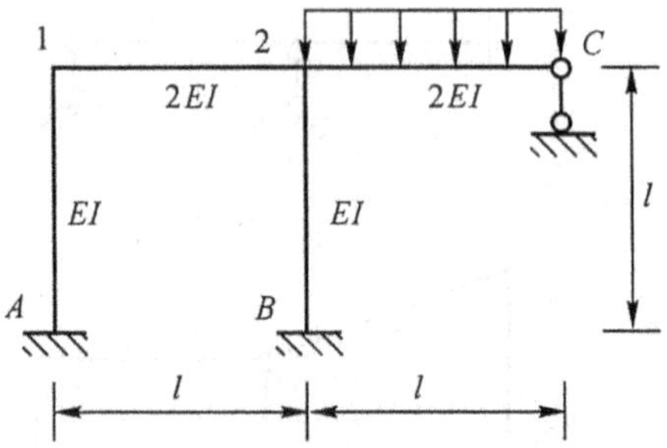

题 17-7 图

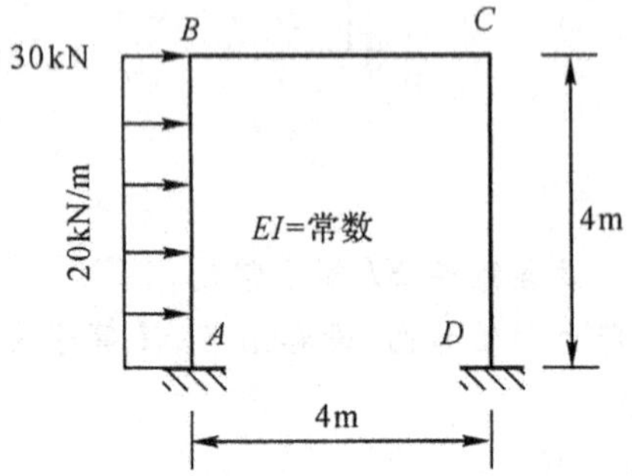

题 17-8 图

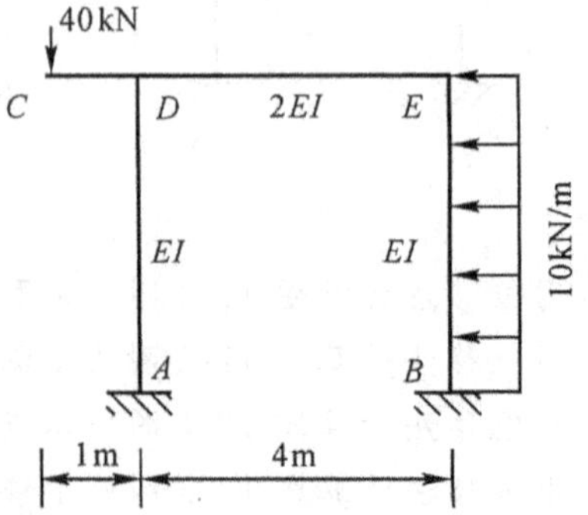

题 17-9 图

17-10　利用对称性作题 17-10 图所示刚架的弯矩图。设 $EI=$ 常数。

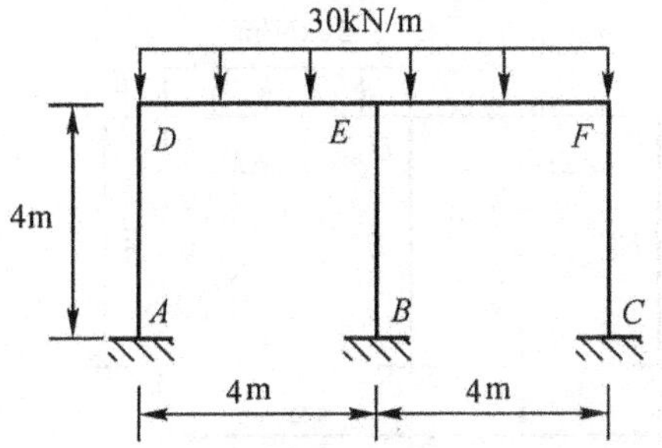

题 17-10 图

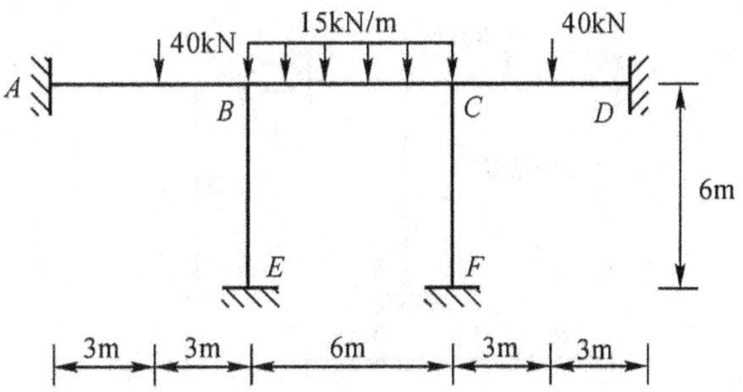

题 17-11 图

17-11　利用对称性作题 17-11 图所示刚架的弯矩图。设 $EI=$ 常数。

17-12～17-17　用力矩分配法分别计算题 17-12～17-17 图所示各连续梁，并绘弯矩图和剪力图。

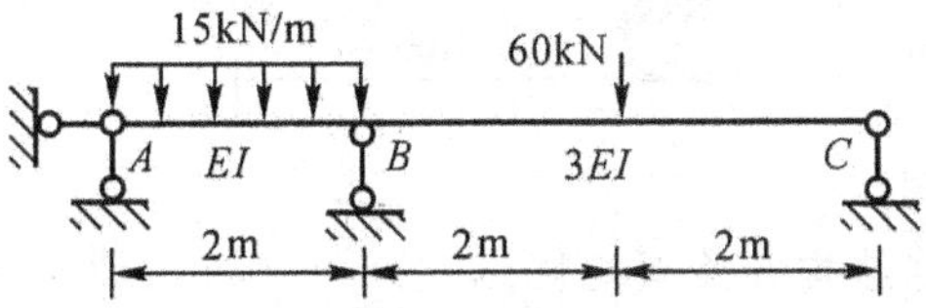

题 17-12 图

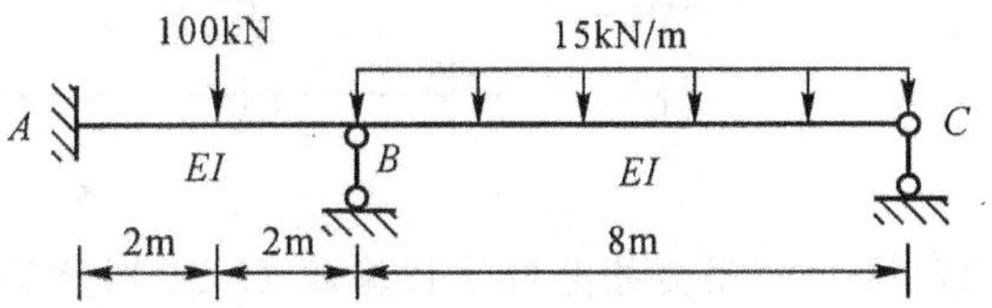

题 17-13 图

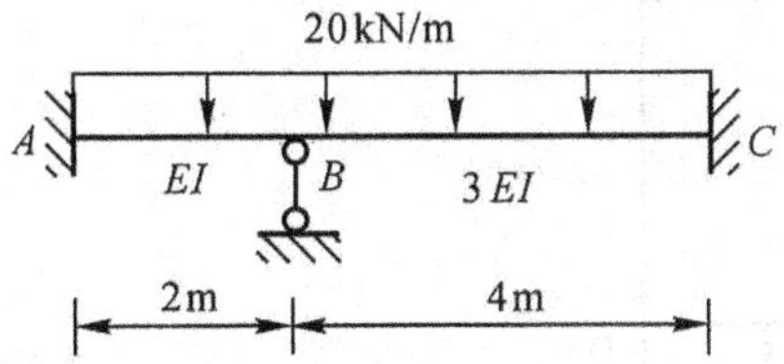

题 17-14 图

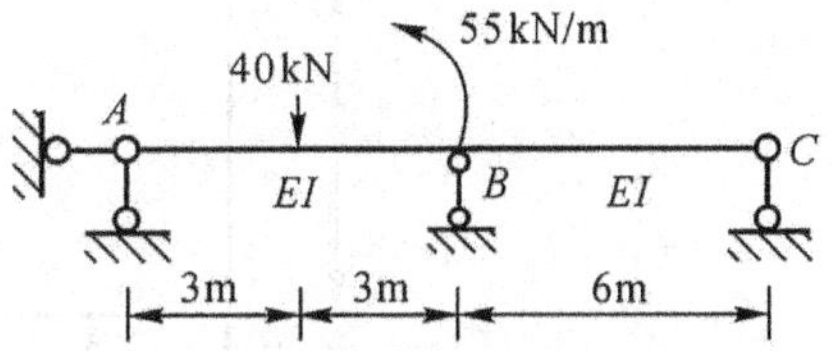

题 17-15 图

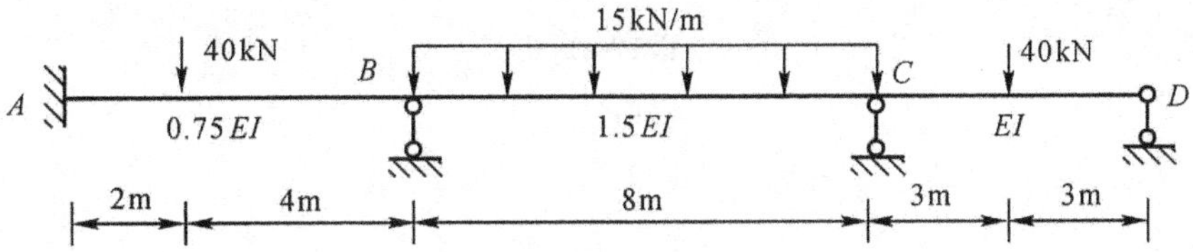

题 17-16 图

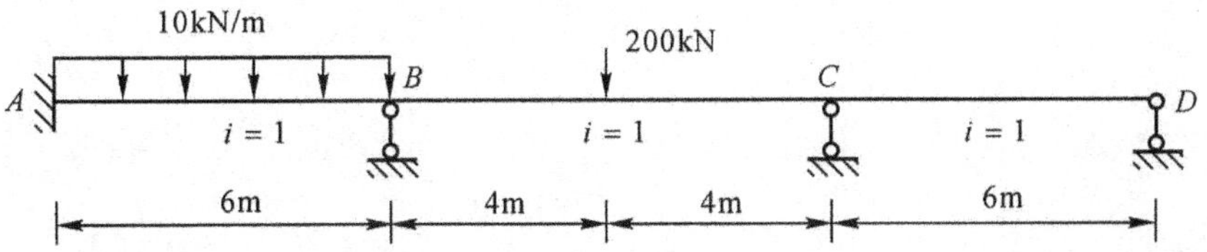

题 17-17 图

17-18～17-19 用力矩分配法分别计算题17-18～17-19图所示各刚架，并绘弯矩图。

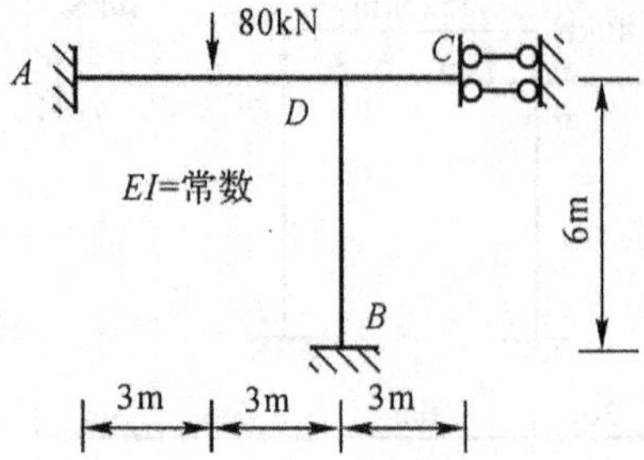

题17-18图

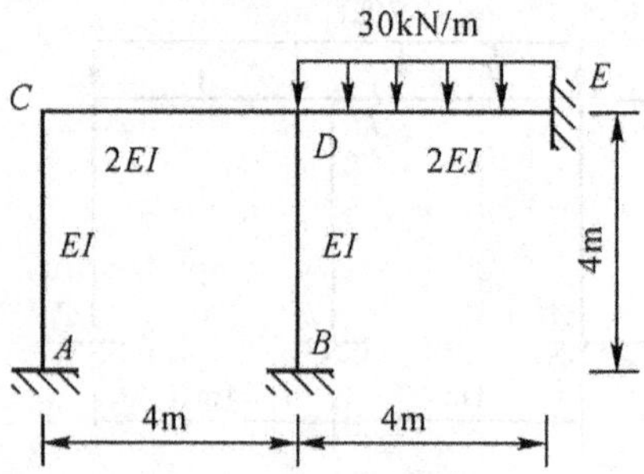

题17-19图

17-20 试用力矩分配法计算题17-20图所示对称结构并绘弯矩图。

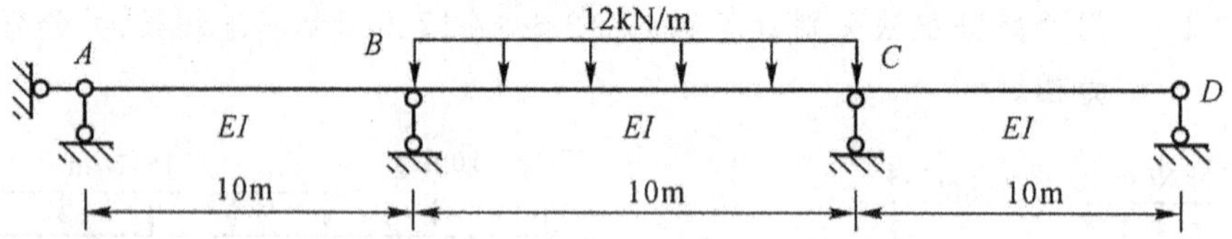

题17-20图

17-21 试用力矩分配法计算题17-21图所示对称结构并绘弯矩图。

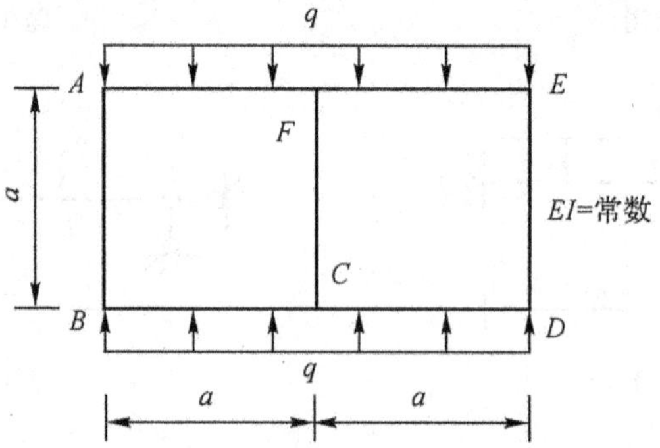

题17-21图

第 18 章　影响线

18.1　影响线的一般概念

前面各章中所讨论的结构上的外荷载都是固定荷载，即荷载的作用位置是固定不变的。在实际工程结构中，除了固定荷载的作用外，还常常会遇到作用位置可以移动的荷载（又称移动荷载）的作用。例如，桥梁要承受行驶的火车、汽车等荷载，厂房中的吊车梁要承受吊车荷载等。由于移动荷载在梁上作用位置是变化的，因此，梁的支座反力以及截面上的内力也就随着荷载作用的位置不同而变化。这一承受荷载的特点使吊车梁的设计较固定荷载时复杂得多，它要解决以下问题：

(1) 梁在移动荷载作用下，反力和内力的最大值和最小值；

(2) 内力最大值和最小值对应的截面；

(3) 移动荷载使梁的内力出现极值时所处的位置。

使结构产生最大值和最小值时的荷载位置是最危险的位置，也称为荷载的最不利位置。我们必须找到荷载的最不利位置，并由此而产生最大或最小反力和内力，作为设计的依据。在工程实际中，是利用影响线来解决这些问题的。

在工程实际中移动荷载的种类很多，常见的是一组间距保持不变的平行荷载。为了简便起见，可先研究一个方向不变而沿着结构移动的单位集中荷载 $P=1$ 对结构上某一量值的影响；然后，根据叠加原理，就可进一步研究同一方向的一系列荷载对该量值的共同影响。同时，为了清晰和直观起见，可把量值随荷载 $P=1$ 移动而变化的规律用函数图形表示出来，这种图形称为影响线。其定义是：当一个方向不变的单位荷载沿一结构移动时，表示某指定截面的某一量值变化规律的函数图形，称为该量值的影响线。

影响线的绘制、最不利荷载位置的确定以及求最大量值等是移动荷载作用下结构计算中几个相互关联的重要问题。本章主要介绍静力法绘制简支梁影响线以及最不利荷载位置的确定。

18.2　静力法作简支梁的影响线

用静力法绘制影响线时，可先把荷载 $P=1$ 放在任意位置，并根据所选坐标系，以字母 x 表示单位移动荷载作用点的横坐标，然后运用静力平衡条件求出研究的量值与移动荷载 P

$=1$ 位置之间的关系，表示这种关系的方程称为影响线方程。根据影响线方程即可作出影响线。

下面以图 18-1(a) 所示简支梁为例，具体说明支座反力、剪力和弯矩影响线的绘制方法。

18.2.1 支座反力的影响线

如图 18-1(a) 所示，将移动荷载 $P=1$ 作用于距左支座(坐标原点)x 处，假定反力向上为正，由 $\sum M_B=0$ 得

$$R_A l - P(l-x) = 0$$

解得

$$R_A = P\frac{l-x}{l}$$

这个方程就表示反力 R_A 随荷载 $P=1$ 移动而变化的规律，也可称为 R_A 的影响线方程。把它绘成函数图形，即得 R_A 的影响线。从所得方程可知 R_A 是 x 的一次函数，故 R_A 的影响线为一直线，于是只需定出两个竖标，即

当 $x=0$ 时，$R_A=1$

当 $x=l$ 时，$R_A=0$

即可作出 R_A 的影响线，如图 18-1(b) 所示。

同理，由 $\sum M_A=0$ 得

$$R_B l - Px = 0$$

解得

$$R_B = \frac{x}{l}P$$

上式即为 R_B 的影响线方程，它也是 x 的一次函数，所以 R_B 的影响线也是一条直线，由

当 $x=0$ 时，$R_B=0$

当 $x=l$ 时，$R_B=P=1$

两个竖标即可绘出反力 R_B 的影响线，如图 18-1(c) 所示。

应该注意：在作影响线时，通常假定单位荷载 $P=1$ 为无量纲数，则由反力影响线的方程可以看出，反力影响线的竖标也是一无量纲数。

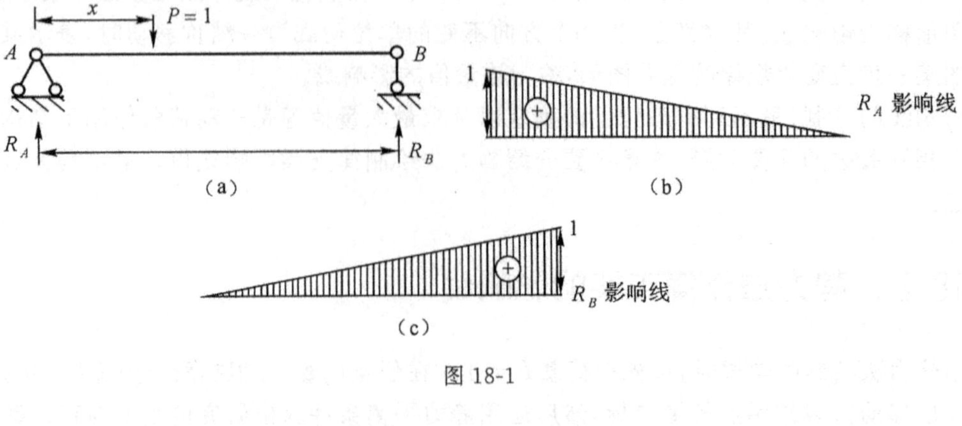

图 18-1

18.2.2　弯矩影响线

如图 18-2(a) 所示，讨论指定截面 C 的弯矩影响线。当荷载 $P=1$ 在截面 C 的左边移动，即 $x \leqslant a$ 时，为了计算方便，取梁中的 CB 段为脱离体，并规定以使梁下面的纤维受拉的弯矩为正，由 $\sum M_C = 0$ 可得

$$M_C = R_B \cdot b = \frac{x}{l} b$$

由此可知，M_C 的影响线在截面 C 以左部分为一直线。

当 $x = 0$ 时，$M_C = 0$

当 $x = a$ 时，$M_C = \dfrac{ab}{l}$

因此，只需在截面 C 处取一个等于 $\dfrac{ab}{l}$ 的竖标，然后以其顶点与左支座处的零点相连，即得荷载 $P=1$ 在截面 C 的左边移动时 M_C 的影响线，如图 18-2(b) 所示。

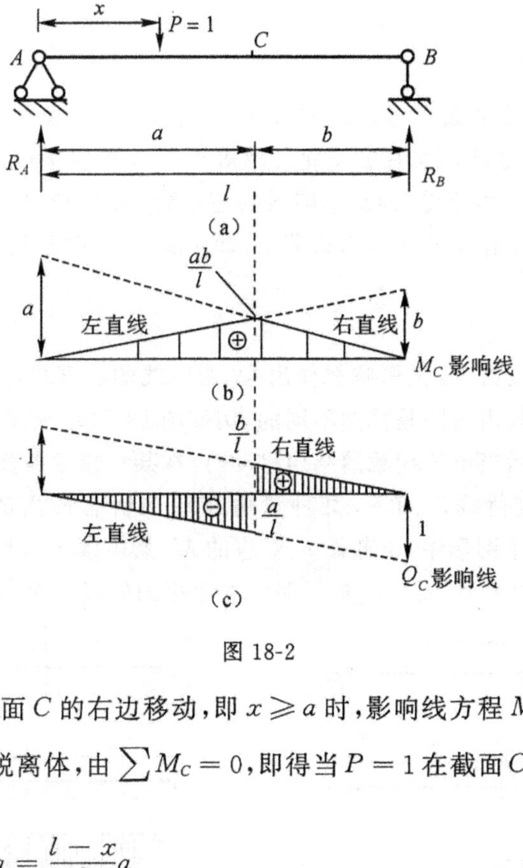

图 18-2

当荷载 $P=1$ 在截面 C 的右边移动，即 $x \geqslant a$ 时，影响线方程 $M_C = \dfrac{x}{l} b$ 显然已不能再适用。为此，取 AC 段为脱离体，由 $\sum M_C = 0$，即得当 $P=1$ 在截面 C 以右移动时 M_C 的影响线方程：

$$M_C = R_A a = \frac{l-x}{l} a$$

由上式可知：

当 $x = a$ 时，$M_C = \dfrac{ab}{l}$

当 $x = l$ 时，$M_C = 0$

因此，只需把截面 C 处的竖标 $\dfrac{ab}{l}$ 的顶点与右支座处的零点相连，即可得出当荷载 $P=1$

在截面 C 以右移动时的 M_C 影响线，其全部影响线如图 18-2(b) 所示。

这样，M_C 的影响线是由两段直线所组成，此二直线的交点处于截面 C 处的竖标顶点。通常称截面以左的直线为左直线，截面以右的直线为右直线。

从以上弯矩影响线方程可以看出，左直线可由反力 R_B 的影响线放大到 b 倍而成，而右直线可由反力 R_A 的影响线放大到 a 倍而成。因此，可以利用 R_A 和 R_B 的影响线来控制 M_C 的影响线：在左、右两支座处分别取竖标 a、b，将它们的顶点各与右、左两支座处的零点用直线相连，则这两根直线的交点与左、右零点相连部分就是 M_C 的影响线。这种利用已知某一量的影响线来作其他量值影响线的方法，能带来较大的方便。

由于已假定 $P=1$ 为无量纲量，故弯矩影响线的单位为长度单位。

18.2.3　剪力影响线

如图 18-2(a) 所示，讨论指定截面 C 的剪力影响线。当荷载 $P=1$ 在截面 C 的左边移动，即 $x \leqslant a$ 时，取截面 C 以右部分为脱离体，并规定使脱离体有顺时针转动趋势的剪力为正，由 $\sum Y=0$ 得

$$Q_C = -R_B$$

因此，Q_C 的影响线在截面 C 处左边的部分（左直线）与支座反力 R_B 的影响线各竖标的数值相同，但符号相反。故我们可在右支座处取等于 -1 的竖标，以其顶点与左支座处的零点相连，并由截面 C 引竖线即得出 Q_C 影响线的左直线，如图 18-2(c) 所示。

同理，当荷载 $P=1$ 在于截面 C 右边移动，即 $x \geqslant a$ 时，取截面 C 以左部分为脱离体，可得

$$Q_C = R_A$$

因此，可直接利用反力 R_A 的影响线作出 Q_C 影响线的右直线，如图 18-2(c) 所示。

应当指出，影响线与内力图是截然不同的，例如图 18-3(a) 所示 M_C 影响线与图 18-3(b) 所示的弯矩图，前者表示当单位荷载沿结构移动时，在某一指定截面处的某种量值的变化情形；而后者表示在固定荷载作用下，某种量值在结构所有截面的分布情形。因此，在图 18-3(a)、(b) 所示的两个图形中，与截面 K 对应的 M_C 影响线的竖标 y_K，代表荷载 $P=1$ 作用于 K 处时，弯矩 M_C 的大小；而与截面 K 对应的弯矩图的竖标 M_K，则代表固定荷载 P 作用

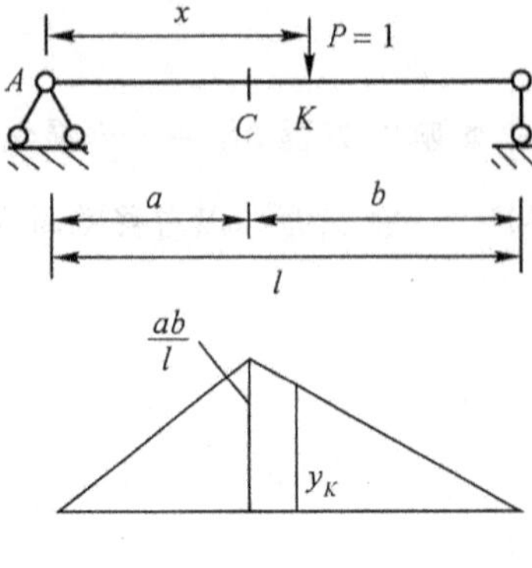

(a) M_C影响线

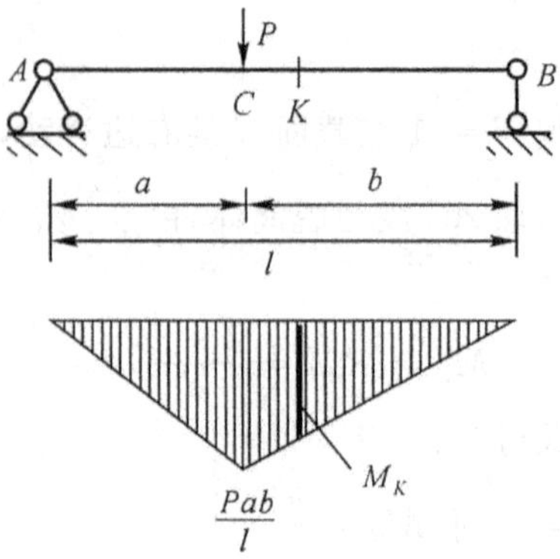

(b) M图

图 18-3

于C点时，截面K所产生的弯矩。显然，由某一个内力图，不能看出当荷载在其他位置时这种内力将如何分布，只有另作新的内力图，才能知道这种内力新的分布情形。然而，某一量值的影响线能看出当单位移动荷载处于结构的任何位置时，该量值的变化规律，但它不能表示其他截面处的同一量值的变化情形。

18.3　影响线的应用

18.3.1　求支座反力和内力

前面讨论了简支梁影响线的绘制方法，现讨论如何利用某量值的影响线来求出当位置确定的若干集中荷载或分布荷载作用下该量值的大小。

1. 集中荷载情况

先讨论集中荷载的影响线。图 18-4(a) 所示简支梁截面C的剪力影响线如图 18-4(b) 所示。设有一组集中荷载P_1、P_2、P_3作用于梁上，需求出截面C的剪力。此时可利用已作出的Q_C影响线，设在荷载作用点处影响线的竖标依次为y_1、y_2、y_3，根据叠加原理可知这组荷载作用下截面C的剪力为

$$Q_C = P_1y_1 + P_2y_2 + P_3y_3$$

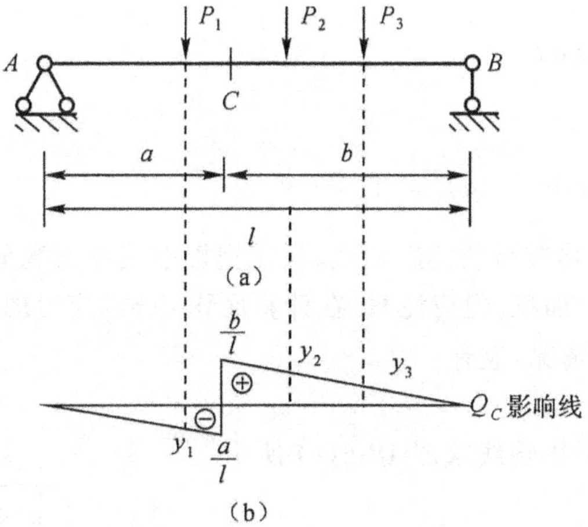

图 18-4

由此可知，当绘出结构的某一量值S(支座反力、剪力或弯矩等) 的影响线时，则可知在一组竖向的集中荷载作用下该量值为

$$S = P_1y_1 + P_2y_2 + \cdots + P_ny_n = \sum P_iy_i \tag{18-1}$$

式中y_i为P_i作用点处相应的影响线的竖标。

2. 分布荷载情况

图 18-5(a) 所示的分布荷载q_x，将分布荷载沿其长度分为许多无限小的微段$\mathrm{d}x$，由于每一微段上的荷载$q_x\mathrm{d}x$可作为一集中荷载，故在mn区段内的分布荷载对量值Q_C的影响可用下式表达：

$$Q_C = \int_{x_m}^{x_n} q_xy_x\mathrm{d}x$$

若 q_x 为均布荷载(如图 18-6(b) 所示),即当 $q_x = q$ 时,则上式变为

$$Q_C = q\int_{x_m}^{x_n} y_x \mathrm{d}x = qw$$

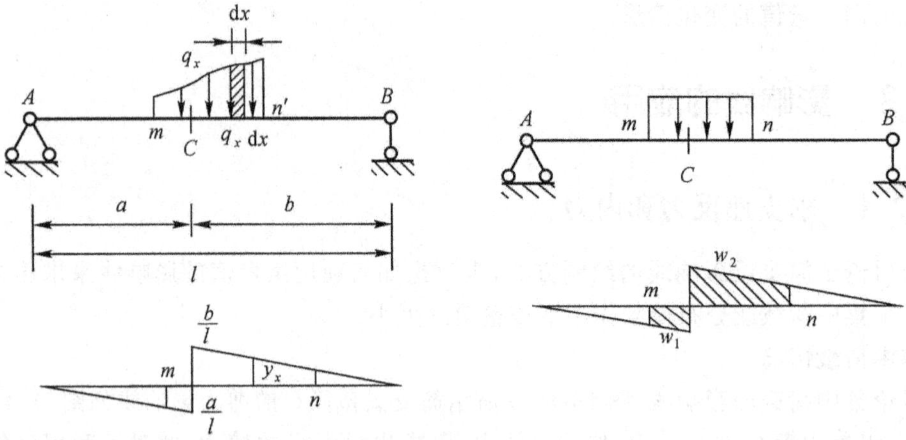

(a) Q_C 影响线　　(b) Q_C 影响线

图 18-5

式中,w 表示影响线在荷载分布范围 mn 内的面积。上述两式适用于任一量值 S 的影响线,写成一般形式为

$$S = \int_{x_m}^{x_n} q_x y_x \mathrm{d}x \tag{18-2}$$

当 $q_x = q$ 时

$$S = q\int_{x_m}^{x_n} y_x \mathrm{d}x = qw \tag{18-3}$$

由上可见,为了求得均布荷载的影响线,只需把影响线在荷载分布范围内的面积求出,再以荷载集度 q 乘以这个面积。但应注意,在计算面积 w 时,应考虑影响线的正、负符号。例如,对于图 18-5(b) 所示情况,应有

$$w = w_2 - w_1$$

例 18-1 试利用 Q_C 影响线求图 18-6(a) 所示简支梁的 Q_C 值。

解 首先 Q_C 作出影响线如图 18-6(b) 所示,并算出有关竖标值。其次,按叠加原理可得

$$Q_C = py_D + qw = 20 \times 0.4 + 10 \times \left(\frac{0.6+0.2}{2} \times 2 - \frac{0.2+0.4}{2} \times 1\right) = 8 + 5 = 13(\mathrm{kN})$$

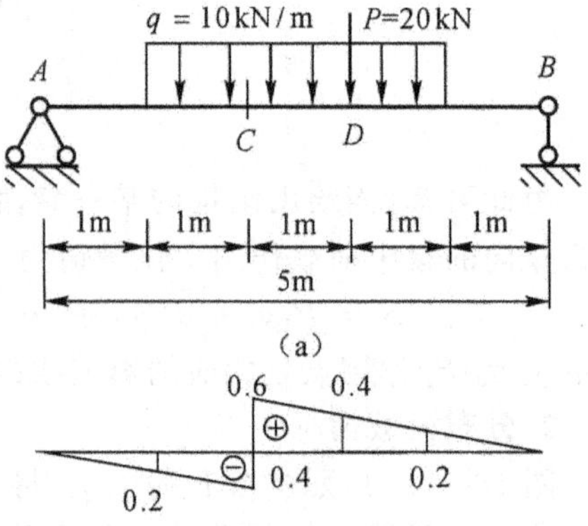

(a)

(b) Q_C 影响线

图 18-6

18.3.2 最不利荷载位置

在移动荷载作用下,结构上的各种量值 S(支座反力、剪力或弯矩等)一般都随荷载位置的变化而变化。在结构设计中,需要求出量值 S 的最大值 S_{max}

作为设计的依据，所谓最大值包括最大正值和最大负值，对于最大负值有时也称为最小值 $S_{\min}$。而要解决这个问题就必须先确定使其发生最大值的最不利荷载位置，只要所求量值的最不利荷载位置一经确定，则其最大值即不难求得。因此，寻求某一量值的最大值的关键，就在于确定其最不利荷载位置。

对于可动均布荷载，由于它可以任意连续地布置，故最不利荷载位置是容易确定的。从式(18-3)可知：当均布荷载布满对应影响线正号面积部分时，则量值 S 将有最大值 $S_{\max}$；反之，当均布荷载布满对应影响线负号面积部分时，则量值 S 将有最小值 $S_{\min}$。例如，求图 18-7(a) 所示简支梁中截面 K 的剪力最大值 $Q_{K(\max)}$ 和 $Q_{K(\min)}$ 相应的最不利荷载位置，如图 18-7(c)、(d) 所示。

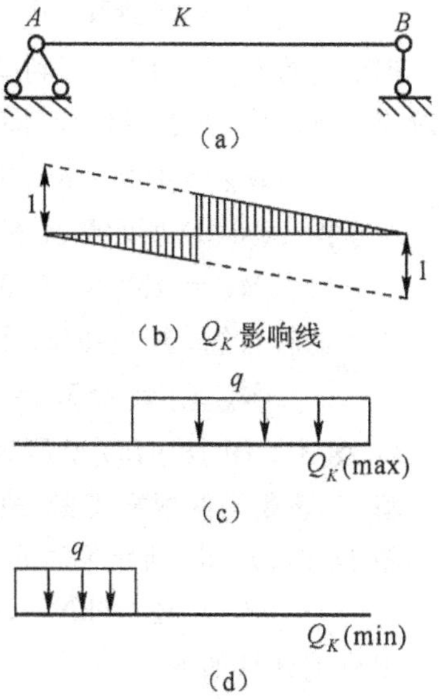

图 18-7

对于移动集中荷载，根据式(18-1)

$$S=\sum P_i y_i$$

可知，当 $\sum P_i y_i$ 为最大值时，则相应的荷载位置即为量值 S 的最不利荷载位置。由此推断，最不利荷载位置必然发生在荷载密集于影响线竖标最大处，并且可进一步论证必有一集中荷载作用于影响线顶点。为了分析方便，通常将这一位于影响线顶点的集中荷载称为临界荷载。

例 18-2　试求图 18-8(a) 所示简支梁在图示吊车荷载作用下截面 K 的最大弯矩。

解　先作出 M_K 的影响线如图 18-8(b) 所示。

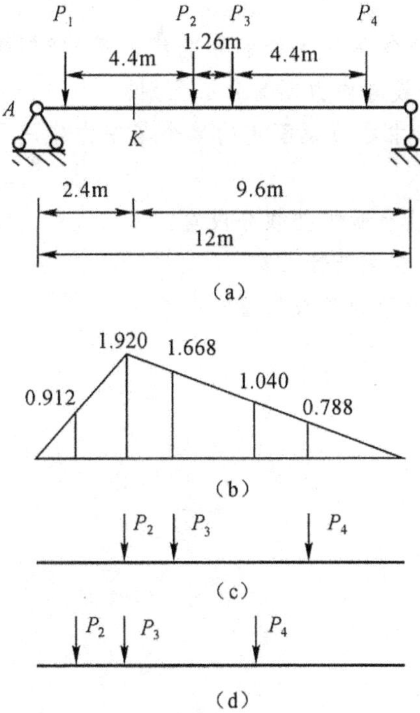

图 18-8

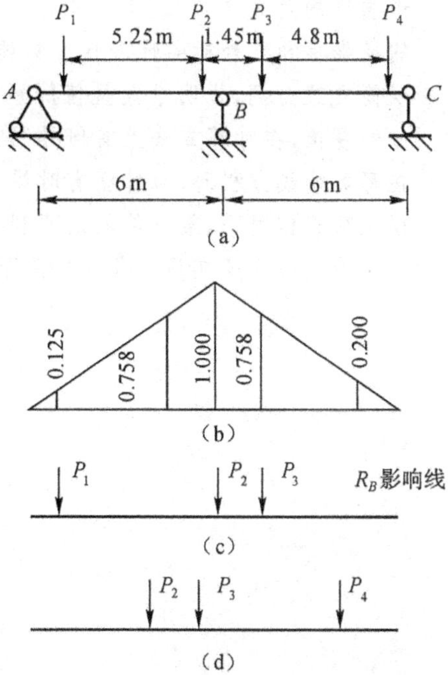

图 18-9

$P_1 = 152\text{kN} \quad P_2 = 152\text{kN} \quad P_3 = 152\text{kN} \quad P_4 = 152\text{kN}$

据前述推断，M_K 的最不利荷载位置将有如图 18-8(c)、(d) 所示两种可能情况，分别计算对应的 M_K 值，并加以比较，即可得出 M_K 的最大值。对于图 18-8(c) 所示情况有

$$M_K = 152 \times (1.920 + 1.668 + 0.788) = 665.15(\text{kN} \cdot \text{m})$$

对于图 18-8(d) 所示情况有

$$M_K = 152 \times (0.912 + 1.920 + 1.040) = 588.54(\text{kN} \cdot \text{m})$$

二者比较可知，图 18-9(c) 所示为 M_K 的最不利荷载位置。此时

$$M_{K(\max)} = 665.15(\text{kN} \cdot \text{m})$$

例 18-3 图 18-9(a) 所示为吊车荷载作用下的两跨静定梁，试求支座 B 的最大反力。

解 该梁为两根简支梁，故可作出如图 18-9(b) 所示的 R_B 影响线。其最不利荷载位置有如图 18-9(c)、(d) 所示两种可能情况。

$P_1 = 426.6\text{kN} \quad P_2 = 426.6\text{kN} \quad P_3 = 289.3\text{kN} \quad P_4 = 289.3\text{kN}$

现分别计算如下。

考虑图 18-9(c) 所示情况有

$$R_B = 426.6 \times (0.125 + 1.000) + 289.3 \times 0.758 = 699.22(\text{kN})$$

再考虑图 18-9(d) 所示情况有

$$R_B = 426.6 \times 0.758 + 289.3 \times (1.000 + 0.200) = 670.52(\text{kN})$$

二者比较可知，图 18-9(c) 所示的荷载情况为最不利荷载位置，相应有

$$R_{B(\max)} = 699.22\text{kN}$$

思考题

18-1 影响线的定义是什么？为什么取单位集中荷载作用作为绘制影响线的基础？影响线的横坐标和纵坐标各代表什么物理意义？影响线与内力图有什么区别？

18-2 以简支梁为例，说明求某量值的影响线方程与求在位置固定的单个集中力作用下相应的量值，在计算方法上有何异同？

18-3 在写影响线方程时，为什么有时候全梁写一段？有时候必须分段写？

18-4 梁在荷载作用下，某量值的最不利荷载位置的含义是什么？

18-5 如何确定静定梁在吊车荷载作用下某量值的最不利荷载位置？

习　题

18-1　绘出题 18-1 图所示悬臂梁的 R_A、M_A、Q_C、M_C 影响线。

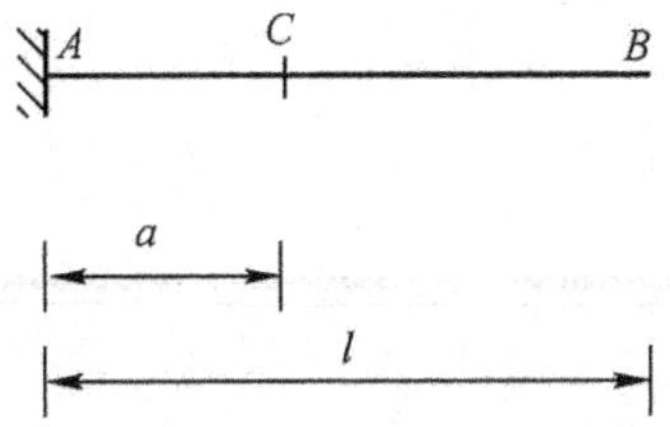

题 18-1 图

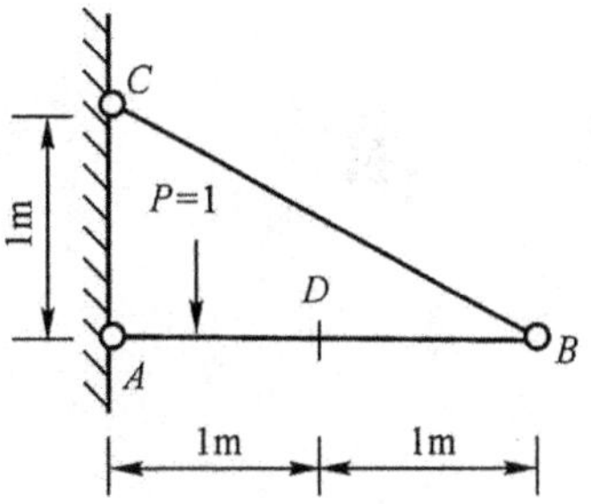

题 18-2 图

18-2　绘出题 18-2 图所示结构横梁 AB 的 M_D 和 Q_D 的影响线。

18-3　绘出题 18-3 图所示静定梁的 M_A、R_B、Q_D、$Q_{B左}$、$Q_{B右}$ 影响线。

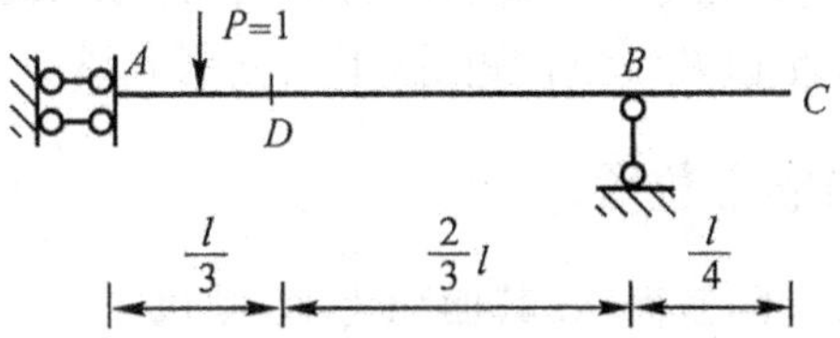

题 18-3 图

18-4　对题 18-4 图所示荷载作用下的外伸梁，试分别利用其 Q_C、M_C 影响线求截面 C 的剪力和弯矩。

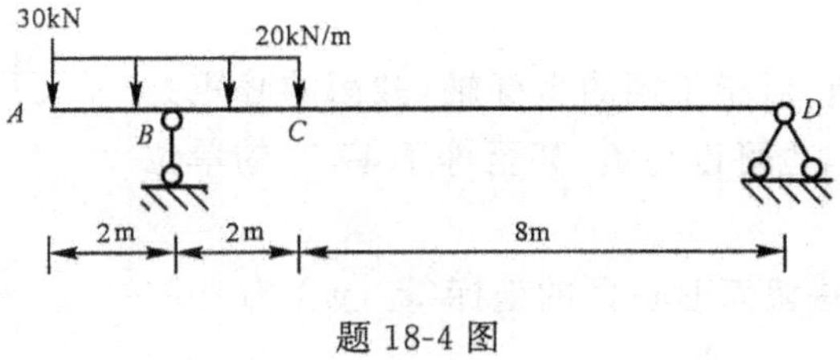

题 18-4 图

18-5　试求题 18-5 图所示简支梁在移动荷载作用下的 R_A、M_C、Q_C 的最大值。

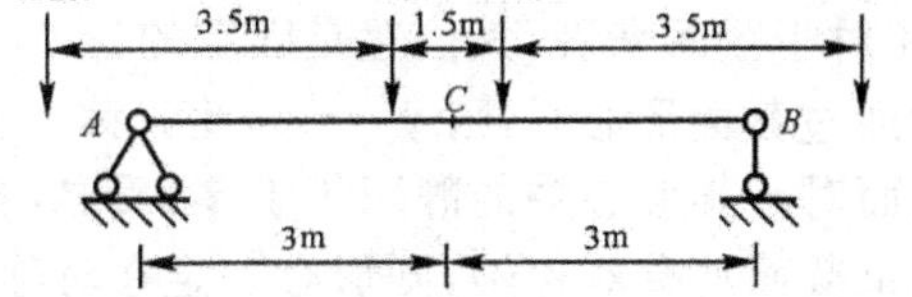

题 18-5 图

附　　录

附录 I　截面的几何性质

杆件在荷载作用下的应力和变形计算，需要用到杆件截面的几何特征量。这些量主要包括面积、静矩、惯性矩、惯性积以及极惯性矩等，下面分别介绍。

I.1　截面静矩和形心位置

图 I-1 表示一任意形状的截面，设其面积为 A，则以下积分

$$S_x = S_{\Omega} y\mathrm{d}A \quad S_y = \int_{\Omega} x\mathrm{d}A \tag{I-1}$$

分别称为该截面对 x 轴的静矩和对 y 轴的静矩，其中 Ω 表示截面的整个区域。

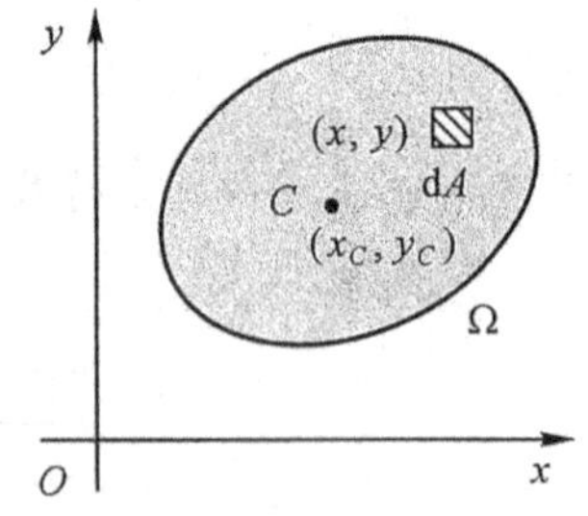

图 I-1

静矩也称为一次矩。对于不同的坐标轴，截面的静矩是不同的。静矩可以为正，也可以为负，甚至等于零。它的单位为 m^3 或者 mm^3。

利用静矩，可以求得截面形心 C 的坐标(x_C, y_C)为

$$x_C = \frac{S_y}{A}, y_C = \frac{S_x}{A} \tag{I-2}$$

注意形心的 x 坐标是利用截面对 y 轴的静矩求得的。显然对于不同的坐标轴，x_C 和 y_C 的值也是不同的。但是截面形心相对于截面来讲，其位置是固定的。

如果上面建立的 x 轴通过截面形心 C，则 $y_C = 0$，此时称 x 轴为形心轴。根据式(I-2)，此时 $S_x = 0$。由此可见，截面对于其形心轴的静矩等于零；反之，若截面对于某一轴的静矩为零，则该轴必为形心轴。如果截面具有对称轴，则形心一定在对称轴上，亦即对称轴必定是形心轴；但形心轴不一定是对称轴。

若截面可以划分为几个具有简单几何形状的区域，则可以利用下式来计算截面的静矩：

$$\begin{aligned} S_x &= \int_{\Omega} y\mathrm{d}A = \int_{\Omega_1} y\mathrm{d}A + \int_{\Omega_2} y\mathrm{d}A + \cdots + \int_{\Omega_n} y\mathrm{d}A \\ &= S_{x1} + S_{x2} + \cdots + S_{xn} = A_1 x_{C1} + A_2 x_{C2} + \cdots + A_n x_{Cn} \\ &= \sum_{i=1}^{n} A_i x_{Ci} \end{aligned} \tag{I-3a}$$

同理有

$$S_y = \sum_{i=1}^{n} A_i y_{Ci} \tag{Ⅰ-3b}$$

式中 Ω_i 表示某一简单图形的区域，$\Omega = \Omega_1 + \Omega_2 + \cdots \Omega_n$。$n$ 为组成截面的简单图形的数目。A_i 和 x_{Ci}、y_{Ci} 分别为某个简单图形的面积和形心坐标，它们均为已知。

利用式（Ⅰ-3a）和（Ⅰ-3b），可以求出组合截面的形心坐标：

$$x_C = \frac{\sum_{i=1}^{n} A_i x_{Ci}}{\sum_{i=1}^{n} A_i},\ y_C = \frac{\sum_{i=1}^{n} A_i y_{Ci}}{\sum_{i=1}^{n} A_i} \tag{Ⅰ-4}$$

例 Ⅰ-1　计算图 Ⅰ-2 所示三角形截面对其底边的静矩以及形心离底边的距离。

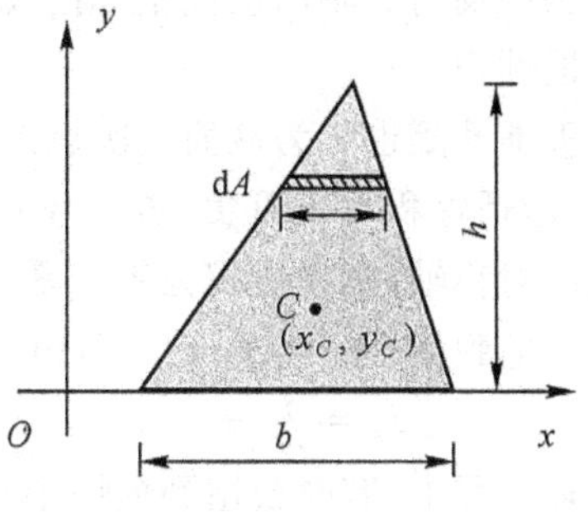

图 Ⅰ-2

解　取面积元如图所示，于是

$$\mathrm{d}A = b_y \cdot \mathrm{d}y = \frac{h-y}{h} \cdot b \cdot \mathrm{d}y$$

根据式（Ⅰ-1），有

$$\begin{aligned} S_x &= \int_{\Omega} y \mathrm{d}A = \int_0^h y \cdot \frac{h-y}{h} \cdot b \cdot \mathrm{d}y \\ &= \frac{b}{h} \int_0^h (h \cdot y - y^2) \cdot \mathrm{d}y \\ &= \frac{b}{h} \cdot \left(\frac{hy^2}{2} - \frac{y^3}{3}\right)\Bigg|_0^h = \frac{bh^2}{6} \end{aligned}$$

形心离底边距离

$$y_C = \frac{S_x}{A} = \frac{bh^2}{6}\frac{2}{bh} = \frac{h}{3}$$

例 Ⅰ-2　计算图 Ⅰ-3 所示 T 形截面形心高度 y_C 以及上翼板对与 x 轴平行的形心轴的静矩。

解　T 形截面左右对称，它的形心 C 必定在这个对称轴上。为了求形心高度 y_C，可以把 T 形截面划分成两个矩形，如图所示。它们的面积和形心位置均已知，根据式（Ⅰ-4），有

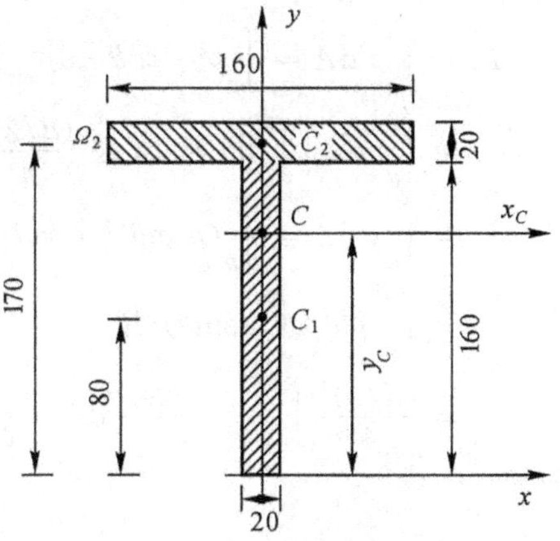

图 Ⅰ-3　（单位：cm）

$$\begin{aligned} y_C &= \frac{\sum_{i=1}^{n} A_i y_{Ci}}{\sum_{i=1}^{n} A_i} \\ &= \frac{160 \times 20 \times 80 + 160 \times 20 \times 170}{160 \times 20 + 160 \times 20} \\ &= 125(\mathrm{cm}) = 1250(\mathrm{mm}) \end{aligned}$$

T 形截面上翼板即 Ω_2 部分，它对 x_C 轴的静矩为

$$\begin{aligned} S &= A_2 y'_C = 160 \times 20 \times (170 - 125) = 144000(\mathrm{cm}^3) \\ &= 1.44 \times 10^8(\mathrm{mm}^3) \end{aligned}$$

Ⅰ.2　极惯性矩·惯性矩·惯性积

某截面的形状任意，如图 Ⅰ-4 所示。定义积分

$$I_p = \int_\Omega \rho^2 \mathrm{d}A \tag{Ⅰ-5}$$

为整个截面对坐标原点 O 点的极惯性矩。式中 ρ 为面积元 $\mathrm{d}A$ 与 O 点的距离，即极径；Ω 表示截面的整个区域。

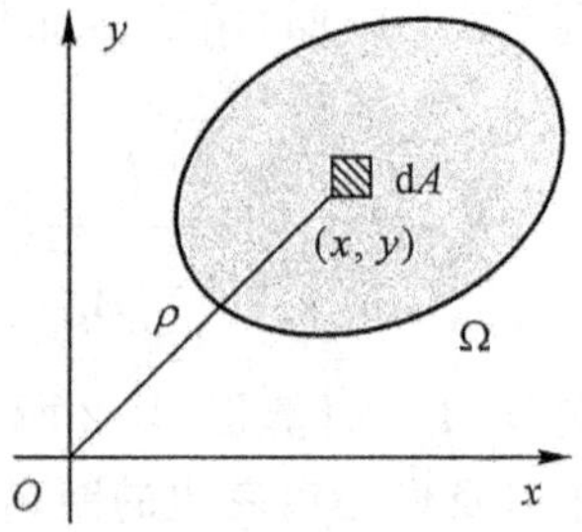

图 Ⅰ-4

定义下列积分

$$I_x = \int_\Omega y^2 \mathrm{d}A, I_y = \int_\Omega x^2 \mathrm{d}A, I_{xy} = \int_\Omega xy \mathrm{d}A \tag{Ⅰ-6}$$

分别为截面对 x 轴的惯性矩、对 y 轴的惯性矩以及对 x、y 两轴的惯性积。

极惯性矩也称为截面二次极矩。极惯性矩和惯性矩恒为正值，但惯性积可正可负。若 x、y 两坐标轴中至少有一个为截面的对称轴，则惯性积恒等于零。这四个量的单位均为 m^4 或者 mm^4。

考虑到极径 $\rho^2 = x^2 + y^2$，因此

$$I_p = I_x + I_y \tag{Ⅰ-7}$$

在工程中，有时会用到惯性半径的概念，它们的定义如下：

$$i_x = \sqrt{\frac{I_x}{A}}, i_y = \sqrt{\frac{I_y}{A}} \tag{Ⅰ-8}$$

式中 A 为截面的面积。惯性半径的单位为 m 或者 mm。

例 Ⅰ-3　计算图 Ⅰ-5 所示圆形截面对其形心轴的极惯性矩、惯性矩、惯性积以及惯性半径。

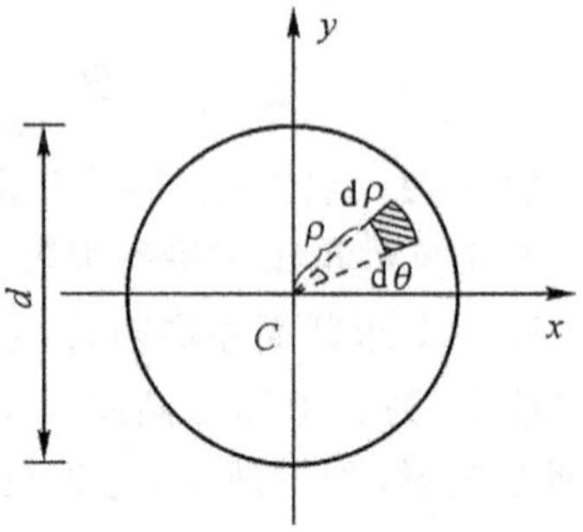

图 Ⅰ-5

解　根据式(Ⅰ-5)和(Ⅰ-6)，有

$$I_p = \int_\Omega \rho^2 \mathrm{d}A = \int_\Omega \rho^2 \cdot \rho \mathrm{d}\theta \cdot \mathrm{d}\rho$$

$$= \int_0^{d/2} \rho^3 \mathrm{d}\rho \int_0^{2\pi} \mathrm{d}\theta = 2\pi \times \frac{(d/2)^4}{4} = \frac{\pi}{32} d^4$$

$$I_x = \int_\Omega y^2 \mathrm{d}A = \int_\Omega (\rho \sin\theta)^2 \cdot \rho \mathrm{d}\theta \cdot \mathrm{d}\rho$$

$$= \int_0^{d/2} \rho^3 \mathrm{d}\rho \int_0^{2\pi} (\sin\theta)^2 \mathrm{d}\theta$$

$$= \frac{(d/2)^4}{4} \int_0^{2\pi} \frac{1 - \cos 2\theta}{2} \mathrm{d}\theta = \frac{\pi}{64} d^4$$

同理

$$I_y = \frac{\pi}{64} d^4$$

于是

$$I_x + I_y = \frac{\pi}{32} d^4 = I_p$$

惯性积

$$I_{xy} = \int_\Omega xy \mathrm{d}A = \int_\Omega \rho \cos\theta \cdot \rho \sin\theta \cdot \rho \mathrm{d}\theta \cdot \mathrm{d}\rho$$

$$= \int_0^{d/2} \rho^3 d\rho \int_0^{2\pi} \sin\theta\cos\theta d\theta = \frac{(d/2)^4}{4} \int_0^{2\pi} \frac{\sin 2\theta}{2} d\theta = 0$$

由于圆具有对称轴，因此 $I_{xy} = 0$。

惯性半径

$$i_x = \sqrt{\frac{I_x}{A}} = \sqrt{\frac{\frac{\pi}{64}d^4}{\frac{\pi}{4}d^2}} = \frac{d}{4}$$

同理

$$i_y = \frac{d}{4}$$

Ⅰ.3　惯性矩的平行移轴公式·组合截面的惯性矩

如图 Ⅰ-6 所示，x_C 轴为某任意截面的形心轴，$I_x^{(C)}$ 为截面对 x_C 轴的惯性矩。x 轴与 x_C 轴平行，截面对 x 轴的惯性矩为 I_x。则以下式子成立：

$$I_x = I_x^{(C)} + d^2 A \tag{Ⅰ-9}$$

式中：d 为 x 轴与 x_C 轴之间的距离，A 为截面面积。式(Ⅰ-9)称为惯性矩的平行移轴公式，证明从略。

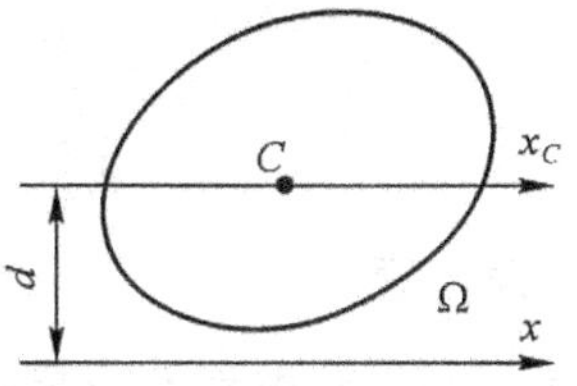

图 Ⅰ-6

由惯性矩的定义可以知道，组合截面对于某坐标轴的惯性矩等于截面各组成部分对于同一坐标轴的惯性矩之和。利用式(Ⅰ-9)，可以将截面各组成部分对不同轴的惯性矩转化成为对同一轴的惯性矩，从而求出组合截面的惯性矩。

例 Ⅰ-4　求图 Ⅰ-7 所示工字形截面对其图示形心轴的惯性矩。

解　工字形截面具有两根对称轴，因此它们都是形心轴。将工字形截面划分成三个矩形，如图所示。

矩形 Ω_1 对形心轴的惯性矩为

$$I_{x1} = \frac{20 \times 160^3}{12} = 6.83 \times 10^6 (\text{cm}^4)$$

$$I_{y1} = \frac{20^3 \times 160}{12} = 1.07 \times 10^5 (\text{cm}^4)$$

矩形 Ω_2 对形心轴的惯性矩为

$$I_{x2} = \frac{160 \times 20^3}{12} + 90^2 \times (160 \times 20) = 2.60 \times 10^7 (\text{cm}^4)$$

$$I_{y2} = \frac{20 \times 160^3}{12} = 6.83 \times 10^6 (\text{cm}^4)$$

同理，矩形 Ω_3 对形心轴的惯性矩为

$$I_{x3} = I_{x2} = 2.60 \times 10^7 \text{cm}^4$$

$$I_{y3} = I_{y2} = 6.83 \times 10^6 \text{cm}^4$$

因此，工字形截面对形心轴的惯性矩为

$$I_x = I_{x1} + I_{x2} + I_{x3} = 6.83 \times 10^6 \text{cm}^4 + 2.60 \times 10^7 \text{cm}^4 + 2.60 \times 10^7 \text{cm}^4$$
$$= 5.88 \times 10^7 \text{cm}^4$$

$$I_y = I_{y1} + I_{y2} + I_{y3} = 1.07 \times 10^5 \text{cm}^4 + 6.83 \times 10^6 \text{cm}^4 + 6.83 \times 10^6 \text{cm}^4 = 1.38 \times 10^7 \text{cm}^4$$

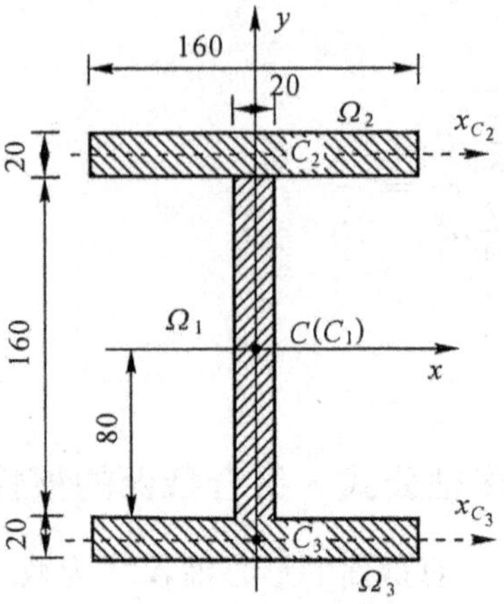

图 Ⅰ-7 （单位:cm）

思考题

Ⅰ-1　如果截面存在对称轴，则对称轴与截面的形心轴有什么关系？截面对其形心轴的静矩等于多少？截面对其对称轴的极惯性矩等于多少？

Ⅰ-2　极惯性矩与惯性矩有什么关系？

Ⅰ-3　何谓惯性矩的平行移轴公式？

习　题

Ⅰ-1　计算下列图形的形心位置、阴影部分对形心轴（与 x 轴平行）的静矩、整个图形对形心轴的惯性矩。

Ⅰ-2　计算下面图形的形心位置、图形对形心轴（与 x 轴平行）的惯性矩，并将结果与例 Ⅰ-4

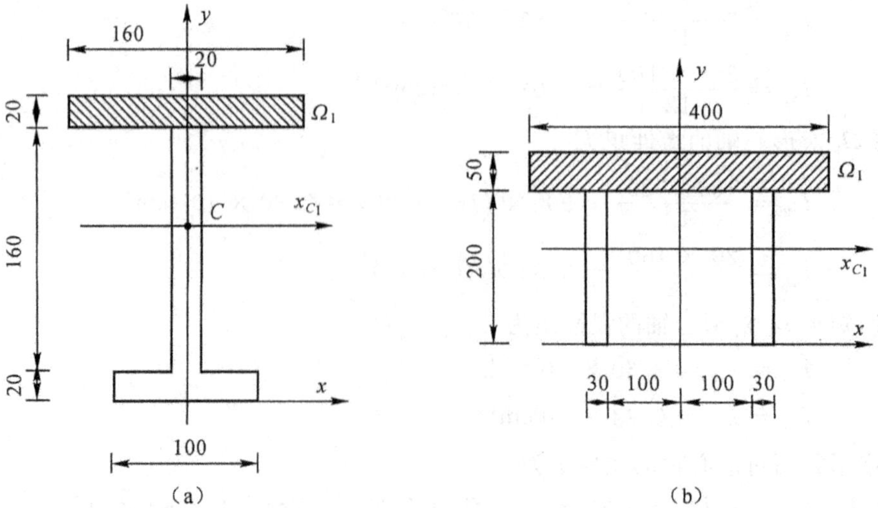

题 Ⅰ-1

比较，由此可以得出什么结论？

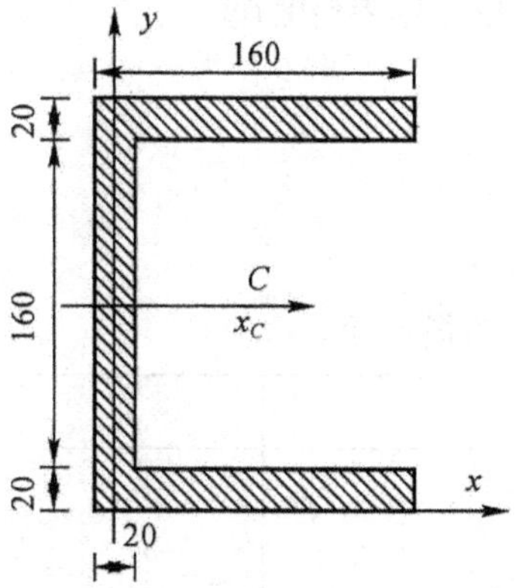

题 I -2

附录Ⅱ 常见截面的几何特征量

C:截面形心;

A:截面面积;

x_C、y_C:截面形心位置;

I_x、I_y:截面对 x 轴和对 y 轴的惯性矩。

截面形状	几何特征量
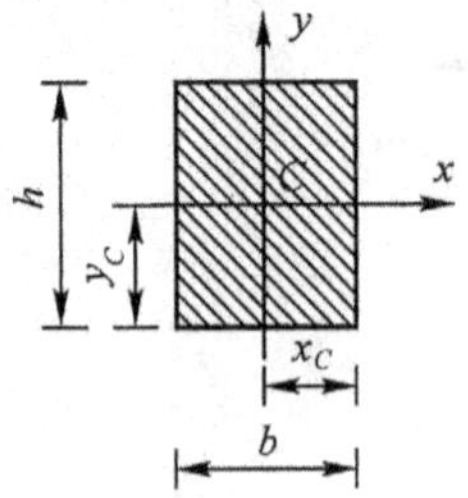	$x_C=\frac{b}{2}, y_C=\frac{h}{2}$ $A=bh$ $I_x=\frac{bh^3}{12}, I_y=\frac{b^3h}{12}$
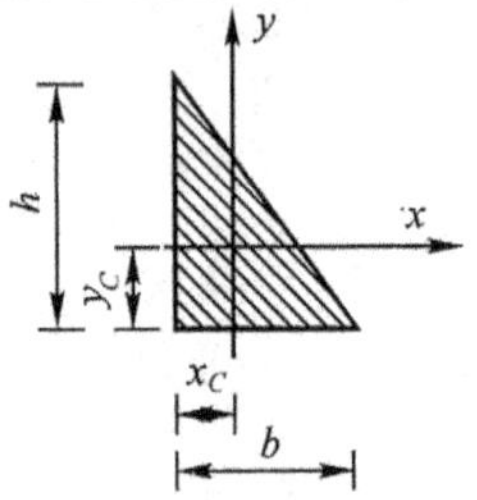	$x_C=\frac{b}{3}, y_C=\frac{h}{3}$ $A=\frac{bh}{2}$ $I_x=\frac{bh^3}{36}, I_y=\frac{b^3h}{36}$
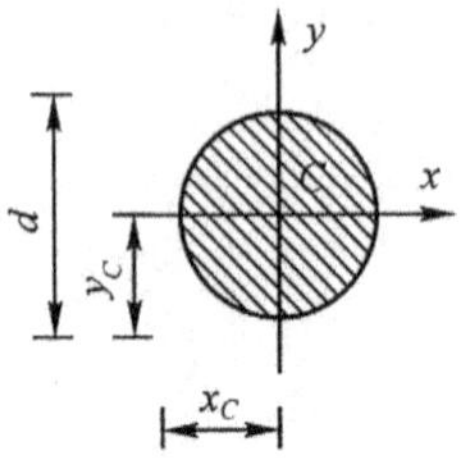	$x_C=\frac{d}{2}, y_C=\frac{d}{2}$ $A=\frac{\pi d^2}{4}$ $I_x=\frac{\pi d^4}{64}, I_y=\frac{\pi d^4}{64}$
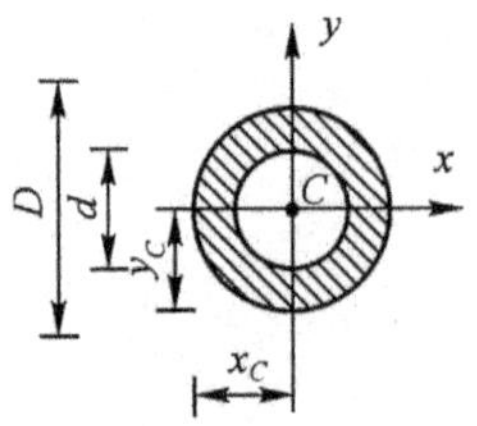	$x_C=\frac{D}{2}, y_C=\frac{D}{2}$ $A=\frac{\pi(D^2-d^2)}{4}$ $I_x=\frac{\pi(D^4-d^4)}{64}, I_y=\frac{\pi(D^4-d^4)}{64}$

续表

截面形状	几何特征量
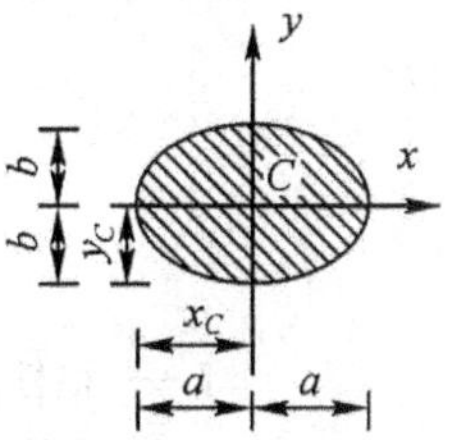	$x_C=a,y_C=b$ $A=\pi ad$ $I_x=\frac{\pi ab^3}{4},I_y=\frac{\pi a^3b}{4}$
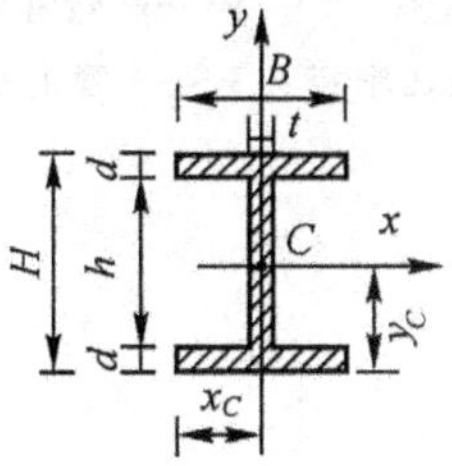	$x_C=\frac{B}{2},y_C=\frac{H}{2}$ $A=2Bd+ht$ $I_x=\frac{1}{12}[BH^3-(B-t)h^3]$

附录Ⅲ　型钢表

表 1　热轧等边角钢(GB 9787—88)

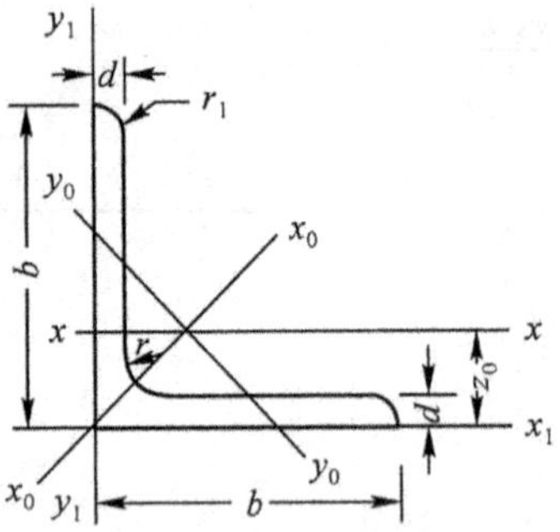

符号意义：

b——边宽度；　I——惯性矩；

d——边厚度；　i——惯性半径；

r——内圆弧半径；　W——弯曲截面系数；

r_1——边端内圆弧半径；　z_0——重心坐标；

角钢号数	尺寸mm			截面面积	理论重量	外表面积	参考数值										
							$x-x$			x_0-x_0			y_0-y_0			x_1-x_1	z_0
	b	d	r	cm^2	kg/m	m^2/m	I_x cm^4	i_x cm	W_x cm^3	I_{x0} cm^4	i_{x0} cm	W_{x0} cm^3	I_{y0} cm^4	i_{y0} cm	W_{y0} cm^3	I_{x1} cm^4	cm
2	20	3	3.5	1.132	0.889	0.078	0.40	0.59	0.29	0.63	0.75	0.45	0.17	0.39	0.20	0.81	0.60
	20	4	3.5	1.459	1.145	0.077	0.50	0.58	0.36	0.78	0.73	0.55	0.22	0.38	0.24	1.09	0.64
2.5	25	3	3.5	1.432	1.124	0.098	0.82	0.76	0.46	1.29	0.95	0.73	0.34	0.49	0.33	1.57	0.73
	25	4	3.5	1.859	1.459	0.097	1.03	0.74	0.59	1.62	0.93	0.92	0.43	0.48	0.40	2.11	0.76
3.0	30	3	4.5	1.749	1.373	0.117	1.46	0.91	0.68	2.31	1.15	1.09	0.61	0.59	0.51	2.71	0.85
	30	4	4.5	2.276	1.786	0.117	1.84	0.90	0.87	2.92	1.13	1.37	0.77	0.58	0.62	3.63	0.89
3.6	36	3	4.5	2.109	1.656	0.141	2.58	1.11	0.99	4.09	1.39	1.61	1.07	0.71	0.76	4.68	1.00
	36	4	4.5	2.756	2.163	0.141	3.29	1.09	1.28	5.22	1.38	2.05	1.37	0.70	0.93	6.25	1.04
	36	5	4.5	3.382	2.654	0.141	3.95	1.08	1.56	6.24	1.36	2.45	1.65	0.70	1.09	7.84	1.07
4.0	40	3	5	2.359	1.852	0.157	3.59	1.23	1.23	5.69	1.55	2.01	1.49	0.79	0.96	6.41	1.09
	40	4	5	3.086	2.422	0.157	4.60	1.22	1.60	7.29	1.54	2.58	1.91	0.79	1.19	8.56	1.13
	40	5	5	3.791	2.976	0.156	5.53	1.21	1.96	8.76	1.52	3.01	2.30	0.78	1.39	10.74	1.17
4.5	45	3	5	2.659	2.088	0.177	5.17	1.40	1.58	8.20	1.76	2.58	2.14	0.90	1.24	9.12	1.22
	45	4	5	3.486	2.736	0.177	6.65	1.38	2.05	10.56	1.74	3.32	2.75	0.89	1.54	12.18	1.26
	45	5	5	4.292	3.369	0.176	8.04	1.37	2.51	12.74	1.72	4.00	3.33	0.88	1.81	15.25	1.30
	45	6	5	5.076	3.985	0.176	9.33	1.36	2.95	14.76	1.70	4.64	3.89	0.88	2.06	18.36	1.33
5	50	3	5.5	2.971	2.332	0.197	7.18	1.55	1.96	11.37	1.96	3.22	2.98	1.00	1.57	12.50	1.34
	50	4	5.5	3.897	3.059	0.197	9.26	1.54	2.56	14.70	1.94	4.16	3.82	0.99	1.96	16.69	1.38
	50	5	5.5	4.803	3.770	0.196	11.21	1.53	3.13	17.79	1.92	5.03	4.64	0.98	2.31	20.90	1.42
	50	6	5.5	5.688	4.465	0.196	13.05	1.51	3.68	20.68	1.91	5.85	5.42	0.98	2.63	25.14	1.46

续表

角钢号数	尺寸mm			截面面积	理论重量	外表面积	参考数值										
							$x-x$			x_0-x_0			y_0-y_0			x_1-x_1	z_0
	b	d	r	cm^2	kg/m	m^2/m	I_x cm^4	i_x cm	W_x cm^3	I_{x0} cm^4	i_{x0} cm	W_{x0} cm^3	I_{y0} cm^4	i_{y0} cm	W_{y0} cm^3	I_{x1} cm^4	cm
5.6	56	3	6	3.343	2.624	0.221	10.19	1.75	2.48	16.14	2.20	4.08	4.24	1.13	2.02	17.56	1.48
	56	4	6	4.390	3.446	0.220	13.18	1.73	3.24	20.92	2.18	5.28	5.46	1.11	2.52	23.43	1.53
	56	5	6	5.415	4.251	0.220	16.02	1.72	3.97	25.42	2.17	6.42	6.61	1.10	2.98	29.33	1.57
	56	8	7	8.367	6.568	0.219	23.63	1.68	6.03	37.37	2.11	9.44	9.89	1.09	4.16	47.24	1.68
6.3	63	4	7	4.978	3.907	0.248	19.03	1.96	4.13	30.17	2.46	6.78	7.89	1.26	3.29	33.35	1.70
	63	5	7	6.143	4.822	0.248	23.17	1.94	5.08	36.77	2.45	8.25	9.57	1.25	3.90	41.73	1.74
	63	6	7	7.288	5.721	0.247	27.12	1.93	6.00	43.03	2.43	9.66	11.20	1.24	4.46	50.14	1.78
	63	8	7	9.515	7.469	0.247	34.46	1.90	7.75	54.56	2.40	12.25	14.33	1.23	5.47	67.11	1.85
	63	10	7	11.657	9.151	0.246	41.09	1.88	9.39	64.85	2.36	14.56	17.33	1.22	6.36	84.31	1.93
7	70	4	8	5.570	4.372	0.275	26.39	2.18	5.14	41.80	2.74	8.44	10.99	1.40	4.17	45.74	1.86
	70	5	8	6.875	5.397	0.275	32.21	2.16	6.32	51.08	2.73	10.32	13.34	1.39	4.95	57.21	1.91
	70	6	8	8.160	6.406	0.275	37.77	2.15	7.48	59.93	2.71	12.11	15.61	1.38	5.67	68.73	1.95
	70	7	8	9.424	7.398	0.275	43.09	2.14	8.59	68.35	2.69	13.81	17.82	1.38	6.34	80.29	1.99
	70	8	8	10.667	8.373	0.274	48.17	2.12	9.68	76.37	2.68	15.43	19.98	1.37	6.98	91.92	2.03
7.5	75	5	9	7.367	5.818	0.295	39.97	2.33	7.32	63.30	2.92	11.94	16.63	1.50	5.77	70.56	2.04
	75	6	9	8.797	6.905	0.294	46.95	2.31	8.64	74.38	2.90	14.02	19.51	1.49	6.67	84.55	2.07
	75	7	9	10.160	7.976	0.294	53.57	2.30	9.93	84.96	2.89	16.02	22.18	1.48	7.44	98.71	2.11
	75	8	9	11.503	9.030	0.294	59.96	2.28	11.20	95.07	2.88	17.93	24.86	1.47	8.19	112.97	2.15
	75	10	9	14.126	11.089	0.293	71.98	2.26	13.64	113.92	2.84	21.48	30.05	1.46	9.56	141.71	2.22
8	80	5	9	7.912	6.211	0.315	48.79	2.48	8.34	77.33	3.13	13.67	20.25	1.60	6.66	85.36	2.15
	80	6	9	9.397	7.376	0.314	57.35	2.47	9.87	90.98	3.11	16.08	23.72	1.59	7.65	102.50	2.19
	80	7	9	10.860	8.525	0.314	65.58	2.46	11.37	104.07	3.10	18.40	27.09	1.58	8.58	119.70	2.23
	80	8	9	12.303	9.658	0.314	73.49	2.44	12.83	116.60	3.08	20.61	30.39	1.57	9.46	136.97	2.27
	80	10	9	15.126	11.874	0.313	88.43	2.42	15.64	140.09	3.04	24.76	36.77	1.56	11.08	171.74	2.35
9	90	6	10	10.637	8.350	0.354	82.77	2.79	12.61	131.26	3.51	20.63	34.28	1.80	9.95	145.87	2.44
	90	7	10	12.301	9.656	0.354	94.83	2.78	14.54	150.47	3.50	23.64	39.18	1.78	11.19	170.30	2.48
	90	8	10	13.944	10.946	0.353	106.47	2.76	16.42	168.97	3.48	26.55	43.97	1.78	12.35	194.80	2.52
	90	10	10	17.167	13.476	0.353	128.58	2.74	20.07	203.90	3.45	32.04	53.26	1.76	14.52	244.07	2.59
	90	12	10	20.306	15.940	0.352	149.22	2.71	23.57	236.21	3.41	37.12	62.22	1.75	16.49	293.77	2.67
10	100	6	12	11.932	9.366	0.393	114.95	3.01	15.68	181.98	3.90	25.74	47.92	2.00	12.69	200.07	2.67
	100	7	12	13.796	10.830	0.393	131.86	3.09	18.10	208.97	3.89	29.55	54.74	1.99	14.26	233.54	2.71
	100	8	12	15.638	12.276	0.393	148.24	3.08	20.47	235.07	3.88	33.24	61.41	1.98	15.75	267.09	2.76
	100	10	12	19.261	15.120	0.392	179.51	3.05	25.06	284.68	3.84	40.26	74.35	1.96	18.54	334.48	2.84
	100	12	12	22.800	17.898	0.391	208.90	3.03	29.48	330.95	3.81	46.80	86.84	1.95	21.08	402.34	2.91
	100	14	12	26.256	20.611	0.391	236.53	3.00	33.73	374.06	3.77	52.90	99.00	1.94	23.44	470.75	2.99
	100	16	12	29.627	23.257	0.390	262.53	2.98	37.82	414.16	3.74	58.57	110.89	1.93	25.63	539.80	3.06

续表

角钢号数	尺寸mm			截面面积	理论重量	外表面积	参考数值										
							$x-x$			x_0-x_0			y_0-y_0			x_1-x_1	z_0
	b	d	r	cm^2	kg/m	m^2/m	I_x cm^4	i_x cm	W_x cm^3	I_{x0} cm^4	i_{x0} cm	W_{x0} cm^3	I_{y0} cm^4	i_{y0} cm	W_{y0} cm^3	I_{x1} cm^4	cm
11	110	7	12	15.196	11.928	0.433	177.16	3.41	22.05	280.94	4.30	36.12	73.38	2.20	17.51	310.64	2.96
	110	8	12	17.238	13.532	0.433	199.46	3.40	24.95	316.49	4.28	40.69	82.42	2.19	19.39	355.21	3.01
	110	10	12	21.261	16.690	0.432	242.19	3.38	30.60	384.39	4.25	49.42	99.98	2.17	22.91	444.65	3.09
	110	12	12	25.200	19.782	0.431	282.55	3.35	36.05	448.17	4.22	57.62	116.93	2.15	26.15	534.6	3.16
	110	14	12	29.056	22.809	0.431	320.71	3.32	41.31	508.10	4.18	65.31	133.40	2.14	29.14	625.16	3.24
12.5	125	8	14	19.750	15.504	0.492	297.03	3.88	32.52	470.89	4.88	53.38	123.16	2.50	25.86	521.01	3.37
	125	10	14	24.373	19.133	0.491	361.67	3.85	39.97	573.89	4.85	64.93	149.46	2.48	30.62	651.93	3.45
	125	12	14	28.912	22.696	0.491	423.16	3.83	41.17	671.44	4.82	75.96	174.88	2.46	35.03	783.42	3.53
	125	14	14	33.367	26.193	0.490	481.65	3.80	54.16	763.73	4.78	86.41	199.57	2.45	39.13	915.61	3.61
14	140	10	14	27.373	21.488	0.551	514.65	4.34	50.58	817.27	5.46	82.56	212.04	2.78	39.20	915.11	3.82
	140	12	14	32.512	25.522	0.551	603.68	4.31	59.80	958.79	5.43	96.85	248.57	2.77	45.02	1099.28	3.90
	140	14	14	37.567	29.490	0.550	688.81	4.28	68.75	1093.56	5.40	110.47	284.06	2.75	50.45	1284.22	3.98
	140	16	14	42.539	33.393	0.549	770.24	4.26	77.46	1221.81	5.36	123.42	318.67	2.74	55.55	1470.07	4.06
16	160	10	16	31.502	24.729	0.630	779.53	4.98	66.70	1237.30	6.27	109.36	321.76	3.20	52.76	1365.33	4.31
	160	12	16	37.441	29.391	0.630	916.58	4.95	78.98	1455.68	6.24	128.67	377.49	3.18	60.74	1639.57	4.39
	160	14	16	43.296	33.987	0.629	1048.36	4.92	90.95	1665.02	6.20	147.17	431.70	3.16	68.24	1914.68	4.47
	160	16	16	49.067	38.518	0.629	1175.08	4.89	102.63	1865.57	6.17	164.89	484.59	3.14	75.31	2190.82	4.55
18	180	12	16	42.241	33.159	0.710	1321.35	5.59	100.82	2100.10	7.05	165.00	542.61	3.58	78.41	2332.80	4.89
	180	14	16	48.896	38.388	0.709	1514.48	5.56	116.25	2407.42	7.02	189.14	625.53	3.56	88.38	2723.48	4.97
	180	16	16	55.467	43.542	0.709	1700.99	5.54	131.35	2703.37	6.98	212.40	698.60	3.55	97.83	3115.29	5.05
	180	18	16	61.955	48.634	0.708	1875.12	5.50	145.64	2988.24	6.94	234.78	762.01	3.51	105.14	3502.43	5.13
20	200	14	18	54.642	42.894	0.788	2103.55	6.20	144.70	3343.26	7.82	236.40	863.83	3.98	111.82	3734.10	5.46
	200	16	18	62.013	48.680	0.788	2366.15	6.18	163.65	3760.89	7.79	265.93	971.41	3.96	123.96	4270.39	5.54
	200	18	18	69.301	54.401	0.787	2620.64	6.15	182.22	4164.54	7.75	294.48	1076.74	3.94	135.52	4808.13	5.62
	200	20	18	76.505	60.056	0.787	2867.30	6.12	200.42	4554.55	7.72	322.06	1180.04	3.93	146.55	5347.51	5.69
	200	24	18	90.661	71.168	0.785	3338.25	6.07	236.17	5294.97	7.64	374.41	1381.43	3.90	166.55	6457.16	5.87

注：截面图中的 $r_1=d/3$ 及表中 r 值的数据用于孔型设计，不作为交货条件。

表 2　热轧不等边角钢(GB 9788—88)

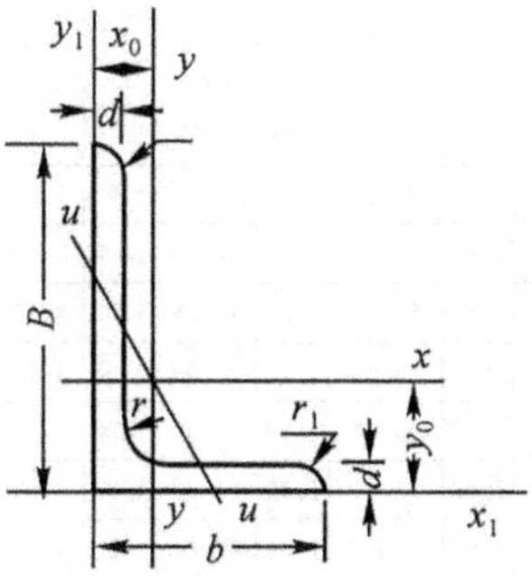

符号意义：

B——长边宽度；　I——惯性矩；
b——短边宽度；　i——惯性半径；
d——边厚度；　W——弯曲截面系数；
r——内圆弧半径；　x_0——形心坐标；
r_1——边端内圆弧半径；　y_0——形心坐标

角钢号数	尺寸 mm				截面面积 cm²	理论重量 kg/m	外表面积 m²/m	参考数值													
								x—x			y—y			x1—x1		y1—y1		u—u			
	B	b	d	r				I_x cm⁴	i_x cm	W_x cm³	I_y cm⁴	i_y cm	W_y cm³	I_{x1} cm⁴	y_0 cm	I_{y1} cm⁴	x_0 cm	I_u cm⁴	i_u cm	W_u cm³	tanα
2.5/1.6	25	16	3	3.5	1.162	0.912	0.080	0.70	0.78	0.43	0.22	0.44	0.19	1.56	0.86	0.43	0.42	0.14	0.34	0.16	0.392
	25	16	4	3.5	1.499	1.176	0.079	0.88	0.77	0.55	0.27	0.43	0.24	2.09	0.90	0.59	0.46	0.17	0.34	0.20	0.381
3.2/2	32	20	3	3.5	1.492	1.171	0.102	1.53	1.01	0.72	0.46	0.55	0.30	3.27	1.08	0.82	0.49	0.28	0.43	0.25	0.382
	32	20	4	3.5	1.939	1.522	0.101	1.93	1.00	0.93	0.57	0.54	0.39	4.37	1.12	1.12	0.53	0.35	0.42	0.32	0.374
4/2.5	40	25	3	4	1.890	1.484	0.127	3.08	1.28	1.15	0.93	0.70	0.49	6.39	1.32	1.59	0.59	0.56	0.54	0.40	0.386
	40	25	4	4	2.467	1.936	0.127	3.93	1.26	1.49	1.18	0.69	0.63	8.53	1.37	2.14	0.63	0.71	0.54	0.52	0.381
4.5/2.8	45	28	3	5	2.149	1.687	0.143	4.45	1.44	1.47	1.34	0.79	0.62	9.10	1.47	2.23	0.64	0.80	0.61	0.51	0.383
	45	28	4	5	2.806	2.203	0.143	5.69	1.42	1.91	1.7	0.78	0.80	12.13	1.51	3.00	0.68	1.02	0.60	0.66	0.38
5/3.2	50	32	3	5.5	2.431	1.908	0.161	6.24	1.6	1.84	2.02	0.91	0.82	12.49	1.60	3.31	0.73	1.20	0.70	0.68	0.404
	50	32	4	5.5	3.177	2.494	0.160	8.02	1.59	2.39	2.58	0.90	1.06	16.65	1.65	4.45	0.77	1.53	0.69	0.87	0.402
5.6/3.6	56	36	3	6	2.743	2.153	0.181	8.88	1.8	2.32	2.92	1.03	1.05	17.54	1.78	4.70	0.80	1.73	0.79	0.87	0.408
	56	36	4	6	3.590	2.818	0.180	11.25	1.79	3.03	3.76	1.02	1.37	23.39	1.82	6.33	0.85	2.23	0.79	1.13	0.408
	56	36	5	6	4.415	3.466	0.180	13.86	1.77	3.71	4.49	1.01	1.65	29.25	1.87	7.94	0.88	2.67	0.78	1.36	0.404
6.3/4	63	40	4	7	4.058	3.185	0.202	16.49	2.02	3.87	5.23	1.14	1.70	33.30	2.04	8.63	0.92	3.12	0.88	1.40	0.398
	63	40	5	7	4.993	3.920	0.202	20.02	2.00	4.74	6.31	1.12	2.71	41.63	2.08	10.86	0.95	3.76	0.87	1.71	0.396
	63	40	6	7	5.908	4.638	0.201	23.36	1.96	5.59	7.29	1.11	2.43	49.98	2.12	13.12	0.99	4.34	0.86	1.99	0.393
	63	40	7	7	6.802	5.339	0.201	26.53	1.98	6.40	8.24	1.10	2.78	58.07	2.15	15.47	1.03	4.97	0.86	2.29	0.389
7/4.5	70	45	4	7.5	4.547	3.570	0.226	23.17	2.26	4.86	7.55	1.29	2.17	45.92	2.24	12.26	1.02	4.40	0.98	1.77	0.410
	70	45	5	7.5	5.609	4.403	0.225	27.95	2.23	5.92	9.13	1.28	2.65	57.10	2.28	15.39	1.06	5.40	0.98	2.19	0.407
	70	45	6	7.5	6.647	5.218	0.225	32.54	2.21	6.95	10.62	1.26	3.12	68.35	2.32	18.58	1.09	6.35	0.98	2.59	0.404
	70	45	7	7.5	7.657	6.011	0.225	37.22	2.20	8.03	12.01	1.25	3.57	79.99	2.36	21.84	1.13	7.16	0.97	2.94	0.402
(7.5/5)	75	50	5	8	6.125	4.808	0.245	34.86	2.39	6.83	12.61	1.44	3.30	70.00	2.40	21.04	1.17	7.41	1.10	2.47	0.435
	75	50	6	8	7.260	5.699	0.245	41.12	2.38	8.12	14.70	1.42	3.88	84.30	2.44	25.37	1.21	8.54	1.08	3.19	0.435
	75	50	8	8	9.467	7.431	0.244	52.39	2.35	10.52	18.53	1.40	4.99	112.50	2.52	34.23	1.29	10.87	1.07	4.10	0.429
	75	50	10	8	11.590	9.098	0.244	62.71	2.33	12.79	21.96	1.38	6.04	140.80	2.60	43.43	1.36	13.10	1.06	4.99	0.423

续表

角钢号数	尺寸 mm				截面面积	理论重量	外表面积	参考数值													
								$x-x$			$y-y$			x_1-x_1		y_1-y_1		$u-u$			
	B	b	d	r	cm^2	kg/m	m^2/m	I_x cm^4	i_x cm	W_x cm^3	I_y cm^4	i_y cm	W_y cm^3	I_{x1} cm^4	y_0 cm	I_{y1} cm^4	x_0 cm	I_u cm^4	i_u cm	W_u cm^3	$\tan\alpha$
8/5	80	50	5	8	6.357	5.005	0.255	41.96	2.56	7.78	12.82	1.42	3.32	85.21	2.60	21.06	1.14	7.66	1.10	2.74	0.388
	80	50	6	8	7.560	5.935	0.255	49.49	2.56	9.25	14.95	1.41	3.91	102.53	2.65	25.41	1.18	8.85	1.08	3.20	0.387
	80	50	7	8	8.724	6.848	0.255	56.16	2.54	10.58	16.96	1.39	4.48	119.33	2.69	29.82	1.21	10.18	1.08	3.70	0.384
	80	50	8	8	9.876	7.745	0.254	62.83	2.52	11.92	18.85	1.38	5.03	136.41	2.73	34.32	1.25	11.38	1.07	4.16	0.381
9/5.6	90	56	5	9	7.212	5.661	0.287	60.45	2.90	9.92	18.32	1.59	4.21	121.32	2.91	29.53	1.25	10.98	1.23	3.49	0.385
	90	56	6	9	8.557	6.717	0.286	71.03	2.88	11.74	21.42	1.58	4.96	145.59	2.95	35.58	1.29	12.90	1.23	4.18	0.384
	90	56	7	9	9.880	7.756	0.286	81.01	2.86	13.49	24.36	1.57	5.70	169.66	3.00	41.71	1.33	14.67	1.22	4.72	0.382
	90	56	8	9	11.183	8.779	0.289	91.03	2.85	15.27	27.15	1.56	6.41	194.17	3.04	47.93	1.36	16.34	1.21	5.29	0.38
10/6.3	100	63	6	10	9.617	7.550	0.320	99.06	3.21	14.64	30.94	1.79	6.35	199.71	3.24	50.50	1.43	18.42	1.38	5.25	0.394
	100	63	7	10	11.111	8.722	0.320	113.45	3.29	16.88	35.26	1.78	7.29	233.00	3.28	59.14	1.47	21.00	1.38	6.02	0.393
	100	63	8	10	12.584	9.878	0.319	127.37	3.18	19.08	39.39	1.77	8.21	266.32	3.32	67.88	1.50	23.50	1.37	6.78	0.391
	100	63	10	10	15.467	12.142	0.319	153.81	3.15	23.32	47.12	1.74	9.98	333.06	3.40	85.73	1.58	28.33	1.35	8.24	0.387
10/8	100	80	6	10	10.637	8.350	0.354	107.04	3.17	15.19	61.24	2.40	10.16	199.83	2.95	102.68	1.97	31.65	1.72	8.37	0.627
	100	80	7	10	12.301	9.656	0.354	122.73	3.16	17.52	70.08	2.39	11.71	233.20	3.00	119.98	2.01	36.17	1.72	9.60	0.626
	100	80	8	10	13.944	10.946	0.353	137.92	3.14	19.81	78.58	2.37	13.21	266.61	3.04	137.37	2.05	40.58	1.71	10.80	0.625
	100	80	10	10	17.167	13.476	0.353	166.87	3.12	24.24	94.65	2.35	16.12	333.63	3.12	172.48	2.13	49.10	1.69	13.12	0.622
11/7	110	70	6	10	10.637	8.350	0.354	133.37	3.54	17.85	42.92	2.01	7.90	265.78	3.53	69.08	1.57	25.36	1.54	6.53	0.403
	110	70	7	10	12.301	9.656	0.354	153.00	3.53	20.60	49.01	2.00	9.09	310.07	3.57	80.82	1.61	28.95	1.53	7.50	0.402
	110	70	8	10	13.944	10.946	0.353	172.04	3.51	23.30	54.87	1.98	10.25	354.39	3.62	92.70	1.65	32.45	1.53	8.45	0.401
	110	70	10	10	17.167	13.467	0.353	208.39	3.48	28.54	65.88	1.96	12.48	443.13	3.70	116.83	1.72	39.2	1.51	10.29	0.397
12.5/8	125	80	7	11	14.096	11.066	0.403	227.98	4.02	26.86	74.42	2.30	12.01	454.99	4.01	120.32	1.80	43.81	1.76	9.92	0.408
	125	80	8	11	15.989	12.551	0.403	256.77	4.01	30.41	83.49	2.28	13.56	519.99	4.06	137.85	1.84	49.15	1.75	11.18	0.407
	125	80	10	11	19.712	15.474	0.402	312.04	3.98	37.33	100.67	2.26	16.56	650.09	4.14	173.40	1.92	59.45	1.74	13.64	0.404
	125	80	12	11	23.351	18.330	0.402	364.41	3.95	44.01	116.67	2.24	19.43	780.39	4.22	209.67	2.00	69.35	1.72	16.01	0.400
14/9	140	90	8	12	18.038	14.160	0.453	365.64	4.50	38.48	120.69	2.59	17.34	730.53	4.50	195.79	2.04	70.83	1.98	14.31	0.411
	140	90	10	12	22.261	17.475	0.452	445.50	4.47	47.31	146.03	2.56	21.22	913.20	4.58	245.92	2.12	85.82	1.96	17.48	0.409
	140	90	12	12	26.400	20.724	0.451	521.59	4.44	55.87	169.79	2.54	24.95	1096.09	4.66	296.89	2.19	100.21	1.95	20.54	0.406
	140	90	14	12	30.456	23.908	0.451	594.10	4.42	64.18	192.10	2.51	28.54	1279.26	4.74	348.82	2.27	114.13	1.94	23.52	0.403

续表

角钢号数	尺寸mm				截面面积	理论重量	外表面积	参考数值													
								$x-x$			$y-y$			x_1-x_1		y_1-y_1		$u-u$			
	B	b	d	r	cm^2	kg/m	m^2/m	I_x cm^4	i_x cm	W_x cm^3	I_y cm^4	i_y cm	W_y cm^3	I_{x1} cm^4	y_0 cm	I_{y1} cm^4	x_0 cm	I_u cm^4	i_u cm	W_u cm^3	$\tan\alpha$
16/10	160	100	10	13	25.315	19.872	0.512	668.69	5.14	62.13	205.03	2.85	26.56	1362.89	5.24	336.59	2.28	121.74	2.19	21.92	0.39
	160	100	12	13	30.054	23.592	0.511	784.91	5.11	73.49	239.06	2.82	31.28	1635.56	5.32	405.94	2.36	142.33	2.17	25.79	0.388
	160	100	14	13	34.709	27.247	0.510	896.30	5.08	84.56	271.20	2.80	35.83	1908.50	5.40	476.42	2.43	162.23	2.16	29.56	0.385
	160	100	16	13	39.281	30.835	0.510	1003.04	5.05	95.33	301.60	2.77	40.24	2181.79	5.48	548.22	2.51	181.57	2.15	33.25	0.382
18/11	180	110	10	14	28.373	22.273	0.571	956.25	5.80	78.96	278.11	3.13	32.49	1940.40	5.89	447.22	2.44	166.50	2.42	26.88	0.376
	180	110	12	14	33.712	26.464	0.571	1124.72	5.78	93.53	325.03	3.10	38.32	2328.38	5.98	538.94	2.52	194.87	2.40	31.66	0.374
	180	110	14	14	38.967	30.589	0.570	1286.91	5.75	107.76	369.55	3.08	43.97	2716.60	6.06	631.95	2.59	222.30	2.39	36.32	0.372
	180	110	16	14	44.139	34.649	0.569	1443.06	5.72	121.64	411.85	3.05	49.44	3105.15	6.14	726.46	2.67	248.94	2.38	40.87	0.369
20/12.5	200	125	12	14	37.912	29.761	0.641	1570.90	6.44	116.73	483.16	3.57	49.99	3193.85	6.54	787.74	2.83	285.79	2.74	41.23	0.392
	200	125	14	14	43.867	34.436	0.640	1800.97	6.41	134.65	550.83	3.54	57.44	3726.17	6.62	922.47	2.91	326.58	2.73	47.34	0.390
	200	125	16	14	49.739	39.045	0.639	2023.35	6.38	152.18	615.44	3.52	64.69	4258.86	6.70	1058.86	2.99	366.21	2.71	53.32	0.388
	200	125	18	14	55.526	43.588	0.639	2238.30	6.35	169.33	677.19	3.49	71.74	4792.00	6.78	1197.13	3.06	404.83	2.70	59.18	0.385

注：1. 括号内型号不推荐使用。2. 截面图中的 $r_1=d/3$ 及表中 r 值的数据用于孔型设计，不作为交货条件。

表 3 热轧工字钢(GB 706—88)

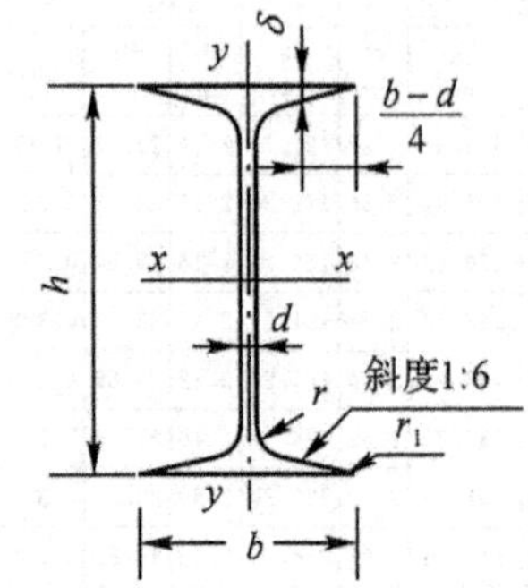

符号意义：

h——高度；

b——腿宽度；

d——腰厚度；

δ——平均腿厚度；

r——内圆弧半径；

r_1——腿端圆弧半径；

I——惯性矩；

W——弯曲截面系数；

i——惯性半径；

S——半截面的静矩

型号	尺寸mm						截面面积	理论重量	参考数值						
									$x-x$				$y-y$		
	h	b	d	δ	r	r_1	cm^2	kg/m	I_x cm^4	W_x cm^3	i_x cm	$I_x:S_x$ cm	I_y cm^4	W_y cm^3	i_y cm
10	100	68	4.5	7.6	6.5	3.3	14.3	11.2	245	49	4.14	8.59	33	9.72	1.52
12.6	126	74	5	8.4	7	3.5	18.1	14.2	488.43	77.529	5.195	10.85	46.906	12.677	1.609
14	140	80	5.5	9.1	7.5	3.8	21.5	16.9	712	102	5.76	12	64.4	16.1	1.73
16	160	88	6	9.9	8	4	26.1	20.5	1130	141	6.85	13.8	93.1	21.2	1.89
18	180	94	6.5	10.7	8.5	4.3	30.6	24.1	1660	185	7.36	15.4	122	26	2
20a	200	100	7	11.4	9	4.5	35.5	27.9	2370	237	8.15	17.2	158	31.5	2.12
20b	200	102	9	11.4	9	4.5	39.5	31.1	2500	250	7.96	16.9	169	33.1	2.06
22a	200	110	7.5	12.3	9.5	4.8	42	33	3400	309	8.99	18.9	225	40.9	2.31
22b	200	112	9.5	12.3	9.5	4.8	46.4	36.4	3570	325	8.78	18.7	239	42.7	2.27
25a	250	116	8	13	10	5	48.5	38.1	5023.54	401.88	10.18	21.58	280.46	48.283	2.403
25b	250	118	10	13	10	5	53.5	42	5283.96	422.72	9.938	21.27	309.297	52.423	2.404
28a	280	122	8.5	13.7	10.5	5.3	55.45	43.4	7114.14	508.15	11.32	24.62	345.051	56.565	2.495
28b	280	124	10.5	13.7	10.5	5.3	61.05	47.9	7480	534.29	11.08	24.24	379.496	61.209	2.493
a	320	130	9.5	15	11.5	5.8	67.05	52.7	11075.5	692.2	12.84	27.46	459.93	70.758	2.619
32b	320	132	11.5	15	11.5	5.8	73.45	57.7	11621.4	726.33	12.58	27.09	501.53	75.989	2.614
c	320	134	13.5	15	11.5	5.8	79.95	62.8	12167.5	760.47	12.34	26.77	543.81	81.166	2.608
a	360	136	10	15.8	12	6	76.3	59.9	15760	875	14.4	30.7	552	81.2	2.69
36b	360	138	12	15.8	12	6	83.5	65.6	16530	919	14.1	30.3	582	84.3	2.64
c	360	140	14	15.8	12	6	90.7	71.2	17310	962	13.8	29.9	612	87.4	2.6
a	400	142	10.5	16.5	12.5	6.3	86.1	67.6	21720	1090	15.9	34.1	660	93.2	2.77
40b	400	144	12.5	16.5	12.5	6.3	94.1	73.8	22780	1140	15.6	33.6	692	96.2	2.71
c	400	146	14.5	16.5	12.5	6.3	102	80.1	23850	1190	15.2	33.2	727	99.6	2.65

续表

型号	尺 寸mm						截面面积 cm^2	理论重量 kg/m	参考数值						
									$x-x$				$y-y$		
	h	b	d	δ	r	r_1			I_x cm^4	W_x cm^3	i_x cm	$I_x:S_x$ cm	I_y cm^4	W_y cm^3	i_y cm
a	450	150	11.5	18	13.5	6.8	102	80.4	32240	1430	17.7	38.6	855	114	2.89
45b	450	152	13.5	18	13.5	6.8	111	87.4	33760	1500	17.4	38	894	118	2.84
c	450	154	15.5	18	13.5	6.8	120	94.5	35280	1570	17.1	37.6	938	122	2.79
a	500	158	12	20	14	7	119	93.6	46470	1860	19.7	42.8	1120	142	3.07
50b	500	160	14	20	14	7	129	101	48560	1940	19.4	42.4	1170	146	3.01
c	500	162	16	20	14	7	139	109	50640	2080	19	41.8	1220	151	2.96
a	560	166	12.5	21	14.5	7.3	135.25	106.2	65585.6	2342.31	22.02	47.73	1370.16	165.08	3.182
56b	560	168	14.5	21	14.5	7.3	146.45	115	68512.5	2446.69	21.63	47.17	1486.75	175.25	3.162
c	560	170	16.5	21	14.5	7.3	157.85	123.9	71439.4	2551.41	21.27	46.66	1558.39	183.34	3.158
a	630	176	13	22	15	7.5	154.9	121.6	94916.2	2981.47	24.62	54.17	1700.55	193.24	3.314
63b	630	178	15	22	15	7.5	167.5	131.5	98083.6	3163.38	24.2	53.51	1812.07	203.6	3.289
c	630	180	17	22	15	7.5	180.1	141	102251.1	3298.42	23.82	52.92	1924.91	213.88	3.268

注：截面图和表中标注的圆弧半径 r,r_1 的数据用于孔型设计，不作为交货条件。

表 4 热轧槽钢(GB 707—88)

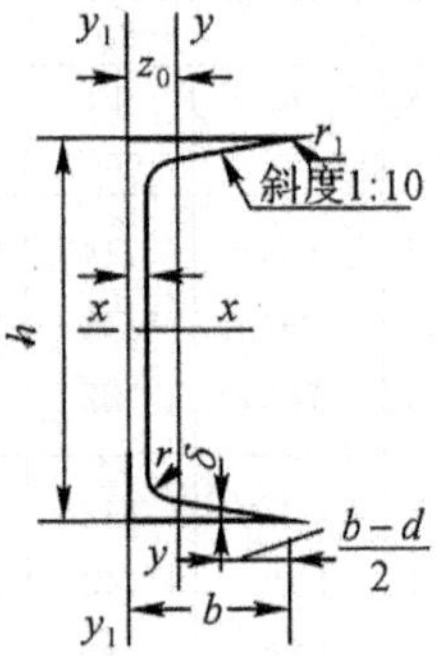

符号意义：

h——高度；

b——腿宽度；

d——腰厚度；

δ——平均腿厚度；

r——内圆弧半径；

r_1——腿端圆弧半径；

I——惯性矩；

W——弯曲截面系数；

i——惯性半径；

z_0——$y-y$ 轴与 y_1-y_1 轴间距

型号	尺 寸mm						截面面积 cm²	理论重量 kg/m	参考数值							
									$x-x$			$y-y$			y_1-y_1	z_0 cm
	h	b	d	δ	r	r_1			W_x cm³	I_x cm⁴	i_x cm	W_y cm³	I_y cm⁴	i_y cm	I_{y1} cm⁴	
5	50	37	4.5	7	7	3.5	6.93	5.44	10.4	26	1.94	3.55	8.3	1.1	20.9	1.35
6.3	63	40	4.8	7.5	7.5	3.75	8.444	6.63	16.123	50.786	2.453	4.50	11.872	1.185	28.38	1.36
8	80	43	5	8	8	4	10.24	8.04	25.3	101.3	3.15	5.79	16.6	1.27	37.4	1.43
10	100	48	5.3	8.5	8.5	4.25	12.74	10.00	39.7	198.3	3.95	7.8	25.6	1.41	54.9	1.52
12.6	126	53	5.5	9	9	4.5	15.69	12.37	62.137	391.466	4.953	10.242	37.99	1.567	77.09	1.59
14_{a}^{b}	140	58	6	9.5	9.5	4.75	18.51	14.53	80.5	563.7	5.52	13.01	53.2	1.7	107.1	1.71
	140	60	8	9.5	9.5	4.75	21.31	16.73	87.1	609.4	5.35	14.12	61.1	1.69	120.6	1.67
16a	160	63	6.5	10	10	5	21.95	17.23	108.3	866.2	6.28	16.3	73.3	1.83	144.1	1.8
16	160	65	8.5	10	10	5	25.15	19.74	116.8	934.5	6.1	17.55	83.4	1.82	160.8	1.75
18a	180	68	7	10.5	10.5	5.25	25.69	20.17	141.4	1272.7	7.04	20.03	98.6	1.96	189.7	1.88
18	180	70	9	10.5	10.5	5.25	29.29	22.99	152.2	1369.9	6.84	21.52	111	1.95	210.1	1.84
20a	200	73	7	11	11	5.5	28.83	22.63	178	1780.4	7.86	24.2	128	2.11	244	2.01
20	200	75	9	11	11	5.5	32.83	25.77	191.4	1913.7	7.64	25.88	143.6	2.09	268.4	1.95
22a	220	77	7	11.5	11.5	5.75	31.84	24.99	217.6	2393.9	8.67	28.17	157.8	2.23	298.2	2.1
22	220	79	9	11.5	11.5	5.75	36.24	28.45	233.8	2571.4	8.42	30.05	176.4	2.21	326.3	2.03
a	250	78	7	12	12	6	34.91	27.47	269.597	3369.62	9.823	30.607	175.529	2.243	322.256	2.065
25b	250	80	9	12	12	6	39.91	31.39	282.402	3530.04	9.405	32.657	196.421	2.218	353.187	1.982
c	250	82	11	12	12	6	44.91	35.32	259.236	3690.45	9.065	35.926	218.415	2.206	384.133	1.921
a	280	82	7.5	12.5	12.5	6.25	40.02	31.42	340.328	4764.59	10.91	35.718	217.989	2.333	387.566	2.097
28b	280	84	9.5	12.5	12.5	6.25	45.62	35.81	366.46	5130.45	10.6	37.929	242.144	2.304	427.589	2.016
c	280	86	11.5	12.5	12.5	6.25	51.22	40.21	392.594	5496.32	10.35	40.301	267.602	2.286	426.597	1.951
a	320	88	8	14	14	7	48.7	38.22	474.879	7598.06	12.49	46.473	304.787	2.502	552.31	2.242
32b	320	90	10	14	14	7	55.1	43.25	509.012	8144.2	12.15	49.157	336.332	2.471	592.933	2.158
c	320	92	12	14	14	7	61.5	48.28	543.145	8690.33	11.88	52.642	347.175	2.467	643.299	2.092
a	360	96	9	16	16	8	60.89	47.8	659.7	11874.2	13.97	63.54	455	2.73	818.4	2.44
36b	360	98	11	16	16	8	68.09	53.45	702.9	12651.8	13.63	66.85	496.7	2.7	880.4	2.37
c	360	100	13	16	16	8	75.29	50.1	746.1	13429.4	13.36	70.02	536.4	2.67	947.9	2.34
a	400	100	10.5	18	18	9	75.05	58.91	878.9	17577.9	15.30	78.83	592	2.81	1067.7	2.49
40b	400	102	12.5	18	18	9	83.05	65.19	932.2	18644.5	14.98	82.52	640	2.78	1135.6	2.44
c	400	104	14.5	18	18	9	91.05	71.47	985.6	19711.2	14.71	86.19	687.8	2.75	1220.7	2.42

注：截面图和表中标注的圆弧半径 r、r_1 的数据用于孔型设计，不作为交货条件。

附录Ⅳ　梁在简单荷载作用下的变形

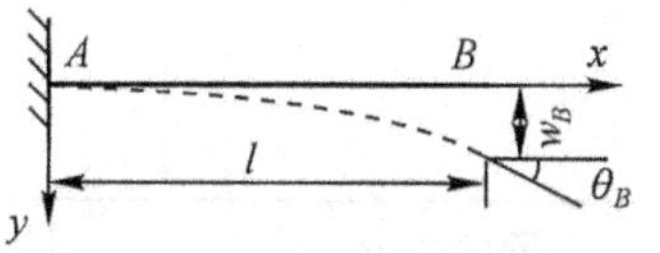

w：梁沿 y 方向的挠度；
w_B：梁右端处的挠度；
θ_B：梁右端处的转角；
EI：梁抗弯刚度。

荷载形式与梁弯矩图	梁的变形
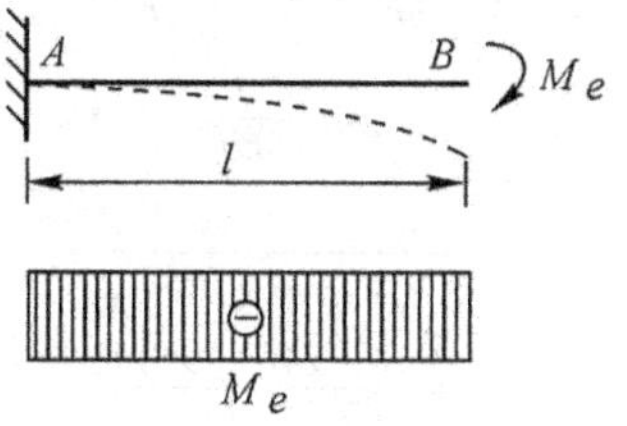	$w=\frac{M_e x^2}{2EI}$ $\theta_B=\frac{M_e l}{EI}$ $w_B=\frac{M_e l^2}{2EI}$
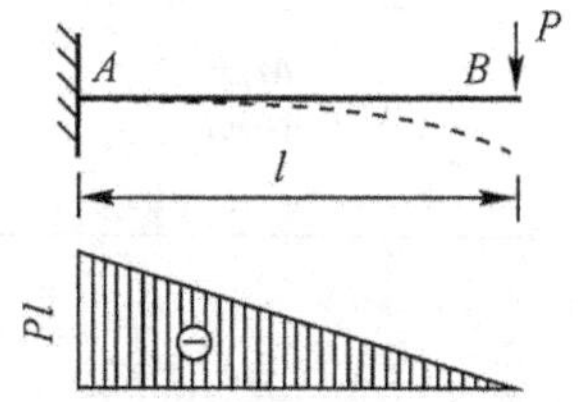	$w=\frac{Px^2(3l-x)}{6EI}$ $\theta_B=\frac{Pl^2}{2EI}$ $w_B=\frac{Pl^3}{3EI}$
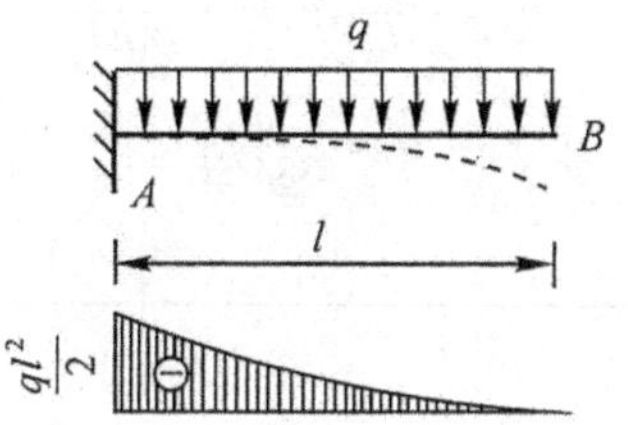	$w=\frac{qx^2(x^2+6l^2-4lx)}{24EI}$ $\theta_B=\frac{ql^3}{6EI}$ $w_B=\frac{ql^4}{8EI}$

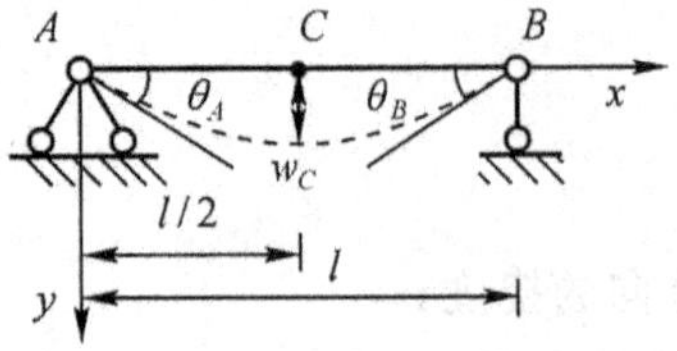

w:梁沿 y 方向的挠度;
w_C:梁中点处的挠度;
θ_A、θ_B:梁左端和右端处的转角;
EI:梁抗弯刚度。

荷载形式与梁弯矩图	梁的变形
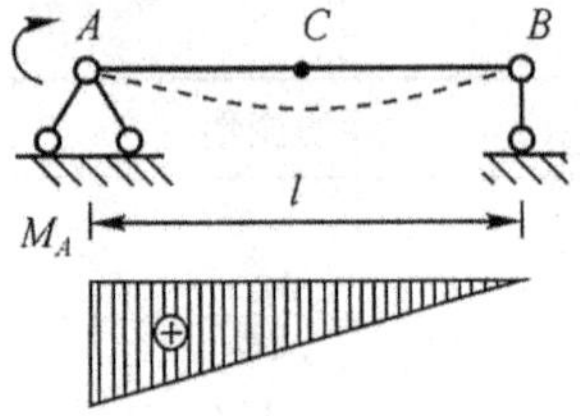	$w=\frac{M_A}{6EI}\frac{x(l-x)(2l-x)}{l}$ $\theta_A=\frac{M_Al}{3EI},\theta_B=-\frac{M_Al}{6EI}$ $w_C=\frac{M_Al^2}{16EI}$
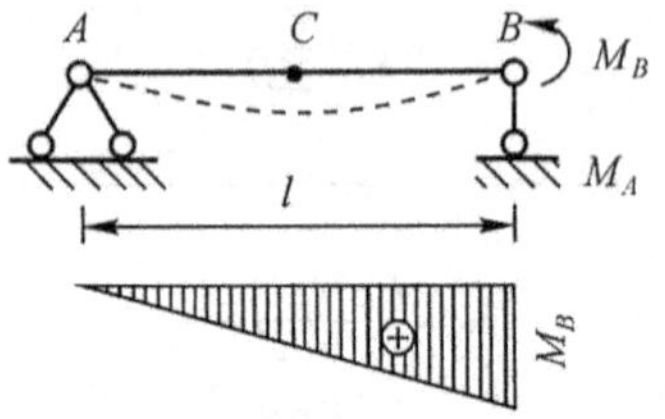	$w=\frac{M_B}{6EI}\frac{x(l^2-x^2)}{l}$ $\theta_A=\frac{M_Bl}{6EI},\theta_B=-\frac{M_Bl}{3EI}$ $w_C=\frac{M_Bl^2}{16EI}$
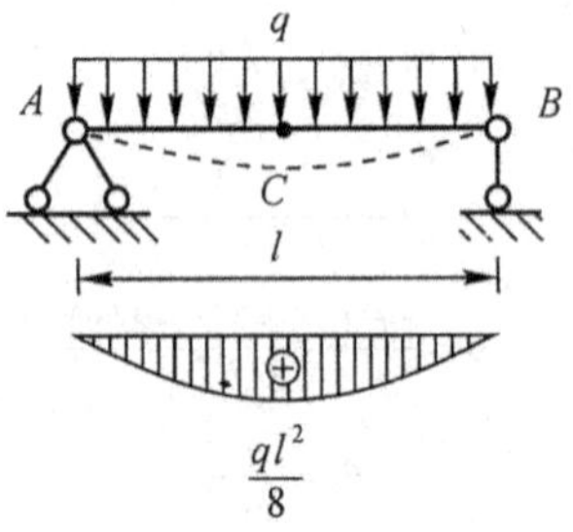	$w=\frac{qx(l^3-2lx^2+x^3)}{24EI}$ $\theta_A=\frac{ql^3}{24EI},\theta_B=-\frac{ql^3}{24EI}$ $w_C=\frac{5ql^4}{384EI}$
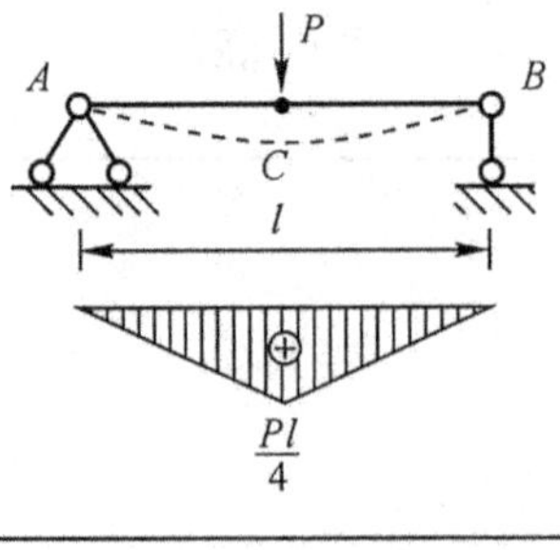	$w=\frac{Px(3l^2-4x^2)}{48EI}(0\leqslant x\leqslant\frac{l}{2})$ $\theta_A=\frac{Fl^2}{16EI},\theta_B=-\frac{Fl^2}{16EI}$ $w_C=\frac{Fl^3}{48EI}$

附录 V 习题参考答案

第 2 章 习题答案

2-1 $F_R = 17.26\text{kN}$，与力 $\boldsymbol{F}_1$ 的夹角 $\alpha = 190.97°$。

2-2 $F_{1x} = -10\text{kN}$、$F_{1y} = 0$；$F_{2x} = -6.50\text{kN}$、$F_{2y} = -3.75\text{kN}$；$F_{3x} = 7.66\text{kN}$、$F_{3y} = 6.43\text{kN}$；$F_{4x} = 4.28\text{kN}$、$F_{4y} = -11.75\text{kN}$。

2-3 $N_{AB} = 290.75\text{N}$(压)，$N_{BC} = 1.15\text{kN}$(压)；

2-4 (a)$N_{AC} = 0.58\text{kN}$(拉)，$N_{BC} = 1.15\text{kN}$(压)；(b)$N_{AC} = 0.71\text{kN}$(拉)，$N_{BC} = 0.71\text{kN}$(压)。

2-5 (1)$T_{AB} = 392\text{kN}$，$T_{AC} = 392\text{kN}$；(2)$T_{AB} = 277.19\text{kN}$，$T_{AC} = 277.19\text{kN}$。

2-6 $N_{BD} = 0.58P$(拉)

2-7 $P_2 = 2P_1\tan\alpha$

第 3 章 习题答案

3-1 $M_o(\boldsymbol{P}) = -0.5\text{kN}\cdot\text{m}$；$M_B(\boldsymbol{P}) = -1.47\text{kN}\cdot\text{m}$；$M_C(\boldsymbol{P}) = 0.21\text{kN}\cdot\text{m}$。

3-2 $M_D(\boldsymbol{P}) = 0.71P\cdot\text{m}$；$M_D(\boldsymbol{P}) = -2.12P\cdot\text{m}$

3-3 (a)$R_A = M/l(\uparrow)$，$R_B = M/l(\downarrow)$；

(b)$R_A = M/(l\cos\alpha)(\nwarrow)$，$R_B = M/(l\cos\alpha)(\searrow)$。

3-4 $R_A = 0.35M/a(\searrow)$，$R_C = 0.35M/a(\nwarrow)$。

第 4 章 习题答案

4-1 $F_R = 11.25\text{kN}$，与 x 正向的夹角 $\alpha = 1.24°$，合力作用线通过点(69.98,0)。

4-2 (a)：$X_A = 0.71P_2(\rightarrow)$，$Y_A = P_1 + 0.71P_2(\uparrow)$，$M_A = P_1l + 0.35P_2l$；

(b)：$X_A = 0$，$Y_A = 1.17P(\uparrow)$，$R_B = 0.17P(\downarrow)$；

(c)：$X_A = 0$，$Y_A = 0$，$R_B = P(\uparrow)$；

(d)：$X_B = 0$，$Y_B = qa(\uparrow)$，$R_C = 2qa(\uparrow)$。

4-3 $R_A = 0.87P - 0.5M/a(\uparrow)$，$R_B = 0.87P + 0.5M/a(\uparrow)$，$R_C = P(\searrow)$。

4-4 (a)：$X_A = qa(\rightarrow)$，$Y_A = 0$，$M_A = 0.5qa^2$；

(b)：$X_A = qa(\leftarrow)$，$Y_A = 0.75qa(\downarrow)$，$R_B = 1.75qa(\uparrow)$；

4-5 (a)：$X_A = 0.5qa\tan\alpha(\rightarrow)$，$Y_A = 1.5qa(\uparrow)$，$M_A = 2.5qa^2$，

$R_B = 0.5qa/\cos\alpha(\nwarrow)$，$X_C = 0.5qa\tan\alpha$，$Y_C = 0.5qa$；

(b)：$X_A = M\tan\alpha/a(\rightarrow)$，$Y_A = P - M/a(\uparrow)$，$M_A = Pa - 2M$，

$R_B = M/(a\cos\alpha)(\nwarrow)$，$X_C = M\tan\alpha/a$，$Y_C = M/a$；

(c)：$X_A = 0.125ql^2/h(\rightarrow)$，$Y_A = 0.5ql(\uparrow)$，

$X_B = 0.125ql^2/h(\leftarrow)$，$Y_B = 0.5ql(\uparrow)$，

$X_C = 0.125ql^2/h$，$Y_C = 0$。

4-6 (a)：$X_A = 0$，$Y_A = M/a + qa(\downarrow)$，$R_B = M/a + 2qa(\uparrow)$，$X_C = 0$，$Y_C = qa$，$R_D = qa(\uparrow)$；

(b)：$X_A = 0$，$Y_A = 0.5P + 1.25qa(\downarrow)$，$R_B = P + 3qa(\uparrow)$，

$X_C = 0$，$Y_C = 0.5P + 0.75qa$，$R_D = 0.5P + 0.25qa(\uparrow)$。

4-7 $X_A = 2.25q_1a + 0.17M/a - 0.33P(\leftarrow)$，$Y_A = 1.5q_1a + 0.33M/a - 0.67P(\downarrow)$，

$X_B = 0.75q_1a - 0.17M/a - 0.67P(\leftarrow)$，$Y_B = 1.5q_1a + q_2a + 0.33M/a - 0.67P(\uparrow)$，$R_C = q_2a(\uparrow)$。

4-8 $X_A = 0$，$Y_A = 0.5P(\uparrow)$，$R_C = 0.5P(\uparrow)$，$N_{AD} = P$(压)。

第 6 章　习题答案(部分)

6-1　(a) $N_1 = 20\text{kN}$　$N_2 = -20\text{kN}$

(b) $N_1 = 40\text{kN}$　$N_2 = 0$　$N_3 = 20\text{kN}$

(c) $N_1 = 40\text{Kn}$　$N_2 = 20\text{kN}$　$N_3 = 60\text{kN}$

(d) $N_1 = -20\text{kN}$　$N_2 = -10\text{kN}$　$N_3 = 10\text{kN}$

(e) $N_1 = 20\text{kN}$　$N_2 = -20\text{kN}$　$N_3 = 20\text{kN}$

6-2　$\sigma = -0.32\text{MPa}$

6-3　$\alpha = 0°$ 时,$\sigma_\alpha = 100\text{MPa}$　$\tau_\alpha = 0$

$\alpha = 30°$ 时,$\sigma_\alpha = 75\text{MPa}$　$\tau_\alpha = 43.3\text{MPa}$

$\alpha = 60°$ 时,$\sigma_\alpha = 25\text{MPa}$　$\tau_\alpha = 43.3\text{MPa}$

$\alpha = 90°$ 时,$\sigma_\alpha = 0$　$\tau_\alpha = 0$

6-4　$\Delta = 0.66\text{m}$　$\dfrac{\varepsilon_1}{\varepsilon_2} = 1.38$

6-5　$E = 7.01 \times 10^4\text{MPa}$　$\mu = 0.33$

6-6　$\Delta_y = 1.56\text{mm}$

6-7　$x = 1.351\text{m}$　$\sigma_1 = 38.276\text{MPa}$　$\sigma_2 = 28.684\text{MPa}$

6-8　不安全　$\sigma = 7.78\text{MPa}$

6-9　$d = 26\text{mm}$　$a = 95\text{mm}$

6-10　$P \leqslant 37.5\text{kN}$

6-11　$d = 63\text{mm}$

6-12　$A_{AB} = 3530\text{mm}^2$　$A_{AD} = 3056\text{mm}^2$

6-13　$\sigma_{AC} = 106.24\text{MPa}$　$\sigma_{BX} = 59.76\text{MPa}$　安全

6-14　$[P] = 33.49\text{kN}$　$d = 27\text{mm}$

第 7 章　习题答案(部分)

7-1　安全

7-2　(1)$M_{n1} = -2\text{kNm}$, $M_{n2} = -5\text{kNm}$; (2) $M_{n1} = -3\text{kNm}$, $M_{n2} = 4\text{kNm}$

7-3　$\tau_A = 71.4\text{MPa}$, $\tau_B = 35.7\text{MPa}$, $\tau_C = 0$, $\tau_{\max} = 71.4\text{MPa}$

7-4　$D = 106\text{mm}$

7-5　$D = 420\text{mm}$,重量比 $= 0.71$

第 8 章　习题答案(部分)

8-5　$\sigma_{\max} = 38.9\text{MPa}$

8-6　$[P] = 11.25\text{kN}$

8-7　16 号工字钢

8-8　$b \geqslant 125\text{mm}$

8-9 (a) $\theta_B = \dfrac{Fl^2}{16EI} + \dfrac{M_e l}{3EI}$, $\omega_C = \dfrac{Fl^3}{48EI} + \dfrac{M_e l^2}{16EI}(\downarrow)$

(b) $\theta_B = \dfrac{Fl^2}{4EI}$, $\omega_C = \dfrac{11Fl^3}{48EI}(\uparrow)$

(c) $\theta_B = \dfrac{qb(b^2-4a^2)}{24EI}$, $\omega_C = \dfrac{qba(b^2-4a^2)}{24EI} - \dfrac{qa^4}{8EI}(\uparrow)$

(d) $\theta_B = \dfrac{q_0 l^3}{45EI}$, $\omega_C = \dfrac{5ql^4}{768EI}(\uparrow)$

8-10　18号工字钢

第9章　习题答案(部分)

9-1　$\sigma_1 = 115.4\text{MPa}, \sigma_2 = 0, \sigma_3 = -55.4\text{MPa}, \alpha = -34.7°$

9-2　A点:$\sigma_1 = 100\text{MPa}, \sigma_2 = \sigma_3 = 0, \tau_{max} = 50\text{MPa}$

B点:$\sigma_1 = 40\text{MPa}, \sigma_2 = 0, \sigma_3 = -40\text{MPa}, \tau_{max} = 40\text{MPa}$

9-3　$\sigma_1 = 80\text{MPa}, \sigma_2 = \sigma_3 = 0$

9-4　$\sigma_a = 159.8\text{MPa}, \tau_a = 323.2\text{MPa}, \sigma_1 = 360.56\text{MPa}, \sigma_2 = 0, \sigma_3 = -360.56\text{MPa}, \alpha = 28.15°$

9-5　A点:$\sigma_1 = \sigma_2 = 0, \sigma_3 = -60\text{MPa}, \sigma_0 = 90°$

B点:$\sigma_1 = 0.1678\text{MPa}, \sigma_2 = 0, \sigma_3 = -30.2\text{MPa}, \sigma_0 = 85.7°$

C点:$\sigma_1 = 3\text{MPa}, \sigma_2 = 0, \sigma_3 = -3\text{MPa}, \sigma_0 = 45°$

第10章　习题答案(部分)

10-1　$\sigma_a/\sigma_b = 4/3$

10-2　$\sigma_a = \dfrac{6lP}{b^2h^2}(b\cos\beta - h\sin\beta)\beta = \tan^{-1}\dfrac{b}{h}$

10-3　$\sigma_a = 41.6\text{MPa}, \sigma_b = 241\text{MPa}, \sigma_c = -20.6\text{MPa}, \sigma_d = 116\text{MPa}$

10-4　(1)$\sigma_A = \sigma_B = -8\text{MPa}$,(2) $\sigma_A = -15.3\text{MPa}, \sigma_B = 4.7\text{MPa}$,

(3) 1点加载 $\sigma_A = -12.67\text{MPa}, \sigma_B = 7.33\text{MPa}$

第11章　习题答案(部分)

11-3　$l_1/l_2 = \sqrt{3}, P_{cr}^1/P_{cr}^2 = \pi/4$

11-4　安全

11-5　21.26°

11-6　171.7kN,68.9kN

11-8　$d_{AC} \geqslant 24.2\text{mm}, d_{BC} \geqslant 37.2\text{mm}$

11-10　187.4mm

11-11　12.6号槽钢

第14章　习题答案

14-1　左支座反力 65kN↑

14-2　左支座反力 52.5kN↑

14-3　右端弯矩 $-9Pa$

14-4　左端弯矩$\dfrac{3}{8}ql^2$

14-5　(a) 相同;(b) 不同。

14-6　$M_K = 47.5\text{kN}\cdot\text{m}$

14-8　竖柱弯矩 10kN·m(左侧受拉)

14-10　$X_A = \dfrac{3ql}{4}$←

14-11　$M_{DB} = 120\text{kN}\cdot\text{m}$(下侧受拉)

14-12　$M_{ED} = 80\text{kN}\cdot\text{m}$(下侧受拉)

14-15　$X = 8\text{kN}$

14-16　$X = 50\text{kN}$

$M_K = 103.1\text{kN}\cdot\text{m}$

$Q_{K左} = 33.9\text{kN}, Q_{K右} = -41.0\text{kN}$

$N_{K左} = 66.1\text{kN}, N_{K右} = 38.0\text{kN}$

14-17 拉杆轴力 5kN, $M_K = 44\text{kN}\cdot\text{m}$

14-22 $N_a = -60\text{kN}, N_b = -37.3\text{kN}, N_c = 37.7\text{kN}, N_d = -66.7\text{kN}$

14-23 $N_1 = -3.75P, N_2 = 3.33P, N_3 = -0.5P, N_4 = 0.65P$

第 15 章 习题答案

15-2 $\dfrac{3ql^4}{8EI}$

15-3 (a) 3.52mm↓,(b) 5.156×10^{-4}rad(增大)

15-5 $\dfrac{23Pl^3}{648EI}$

15-6 $\dfrac{680}{3EI}\downarrow$

15-7 $\dfrac{1985}{6EI}\downarrow$

15-8 $\Delta_{Cy} = \dfrac{486}{EI}, \Delta_{Cx} = \dfrac{54}{EI}, \varphi_D = \dfrac{27}{EI}$(顺时针)

15-9 $\dfrac{Pa^3}{6EI}$(下边角度增大), $\dfrac{\sqrt{2}}{24}\dfrac{Pa^3}{EI}$(缩短)

15-10 $\dfrac{ql^4}{60EI}$(靠拢)

15-11 $\dfrac{Hb}{l}\rightarrow$

15-12 上边角度减小 0.005rad

第 16 章 习题答案

16-2 $M_{AB} = \dfrac{3Pl}{16}$(上拉)

16-3 $M_{AB} = \dfrac{ql^2}{8}$(上拉)

16-4 $M_{BA} = M_{BC} = \dfrac{Pl}{8}$(上拉)

16-5 $M_{BC} = \dfrac{3Pl}{32}$(上拉)

16-6 $M_{CB} = \dfrac{5}{24}ql^2$(右拉) $M_{EA} = \dfrac{7}{24}ql^2$(下拉)

$Q_{BC} = \dfrac{5}{24}ql \quad Q_{EF} = \dfrac{19}{24}ql$

$N_{DC} = \dfrac{-5}{24}ql \quad N_{AE} = \dfrac{-19}{24}ql$

16-7 $M_{CA} = \dfrac{19}{232}Pl$(左拉) $M_{DB} = \dfrac{13}{232}Pl$(右拉)

$Q_{CD} = \dfrac{122}{232}P \quad Q_{CA} = \dfrac{-19}{232}P$

$+ N_{CN} = \dfrac{-19}{232}P \quad N_{BD} = -\dfrac{110}{232}P$

16-8 $M_{AC} = 2.14\text{kW}\cdot\text{m}$(右拉)

16-9 $M_{DB} = \dfrac{1}{3}Pl$(右拉) $M_{CA} = Pl$(左拉)

16-10 $N_{CD}=-15\text{kN}$　$N_{ED}=2.357\text{kN}$　$N_{AC}=-23.57\text{kN}$

16-11 $N_{AC}=\sqrt{2}P$　$N_{BC}=-0.414P$　$N_{AB}=-P$

16-12 $N_{CD}=0.949P$

16-13 $M_{AE}=\frac{199}{103}Pl$　$M_{BF}=\frac{140}{103}Pl$

16-14 $M_{AC}=\frac{3EI}{4l}\theta$(右拉)

16-15 $M_{AC}=\frac{6EI}{7l^2}\Delta$(右拉)

16-16 $\varphi_D=\frac{ql^3}{60EI}$(↗)

16-17 $\Delta_{DV}=\frac{3ql^4}{160EI}$(↓)

16-18 角点弯矩 $M=\frac{Pl}{16}$(外拉)

16-19 $M_{1B}=0.1072Pl$　(上拉)

$M_{1C}=0.0804Pl$　(上拉)

$M_{1A}=0.0268Pl$　(右拉)

第 17 章　习题答案

17-2 $M_{AD}=-\frac{11}{56}ql^2, M_{EB}=-\frac{3}{28}ql^2$

17-3 $M_{AC}=-34.4\text{kN}\cdot\text{m}, M_{CA}=14.7\text{kN}\cdot\text{m}, M_{BD}=-20.1\text{kN}\cdot\text{m}$

17-4 $M_{BA}=24\text{kN}\cdot\text{m}$

17-5 $M_{A1}=\frac{-69}{224}Pl, M_{1A}=-\frac{3Pl}{8l}$

17-6 $M_{A1}=-3.55\text{kN}\cdot\text{m}, M_{1A}=1.91\text{kN}\cdot\text{m}$

17-7 $M_{12}=\frac{2}{336}ql^2$

17-8 $M_{AB}=-113\text{kN}\cdot\text{m}, M_{DC}=-104.3\text{kN}\cdot\text{m}$

17-9 $M_{AD}=27.36\text{kN}\cdot\text{m}, M_{DE}=-50.53\text{kN}\cdot\text{m}$

17-10 $M_{AD}=10\text{kN}\cdot\text{m}, M_{DA}=20\text{kN}\cdot\text{m}, M_{DE}=50\text{kN}\cdot\text{m}$

17-11 $M_{AB}=-27\text{kN}\cdot\text{m}, M_{BA}=36\text{kN}\cdot\text{m}, M_{BC}=-42\text{kN}\cdot\text{m}$

17-12 $M_{BA}=22.5\text{kN}\cdot\text{m}, Q_{BA}=-26.25\text{kN}$

17-13 $M_{CB}=85\text{kN}\cdot\text{m}, Q_{CB}=-61.875\text{kN}$

17-14 $M_{AB}=-2.67\text{kN}\cdot\text{m}, M_{BA}=14.67\text{kN}\cdot\text{m}$

17-15 $M_{BA}=-5\text{kN}\cdot\text{m}, M_{BC}=-50\text{kN}\cdot\text{m}$

17-16 $M_{AB}=-24.5\text{kN}\cdot\text{m}, M_{CD}=-68.3\text{kN}\cdot\text{m}$

17-17 $M_{BA}=152.3\text{kN}\cdot\text{m}, M_{CD}=-111.92\text{kN}\cdot\text{m}$

17-18 $M_{AD}=-72\text{kN}\cdot\text{m}, M_{DC}=-12\text{kN}\cdot\text{m}$

17-19 $M_{ED}=48.6\text{kN}\cdot\text{m}$

17-20 $M_{BA}=60\text{kN}\cdot\text{m}$

17-21 $M_{AB}=\frac{qa^2}{36}, M_{FA}=\frac{qa^2}{9}$

第 18 章　习题答案

18-4 $Q_C=70\text{kN}, M_C=80\text{kN}\cdot\text{m}$

18-5 $R_{C(\max)} = 157.2\text{kN}, M_{C(\max)} = 225.5\text{kN} \cdot \text{m}, Q_{C(\max)} = 61.5\text{kN}$

附录 Ⅰ 习题答案

Ⅰ-1 (a):$C(0,112.86), S = 2.47 \times 10^5, I = 4.77 \times 10^7$;

(b):$C(0,178.13), S = 9.38 \times 10^5, I = 1.61 \times 10^8$。

Ⅰ-2 $C(56.67,100), I = 5.88 \times 10^7$。所得结果与例 Ⅰ-4 一致,由此可以得出结论:将几何图形沿某轴平行移动,不会改变图形对该轴的惯性矩。

参考文献

[1] 哈尔滨工业大学理论力学教研室编．理论力学(第六版)．北京:高等教育出版社，2002

[2] 浙江大学理论力学教研室编．理论力学(第三版)．北京:高等教育出版社,2002

[3] 范钦珊主编．工程力学．北京:高等教育出版社,2002

[4] 李心宏，王增新主编．理论力学(上册)(第二版)．大连:大连理工大学出版社，2001

[5] 张曦主编．建筑力学．北京:中国建筑工业出版社,2000

[6] 庄立球主编．工程力学(理论力学)．北京:高等教育出版社,1995

[7] 单祖辉主编．材料力学(I)第 2 版．北京:高等教育出版社,2004

[8] 范钦珊主编．工程力学(1)．北京:高等教育出版社,2002

[9] 金康宁主编．建筑力学．武汉:武汉水利电力大学出版社,1999

[10] 周国瑾主编．建筑力学(第二版)．上海:同济大学出版社,2000

[11] 包世华主编．结构力学(上、下)．武汉:武汉理工大学出版社,2003

[12] 龙驭球主编．结构力学教程 (Ⅰ)(Ⅱ)．北京:高等教育出版社,2000